박록담 詩人의 전통식문화 뿌리찾기

名家銘酒

朴 祿 潭 著

효일문화사

96 권오웅

머릿말

옛 사람들은 '술'과 '음식'을 한 나라의 정치에서부터 집안의 제반사를 측정할 수 있는 문화적 척도로 삼았던 것 같습니다. 옛 사람의 말에 "이 두 가지가 좋으면 그 밖의 일은 순조롭다." 했으니, 곧 "한 고을의 정치는 술에서 보고, 한 집안의 일은 장맛에서 본다."는 말입니다.

술과 관련한 우리의 풍습만 보더라도 신과 조상에게 술을 드리는 일에서부터, 귀한 손님을 맞이하여 집에서 손수 빚은 술을 내어 접대하는 것을 곧 예절로 알았으니, 술은 무엇보다 가까운 음식이었음을 알 수 있습니다.

우리나라 술에 관한 기원은 《고삼국사기》의 고구려 건국신화와 함께 중국 문헌 《태평어람(太平御覽)》에 곡아주(曲阿酒) 전설과 관련한 고구려 여인의 이야기가 전해지고 있으며, 지금부터 약 3 천년 전인 부여시대의 '영고'라는 제천의식에 술을 사용했다는 기록을 들 수 있습니다. 그리고 이미 삼국시대 때부터 청주와 탁주의 구별이 시작되었던 것으로 미루어지며, 고려시대에는 소주가 유입되어 다양한 형태의 술이 보급·발달하였고, 조선시대에 이르러서는 1827년의 문헌 《임원십육지(林園十六志)》에 수록되어 있는 술의 종류만도 180여 가지에 이를만큼, 우리나라 전통주는 다양성과 함께 상당한 수준의 발달을 보았던 것이 사실입니다.

이러한 술의 기원과 역사적 사실은 우리 고유의 세시풍속에서 찾아 볼 수 있는데, 새해 설날에는 도소주(屠蘇酒)를 비롯하여, 정월 대보름에는 귀밝이술(耳明酒), 3월에는 과하주(過夏酒), 4월 청명일에는 청명주(淸明酒), 5월에 단오에는 창포주(菖蒲酒), 9월 중양에 국화주(菊花酒)를 마시는 등 다양한 세시절기주(歲時節氣酒)가 생겨났고, 어른께 만수무강을 비는 뜻에서 술로 헌수(獻壽)하는 아름다운 풍속이 뿌리를 내렸습니다. 또 관혼상제와 같은 의례적 행사를 비롯하여 대개의 일상사에 술이 따랐으며, 향음주례(鄕飮酒禮)라 하여 온 고을 사람들이 모여 향약을 읽고 술을 마시며 잔치하는 예절이 있는가 하면, 음주에도 장유유서를 반드시 지켰는데, 이러한 주례는 오늘날에도 미속(美俗)으로 지켜지고 있음을 볼 수 있습니다.

이렇듯 술은 윤리와 도를 숭상하면서 사람과 사람 사이의 인정, 즉 상하의 화합은 물론이고 이웃과 동족으로서 일체감을 가지게 하는데 그 가치를 둔 음식이면서, 우리 전통식문화의 절대부분을 차지하고 있다고 할 수 있습니다.

그리고 술은 옛부터 '백약지장(百藥之長)'이라고 하여 기혈을 순환시키고 정을 펴며, 예를 행하는 데 필요한 것이라 했으며, "술을 마시면 근력이 생기고 묵은 병이 낫는다."하여 사람에게 유익한 것으로 권장하고 있음은 이미 여러 문헌에 나타나 있는 바와 같습니다.

때문에 술은 그 나라의 정치에서부터 집안의 일상생활에 이르기까지를 측정할 수 있는 문화적 척도로 여겼던 것 같습니다.

그러나 불행하게도 1907년, 처음으로 주세령(酒稅令)이 공포되면서 술의 자가제조(自家製造)가 금지되고 양조장 제조로 바뀌게 되었는데, 이때부터 각 가정마다의 독특한 술 제조 비법이 사라지게 되었습니다. 이른바 우리의 전통·토속주의 말살기를 맞게 된 것입니다. 특히 1909년 조선 총독부에서 주세법 시행세칙을 마련, 주류 제조 단속이 표면화되었는데, 신규주조면허의 억제, 자가용주의 점진적 폐지, 밀조의 단속 등이 주요 골자였습니다.

사실, 당시만 해도 집집마다 술 빚는 일이 집안 대사(大事)의 하나였고, 조상 대대로 대물림해 온 가문의 전통이었던 까닭에, 어떻게든 가양주의 맥을 이어야겠다는 전통계승의식과 함께 집안의 관혼상제를 비롯, 기제사 등에 쓸 술을 마련하기 위한 밀주제조(密酒製造)가 성행할 수 밖에 없었습니다.

이 과정에서 당시의 밀주단속이 얼마나 심했던지, 밀주 단속반원들의 눈과 귀를 속이기 위한 음어(陰語)들이 하나 둘 생겨나기에 이르렀으며, '술 있느냐'는 물음을 '호랭이 있느냐', 혹은 '벽 있느냐', '바람 벽 있느냐' 등의 음어가 성행했다고 합니다.

《名家銘酒》에 수록된 101종의 전통·토속주들은 국가가 전통문화의 계승과 발전을 모색하기 위해 지정한 〈향토 술담그기〉 부문 '무형문화재'를 비롯, 지역별 특산품 개발과 보급을 목적으로 과거 교통부가 지정한 '관광·토속주', 그리고 지방별 특유의 토속성을 살리고 있는 토속주'에 대해 12년 동안의 실답사를 통한 취재와 자료조사를 바탕으로 수록한 내용입니다.

앞서 언급 바와 같이 전통문화로서의 전통주와 토속주, 곧 가양주의 보존과 계승을 위한 선인(先人)들의 발자취를 더듬어 보고, 옛 사람들의 술에 얽힌 삶과 그 면면을 통해 전통문화란 것이 어떻게 형성되고, 또 어떤 의미를 지니는지에 대해 다시 한 번 생각해 보는 기회를 가졌으면 하는 뜻에서 입니다.

더불어 가능하다면 지금부터라도 다시 집집마다 개성과 특징을 살린 가양주가 뿌리 내렸으면 하는 소박한 마음을 담았습니다.

필자를 비롯 농촌을 고향으로 하고 있는 대개의 사람들은 어렸을적 어머니, 할머니께서 집에서 손수 빚곤 하시던 술을 기억할 줄 믿기 때문입니다.

이러한 의미에서 이 《名家銘酒》는 전국의 전통주, 관광·토속주, 토속주 가운데 101종에 얽힌 유래와 전승과정을 소개하고, 특히 술 만드는 법에 대하여 명가·명인들의 가전비법을 비교적 구체적으로 사진과 함께 다루었으므로, 실제 술 빚는 데도 도움이 될 것으로 믿습니다. 또한 우리 조상들의 지혜와 슬기가 담긴 60여종의 양조기구와 기명(器皿)들에 대해서도 용도와 함께 만드는 법 등 사진과 함께 수록하였으므로, 《名家銘酒》는 명실공히 우리술의 모든 것을 싣고 있는 백과사전이라고 할 수 있을 것입니다.

술의 어원 및 유래, 전통·토속주의 정의, 주법(酒法)과 음주예절, 술과 관련한 풍속에 이르기까지 두루 언급 하였습니다만, 이번에 싣지 못한 내용과 몇몇 전통주와 토속주, 그리고 부족한 부분에 대하여는 다음에 수정보완하도록 하겠습니다.

끝으로 기꺼이 이 《名家銘酒》의 출판을 맡아주신 효일문화사 김홍용 사장님과 취재에 협조해 주신 전국의 전통·토속주 제조 기능보유자 여러분, 그밖에 도움 주신 여러분께 감사드립니다. 酒

1999년 1월

於 竹城齋

朴 碌 潭 識

차 례

名家銘酒

차 례

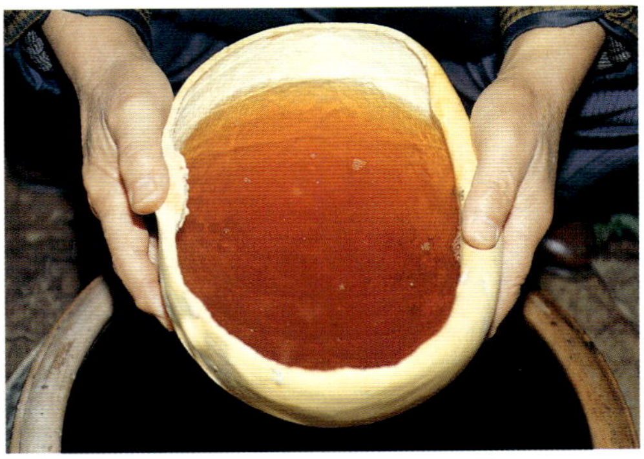

名家銘酒

차 례

名家銘酒

곁들이는 말

인간의 감흥을 가장 잘 대변해 주는 기호식품 가운데 술을 따라올 것이 없습니다. 또 인류 출현 이래로 가장 오랜 전통과 역사를 지니고 있는 것이 술이어서, 동서 고금을 막론하고 술의 미덕을 노래하지 않은 민족이 없습니다.

그렇다면 술은 언제 어디서 어떻게, 그리고 무슨 술을 마셔야 할 것인가? 술맛이나 그 취흥을 말하라면 필자는 등신 중에도 상등신인지라, 조지훈 시인이 말했던 애주(愛酒)니 기주(嗜酒)니 하는 주도(酒徒)는 커녕, 주도(酒道) 초급인 주졸(酒卒)의 품계에만이라도 오르는 것이 꿈인 처지입니다. 그러니 술맛이 어떻고, 또 어떤 술이 어떻게 건강에 좋은가를 논하자니 자격지심이 앞섭니다.

그러나 우연한 기회로 우리나라 전통주와 토속주를 찾아다니기 12년, 전국에 발길이 닿지 않은 곳이 없다 할 정도로 많은 술을 만나고 그 맛을 즐겨 왔습니다.

또한, '서당개 삼년이면 풍월을 읊는다'는 속담이 있고 보면, 그간 130종이 넘는 술맛을 즐겨 온 터여서 각각의 특징과 제조과정, 그리고 어떤 술이 제대로 만들어진 술인지에 대해서는 나름의 판단을 내릴 수 있는 처지가 되었습니다.

물론 그러한 판단은 주관적인 것이긴 하지만, 술의 제조과정을 제대로 파악하고 있다는 사실은, 달리 말해서 어떤 술이 건강에 해를 덜 끼치는지를 알 수 있는 평가기준이 되기 때문입니다.

벌써 가을의 한 가운데에 와 있습니다. 청자빛 하늘과 황금빛 들판, 녹의홍상을 펼치는 자연의 신비로움을 맨 정신으로 감상하기에는 뭔가 아쉬움이 남습니다. 그래서 사람들이 찾는 것이 술입니다. 곧 '망우물(忘憂物)'의 역할을 빌고자 하는 것입니다.

즐거운 때를 맞이하여서는 흥겨웁고 멋을 돋궈주는 것이 술이요, 하루하루의 생활이 힘겹고 고달플 때가 많은 우리네 인생이다 보니, 근심걱정을 잊고자 해서 마시는 것이 또한 술입니다.

"홀가분히 속세를 잊고 신선이 되어 하늘로 오르는 것 같다."고 했던 소동파의 싯구(詩句)처럼, 술은 얼큰히 취하매 감미로운 기분을 줍니다.

그리하여 술은 남녀노소를 막론하고 사회적 지위나 권위의식을 벗게 하며, 사회적 인정(認定)이나 명예욕으로부터의 탈출을 가능케 해줍니다.

옹졸하고 고집스러웠던 자신만의 틀을 깨고 자유스러워질 수 있는, 불가사의하고 신비로운 힘을 지닌 것도 술이요, 사고의 폭을 넓혀주어 현실과 상상의 세계를 넘나듬에 자유스러워질 수 있는 것도 술의 힘입니다. 하물며 연중 가장 풍요롭고 화려하고, 가장 서늘한 때를 맞이하여 이와 같은 술의 효능을 보탠다면, 그 감흥이 어디에까지 미칠지 오히려 걱정이 앞선다고 하면 지나친 과장일까요.

계절과 술, 그리고 술 마시는 장소는 어떤 곳이라야 할까요.

중국의 석학 임어당(林語堂)은 술 마시는 때와 장소에 따른 주법에 대해 이르기를, "봄철에는 집 뜨락에 나가 마시고, 여름철의 술은 들녘이나 누대에 올라가서 시원한 바람을 쏘이면서 마셔야 한다. 가을 술은 조각배 위에서 탁 트인 경치를 완상하며 마실 일이며, 겨울에는 집안에 들어 앉아서 마실 일이다. 눈이 올 때는 하얀 설경을 바라보고, 밤 술은 달을 벗삼아 마셔야 한다."고 했습니다.

특히 '가을에는 조각배 위에서 탁 트인 경치를 완상하며 마실 일이다.' 고 한 대목은 한 편의 시(詩) 그것입니다.

또 술을 마시다가 물에 비치는 달을 잡으려고 강 속에 들어갔다가 빠져 죽은 시성(詩聖) 이태백은 '일두시백편(一斗詩百篇)' 이라 할만큼 많은 시를 쓰기로 유명했지만, 그의 삶이 곧 시였다 할 것입니다. 그리고 그가 잡으려 했던 달은 다름 아닌 가을 달이었을지도 모를 일입니다.

그리고 《진서(晋書)》〈필탁전(畢卓傳)》에 "백곡의 술을 배에다 가득 싣고 사계절 과일을 꽉 채운 뒤에 오른 손에 술잔을 들고, 왼 손에는 게의 집게발을 들고 배 가운데를 마음대로 유유자적할 수만 있다면, 내 한 평생을 만족하게 보냈다고 할 수 있겠지."라고 한 기록을 보면, 옛 사람들의 술과 관련한 멋과 운치, 그리고 취흥을 돋우려는 노력이 어떠했는지를 알 수 있습니다.

술이라면 목구멍에 홍수가 나도록 퍼마셔야 직성이 풀리는 현대인들의 음주세태, 소주 한 잔을 꺾어도 고급 레스토랑이나 호텔 식당을 찾아야 관록에 체면이 선다는 사람들, 주거니 받거니 하는 가운데 따지고 보면 아무 것도 아닌 일에 어느 사이 상대를 번갈아가며 발가벗기고, 거의 매일 곤드레만드레 취해 집에 돌아오면서도 늘 얻어마셨다는 사람들을 보면, 넥타이는 맸어도 소보다 더 미련한 사람들이 아니고 무엇이랴 싶습니다.

술맛도 제대로 모르면서 고급 양주나 비싼 수입 양주를 물 마시듯 마셔대는 젊은이들이 얼마나 많은지, 특히 어느 나라의 위스키 판매량의 절반이 우리나라에서 소비되고 있다니 국제적 망신이 아닐 수 없습니다.

옛부터 우리 조상들은 오랜 세월을 통해 단순히 기호음료 뿐 아니라, 약을 복용하기 위한 수단으로, 더러는 약재를 저장할 목적으로 술을 만들어 왔습니다.

술에 약재를 넣음으로써 그 약용 성분을 우려내는 등 독특한 양조기술을 발달시켜 왔으며, 그 결과로 술의 폐해를 최소화하려는 노력을 보였습니다.

그 예로 가향약주(加香藥酒) 또는 향약주(香藥酒)라고 하여 식물의 꽃이나 잎, 줄기, 뿌리를 넣어 술을 빚음으로써, 술에 독특한 향이나 빛깔을 내기 위한 것과 약용을 목적으로 한 술이 그것입니다.

우리의 전통주는 고두밥과 누룩, 물을 섞어 만든 술로 보통 약주라고 하는데, 이 과정에서 국화를 넣으면 국화주, 진달래꽃을 넣으면 두견주, 송순을 넣으면 송순주, 연잎을 넣으면 연엽주, 인삼을 넣으면 인삼주가 됩니다. 또 탁주나 청주·약주를 증류시켜 만든 민자소주에 각종 한약재를 넣어 그 약용성분을 이용하는 약용 목적의 혼성약주(混成藥酒), 또는 재제주(再製酒)를 만들어 건강에 도움을 주고 병을 치료하는 등 뛰어난 양조기술을 자랑해 왔습니다.

따라서 우리의 전통주는 주정에 물과 조미료를 섞어 희석시킨 일반 소주나, 과실주를 증류시켜 만든 양주류에 비교해 인체에 해(害)가 덜할 뿐 아니라, 과일이나 가향·약재를 첨가함으로써, 술의 폐해를 줄일 수 있는 점이 가장 큰 특징이요, 장점입니다.

그러나 우리는 그간 수 많은 전통주들이 부흥과 쇠퇴를 거듭해 왔다는 사실을 기억해야만 합니다. 그리고 맥이 끊겨 지금까지도 재현이 불가능한 전통주들이 수 십종에 이른다는 사실에 대해 책임의식을 가져야만 합니다.

보다 구체적이고 체계적인 양조기술의 기록과 축적, 또 이를 보존하고 지키려는 양조기능보유자들의 철저한 장인정신, 같은 값이면 우리 입맛에 맞고 건강에도 좋은 우리 것을 지키려는 소비자들의 전통수호 의식이 그 어느 때보다 절실합니다. 酒

제1부/전통·토속주와 그 문화

술의 어원과 우리나라 전통주의 유래

우리나라 전통주의 특징

누룩

전통주 · 토속주의 실제

주세령

주막

술 관련 미풍양속

술자리와 전통적인 음주예절

술의 어원과 우리나라 전통주의 유래

1. 술의 정의

술이란 알코올 성분이 들어 있는 모든 기호음료를 총칭하며, 마시면 취하게 하는 기능성 발효식품이다.

술은 주정(酒精)이 주성분으로 당질(糖質)의 성격에 따라 여러 종류로 나눌 수 있지만, 술이 만들어지는 원리나 과정은 거의 같다.

술의 주성분인 주정은 에칠알코올(ethylal-cohol) 또는 에탄올(ethanol)이라고 한다.

우리나라에서는 술은 주세법(酒稅法)을 바탕으로, 알코올 성분 또는 주정 함량 1% 이상을 함유한 음료로 정의하고 있다.

2. 술의 어원

술의 어원은 아직까지도 명확히 밝혀진 것이 없으나, 술이 빚어지는 과정을 바탕으로 그 어원을 찾고 있다. 즉, 술은 찹쌀을 쪄서 차게 식힌 뒤 누룩과 물을 섞어 발효시키는데, 이 때는 열을 가하지 않더라도 어느 정도의 시간이 지나면 부글부글 끓어오르면서 거품이 괴어오르는 화학적인 발효현상은, 옛사람들에게 그야말로 신비롭고 경이로운 현상으로 비쳤을 것이다.

이 신비롭고 경이로운 현상을 보고 '난데없이 물에서 불이 붙는다.'는 생각에서 '수-불'하였을 것이고, 결국 '수불'이 수블〉 수울〉 수을〉 술로 변하게 되었을 것이란 추측이다.

물론, 보다 정확히는 '물-불'하였을 것이겠으나, 물은 한자로 수(水)에 해당하므로 '수불'로 바꾸어 표기했을 것이란 추측을 전제로 한 것이다.

이러한 추측이 가능하다고 보는 근거는, 고려 말엽의 기록을 비롯 조선시대 여러 문헌에서 찾아 볼 수 있다.

《계림유사(鷄林類事)》에 술을 '수(酥 , suə-puət)'로 기록되어 있고, 《조선관역어(朝鮮官譯語)》에는 '수본(數本), su-pun)'으로 적고 있으며, 기타 여러 문헌에는 '수울' 혹은 '수을'로 기록하고 있어, 이를 종합하면, 결국 '수불'이 수블〉수울〉수을〉술로 변하게 되었음을 유추해 볼 수 있다.

동양권에서의 술 주(酒)자 또한 양조과정에서 만들어진 것으로 추측하고 있다.

주(酒)자는 합성자로 유(酉)는 그 훈(訓)이 '닭유', '익을 유', '서유'로, 유(酉)자는 원래 밑이 뾰족한 독 모양의 상형문자에서 변천된 것이며, 술의 침전물을 모으기 위해 밑이 뾰족한 독에서 발효시켰을 것이라는 한 가지 추측이 가능하다. 또 이러한 추측에서 양조용수의 물수(水)자와 익을 유(酉)자가

합성되어, 술을 뜻하는 술주(酒)자가 되었을 것이라는 견해이다.

환언하면, 초기의 술이 곡류를 이용한 탁주였고, 술독 안에 익은 걸쭉한 곡주를 막걸리처럼 물을 쳐가면서 걸러 마셨을 것이라는 추측은 누구라도 쉽게 할 수 있기 때문이다.

이러한 술은 인류사회에 있어서 민족의 형성과 더불어 자연 채취식 시대의 원시생활이 시작된 이래, 자연 발생적으로 만들어졌을 것이란 견해가 지배적이다.

즉, 과일이나 곡류와 같은 당질이 많은 원료에 야생의 미생물, 곧 곰팡이가 자연발생적으로 생육하여 알코올이 생성되었으며, 이러한 발효산물을 우연히 발견하여 맛을 보고는 그것이 기호(嗜好)에 맞다는 것을 체득하게 되었을 것이라는 견해다.

3. 삼국시대 이전

우리나라에서의 술의 발전과정을 추측하건대, 아시아 문화권은 계절풍의 영향으로 고온 다습하여 농경형 식생활을 형성하였으며, 곡류에 자연적으로 곰팡이를 번식시킨 누룩을 사용하여 술을 담았고, 유럽의 문화권에서는 여름이 건조한 탓으로 목축형(牧畜型) 식생활이 형성되었다.

따라서 유럽문화권은 누룩이 아닌 포도와 같이 당분을 많이 함유한 과실이나, 보리의 싹을 틔워 만든 맥주를 탄생시켰던 것으로 보고 있다.

우리나라는 아시아 문화권으로 밀이나 보리에 곰팡이를 번식시켜 만든 누룩(麯子, 麴子)을 이용, 쌀·찹쌀·보리·수수 등의 전분질을 함유하고 있는 곡류로 술을 빚어 왔던 것이다.

이러한 우리나라 술의 기원은 《고삼국사기(古三國史記)》 중 〈고구려 동명성왕 건국담(高句麗 東明聖王 建國談)〉에 "천제(天帝)의 아들 해모수(解慕漱)

가 하백(河伯)의 세 딸 유화(柳花), 의화(薏花), 위화(葦花) 등 이 더위를 못이겨 청하(靑河)의 웅심연(熊心淵)에서 놀고 있는 것을 보고, 그 아름다움에 도취한 나머지 시신(侍臣)을 시켜 가까이 하려 했으나 응하지 않아, 시신의 조언대로 새로 궁실(宮室)을 짓고 술을 마련하여 초청하게 되었다. 초대에 응한 세 처녀가 술에 만취(滿醉)하여 돌아가려 하자, 해모수가 앞을 막고 하소연했으나 도망치려 하여 시신을 시켜 붙잡게 했다. 둘은 도망치고 유화(柳花)만이 붙들려 해모수와 잠을 자게 되어, 고구려의 시조가 되는 동명성왕 주몽(朱蒙)을 낳았다."는 신화에서 찾고 있다. 이 신화에 우리나라 문헌으로서는 술이 처음 등장한다.

이로써 우리나라 술의 기원을 유추할 수가 있다.

해모수가 세 처녀에게 대접했다는 술이 과연 무슨 술이었는지, 이름이나 종류는 전하지 않으나 탁주가 아니었을까 하는 추측을 하고 있다.

4. 전통주의 발아기 삼국시대

이후 삼국시대에 이르러 그 제조과정은 알 수 없으나, 제조기술은 상당히 발달하였다고 위지(魏志) 전에 전한다.

또한 우리나라의 술이 고대 농경시대에 빚어져 마셨을 것이라는 추측은, 술을 담는 그릇에 근거를 두고 있다.

우리나라에서 발견된 초기 농업 유적 가운데는 항아리와 장경호(長頸壺)를 비롯 시루, 숟가락, 확돌, 절구, 갈판과 갈돌이 있는데, 항아리와 장경호의 용도가 물이나 술을 담는 그릇이라는 사실에 기인한다.

물론 이때의 술은 잡곡으로 빚었을 것으로 추축된다.

이 시기에 돌을 뜨겁게 달군 뒤 짐승의 비계기름을 바르고, 그 위에서 무언가를 지져먹은 것으로 보이는 돌판을 비롯, 곡식을 빻고 익히는 갈돌과 절구·시루 등의 출현으로, 이미 우리나라 떡의 원초형으로 생각되는 전병(煎餠)과 찐떡(시루떡)을 만들어 먹었음을 알 수 있다.

따라서 잡곡의 가공기술과 함께 저장 발효식품으로서 술이 만들어졌다는 것을 추측할 수 있다.

중국 최초의 시집인 《시경(詩經)》에 신남산(信南山)에 청주(淸酒)를 부어 신이 내리게 하고 붉은 황소를 제물로(祭物)로 해서 제사 지내는 모습을 소개하고 있다. 이때의 청주는 '성(聖)스러운 술'이란 뜻으로, 지금의 청주와는 다른, 즉 울금향이란 풀을 넣어 빚은 술로 알려지고 있다.

초기의 술의 형태와 관련하여 한나라 초기의 왕족이자 철학자였던 회남왕(淮南王) 유안(劉安)에 대한 기록 가운데, 술에 대한 이야기가 보인다.

그 내용인즉, "요즈음 학자들이란 연회석에서 인사가 지나치게 길어 효건주징한다고 몹시 꾸짖었다." 는 것이다.

여기서 '효건주징(淆乾酒徵)'이라 함은 안주가 마르고 술이 맑아진다는 뜻이다. 따라서 이 무렵 학자들이 마신 술은 탁주였으며, 당시 기장술(黍酒)이 탁주의 주류를 이뤘던 사실로 미루어, 효건주징과 같은 말이 생겨났을 법하다.

기장을 가리키는 서(黍)는 '벼(禾)가 수(水)에 들어간다(入)'는 뜻으로 파자(破字)된다. 따라서 기장으로 술을 빚는다는 뜻이며, 당시의 술 원료로서 대표적인 것이 기장이었음을 알 수 있다.

이후 당대(唐代)에 와서는 한대(漢代)보다 많은 술 제조방법이 발달되었을 것으로 간주되나, 기록된 문헌은 없다. 또 《수서(隋書) 경(經)》지에 《선인수옥주경(仙人收玉酒經)》, 《잡주식요방(雜酒食要方)》,

96
권오웅

《백주방(白酒方)》, 《칠일면주방(七日麵酒方)》 등의 책 이름이 보이나, 오늘날까지 남아있는 문헌은 없다고 한다.

그리고 《위서(魏書)》 〈물길국전(勿吉國傳)〉에 의하면 "곡물을 씹어서 술을 빚는데, 이것을 마시면 능히 취한다." 하였는데, 이러한 술을 1613년의 우리나라 문헌인 《지봉유설(芝峰類說)》에서는 "처녀들이 만든다."고 하여 '미인주(美人酒)' 라고 소개하고 있음을 볼 수 있다.

술에 관한 우리나라 문헌으로는 《삼국사기(三國史記)》 〈고구려본기〉에 대무신왕(大武神王) 11년(28년)에 '지주(旨酒)' 라고 하여 '맛 좋은 술' 이라는 뜻의 술 이름과, 《삼국유사(三國遺事)》에 '미온(美醞)' 이란 술 이름이 등장한다.

따라서 고구려는 일찍이 발효식품을 잘 만드는, '선장양(善醬釀)하는 나라' 로 널리 알려졌던 만큼, 이미 이때 누룩을 써서 만든 여러 가지 술이 중국 못지 않았을 것으로 추측되나, 불행히도 아무런 관련 문헌이 남아 있지 않다.

다행이도 중국 고서 《삼국지(三國志)》·《위지(魏志)》 〈동이전(고구려조)〉에 "고구려 사람은 장양(藏釀)을 잘 한다."고 소개하고 있는데, 여기서 '장양' 이라 함은 술 빚기와 장 담기, 채소절임과 같은 발효, 저장식품을 잘 만든다는 것으로 해석되며, 우리나라의 술빚기에 대한 기록으로는 《삼국지》가 처음이다.

또한 《해동역사(海東繹史)》와 《지봉유설》에 당대(唐代)의 운사(韻士)인 이상은(李商隱)의 공자시(公子詩)를 소개하고 있는데, 그 내용에 "한 잔 신라주(新羅酒)의 기운이 새벽 찬바람에 사라질까 두렵구나." 라고 노래해, 당대 운사(韻士)들 사이에 신라주의 인기가 높았던 것으로 보인다.

그런데 여기서 궁금한 것은 신라주에 대한 것으로, 술 이름이 '신라주' 인가, 아니면 당나라와의 교류가 잦았던만큼 당나라 사람들이 신라 서라벌에 와서 마신 '신라의 술'이냐 하는 것이다.

왜냐 하면 중국 문헌인《고려도경(高麗圖經)》에서는 "고려에서는 누룩과 멥쌀로 술을 빚는다." 하였는데, 우리나라의 문헌인《해동역사》에서는 이것을 풀이하여 "고려주란 바로 신라주다."고 하였으며, 특별한 방법이나 부재료 등의 사용이 없는 것으로 미루어, 이때의 신라주는 대중적으로 빚어마셨던 청주류의 술이었을 가능성이 많기 때문이다.

우리나라의 술빚기에서 발효효소제로 쓰이는 누룩을 밀로 만들고, 술의 재료로 찹쌀을 사용한 시기는 삼국시대 초기로 추측되는데, 정확한 시기나 방법에 대한 기록은 없다.

밀을 이용한 누룩 제조가 삼국시대라는 추론은, 기원전 1천여년 경에 지중해 기후권에서 야생종 밀을 식용했고, 기원전 700년경에 본격적인 재배가 이뤄졌다고 한다. 한대(漢代) 중국 사람 장건(張騫)이 서역에 파견되었다가 귀국할 때 들여왔다고 전해지고 있으며, 이후 중국 북부일대는 밀문화권을 이루게 되었으며, 우리나라에도 전래된 것이다.

중국으로부터 들어온 밀이 우리나라에 정착되어 그 농사(재배법)법을 다시 일본으로 전했는데, 그 시기가 3세기 경인 것으로 미루어, 삼국시대 초기에 밀의 다양한 이용이 가능했을 것이라는 추측이다.

또한 우리나라의 농사는 이미 삼국시대에 벼농사를 제 1위의 작물로 선정, 관개공사를 추진하는 등 농업기술 증진책을 폈으며, 보리·밀·조·기장·수수·콩·팥·녹두 등이 재배되었는데, 찹쌀의 산출량도 상당하였음을 알 수 있다.

따라서 삼국시대는 술빚기에 있어 밀로 만든 누룩과 찹쌀을 주원료로 하였을 것이라는 주장은 설득력이 있다.

그 예로,《삼국사기(三國史記)》의 사금갑(射琴匣)에 "신라의 21대 소지왕의 즉위 10년(488)에 왕이 천천정(天泉亭)으로 거동하였을 때, 까마귀와 쥐의 공으로 궁 안의 불상사를 예방하였으므로, 이후 1월 15일을 오기일(烏忌日)로 정하고 찰밥으로 제사를 지냈다." 고 한다. 이것이 정월 보름날의 명절음식으로 찰밥 또는 오곡밥을 먹게 된 유래라고 하는 바, 명절 차례에 쓸 술도 찹쌀로 빚었을 가능성이 높기 때문이다.

한편,《삼국사기》〈가락국기)에 "법민왕 19년에 수로왕 17대손에게 선조의 제사를 지내도록 상상답(좋은 논)을 하사했는데, 해마다 술, 감주, 떡, 쌀밥, 차, 과로 제사를 지냈다. "는 기록이 보인다. 이때 이미 술과 차가 제물로 쓰였음을 알 수 있다. 또《삼국사기》〈죽지랑편〉에 "죽지랑(화랑)이 부하인 득오가 노역을 하고 있는 것을 위문하러 갈 때, 술 한 병과 설병(舌餠) 한 합(合)을 가지고 갔다." 는 기록이 있고, 삼국시대에도 술은 농삿일의 시작에 있어 반드시 따랐던 풍속을 엿볼 수 있다.

그리고 예주(醴酒)를 더러 감주(甘酒), 곧 식혜(食醯)라고 하는 경우가 있는데 사실은 다르다.《주례(周禮)》와 《예기(禮記)》에 예주를 제사음식으로 소개하고 있음을 볼 수 있는데, 여기서의 예주는 곡물을 맥아로 당화시킨 것에 공기 중의 효모균이 들어가 알코올 발효를 하게 되어, 비록 알코올 농도가 낮고 단맛이 있으나, 역시 술임에 틀림없다. 이러한 술이 제사에 쓰이면서 감주, 곧 요즘의 식혜와 혼돈된 듯 싶다.

한편, 삼국시대에는 발효식품의 기술이 발달하였는데, 장(漿)과 시(豉), 혜(醯)를 상비하는 풍습이 그것이다. 이때 혜를 만듬에 있어, 소금과 함께 술이

어패류와 수조육류, 산류(蒜類), 죽순 같은 자연채소류의 절임에 이용되었다는 사실은 특기할만하다.

술이 기름, 장, 지, 혜, 포와 함께 상용식품으로 상비하는 풍속이 정착되었다는 근거는, 《삼국사기》에 신문왕 3년에 왕이 왕비를 맞이할 때의 폐백품목 중에 "쌀, 술, 기름, 장, 시, 포가 130차였다." 는 기록에 의한 것으로서, 이미 이때부터 술이 쌀이나 기름, 장과 같이 필수식품으로 자리잡았음을 알 수 있다. 또 당시의 저장음식의 하나였던 포(脯), 채소절임 등에 소금과 함께 오늘날의 '주정침지법'과 같이 술이 이용되었으며, 주정침지법과 같은 식품건조법은 여러 민족이 거쳐오는 방법으로서, 우리나라의 경우도 예외는 아녔을 것으로 생각된다.

따라서 술빚기 솜씨는 매우 발달하여 알코올 도수가 높은 술이 빚어졌을 것으로 여겨진다.

그리고 《태평어람(太平御覽)》에 고구려 여인이 빚은 '곡아주(曲阿酒)'가 강소성(江蘇省) 일대에서 명주로 알려져 있었음을 기록하고 있으며, 일본의 《고사기》〈응신(應神)조〉에 "양주법을 아는 명인 인번(仁番) 등이 도래하여 수수보리(須須保理)가 빚은 술을 받치다."고 기록되어 있고, 또한 〈본조월령(本朝月令)〉(6월조)에, "응신청황 때 수수보리가 참래하여 조주(造酒)가 처음으로 시작되다."고 기록되어 있다. 이때의 조주법은 쌀로 빚은 것으로 여겨지며, 아울러 백제의 양조기술이 일본에 처음으로 전해졌음을 알 수 있다.

《삼국유사(三國遺事)》〈태종춘추공조〉에 그 당시 왕의 식사 내용에 대해, "왕의 식사는 하루에 쌀 서말과 꿩 아홉마리 먹더니, 경신년에 백제를 멸한 후로는 점심을 그만 두고, 다만 아침 저녁 뿐이었다. 그러나 계산을 하여 보면 하루에 쌀 엿말, 술 엿말, 꿩 열마리였다."고 기록되어 있다.

이러한 사실로 알 수 있는 사실은, 술이 상식으로 이용되었다는 것과, 일이 있을 때는 하루 세끼, 일이 없을 때는 두 끼의 식사를 하였음을 알 수 있다.

술과 관련하여 연회와 가무를 기록에서 찾아보면, 《삼국유사》 제1권 〈내물왕, 김제상 이야기〉에 신라의 19대 왕 눌지왕(訥祗王)은 중신 김제상의 출정에 앞서, 그를 가상히 여겨 "술잔을 나누어 마시고 작별하였다."고 기술하고 있음을 볼 수 있으며, 또한 10년(426)에 신하와 국중의 호걸을 초청하여 연회를 베풀었을 때 "술이 세 번 돌면 음악이 시작된다."고 하였으니, 이 술잔은 의(義)를 표하는 상징이었음에 틀림없다.

5. 전통주의 성장기 고려시대

고려시대 때는 우리나라 식생활문화의 전반적 체계와 구조가 확립된 시기로, 고려 이전에 형성된 일상 음식의 기본 요소와 상차림으로 구성된 일상식의 양식(樣式)은, 양식(良食)의 증가와 반찬이 발달함으로써 확고한 체계를 이뤄, 떡·과정류 등이 더욱 발달하였고 의례음식· 명절음식의 위치가 확실하게 다져졌으며, 양주법은 확대 발전하게 된다.

특히 고려는 숭불사상을 선도하였던 바, 육식절제와 근검절약을 강조하는 한편으로 토지개혁을 적극 추진하여 농지가 확장됨으로써, 양곡이 증산되고 채소재배가 발전하여 이들 산물의 저장법과 발효음식이 발달하게 된다.

술도 발효음식의 하나로 예외는 아니었다.

특히 증류법이 도입되어 전대(前代)의 양조기술과 함께 술은 더욱 발달하였다.

국가에서 주전(鑄錢)의 유통을 목적으로 공설주점(公設酒店)과 원(院)이 세워진 것이다. 이때의 주전

은 철전(鐵錢)인 '해동통보(海東通寶)'를 가리킨다.

공설주점은 교통의 요지에 설치되었는데 '성례(成禮)', '악빈(樂賓)', '연령(延齡)', '옥장(玉臧)' 등의 이름이었으며, 후일에는 주막으로 바뀌게 된다.

공설주점은 주전의 유통이 그 목적이었지만, 한편으로는 양조업의 등장을 뜻하기도 한다.

당시 고려는 초기부터 대외무역을 활발하게 전개하였는 바, 여러 나라들부터 공(公) · 사(私)로 사람들의 왕래가 빈번하게 되었다.

따라서 주점 외에 객관이 증설되어 객관무역이 성행하였다. 이와 더불어 양주업이 발달하였는데, 이때 양주업은 인력과 재력이 집중되었던 사원을 중심으로 경영되었다.

고려는 불교를 호국신앙으로 삼았던만큼 승려들이 존중을 받았으며, 나라에서는 국가의 연례행사로 반승행사(飯僧行事)와 나라의 태평을 기원하는 불사(佛事)를 빈번하게 치뤘다. 또 '사원전(寺院田)'을 비롯 '사여전(賜與田)'이 증대되고, 불도의 '시납전(施納田)'도 많아져 재원과 인력이 집중되었던 것이다.

따라서 사찰과 승려들이 사회의 중심을 이루었으

므로, 왕실은 사원과 밀착된 관계에 놓일 수 밖에 없었다.

사원 소속의 각종 토지에서 생산되는 미곡을 이용하여 만든 술을 시판하게 되었는데, 당시 한 사원(통도사)에서 만든 누룩으로 빚은 술이 영남일대의 수요를 담당하고 있었다고 하니, 사원의 양조업의 규모를 짐작할 수 있다.

그런데 사원의 양조업이 성황을 이루면서 자연적으로 폐단도 따르게 되었던 것 같다.

현종 원년과 동 12년, 인종 9년에 거듭 사원의 양조업과 주류 판매를 금하는 금령이 내렸음은, 그 폐단을 알 수 있게 해준다.

그러나 거듭된 금령에도 불구하고, 현종 18년에는 밀주에 소요된 미곡이 360여석이었다고 하니, 당시의 양조업의 성행이 어느 정도였는지, 또 술의 수요량의 증대로 미루어 주질이 어떠했는지를 가늠해 볼 수 있다.

고려시대의 술은 크게 청주·탁주·소주·과일주로 분류되는데, 청주를 위시하여 법주, 과일주와 생약재를 가미해서 빚은 약용약주, 꽃의 향을 가미해서 빚은 가향주 등 다양한 기술의 발전을 보였다.

중국의 서긍(徐兢)이란 사람이 우리나라에 와서 보고 겪은 풍습을 기록한 《고려도경(高麗圖經)》에 "고려에서는 찹쌀의 산출량이 적었으므로 대체로 멥쌀술을 빚었는데, 색이 진하고 독하여 쉽게 취하지만, 한편 쉽게 깨는 술이었다."고 기록되어 있다.

여기서 '색이 진한 술'은 탁주(막걸리)를 가리키는 것이며, '독하며 쉽게 취하지만 빨리 깬다'고 한 것은 탁주였음에도 불구하고 알코올 도수가 높은 술로, 그 품질 또한 좋았음을 알 수 있다.

그 실례로 동서(同書)《고려도경》〈와존〉편에, "왕궁에서는 좋은 술을 매일 마시는데, 좌고(左庫)에는 청주(淸酒)와 법주(法酒) 두 종류의 술이 질항아리에 저장되어 있다. 항아리는 황견(黃䳌, 색깔이 노란 별로 좋지 않은 꼬치에서 뽑은 실로 짠 비단)으로 봉해 둔다. 대체로 고려 사람은 술 마시기를 즐긴다. 그러나 좋은 술을 빚기란 쉬운 일이 아니다. 민가의 사람들이 집에서 마시는 술은 색은 짙으나 맛은 약하다. 스스로 좋을대로 마신다."고 기록되어 있다.

이로써 궁중에는 청주와 법주의 두 종류를 항상 비축해 두고 마셨음을 알 수 있으며, 일반 국민은 막걸리를 주로 마셨는데, 그것은 요즈음의 농주처럼 발효도가 높지 않은 순한 술이었다. 그러나 술을 마실 때는 특별한 법도가 없이 자유롭게 마셨음을 알 수 있다.

한편, 고려시대의 시성(詩聖)으로 지칭되는 이규보는 그의 저서 《동국이상국집(東國李相國集)》에서 청주를 거를 때의 비율에 대해, "새 술을 걸러서 맑은 술로 하는데, 서너 병을 얻기 어렵다."고 기록하였는 바, 술을 빚어서 걸러 앉혀 맑은 술을 떠내려면 30~40% 정도의 분량으로, 매우 적은 양의 술을 얻을 수 있던 것이다.

이후 양조기술은 더욱 발달하여 다양한 종류의 술이 빚어졌던 것으로 보인다.

가향주와 약용약주의 등장이 그것이다.

이색(李穡, 1328~1396)의 《목은집(牧隱集)》에 "단오절 좋은 시절에 부의주(浮蟻酒)에 창포꽃을 넣어 빚은 창포주를 즐기고, 9월 9일 중구일(重九日)에 국화주 술잔에 달 그림이 가득하다."고 읊은 시문이 있다. 따라서 고려에서도 부의주가 있었고, 창포와 국화 등 제철의 꽃을 섞어 빚은 술로 가향주와 약용주가 많았음을 알 수 있다.

고려 후기의 학자인 안축(安軸, 1282~1348)의

시문집인 《근재집(謹齋集)》에는 "화주(和州)에서 온 사람이 포도주를 가져왔다."고 하는 기록이 보인다.

이외에 《고려가요(高麗歌謠)》〈한림별곡(翰林別曲)〉, 《근재집》 등에 죽엽주(竹葉酒), 이화주(梨花酒), 국화주(菊花酒), 오가피주(五加皮酒), 방문주(方文酒), 삼해주(三亥酒), 부의주(浮蟻酒) 등의 술 이름이 소개되어 있는 것으로 미루어, 당시의 술의 종류가 얼마나 다양했는지를 엿볼 수 있다.

한편, 원나라로부터 도입된 증류주법은 획기적인 일로, 우리의 음주문화와 양조법에 일대 변화를 가져오게 된다.

증류주법, 즉 소주 제조법이 도입된 시기는 고려 중기 이후로, 아랍문화의 하나였던 증류주법은 12세기경 서구라파로 전해지면서 브랜디의 시초를 이루었으며, 동양으로 와서는 몽고에 회교문화와 함께 전해져 소주를 낳게 되었다.

원나라는 한때 그 세력을 페르시아에까지 미쳐 회교문화를 받아들이게 되었는데, 페르시아의 술 증류법이 몽고에 전해지게 되었고, 몽고는 징기스칸의 손자 쿠빌라이가 고려를 침입(1274년)한 후, 그들의 본당이었던 개성과 전초기지였던 안동, 제주도에서 증류식 소주를 만들어 마시게 되었다. 이들 지역에서는 그들의 증류법을 익혀 몽고군에게 보급하게 되면서, 개성과 안동·제주지역에서 전국으로 확산되었다고 한다.

따라서 페르시아의 증류법이 중국을 거쳐 우리나라에 와서 소주가 되었고, 12세기 십자군에 의해 유럽으로 가서는 포도주를 증류한 브랜디를 낳게 된 것으로 추측한다.

이러한 소주는 처음에는 몽고어 그대로 '아라키(亞喇吉)'라고 불려지다가, 아랑주·아락주·화주(火酒)·주로(酒露)로 불려졌으며, 조선시대에 이르러 소주로 정착되었다.

고려가 망하고 이후 조선시대에 들어와서는 옹기로 된 증류 전용의 '소줏고리'가 등장하면서 더욱 증류법이 발달하여 소주의 유행을 가져오게 되었다.

6.전통주의 전성기 조선시대

조선시대의 술은 대부분 고려시대로부터 이어져 내려오던 것이 대부분이다. 하지만 광작농의 확대로 농촌문화 변동의 계기를 가져와, 미곡의 증산과 지방의 유림문화(儒林文化)가 신장되면서, 이러한 환경변화는 향토음식의 발전을 가져오게 되고, 결국 식생활문화의 다양성으로 나타나게 된다.

특히 가부장적 대가족생활은 더욱 공고해졌으며, 통과의례 등 의례음식의 조리기술과 상차림이 고도로 발달하게 된다.

조선시대의 술 역시도 이런 환경에 영향을 받아 소위 전통주의 전성기를 구가하게 된다.

고려시대에는 산출량이 적었던 찹쌀이 조선시대에 와서는 많이 생산됨으로써, 조선 전기에는 멥쌀보다 찹쌀 위주의 양조원료 사용이 증가하고, 양조기법도 단양법(單釀法)에서 중양법(重釀法)으로의 전환이 뚜렷해지는 것을 들 수 있다.

다시 말해, 양조기법 면에서는 점차 고급화 추세를 지향하는 한편, 상류사회를 중심으로 중양주를 선호하게 되어 백로주(百露酒)·삼해주(三亥酒)·이화주(梨花酒)·청감주(淸甘酒)·부의주(浮蟻酒)·향온주(香醞溫)·하향주(荷香酒)·춘주(春酒)·국화주(菊花酒)·백자주(栢子酒)·호도주(胡桃酒) 등이 명주로서 주품(酒品)을 자랑했다.

특히 고려 말엽에 정착된 증류주들은 조선시대에 들어 급속한 신장과 함께 일본, 중국 등으로 수출이 빈번해지는 등 증류주문화가 국제화 단계로 발전한 것을 볼 수 있다.

그 예로 삼해주와 같은 고급 양조주의 술덧까지 소주로 전용되는 기현상마저 나타나, 서울의 공덕동에 자리잡고 있었던 삼해주 술도가에서는, 소주의 수급을 충당하기 위해 삼해주를 모조리 소주의 술덧으로 전용했다고 한다.

이에 다산(茶山) 정약용(丁若鏞, 1762~1836)은 소주의 유행으로 인한 양곡의 낭비를 한탄한 나머지, 전국에 흩어져 있는 소줏고리를 거두어 들일 것을 조정에 청원하기도 하였다고 한다.

이러한 사실은, 당시 증류주에 대한 욕구와 수요가 어떠하였는지로 엿볼 수 있게 해준다. 또 고려시대에 개발되었던 홍로(紅露)에 이어 황로(黃露), 갈로류(褐露類)의 주종(酒種)까지 등장하는가 하면, 고려시대때까지만 해도 양조곡주를 이용했던 자주류(煮酒類)가 소주를 바탕으로 각종 물료(物料)를 곁들인 주품으로 새롭게 개발되기도 하였다. 그러한 주품으로 전라도의 죽력고(竹瀝膏)와 전라·황해도의 이강고(利薑膏) 등이 있다.

그리고 또 한 가지 조선시대 후기의 특징으로는, 지방색을 띤 다양한 고급 양조주류의 등장을 들 수 있다.

즉 지방과 집안마다의 가전비법으로 빚어졌던 명주들이 속속 등장하면서, 전통주의 전성기를 이루게 되었다는 것이다.

이때 주품을 자랑하던 명주로는, 이른 바 3차 중양법의 춘주(春酒)로 지칭되었던 서울의 약산춘(藥山春), 전라도 여산의 호산춘(壺山春)·충주의 노산춘(魯山春) 등과, 평양의 벽향주(劈香酒)·김제와 충주의 청명주(淸明酒)·제주도의 초정주(椒井酒)·충남 한산의 소국주(小麴酒·素麵酒)·두견주(杜鵑

酒), 그리고 도화주(桃花酒) · 송순주(松荀酒) 등이 주막에서 팔리고 있었다 한다.

그 외에도 그려시대까지 양조곡주를 바탕으로 하였던 재제주류(再製酒類) 역시도 양조기법이 소주로 바뀌었다. 장미로(薔薇露) · 매화로(梅花露) · 송화로(松花露) · 감귤로(甘橘露) · 이로(梨露) · 박하로(薄荷露) · 감국로(甘菊露) · 자소로(紫蘇露) · 생강로(生薑露) · 목과로(木瓜露) · 산사로(山査露) · 인삼로(人蔘露) 등이 그것으로, 이들 주류의 특징은 우리나라 전래의 풍미물료(風味物料)를 이용하고 있다는 것 외에도, 외국의 재제주류를 무색케 할 정도의 맛과 향을 자랑하는 등 우리 선조들은 뛰어난 지혜와 술 빚기 솜씨를 간직하고 있었음을 알 수 있다.

조선시대 후기의 양조기술 가운데 혼양주류기법을 빼놓을 수 없는데, 혼양주류는 양조곡주와 증류주의 조화라는 측면에서 이채롭다고 하겠다.

혼양주법은 곡주양조기법을 골격으로 양조용수 대신 소주를 이용한 양조기술이라고 하겠는데, 대표적인 혼양주류로는 과하주(過夏酒)와 송순주(松荀酒)가 있다.

조선시대의 술 이름과 양조기법을 기록한 문헌으로는 《증보산림경제(增補山林經濟)》, 《음식디미방(飮食知味方)》, 《규합총서(閨閤叢書)》, 《주방문(酒方文)》, 《술 만드는 법》 등 여러 문헌이 있는데, 이들 문헌에 수록된 술의 종류만 해도 총 260종에 이른다.

이는 음식 관련 문헌들의 대부분이 조선 후기에 제작된 서적이라는 사실과, 이 시기에 접어 들어 지방의 명주들이 등장하기 시작했던 것으로 미루어, 자가양조 형태의 가문비주가 유행하였음을 말해준다고 하겠다.

가양주는 각 가정에서 수시로 빚어서 상비해 두고, 제사 · 손님 접대 · 잔치 등의 제행사와 평소의 반주용으로 사용하는 술을 가리킨다.

고래로 우리 조상들의 술 빚는 솜씨는 뛰어났거니와 술을 매우 즐겼는 바, 각종 향약재(香藥材)를 가미함으로써 가양주는 약용약주(藥用藥酒)의 역할도 겸하였다.

그런데 조선시대 후기에 접어들어 재제주류 및 혼양주류, 그리고 약용주류가 등장하게 된 배경을 살펴보면, 한 가지 독특한 우리의 식생활 문화의 일단을 엿볼 수 있다.

즉, 조선시대에는 세종 때를 중심으로 향약에 대한 연구와, 허균을 대표로 하는 동의학의 연구결과로 우리나라에는 의식동의(醫食同意)의 식생활을 구현하게 되었다는 사실이다.

그 반증으로 고려 중기에는 《삼화자향약방(三和子鄕藥方)》 · 《향약고방(鄕藥古方)》 · 《향약간이방(鄕藥簡易方)》 등의 의서 발간이 3종에 그쳤으나, 조선시대에는 우리나라 각 지방의 생약재의 분포 상황조사에 근거한 《지리지(地理志)》를 간행, 당시의 조사에 의한 식물성 생약재 243종, 동물성 생약재 46종, 광물성생약재 14종에 대해 분포와 실제, 생산 실정을 수록하였다.

또 중국의 약재를 수입해 사용해 왔으므로, 중국 약재와 우리나라 약재와의 약리적 효능을 비교 연구하는 한편으로, 우리나라 약재로 대치할 수 있는 방법을 연구하기까지 이르렀다. 그리고 채취와 재배 가능한 약재에 대한 연구로, 1398년 《향약제생집성방(鄕藥濟生集成方)》을 비롯 1417년에는 《향약구급방(鄕藥救急方)》, 1431년에는 《향약집성방(鄕藥集成方)》 · 《향약채집월령(鄕藥採集月令)》이, 1613년에는 허준에 의해 《동의보감(東醫寶鑑)》 등 의학 관련 서적이 여러 권이 간행되었던 것이다.

특히 《동의보감(東醫寶鑑)》의 〈잡병편雜病編)〉에

는 음료수를 위시하여 각종 식품에 대한 해설과 함께 술, 죽을 비롯 병의 치료와 예방에 필요한 음식물이 구체적으로 수록되어 있다.

이런 배경에서 양생음식이 발달하였고, 향약을 가미한 재제주와 혼양주, 약용약주가 개발되었다는 사실이다.

여기서 조선시대의 술과 관련하여 술 이름과 만드는 방법 등을 수록하고 있는 문헌은 《증보산림경제》를 비롯, 《음식디미방》, 《주방문》 등 여러 문헌에 수록된 내용을 근거로, 조선시대의 술빚기를 전시대와 비교해 보면 크게 세 가지 특징을 발견하게 된다.

첫째, 찹쌀로 빚은 술이 증가하였다는 사실이다. 찹쌀술의 증가는 찹쌀의 산출량이 그리 많지 았았던 조선시대로서는 술의 고급화가 진행되었다는 것을 뜻한다고 하겠다.

둘째, 술빚는 과정에 있어 여러 번에 걸쳐 덧술을 한다는 사실이다. 즉, 중양주와 삼양주는 여러 번의 덧술과정을 거침으로써, 술의 고급화는 물론이고 알코 올함량을 높이면서 많은 양의 술을 빚었다는 것을 알 수 있다.

셋째, 고려시대에 비해 소주의 선호도가 증가했다는 사실이다. 또한 소주를 기본으로 한 약용약주, 재제주, 혼양주가 많아졌다는 것을 알 수 있다.

그 예로 1600년대의 《규곤시의방(閨壼是宜方)》에

수록된 술의 종류가 모두 50종인데, 그 중에서 단양주가 19종인데, 반하여 중양주는 24종이나 되며, 소주류 4종과 기타의 술이 4종이었다.

《동국세시기》〈3월조〉에 "술집에서 과하주를 빚어 판다. 술 이름은 소국주, 두견주, 도화주, 국화주, 송순주 모두 봄에 빚는 술이다. 좋은 소주도 있다. 동덕 옹막에는 삼해주의 독이 천배씩 많다."고 기록된 사실은, 다양한 종류의 술과 함께 향약재를 가미해 만든 약용약주, 그리고 송순주와 같은 혼양주가 일반화 되었음을 알려주는 것이다.

그리고 이들 술은 지역에 따라 특징을 띠게 되었는데, 탁주 · 약주 · 증류주의 제조, 이용분포가 지역성을 띠고 있다는 것이다.

단정적인 것은 아니지만 특주류는, 서울 이남의 남부지방에서 제조되어 농민과 하층계급의 음료 · 영양원으로 주로 소비되어, 농주(農酒)라는 말이 생겨나기도 했다. 반면, 약주류는 서울을 중심으로 한 중부지방에서 중류층 이상의 계급에서 제조 · 이용되었으며, 증류주류는 서울 이북에서 주로 소비되었는데, 남부지방에서는 여름철에만 제조되어 이용해왔던 것이다.

우리나라의 술은 대개가 1909년 주세법(酒稅法)이 만들어지기 이전까지 각 가정에서 제조 · 소비되는 특징이 있어, 가정마다의 비법(秘法)으로 만들었기 때문에 약주나 소주에 인삼 등 초근목피를 첨가해서 그 약리적 작용을 추구하고자, 여러 가지 혼양주(混釀酒)가 만들어지기도 했다.

술 이름 또한 다양하기 이를 데 없어 '흰 노을 같다'는 백하주, '개미가 떴다'하여 부의주, '푸른 파도빛을 띤다'는 녹파주, '연꽃 향기가 난다'는 하향주 등 술 이름만 해도 수 십 가지에 이르고, 술에 꽃잎, 나뭇잎, 약재 등을 넣어 그 성분과 향기를 우려내는 가향주류로, 도화주 · 연엽주 · 송순주 · 죽엽주 등 다양하다.

여기서 문헌에 근거하여 조선시대의 술빚기를 특징별로 살펴 보기로 한다.

조선시대의 술빚기는 첫째, 누룩을 이용한 방법이 일반화 되면서 여러 가지 양조와 관련한 전문 용어들이 나타나고 있다.

실례로 주모(酒母)를 《증보산림경제》에서는 '부본(腐本)'이라 하고, 《음식디미방》 및 《주방문》에서는 '밑술', '석임'이라 하며, 《술 만드는 법》에서는 '술밑'이라고 표기하고 있다.

술 빚을 때의 주원료가 되는 곡물은 고려시대에서 멥쌀을 주로 사용해 왔으나, 조선시대에서는 찹쌀의 이용도가 많아졌으며, 처리 방법도 고두밥은 물론이고 구멍떡, 밀가루, 죽, 범벅, 흰무리 등으로 만들어 술을 빚었다.

반면, 술을 빚는 일이 많아졌으나 원료(누룩)의 품질 개량에는 별다른 변화를 가져오지 못하였던지, 술을 빚었을 때 술이 시거나 실패하는 경향이 많았던 것 같다.

《규합총서》에 '신술 고치는 법'이 수록되어 있는데, 기록에 의하면 "술이 시거든 팥 두어되를 볶아 주머니에 넣고 온기가 있는 동안에 술 가운데 담그면 신맛이 없어진다."고 하였다. 또한 술의 이상발효나 실패를 방지하고자 술 빚기에 좋은 '길 일(吉日)'을 택하기도 하였다. 술 빚기에 좋은 날로 "정유(丁臾) · 경오(庚午) · 계미(癸未) · 갑오(甲午) · 을미일(乙未日)"등을 선호하였고, "술자(戌子) · 갑신(甲辰) · 정유일(丁酉日)을 흉일"이라 하여 피하라고 기록되어 있다.

또한 술을 빚는 용수(用水)로 "청명일 · 곡우일에 강물(江水)로 빚으면 그 빛깔과 맛이 좋다."고 하였고, "가을에 이 슬을 받아 술을 빚으면 '추로백(秋露百)'이라 하여 특히 향기롭고 톡 쏘는 맛이 있다."고 기록되어 있다.

한편, 《임원십육지》를 보면 조선시대의 술은 '상용약주(常用藥酒)'와 '특수약주(特殊藥酒)', '속성주류(速成酒類)', '탁주(濁酒)', '홍주(紅酒)', '백주(百酒)·감주(甘酒)', '이양주(異釀酒)', '가향주류(加香酒類)', '과실주(果實酒)', '소주(燒酒)', '혼양주(混釀酒)', 약용소주 및 약용약주(藥用燒酒·藥酒)'등 11가지로 분류하고 있어 지금의 주류 분류와도 큰 차이가 있음을 볼 수 있다.

'상용약주'는 한 번 또는 두 번 담근 청주를 가리키며, 청주를 곧 약주라고 하였다.

우리나라와는 달리 중국이나 일본에서는 약재로 넣어 빚은 술만을 약주라고 하는 점에서 표기의 차이가 있다. 상용약주로는 백하주·부의주·향온주·소국주·경면녹파주·벽향주·청명주·동정춘(同庭春)이 이에 속한다.

'특수약주'는 소주류 중 춘주가 여기에 속하며, 상용약주류에 비해 여러 번 덧술하여 순후(醇厚)한 맛이 나도록 빚은 약주로, '주(酎)'라고 하였다. 이때의 酎는 세 번에 걸쳐 빚는 삼양주를 뜻한다. 그리고 술 이름에 춘(春)자가 붙는 술을 특수양주로 구분하고 있다. 대표적인 주종으로 호산춘·삼해주·약산춘·백일주·사마주(四馬酒)·법주가 있다.

그런데 최근 증류주에 '酒'字를 붙일 것이냐, 아니면 '酎 字'를 붙여야 하느냐를 놓고 의견이 분분하다.

여기에 酎 자의 유래에 대하여 밝힘으로써, 그 결정은 당사자의 판단으로 미루고자 한다 .

일본의 평안시대(平安時代) 때부터 빚어왔던 양조방법이 한말에 우리나라에 도입된 이후, 우리나라의 청주(淸酒)는 거개가 일본식으로 만들고 있다. 그 방법은 주모(酒母)에다 산국(散麴)과 찐쌀을 세 번에 걸쳐 위덮는 과정으로 이뤄지는데, 일본에서는 주모를 酛(모도)라고 하고 위덮은 일을 添(소에)라 하며, 酛에다 添한 것을 醪(모로미)라고 한다. 이 때의 添을 중국에서는 기장술의 경우 酎라 하고, 쌀술의 경우 酘라고 하며, 우리나라에서는 화(和)라고 말로 표현하고 있다.

따라서 酎는 본래 위덮에서 술의 양과 알코올 농도를 높이 것을 가리키는 뜻이며, 醪나 添, 和와 같은 의미를 담고 있다고 하겠다.

그리고 사실여부는 알 수 없으나, 알코올 농도가 높은 소주를 보고 일본인이 여러 번에 걸쳐 위덮어서 빚는 술로 생각하고 소주(燒酎)라고 잘못 쓴 것이라고 하며, 우리나라와 중국에서는 본래부터 소주(燒酒)라고 하였다고 알려지고 있다.

'속성주류'는 순내양주(旬內釀酒)라고도 하며, 단시일 내에 숙성되는 술을 순내주(旬內酒)라고 한 데에서, 이러한 분류법을 택하게 된 것임을 알 수 있다. 대부분이 단양주로서 민간에서 널리 이용되었으며, 탁주류가 이에 속한다. 대표적인 속성주로는 일일주·이일주·급시주(急時酒)·칠일주·두강주(杜康酒)가 있다.

'탁주'는 곡주를 거르는 방법에 따라 분류한 주종 구분법으로, 발효된 술밑에 용수를 박아 용수 안에 고인 맑은 술을 떠내면 청주(淸酒)가 되고, 그렇지 않고 체를 받쳐 물을 쳐가면서 주물러 걸러내면 흐린 술이 되므로, 이를 탁주 또는 막걸리라고 하는 것이다.

따라서 같은 술이라도 거르는 방법에 따라 청주 또는 탁주가 되기도 한다.

전통적인 탁주류는 이화주·사절주(四節酒)·혼돈

주(混沌酒)를 들 수 있다.

'홍주'는 주국과 홍국을 가루내어 넣고 발효시킨 술밑을 3일 후 착즙한 술로, 홍국을 사용한다고 해서 홍주라고 부르게 되었다.

한편 홍로 또는 홍로주라고 하여 발효된 술밑을 증류할 때 지초(芝草)를 이용, 착색시킨 술로 홍주(紅酒)·지초주라고도 하는데, 홍국(紅麴)으로 빚은 홍주와는 구분된다.

'백주'와 '감주'는 술 빛깔이 흰 술, 달게 빚은 술이다.

'이양주'는 술의 숙성 과정에서 정상적인 발효방법이 아닌, 즉 흙·물·대밭 속·소나무 등에서 발효·숙성시킨 술로, 청서주(淸署酒)·봉래춘(逢來春)·와송주(臥松酒)·지주(地酒) 등이 대표적이다.

'가향주류'는 술을 빚을 때 여러 가지 꽃잎이나 향료 등을 이용하여 빚은 가향·약주를 총칭하는 것으로, 향양주(香釀酒)라고도 한다. 민자약주의 반대 개념이나 약주와는 구분된다. 도화주·송화주·송이주(松栢酒)・하엽주(荷葉酒)・화향입주방(花香入酒方)・두견주(진달래술) 등의 주품을 일컫는다.

'과실주'는 포도즙과 누룩가루로 빚는 포도주, 껍질 벗긴 실백과 누룩가루를 찧어서 빚은 송자주(松子酒)를 가리킨다.

'소주'는 발효된 술덧을 소줏고리로 이용하여 증류시킨 민자소주를 가리킨다.

가장 원시적인 방법으로 빚은 소주로, 대표적인 술은 안동소주와 찹쌀소주・보리소주・밀소주・노주이주방(露酒二酒方)・삼해주(三亥酒)가 이에 속한다.

'약용소주'는 약재의 약성분을 우러나게 하여 빚은 소주로, 소주에 약재를 침지하는 경우와 약재를 섞은 술덧을 고아서 만든 소주가 이에 속한다. 대표적 주품으로 관서감홍로(關西甘紅露)・이강고・죽력고・홍주(지초주)가 있다.

'약용약주'는 민자약주에 약의 성분을 우러나게 하여 빚거나, 덧술에 약재를 넣어 발효・숙성시킨 술을 가리킨다. 대표적인 주품으로 자주(煮酒)・구기주・오가피주・도소주・밀주(密酒) 등이 이에 속한다.

'혼양주'는 소주도 양주도 아닌, 이른 바 중간 형의 술이다. 약주에 소주를 섞어 숙성시킴으로써 약주의 단점인 저장성을 향상시킨 술이다. 대표적인 술로 과하주・송순주・왜미림주(倭美淋酒) 등이 있다.

7. 전통주의 침몰기 또는 표류기 한말(韓末)과 그 이후

1882년(고종 19년)에 한・미 수호조약이 체결된 이후, 독일・영국・러시아・일본 등과 국교가 성립되고, 이른 바 국제화로 접어들면서 조선은 근대화의 물결이 일기 시작했다. 그러나 1905년 일본에 의해 을사조약이 강제로 체결되면서, 외교권을 빼앗긴 왕조와 함께 대한제국은 종말을 맞고 조선총독정치가 시작된다.

이때부터 일제의 수탈작업이 시작되는데, 그 과정에서 제일 먼저 세금원의 공작대상이 되었던 것이 우리의 전통주・토속주였다.

1907년 7월 조선총독부에 의해 '주세령(酒稅令)'이 공포된 것이다. 또 같은 해 8월에는 '주세령 세칙(시행규칙)'의 공포가 있었고, 다시 9월에는 주세령을 근거로 한 강제 집행이 시작되었다.

주세령의 강제집행은 곧 전통주의 단절을 의미하는 것으로서, 이때부터 수 백 종에 달했던 전통주가 잠적하기 시작하였고, 각 지방과 집안마다의 가양주는 밀조(密造) 형태로 그 명맥을 이어가게 되는데, 이에 일제는 1916년 1월 밀주제조에 대한 단속강화와 함께 모든 주류를 약주, 탁주, 소주로 획일화・규격화시켰다.

이로 인해 우리의 전통주는 단절과 함께 1917년 주류제조업의 정비가 시작되면서 각 지방마다 대단위 주류제조를 업(業)으로 하는 공장(양조장)이 새로이 선정 운영되었다. 또한 1920년에는 일본으로부터 소위 '신기술'에 의한 개량누룩제조(흑곡, 황곡의 배양균을 사용하는 입국법)가 활용되면서 전통의 단절과 함께, 획일적이고 규격화된 저급의 술이 이 땅을 적시게 된다.

이로써 광복이 되기까지는 실질적인 전통주는 말살되었으며, 새로운 고급주로서 '일본 청주'와 '일본 맥주'가 전통주의 자리를 차지하게 되었다.

그 예로 1883년 1월 윤승박문이라는 이가 작명(作名)했다는 '향양(向陽)'이라는 상품명을 앞세우고, 부산에 복전양조장이 설립된 것을 시작으로, 전국 각지에는 일본식 청주공장이 들어섰으며, 다시

1930년에는 일인(日人) 소유의 '소화기린맥주'와 '조선맥주회사'가 들어서면서, 주류는 일본인 독점하에 놓이게 된다.

그러나 더 큰 문제는 광복 이후의 주세정책이었다.

1945년 광복 이후에도 조선총독부 치하의 주세행정이 그대로 이어져, 전래의 다양한 방법으로 빚어졌던 유명 전통주와 지방마다의 향토성을 띤 토속주들이 설자리를 잃고 만 것이다.

더욱이 6.25란 전쟁을 거치면서도 유일하게 살아남아 전통을 지켜왔던 소주마저도 1965년 1월에 발표된 정부의 '양곡관리법'에 의해 증류식 소주가 아닌, 이른 바 고구마, 당면, 옥수수, 밀가루 등을 원료로 만든 주정(酒精)에 술을 희석하여 만든 희석식(稀釋式) 소주로 바뀌고 말았다는 사실이다.

1965년의 '양곡관리법'은 식량난 해소와 식량의 자급자족을 목표로 제정된 부득이한 조치였겠으나, 이 법의 제정은 전통주의 완전한 단절 또는 멸실을 가져왔다고 보기 때문이다.

환언하면, '양곡관리법'의 제정으로 일제에 의한 전통주의 말살이 일제 강점기 36년에서 해방 후(1945) 부터 1987년까지 42년이란 기간을 연장시켜, 결국 78년이란 세월 동안 전통주를 단절시킨 결과로 나타나게 되었다는 사실이다.

따라서 전통주는 일제에 의해 36년이란 세월동안 수탈을 당하고, 다시 우리 스스로에 의해 42년이란 세월을 암흑의 세계에 가둬놓고 말았던 것이다.

여기서 일제 강점기 36년보다 해방 후의 42년이란 세월을 더욱 문제 삼는 까닭에는, 절대다수의 우리 전통주와 토속주들이 소위 '가전비법'이라 하여 집안 살림을 맡아하는 여인네들에 의해 그 명맥을 이어왔을 뿐, 술 빚는 법에 따른 기록과 보존에 소홀했다는 사실을 우리는 그만 잊고 있었다는 것이다.

우리가 한 세대(世代)를 30년으로 볼 때 78년이란 세월은 3대(三代)에 해당하는 세월로서, 술 빚는 방법에 대한 구체적 기술없이 완벽하게 재현해낸다는 것은 거의 불가능한 일이라고 생각되기 때문이다.

불행인지 다행인지 전통주의 재현이 현실문제로 대두되자, 지난 1982년부터 정부의 주도하에 문화재관리국이 지방주의 재현과 재발견 작업을 시작하였고, 서울의 문배주 · 면천의 두견주 · 경주의 고통법주를 비롯 서울 향온주 · 충주 청명주 · 경기 부의주 · 한산 소곡주 · 보은 송로주 · 전주 이강주 · 진도 홍주 · 안동 소주 · 청원 신선주 · 제주 오메기술 · 대구 하향주 · 해남 진양주 · 김제 송순주 · 아산 연엽주 · 김천 과하주 · 문경 호산춘 · 안동 송화주 · 제주 고소리술 · 계룡 백일주 · 서울 삼해주(약주, 소주) · 경기 계명주 · 당정 옥로주 · 광주 산성소주 등을 문화관광부(문화부)가 무형문화재로 지정 및 보호 · 육성하고 있다.

또한, 송화백일주 · 안동소주 · 인삼주 · 옥선주 · 감홍로 · 구기자주 등에 대하여는 농림부가 명인 지정을, 용인 민속주 · 산성 막걸리 · 경주황금주 · 안양 옥미주 · 제주토속좁쌀약주 · 인천칠선주 · 낙안사삼주 · 함양국화주 · 남해 유자주 · 횡성 의이인주 · 평창 감자술 · 청주 대추술 · 송죽 오곡주 · 춘천 강냉이술(한옥로) · 담양 추성주에 대하여도 과거 교통부가 관광토속주로 지정 · 보존에 힘쓰고 있는 형편이다.

따라서 삼국시대 이래 1백년전까지만 하더라도 찬란한 양조문화를 자랑했던 우리의 전통주 산업을 오늘에 되살리고, 오랜 기간에 걸쳐 주류관련 연구활동을 꾸준하면서도 활발하게 전개해오고 있는 여러 선진국들의 유명주와 어깨를 나란히 할 수 있는 명주를 생산, 오늘의 위기상황을 우리 전통주의 세계화하는 기회로 삼아야 할 때이다. 酒

우리나라 전통주의 특징

우리나라의 술은 현재 주세법에 근거하여 양조주, 증류주, 재제주로 분류하고 있는데, 전통적으로는 술을 빚는 방법과 거르는(증류 방법 포함) 방법에 따라 구분하고 있다.

다시 말해서 양조곡주(釀造穀酒)와 순곡 증류주(純穀蒸溜酒)로 구분하고 있다는 것이다.

즉, 빚어진 술을 거르는 방법에 따라 막걸리를 포함하여 탁주류와 청주(약주)류는 양조곡주에 속하며, 이들 탁주와 청주·약주를 증류시킨 순곡 증류주로 크게 구분된다.

그리고 엄밀하게는 양조곡주 가운데는 순곡주류(純穀酒類)라 하여 거르는 방법(탁주·청주)과 빚는 법(일반주(一般酒)·이양주;異釀酒)으로 분류되며, 혼양곡주류(混釀穀酒類)라 하여 술에 약재를 넣거나 곡물과 약재를 넣는 약용곡주류(藥用穀酒類), 술 빚는 횟수에 따라 향약재를 계속해서 넣는 방법의 가향곡주류(加香穀酒類), 술과 과실 또는 곡물과 과실을 넣어 빚는 과실주류, 곡물에 소주를 넣어 빚는 혼양주(混釀酒)로 구분한다.

증류주(증 溜酒)에는 증류 횟수에 따라 단양·이양·삼양으로 분류하는 순곡증류주(純穀蒸溜酒)로 구분한다.

그러나 이와 같이 다양한 방법으로 빚어져오던 전통주들이 최근에는 주세법에 따른 규정과 제약으로 단순·규격화 하고 있으며, 특히 전통의 양조법에서 벗어난 상태로, 주질은 물론, 다양한 술빛기가 그 궤를 달리하고 있음은 안타까운 일이다.

그것도 일본인들이 우리 전통주의 말살과 주세징수의 목적으로 입법화 한 주세법을 모태로 한 현행 주세법으로 인해서.

어떻든 우연하게도 전국 각지에서 빚어지고 있는 전통주를 비롯 관광·토속주, 그리고 향토색 짙은 토속주들을 포함하여 1백여종을 대상으로 한 실답조사를 갖게 되었는데, 그 결과로 우리의 전통주·토속주는 '다양성'과 '감칠맛 및 부드러운 향취', 그리고 성격상으로 볼 때 '약용약주'라고 하는 결론을 내리게 되었기 때문이다.

다양성을 첫째로 꼽는 이유는, 조사대상 1백여종의 전통·토속주 가운데 그 원료에서부터 술 빚는 방법, 누룩을 비롯 쌀의 처리 방법에서, 술이 다 익어서 채주와 숙성시키는 등 전 과정에 이르기까지 원료의 사용·술 빚는 방법·양조과정이 똑 같은 술이 없었다는 사실이다.

이는 우리의 술들이 쌀을 중심으로 여러 가지의

곡류를 익혀서 술을 빚는 증자법(증숙법)을 취하고 있으면서도, 원료의 상태가 고두밥 · 죽 · 반쯤 익힌 쌀가루 · 엿인 점이 그렇고, 무엇보다 술을 안치는 과정의 차이가 두드러지는 것이 우리의 전통주와 토속주라는 것이다.

대개의 술빚기는 누룩과 고두밥 · 물을 섞어 일정한 온도와 기간을 거쳐 발효가 이뤄지는데, 이와 같은 과정이 한 번으로 끝나는 경우(단양주)가 있는가 하면, 두 번 반복하는 이른 바 '덧 담근 술(중양주)'이 68%에 이른다는 점이다. 이외에 세 번 담근 술(삼양주)은 16%나 되고, 서울의 향온주와 같은 술은 열두 번까지 담글 수 있는 것으로 알려져 있어, 우리나라 술빚기의 다양성을 엿볼 수 있다.

이 밖에도 발효제로 사용하는 누룩은 밀을 분해한 후 물을 섞어 일정한 크기와 두께로 굳혀서 짚을 이용하여 띄운 것인데, 술에 따라 누룩에 솔잎이나 국화 · 인삼 · 율무 · 유자 등의 가향 · 약재를 섞는가 하면, 물 대신 술과 죽을 섞어 만들기도 하여 우리의 누룩이 얼마나 다양한 재료와 방법, 과정을 거쳐 만들어지는지를 알 수 있게 해준다.

둘째는 우리나라의 술은 우리의 농산물을 이용한 순곡주(純穀酒)이면서, 무엇보다 먼저 건강과 보신(補身)을 위한 가향 · 약주(加香 · 藥酒)라는 사실이다.

탁주는 물론이고 청주 · 약주 · 소주류에 이르기까지 우리의 농산물, 곧 쌀 등의 곡류를 원료로 하지 않는 술을 발견하지 못하였으며, 각각의 형식과 고유의 술빚는 방법을 유지하고 있으면서도, 건강과 보신을 도모하기 위한 목적으로 솔잎을 비롯 쑥 · 황국 등의 가향재(加香材)와 구기자 · 산수유 · 당귀 · 우슬 · 갈근 · 진달래 등의 향약재(香藥材)를 넣어 술을 빚고 있다는 사실은, 우리의 술이 단순히 알코올성 음료가 아닌, 약용 목적의 기호음료임을 말해준다고 하겠다.

조사한 바로는 약 70%에 가까운 술이 가향주이

거나 약용약주로 밝혀졌으며, 술에 들어가는 약재의 가짓수가 적게는 두 가지에서 많게는 21가지의 많은 약재를 넣고 있음을 찾아 볼 수 있다.

그리고 세번째 두드러진 특징으로는, 우리나라의 술은 계절에 따른 산물(産物)을 이용해 술을 담는, 이른바, 계절주 성격이 강하다는 점이다.

그 가운데는 절기나 계절에서 유래한 이름의 술도 있고, 진달래·연꽃·국화 등 부재료로 들어가는 가향·약재의 이름을 따온 술이 많았는데, 이러한 계절주 성격의 술이 58%나 차지하고 있음도, 우리나라의 술이 약용약주로 특징지워짐을 반증해주고 있다고 하겠다.

또 술을 빚는 시기로는 봄, 가을, 겨울 순으로서, 양조기술의 발달과 함께 항온·항습장치의 구비, 온·난방설비 등으로 하여, 계절에 관계없이 술빚기가 가능해짐에 따라, 특정 계절을 선호하거나 기피하는 경향이 사라진 것은 아니었다.

다만, 봄과 가을 또는 가을과 겨울 등 계절적인 중복을 나타내고 있었다.

조사대상 1백여종의 술 가운데 약 36%가 봄·가을에, 20%가 가을과 겨울에, 16%가 봄과 겨울에 술빚는 시기로 선택하고 있었다.

반면, 우리나라의 술이 곡물을 중심으로 발효과정을 거쳐 빚어 진다는 사실과 관련, 이상발효·재발효·산패율의 증가 등을 이유로 여름철을 기피하고 있었다.

따라서 우리나라의 술은 계절주이면서 계절적 영향을 가장 많이 받고 있다는 점에서도 한 가지 특징을 살필 수 있다.

우리나라 술의 또 다른 특징과 장점은 술빚기 과정이 복잡 다단하며, 재료를 다루는 과정·발효과정이 매우 까다롭고, 술에 가향·약재를 많이 넣어 약

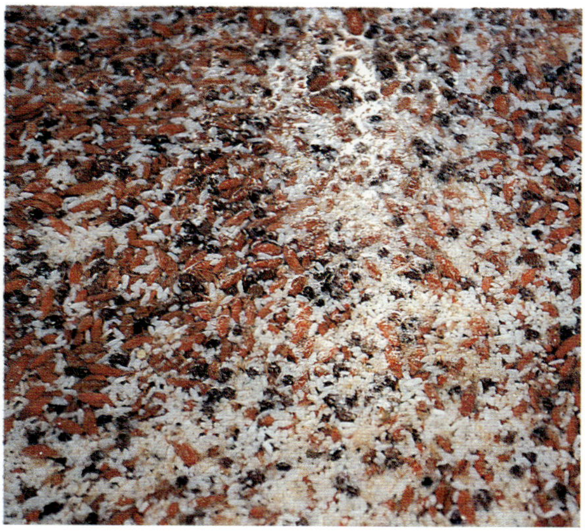

효를 높이고 있는 점을 들 수 있다.

특히 중부 이남, 즉 호남지방의 술일수록 술 빚는 방법이 까다롭고 복잡하며, 약재를 많이 넣는 등 다양한 술들이 빚어지고 있다는 사실이다.

이는 우리나라 술의 다양성을 반영하는 것이기도 하지만, 건강과 보신 목적의 약용약주가 우리나라 전통 · 토속주의 대주류를 이루고 있음을 말해주는 것이라고 하겠다.

정확하지는 않지만, 현재 전국에는 3백50여종의 술이 전해지고 있다고 하는데, 이번 조사대상만도 1백여종으로서, 각각의 특성과 지방별 · 풍토별 향취를 살리고 있는 술 가운데 어떤 맛을 선호하고 있는가도, 우리나라 술의 특징이 될 수 있고, 또 주종별로 알코올 함량은 어떤 분포를 나타내고 있는가 하는 점도 우리 술을 이해하는데 한걸음 가까이 갈 수 있다고 생각되었다.

우리나라 전통 · 토속주를 즐기는 소비자들의 경우, 그 맛에서 '감칠맛'과 '상쾌한 맛', '부드러운 향취'를 선호하고 있었다.

조사대상 150여명 가운데 48% 이상이 '감칠맛이 있어서 좋다'고 했고, 22%는 '상쾌한 맛을 준다'고 답했다. 그리고 감칠맛과 상쾌한 맛을 선호하는 사람 중 72% 정도가 부드러운 향취를 특징과 장점으로 내세웠다.

물론, 이 조사결과는 필자가 실답조사 현장과 취재과정에서 만난 150여명을 대상으로 한 것이긴 하나, 어느 정도의 상징성을 띤다는 점에서 이해할 필요가 있다고 생각된다.

반면, 이들 가운데 72%가 '누룩냄새'를 거부감으로 반응하였으며, 80% 이상이 술 빛깔이 맑지 못하다고 지적하였다.

이 두 가지 외에 용기(술병)의 세련되지 못한 점, 또는 과대 포장으로 술값이 비싸다는 사실을 단점으로 지적했다.

알코올 함량 면에서 볼 때도 우리나라 전통 · 토속주의 특징과 장점은 드러나게 된다.

청주 · 약주류는 전체 조사대상의 50% 정도를 차지, 단연 많았는데, 알코올 함량 18%, 16%, 14%, 19%, 15%, 17%, 13%, 12% 순으로 나타났으며, 증류주류의 경우 55%에서 25%까지로 다양했다. 그 순위로는 45%, 40%, 30%, 25% 순이었다. 탁주의 경우 11%가 18종으로 전체의

80%(탁주류)를 차지하고 있었다.

따라서 알코올 함량이 이처럼 다양하다고 하는 사실은, 소비자의 취향이나 선택의 폭이 넓다는 것으로, 큰 장점이 아닐 수 없다.

사실, '짜릿한 맛', '향긋한 맛'을 뽐내는 꼬냑이나 위스키, 브랜디, 그리고 와인 등의 양주류를 보더라도 대개가 40~45%가 아니면, 와인이나 맥주처럼 아주 낮은 알코올 함량으로 집중되고 있기 때문이다.

이상 우리나라 전통주의 특징과 장점을 양조방법과 그 과정을 중심으로 살펴보았다.

그 결과 우리나라의 전통·토속주들은 다양한 원료와 부재료의 사용, 그리고 원료의 가공·처리방법, 담그는 횟수 등 다양성을 띠고 있다는 것을 가장 큰 특징으로 하고 있고, 단순 발효주가 아니라 가향·약재를 많이 넣어 술을 마시는 한편으로, 건강과 보신효과를 위해 두 번 이상 빚은 약용약주 성

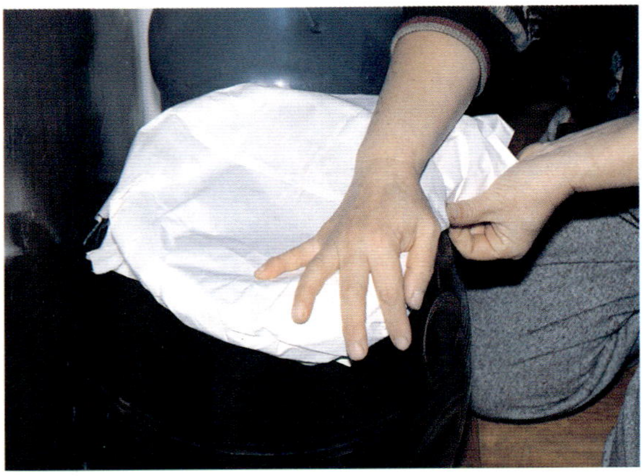

격이 강하다는 것을 알 수 있다.

우리나라 전통주의 장점으로는 멥쌀이나 찹쌀을 주 원료로 하고, 여기에 가향·약재를 첨가해 발효시킨 술이라는 점에서, 일반 시장의 소주 즉, 주정에 물과 조미료를 섞어 희석시킨 희석식 소주나, 과실주를 증류시켜 만든 외국의 양주류와 비교해 인체의 해를 덜 줄 뿐만 아니라, 같은 증류주라고 할지라도 과일이나 가향·약재를 첨가함으로써, 술의 폐해를 줄일 수 있다는 점을 들 수 있다.

그리고 이와 같은 배경에는 우리나라 전통·토속주의 오랜 역사와 뛰어난 양조기술에 근거하고 있다는 사실이 전제되어야 한다.

그 예로 고구려 건국 초기(AD 28년)에

'지주(旨酒)'를 빚어 한나라의 요동태수를 물리치는 등 중국인들 사이에 "고구려는 자희선장양(自喜善藏釀)하는 나라"로 주목받은 바 있고, 이때에 이미 곡물을 바탕으로 한 주조기술은 일본의 응신천황 때 백제의 인번(仁蕃;수수보리)을 통하여 일본으로 이전되었으며, 후세에 이르러 인번을 주신(酒神)으로 모셨다고 하는 사실이 일본의 《고사기(古事記)》를 통해 확인되고 있다.

또한 삼국시대와 고려시대의 대표적인 주품(酒品)으로 고려주(高麗酒)와 신라주(新羅酒)가 송대(宋代)의 《태평어람》과 당대(唐代)의 시인 이상은의 공자시(公子詩)에서 찬사의 대상에 오르고 있었다는 사실은, 우리나라의 양조기술과 술맛의 뛰어남을 입증해 주는 것이라고 할 것이다.

우리는 그간 수 많은 술들이 만들어져 부흥과 쇠퇴를 거듭해 왔던 역사적 사실을 기억해야만 한다. 그리고 지금까지도 재현이 불가능한 전통·토속주들이 한두 가지가 아니고 보면, 이는 결코 남의 탓만으로 돌리 수 없는, 보다 구체적이고 체계적인 양조기술의 기록과 축적, 또 이를 보존하고 지키려는 양조기능보유자와 소비자 모두의 철저한 장인의식과 전통수호의식의 결여에서 초래된 결과였기 때문이다.

특히나 우리 고유의 전통음식과 그 문화가 발효음식에서 출발하고 있다는 점에서, 전통·토속주의 우수성과 중요성을 깨달아야 할 것이다. 酒

누룩

1. 누룩이란

우리 민족이 오래 전부터 누룩을 이용, 술을 빚어 왔다는 사실은 앞서 전통·토속주의 역사와 유래에서 밝혔다.

이미 삼국시대에 밀을 이용한 누룩을 만들어 이를 발효소(醱酵素)로 사용해 왔으며, 이후로는 보리와 녹두, 쌀을 이용한 누룩도 만들어져 다양한 술빚기가 이루어졌음을 알 수 있다.

따라서 누룩, 곧 곡자(麯子)라고 하는 것은, 우리나라 전통의 술 발효제로서 숙성 중에 찹쌀, 멥쌀, 보리쌀, 옥수수, 수수, 조 등 주원료의 전분질을 분해, 당화(糖化)하여 포도당으로 만들어 주는 효소원(酵素源)이 되는 원료이다. 즉 아밀라아제 효소가 고두밥 등 주원료의 전분질을 분해한 후 당화시키고 유산균을 생성시키는데, 이 때 일단 생성된 산(酸)은 효모를 활성화시켜 알코올(alcohol), 곧 술을 만들게 되는 것이다.

이러한 누룩은 '국(麴)' 또는 '곡(麯)'이라고 표기하는데, '국'은 살균한 배지에 원하는 미생물(곰팡이균)을 인공적으로 접종한 경우를 가리키고, '곡'은 미생물이 자연적인 상태에서 접종되어 배양된 경우를 가리킨다.

따라서 전통적인 술빚기에 따른 누룩은 그것이 비록 사람의 손에 의해서 만들어졌다고 할지라도 미생물이 자연적으로 접종되어 배양된 것이라고 할 수 있으므로, '곡'(麯) 또는 '곡자(麯子)'라고 표기하는 것이 합당할 것으로 생각된다.

이 누룩 속의 누룩곰팡이는 발효 · 숙성시 녹말분해효소와 단백분해효소 등을 생산하는 것이 주된 역할로서, 소화제로서의 구실도 하는 것으로 알려지고 있다.

한의학에서는 누룩을 '신국(神麴)'이라고 하여 소화제로 이용하고 있는데, 이는 누룩 속의 누룩곰팡이가 녹말분해효소와 단백분해효소를 생산한다는 사실에 근거한 것이다.

2. 누룩의 등장시기 및 종류

누룩이 처음 만들어진 것은 중국의 춘추전국시대 때로 알려지고 있으며, 우리나라에서는 《고려도경(高麗圖經)》에 처음 누룩에 관한 기록이 보이고, 《삼국사기》·《삼국유사》 등의 문헌에 그 재료 · 제법은 나와 있지 않으나, 미온(美醞) · 지주(旨酒) · 요례(醪醴) 등으로 술에 관한 기록이 보이고 있는 것으로 미루어, 누룩이 우리나라에서 만들어진 것은

삼국시대 이전이 아닌가 추측하고 있다.

그런데 곡자의 제조에 있어, 분곡(粉麯)은 조곡(粗麯)보다 저온에서 띄우며 퇴적하거나 매달아서 띄우는 게 일반적이다.

이러한 누룩에는 *Rhizopus, Absidia, Aspergillus, Mucor* 등 속의 곰팡이와 효모가 혼합 배양된 것으로, 전분의 당화력과 단백 분해력을 가지며, 품질의 양부(良否)에 따라 주질에 영향을 준다.

평양 곡자, 원산 곡자(만두형), 서울의 공덕동곡자, 서울 효제동곡자, 남한산성의 산성곡자, 유천곡자, 선산곡자, 부산 동래의 산성곡자, 목포의 삼합(컵형)곡자, 온양곡자, 평택곡자, 통도사 · 범어사 · 옥천사 · 해인사곡자가 유명했던 것으로 알려지고 있다.

누룩을 구분하는데 있어, 우선 가루내어 떡처럼 만든 병국(餠麴)과 곡물의 낟알이 흩어져 있는 산국(散麴)으로 나눈다.

누룩이 처음 만들어졌을 때의 재료는 조(粟)가 이용되었던 듯 싶다. B.C 3세기경 중국 주(周)나라의 정부조직법을 정리한 《주례(周禮)》에 조로 만든 산국이 처음 등장한다.

역시 고대 중국 한나라 때의 문헌인 《방언(方言)》에 한나라 때에 밀이 들어옴에 따라 중국에서는 병

국(餠麴 : 막누룩)이 본격화 한 것으로 "화북지방의 술빚기의 주종을 이루었다."고 하는 기록에 근거한 까닭에서다.

한편, 중국의 요순시대에서 주대(周代)에 이르기까지의 정사(政事)를 수집하여 만든 책인 《서경(書經)》의 기록은 또 다르다.

《서경(書經)》에 "술을 만들자면 국얼(麴糵)을 쓴다." 하였다. 또 200년 경의 《설문해자(說文解字)》에서는 "국(麴)을 술의 어머니"라 하였으며, 《석명(釋名)》에서는 "곰팡이의 균사(菌絲)에 덮어서 후패(朽敗- 썩힘)한 것"이라고 기록되어 있어, 麴은 곧 누룩임이 틀림없다.

또 얼(糵)은 '그루터기에서 돋는 싹'이란 뜻으로, 《석명》에서는 보리를 침지하여 싹(芽)을 나게 한 것이라고 설명하고 있어, 맥아(麥芽) 곧 엿기름임을 알 수 있다.

이후 530~550년대에 저술된 것으로 여겨지는 중국의 《제민요술(齊民要術)》에서는 누룩을 병국(餠麴)과 산국류(散麴類)로 크게 나누었다.

병국(餠麴)은 주로 밀(麥)을 제분(製粉)한 뒤, 가수(加水)하여 뭉쳐서 만든 막누룩·떡누룩(餠麴)을 뜻하며, 막누룩은 밀의 처리방법, 즉 볶음(초:秒)·찜(증:烝)·생(날 것:生)을 어떻게 혼합하느냐에 따라 분국(紛麴)과 신국(神麴)으로 나눈다.

분국은 볶은 밀을 제분하여 만든 누룩으로, 신국에 비해 발효력이 50%~20% 정도로 떨어진다.

신국은 볶은 밀과 찐 밀, 날 밀을 각각 가루내어 같은 분량으로 혼합하여 만든 누룩으로, 날 밀이 반드시 들어간다. 반면, 볶은 밀은 분국과 신국 모두에 사용된다.

병국의 발효력을 나타내는 미생물로는 거미줄곰팡이(*Rhigopus*)와 효모(*yeast*)가 주류를 이루며 털곰팡이(*mucar*)도 다음으로 들어 있다.

산국(散麴)은 '흩임누룩'이라고도 하며, 곡물 낟알이나 곡분(穀粉)으로 만든 누룩으로, 병국과 같이 뭉쳐져 있지 않고 낟낟으로 흩어져 있다. 산국의 종류로는 황의(黃衣)와 황증(黃蒸) 두 가지가 있다.

황의는 '여국(女麴)'이라고도 하며, 밀을 침지한 후 쪄서 2촌(寸) 정도의 두께로 펴 놓고 물억새나 도꼬마리 같은 식물의 잎으로 덮은 다음, 7일이 지나서 노랗게 포자(胞子)가 덮이면 쪄내어 햇볕에 말려서 얻는다. 이와 같은 황의는 곡물의 낱알을 그대로 이용하여 만드므로 '낱알흩임누룩'의 형태를 띤다. 황증은 병국과 같이 밀을 제분하여 가수한 것을 쪄낸 다음, 고루 펴서 식히고 덩어리진 것이 없이 하여 7일 정도 띄운 것으로, 황의와는 달리 가루를 내서 만드므로 '가루흩임누룩'이라고도 한다.

이와 같은 산국류의 발효력은 거미줄 곰팡이와 털곰팡이가 많으나, 누룩곰팡이(*Aspergillus*)도 많이 있다. 이러한 산국으로 빚은 술로 《제민요술》에 과저주(瓜菹酒) 한 가지가 전해져 오고 있다.

그런데 우리나라의 문헌에는 누룩에 대한 상세한 기록이 없다. 다만, 《제왕운기(帝王韻紀)》의 주몽설화와 《위지(魏志)》 〈동이전(東夷傳)〉에 "영고·동맹·무천 등 군집 대회에서 주야 음주가무 하였다."는 기록과 《삼국사기(三國史記)》〈고구려전(高句麗全)〉에 대무신왕 11년(28)에 '지주(旨酒)'라고 하여 '맛 좋은 술'이란 뜻의 술이름이 등장하고 있는 것으로 미루어, 누룩을 이용한 다양한 술빚기가 이루어지고 있었고, 누룩 제조와 술빚기 또한 상당한 수준에 이르렀을 것이란 추측을 하고 있을 뿐이다.

또 《제민요술》이 등장하기 이전의 시대인 당나라(唐代)시인 이상은(李商隱)의 공자시(公子詩)에 "한잔 신라주(新羅酒)의 기운이 / 새벽 바람에 사라질가 두렵구나."라고 하여 신라주가 등장, 당대의 은사들 사이에 인기가 있었던 것으로 미루어, 술빚기의 기술이 어느 정도였는지를 짐작할 수 있다.

따라서 우리나라의 누룩은 중국의 문헌을 참고할 수 밖에 없다.

중국 송대(宋代)의 《북산주경(北山酒經)》에 중남부 지방의 '주약(酒藥-小麴)'이란 누룩이 등장한다.

이 주약이 지금과 같은 형태의 누룩으로, 여뀌를 삶아 낸 즙(汁)이나 잎(葉) 등 자연즙에다 쌀가루 또는 밀가루를 약제(藥劑)와 섞어서 소형의 단자형(團子狀)으로 만든 것이다. 이러한 형태와 제법의 누룩은 우리나라에도 전해져, 1715년에 간행된 우리나라의 《산림경제》와 《사시찬요(四時簒要)》에 "밀을 갈아서 녹두즙과 여뀌즙으로 단단히 반죽하여 잘 밟아서 연잎이나 도꼬마리잎으로 싸서 바람 잘 통하는 곳에 매어 단다."고 기록된 것을 찾아 볼 수 있다. 또 1766년대의 《증보산림경제》지에서는 밀가루를 원판상으로 반죽하여 베보자기를 누룩틀에 깔고, 여기에 피마지잎을 깔고는 그 위에 밀가루 반죽 놓고, 또 피마지잎을 깔고 베보자기로 싸서 발로 밟아 띄우는 방법의 누룩이 그것으로 막누룩을 가리키고 있으며, 이것을 잎으로 싸서 국실(麴室)에 한달쯤 두었다가 10일쯤 건조시킨다고 한다.

한편, 북송 말기(北宋 末期)에 구종석(寇宗奭)이 지은 《본초연의(本草衍義)》에 "누룩은 밀가루로 만드는 것이 전통적인 방법이지만, 강남지방에서 찹쌀가루에 여러 가지 약(藥)을 섞어서 만든다."고 기록되어 있다.

따라서 다양한 재료와 방법의 누룩 만들기가 이뤄졌음을 알 수 있다. 또 송대(宋代)의 사천(四川) 사람으로 시인(詩人)이면서, 술이나 요리에 관한 논문과 기록을 많이 남기고 있는 소식(蘇軾 東坡:1036~1011)의 저술인 《동파주경(東坡酒經)》에 산국주(散麴酒) 만드는 법을 소개하고 있다.

그 내용인 즉, "우선 찹쌀·멥쌀에다 여러 가지 약초(藥草)를 섞어서 떡을 만든다. 누룩은 보통 밀가루 누룩을 충분히 건조하여 사용한다. 쌀·떡·누룩으로 빚되, 쌀 5말에 대하여 술을 세 번 덧한다. 5일 후에 걸러낸다. 이때의 술지게미에 다시 빚어 넣어 5일만에 걸러낸다. 그리하여 양자(兩者)를 합하여 다시 5일 둔 후에 마신다."고 기록되어 있다. 여기서의 누룩은 밀가루로 만든 밀가루누룩임을 알 수 있다.

원대(元代)에 이르면 누룩의 종류가 다양해진다. 《거가필용(居家必用)》에 누룩의 종류로 지금까지와는 다른 방법과 이름인 동양주국(東陽酒麴)과 홍국(紅麴)이 소개되고 있는데, 기록에 의한 동양주국은 "연꽃, 도꼬마리, 담죽(淡竹 : 솜대)의 잎, 여뀌의 어린 잎 등을 큰 병에 받아 물을 넣어서 7일간 둔 후, 잘 이기고 걸르고 그 즙으로 녹두를 삶아 둔다. 복숭아씨, 살구씨, 참외 등을 갈아서 말가루와 녹두로 섞어서 밟아 낸 것을 뽕나무잎에 싸서 바람이 통하지 않은 곳에서 3~5일 두었다가, 누룩방의 창지(窓紙)를 열어 통풍시키면서 건조시킨다."했고, 홍국은 "찹쌀에 홍국으로 빚은 술밑을 갈아서 풀처럼 한 것이다. 멥쌀로 지에밥을 지어서 15등분하여 각각에 국모(麴母)를 섞고 마지막에 모두 모아서 한 무더기로 쌓아 덮개를 덮어 둔다. 밤새도록 품온(品溫)을 감시하여 품온이 오르면 덮개를 덮어 둔다. 다음 날 정오쯤 이것을 세 무더기로 나누고, 1각(刻)이 지나면 다섯 무더기, 다시 1각이 지나면 15 무더기로 나누며, 식으면 다시 한 무더기로 모은다. 이와 같이 온도를 조절하면서 3일째가 되면 소쿠리에 받아 물을 끼얹어 습기를 조절한 다음, 다시 위의 작업을 되풀이 한다. 4일째가 되면 쌀을 7~8 무더기로 나누어 소쿠리에 담아서 물 속에 담그는데, 이때 쌀알 전부가 물 위에 떠오르면 좋고, 반은 가라앉고 반은 뜨면 같은 작업을 하루 더 계속해서 쌀알이 모두 떠오르면 바로 건져내어 햇볕에 말린다." 고 기록되어 있다.

이와 같은 동양주국과 홍국으로 빚은 술을 각각 동양주(東陽酒), 천대홍주(天台紅酒)라 한다.

고려시대는 송나라와 교류가 빈번하였고, 후기에는 원나라와 밀접한 관계에 있었으므로, 원나라에서 유행하였던 소주법이 도입되어, 소주가 특수층에서 애음되는 등 술빚기가 더욱 다양해지는데, 불행히도 누룩의 종류나 그 제조법에 대한 별다른 기록이 없는 것이 안타깝다.

다만, 송·원대의 누룩제조법을 받아들여 그대로 만들었거나, 한층 발달된 누룩제조법을 보였을 것으로 간주된다.

고려시대 후기에 원나라로부터 도입된 소주가 유행하기 시작했는데, 송대보다 앞선 당대(618~909)의 문헌에 소주가 나오고, 만당(晩唐)의 시인 옹도(雍陶)의 시(詩) 속에 "성도에 이르니 소주(燒酒)가 숙(熟)하다. 장안(長安)에 다시 돌아 갈 마음이 없다."고 한 귀절이 있고, 당대의 이조(李肇)가 지은 《당국사보(唐國史補)》 속에 "사천성(四川省)에 소춘(燒春)이 있다."고 기록되어 있다.

술 이름에 춘(春)자를 붙인 것으로 미루어 알코올 도수가 높아서 춘자를 붙인 소주로 여겨진다. 이렇듯 춘자를 붙이기 시작한 시대는 당나라 때부터라고 한다.

조선시대에 이르면 누룩의 종류와 만드는 법이 한결 다양해지는데, 우리 고유의 누룩 만드는 법에 중국으로부터 전래된 누룩 만드는 법을 접목시켜 보다 다양한 재료가 이용되었던 것으로 추측된다.

이러한 추측은 《고려사(高麗史)》〈열전(列傳)〉 '최영(崔瑩)전'에 바탕을 두고 있다.

기록에 의하면, "왜적을 막겠다고 원수(元帥)가 되어 경상도에 와 있던 김진(金縝)은 명기(名妓)를 모아 막료(幕僚)와 더불어 소주를 마시고 밤낮으로 취해 있었다. 부하들이 조금만 그의 뜻을 거슬려도 심하게 매질하고 욕보게 하였기 때문에, 부하들은

김진의 무리들을 '소주도(燒酒徒)'라고 비꼬기도 했다."고 한다. 또 《고려가요(高麗歌謠)》〈청산별곡(靑山別曲)〉에 "지향없이 가다가 우연히 배가 불룩한 술독에서 기적을 보았다 / 술독에는 술이 한창 익어서 술밑의 윗 부분이 서리가 져서 괴고 있다 / 조랑박꽃 향내나는 누룩의 향취가 / 내 코를 거슬르고 내 발길을 꽉 붙잡으니 / 낸들 어이할까 보냐/"고 하였고, 〈한림별곡(翰林別曲)〉에는 황금주 · 백자주 · 송주 · 죽엽주 · 이화주 · 오가피주가 소개되고 있음을 볼 수 있다.

여기서 〈한림별곡〉에 수록된 술 이름 중 이화주(梨花酒)는 이화국(梨花麴)이라 하여 쌀로 만든 특수누룩임을 감안할 때, 일반적인 밀누룩 외에 쌀누룩으로 빚은 이화주의 등장은, 고려시대 누룩의 다양성과 특수한 방법의 누룩 만들기가 이뤄졌음을 엿볼 수 있게 하는 것이다.

또한 조선시대의 여러 문헌에 소개된 누룩 이름과 그 제조방법은 다양하기 이를 데 없는 것으로, 고려시대와 연장선상에서 미루어 볼 일이기 때문이다.

실제로 조선시대의 여러 문헌에는 동양주국을 비롯 신국(神麴), 홍국(紅麴), 만전향주국, 여국(女麴), 삼곡맥국(三斛麥麴), 하동신국, 백료국(白醪麴), 진주춘주룩(秦州春酒麴), 이국(珥麴), 대주백타국(大州白墮麴) 등 중국 누룩이 이름과 함께 만드는 법이 수록되어 있음을 볼 수 있다.

조선시대 문헌에 수록된 누룩의 종류와 각각의 만드는 법, 재료의 이용도를 살펴보기로 한다.

조선시대 누룩을 기록한 최초의 문헌은 1630년경의 《사시찬요초(四時纂要抄)》이다. 기록에 의하면 "복중(伏中)에 누룩을 만든다. 누룩이 좋지 않으면 술의 맛이 薄하다. 보리 10斗, 밀가루 2斗로 누룩을 만든다. 녹두汁에 여뀌와 더불어 반죽하여 밟아서 떡처럼 만들어 연(蓮)잎, 도꼬마리잎으로 싸서 바람이 잘 통하는 곳에 걸어서 말린다. 누룩은 반죽을 단단하게 하고, 강하게 밟아야만 좋은 누룩이 된다. 그렇지 않으면 좋은 술이 되지 않는다."라고 전한다.

또 1670년경의 문헌인 《음식디미방(飮食知味方)》에 수록된 누룩은 막누룩으로, 비교적 상세하게 기록되어 있는데, "시기는 6월과 7월 초순이 좋다. 누

룩의 분량은 밀기울 5되에 물 1되씩을 섞어 꽉꽉 밟아 디디고, 비오는 날이면 더운 물로 디딘다. 더울 때이니 마루방에 두 두레씩 매달아 자주 뒤적이고, 썩을 우려가 있을 때는 한 두 차례씩 바람벽에 세운다. 날씨가 서늘하면 고석(짚방석)을 깔고 서너 두레씩 늘어 놓고, 위에 또 고석을 덮어 놓고 썩지 않게 자주 골고루 뒤집어가며 띄운다. 거의 다 뜬 것을 하루쯤 볕에 쬐어 다시 거두어 더 뜨게 한다. 이것을 여러 날 두고 밤낮으로 이슬을 맞히는데 비가 올 듯하면 거두어 들인다."고 하였고, 1766년의 문헌인 《증보산림경제(增補山林經濟)》의 누룩은 《음식디미방》의 제법과 거의 비슷하다. 다만, 국(麴)을 곡(麯)이라고 표기하고 있음을 볼 수 있다.

기록에 의한 누룩의 종류는 '진면곡(眞麵麯)'과 '요곡(蓼麯)', '녹두곡(菉豆麯)', '미곡(米麯)', '추모곡(秋麰麯)'으로 분류하고, 각각의 만드는 법을 수록하였다.

여기에서 누룩의 재료를 보면 밀과 쌀이 주가 되고 녹두가 다음이며, 보리는 드물게 이용되고 있다. 또 밀은 잘게 빻은 알맹이로, 쌀은 곱게 빻은 가루로 사용하였으며, 쌀 알맹이에 밀가루를 부착시킨 것도 있다.

녹두는 즙 또는 갈아서 만든 걸쭉한 죽 형태로 이용되었다. 재료의 처리는 가볍게 찐 것이 사용되긴 하였으나 거의가 날 것으로 사용하였으며, 반죽한 것을 헝겊이나 짚, 풀잎 등으로 싸고 발로 디뎌서 만드는 경우가 많고, 헝겊이나 짚, 풀잎을 깐 누룩틀에 담아서 밟는 경우도 있다.

완성된 누룩의 형태는 대개가 원판상(圓板狀)으로 만든 막누룩임을 알 수 있다.

1827년의 문헌인 《임원십육지(林園十六志)》에는 맥국주(麥麴酒)·홍국(紅麴)·황의(黃衣)·여국(女麴) 등 주로 중국의 누룩과 그 제조법을 소개하고 있으나, 《임원경제지》보다 훨씬 후인 1873년에 간행된 《태상지(太常志)》 속의 누룩은 "밀 15석(石)에 녹두 6말 6되 5홉을 반죽하여 잘 디딘다."고 하여 고유의 녹두누룩임을 알 수 있으며, "이 누룩은 두 달이면 쓸 수 있다. 이 누룩으로 술을 빚으면 진한 술이 된다."고 하였다.

《임원십육지》에 수록된 누룩의 종류는 다음과 같다.

◎미국: 쌀가루를 약간 쪄서 여뀌즙으로 반죽하여 누룩을 디디고, 닥나무잎·솔잎에 묻어서 띄운 것이다. 특별히 찹쌀가루로 디뎌서 눈같이 흰 누룩을 '설향국(雪香麴)'이라 한다.

《본초강목》에 재료(찹쌀가루 1말, 천연 여뀌즙, 닥나무잎)와 함께 "찹쌀가루를 천연 여뀌즙과 반죽하여 둥글게 만든 것을 닥나무잎으로 싸서 바람드는 곳에 매달아 두면 49일 후에는 쓸 수 있다."고 하였고, 《증보산림경제》에는 "정월 초하루에 쌀이나 찹쌀을 물에 담갔다가 가루내어 약간 찐 후 단단히 디딘 것을 솔잎에 싸서 띄운다."고 수록되어 있다.

이 누룩은 술을 빚을 때 쌀 1말에 누룩가루 2되를 넣으면 맛이 독하다고 한다.

◎백국: 밀가루에다 찹쌀가루를 더 넣어 빚는 누룩이다. 《본초강목》에 재료(밀가루 5근, 찹쌀가루 1말, 닥나무잎)와 함께 "밀가루, 찹쌀가루를 우물물로 반죽하여 체에 친 후 누룩을 디딘다. 닥나무잎으로 싸서 바람드는 곳에 매달아 둔다. 50일 후면 쓴다."

《임원십육지》에는 《준생팔전》을 인용하여 "밀가루 1상(箱), 찹쌀가루 1말을 축축이 버무려 냉건습을 고루 조절하여 체에 받힌 가루를 단단히 디디고, 종이로 싸서 바람 부는 곳에 50일 동안 걸어두었다가, 낮에는 볕에 말리고 밤에는 이슬을 맞혀 바랜다."고 기록되어 있다.

◎모국: 보리를 이용하여 디딘 누룩이다. 《증보산림경제》에 '추모국(秋麰麴)'이라고 하고 "봄 보리보다는 가을보리를 이용하여 디딘 누룩이 술맛이 독하지 않다."고 한 반면, 《임원십육지》는 《증보산림경제》를 인용하여 '춘·추모국', 《본초강목》을 인용하여 '맥국(麥麴)'이라고 하고, "맥국은 6월 6일에 디딘다."고 하였다.

《동의보감》에는 "6월 6일에 기울 섞인 메밀가루 25근, 창이 자연즙 1되, 여뀌잎 자연즙 1되 3홉, 청고(제비쑥) 자연즙 1되, 행인(연한 것) 1되 3홉, 붉은 팥(삶아 찧어 연한 것) 1되, 삼복 안의 상인일(上寅日)에 단단히 딛는다."고 수록되어 있다.

◎이화주국: 쌀가루를 알 크기 만큼씩 쥐어서 짚이나 솔잎으로 싸서 가마니로 덮어 놓았다가, 7일마다 뒤적거리고 잘 띄워지면 꺼내어 볕에 말렸다가 거풍하여, 양조할 때에 곱게 가루내어 사용한다.

《음식디미방》에는 쌀 3말을 가루로 하여 크기는 주먹 크기, 띄우기는 짚, 빈 가마니, 따뜻한 구들에 띄우는 방법이 수록되어 있고, 《산림경제》에는 《신은》을 인용하여 "1월 1일 3일 전에 쌀가루를 달걀 크기로 반죽하여 솔잎에 묻고 따뜻하지 않은 방에서 띄우며, 종이봉지에 보관해 두고 쓴다."고 기록되어 있다.

《규합총서》의 기록은 《산림경제》지와 같다.

◎면국: 밀가루를 반죽하여 누룩틀에 넣고 밟은 것으로 밀가루로만 만든 것을 '분국(粉麴)'이라 하고 밀가루와 밀기울을 섞어서 만든 것을 '조국(粗麴)'이라고 한다.《증보산림경제》에서 "5~6월 상인일(上寅日)에 밀가루를 원형으로 작고 얇고 굳게 디딘다.",

《임원십육지》는 "밀을 깨끗이 씻어 맷돌에 갈아 놓고 또 녹두를 맷돌에 갈아 두부같이 물을 짜고 여뀌잎을 짓이겨 녹두물에 비비면 쑥물같이 물빛이 맑고 맵다. 그때 그것을 밀가루와 합해서 한 덩어리에 5되씩 틀에 넣고 단단히 밟는다. 시렁 위에 짚을 깔고 짚 위에 마른 쑥을 두껍게 깔아 누룩 디딘 것을 동여매어 쑥 위에 놓고 쑥을 다시 두껍게 펴고, 또 짚을 덮어 삼칠일(21)동안 띄운 후에 말려서 바람 통하는 곳에 달아 둔다.", 《조선무쌍신식요리제법》

은 "6월 6일에 밀누룩은 보리누룩과 같이 만드는데 껍질째 물에 씻어서 볕에 바짝 말린 후에, 6월 6일에 맷돌에 갈아서 밀뜨물에 반죽하여 덩어리를 만들어, 닥나무 잎으로 싸서 바람 통하는 곳에 달아두면 70일이면 쓴다. 칠일주(七日酒)에 밀누룩이나 밀기울 누룩을 가루내어 쓴다."고 기록되어 있다.

◎홍국: 중국 누룩인 홍국의 제법은, 그 시대의 다른 누룩 제법에 비하여 방법을 과학적으로 표현하였다. 특이한 사항은 우선 국모(麴母, 찹쌀과 홍국에 물을 넣어 풀처럼 만든 것)를 찐 멥쌀에 섞어서 띄운다는 것이며, 그 이후의 제조과정은 일본식 청주용 누룩 제법과 비슷한 형식의 흩임누룩제조법이었다.

이렇게 빚은 누룩에는 주로 붉거나 노란 곰팡이가 생기기 때문에 홍국(紅麴)이라 불렀으며, 주로 술 이외에도 초나 젓 담그는 데도 사용되었다.

실례로 천대홍주(天台紅酒)에는 홍국이 사용되지만, 관서 감홍로(關西 甘紅露)에는 지초를 사용해서 붉은 기를 낸다고 쓰여 있으며, 현재에도 지초는 전통주인 진도 홍주를 양조할 때에 사용되고 있다.

《임원십육지》에는 《본초강목》, 《거가필용》을 인용하여, "홍국을 만들 때 긴요한 것은, 처음에 헝겊을 덮을 때 차고 더운 정도에 따라 겨울에 만드는 것은 헝겊으로 덮고, 그 위에 두꺼운 빈가마니 같은 것으로 덮고 아래는 풀로 싼다. 만일 더우면 곧 덮었던 것을 벗겨 하룻밤이라도 자지 말고 항상 들여다보면서 온도에 유의한다. 붉은 색은 자초(紫草), 향온주국(香醞酒麴)이 쓰이고 향온주, 관서감홍로 등은 이 홍국을 이용하여 만든 술이다."고 기록되어 있다.

◎향온국: 향온국(香醞麴)은 보리가루와 녹두가루를 섞어 누룩을 만드는 방법의 녹두국(菉豆麴) 제법대로 빚으면서 쌀 대신에 보리를 이용한 것이다. 이 누룩은 향온주와 내국홍로방에 사용된다.

《음식디미방》에는 "한 두레 당 갈은 밀을 1말씩 넣고 물을 더 넣지 말고 녹두 빻은 것을 1홉씩 섞어 만든다."고 하였으며, 재료로 밀가루 1말, 녹두 1홉이었다. 《임원십육지》는 《고사촬요》를 인용하여 "보리를 갈아서 체에 거르지 않은 가루와 녹두 같은 것을 섞어서 디딘 국인데, 한 덩어리당 보리가루 1말, 녹두 1홉이 된다."고 하였다. 재료는 보리가루 1말, 녹두 1되이 쓰였다.

참고로 조선시대 누룩의 종류와 누룩을 소개하고 있는 관련 문헌을 살펴 보면 다음과 같다.

1)누룩의 종류와 관련 문헌

《사시찬요초》를 비롯 여러 고 문헌에 수록된 누룩의 종류는 국, 내부비전국, 녹두국 등 총 13종이나 된다. 누룩의 종류나 이름, 또는 누룩 만드는 법에 대한 문헌으로는 《음식디미방》 등 우리나라 문헌과 《본초강목(本草綱目)》 등 중국 문헌이 있다.

①국(麴):《음식디미방》, 《치생요람》, 《산림경제》, 《고사십이집》, 《민천집설》, 《증보산림경제》, 《감자종식법》, 《고사신서》, 《온주법》, 《해동농서》, 《임원십육지》, 《농정회요》, 《농정촬요》, 《오주연문장전산고》, 《본초강목》, 《조선주조요제》, 《조선주조사》, 《학음잡록》, 《군학회등》, 《산림경제제요》, 《조선무쌍신식요리제법》, 《조선주 개량독본》.

②내부비전국(內府秘傳麴):《임원십육지》, 《농정회요》, 《조선무쌍신식요리제법》.

③녹두국(菉豆麴):《증보산림경제》, 《온주법》, 《농정회요》, 《군학회등》.

④동양주국(東陽酒麴):《농정회요》, 《오주연문장전

산고》.

⑤요국(蓼麴):《산림경제》, 《고사십이집》, 《증보산림경제》, 《감자종식법》, 《고사신서》, 《임원십육지》, 《농정회요》, 《학음잡록》, 《군학회등》.

⑥미국(米麴):《본초강목》, 《증보산림경제》, 《임원십육지》, 《농정회요》, 《조선주조요제》, 《군학회등》, 《산림경제제요》, 《조선무쌍신식요리제법》.

⑦백국(白麴):《본초강목》, 《임원십육지》, 《농정회요》, 《조선무쌍신식요리제법》.

⑧모국(麰麴):《증보산림경제》, 《본초강목》, 《임원십육지》, 《농정회요》, 《조선무쌍신식요리제법》.

⑨신국(神麴):《본초강목》, 《동의보감》, 《색경》, 《산림경제》, 《민천집설》, 《농정회요》.

⑩이화주국(梨花酒麴):《음식디미방》, 《주방문》, 《산림경제》, 《고사십이집》, 《증보산림경제》, 《감자종식법》, 《고사신서》, 《온주법》, 《해동농서》, 《규합총서》, 《주방》, 《주찬》, 《임원십육지》, 《농정회요》, 《양주방》, 《김승지댁 주방문》, 《음식방문》, 《역주방문》, 《조선무쌍신식요리제법》.

⑪면국(麵麴):《본초강목》, 《증보산림경제》, 《임원십육지》.

⑫홍국(紅麴):《본초강목》, 《임원십육지》, 《농정회요》, 《오주연문장전산고》, 《조선무쌍신식요리제법》.

⑬향온국(香醞麴):《음식디미방》, 《산림경제》, 《임원십육지》.

2) 조선시대 누룩의 종류별 만드는 방법

◎국: 《음식디미방》에 "6월에 밀기울 5되에 물 1되로 반죽하여 누룩틀에 베보자기를 깔고 누룩감을 넣고 싸서 발뒤꿈치로 단단히 밟는다. 자주 뒤집어서 썩지 않게 고루 띄운다. 띄운 후에 볕에 말려 재운 뒤 다시 뜨거든 여러 날 이슬 맞힌다. 특히 비올 때는 물을 끓여 쓴다."고 하였고, 《산림경제》에서는 "여뀌를 따서 녹두즙과 밀 10근, 밀가루 2근을 섞어 반죽한다. 누룩을 단단히 디뎌서 한 덩이마다 연잎이나 도꼬마리잎으로 꼭 싼다. 서늘한 곳에 매달았다가 10월에 갈무리 해둔다. 초복 후, 중복 후, 또는 말복 전에 디딘다."고 하였다.

하고, "8~9월에 짚을 이어 겨를 담고 한 덩이에 한 냥중의 누룩을 담아 따뜻한 곳에 둔지 5~6일만에 바람 부는 곳에 내었다가, 곧 도로 덮어 놓은지 21일만에 띄워진다. 50~60일이면 쓸 수 있다."고 《옹희잡지》의 기록을 인용하여 띄우는 방법을 설명하였다.

◎내부비전국: 밀가루, 녹두에다 황미(黃米)를 가루내어 함께 섞어 빚는데, 둥글게 빚지 않고 네모난 모양(方麴)으로 빚는 누룩이다.

《임원십육지》에는 《준생팔전》을 인용하여 "삼복 안에 녹두 3말을 먼저 갈아 까불러 껍질을 물에 담가 놓고, 누런 쌀 4말을 갈아서 밀가루 100근과 녹두가루를 녹두 껍질 물을 쳐가며 반죽을 되게 하여 밟아서 네모진 모양으로 만든다. 대광주리에 넣어 햇볕에 바랜지 60일이면 완성된다."고 기록되어 있다.

《온주법》의 기록은 "초복과 중복의 경우에 재료를 물에 넣고 갈아 기울을 섞어서 틀에 넣어 디딘다. 말복에는 녹두만 거피하여 여뀌잎 두 섬과 섞어 맷돌에 갈아 그 즙에 기울을 섞어 디딘다. 초복, 중복, 말복에 디딘 누룩은 닥잎으로 잘 싼 후 다시 잣잎으로 싸서 바람 없는 음지에서 여러 날 뜨게 한 후, 햇살 드는 곳에 둔다. 술 빚을 때에 누룩을 밤낮으로 별에 5~6일간 바래어 깨끗이 한 후 가루내어 쓴다. 녹두가 적거든 날씨에 따라 1되씩 더 넣는다. 초복에는 기울(1근)·녹두(1되)·중복에는 기울(1근)·녹두(2되)·말복에는 기울(1근)·녹두(3되)이고 여뀌잎은 2석이다."고 수록되어 있고, 《임원십육지》에서는 《증보산림경제》를 인용하여 "나무로 작은 되 크기만 하게 만든 우물 정자의 틀에 베보자기를 편 후 피마지잎을 깔고 반죽한 밀기울을 가득 다져 넣은 뒤, 피마자잎으로 다시 덮고 보자기로 싸서 요자(凹)모양으로 단단히 밟는다. 누룩의 가운데가 우묵하지 않으면 물기가 모여 썩을 염려가 있다."고

◎녹두국: 쌀과 녹두를 각 1말씩 갈아서 잘고 얇게 디딘 누룩으로, 《온주법》에는 '녹미주국(綠米酒麴)', 《양주방》에는 '백수환동주누룩'으로 표기되었다.

《증보산림경제》에 "쌀과 녹두를 물에 담가 하룻밤 지난 후 녹두를 멍석 위에서 반정도 건조시킨 후, 물 머금은 쌀과 찐 녹두를 돌절구에 넣고 찧어 누룩 덩어리를 작고 얄팍한 모양으로 단단히 디딘다. 만약 습기가 있으면 좀이 살아서 오래 두고 쓰기 곤란하므로 물을 적게 넣는다." 하고, 여름 양조용으로는 쌀 1말에 누룩 2되를 넣어 빚으면 청량하지만, 쌀을 5되만 사용해도 된다. 밀가루를 사용할 때는 소량 쓰고, 찹쌀을 사용할 수도 있다."고 벌법을 싣고 있다.

《온주법》에는 양조용으로 사용되는 녹두국의 재료(찹쌀 5되, 거피 녹두 1말, 솔잎)와 함께 "찹쌀을 하룻밤 물에 담갔다가 가루낸 것과 거피하여 찐 녹두를 섞은 후, 다시 찧어 오리알 크기로 쥐어서 솔잎으로 싼 것을 띄우는데, 바람 부는 곳에 가끔 내놨다가 21일만에 볕에 말려 술 빚는데 사용한다."고 소개하고 있다.

《양주방》에서는 여름 양조용으로 사용되는 녹두국을 싣고 있는데, 재료(녹두 1말, 찹쌀 5되, 솔잎)와 함께 "정월 초 열흘 전에 녹두를 맷돌에 타서 껍질을 벗겨 겨우 익을만큼 쪄서 찧은 것과 가루 낸 찹쌀을 켜켜로 넣어 섞이거든, 이화주국만한 크기로 쥐어 솔잎에 재워두었다가 7일 만에 뒤적이고, 14일만에 바람쏘여 21만에 말려둔다."고 기록되어 있다.

◎동양주국: 동양주국은 중국 누룩으로, 여러 가지 생약 성분을 함유하여 빚은 후 동양주 제조할 때 사용한다.

《농정회요》에 재료로 밀가루 100근, 복숭아씨 3근, 살구씨 3근, 바곳뿌리 1근, 녹두 5되, 목향 4냥, 품질 좋은 육계(肉桂) 8냥, 매운 여뀌 10근, 매화 10근, 도꼬마리 10근으로 만드는데, "밀가루·복숭아씨·살구씨·바곳뿌리·바곳을 껍질을 벗겨 준비하고, 목향·육계·매운 여뀌는 물에 7일 동안 담갔다가, 매화에 물이 스미게 하고, 창이 잎을 준비한다. 목향·육계·매운 여뀌 담근 물에 녹두를 삶아내어 빚는다. 여뀌 등 3가지 맛이 녹두를 삶을 때 함유되도록 빚는다. 1섬의 쌀에 누룩 10되를 넣어 술을 빚으면 술이 많이 나오고 독하지 않다."고 기록되어 있다.

◎요국: 요국은 찹쌀, 밀가루 달인 여귀즙을 사용하여 디디지 않고 만드는 흩임누룩(산국(散麴))으로, 주머니 속에서 균사가 생겨 약간 단단한 덩어리 형태가 되는 누룩이다.

《산림경제》에 재료(찹쌀, 밀가루, 여뀌즙, 종이봉지) 및 시기(한여름)와 함께 《신은(新隱)》을 인용하

누룩의 분류

◎분국(粉麴) : 곡물을 가루내어 덩어리로 만든 누룩 - 이화국, 미국, 백국, 녹미주국병국(餠麴, 떡누룩)

◎조국(粗麴) : 곡물을 거칠게 갈아서 덩어리로 만든 누룩 - 소맥국, 부국

◎초국(草麴) : 여뀌잎, 닥나무잎 등 약초를 넣거나 그 즙에 반죽하여 덩어리로 만든 누룩 - 만전향면국, 의이인국, 미삼국

◎산국(散麴, 흩임누룩) : 곡물의 낱알이 흩어져 있는 상태의 누룩 - 홍국, 요국.

누룩 만들기와 관련한 관습으로, 우리 조상들을 누룩을 디디는데 있어서도 날(日厄)을 보아가며 만들었고 절기를 고려했다.

좋은 때 좋은 날(吉日)을 택함으로써 벌레가 생기지 않고 술맛이 좋아진다는 것이 그 이유였다.

옛 사람들의 이러한 관습은 누룩의 발효과정에서 생기는 미생물과 이들의 생육활성이 어떻게 이뤄지며 무슨 역할을 하는지, 구체적이고 명확하게 밝힐 수 없었던 데에서 기인한 것으로 보여진다.

여 "찹쌀을 달인 여뀌즙에 하룻밤 담갔다가 건져내어 밀가루와 고루 섞어 종이봉지에 담는다. 바람 드는 곳에 저장하며 한 여름에 만든다."고 기록되어 있다.

우리나라의 전통누룩은 중국의 것과 같이 떡누룩(병국:餠麴)과 흩임누룩(산국:散麴)으로 크게 분류되며, 만드는 방법에 있어 원료의 처리법에 따라 분국(紛麴)과 조국(粗麴), 초국(草麴)으로 분류한다.

현재 우리나라에서 만들어지고 있는 누룩의 대부분은 떡누룩(약 98%)이고, 떡누룩은 분국과 조국이 60 : 40(%)의 비율로 사용된다.

옛 문헌인 《증보산림경제》지에 누룩 만들기에 좋은 날로 그 일진은 "신미(辛未), 을미(乙未), 경자일(庚子日)이며, 제(除)·만(滿)·성(成)일도 좋다."고 하였다.

이 중 제·만·성은 '12성모'이라 하여 일진과 같이 배열하는 지지수(地支數)이다.

또 계절적으로는 "여름 삼복 중에 누룩을 만들면 벌레가 생기지 않는데, 초복 후(初伏後)에서 말복전(末伏前)이 그 다음으로 좋다." 또 "매월 초하룻날이 누룩 만들기에 좋은 날이다."고 하였으며, "목일 후(木日後)에 누룩을 만들면 술맛이 시다."고 기

록되어 있다.

한편, 《제민요술》에 수록된 중국인들의 누룩 만들기와 관련한 주술적 관습은 우리나라보다 훨씬 더하다.

기록에 따르면 "삼곡맥국을 빚을 때 반드시 동자(童子)가 물을 긷고 당일 해가 있을 때 끝내야 한다. 국실(麴室)에는 벽을 따라 사방에 길을 내고 중앙에는 십자로를 낸다. 이 길의 교차점에 인형으로 국왕(麴王) 5개를 만들어 세우고 국왕의 손에 술(酒), 포(脯), 탕병(湯餅)과 제수(祭需)를 얹어 놓고 제를 지낸다. 주인이 축문(祝文)을 3번 읽고, 절을 2번 한다. 신국을 만들 때는 중앙의 국왕은 남쪽을 향하고 사방의 국왕은 중앙의 국왕을 향한다. 국실의 문은 동쪽으로 한다. 개나 닭에게 보이거나 먹여서도 안된다."고 하였다.

우리나라 조선시대 누룩에 관한 최초의 기록이랄 수 있는 《사시찬요초》에는 "복중에 누룩을 만든다. 누룩이 좋지 않으면 술의 맛이 박(薄)하다. 보리 10말, 밀가루 2말로 누룩을 만든다. 녹두즙에 여뀌와 더불어 반죽하여 밟아서 떡처럼 만들어 연잎, 도꼬마리잎으로 싸서 바람이 잘 통하는 곳에 걸어서 말린다. 누룩은 반죽을 단단하게 하고 강하게 밟아야만 좋은 누룩이 된다. 그렇지 않으면 좋은 술이 되

지 않는다."고 하였으니, 보리와 밀가루를 섞어서 만든 막누룩이다. 그리고 누룩을 잘 디디는 비결은 "전적으로 되게 반죽하여 꼭꼭 밟는데 있다."고 하였다.

《음식디미방》에는 '주국방문(酒麴方文)'이라 하고, "누룩은 6월에 디디면 좋고, 7월 초생도 좋다. 누룩의 분량은 밀가루 5되에 물 1되씩을 섞어 꽉꽉 밟아 디디고, 비오는 날이면 더운 물로 디딘다. 더울 때이니 마루방에 두 두레씩 매달아 자주 뒤적이고 썩을 우려가 있을 때는 한 두 차례씩 바람벽에 세운다. 날씨가 서늘하면 고석을 깔고 서너 두레씩 늘어놓고, 또 고석을 덮어놓고 썩지 않게 자주 골고루 뒤집어가며 띄운다. 거의 다 뜬 것을 하루쯤 볕에 쪼여 다시 거두어 더 뜨게 한다. 이것을 여러 날 두고 밤낮으로 이슬을 맞히는데 비가 올 듯하면 거두어 들인다."고 하였으니 이것도 막누룩이다. 그리고 "꽉꽉 밟으라."고 하였다.

《증보산림경제》에서는 "밀가루를 원판상(圓板狀)으로 반죽하여 베보자기를 누룩틀에 깔고 여기에 피마자 잎을 깔고는 베보자기로 싸서 발로 밟는다."고 하였다. 《증보산림경제》의 누룩 만들기는 《음식디미방》과 거의 같은데 '국(麴)'을 '곡(麯)'이라고 표기하였으니, 국과 곡은 같은 뜻이다. 그리고 "술 맛의 좋고 나쁨은 오직 누룩의 좋고 나쁨에 있다."고 하였다.

《태상지》의 조국법은 "밀 15석에 녹두 6말 6되 5홉을 반죽하여 잘 디딘다."고 하였고, 《임원십육지》에는 막국법, 면국법, 홍국, 황의, 여국 등의 제법이 주로 중국문헌을 인용하여 소개하고 있으며, 《주방문》에는 단술 누룩법(감주국조법)이라 하여 밀을 가루내어 누룩을 만드는 법이 기록되었다.

《음식디미방》의 이화주누룩법은 "백미 3말을 백세하여 물에 하룻밤 재워 다시 씻어 세말하여 주먹만큼 만들어 짚으로 싸고 공석에 담아 더운 구들에 두고 자주 뒤쳐서 누렇게 뜨면 좋다. 쓸 때 껍질을 벗기고 작말하여 쓴다. 처음에 만들 때 물을 많이 하면 썩어 좋지 않다."고 하였다.

《수운잡방》의 이화주조국법은 "배꽃이 필 때 백미를 백세하여 밤 재워 담갔다가 작말하여 체로 쳐서 물을 약간 뿌려 오리알 크기로 단단하게 만들어 공석에 볏짚을 깔고 두었다가, 7일 후에 뒤집어서 21일 후에 빛깔을 보아 황백색의 곰팡이가 서로 섞여 있으면, 바로 내어 잠깐 바람에 쏘였다가 저장해 두고 쓴다."고 하였다.

《임원십육지》와 《김승지댁 주방문》에는 이화주국법이라고 하여 누룩 만드는 법이 기록되어 있고, 《음식디미방》의 이화주누룩법은 "백미 3말을 백세하여 물에 하룻밤 재워 다시 씻어 세말하여 주먹만큼 만들어 짚으로 싸고 공석에 담아 더운 구들에 두고 자주 뒤쳐서 누렇게 뜨면 껍질을 벗기고 작말한다." 고 하였다.

이를 테면 분국은 약주 · 청주용의 누룩으로, 조국은 탁주와 소주용 누룩으로 사용된 것이다.

그러나 함경도 지방에서는 귀리 · 겉보리 · 피 등을 술지게미와 섞어서 찐 것을 누룩의 원료로 사용하기도 했다. 우리나라 대부분의 농가에서는 소규모로 자가소비 또는 부업으로, 여름 · 가을철에 누룩을 만들어 왔는데, 1927년부터는 국자제조회사가 생겨 생산공업으로 바뀌게 되었다.

따라서 과거 여름 · 가을철에 한하여 제조되던 누룩은, 계절에 관계없이 어느 때나 제조가 가능해졌고 품질도 향상되었으며, 제품의 균일화로 대량생산이 이루어졌다.

3. 누룩 만드는 법의 실제

1) 전통식 누룩

재래식 누룩은 만드는 방법에 따라, 재료에 따라, 만드는 시기에 따라 각기 다른 이름이 붙여지게 되었는데, 누룩의 재료에 따라 밀로 만든 밀누룩, 녹두로 만든 녹두누룩, 보리로 만든 보리누룩, 쌀로 만든 쌀누룩이 있다.

또 만드는 시기에 따라서는 춘국(春麴, 1월~3월), 하국(夏麴, 4월~6월), 추국(秋麴, 8월~10월) 또는 절국(節麴), 동국(冬麴, 11월~12월) 등이 있고, 형태에 따라 밀 등의 곡물을 가루로 만든 다음 뭉쳐서 일정한 형태로 성형한 병국(餠麴, 막누룩)과 곡물의 낱알이나 곡분으로 만드는 산국(散麴, 흩임누룩)이 있으며, 빛깔에 따라서 황국(黃麴), 백국(白麴), 흑국(黑麴), 홍국(紅麴)으로 부르기도 한다.

이러한 누룩은 8월에서 10월 사이에 만드는 추국(절국)과 가루를 뭉쳐서 만드는 병국이 많이 사용되었다. 〈주세법〉의 제정 · 발표 이후, 분국은 약주 · 청주 · 과하주 등의 고급 술에, 조국은 탁주 · 소주용 누룩으로 쓰이는 경향을 띠었으며, 개화기에 이르러서는 각 지방마다의 소주공장이 생겨나면서, 이른바 소주 제조용 누룩, 곧 흑국(黑麴)이 생산되면서 전통적인 방법의 누룩은 생산량이 감소하였다.

이후 40년대에 들어서면서부터는 개량식 제국법으로 통일됨에 따라 다시 급격한 생산량의 감소를 보였다.

전통적인 술빚기에서의 누룩 제조방법은 밀을 비롯 쌀 · 녹두즙 등을 물로 반죽하여 짚 · 헝겊, 쑥 · 국화 등에 싸서 발로 밟거나 누룩고리(누룩틀)에 담아서 발로 디뎌서 원반형 또는 사각형 등 일정한 형태를 만든다. 이어 곡자실(누룩방)이나 온돌방 또는 헛간에 짚이나 쑥 · 황국 등을 깔고 적당하게 배열한 뒤, 다시 위를 덮고 2~3일 또는 3~4일 간격으로 뒤집어 고루 뜨게 한다. 누룩곰팡이가 생기기 시작하면 짧게는 7일에서 길게는 40일 가량이 지나 누룩 띄우기가 끝이 난다.

누룩은 지방마다의 독특한 기후의 영향으로, 모양과 제조법, 발효기간이 차이가 있다.

서울을 비롯 경기 · 영남지방에서는 원료를 반죽하여 헝겊에 싸서 누룩고리에 넣고 발로 단단히 밟아서 성형한다. 또는 누룩틀에 피마지잎, 연잎, 쑥 등을 깔고 반죽한 것을 넣어 밟아 성형한 후 풀이나 짚으로 싸고 온돌에 퇴적하여 띄운다.

반면, 호남지방과 충청도지방에서는 통풍이 잘 되는 마룻방이나 부엌 등, 실내의 시렁이나 천장, 또는 온돌방의 벽에 매달아서 발효시킨다. 또 날씨가 서늘하면 마룻방에 짚방석을 깔고 서너 둘레씩 서로

닿지 않도록 펼쳐 놓고, 그 위에 짚방석을 덮어 골고루 자주 뒤집어 주면서 띄운다. 퇴적하여 4~7일, 매단 것은 10여일에서 30일간에 걸쳐 띄운다.

서울·경기·영남지방의 누룩은 편원형(원반형)이 많고, 호남·충청도 지방의 누룩은 원추형이나 모자형(정방형·방형)으로 형태상의 차이를 보이고 있다.

이러한 누룩은 재료의 종류 뿐만 아니라, 형태에 의해서도 술의 맛과 품질에 영향을 미치는 것으로 알려지고 있다. 이를 테면 누룩의 지름이 너무 짧으면 수분이 너무 빨리 발산되어 누룩곰팡이균이 잘 침투하지 않아서 숙성이 잘 이뤄지지 않고, 너무 얇으면 빠른 시일 내에 숙성이 이뤄지는 대신 향미가 좋지 못하고, 주박(酒粕)이 많아지며 주량(酒量)이 적어진다고 한다. 또한 누룩이 너무 두꺼우면 내부의 수분이 발산되지 않아서 내부온도가 너무 높아질 가능성이 있으며, 그 결과 부패하기 쉬우며, 제조 후 건조시키기가 어려워진다는 것이다.

누룩은 또 성형시 발로 밟는 정도에 따라서도 품질에 차이가 있으며, 주질과 맛에 영향을 준다고 한다.

이와 관련한 조운흘(趙云仡)의 고사가 유명하다.

조운흘은 고려 말의 문신으로 그가 강릉대도호부사가 되어 많은 손님을 접대하게 되었는데, 손님 접대에 지친 나머지 '술맛이 좋으면 손님이 더욱 찾게 된다'고 하여 하인들에게 누룩을 슬슬 밟게 하였다는 얘기다.

이렇게 만든 누룩으로 술을 빚었더니 술맛이 약하고 산미(酸味)가 강하여 손님이 오면 두어잔 권하고 '술맛이 나빠서 권할 수 없다'면서 술상을 물렸다고 한다.

이러한 누룩은 술빚기 하루 전이나 이삼일 전에 거칠게 또는 가루로 빻아 법제(法製)하여 쓰는 것을 원칙으로 한다.

법제는 저장해 두었던 누룩을 도토리·밤알·콩알 또는 고운 가루로 빻은 뒤, 낮에는 햇볕을 쪼이고 밤에는 이슬을 맞히는 방법을 2~3회 계속(반복)하는 것으로서, 이렇게 법제하는 것도 나쁜 냄새와 습기를 제거하기 위한 것이다.

2) 개량식 누룩

한편, 우리나라의 술은 일제에 의해 1907년 〈주세법〉이 제정·발표되면서, 그들에 의한 주세징수와 자가양조 금지, 누룩제조 금지 등 갖가지 통제가 진행되었는데, 누룩의 경우 백곡과 조곡 두 가지로 단순화·규격화 시켜 지방별 재료별·형태별로 다양했던 누룩은 사라지고 말았다.

그리고 이른 바 개량식 누룩이 등장하였는데, 그 제조방법은 밀가루에 20~25%의 물을 섞어 원반 또는 네모판상 형태의 덩어리를 만들고, 종국(種麴)을 섞은 밀가루를 발라서 표면 접종을 한다. 이것을

곡자실의 살균한 짚방석을 깐 시렁에 얹고, 또 살균한 짚방석을 덮는다. 이것을 입국(入麴)이라 하는데, 24시간이 지나면 곡자 표면에 균사가 보이며 품온이 상승하고 호흡이 왕성해지면서 탄산가스가 생긴다.

따라서 매일 또는 격일로 뒤집기와 상 · 하단의 바꿔쌓기를 하여 통풍을 하고 품온을 35℃ 이하로 조절해 준다. 입곡(入麯)4~5일 후 황녹색 포자가 보이면서 품온이 40℃ 이상으로 올라가면서 곡자의 표면이 건조하기 시작하므로 이때 짚방석을 모두 벗기고 뒤집기를 자주 한다.

입곡 후 8~10일에 출곡하여 후발효실에서 7일 내외 숙성시키고 건조실로 옮겨 14일 정도 건조와 숙성을 시킨다. 다시 1~2개월 저장실에 저장했다가 사용한다.

이러한 개량식 곡자는 생산자에 따른 차이도 없이 접종한 Asp. oryzae가 주가 되어 있으므로, 우리나라 탁주의 맛이 어느 지방에서나 비슷하게 되었다.

이 개량식 누룩은 연중 제조 가능, 대량 생산의 길은 열었으나, 수 십 종에 달했던 전통적인 제조방법의 누룩이 사라졌고, 다양한 방법의 술빚기가 금지됨으로써 술맛· 품질의 개선에는 퇴보를 가져오고 말았다.

개량식 누룩이 술맛과 품질에서 퇴보를 초래했다는 근거는, "누룩의 재료로 밀가루를 사용하거나 또는 술을 빚을 때 밀가루를 넣으면 유기산의 생성이 빠르며 쌀로만 빚은 술보다 산도(酸度)가 높다"는 것과 "일제에 의해 주류제조가 통제된 후로는, 주로 상류계급에서만 비방(秘方)으로 양조해 왔던 약주들은 그 제법이 거칠어지고 제품의 품질도 떨어졌다. 더욱이 일본 청주(정종)의 범람으로 약주는 전혀 개량, 발전되지 못하였다."는 기록 〈성기옥 : 한국 식문화학회지 4(3) 1989〉·〈이서래 전게서 : 이대출판부 p 223, 1986〉에 근거한다.

전통주 · 토속주의 실제

1. 탁주(濁酒) · 막걸리

탁주란 술을 빚어서 술독에서 일정 기간 발효를 시킨 뒤, 다 익은 술독의 술을 거르는 방법에서 나온 주종(酒種)으로 막걸리와 같은 종류이다.

술을 거르는 방법으로서 자배기나 옹배기 · 서래기 · 양푼 등 아가리가 넓은 그릇 위에 쳇다리나 걸치게를 가로로 걸쳐 놓고 그 위에 고운 체를 얹는다. 다음에 술독의 술을 바가지나 푼주로 퍼서 체 안에 쏟아부으면 순수한 술은 밑에 받친 그릇 안에 고이고 밥알과 솔잎 등 찌꺼기만 체 안에 남게 된다.

따라서 맨 밑에 받친 그릇에 담겨진 술은 여과나 정제를 거치지 않았으므로 술 빛깔이 탁하고 뿌옇게 되기 마련이다. 이를 탁주라고 한다.

그리고 체 안에 남은 밥알과 솔잎 등의 찌꺼기를 주박(酒粕)이라고 한다.

탁주는 일반적으로 술 빛깔이 탁할 뿐만 아니라, 알코올 성분이 낮은 술로 청주나 약주와는 달리 맑지 못하다고 하여 탁배기라고도 부르며, 막 거른 술이라고 하여 막걸리 또는 혼돈주(混沌酒)로 불렸다. 또 술 빛깔이 희다고 하여 백주(白酒), 집집마다 담가 마시는 술이라고 하여 가주(家酒), 그리고 특히 농사를 주업으로 삼았던 전통적인 생활방식에서 농삿일을 할 때는 필수적인 술이라고 하여 농주(農酒) 등 여러 이름으로 불려졌다.

우리나라의 탁주는 《삼국사기》, 《삼국유사》에 '좋은 술'을 뜻하는 미온(美醞), 지주(旨酒) 등의 술 이름이 등장하고, 요례(醪禮)라고 하는 것도 막걸리나 단술을 가리키는 것으로 미루어, 이미 삼국시대에 탁주류의 술이 애용되고 있었으리라는 추측을 할 수 있다.

그리고 이와 같은 사실은 우리나라의 전통주가 이미 삼국시대에 탁주와 약주(청주)로 구분되기 시작했다는 이론을 뒷받침하고 있다.

또《고려도경(高麗圖經)》이라는 중국의 문헌에 탁주라는 말이 자주 등장하고 있고, "서민들은 술 빛깔이 짙고 맛이 나쁜 술을 마신다."고 기록되어 있는 것으로 미루어, 탁주는 고려시대 때에 서민주로서 그 전통이 확립되었다고 할 수 있다.

조선시대에 접어들어서는 보다 다양한 종류의 탁주가 만들어져 다양한 계층의 사람들이 즐겨 마셨다. 그 예로, '배꽃이 필 때 누룩을 빚는다'는 이화주(梨花酒)가 대표적인 탁주로서의 자리를 차지했으며, 추모주(秋麰酒)는 우리 민족의 고유주로, 가장 소박하게 빚어진 막걸리는 서민주로서의 전통을 이어왔다.

특히 1935년 조선주조협회가 발간한《조선주조사(朝鮮酒造史)》에 의하면, 추모주는"중국에서 전래된 막걸리로, 대동강 일대에서 처음으로 빚어지기 시작하였다. 이 추모주는 나라의 성쇠를 막론하고 국토의 구석구석까지 전파되어 민족의 고유주가 되었다."는 기록을 볼 수 있다.

이러한 탁주는 본디 '탁배기'로 불려지다가 삼국시대 이래 양조기술의 발달과 함께 일반 탁주와 특별한 탁주로 분리되어서 빚어졌으며, 일반 탁주는 '탁주'와 '탁배기'로, 특별한 탁주는 고유한 명칭으로 불리워졌다.

특별한 탁주로는 이화주와 계명주(鷄鳴酒)가 대표적인 술인데, '배꽃이 필 무렵 누룩을 빚는다'하여 이화주라는 이름을 얻었으며, 계명주는 '황혼녘에 빚어 새벽닭 울 때 마신다.'고 하여 그 이름을 얻었다. 계명주는 옥수수·수수 등으로 엿을 고아 만든다 하여 이당주(飴糖酒)라고 부르기도 하였다.

그러나 이화주는 후세에 이르러 아무 때나 누룩을 빚을 수 있게 되면서 이화주라는 이름은 사라지게 되었는데, 맑은 술도 아니고 그렇다고 일반 탁주와

같은 형태의 술도 아닌, 술 빛깔이나 형태가 농축발효유의 일종인 요거트와 흡사하여 수저로 떠 먹기도 하고, 여름철에 갈증이 날 때에는 냉수에 타서 마시기도 하였다.

반면, 계명주는 양조기술이 발달하면서 감미를 주기 위해 발효기간이 늘어나면서 계명주라는 이름보다는 이당주 또는 엿술로 불려지게 되었다.

이화주나 계명주는 감미(甘味)·신미(辛味)·고미(苦味)·삽미(澁味) 등 오미(五味)가 뛰어나고, 여기에 더하여 감칠맛과 청량미를 주어, 땀 흘리고 일한 뒤에 갈증과 배고픔을 잊게 하는 힘이 있어 농주로 이용되었다.

이후 한말에 이르러서는 주세법이 제정됨에 따라 탁주·막걸리는 그 제조방법이 규격화 되었으며, 일반 가정에서의 자가제조가 금지되면서 다양한 종류의 탁주·막걸리가 사라지고 말았다.

특히 일제시대 말기와 광복 후에는 절대적인 식량부족으로, 1965년부터는 쌀을 이용한 술빚기가 전면 금지되었다. 쌀 대신 밀가루 80%, 옥수수 20%를 섞은 술이 만들어지면서 주질의 저하는 물론, 맛이 떨어져 탁주를 애용하던 사람들은 희석식 소주를 마시게 되었다.

1971년 쌀의 자급이 이루어지면서 쌀막걸리가 다시 등장했으나, 획일화된 술빚기로 옛맛이 나지 않고 값도 비싸서 지금은 탁주인구가 현저하게 줄었다.

일반적인 탁주 제조방법은 멥쌀과 누룩을 주원료로 하고, 여기에 적정량의 물을 양조용수로 섞어 술을 빚는데, 술독에 담고 20~25℃에서 10일~7일 정도 발효시켜 만드는데 술이 완성되면 자배기나 소래기 등의 그릇 위에 쳇다리를 걸치고, 그 위에 체를 얹어 술독의 술밑과 물을 함께 부으면서 비벼 거르거나, 물을 치지 않고 술밑만을 거르기도 하는데, 이렇게 하면 밥알이 뭉개지면서 뿌옇고 탁한 술이 만들어진다.

그렇지 않고 술밑을 술자루에 담은 뒤 쳇다리 위에 놓고 맷돌로 눌러서 압착하여 짜내기도 한다.

이러한 탁주는 비교적 낮은 7%~13%의 알코올 함량을 보이지만, 열량과 단백질이 많아 지금도 서민들의 대중주로 사랑을 받고 있다.

2. 청주(淸酒)·약주(藥酒)

청주는 탁주에 비하여 맑은(淸) 술이라는 뜻이다.

청주는 탁주의 제조와 거의 같은 방법으로 빚어지며, 술을 거르는 과정에서 탁주와 구별이 된다.

청주를 만들자면 멥쌀이나 찹쌀을 주원료로 고두밥을 지어 식힌 뒤, 누룩과 물을 적정량 섞어 술독에 안친 다음, 실내 온도 20~25℃ 정도 되는 곳에서 10~20일 가량 발효·숙성시키면 술이 괴기 시작하는데, 술독 안 한가운데에 대나무살로 엮은 원통형의 용수를 박아 두면 용수 안에 맑은 술, 곧 청주가 고인다.

따라서 탁주와는 술을 거르는 방법에서 차이가 있고, 또 술 빛깔도 비교적 맑고 투명하다.

그리고 청주를 떠내고 난, 술독 안의 술바탕에 물을 더하면서 체나 술자루를 이용하여 주무르고 압착하여 걸러낸 술이 탁주이자 막걸리다.

이러한 청주는 조선시대에 이르러 약주(藥酒)로 불려지게 되었는데, 그 유래는 두 가지가 전한다.

조선시대에는 흉년이 들면 으레 금주령이 내려졌다. 술 제조에 막대한 양의 쌀이 소비된다는 것이 그 이유였다.

그런데 환자가 약재(藥材)를 넣은 술을 마시는 것은 허용되었으므로, 사대부와 부유층에서는 술을 마시는 구실로 청주를 약으로 쓰는 술, 곧 약주(藥酒)라고 속이게 되었다. 그리하여 백성들은 '점잖은 이가 마시는 청주를 모두 약주라고 부르게 되었다'는 것이다.

또 다른 유래는 서성(徐省, 1558 명종 13~1631·인조 9)의 집이 약현(藥峴)에 있었고, 그의 호가 약봉(藥峰)인데 그의 집에서 좋은 청주를 빚었기 때문에 그가 빚은 청주를 약주라고 부르게 되었다는 것이다.

따라서 그 이후부터는 기제사에 쓰는 청주 외의 모든 청주를 모두 약주라고 부르게 되었으며, 청주에 약재를 넣은 약용 목적의 술(약주)과 함께 술의 높임말로 혼용(混用)되었다.

한편, 《임원십육지》(1764~1845)에 "서충숙공이 좋은 청주를 빚었는데, 그의 집이 약현에 있었기 때문에 그 집 술을 약산춘(藥山春)이라 한다."고 기록하고 있는 사실을 들어, '약산춘이 약주가 되었다' 고 보는 견해도 있다.

실제로 약산춘은 정월에 빚어 봄에 마시는 술로, 조선시대에는 보통 약주와는 달리 여러 번 덧술을 하여 만든 진한 고급 약주를 춘주(春酒)라고 하였으며, 맛이 삼해주(三亥酒)와 비슷하여 상류사회계층의 사람들이 즐겨 마셨다고 한다. 또한 약산춘은 그 맛이 좋기로 유명하여 서울의 명물이 되었다고 한다.

이러한 청주·약주는 상용약주(常用藥酒)와 특수약주(特殊藥酒)로 빚는 방법에 따라 구분된다.

상용약주는 술을 한 번 담그는 단양주(單釀酒) 또는 두 번 담그는 이양주(二釀酒)인데 비하여, 특수약주는 비료적 섬세한 방법으로 3회 이상 덧술을 하여 빚음으로써 순후한 맛이 나도록 빚는 것이 특징이다.

반면, 약주의 본디 뜻은 약효(藥效)가 인정되는 술, 또는 처음부터 약재를 넣고 빚은 술로서, 그 제조과정은 일반 약주(청주) 빚는 법과 다른 차이가 있다.

일반적인 청주를 빚는 방법은, 멥쌀 두 되 반을 잘 씻고 가루내어 백설기를 만들거나, 솥에 넣고 삶아서 익으면 고루 저어 퍼낸 다음, 하룻밤 재워 식힌다. 좋은 누룩가루 반되를 넣고 골고루 버무려 항

아리에 담아 밀봉한 뒤, 일기가 차면 방 안에 새끼로 만든 똬리나 짚방석을 깔고 그 위에 놓아 거적을 둘러친다. 일기가 더우면 밖에 두는데 술이 맑게 괴면 찹쌀 닷 되를 잘 씻어 지에밥을 지어 차게 식힌 뒤, 물 한 사발을 함께 섞고 다시 불을 조금 넣어 하룻밤 재워 식힌다. 냉수 일곱 주발에 찐 찰밥과 밑술을 혼합하여 짚불을 쬔 항아리에 넣고 봉하여 두면 이틀 후에 마실 수 있다. 이 때 용수를 술항아리 한 가운데에 박아두고 용수 안에 괸 술을 퍼내는데 그리 맑지는 않다.

반면, 약주는 인삼·감초·대추·구기자 등 약초나 강정(強精)에 효과가 있는 약재의 성분을 침출(浸出)한 뒤 청주를 담글 때 덧술에 함께 넣어 발효·숙성시킨 술로서, 알코올의 취하게 하는 성질이 스트레스를 해소하는 효과와 함께, 알코올이 약초나 약재의 약용성분을 용해·침출하는 성질을 이용하여 유효성분만을 가미한 것으로 고려시대 이후 많은 종류가 등장하고 있다.

이러한 청주·약주 중 대표적인 술로 법주(法酒)와 삼해주(三亥酒)·두견주(杜鵑酒)·소곡주(小麯酒)를 들 수 있다.

법주(法酒)는 특히 1500년의 역사를 간직한 술로 신라시대 특권계층의 고급 약주로 이용되었고, 조선시대에 이르러서는 외국 사신들의 접대와 궁중의 여인네들이 즐겨 마셨던 술로 알려지고 있다.

삼해주(三亥酒)는 정월 첫 해일(亥日)에 빚기 시작하여, 한 달 또는 12일 간격으로 두 번째·세 번째 해일에 3회에 걸쳐 빚는 술로, 90일 또는 36일에 완성된다. 삼해주는 일명 춘주(春酒), 백일주(百日酒)로도 널리 알려졌으며, 전통주의 전성기를 맞이했던 조선시대의 우량주로 장안의 주가를 올려 놓았으며, 삼해주 때문에 쌀 소비가 많다 하여 금주령이 내리기도 하였다.

두견주(杜鵑酒)는 일반 청주 빚는 법과 거의 같으나 덧술에 진달래꽃(두견화)을 넣음으로써, 약용주 또는 가향(加香)의 계절주로 불리운다.

조선시대에 이르러서는 양반가를 비롯 서민층에 이르기까지 폭 넓은 사랑을 받았던 술이다.

소곡주(小麯酒)는 누룩을 적게 쓰고 장기 저온발효를 거쳐 빚어진 술이라고 하여 소국주(小麴酒)라고도 하는데, 약주로서 1,300여년의 역사를 가진 백제의 술로 회자되고 있다.

술에 찹쌀·멥쌀·누룩·양조용수 외에 엿기름·생강·고추·콩·들국화 꽃잎을 넣어 향기와 감칠맛이 뛰어나다.

이외에도 백하주·향온주·녹파주·벽향주·유하주·부의주·하향주·죽엽주·연엽주·별주·황금주·동양주·철주·행화춘주·청명주 등 그 수를 헤아리기 어려우며, 웬만한 가문과 가정에서는 각 가정마다의 비법으로 빚어 명가명주(名家銘酒)라는 말이 생겨나기에 이르렀다.

이러한 청주·약주는 일제시대로 접어들면서 일본인들이 우리나라의 탁주와 맑은 술(청주·약주)은 '조선주'로 묶고, 자기네들의 맑은 술을 '청주'라 하여 고쳐 부르게 함으

로써, 주세법에서조차 양조주를 탁주·약주·소주로 구분하고 있으며, 지금까지도 일본식으로 빚은 술만을 청주라 하여 재래식의 청주와 구별하고 있는 실정이다.

일본의 청주는 '코지(麴, koji)'라고 하여 쌀을 쪄서 씨누룩을 섞어서 만든 누룩을 쓰며, 지에밥과 코지 물을 섞어서 하룻동안 방치한 다음, 다음 날 이것을 뭉개어 저온에서 며칠간 두었다가, 따뜻하게 하여 때때로 저어주면 당화하여 젖산이 생기고 주모(酒母)가 된다. 이 주모에 지에밥과 누룩 및 물을 적정 비율로 섞어 술밑을 만들고, 여기에 세 번의 덧술을 한다. 일정 시간이 지나면 알코올 농도가 매우 높은 발효주가 만들어지는데, 이것을 술주머니에 채워서 압착하여 얻은 희게 흐린 술을 큰 통에서 2주 정도 방치하면 앙금이 앉고, 맑게 된 윗물을 떠내면 일본식 청주 곧 신주(新酒)가 된다.

일제 강점기에 일본인들이 이 신주를 이 땅에 보급함으로써, 일본식 청주는 우리나라 술 중의 하나가 되었다.

그러나 우리나라 고유의 청주·약주는 맑다는 점에서는 같다고 할 수 있겠으나, 만드는 방법과 과정, 재료의 선택과 처리에서 뚜렷하게 구별된다.

3. 증류식(蒸溜式) 소주(燒酒)

술의 증류법(蒸溜法)은 인간의 지혜가 상당히 진보한 후대의 산물(産物)로서, 중세기 페르시아에서 발달되었다고 한다.

쌀 등의 곡류와 감자·고구마 등의 서류 등을 원료로 주정 발효시켜 숙성된 술덧을 증류한 술을 소주(燒酒), 또는 화주(火酒)·한주(汗酒)·기주(氣酒)라고 하며, 증류하여 이슬처럼 받아내는 술이라

고 하여 노주(露酒)라고도 한다.

소주를 소주(燒酒)가 아닌 소주(燒酎)라고 표기하는데, 그 까닭은 주(酎)자가 '세 번 고아서 증류한 술'이라는 뜻을 갖기 때문이라고 하나 이는 잘못된 표현이다. 우리나라에서는 본래부터 술을 '주(酒)'자로 표기해 왔으며 '주(酎)'라는 표현은 일제강점기 이후에 생겨났다.

또한 증류주의 발생과 관련하여 아랑주·아라길주(亞喇吉酒), 아락주라고도 부른다.

술의 증류법이 중세기 페르시아에서 발달한 이후, 아라비아에서 원나라, 만주를 거쳐 몽고인들에 의해 우리나라에 전해지면서, 아라비아어로 증류식 소주를 가리키는 '아락(arag)'이 아랑, 아라길, 아락으로 불려지게 되었던 것으로 여겨진다.

이러한 증류식 소주는 고려 충렬왕 때로 몽고군을 통해서 유입되었는데, 이를 즐기는 무리가 생겨서 그들을 '소주도(燒酒徒)'라고 부르기도 하였다.

특히 소주는 몽고군의 주둔지였던 안동과 제주, 개성을 중심으로 발달·전파되었으며, 조선시대에는 더욱 유행해서 소주에 관한 기록이 여러 문헌에 보인다.

그 예로, 《단종실록(端宗實錄)》에 문종이 죽은 뒤 "단종이 상제노릇을 하느라 몸이 허약해져서 대신들이 소주를 마시게 하여 기운을 차리게 하였다."는 기록을 비롯 《중종실록(中宗實錄)》에서는 "소주를 마시는 사람이 많아져서 쌀의 소비가 늘고 있으며, 소주로 인한 피해가 크다."는 기록도 보인다. 또한 《성종실록(成宗實錄)》에는 금주령이 보이는데, 사간 조효동이 "세종 때는 사대부 집에서 소주를 사용하는 일이 매우 드물었는데, 요즘은 보통의 연회 때도 소주를 사용하고 있어 비용이 박대하게 드니 금지하도록 하는 것이 좋겠다."고 진언한 기록이 보이며, 《지봉유설》에서는 "근세에 와서 사대부들이 호사스러워져서 소주를 많이 마셔 취해야만 그만두고 있으며, 이 때문에 갑자기 죽는 사람은 많다."고 하였다.

이상의 기록에서 알 수 있듯 소주는 처음에는 약용 목적으로 소량씩 마시거나 왕가와 사대부 등 특수계층에서 마셨던 술이었는데, 점차 일반 서민에게까지 보급되었음을 알 수 있다.

증류식 소주는 일반적으로 다음과 같이 만들어진다.

먼저 쌀 1말을 물에 깨끗이 씻어서 고두밥을 지어 차게 식힌 뒤, 끓여서 식힌 물 2말과 누룩 5되를 섞어 술을 빚는데, 술독에 담아 7일 정도 발효·숙성시켜 술이 괴면 증류에 들어간다.

술을 증류하기 위해서는 가마솥에 물 두 사발을 붓고 먼저 끓인 뒤에 술 세 사발을 부어 고루고루 젓고 소줏고리를 얹어 시루번을 붙인다. 소줏고리 위에는 오목한 자배기나 솥뚜껑을 뒤집어 얹고 소줏고리와 위에 얹은 오목한 그릇 사이에도 시루번을 붙이고, 오목한 그릇에는 찬물을 가득 채운다. 아궁이에 불을 때면 가마솥 안의 술덧이 기화하고, 기화된 증기는 소줏고리 위의 찬물이 담긴 그릇에 닿아 냉각되어 소줏고리의 어깨 부분에 달려 있는 귀때(귓대)로 흘러내린다.

귀때를 통해 흘러내린 소주는 맑고 투명하며, 방울방울 떨어지는 모습이 마치 이슬방울이 뚝뚝 떨어지는 것과 같아서 소주를 노주(露酒)라고 했다.

소주는 지방에 따라 또 집안 형편이나 풍습에 따라 다양한 술빚기가 이뤄지며, 재료도 다양하게 사용되었다. 술을 만드는 재료에 따라 찹쌀소주·멥쌀소주·옥수수소주·수수소주·보리소주·좁쌀 소주 등이 있고, 향토적 특성에 따라 개성 소주·진도 홍주·김제 송순주·제주 민속주·안동 소주 등으로, 또 술에 넣는 약재에 따라 죽엽주·송순주·이강주·인삼주·구기주·감홍로 등으로 불리운다.

이러한 소주는 증류할 때의 불의 세기, 곧 화력(火力)에 따라 맛과 질, 얻어지는 소주의 양이 달라진다고 한다.

다시 말해서 불이 세면 소주가 많아 만들어지는 반면 냇내(탄내)가 나고, 불이 약하면 소주가 덜 만들어진다.

또 맨 위의 냉각수를 자주 갈아주면 좋은 술을 얻을 수 있으며, 화목(火木)에 따라서도 술맛이 달라지는데, 소나무를 비롯 뽕나무나 밤나무가 가장 좋은 땔감으로 알려져 있다.

이러한 증류법은 소주가 처음 들어왔던 초기에는 솥 안에 작은 그릇이나 단지를 넣어 증류하는 방법을 이용하였으나, 조선 중기에 이르러 증류법이 발달하여 흙으로 구워 만든 오지나 구리·쇠로 만든 소줏고리를 사용하였으며, 후기에는 소줏고리 위에

양푼이나 자배기, 솥뚜껑 등의 오목한 그릇을 얹는 불편을 없애고자 소리고리 자체에 냉각수를 담는, 오목한 그릇인 냉각사관을 붙인 오지 소줏고리가 만들어져 널리 사용되었으며 그 형태도 다양해졌다.

이와 같이 재래식으로 빚은 증류주, 곧 소주는 시대 변화와 증류 방법의 발달로, 1919년에 알코올식 기계소주공장이 평양에 이어 인천과 부산에 세워지면서 큰 변화를 보였다.

재래식 누룩을 사용하던 방법에서 탈피하여 흑국을 사용한 소주(黑麴燒酒)로 바뀌게 되었고, 다시 1952년부터는 외국에서 값싼 당밀을 수입하여 만들게 된 것이다.

그리고 1965년에는 정부의 식량정책의 일환으로 곡류의 사용을 금지함으로써, 고구마 · 당밀 · 타피오카 등을 원료로 하여 만든 희석식 소주, 곧 주정(酒精)에 감미료를 넣고 물로 희석해서 만든 소주가 등장하게 되었다.

이로써 우리 고유의 풍미와 정성이 담긴 증류식 순곡주는 설자리를 잃고 자취를 감추고 말았다.

그러나 다행스럽게도 1980년대 후반에 들어 쌀의 자급이 달성되면서, 1988년 쌀을 이용한 증류식 소주의 개발 및 관광상품화가 정부의 정책으로 추진되어, 그간 맥이 끊겼던 지방별 토속주와 밀주 형태로 맥을 이어오던 전통주들이 다시 등장하면서, 우리 고유의 증류식 소주는 옛맛을 잊지 못하는 사람들 사이에서 꾸준한 인기를 누리고 있다.

특기할 것은, 재래식 소주를 만들었던 시기에는 지방에 따라 소주를 마시는 시기가 달랐다고 한다.

서울 · 경기지방에서는 대개 5월~10월까지였고, 남부지방에서는 겨울철에만 소주를 마셨으며, 함경도 등 추운 북부지방에서는 4계절 모두 소주를 즐겨 마셔 술의 주종을 이루었다고 한다.

한편, 《지봉유설》에 "소주를 약으로 쓰기 때문에 많이 마시지 않고 작은 잔에 마셨기 때문에 작은 잔은 소줏잔이라고 하게 되었다."는 기록을 찾아 볼 수가 있다. 酒

주세령(쥬셰령)

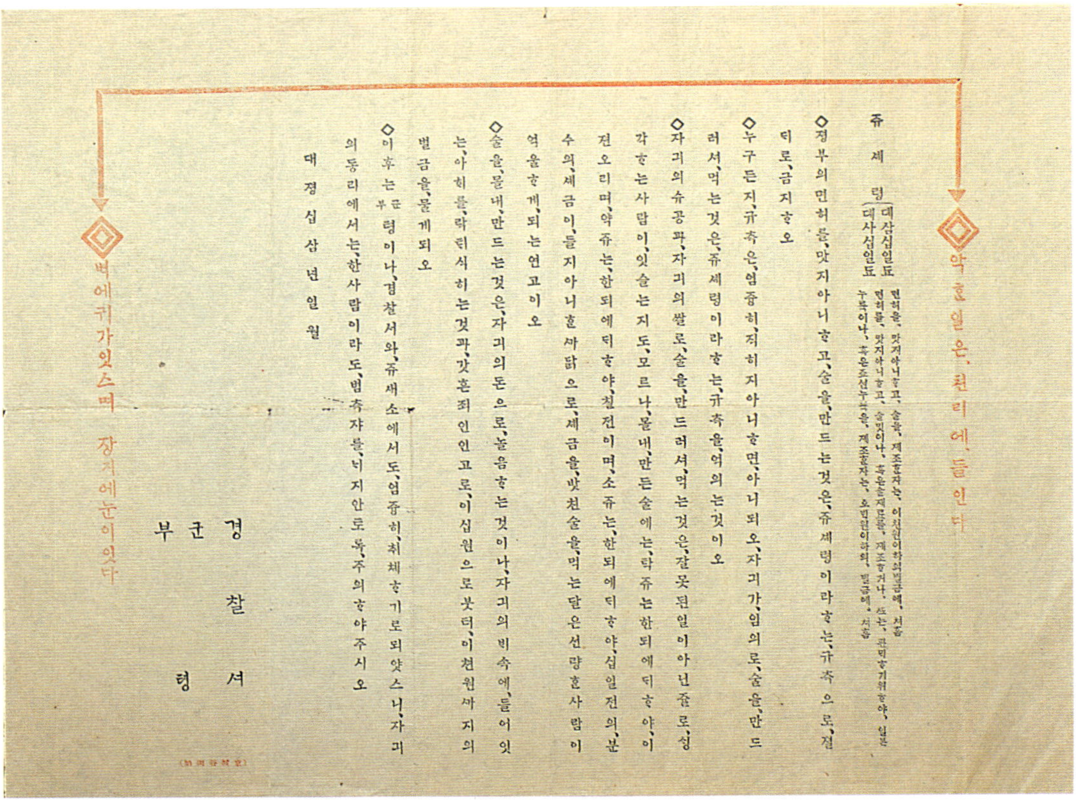

우리나라에 처음 주세령(酒稅令)이 공포된 것은 1907년 7월이다. 그리고 같은 해 8월에는 '주세령 세칙(시행규칙)의 공포가 있었고, 다시 9월에는 주세령을 근거로 한 강제집행이 있었다.

여기에 따르면 주류를 양조주(釀造酒), 증류주(蒸溜酒), 혼성주(混成酒) 등 세 가지로 구분하여 과세(課稅) 하였는데, 그후 일제시대에 들어가면서부터는 그동안 가양주(家釀酒) 형태로 전승되어 빚어져 오던 술빚기는 금지되고, 모든 술은 양조장(釀造場) 제조제도로 바뀌었음을 알 수 있다. 또한 이 주세법은 주세 징수에만 주안을 두고 있어 품질 개량에는 소홀히 하게 되었다.

따라서 탁주나 약주의 양조기술은 발전을 보지 못한 반면, 일본 술인 정종(正宗)의 범람을 초래했다.

주세령은 모법(母法)인 주세법(酒稅法)의 배경이 주세 징수와 자가양조금지, 즉 밀주(密酒)방지에 그 목적이 있었던만큼, 이를 어길 경우에 대한 처벌 내용을 담은 정부의 홍보문이라 해도 무방할 것이다.

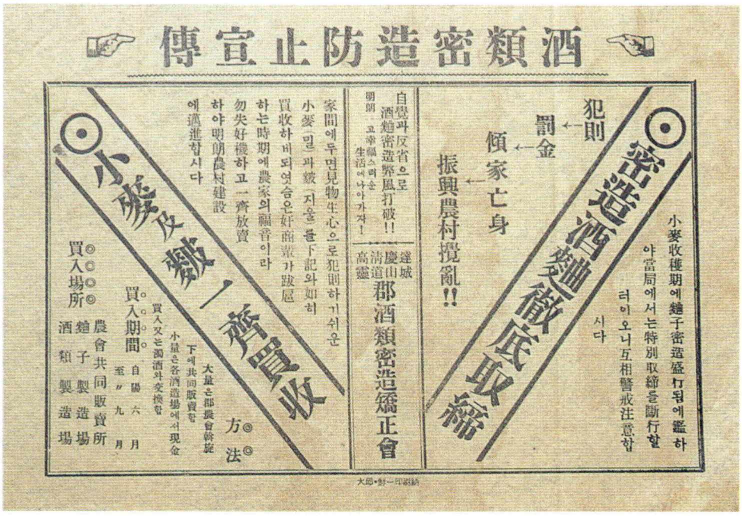

주세령(사진)은 36㎝×26.7㎝ 크기로서, 주내용이 양조 면허의 당위성, 밀주의 부당성, 벌금에 대한 5가지 조항을 담고 있으며, 경찰서·군 부령으로 되어 있다.

그 서두를 보면, "악한 일은 천리에 들인다."는 경구와 "벽에 귀가 있으며, 장지에 눈이 있다."고 하는 속담을 좌우에 새기고 있다.

주내용으로 "면허를 받지 아니하고, 술을 제조한 자는 이천원 이하의 벌금에 처한다."는 경고와 함께, "면허를 받지 아니하고 술빚기, 혹은 술 재료를 제조하거나, 또는 판매하기 위하여 일본 누룩이나, 혹은 조선 누룩을 제조한 자는, 오백원 이하의 벌금에 처한다."는 벌칙 내용을 머리에 쓰고 있다.

주세령 내용 중 흥미로운 사실은, 당시의 주류별 술값을 상세히 적고 있다는 점이다.

이 주세령의 전단은 1914년 1월(대정 3년 1월)에 제작·배포되었는데, 당시의 술값으로 탁주는 1되에 2전 5리, 약주는 1되에 7전, 소주는 1되에 11전으로, 주류별 가격의 차이가 컸음을 알 수 있으며, "세금을 내지 않고 술을 만들거나 밀주를 제조하는 것은 '놀음', 또는 '낙태'와 같은 죄를 짓는 것과 다름 없으므로, 이십원에서 이천원까지의 세금을 물린다."는 등의 표현이 눈길을 끈다.

'주류 밀조방지 선전' 전단

주류와 누룩 등 밀주에 대한 철저한 단속과 소맥(밀), 기울의 일제 수매에 대한 안내 전단이다.

주세법 제정과 주세령에 따른 시행세칙으로 자가양조를 금하게 되었으나, 일반에서는 밀주와 누룩제조가 성행하였다.

이에 당국에서 특별 단속을 하게 되었으니, 서로 경계·주의 할 것을 당부하는 내용과 함께, "이러한 범칙행위는 벌금을 내야 하므로, 집안이 기울고 농촌 진흥을 교란시키는 까닭에 엄단하겠다."는 내용으로 제작되어 있다.

그리고 "밀을 집 안에 두면 견물생심(見物生心)으로 범칙하기 쉬우니, 이에 당국에서는 밀과 밀 기울을 수매하게 되었고, 이는 농가의 복음(福音)이며, 간사한 장사치들이 날뛰고 있으니 시기를 놓치지 말고 일제 수매에 응하여 명랑한 농촌을 건설하자."는 계몽 성격의 내용을 담고 있다. 또 수매 방법과 기간, 장소에 대해서도 병기(竝記)하고 있다.

이 전단은 경상북도의 밀양, 경산, 청도, 고령군 주류밀조교정회 명의로 제작되었으며, 인쇄소(대구, 선일인쇄)까지 표기하고 있다.

전단 내용으로 보아 상당히 적극적이고 조직적인 밀주 단속과 밀·기울에 대한 수매 활동이 전개되었음을 짐작케 한다. 酒

주막(酒幕)

그 옛날 장터를 비롯해 큰 고개가 있는 길목, 역, 장터, 나루터, 광산촌 등에서 술과 밥을 팔면서 길가는 나그네를 유숙시키는 집으로 주막(酒幕)이 있었다.

주사(酒肆), 주가(酒家), 주포(酒鋪), 탄막(炭幕)이라고도 하는 주막 등장의 시초는, 신라시대 경주의 천관(天官)의 술집이었다.

화랑 김유신이 젊었을 때 천관이 파는 술집에 다녔다는 기록으로 미루어 천관의 술집이 그 효시라 할 수 있다.

그리고 1097년 고려(숙종 2년)에 주막이 등장했다는 설이 있긴 하나, 정확한 고증을 할 수가 없다.

그후 임진왜란이 끝나고 관에서 설치한 원(院)의 기능이 쇠퇴해지자, 참(站)마다에 참점(站店)이 설치되어 여행자에게 숙식을 제공하였는데, 사상(私商)의 활동이 활발해지면서 참점이 이들을 위한 주점·주막으로 변화, 발전하게 된 것이라고 한다.

조선시대에 주막이 많기로 유명한 곳으로는 서울을 비롯 인천 가는 중간 지점인 소사·오류동이다. 아침에 서울을 출발하면 점심 때쯤 도착하기 때문이었다. 영남에서는 서울 가는 문경새재가 주막촌을 이루었는데, 지금도 그곳에는 나라에서 운영하였던 조령원(鳥嶺院), 동화원(桐華院)의 터가 남아 있다. 능수버들 전설과 함께 주막이 번성했던 천안삼거리와 전라도와 경상도의 길목인 섬진강 나루터의 화개(花開)장터, 한지와 죽산물 곡산물의 집산지 전주(全州) 등이 주막거리로 꼽힌다.

주막의 기능은 그 첫째가 손님에게 술을 파는 곳이다. 주막에서 팔았던 술로는 약주나 소주가 있긴 했으나, 탁주가 주종을 이루었다. 더러 양반손님을 위해 방문주(方文酒)를 팔기도 했다.

주막에서는 술을 한 잔, 두 잔씩으로 마시는 경우가 많았는데, 이 술에는 안주가 무료로 따랐다. 주막집 목판에 마련된 안주로는 어포, 육포 등의 마른 안주와 쇠고기, 돼지고기, 삶은 수육, 너비아니구이, 빈대떡, 떡산적, 생선구이, 술국 등의 진안주였다. 특히 술국은 해장국, 또는 양곰국으로 살코기를 발라 낸 뼈다귀를 토막쳐서 흐므러지게 끓이면 허연 국물이 된장맛과 어울려 구수하기 이를 데 없었다.

둘째는, 손님에게 요기를 할 수 있게 밥을 제공하는 구실을 하는 곳이다. 식사류로는 장국밥이 주류를 이루었다. 순전히 양지머리로만 국물을 뽑아 순하고 시원하며, 간장으로 간을 맞추는데 연한 국물빛이 장국을 더욱 맛스럽게 하였다.

셋째는 숙박처를 제공하는 곳이다.

주막에서 술이나 밥을 사 먹으면 잠은 공짜로 재워 주었다. 그러나 잠을 잘 수 있는 자격은 먼저 온 사람을 우선으로 하였던만큼, 선(先) 도착자가 따뜻한 아랫목을 차지할 수 있었다.

이후 주막은 내외주점, 거리의 주막, 색주가, 선술집 등으로 변했는데, 거리의 주막에서는 모주(母酒)라는 술을 파는 곳으로 더욱 유명했다.

모주란 술을 걸러 낸 찌꺼기에 다시 물을 붓고 끓여서 우려낸, 알코올 도수가 낮은 술로 맛은 없었다.

새벽녘 맞벌이 노동자들을 위해 거리에서 주모가 이 모주에 비지찌개를 끓여 팔았는데, 해장 겸 아침을 겸한 술로 서민들의 애환을 달래 주었던 술이다.

이러한 주막은 규모에 따라 역할도 크게 달랐다.

대처의 큰 주막은 수 십개의 방에다 창고와 마굿간이 있어, 행상인들의 물건을 맡아주기도 하고, 마소나 당나귀 등 짐승을 관리해 주기도 했다.

시골의 작은 주막은 몇 개의 방에 술청이 있을 정도이고, 거리의 간이주막은 허술한 지붕에 가리개로 사방을 막아 놓고 낮동안에만 장사를 하였던 곳이다.

이들 주막의 입구나 모짝에는 '주(酒)' 자를 써 붙이거나, 창호지에 '주(酒)' 자를 쓴 등(燈)을 달기도 하였다. 또 장대기 끝에 용수를 달아 지붕 위로 높이 올리기도 하고, 소머리나 돼지머리 삶은 것을 좌판에 늘어 놓아 주막임을 알렸을 뿐, 요즘처럼 술집임을 알리고 이름을 명시한 간판은 없었다.

다만, 주막을 찾는 손님들에 의해 우물집, 버드나무집, 오동나무집, 꼽추집 등 그 주막의 상징적인 사물이나 주모(주인)의 신체적 특징을 딴 이름이 있었을 뿐이었다. 酒

술 관련 미풍양속

우리나라의 술은 농경문화를 바탕으로 한 세시풍속, 그리고 특히 조선시대엔 유교사상의 가정의례를 중시한 데에서 빈객접대에 따른 예절이 발달하였다.

따라서 빈객 접대는 물론이고 상비식으로서 술이 자리잡고 있으며, 또한 이에 따른 안주도 발달해 왔다고 볼 수 있다.

1. 세시풍속

세시풍속(歲時風俗)이란 일상생활에 있어서 계절변화에 맞추어 관습적으로 되풀이 되는 민속을 말한다.

이는 인간은 같은 자연환경과 역사 속에서 생업과 언어생활을 함께 해오는 동안에 동질성의 생활관습을 갖게 되는 것이므로, 민중의 생활사가 되기도 한다.

따라서 우리나라의 세시풍속은 오랜 세월을 살아가는 가운데서 형성된 것으로, 민중의 신앙・예술・놀이・음식 등과 밀접하게 관련되어 있고, 세시풍속에 나타난 조상숭배・협동성・예술성・점복사상(占卜思想)・신관(神觀) 등은 우리 생활의 한 단면으로 의식을 반영한 것이라고 할 수 있으며, 민족생활의 공감으로 형성된 것이니 그 속에 깊이 담겨진 교훈이 있다. 즉, 오랜 세월동안 생활에서 체험하고 흡습해야만 했기 때문에 채택되었을 것이고, 그러기에 민족의 공감성과 문화성이 배여있다고 할 수 있다.

우리의 생활양식은 생업에 따라 계절을 의식하였는 바, 농가에서도 계절을 놓치면 수확이 어려워지므로 계절을 맞추어 관습적으로 생산에 노력을 해야했고, 필요에 의해서 생산양식에 맞는 세시풍속을 이루어 왔다.

다시 말하면, 봄이면 씨 뿌리고 가을에 거두는 파종과 수확의 농경세시와, 여름에 장 담그고 겨울에 김장하는 하장동저(夏醬冬菹)의 음식세시, 남쪽지방의 다양한 발전된 술과 북쪽지방의 발달된 떡을 가리키는 남북주병의 지역세시, 여름에는 부채를 선물하고 겨울에는 달력을 나누는 하선동력의 계절세시,

쌀과 보리의 도작(稻作)과 전작(田作)에 의한 양식세시, 가윗날과 수릿날의 멸절세시 등이 그것이다.

이러한 세시풍속과 관련하여 연중행사를 잘 제시해 준 노래(가사)가 있으니, 《농가월령가(農家月令歌)》이다. 이 가사는 조선조 헌종 때에 정학유(丁學遊)라는 이가 지은 월령체(月令體)의 장편가사로, 1월부터 12월까지 매달 수행해야 할 세시풍속에 따른 행사가 잘 드러나 있다.

그중 음식(술) 관계를 발췌하면 다음과 같다.

正月令

며느리 잊지 말고 小麯酒 말하여라
三春百花時에 花前一醉하여 보세
·································
祠堂에 歲謁함은 餠湯에 酒果로다
엄파와 미나리를 무엄에 곁드리면
보기에 신신하여 五辛菜를 부러하랴
보름달 약밥제도 신라적 풍속이라
묵은 산채 삶아내어 六味를 바꿀소냐
귀밝히는 약술이요 부름삭는 生栗이라

二月令

山菜는 일렀으니 들나물 캐어 먹세
고들바기 씀바귀요 소로장이 물쑥이라
달래김치 냉잇국은 비위를 깨치나니

本草를 상고하여 약재를 캐오리라
낱낱이 기록하여 때미쳐 캐어두소
촌가에 기구없이 값진약 쓰올소냐

三月令

인간의 요긴한 일 장담는 정사로다
소금을 미리받아 법대로 담그리라
고추장 두부장도 망맛으로 갖추하소
앞산에 비가 개니 살찐 香采 캐오리라
삽주드룹 고사리며 고비도랒 어아리를
일분은 엮어달고 이분은 무쳐먹게
낙화를 쓸고 앉아 병술로 즐길적에
산채의 준비함이 佳肴가 이뿐이라

四月令

八十에 현등함은 산촌에 불불하니
느티떡 콩찐이는 제때의 별미로다
앞내에 물이 주니 천렵을 하여 보지
촉고를 둘러치고 銀鱗玉尺 후려내어
盤石에 노고걸고 속고처 끓여 내니
八珍味 五候鯖을 이맛과 바꿀소냐
며느리 말미받아 본집에 근친갈제

개잡아 삶아 얹고 떡고리며 술병이라
초록장옷 반물치마 단장하고 다시보니
여름동안 지친얼굴 소복이 되었느냐

五月令

아기어멈 방아찧어 들바라지 점심하소
보리밥 파찬국에 고추장상치쌈을
식구를 헤아리되 넉넉히 능을 두소
샐때에 門에 나니 개울에 물 넘는다.
미나리 和答하니 擊壤歌 아니런가

六月令

삼복은 속절이요 流頭는 佳日이라
원두밭에 참외 따고 밀갈아 국수하여
家廟에 천신하고 한때 음식 즐겨보세
부녀자는 헤피마라 밀기울 한데 모아
누룩을 드디어라 流頭麵을 헤느니라

호박나물 가지김치 풋고추 양념하고
옥수수 새맛으로 일없는이 먹어보소
장독을 살펴보아 제맛을 잃지 말고
맑은 장 따로 모아 익은 족족 떠내어라
비오면 덮겠은 즉 독전을 정히 하소

七月令

소채과실 흔할적에저축을 많이 하소
박호박 고지켜고 외가리 짜게 저려
겨울에 먹어보소 귀물이 아니될까

八月令

만화따는 다래끼어 수수이삭 콩가지요
나뭇꾼 돌아올제 머루다래 산과로다
뒷동산 밤대추는 아이들 세상이라
……………………………
……………………………

북어쾌 젓조기로 추석명일 콩가지요
新稻酒 올려 송편 박나물 토란국을
선산에 제물하고 이웃집 나눠먹세

九月令

타작점심 하오리라 황계백숙 부족할까
새우젓 계란찌개 성찬으로 차려놓고
배추국 무나물에 고초잎 장아찌라
큰가마에 앉힌밥이 태반이나 부족하다

十月令

무우배추 캐어들여 김장을 하오리라
앞내에 정히 씻어 염담을 맞게 하고
고추마늘 생강파에 젓국지 장아찌라
독곁에 중드리요 바탕이 항아리라
양지에 가지짓고 짚에 싸 깊이 묻고
박이무우 알알밤도 얼잖게 간수하소
··································
우리집 부녀들아 겨울옷 지었느냐
술빚고 떡하여라 降神날 가까왔다
술꺽어 단자하고 모밀앗어 국수하소
소잡고 돌잡으니 음식이 풍비하다

十一月令

동지는 명일이라 一陽이 生하도다
時食으로 팥죽 쑤어 隣里親戚 나눠먹세

十二月令

떡쌀은 몇 말이며 술쌀은 몇 말인고
콩갈아 두부하고 모밀쌀 만두빚소
세육은 계를 믿고 북어는 장에 사세
납형날 창에 묻어 잡은꿩 몇 마린고
이이들 그물쳐서 참새도 지져먹세
깨강정 콩강정에 곶감대추 생률이라
酒독에 숨들이니 돌틈에 샘소리
앞뒷집 打餠聲은 예도나고 제도나네

이와 같이 달(계절)의 변화에 따라서 명절과 제사에 대비하여 술과 기타 음식을 준비하여 친목을 도모해 왔다.

특히 제철에 술을 빚고 장을 담그는 행사를 중요시 하였는데, 계절변화에 합리적으로 대처하기 위해서는 상비식과 저장음식의 구비는 필수적인 것으로 인식되었던 것이다.

2. 명절풍속

① 세찬(歲饌)으로서의 세주(歲酒)

설날에 쓰이는 찬 술로서 이를 세주라고 하는데, 가양주 제조가 금지된 때에도 세주만은 가정에서 담그어 마셨다.

세주로는 도소주(屠蘇酒)를 가리킬 정도로 고려시대 때부터 이 도소주를 마시는 풍속이 전해오고 있다. 《고사촬요》에 "도소주는 육계 백미, 대황, 천호, 거목, 질경, 호장근(虎杖根), 오두거피(烏頭去皮)를 주머니에 넣어서 12월 그믐날에 우물물에 담갔다가, 정월 초하룻날 새벽에 건져서 잠깐 끓인다."고 한 것으로 미루어, 금주령에 의한 방편으로, 약재를 끓여 마신 도소주가 아닌가 싶다. 그러나 《열양세시기》에는 "도소주는 육계, 산초, 백출, 도라지, 방풍 등 여러 가지 약재를 넣어 빚은 술로서, 이 술을 마시면 병이 나지 않는다는 속신이 있다." 고 하고, "연소자부터 이 술을 마신다."고 기록하고 있다.

한편, 《경도잡지》에는 "이 술은 미처 빚지 못했을 때에는 다른 술을 '도소주'라고 청한 뒤 모두 둘러앉아 마셨다. 이때 술은 반드시 차게 하는데 이른 봄을 맞이하는 영춘(迎春)의 뜻이 담겨 있다."고 하였다.

이러한 도소주는 '도소음(屠蘇飮)'으로 자리잡았다. 《근재집(謹齋集)》에 "도소음이란 정월 초하룻날 새벽에 도소주를 동쪽을 향해 마시면 일년 내내 질병이 없어진다. '한 사람이 마심으로써 한 집안에 병이 없고, 한 집안이 마심으로써 한 마을이 병이 없다'고 믿는 관행이 있었다."고 기록되어 있다.

② 대보름날의 귀밝이술(耳明酒)

정월 대보름날의 절식으로 오곡밥, 보쌈, 진채식, 아홉 가지 부럼(九果)과 함께 이날 '이명주(耳明酒)'라고 하는 찬 술을 마시면, 정신이 맑아지고 1년동안 귓병이 생기지 않으며, 한해 동안 기쁜 소식을 듣게 된다고 한다.

《동국세시기》에 "청주 한 잔을 데우지 않고 마시면 귀가 밝아진다. 이것을 '귀밝이술'이라고 한다. 생각컨대 섭정규(葉廷珪:중국 宋代人)의 《해록쇄사(海錄碎事)》에 "춘분 전후의 '무일(戊日)에 귀밝이술(治聾酒)을 마신다.'고 했으나, 지금 풍속에는 이를 보름날에 행한다."고 기록하고 있다.

따라서 귀밝이술은 설날 봄맞이의 뜻으로 마시는 도소주와 함께 제화소복(除禍掃福)의 뜻이 담겨 있다고 하겠다.

③ 중화절식(中和節食)

중화절은 농사철의 시작을 기념하는 음력 2월 초하루로, 조선조 궁중에서 일컫는 이름이다. 민간에서는 노비일(奴婢日), 하리아드랫날, 굴억딸깃날, 노록딸깃날, 머슴날이라고 하여 그해 풍년을 기원하는 뜻으로, 정월 보름날 마당에 세웠던 볏가릿대를 이날 거두어 철거하는데, 이 볏가리에서 훑은 벼를 모아 떡을 빚고 그 볏짚으로 송편을 쪘다. 이 송편을 농삿일에 수고할 머슴들에게 나이수대로 먹이는 풍습이 있다.

또 주인은 이날 머슴들에게 주식(酒食)을 내어 노래와 춤으로 하루를 즐기게 함으로써, 주인의 위로의 뜻이 담겨 있다.

한편, 궁중에서는 중화척(中和尺)이라 하여 반죽(班竹)이나 적목(赤木)으로 만든 자(尺)를 재상이나 시종들에게 내렸는데, 이는 신하들에 대한 왕의 신임을 상징하는 것으로, 신하들은 있는 힘을 다하여 나를 잘 보좌해 달라는 내용이 담겨 있다.

④ 중삼절식(重三節食)

음력으로 3월3일인 삼짇날로, 이 날에는 술과 떡(酒餠)을 빚어 들놀이를 하는 풍습이 있다.

이 날의 절식으로서 쌀과 누룩 외에 봄에 피는 진달래꽃을 따다 빚은 두견주(진달래술)을 비롯, 꽃과 초근목피를 넣어 다양한 술을 빚는데, 도화주 · 과하주 · 송순주 · 이강주 · 국력고 · 계당주 · 노산춘 · 삼해주 · 소국주가 유명했다.

⑤ 청명일과 한식 성묘(淸明, 寒食省墓)

동지 후 105일째 되는 날이 한식(寒食)인데, 하루 전날이나 같은 날 청명일(淸明日)이 들게 된다.

이날은 종묘, 능원, 조상의 묘에 성묘하는 풍속이 있다.

청명일은 느릅나무와 버드나무에 불(火)을 일으켜서 각 관청에 나누어주는 풍속으로, 이는 주나라의 관(周官)에서 불을 내고, 당 · 송(唐 · 宋)에서 불을 나누어주던 옛 중국의 풍속을 답습한 것이다.

이 날을 기해 농가에서는 비로소 춘경(春耕)이 시작된다.

이때의 절식으로 청명일 20여일 전에 빚어 이날 마시고 한식 때 성묘에도 쓰는 청명주가 있다.

한편, 성묘를 하고 한식에는 불을 쓰지 않고, 찬 음식을 먹고, 술과 과일 · 포 · 식혜 · 떡 · 국수 · 탕 · 적 등으로 제사를 지낸다.

한식의 찬 음식은 불에 타 죽은 충신(개자추 · 介子推)의 혼령을 위로하기 위해 더운 밥을 삼간다는 뜻에서 유래한다.

⑥ 단오절 창포주(端午節 菖蒲酒)

연중 가장 양기가 왕성한 날이라고 하여 명절로 삼은 음력 5월 5일을 단오(端午)라고 한다. 단오는 수릿날, 천중절이라고도 불리운다.

이날의 절식으로 수리취절편과 제호탕 · 옥추단 · 앵두편 · 앵두화채 등과 함께 부의주(浮蟻酒)에 창포뿌리를 찧어 넣어만든 창포주를 마신다.

창포주는 옛날에 단오절을 3대 명절로 여겼던 까닭에, 이때 행사용 술로 쓰는 한편, 창포의 향기가 나쁜 병과 사악한 것을 쫓아준다고 믿는 벽사풍속에서 유래한다.

이날 여인네들은 창포 이슬을 받아 화장수로 쓰는가 하면, 창포를 삶은 창포탕으로 머리를 감고 뿌리를 잘라 비녀를 삼기도 했다. 녹음이 짙은 거목에 밧줄을 묶고 곱게 차려 입은 처녀들이 그네를 뛰는데, 남자들의 씨름과 함께 이날의 절정을 이루었다.

⑦ 유두연(流頭宴)

음력 6월 보름을 유두날이라고 하는데, 유두는 동류두목욕(東流頭沐浴)의 준말이다. '동쪽으로 흐르는 맑은 물에 머리를 감고 목욕을 하며, 하루를 청유(淸遊)한다'는 뜻이다. 이렇게 하면 상서롭지 못한 것을 쫓고(씻고) 여름에 더위를 먹지 않는다고 여겼던 것이다.

유두 무렵에는 과일이 새로 나기 시작하므로, 수박・참외 등을 따고 떡을 빚어 사당에 올리고 제사를 지내는데, 이를 '유두천신'이라고 한다.

이는 햇과일이 나도 먼저 조상에게 올리고나서야 먹는 옛 조상들의 관습으로, '추원보본사상(追遠報本思想)'에서 생겨난 아름다운 풍습이다.

이날 선비들은 술과 고기를 장만하여 계곡이나 수정(水亭)을 찾아가 풍월을 읊으며 하루를 즐기는, 풍류가 깃든 풍속으로 발전했다.

⑧ 백중일(百中日)과 우란분회(盂蘭盆會)

7월 보름을 백중(百中)이라고 하는데, 백종・백중・중원 또는 망혼일이라고도 한다.

이 무렵부터 과일과 채소가 많이 나와 옛날에는 '백가지 곡식의 씨앗을 갖추어 놓았다'하여 유래한 명칭이다.

민가의 풍속으로, 이날 밤에 채소와 과일, 술, 밥 등을 차려 놓고 돌아가신 어버이의 혼을 부르는 풍속이 있다. 이런 풍속에서 이날을 망혼일(亡魂日)이라고 한다.

《동국세시기》에 "우리나라 풍속에 백중날을 망혼일이라 하여 여염집 사람들이 이날 저녁 달밤에 채소, 과일, 술, 밥 등을 차려놓고 돌아가신 어버이의 혼을 부른다."고 기록되어 있음을 볼 수 있다.

또 농사일에 수고한 사람들에게 술과 안주를 내어 위로하는 행사를 벌이는가 하면, 서울 사람들은 성찬(盛饌)을 차려 산에 올라가 노래하며 춤추는 것으로 낙을 삼았다 한다.

한편, 고려시대 때부터 내려오는 불가의 행사로 우란분회가 있다.

부처님 제자 중 효성이 지극한 목련비구의 일로, 조상의 혼을 천도하는 우란분공(盂蘭盆供)이 그것인데, 백중절의 행사가 이 우란분회에서 유래한 것이라고 한다.

⑨ 추석절(秋夕節)의 신도주 (新稻酒)

수확의 명절이자 달의 명절이라고 하는 추석은, 삼국시대 이전부터 내려오는 고유의 풍속으로서, 농경문화의 습속이다.

농경민족이었던 우리 조상들은 봄에서 여름 동안 가꾼 곡식과 과일들이 익음에 수확할 계절이 되었고, 연중 가장 큰 만월을 맞이하여 신도주(新稻酒)와 오려송편을 빚어 조상께 천신하고 차례를 지낸다. 또 조상의 산소에 가서 성묘하는 농공감사제를 지내왔다.

추석날 아침 일찍 일어나 추석빔을 차려입고 햇곡식으로 빚은 송편과 햅쌀로 빚은 신도주를 조상께 바치고, 밤이 되면 만월을 바라보며 소원을 빌고, 친척들과 이웃이 모여 정담을 나누고 놀이를 즐기는 가운데서 한해 농사의 풍년에 감사하는 것이다.

⑩ 중구(重九)의 국화주(菊花酒)

《동국세시기》에 "서울 풍속에 남산과 북악산에 올라가 국화주를 마시고 국화전을 먹으며 즐기는 풍습이 있는데, 이는 등고(登高)의 옛 풍습을 답습한 것이다."고 기록하고 있다.

이날 높은데 올라 국화주를 마시면 화를 면할 수 있다는 중국 후한대의 풍습에서 유래한 것으로, 이때가 되면 제비가 강남으로 돌아가고 뱀이 돌에 입을 닦고 땅 속에 들어가 동면하고 갈까마귀와 기러기가 온다고 한다.

9월 9일은 양수(陽數)가 겹쳤다는 뜻에서 절기상 좋은 때로 여겨 제삿날을 모르는 사람과 연고자 없

이 떠돌다 죽은 귀신의 제사를 지냈다. 또 햇곡식으로 떡과 술을 장만하여 추석과 같이 차례를 지냈다.

이때의 술은 초가을 찹쌀로 술을 빚어 다 익어 갈 때쯤 국화꽃잎을 따서 깨끗이 씻은 후, 함께 섞어 넣었다가 며칠 후에 걸러서 마시거나, 말린 국화꽃잎을 주머니에 담아 술항아리 안에 넣고, 항아리를 밀봉해 두면 국향이 그윽한 국화주가 된다. 또 별식으로 국화전을 빚어 먹었다.

《동국세시기》에 등고의 풍속으로 "서울의 남산, 북한산에서 마시고 먹으며 즐긴다. 한편, 단풍구경을 하는데 좋은 곳으로 청풍계(青楓溪)·후조당(後凋堂), 남한산, 북한산, 도봉산, 수락산이 꼽혔다."고 기록되어 있다.

⑪ 상달(上月)의 성주제(城主祭)·시제(時祭)

상달은 국조 단군이 최초의 민족국가인 단군조선

을 건국하였음을 기리는 뜻으로, 음력 10월 3일에 개천행사를 갖는다.

또 말날(午日)이나 길일을 택하여 가내의 안녕을 관장하는 성주신(城主神)에게, 정성들여 햇곡식으로 술과 떡을 빚고, 갖가지 과일을 마련하여 성주제(城主祭)를 지낸다.

또 10월 보름을 전후하여 4대 조상까지 사당에서 모시지 못한 5대조 이상의 조상에 대하여 산소에서 한 번에 지내는 제사를 시제(時祭)라고 한다.

시제는 원근의 후손들이 모두 묘 앞에 모여 제사를 지내며, 제물은 후손 중에서 만들거나 묘를 관리하는 산지기가 마련하여 집단으로 지내기도 한다.

⑫ 설날 그믐의 수세(守歲)

섣달(12월)을 납월(臘月), 그믐날을 제석(際石), 또는 '작은 설'이라고 한다. 1년의 마지막 날로 새해의 준비와 한 해의 끝맺음을 하는 날로서, 조상의 산소에 성묘를 하고 친척·일가를 찾아 묵은 세배를 하기도 하며, 밤늦게까지 호롱불을 들고 다녔다고 한다.

이날 잠을 자면 눈썹이 희어진다고 하여 밤늦도록 윷놀이, 옛날 이야기, 얘기책 읽기 등으로 잠을 자지 않으려 애썼다.

왕궁의 풍속으로는 조선조 연산군은 그믐날 밤을 즐기며 수세하라고 승지에게 술을 하사(下賜)한 기록이 있고, 중중 이후 명종 때에는 도학자들이 조정에 들어갔기 때문에 이러한 세속적 놀이가 없어졌다가, 선조 때부터 다시 제석·수세 풍습이 이어졌다.

한편, 제주 무속 신화 가운데 '나주 기민창 조상' 신화가 있는데, 이 신화에서는 술이 사람과 사람 사이를 화합시키는 과정을 보여준다.

내용인즉, 제주도에 사는 안씨 성을 가진 선주(船主)가 흉년으로 굶어 죽게 된 제주 백성을 위해 쌀을 구하러 육지에 나갔으나, 쌀이 없어 고민하다가 나주(羅州)에서 술을 마시며 대화하던 중에 해결 실마리는 찾았다. 즉, 얼마간의 쌀로 막걸리를 빚어 거리와 골목마다 술동이에 바가지를 띄워 놓고 나주 백성들이 오며 가며 떠마시게 했다. 그 사정을 알게 된 나주 백성들이 합심하여 안씨 선주가 쌀을 구해 돌아가도록 도와주었다는 얘기가 있다.

2. 빈객 접대 위한 가양주의 상비, 안주의 발달

오시는 손님을 정성스런 마음과 음식으로 잘 대접하는 것을 예절로 알았던 우리 민족이었다.

따라서 대체로 가정마다에는 상비식으로서 가양주와 이에 따른 안주를 장만해 두기 마련이었다.

《부녀필지(婦女必知)》의 〈음식총론(飮食總論)〉을 보면 음식과 술에 대한 기록이 있는데, 일상적으로 먹는 음식이지만 음식을 어떻게 먹어야 하는지, 그 때(時)를 다음과 같이 묘사하고 있어 눈길을 끈다.

"밥(飯) 먹기는 봄(春) 같이 하고, 국(羹) 먹기는 여름(夏)같이 하며, 장(醬)먹기는 가을(秋) 같이 하고 술(酒) 먹기는 겨울(冬)같이 하라."

이 말의 뜻인 즉, 밥은 따뜻한 것이 좋고 국은 뜨거운 것이 좋으며, 장은 서늘한 것이, 그리고 술은 차게 하여 마시는 것이 맛있고 몸에도 이롭다는 것이다.

이는 우리나라의 기후와 계절변화에 따른 특징을 음식에 반영한 것으로, 특히 "술을 겨울 같이 한다."고 말해 왔다.

우리나라 사람들이 술을 겨울같이 차게 해서 마시는데 반해, 일본 사람들은 술을 따뜻하게 데워 마시

기를 즐긴다.

그런데 언제부턴지 일본 사람들이 자기네 술(정종:正宗)을 따뜻하게 해서 마시는 것을, 우리나라 사람들이 답습하여 청주는 데워서 마시는 것으로 알고 있다.

일례로, 제사를 모시고 난 후 음복(飮福)을 하는데, 이 때 퇴주(退酒)를 데워 큰 잔에 마시는 것이 그 예이다.

그러면 왜 우리나라 사람들은 술을 차게 해서 마시고, 일본 사람들은 술을 데워서 마시는 것일까.

사실은 술의 내용물에서 오는 차이이다.

다시 말해서 일본의 음식은 대개가 담백(淡白)한

편이어서 데워서 마시는 것이 기호에 맞고, 우리의 음식은 여러 가지 재료가 혼합된, 이른 바 조화미(調和味)를 즐기는 습성이 있어 막걸리·약주 등 술도 텁텁한 편이다. 따라서 탁한 술은 따뜻한 것보다 차게 해서 마시는 것이 우리의 기호에 맞다.

한편, 옛부터 전해오는 이야기 가운데 "한 고을의 정치는 '술'에서 보고 한 집의 일은 '장'맛에서 본다."는 말이 있다.

이 말은 '술'과 '장'이 좋으면, 안팎으로 모든 일이 순조로워진다는 뜻으로, 술과 장은 한 나라의 정치에서부터 집안의 제반사를 측정할 수 있는 문화적 척도가 되기도 했다는 것이다.

그런데 여기서 술은 정치에, 장을 가사에 비유한 또 다른 이류를 생각해 볼 수 있다.

대개 우리나라 사람들은 술은 남자들이 마시고 즐기는 것으로 여겼고, 또 집 밖의 일을 남자들이 담당해야 하는 것으로 인식해 왔다.

반면, 장은 거의 모든 음식에 기본적으로 쓰이는 양념(조미료)인 데다, 그 음식을 만들고 조리하는 일은 여자들이 하는 일로 남녀의 역할분담이 이뤄졌다는 사실이다.

환언하면, 남자들은 남자로서의 역할과 충실해야 할 일에 소임을 다 함으로써, 사회와 나라가 제자리를 찾아 순조롭게 돌아가고, 여자는 여자로서의 집안 살림과 음식 만드는 일 등에 정성과 노력을 다 함으로써, 집안이 평안하고 가족 모두가 화목해진다는 것을 뜻하는 말이라고 할 것이다. 그렇지 않고 남자가 여자들이 해야 할 일에 간섭을 하고 제 할 일을 미루거나 소홀하게 되면, 집 밖에서의 관계와 나랏일이 제대로 운영될리 만무하며, 여자가 남자의 일에 일일이 간섭을 하면서 음식을 만들고 때에 맞추어 미리 대비해야 할 일에 소홀하게 되면, 집안이 조용할리가 없기에 이를 경계한 말인 것이다.

특히 가양주는 제사와 손님 대접, 조석상(朝夕床)의 반주(飯酒)로 쓰기 위한 것으로, 계절마다의 계절주나 약용약주를 비치하는 일이, 한 집안의 살림을 맡은 주부들로서는 대사(大事)나 다름 없었다.

또한 주안상에 따르는 안주요리도 술에 따라서, 또는 술 마시는 사람의 식성에 따라서 달랐으나, 대개 포(脯) 등 건물안주와 회, 전, 만두, 전골 등 진안주가 있었다.

· 포(脯): 여러 가지 생선으로 만든 어포(魚脯)가 주를 이뤘으며, 고기로 만든 육포(肉脯)도 즐겨 올랐다. 어포에는 잉어로 만든 주리포(酒鯉脯), 전복

으로 만든 추복(錘鰒), 인복(引鰒), 어란(魚卵)이 있고, 육포로는 편포, 우육배포, 장포, 약포, 치육포(雉肉脯) 등이 널리 알려졌다.

· 회(膾): 생복, 문어, 해삼, 전복, 민어 등이 널리 쓰였으며, 여름철에는 생선과 전복, 오이, 포고버섯으로 숙회를 하고, 엄동에 잡은 꿩을 그 자리에서 얼려 얇게 저며 만든 동치미 등이 안주로 올랐다.

《지봉유설》에 "중국 사람은 회를 먹지 않는다. 우리가 회를 먹는 것을 보고 웃는다."고 기록되어 있는 것으로 미루어, 고래로 우리 민족은 회를 즐겼음을 알 수 있다.

· 족편 · 편육: 소의 족을 고아서 만든 족편 외에 돼지껍질로 수정처럼 맑게 만든 족편(저피수정:猪皮水晶)이 있었다.

《음식디미방》, 《증보신림경제》 등의 '숙육(熟肉)'이라는 항목에 소고기 닭, 개 등을 맛있게 삶아 익히는 방법이 수록되어 있다.

· 대만두: 《해동역사》〈조선연의(朝鮮燕儀)〉에

"연회의 맨 끝으로 대만두 한 그릇이 나온다. 대만두 그릇에는 은제 뚜껑이 덮여 있다. 한 대신이 칼로 배를 가르듯이 그 대만두의 껍질을 자르면 그 속에 호도알만 하여 한입에 먹을 수 있는 소만두가 가득 들어 있다."고 기록되어 있다.

이로 미루어 대만두는 주안상을 물리친 후의 후식이었음을 알 수 있다.

그런데 주연에 있어서의 기록에 따른 손님 접대절차를 보면, 조선시대의 음식 접대의 예절이 어느 정도였는지를 알 수 있다.

《증보문헌비고(增補文獻備考)》(권 94)에 조선시대 사대부가에서 주연을 열었을 때의 절차를 수록하고 있다.

"일품 이하의 사대부가 공사로 연회를 배풀 때는 먼저 술잔을 올리고 안주를 올린다. 첫번째의 안주가 올려지면 이어서 두번째의 술잔을 올린다. 두번째의 술잔이 올려지면 새 안주를 올린다. 이렇게 하기를 거듭하면서 술잔이 일곱번째로 올리게 될 때 안주가 여섯번째로 올려진다. 이것을 초미(初味), 이잔(二盞)이라 하며, 대체로 종미(終味) 칠잔(七盞)이라 한다."

이러한 주연 끝에 가록명 · 금강성조 · 오관산 · 자하동 · 권농가 등의 주악이 연주되는 것이 관례이자, 빈객 접대의 예였던 것이다.

3. 사대부의 풍습

술은 신과 조상, 임금에게 바쳐졌고, 손님 접대용으로도 쓰였다.

또한 술은 임금으로부터 신하에게 하사되었다. 이것이 '작(爵)'으로서 벼슬이 되기도 하였다.

작은 본래 '한껏 넉넉하다'는 뜻으로 술잔에 대한 총칭이었지만, 공작(公爵) 등 오등작(五等爵)의 벼슬이 여기서 생겨났다고 한다.

임금은 명절이나 축일(祝日)에는 술을 내려 신하들을 상주었다.

정초에는 모든 신하들에게 주과(酒果)를 내렸으며, 이를 받은 신하들은 충성을 맹세했던 것이다.

3월3일 상사(上巳)와 9월 9일 중양(重陽)에는 조가(朝家)에서 기로연(耆老宴)을 베풀고, 임금은 주악(酒樂)을 하양했으며, 이런 습속은 지방에 전해져 경로행사로 발전하게 되었다.

한편, 서민들은 술을 내어 손님을 접대했다.

중국이나 일본에서 차(茶)를 내어 손님을 접대하듯, 우리는 술을 내어 손님을 접대하는 것이 일반의 습속으로, 차보다 술을 더 일반적으로 사용해 왔음을 알 수 있다.

4. 남주북병

'남주북병(南酒北餠)' 이란 북촌의 부귀한 고장에서는 음식사치가 대단하여 떡 솜씨가 발달하였는데 반하여, 남산 밑 구차한 샌님들과 시세 없는 호반(虎班)네들은 술 솜씨가 늘었다는 데서 나온 말이다.

이렇듯 술은 신에게 올리는 일에서부터 신세위안(身勢慰安)까지 두루 이용되었거니와, 상하계층의 구분없이 가장 가까운 음식이었다.

5. 주주객반(主酒客飯)

'주주객반'이란 본디 '주인은 손님에게 술을 권하고, 손님은 주인에게 밥을 권한다'는 말이다.

이는 손님을 맞이하여 음식을 대접함에 있어, 주인은 '술에 독을 타지 않았다'는 증거를 보이는 행위로, 자신이 먼저 술 한 잔을 마시고 손님에게 권하는 예법이다.

이에 대하여 손님은 감사의 답례로 주인에게 '믿고 마시겠으니 어서 밥을 드시라'는 말을 건넨다.

이와 같은 예법은 우리나라 사람들이 그만큼 술을 즐겨 마셨고, 자기 집의 비법으로 정성껏 빚은 술을 내어 손님을 대접하는 것을 자랑으로 여긴 데서 온 고유의 풍습이다.

반면, 같은 문화권이면서도 중국인들과 일본인들은 우리와는 다르게 차(茶)를 내어 손님을 대접하는 풍습이 있어, 다도(茶道)가 발달했다.

6. 해장술 · 해장국

우리나라 사람들이 술을 차보다 즐겼다는 것은 해장술과 해장국의 풍습에서도 찾아 볼 수 있다.

해장술과 해장국은 풀이 그대로 술 마신 뒤의 숙취를 풀기 위한 술과 국이란 뜻이다.

해장술과 해장국의 유래는 주막(酒幕)의 역사와 맥을 같이 한다.

그 옛날 큰 고개가 있는 길목이나 장터 입구, 또는 교통요지에는 나그네를 유숙시키는 주막이 들어서 있어, 잠을 재워 주고 말을 돌봐주곤 했다. 이때 주막에는 주모(酒母)가 있어, 잠을 무료로 재워주는 대신 술을 팔았던 것이다.

주막에는 먼길이나 고개를 넘어오는동안 지친 다리를 쉬러 들어온 손님들과, 밤을 지새우며 첫 새벽 장터를 찾아드는 장사꾼과 보부상, 그렇지 않으면 술을 마시며 밤을 지새웠던 술손님들이 많았다.

이런 술 손님들이 뜨거운 해장국을 안주로 술을 마시는데, 술의 숙취는 술로 푸는 것이 다른 나라에서는 볼 수 없는 우리나라의 풍습이며, 이러한 풍습은 건강의 유해 여부를 떠나 술의 문화가 발달된 데에서 생겨난, 또 다른 문화라고 할 수 있다.

이때 마시는 해장술은 특별한 술이 있는 것이 아니라, 일상적으로 주막에서 파는 막걸리나 탁주이고, 더러 방문주(方文酒)를 내주기도 했다.

해방 전후 서울의 종로 뒷골목(청진동 일대)에는 '팔뚝집'을 비롯 다양한 형태의 주막이 있었으며, 이들 주막에서는 이른 새벽 땔감을 팔러나온 지겟꾼들과 장삿꾼들을 위해 아침식사 대용의 모주(母酒)를 팔았다고 한다. 모주는 막거리를 거르고 난 술찌꺼기를 끓여 만든 술로, 걸쭉하여 뚝배기로 모주한 그릇이면 허기는 달랠 수가 있었던 것이다.

7. 술맛 감정

술맛을 감별하는데 있어 옛날에는 대모(大母)라고 하는 상징적 존재가 있었다 한다.

가문이 큰 집안에는 술맛 감별에 뛰어난 대모가 있어, 술맛으로 그 집안의 길흉을 가늠했던 것이다.

그리하여 술을 빚는데 정성을 다하고, 술 빚는 물이며 술 빚는 날을 감독하는가 하면, 누적된 체험으로 술 맛을 보고 술 담는 사람의 속 마음까지를 알아맞추었다고 한다.

이웃 중국에서도 술 맛을 감정하는데 기발한 방법이 많았다고 한다.

당나라 때 주선(酒仙)으로 불리웠던 석유명(石裕明)은, 자신의 머리를 술에 감아 그 윤기며 촉감이며 느낌으로 그 술을 12품(品)으로 품평하고, 어느 땅의 물, 어느 고을의 곡자로 빚었다는 것까지를 알아맞추었다고 한다.

또 진나라 때 환공(桓公)은 술맛을 품평하는 주부(酒簿)를 거느리고 있었는데, 이 사람은 주기(酒氣)가 머리 끝에 이르는가, 볼만 덥히는가, 목 · 가슴 · 배꼽 · 국부 · 무릎 · 발 끝 · 손 끝까지 이르는가로 그 술을 81품(品)으로 가릴 줄 알았다 한다.

시인으로 유명한 소동파(蘇東坡)는 손 끝으로 술

맛이 배어나왔다 한다. 그는 특정의 술을 마시고 시흥(詩興)이 돌면 시를 써내리는데, 그 시에서 풍기는 시취(詩趣)로 술맛을 품평했다는 것이다.

또 양나라 때 무제(武帝)는 술을 잘 감별하는 왕으로 유명했다 한다.

서역(西域)인 고창국(高昌國)에서 사신을 보내 포도주를 진상했는데, 이를 마시고는 "이 포도주의 포도는 7할이 어디 산(産)이고 3할이 어디 산이며, 빚은 곳은 어느 골짝이고, 알맞게 익는데 닷새가 모자란다."고 꼭 알아맞추어 사신을 나자빠지게 했다 한다.

요즘 주류계의 술맛을 품평하는 IWSC 위원이라 하여 12개국 80명이 국제적으로 명예와 대접을 보장받는 사람들이 있다고 하는데, 이들이 대모나 석유명 환공, 소동파, 무제의 술맛 품평을 따라갈지 의심스럽다.

그리고 우리나라의 대모처럼 술 빚는 사람의 심정까지를 알아맞출 수 있을런지는 더더욱 의문스럽다.

간장 · 된장 · 고추장 · 식초 특히 김치류 등 발효식품을 주식으로 삼는 우리나라 사람들의 공삭은 맛, 오미(五味)에 길들여져 발달된 혓바닥을 가진 사람들은, 곧 술과 같은 발효미(發酵味)에 특히나 민감하기 때문이다.

술자리와 전통적인 음주예절

우리나라는 옛부터 '동방예의지국(東方禮義之國)'이란 칭호를 들었던 만큼, 예절에 있어서는 동양문화권의 중국이나 일본에 비해 단연 선진적인 위치에 있었다.

특히 우리 조상들이 강조해 왔던 도덕 윤리 예절은 동양정신문화의 핵심으로, 우리나라가 그 원류로서 깊은 자긍심을 가지고 있었다.

그런데 현대에 와서는 사람들이 '전통예절'이라고 하면, 진부하고 까다롭고 시대에 뒤떨어진 유물(遺物)같은 것으로 치부하는 경향이 없지 않으면서도, '에티켓'이니 '매너'는 현대인이 반드시 알아야 할 사회적 가치로 여기고 있으니 한심스러운 일이 아닐 수 없다.

우리의 전통 예절이 곧 서양의 에티켓이고 매너인데도, 무슨 까닭으로 우리 말인 예절은 외면하고 외래어인 에티켓이나 매너는 기어코 알아야 하고, 실천해야 할 가치로 여기는지 알다가도 모를 일이다.

물론, 우리의 예절이라는 것이 현대를 사는 우리 모두에게 불필요하고 후대에게 물려줄 가치도 없는 것이라면 사정은 달라진다. 즉, 불필요한 예절, 계승시킬 가치가 없는 예절은 단순히 옛것에 불과할 뿐 전통이라고는 말할 수 없다.

그러나 우리의 전통예절은 오랜 세월을 거쳐 다듬어지고 규범화 되어 전해오는 것으로서, 현대를 사는 우리에게도 옳은 가치이자 지키고 행할 필요가 있으며, 자손에게도 물려 줄 가치가 있는 매우 합리적이고 모두에게 편리한 생활방식이다. 그렇기 때문에 우리의 전통예절은 아주 오랜 조상들로부터 지켜져 전해오는 정신적 가치이자, 현대생활에서도 필요한 생활방식으로 자리매김해 오고 있는 것이다.

1. 술 마시는 예절의 필요성

음주(飮酒)에 따른 예(禮), 곧 술 마시는 예절에 대해 '주도(酒道)'니, '법도(法道)'니, '주법(酒法)'이니 하여 말들이 많다.

이와 같이 술 마시는데 따른 예절을 논하게 된 데에는 그것이 음식의 하나라는 사실에 있다.

사람이 살아가는데 있어, 먹고 마시는 일은 빼 놓을 수 없는 절대적인 요건이다. 그러기에 우리 조상들은 예로부터 이에 따른 예절을 더욱 중요시 하여 왔던 것이다. 또한 음식의 형태와 종류는 달라도 음식 예절은 옛날과 오늘이 다를 수 없다고 하겠다.

사람이 태어나면 말하는 것에 앞서 맨 먼저 배우게 되는 것이 음식예절이라고 한다.

따라서 그 사람이 음식을 먹고 마시는 모습을 보면, 그 사람의 마음가짐과 다른 생활예절도 금방 알아 볼 수 있다고 말하는 것이다.

술 역시도 마시는 음식의 하나로, 식탁 예절이나 다과(茶果)의 예절 못지 않게 중요한 것이다.

2. 주법과 음주 예법

주법(酒法)이란 술을 어떻게 따르며 어떻게 마시는가를 말하는 것으로, 대개 세 가지 형태 또는 세 가지 문화권으로 나누어 분류하고 있음을 볼 수 있다.

첫째는 자신의 술잔에 손수 술을 따라 마시는 독작(獨酌), 둘째는 서로 술을 따라 놓고 같이 마시고 건배를 하는 대작(對酌), 셋째는 술을 마시는 사람끼리 서로 술잔을 주고 받거나 술을 권하는 수작(酬酌)이 있다.

이러한 주법을 문화권으로 나누어 보면, 주로 구미 사람들의 경우가 제 술잔에 제가 손수 따라 마시는 '독작문화권'에 속하며, 러시아 사람들과 중국 사람들의 경우 서로 술을 따라 놓고 같이 마시되, 마시기 전에 건배를 하는 음전(飮前)대작과 마신 후에 건배를 하는 음후(飮後)대작을 하는 '대작문화권'에 속한다.

반면, 수작은 술 마시는 사람끼리 서로 술잔을 권하고, 받아 든 잔을 비운 다음에는 상대방에게 반드시 술잔을 돌려주면서 술을 따라주는 경우로, 우리나라가 이 '수작 문화권'에 속한다.

따라서 세계 어느 나라든지 대개는 어느 한 문화권에 속할 수 있는데, 우리나라는 수작문화의 배경으로 인해 음주량이 많고 그 속도가 빠른 것이 특징이다.

소위 '술잔 돌리기'란 것도 수작 문화에서 생겨난

것의 하나로, 본디는 '향음주례(鄕飮酒禮)'와 '회음(會飮)'이란 풍속에서 생겨난 것이라 할 수 있다.

《한국민속대관(韓國民俗大觀)》 제 2권 〈일상생활〉편을 보면, 고려 인종 때에 향음주례를 행하도록 규정을 지은 바 있고, 이 향음주례는 조선조 성종조에 일반화 되었음을 알 수 있다.

잔을 주고 받는 절차는 물론이고, 회음의 흔적으로 경주에 남아있는 유적 중 포석정을 들고 있다. 곡수(曲水)를 흐르게 하여 그 흐르는 물에 술잔을 띄워 술잔을 돌려 마셨던 것이다.

또 조선조에는 "승정원에서 문서를 왕께 올리는 날에는 왕이 신하들에게 주식(酒食)을 내렸다." 하며, "이때의 술을 고령종(高靈鍾)이라는 큰 술잔에 담아 돌려가며 마셨다."고 전한다.

이러한 수작문화는 왕실의 호사스런 생활로 간주되기가 쉬우나, 그 이면에는 왕과 신하들 사이에 일종의 결속을 뜻하는 정신적 계약행위요, 공동체의식을 다지는 의미가 내포되어 있었다.

요즘도 가끔 '대포잔'이라 하여 큰 잔을 돌려가며 술을 마시면서 결속을 다지는 음주행위가 이뤄지고 있음을 볼 수 있는데, 실인즉 향음주례나 회음에서 유래한 고령종의 풍속에 다름아니다.

그런데 요즘에 와서 '권주(勸酒)'라 하여 마주 앉아 무작정 술을 주거니 받거니 하는 것을 볼 수 있다.

우리나라가 수작문화를 형성해 온 것은 사실이지만, 그렇다고 술을 강제로 권하지는 않았다. 특별한 경우로서 기녀(妓女)가 옆에 앉아 권주가(勸酒歌)를 부르며 술을 권하는 경우에는 받긴 하지만, 대체로 자유스럽게 권하고 받는 것이 본디의 음주행위였다.

특히 일반 서민층에서는 대체로 자유롭게, 그리고 술이 많지 않고 귀해서도 그랬겠지만, 좋은 날이나 슬픈 날에 또 잔칫날에나 마셨고, 일단 마신 이상은 흥겨웁고 자유스럽게 잔을 주고 받았다. 같은 문화권임에도 우리의 수작문화가 중국과 일본의 경우와 다른 것도 이와 같이 관습이 달랐기 때문이다.

중국인들이 서로 술잔을 들어 음주대작을 즐긴 반면에, 우리는 나이가 어린 사람이 먼저 자신보다 많은 어른에게 술을 권하고 이를 '헌주(獻酒)'라고 한다.

그러나 일본의 경우는 아랫 사람들이 윗사람을 찾아가 술을 간청하는 것이 관습으로, 윗사람이 아랫사람에게 특히 내리는 술을 받아 마신 다음에 다시 술잔을 올리는 잔돌리기가 있다. 이때 윗사람이 내리는 술잔은 헌작(獻酌;겐샤꾸)라고 하며, 배세(盃洗;하이센)라고 하는 '잔씻기'는 같은 또래끼리 술잔을 주고 받을 때, 잔을 물에 씻은 뒤에 돌리는 형식적인 행위가 남아있기는 하다.

이처럼 음주행위가 나라마다 약간씩 차이가 있는데, 우리나라의 경우는 특별하다.

술은 음식과 달라서 마시면 취하게 되는 고로, 주정을 부리기 쉽다. 따라서 규범, 곧 예의와 범절을 중요시 여긴 데서 법식(法式)이라는 것을 강조해 왔던 것이다.

일례로 우리나라에서는 서예(書藝)·다법(茶法), 주례(酒禮), 주법(酒法)이라고 하는데 비해, 이웃 일본에서는 이를 일러 서도(書道), 다도(茶道), 주도(酒道)라고 표현하고 있다.

이는 우리 민족이 음주에 따른 마음자세와, 술 마시는 사람으로서 지켜나가야 할 예의 범절을 중시한 데서 그 이유를 찾을 수 있다.

1) 향음주례

1979년 11월10일 성균관대학교 명륜당(明倫堂)

앞 뜰에서 한국청년유도회(당시 서정홍 회장)에 의해 3시간에 걸쳐 재현된 '향음주례'는 대략 이렇다.

첫 번째, 주인이 손님을 청함.

두 번째, 손님을 모셔옴.

세 번째, 손님을 맞이함.

네 번째, 주인이 손님에게 술을 대접함.

다섯 번째, 손님이 주인에게 술을 권함.

여섯 번째, 주인이 손님에게 술을 권함.

일곱 번째, 주인이 여러 손님에게 술을 대접함.

여덟 번째, 주석(酒席)의 사회자를 세움.

아홉 번째, 차례로 술을 권함.

열 번째, 두 사람이 여러 사람에게 술을 권함.

열 한 번째, 잔치음식을 거둠.

열 두 번째, 연회를 파함.

열 세 번째, 손님이 돌아감.

이상과 같이 열 세 번의 절차를 거쳐 이루어진 것이 향음주례였다.

이 향음주례는 주나라시대(周代) 때의 풍속인 관례(冠禮), 혼례(婚禮), 상례(喪禮), 제례(祭禮), 사상견례(四相見禮)와 함께 육례(六禮)의 하나로, 그 출발은 《사서오경(四書五經)》의 하나인 한서(漢書)

《예기(禮記)》 제 43권 〈향음주의(鄕飮酒義) 장(章)〉에 '주례(酒禮)'에 대해 나와 있다.

기록에 따르면 동양인의 미풍양속이자 중요한 예로 자리잡았으며, 우리나라에서는 이후 그 옛날 선비들이 익혀 갖추어야 할 음주예절로, 한말(韓末)까지 향교(鄕校)나 서원(書院)에서 가르쳤던 교과목이었다.

우리 조상들에게 있어 술은 천지신명(天地神明)에 대한 제물(祭物)이자, 늙고 병든 이의 혈기를 돋궈주는 귀중한 약물(藥物)로 인식되었기 때문에 함부로 다루어서는 안되는 것으로 여겼다.

위에서 알 수 있듯 술 한 잔을 마시는데 있어, 수십 번의 절차가 행해지는데 이는 공경심과 청결감을 근본정신으로 하고 있기 때문이다.

그 배경은 이렇다.

동양에서는 술이 약 4천년 전인 중국 우왕(禹王) 때 의적(儀狄) 이라는 사람에 의해 처음 제조되었을 때, 우왕이 이를 시음하고 나서 "사람의 본 정신을 마비시켜 한 몸을 망칠 뿐만 아니라, 가정을 돌보지 않게 되어 부모를 봉양하지 못하고, 나아가 정치의 문란으로 나라를 망치게 할 위험한 음식"으로 규정하고 의적을 멀리 귀양보냈으며, 이후 역대 제왕들은 술을 매우 엄격하게 다루어 국가 사회에 술로 인한 피해를 미연에 방지해 왔다고 한다.

또 《서경(書經)》〈주고(酒誥)〉편을 보면 술에 대해 훈계한 글이 있는데, 이미 멸망한 은나라 백성들은 폭군 주(紂)임금이 술을 지나치게 폭음한 영향으로, 술을 무질서하게 마시는 버릇이 있었다 한다. 그래서 주공(周公)은 은나라 사람들에게 "술을 지나치게 마시지 말고 제사 때 쓰도록 하라", "술을 너무 좋아하여 도가 지나치면 덕(德)을 잃고 질서가 문란해지기 때문에, 작은 나라나 큰나라나 망하는 원인이 된다."고 가르쳤다는 것이다.

주공의 이러한 가르침 때문이었는지, 주나라는 중국 고대 역사에서 가장 문물이 융성한 나라였으며, 주나라를 돕던 제후들과 관리 등 젊은 사람들은 술로 인한 방탕한 생활에 빠지지 않았다고 한다. 더불어 사람들마다 향음주례를 통해 덕을 닦고 향기로운 술로 제사를 올리니, 그 향내가 하늘에까지 닿았다고 전한다.

비로소 향음주례를 통해서 동양문화가 더욱 꽃을 피우기 시작하였던 것이다.

향음주례의 의의를 굳이 설명하자면, 예절교육을 통해 어진 이는 존중하고 노인을 받드는 등 올바른 예를 세우는데 있다 할 것이다.

그러기에 손님을 맞이하여 이르는 곳마다 절하고, 술잔을 씻을 적마다 절하고, 술잔을 주고 받을 때마다 절을 함으로써, 상대편에 대한 청결과 공경심을 키우고 더불어 이러한 과정 과정을 통해 자신을 수양시키는 것이다.

이처럼 한치의 흐트러짐도 없는 향음주례를 통해, 인간 본래의 숭고한 정신과 깨끗한 물질(술)이 한데 어울려 비로소 조화를 이루게 된다.

그리고 향음주례를 행한 후에는 반드시 연회를 마련하는데, 향사례(鄕射禮) 또는 투호(投壺)놀이가 그것이다. 이는 여흥을 실시해, 과녁과 항아리에 화살을 적중시키는 사람의 덕을 칭송하는 예절인 것이다.

결국 향음주례를 통해서 배우게 되는 것은 예절이다. 인간의 숭고한 정신과 깨끗한 물질(술)이 어우러져 이루는 조화 곧 예절을 가르키는 것이 본디의 목적이다.

환언하면, 사람의 인품은 술을 마셨을 때 잘 나타나기 때문에 술 좌석과 마실 때의 예절을 중요시하게 된다.

동서고금을 막론하고 술로 인하여 나타나는 심각한 양상은, 한 개인의 희로애락에서 시작하여 한 가정의 패가망신, 나아가 한 나라의 흥망성쇠로까지 이어진다. 때문에 향음주례에서 일관되게 가르치고자 하는 것은 술 마시는 예절 외에도 여러 가지가 있었다.

첫째, 의복을 단정히 할 것.

둘째, 음식과 그릇을 정결히 다룰 것.

셋째, 활발하게 움직이고 의젓하게 멈추고 분명히 말하고 절도있는 태도를 가질 것.

넷째, 공경심과 감사한 마음을 성심껏 표현할 것을 강조한다.

그리고 향음주례에서 가르치는 예법으로 술을 권하고 사양하는 법, 더 이상 권하지 말아야 할 때의 예절이 있다.

즉, 술을 "처음으로 권하는 것을 '예청(禮請)' 한다."하고, 예청에 대하여 "처음 사양하는 것을 '예사(禮辭)' 했다."고 표현한다.

예사에 대하여 "거듭 청하는 것을 '고청(苦請)한다.' 고 하고, 이에 대해 거듭 사양하는 것을 '고사(苦辭)' 한다."라고 한다. 그리고 마지막으로 "세번째 술을 권하는 것을 '강청(强請)' 했다"고 하고 강청에 대해 "끝까지 사양하는 것을 '종사(從辭)' 했다."고 한다.

따라서 "종사에 이르면 더 이상 권하지 않는 것이 예법이다."고 가르쳤다.

그런데 일부의 사람들이 술을 환락의 도구나 객기를 부리는 수단으로, 또 지나치게 술을 마심으로써 가산(家産)을 탕진하거나 부모를 섬기는 일에 소홀하고, 건강을 해치는 등 사회적인 문제를 일으키는 일이 잦았으므로, 옛 성현들이 이러한 폐단을 막기 위해 향음주례를 제정하게 되었다고 한다.

향음주례에 따르면, 주인은 술잔 하나를 돌려가며 손님에게 술을 권함으로써, 주석에 참여한 모든 이의 화목과 인정을 도모하기 위한 것이 목적이었다고 한다.

그러나 이때 자기는 마시지 않고 상대방에게만 권하는 것은, 취하는 술을 자기는 마시지 않고 상대방에게만 일방적으로 권하는 것은 벌주(罰酒)를 주는 것이나 다름이 없었으므로, 큰 실례로 여겼다.

이러한 향음주례의 전통이 오늘날까지도 남아있음을 볼 수 있는데, 술좌석에서 잔이 한바퀴 도는 것을 '한 순배(巡杯)' 라고 말하는데, 이때에도 7순배 이상은 돌리지 않는다는 약속이 있었다.

대개 순배에 있어, 술잔은 홀수(기수)로 돌리는 것이 관습으로, '석잔은 훈훈하고 다섯 잔은 기분 좋고, 일곱 잔은 흡족하고, 아홉 잔은 지나친 것' 으로 여겼다.

때문에 일곱 잔 이상은 돌리지 않는 것이다. 그러기에 술과 음식을 너무 질펀하게 먹지 않으며, 안주는 자기의 접시에 덜어다 먹으며, 술잔은 돌리되 반드시 깨끗한 물에 잔을 씻어다 술을 채워서 권하며, 상대방에 대한 존경심과 친밀감이 우리의 마음 속에 깃들게 된 것이다.

향음주례는 일제 강점기 때에는 의병을 모집하는 의식으로도 이용되었는데, 일제는 우리가 이러한 의식을 이용, 우국지사를 모으고 있음을 알고 이러한 의식거행을 전면 금지함으로써, 1천여년 풍습으로 이어왔던 향음주례가 사라지고 말았던 것이다.

2) 수작의 실제

음주에 있어서의 실제 행위는 어떤 것이 우리의 관습이나 예절에 맞는 것이며, 어떤 자세가 옳은 주

법인가. 편의상 같이 술을 따르고 마시는 상대방과 자신의 나이를 생각하지 않을 수 없다.

소위 '평교(平交)'라고 해서 나이 차가 다섯 살 미만인 사이에서는 대개 한 손으로 따르는 것도 무방하다고 한다.

하지만 경어(敬語)를 쓰는 처지의 사이라면 반드시 두 손으로 따르고 받는 것이 서로의 도일 것이다.

술을 따를 때의 술병을 잡는 손의 위치와 방법에 대해서는 이견이 많다.

술병을 잡은 오른 손의 손바닥이 위로 향하게 해서 따른다든지, 왼손으로 따르는 것은 주기 싫은 술을 받는 것 같아 기분이 나쁘다고도 하고, 상대편의 기분을 언짢게 만든다고 생각하는 것이 사람들의 일반적인 생각이니만큼, 술좌석에서의 이런 행위는 삼가는 것이 좋을 듯 싶다.

무난한 방법이라면 오른 손으로 술병을 잡고 왼손으로는 술병이 흔들리지 않도록 술병의 밑을 받쳐주는 형식을 바른 자세로 여긴다.

다만, 한복과 같이 소매가 긴옷을 입었을 경우에는 왼손으로 겨드랑이를 끌어올리듯 하여 술을 따르는 것이 좋다고 한다.

이렇듯 술을 두 손으로 따르는 행위는 우리나라에서의 예절로, 상대방에 대한 예와 공경의 뜻을 담고 있는 아름다운 풍속이다.

따라서 평교하는 막역한 사이가 아니라면, 나이가 엇비슷하거나 초면인 경우와 윗사람일 경우에는 당연한 일이고, 상대가 연하라도 이성인 경우에는 존중해주는 뜻이 되므로 실수라고 할 수도 없다.

그런데 우리의 이와 같은 음주 행위가 아름답고 훌륭한 규범이기는 하나, 시대 변화를 무시할 수는 없다.

예를 들어 술잔 돌리기와 같은 경우, 신종 전염병(간염, 감기, 바이러스, 결핵)을 옮길 수 있는 데다, 자칫 과음의 원인이 될 수 있는만큼 잔을 씻어 돌린다던가, 아니면 별도의 돌리는 잔을 두어 술잔을 받게 되면 자기 잔에 부어서 마실 수가 있으므로, 건강과 위생적인 측면에서 고려해 봄직하다.

3) 공자(公子)의 언행으로 본 주법

《논어(論語)》에 "술만은 일정한 양이 없으셨으나, 난잡해지시지는 이르지 않으셨다(唯酒無量不及亂)" 하였고, "향리(鄕里)의 사람들과 술을 드실 때에는 지팡이를 짚은 노인이 나가면 그제서야 나가셨다(鄕人飮酒杖者出 斯出矣)"고 기록되어 있다.

4) 《소학(小學)》에 기록된 주법

"어른을 모시고 술 마실 때에, 술이 나오면 일어나 술 단지가 있는 곳으로 가서 절하고 받아야 한다. 어른이 그렇게 하지 못하게 말리면 젊은이는 제자리로 돌아와서 마시되, 어른이 술을 아직 다 마시지 않았으면 젊은이는 감히 마시지 못한다."

5) 이덕무의 주법

《생활의 예절》이란 교양서의 저자 이덕무는 그의 저서 〈사소절(士小節)에서 "남에게 술을 굳이 권하지 말 것이며, 어른이 나에게 굳이 권할 때는 아무리 사양해도 안되거든 입술만 적시는 것이 좋다."고 기록되어 있다.

6) 임어당의 주법

임어당의 저서 《생활의 발견》〈주론, 주령(酒論, 酒令)〉에 "공식 석상에서 마시는 술은 조용히 한가하게 마실 것, 마음 놓고 마실 수 있는 술은 품위를 갖추면서도 통쾌하게 마실 것. 병자의 술은 소량이라야 하며, 마음이 슬픈 사람은 취하기 위하여 마실 것. 봄 술은 뜰 앞에서, 여름 술은 들에서, 가을 술은 조각배 위에서, 겨울 술은 집 안에서 마실 것." 이라고 하였다.

7) 조풍연의 주법

1983년 9월호 〈주류공업협회〉지란 책을 보면, 조풍연의 "술에 길이 있다."란 제하의 글이 있는데, 여기에 술 마시는 이로서 지켜야 할 금기사항을 지적해 놓았다.

①술은 즐겁게 마시는 것, 무슨 까닭이 붙은(향응에 속하는) 술은 피하는 것이 좋다.

②술 마시고 주정하려거든 술을 입에 대지 말라.

③주량에 꽉 찬 사람에게 술을 권하는 것은 일종의 벌주(부도덕한 행위).

④상사에게 울분을 말할 때 음주상태에서 말하는 것은, 그것을 욕되게 하는 것.

⑤자기 체질에 맞는 술을 마시라. 값이 비싼 술이 반드시 좋은 술은 아니다.

⑥술 취해서 너무 떠들어 주위 사람에게 혐오감을 주는 것은 질서문란이다.

8) 조지훈의 주법

《신한국문학전집(新韓國文學全集)》제 44권(어문각, 83)에 수록된 조지훈 시인의 "주도유단"이란 내용은, 관념적이긴 하지만 보다 구체적인 예를 들고 있다는 점에서 관심을 끈다.

내용인 즉, "술을 마시면 누구나 다 기고만장(氣高萬丈)하여 영웅호걸이 되고 위인현사(偉人賢士)도 안중에 없는 법이다. 그래서 주정만 하면 다 주정이 되는 줄 안다. 그러나 그 사람의 주정을 보고 그 사람의 인품과 직업은 물론, 그 사람의 주력(酒歷)과 주력(酒力)을 당장 알아낼 수 있다.

주정도 교양이다. 많이 안다고 해서 다 교양이 높

은 것이 아니듯이 많이 마시고 많이 떠드는 것만으로 주격(酒格)은 높아지지 않는다. 주도에는 엄연이 단(段)이었다는 말이다.

첫째, 술을 마신 연륜이 문제요. 둘째, 같이 술을 마신 친구가 문제요. 셋째는 마신 기회가 문제며, 넷째 술을 마신 동기, 다섯째 술버릇, 이런 것을 종합해 보면 그 단의 높이가 어떤 것인가를 알 수 있다.

飮酒에는 무릇 十八의 階段이 있다.

① 不酒 : 술을 아주 못 먹진 않으나 안 먹는 사람

② 畏酒 : 술을 마시긴 마시나 술을 겁내는 사람

③ 憫酒 : 마실 줄도 알고 겁내지도 않으나, 취하는 것을 민망하게 여기는 사람

④ 隱酒 : 마실 줄도 알고 겁내지도 않고 취할 줄도 알지만, 돈이 아쉬워서 혼자 숨어 마시는 사람

⑤ 商酒 : 마실 줄도 알고 좋아도 하면서 무슨 利속이 있을 때만 술을 내는 사람

⑥ 色酒 : 性生活을 위하여 술을 마시는 사람

⑦ 睡酒 : 잠이 안 와서 술을 마시는 사람

⑧ 飯酒 : 밥맛을 돕기 위해서 마시는 사람

⑨ 學酒 : 술의 眞境을 배우는 사람(酒卒)

⑩ 愛酒 : 술의 취미를 맛보는 사람(酒徒)

⑪ 嗜酒 : 술의 진미에 반한 사람(酒客)

⑫ 耽酒 : 술의 眞境를 체득한 사람(酒豪)

⑬ 幕酒 : 酒道를 수련하는 사람(酒)

⑭ 長酒 : 酒道 三昧에 든 사람(酒仙)

⑮ 借酒 : 술을 아끼고 인정을 아끼는 사람(酒賢)

⑯ 樂酒 : 마셔도 그만 안 마셔도 그만, 술과 더불어 유유자적하는 사람(酒聖)

⑰ 觀酒 : 술을 보고 즐거워 하되, 이미 마실 수는 없는 사람(酒宗)

⑱ 廢酒· 槃酒 : 술로 말미암아 다른 술세상으로 떠나게 된 사람

不酒·畏酒·憫酒·隱酒는 술의 眞境, 眞味를 모르는 사람들이요, 商酒·色酒·睡酒·飯酒는 목적을 위하여 마시는 술이니, 술의 眞諦를 모르는 사람들이다.

學酒의 자리에 이르러 비로소 酒道 初級을 주고, 酒卒이란 칭호를 줄 수 있다. 飯酒는 二級이요, 차례로 내려가서 不酒가 九級이니 그 以下는 斤酒 反酒黨들이다.

愛酒·嗜酒·耽酒·幕酒는 술의 眞味, 眞境을 悟達한 사람이요, 長酒·借酒·樂酒·觀酒는 술의 진미를 체득하고 다시 한 번 넘어서 任運自適하는 사람들이다. 愛酒의 자리에 이르러 비로소 酒道의 初段을 주고 酒徒란 칭호를 줄 수 있다. 嗜酒가 二段이요, 차례로 올라가서 槃酒가 九段으로 名人級이다.

그 以上은 이미 이승 사람이 아니니 段을 댈 수 없다.

…以下 略 …

술 이야기를 써서 생기는 稿料는 술 마시기 위한 酒鑄를 삼는 것이 제 格이다. 글 쓰기 보다는 술 마시는 것이 훨씬 쉽고, 글 쓰는 재미보다도 술 마시는 재미가 더 깊은 것을 깨달은 사람은 글이고 무엇이고 万事休矣이다.

술 좋아하는 사람 쳐놓고 惡人이 없다는 것은, 그만큼 술꾼이란 萬事에 악착같이 달라붙지 않고 흔들리기 때문이다. 그 때문에 모든 일에 야무지지 못하다.

飮酒有段! 高段도 많지만 學酒의 境이 最高境地라

96
권오웅

고 보는 나의 拙見은 내가 아직 世俗의 忘念을 다 씻어 버리지 못한 탓이다. 酒道의 正見에서 보면 功利論的 傾向이라 하리라.

天下의 好子 諸氏의 意見은 苦何오." 고 하였다.

3. 접대의 예와 음주의 예절

술마시는 예절은 술을 대접하는 예절과 마시는 예절로 나누어 생각할 수 있다.

1) 술을 접대하는 예절

술을 접대하는 데 있어 맨 먼저 할 일은, 상대방에게 '어떤 종류의 술을 마시겠느냐' 고 의견을 묻는 일이다.

따라서 가능하면 상대방이 원하는 술과 좋아하는 안주를 준비하도록 한다.

그리고 술은 여러 가지를 혼합하는 것을 피하도록 하고, 상대방의 주량을 짐작해서 준비하되, 안주가 식거나 중간에 모자라서 기다리게 하지 않도록 배려하며, 상대방이 그만 마시겠다거나 싫다고 하면 억지로 권하지 말아야 한다.

또 상대방이 취한 것 같으면 술과 안주를 더 이상 내오지 않는 등 지혜롭게 절제하도록 하는 배려가 필요하다.

2) 술을 마시는 예절

술을 마심에 반드시 취기가 오르고, 경우에 따라서는 흥이 나기도 하고 기분이 좋아지는 효과가 있다. 그러나 자칫 과음하게 되면 이성이 마비되어 행동과 의식이 제대로 조절되지 않는 등 망신(亡身)을 사기도 한다.

따라서 술을 마실 때는 적당히 마셨다고 생각될 때 절제하는 습관이 필요하다. 술을 마실 때는 먼저 맛을 보며 조용히 마셔야 한다. 또 어른이나 손 윗사람과 함께 자리한 경우, 어른께 술잔을 드릴 때는 먼저 권하고, 어른이 마신 다음에 아랫사람이 나중에 마신다.

그리고 어른에게 술잔을 권할 때는 무릎을 꿇고 두 손으로 드리고, 주전자나 술병을 오른 손으로 잡고 왼손으로는 주전자나 술병의 밑을 받쳐 공손하게 따르되, 잔이 넘치지 않도록 조심해야 한다.

어른이 받아든 술을 다 마시고 술잔을 주실 때는 역시 두 무릎을 꿇고 앉아 받되, "고맙습니다"라는 인사를 하고 받으며, 고개는 살짝 돌린 상태에서 마신다.

여러 사람이서 마주한 술자리일 경우에도 먼저 술을 받았으면 반드시 술을 권하고, 어떤 경우에라도 사양하거나 싫다는 사람에게 억지로 술을 권하지 않도록 한다. 어른이나 손 윗사람에게는 특히 결례가 된다.

술을 권하고 받는 과정에서 술잔이나 주전자, 술병 등에서 나는 소리가 소란스럽지 않도록 조심하며, 아무리 자유스런 술자리일지라도 절대로 술에 취하지 않도록 자제하며 조심하고, 만일 과하여 취할 것 같거나 부득이하게 취했다고 생각되면, 취중의 소동이 일지 않도록 처신해야 한다.

그리고 술 대접을 받는 경우, 주인의 형편을 보아가며 마시되, 술과 안주를 추가해 달라고 요구해서는 안된다.

3) 초대와 응대의 예절

술자리를 같이 함에 있어서도 초대와 초대에 응하는 예절이 있기 마련이다.

손님을 청하고자 할 때에는 그 목적을 분명하게 말해 주어야 한다. 또 청하고자 하는 상대방에게 불

편을 주거나 결례가 되지 않도록, 충분한 시간적 여유를 두고 미리 연락을 해야 한다.

초대할 대상을 정할 때에는 합석하기가 거북한 사람을 동시에 같은 장소에 초대하지 않는 것이 상대방에 대한 도리이다. 또 초대받은 사람이 부담스럽게 여길 대상은 초대하지 않도록 하고, 초대받은 사람에게 불편함이 없도록 세심하게 배려해야 한다.

초대장을 보내지 않는 경우라도 반드시 초대장소(집)에 대한 교통편, 약도, 주차시설 등 초대받은 사람이 유의해야 할 사항을 꼼꼼하게 말해 주도록 한다.

그리고 만일 술의 양이나 잔의 수 등 준비에 따른 일도, 필요하면 초대한 상대방에게 정중하게 참석 여부를 미리 묻는 방법도 좋다.

손님을 맞이함에 있어, 주인이나 주최측은 미리 좌석을 정해 놓아 좌석배치로 인한 결례가 되지 않도록 해야 한다.

손님으로 초대에 응하는 입장의 경우, 참석 여부를 반드시 미리 알려주도록 하고, 초대장소로 갈 때는 목적이나 분위기에 맞는 복장을 갖추도록 한다.

미리 교통편을 점검하여 초대시간에 늦지 않도록 하고, 부득이한 일로 시간 내에 도착하지 못하게 되면 미리 연락을 해주도록 한다.

초대에 응하여 참석하여서는 어떠한 경우라도 주인이나 주최측에게 불편이나 불쾌감을 주지 않도록 행동해야 하며, 자기가 아는 사람이나 가족이라도 초대받지 않은 사람을 임의로 동행하는 것은 결례가 된다.

끝으로 초대 장소에 지나치게 늦게까지 머물지 말아야 하며, 목적한 행사나 의논 등 초대한 사람이 명시한 초대 목적이 끝나면 가능한한 빨리 물러나오도록 하고, 초대장소에서 초대 목적 이외의 화제나 일로 전체의 분위기를 흐리거나 어지럽게 만들어서는 안된다. 酒

제2부/주방문

청주 · 약주편

증류식 소주편

탁주편

청주 · 약주편

名家銘酒

문무백관과 사신 접대용의 특별주
경주 교동법주

'안샘' 물과 아미산 진달래 꽃으로 빚는
면천 두견주

망국의 한 풀던 백제인의 술
한산 소곡주

금주령 덕택에 만들어진 '명약주'
아산 연엽주

선비들이 풍류로 즐겼던 가향 약주
계룡 백일주

동동주'가 아니라 '부의주'다
경기 부의주

'방향주' 주가(酒價) 높혔던
180년 내력의
해남 진양주

소나무 가지를 주원료로 한 조선조
중엽의 전통 약주
서울 송절주

애향심이 되살린 전통주와
민족적 자존심으로 빚는
김천 과하주

'금주령' 불렀던 조선시대
반가의 고급 약주
서울 삼해주

전주 류씨 집안의 가양주로 전승돼 온
안동 송화주

여러 번 덧담그는 국내 유일의 춘주
문경 호산춘

청명일(淸明日)에 빚는 계절주
중원 청명주

사찰에서 빚어져 광해군이
좋아해 진상 되었던 술
달성 하향주

고산병과 편식 예방 위해
스님이 만든 '선방의 곡차'
송죽 오곡주

'주중지왕(酒中之王)'
민비 집안의 가양주
가야곡 왕주

불로초와 구기자, 늙지 않는 생명의 약
청양 구기자주

질 좋은 술빚기와
'우리것 지키기'의 외로운 길
남해 유자주

신라시대의 국민주로 애용된 국화주
경주 황금주

'제삿날 울어도 좋을 국화주나 빚어야지'
함양 국화주

전통주 전성시대의 '우량주'
돼지날 세 번 빚는
태릉 삼해주

전통 민속마을의 4백년 된 토속주
멋과 풍류를 아는 사람들이 즐겨
낙안 사삼주

궁중에서 반가로 전해진
200년 내력의 가양주
횡성 의이인주

청주·약주편

성 안에 갇혀 살던 사람들의 동반자

청주 대추술

최초의 '假傳' 작품에서 따온 이름의
'국순당 술도가'

이조 흑주

술로서 사람과 사람 사이의
화합과 일체감을 꾀한

인천 칠선주

특이한 방법으로 빚고 달콤함으로
마음을 빼앗는

삼척 불술

팔경(八景)이 팔선(八仙)을 불렀다

변산 팔선주

남도선비의 3구색(三具色)

진도 박문주

혀 끝에서 녹아드는 상쾌한 맛

밀양 방문주

주방문(酒方文)에 통달한 촌로와
약주 중의 약주

장성 팔목주

논밭일보다 중요했던 가양주 빚기

강릉 청주

양반님네들의 손님 접대엔 최고인 술

고흥 백일주

신경통 치료에 효과 탁월한 약주

양감 약주

나그네 객고를 풀어주는 술

소백산 신선주

전국 제일의 향기를 자랑하는

나주 배술

혈전 관계 성인병 치료의 전통 명주

지리산 솔송주

너나 없이 빚는 고령지방의 토속주

고령 스무주

세 차례 걸쳐 빚는 고급 약주

강원 송하주

달짝지근한 감칠맛에 반하는 동동주

장수 점주

신경·혈관계 질환을 예방하는 술

양주 송엽주

동동 뜬 밥알과 사탕물처럼
단맛의 명약주

진도 동방주

조선시대 가장 일반화되었던 고급 청주

상주백일주

명산 '지리산의 기'를 마신다

지리산 송화주

단맛·시원한 맛이 뛰어난 약용약주

의성 약초주

묵힐수록 맛과 향이 깊은 건강 약주

못골 쑥술

문무백관과 사신 접대용의 특별주

경주 교동법주

'법주(法酒)'라 함은 예로부터 사찰 주변에서 빚어졌던, 달리 표현하여 법식(法式)대로 빚은 술, 또는 전통적으로 사찰에서 빚어져 일반에게 전해져 온 술로, 우리 고유의 청주를 지칭한다.

이러한 우리의 전통·토속주 가운데 소위 '국주(國酒)'라고 하는 술로 면천 두견주, 문배주와 더불어 중요 무형문화재 제86호인 경주의 교동법주(校洞法酒, 기능보유자 배영신)가 이에 속한다.

법식대로 빚은 술, 교동 법주의 유래를 찾자면 조선시대 중종 때로 거슬러 올라간다.

"그때 당시는 반상(班常)의 신분 구분이 심했답니다. 그래서 법주와 같은 고급술은 아무나 마실 수가 없었지요. 궁중에서는 문무백관과 외국 사신들만이 마실 수 있는, 이른 바 '특별주'라는 것을 만들기에 이르렀는데, 이 특별주가 바로 교동법주입니다. 대대로 벼슬을 살았던 저희 가문이었던만큼, 저희 9대 조이신 최국선 공(公)께서 조선조 숙종조 때 사옹원 참봉으로 계셨습니다. 그때 법주 빚는 법을 사가(私家)에 전수하신 것으로, 대대로 종부에게만 전수되어 온 경주 최씨 가문의 비주(秘酒)입니다."

경주 교동법주의 전승과정에 대한 배영신 씨의 설명이 있다.

그러나 대대로 종부에게만 전수되어 오던 법주가 어떻게 작은 종가의 종부인 배영신 씨에게로 전수되어 오늘에 이르게 되었는지, 그 내력을 자세히 밝힐 수는 없었다.

다만, 경주 교동법주는 종묘제사(宗廟祭祀)에 쓰였다는 사적 기록이 있어, 법주의 전통성이나 유래는 분명히 밝혀진 셈이라 하겠다.

"우리나라에는 법주가 있습니다" 중국인 앞에 자랑스러웠던 술

한편, 교동법주에 대한 기록은 중국의 조리서인 《제민요술》과 《고려도경》, 그리고 우리나라 문헌인 《고려사》 등의 여러 옛 문헌에 그 이름과 제조과정을 소개하고 있다.

법주(法酒)가 얼마만큼 유명했는지, 연암(燕巖) 박지원(朴趾源)은 청나라 사람과의 필담(筆談)에서, "이 술맛이 '귀국의 것과 비교하여 어떻습니까?' 하고 묻기에, 나는 '이 임안주는 너무 싱겁고 계주주는 지나치게 향기로와서 둘다 술이 애초부터 지니고 있는 맑은 향기는 아니라고 생각됩니다. 우리나라에는 '법주'가 있습니다.' 하였다."고 기록하고 있다.

이렇듯 우리나라 선비가 청나라 선비 앞에 자랑스럽게 내놓을 수 있었던 것이 법주였다.

이 법주는 조선조 중종 때에 궁중의 내명부와 조정의 문무백관 및 외국 사신들을 위해 만들어진 특별주는 민가에 전해져 후기에 와서는 경주지방을 중심으로 발달했다.

그 제조방법은 여러 가지가 있으나, 대개 찹쌀에 솔잎과 국화를 넣고 빚어 100일 동안 땅에 묻어 숙성시켰다고 한다.

술 익는 소리가 계곡물 소리로
"손끝 느낌으로 술맛까지 안다"

전통적으로 내려오는 법주의 술 담그는 법을 보면, 우선 찹쌀과 누룩가루, 그리고 샘물이 전부인데, 덧담근 술 곧 중양주(重釀酒)임을 알 수 있다.

밑술은 찹쌀 5되와 누룩가루 2식기, 물 8대접을 준비한다. 찹쌀 1식기를 물에 씻고 불려서 멀겋게 죽을 쑨 다음 식혔다가, 누룩가루 2식기를 넣고 버무려서 항아리에 담아 약 30℃ 정도 되는 따뜻한 아랫목에 5~6일 동안 둔다. 밑술이 익으면 덧술을 만드는데, 물 8대접을 붓고 끓여서 식힌 다음, 나머지 찹쌀로 고두밥을 지어 식혔다가 함께 치대어 항아리에 섞어 담는다.

술항아리는 이불로 두텁게 싸매고, 주둥이는 삼베

보자기로 뚜껑 대신 덮어 따뜻한 아랫목에서 10여 일 정도를 보낸다.

배씨에 따르면, "이때 술이 발효가 되느라 항아리에서 '부글부글' 끓는 소리가 나는데, 마치 계곡에서 물이 흐르는 것과 같은 소리가 난다."고 한다.

다시 5~6일이 지나면 술독가를 따라 테두리가 생긴다. 이때 용수를 박아서 서늘한 웃목으로 술독을 옮겨 놓는다. 이것은 술의 발효를 서서히 완숙시키기 위한 것으로 생각된다.

따라서 술이 고이기 시작할 때까지는 약 보름 정도의 시간이 소용되는 셈이며, 빚은 지 40일이면 술뜨기가 가능해 진다.

"용수를 박을 때 이미 술맛이 결정됩니다. 용수가 순하게 '착' 가라앉으면 술이 잘 빚어진 것이고, 그렇지 않고 마구 용트림을 한다거나 자리잡기가 힘들면 '아차' 싶어집니다."

배씨의 설명이었다. 그러니까 용수를 박을 때 손끝에 와 닿는 느낌만으로도 술의 숙성 여부는 물론, 술맛의 정도까지도 알 수 있다는 것인데, 이쯤 되면 실로 오랜 경험에서 터득한 지혜가 아니고 무엇이랴.

배 씨가 법주에 쏟는 정성을 단적으로 표현한 예가 아닌가 생각된다.

찹쌀술 특유의 찐득한 감촉, 혀 끝에 '착' 달라붙는 감칠맛이 일품

여기서 빼놓을 수 없는, 교동 법주의 술빚기에 있어 몇 가지 유의할 점들에 대해 덧붙이자면, 대략 이렇게 간추려진다.

먼저, 술을 빚을 찹쌀(1말)의 10분의 1에 해당하는 양으로 멀건 죽을 쑤어서 식힌 다음, 찹쌀죽에 들어가는 쌀의 2배가 되는 양의 누룩가루를 함께 섞어서 항아리에 담아 30℃ 정도 되는 실내에서 3~5

일간 발효를 시키면 밑술이 완성된다(이는 현대적인 방법이고, 전통적인 제조방법은 찹쌀 한 말로 무른 떡을 만든 다음 6 : 1의 비율로 누룩을 혼합한다).

다음은 밑술에 덧술을 만들어 넣는데, 완성된 밑술을 솥에다 넣고 끓여서 식힌 다음, 찹쌀 9홉 말을 세미하여 고두밥을 짓고, 완전히 식혀서 준비된 밑술과 고루 섞어 치댄 후에 술항아리에 안친다. 술독은 실내온도 20℃~25℃에서 다시 10여일간 2차 발효시킨다.

2차 발효가 끝나면 숙성실로 옮겨 1차 숙성을 시키는데, 이때 숙성실의 온도는 발효시의 온도보다 5℃정도가 낮기 때문에 숙성 기간이 길다.

이어서 2차 숙성에 들어가는데 이때 용수를 박고 술을 떠서 저장실로 옮기고, 적당한 온도(약 15℃~20℃)를 유지해 주면서 50~60일간 2차 숙성을 시킨다. 이 기간이 경과하면 술은 완전히 익은 상태로, 드디어 '교동 법주'의 탄생을 보게 된다.

'술 익는데 인정'도 있다
'후주' 만들어 인화(人和)도모

"이렇게 정성을 들인, 다 익은 술은 노랗고 투명한 담황색이 되는데, 찹쌀 특유의 찐득한 감촉과 함께 순하면서도 강한 곡주만의 술맛을 느낄 수 있습니다. 그래서 법주는 일반 시중의 '경주법주'와는 비교가 안됩니다. 다들 '경주법주'를 '교동법주'로 잘못 알고 있어 안타깝습니다."

배씨의 말에서 술은, 양조과정이나 재료배합에 있어서의 '정성'이 술맛의 좋고 나쁨이 결정된다는 진리를 거듭 확인하게 되었다.

"옛날에는 '술방'이 따로 있어서 10말짜리 큰 술독 3개에는 늘 술이 차 있었습니다. 1년 내내 집 안

팎에 술 익는 향기가 가득해서 '법주 맛 좀 보러 왔다'는 사람들로 늘 북적댔습니다. 술을 나르다 보면 떨어진 술방울로 방바닥이 끈적거리기 일쑤였고, 버선발이 새까맣게 변하곤 했습니다."

배영신 씨의 말 맞다나 달짝지근한 것이 혀에 '착' 달라붙는 이 맛 때문에 배 씨의 집 안팎에는 법주를 맛보려는 내외 손님들로 항상 북적댔을 수 밖에.

그만큼 교동 법주에 대한 명성은 장안의 화제였고, '술 있는데 인정'이 없을 수 없었다.

법주의 내력이 특권층 양반들을 위한 술이었다고 해서 그들만의 술일 수는 없었던 것이다.

"본주를 떠내고 끓인 물 2~3되를 식혀서 술항아리에 붓고 열흘 정도 지나면 제대로 된 술이 또 만들어지는데, 감칠맛이 특별합니다. 이 술을 '후주(後酒)', 또는 '모주'라 하여 노복들에게 주어 마시게 했습니다."

이로써 주인과 노복, 즉 상·하의 친화를 도모했을 법 한 일이다.

배씨는 또 '후주'를 떠내고 난 술지게미(찌꺼기)에 설탕과 물을 붓고 끓이면 감주가 돼, 이를 감기에 걸렸을 때 끓여서 한 그릇 '쭉' 마시고 땀을 빼면 개운해진다고 한다.

자신이 한창 젊었을 그 시절, 집 안팎으로 북적대던 당시의 풍경을 회상하는 듯, 감회에 젖은 배씨의 입가에 잔잔한 미소가 밴다.

'사연지' 곁들이면 특별한 맛, 전통제조법 고수 생산량 달려

예로부터 교동법주는 특별한 안주인 '사연지'와 곁들여 마시는 것으로도 유명했다고 한다.

"법주는 원래 '사연지'라고 하는 김치를 안주로 곁들여 마셨습니다. 사연지는 실고추에 버무린 갖은 양념속을 배추잎으로 얌전하게 싼 김치인데, '톡 쏘듯 찡한 맛'으로 더할 수 없는 술맛을 느끼게 합니다."

배영신 씨가 말하는 사연지는 원래 경주 월성 최씨 일족에서 누대로 내려 온 전통음식으로, 배씨와 현재 경주의 월성 최씨 가문의 며느리인 서정애 씨가 비법을 잇고 있다고 한다.

현재 교동 법주는 '法酒' 그대로의 제법을 고수하고 있어, 기껏해야 하루 평균 700㎖들이 17병에서 20병 정도의 생산에 그치고 있다.

하지만, 현대식 양조기법이나 대량생산을 위한 기계식 설비를 지양하고, 전통적인 법식대로 술빚기를 고집하고 있는 까닭에, 비교적 본래의 술맛을 잘 간직하고 있는 것으로 보여진다. 酒

'안샘' 물과 아미산 진달래 꽃으로 빚는

면천 두견주

우리의 전통주 가운데는 술빚는 날을 으뜸으로 중요시 하는 술로, 돼지날(亥日) 3회에 걸쳐 담는 삼해주(三亥酒)가 있다.

오늘에 와서는 사정이 달라졌지만 충남의 면천 두견주(沔川 杜鵑酒) 역시, 옛 문헌인 《규합총서(閨閤叢書)》의 주방문(酒方文)에 "정월 첫 해일(亥日)인 상해일(上亥日)에 백미 두 말을 백세하여 작말(作末)하고……"라고 기록되어 있다.

술을 빚음에 있어 정성을 제일로 여겨온 것이 옛 조상들의 의식이었던 만큼, 손이 없는 날을 택해 술을 빚는다는 것은 당연한 일이었으리라 여겨진다.

면천 두견주 기능보유자 박승규 씨(57세, 국가지정 중요 무형문화재 제86호)로부터 두견주의 양조과정과 술에 얽힌 얘기를 들어 볼 수 있었다.

면천 두견주의 독특한 맛은 '안샘'이란 샘의 물맛에 있다고 해도 과언이 아니다.

여기에는 설화가 얽혀 있는데, 고려조의 개국공신 복지겸이 병을 앓아 눕게 되었으나 백약이 무효였다. 이에 그의 딸이 아미산에 올라 백일기도를 드렸더니, 꿈에 신선이 나타나 '아미산에 핀 진달래와 찹쌀로 술을 빚되, 반드시 안샘 물을 사용하여 빚고, 백일이 지난 다음 이 술을 마시면 낫는다'는 계시를 해주었다고 한다.

딸이 그 계시대로 술을 빚어 마시게 했더니 복지겸의 병이 나았다는 얘기다.

그 설화에 등장하는 안샘은 박 씨의 집에서 1백미터 앞에 위치해 있으며, 지금도 그 샘물로 술을 빚는다고 한다.

이 샘은 최근 박승규 씨가 군(郡)의 지원금과 사재를 들여 보수를 마쳤는데, 전해오는 설화 만큼이나 오래도록 잔잔한 물줄기를 뿜어 올리고 있다.

박 씨는 "안샘은 아무리 심한 가뭄 때라도 그 물줄기가 끊이지 않으며, 두견주 만큼이나 단맛을 낸다. 또 술빚기에 좋은 평균 수온인 17~18℃를 유지한다."고 말한다.

두견주는 《산림경제》를 비롯 《임원십육지》, 《동국세시기》, 《운양집》, 《고려도경》, 《경도잡지》 등 여러

문헌에 올라 있으며, 《규합총서》에 그 제조방법이 상세히 기록되어 있다.

일례로 《규합통서》에 수록된 내용을 간추리면, "찹쌀 2되, 누룩 2되, 물1되로 밑술을 담근다. 이때 진달래꽃을 켜켜로 섞으면서 넣어 발효시킨다. 최저 50일간 후숙시켜서 총 80일 만에 술이 뜬다. 숙성이 끝난 술에서 솟아나오는 향취는 천하 일품이니, 이 밑술을 자루에 넣어 압착하여 강술을 얻는다고 한다. 3월에 진달래꽃이 필 때 멥쌀 3말, 찹쌀 3말을 씻어 각각 지에밥을 찐다. 물 60그릇을 메밥과 찰밥에 뿌려서 붓도록 한다. 진달래꽃 한 말을 꽃술 없이 다듬어서 메밥 한 켜 찰밥 한 켜, 진달래 한 여름 번갈아 넣고 맨 위에 메밥으로 덮는다. 2~3주일 지난 뒤 술독에 불을 지펴 불이 꺼지지 않으면 다 된 것이다."고 하는 내용이다.

석 잔 못 넘기고 취하는 술, 그래도 '두주불사' 하는 술

두견주는 박승규 씨 집안의 가양주로 빚어져 오늘에 이르고 있는데, 여기에는 또 한 가지 설화가 전해지고 있다.

설화의 내용인즉, "증조모께서 매일 아침 새 한 마리가 안샘에서 출발하여 안마당의 풀을 쪼고 돌아가곤 하는 것이 예사롭지 않아 새가 날아와 앉던 자리에 우물을 파게 되었는데, 그 우물의 물맛이 안샘의 물맛과 같이 단맛을 지녀 전승되어 오던 방법대로 술을 빚어 보았더니, 옛날의 두견주 맛과 똑 같이 특별한 향취와 감칠맛이 있었다."고 한다.

그후 조부(박성흠)와 부친(박찬성)에게 전수되었으나, 일제 강점기를 맞아 맥이 끊겼다가 박승규 씨에 이르러서 국가지정 중요 무형문화

재가 되었다.

지난 '89년 1월, 현대식 시설을 갖춘 양조장을 설립, 본격적인 생산과 시판으로 지금은 술이 달릴 정도로 애주가들의 사랑을 받고 있는 것이다.

박 씨에 의해 빚어지는 두견주는 19%의 알코올 함량을 지닌 약주로, 많이 마셔도 뒤가 깨끗하다.

이러한 두견주는 안샘의 물이 아니면, 맛과 향에서 제맛을 못느낀다고 한다.

"두견주는 아무리 말 술(斗酒)을 자랑하는 사람이라도 석 잔을 넘길 수 없을 정도로 빨리 취하는 술이지만, 그 향취와 감칠맛은 어떤 술도 따르지 못한다. 때문에 두주불사하는 경우가 많다. 그러나 두견주로 해서 술병을 얻은 사람은 없다."

박씨의 애기였다.

비록 옛 법식대로는 아니였을지라도 오랜 옛날, 진달래술을 담아보지 않은 가정은 몇 안되리라는 생각이 들 정도로 친숙한 우리의 술, 박 씨를 통해 살펴 본 두견주의 양조과정은 그리 어렵지 않았다.

약용 목적의 가향 · 계절주로 명성 높아
물 적게 넣고 오랜 기간 숙성시켜

면천 두견주 역시 일반 청주를 빚는 법과 거의 같다. 다만, 덧술에 있어 진달래꽃을 넣음으로써 약용약주(藥用藥酒), 또는 가향(加香)의 계절주로 나눌 뿐이다.

따라서 면천 두견주는 약용 목적의 전통주라 할 수 있으며, 덧담금법, 또는 중양법(重陽法)을 취하고 있는 대부분의 전통 · 토속주와 그 제조 과정이 비슷하다.

그러나 드물게 덧술의 발효기간이 다른 술에 비해 긴 편에 속하고, 양조용수도 극히 적은 양을 쓰고

덧술을 안치기 위해서는 먼저 진달래꽃을 준비해야 한다.

4월 초순부터 중순까지 야산에 활짝 핀 진달래꽃을 따다가 그늘에서 말려, 저장해 두고 두고 두루 쓴다.

진달래꽃을 두고 두고 쓰기 위해서는 활짝 핀 진달래꽃만을 따고, 꽃술은 제거하여 그늘에서 1차로 7일 동안 음건(陰乾)한다. 그리고 다시 3일간 완건(緩乾)하는 등 두 차례 건조한다. 즉, 꽃은 수분이 적당하게 서서히 말려야 향기도 좋고 술도 맑아지기 때문이다.

꽃이 준비되면 찹쌀 1말을 깨끗히 씻어 시루에 안쳐 고두밥을 짓는다. 고두밥이 식으면 미리 준비해 두었던 진달래꽃을 소쿠리에 담고 물로 깨끗이 씻어 건져서 물기를 뺀다. 누룩도 법제하여 2되를 준비하고, 물 5되를 떠다 놓으면

있다는 점이 특징이라 할 수 있겠다.

먼저, 찹쌀 2되를 깨끗히 씻어 물기를 뺀 다음 고두밥을 지어 다소 온기가 남게 식힌다(15℃). 여기에 누룩 2되, 물 1되를 붓고 잘 버무려서 소독을 마친 술독에 안친다. 술독은 실내 25℃ 정도 되는 곳에 두어 1주일 정도 발효시킨다.

준비가 끝난다.

새 술독에 고두밥과 누룩, 물을 섞어 안치되 진달래꽃을 켜켜로 넣는다. 덧술 안치기가 끝나면 술밑을 쏟아 붓고 25℃를 유지해 주면서 60일간 발효시킨다.

진달래꽃을 너무 많이 넣으면 술이 붉어지므로 적

당히 넣는데, 약용으로 쓸려면 더 넣는다.

진달래 꽃 빛깔과 향기의 백일주, 술 달라 '동동' 발 굴려

박 씨는 "술빚기 과정의 마지막으로 덧술을 안친 후에 항아리 가에 묻은 것도 깨끗하게 씻어 넣고, 그 위에 약간의 누룩가루와 진달래 꽃을 뿌려 주어 잡균의 번식을 막아 술맛이 나빠지는 것을 방지한다."고 한다.

이렇게 해서 술빚기가 다 끝나는데 이상의 술빚기 과정에서 보듯이, 재료의 준비와 술빚는 사람의 정성을 더 없이 중요시하고 요구한다는 것을 알 수 있다.

술이 다 익어서 채주하기까지는 60일을 더 기다려야 한다.

술이 익어가는 정도를 봐가면서 가끔 저어주고 실내 온도 유지에 각별히 신경을 기울여야 한다.

온도가 높거나 낮으면 그 맛이 쓰거나 쉬게 되는 등 제대로 된 술을 빚을 수 없게 되기 때문이다.

다 익은 술은 바탕이 내려 앉아 골이 져 있는데, 이를 헤쳐보면 밥알과 하얗게 바랜 꽃잎이 함께 떠오르면서 진한 향기를 풍긴다.

진홍색을 띤 술빛도 그렇거니와 코 끝을 간지럽히는 향취가 더 할 것 없이 뛰어나다.

두견주는 수율 33% 정도에 그쳐, 두견주를 찾는 사람들을 때로 발을 동동 구르게 만들기도 한다.

채주 후 곧 바로 마시는 술이 아니기 때문이다.

발효가 끝난 술은 자루에 담아 압착기로 눌러서 걸러낸 후 여과와 침전과정을 거치고, 이어 서늘한 곳(15℃)에서 30일간 숙성시켰다가 마셔야 제맛을 느낄 수 있다는 것.

이로써 두견주의 술빚기가 꼬박 1백일이 소용되는, 실로 한 사람의 정성과 땀의 결실로 빚어진 술이고 보면, 그저 가볍게 마실 일은 아니라는 생각을 하게 된다. 酒

망국의 한 풀던 백제인의 술

한산 소곡주

여름철 우리네 고유 복식 중 모시 옷이 있다.

희다 못해 푸른 빛이 돌 돌 정도로 깨끗한 맵시가 그렇거니와, 통풍과 흡습성이 좋아 시원하며 가볍고 산뜻하여, 예나 지금이나 선호하는 이가 많다.

모시는 주로 충청도 지방에서 생산되었는데, 특히 한산지방의 세모시를 명품으로 쳤다. 한산 세모시의 명성이 어떠했던지, 조선조 중종 17년 8월에는 왕명으로 서인은 세모시 옷을 못 입게 하였다는 기록도 있다.

그런데 한산 세모시와 더불어 그 역사나 내력, 그리고 명성에 이르기까지, 결코 앞뒤를 가를 수 없을 정도로 유명한 전통주가 한산지방에서 제조·판매되고 있다. 충남도 지정 무형문화재 제3호인 한산 소곡주(素穀酒)가 그것이다.

백제 의자왕이 소곡주로 울적함을 달래

한산 소곡주는 지금으로부터 약 1,330여 년 전, 그러니까 백제가 나당 연합군에 의해 사비성이 포위되자, 의자왕은 태자 등과 함께 웅진성으로 피신하였다가 끝내 항복하고 말았다.

이에 의자왕은 폐위되어 태자 등 1만 2,000여 명의 신하들과 함께 소정방에 의해 당나라로 끌려 갔다가 병사하고 말았다.

그런데 《박씨전》에 "의자왕이 울적함을 술로 달랬다. 이 술맛이 한산 소곡주와 같다."고 전하고 있어, 한산 소곡주의 오랜 역사를 짐작할 수 있다.

또 문헌상 기록으로 《규합총서》에 소곡주의 제조법을 설명하고 있고, 《동국세시기》에 소곡주를 우리나라 최초의 술로 기록하고 있음도 앞서의 얘기와 맥을 같이하고 있음을 알 수 있다.

이로써 한산 소곡주는 백제 말기 이전에 널리 빚어 온 대표적인 술이었음을 추측할 수 있다.

한산 소곡주는 한산면 호암리에 사는 김영신 씨(79세)가 그 기능 보유자로 유일하게 맥을 이어 지난 '79년 충남도 지정 무형 문화재 지정을 받았으며, 현재 상품화돼 옛맛을 잊지 못하는 사람들이 첫 손가락으로 꼽는 유명주로 발전했다.

술 이름도 원래는 '소국주(小麴酒)'로서 누룩을 적게 쓴다는 뜻의 이름이었으나, 이 지방에서는 소곡주로 불려지고 있다.

한산 소곡주의 전승 내력을 살펴보면, 김영신 씨의 7대조 김정현(金正鉉 1740~1806년) 때부터 가양주로 빚어 왔는데, 김영신 씨는 "열서너 살 때부터 모친에게서 배워 오늘에 이르게 되었다."고 한다.

누룩 잘 띄우고 마을 앞 우물물로 빚어야 제맛 난다

김영신 씨는 현 거주지인 한산면 호암리에서 출생하여 서천 사는 나인원(60세 작고)에게 출가하였으며, "집안의 제주는 내 손으로 빚는 게 좋겠다 싶어 소곡주를 빚어 왔다."고 한다.

그러나 김영신 씨는 "남편과 사별한 이후(29년 전) 소곡주의 용수(用水)는 한산면 '건지산(乾芝山)'에서 흘러내린 물이 다시 솟아 나오는 우물(호암리와 이웃 마을인 지현리에 있는 두 곳의 우물)물로 담그면 맛이 가장 좋다고 해, 다시 이곳 친정 마을로 옮겨 와 살게 되었다."고 한다.

김영신 씨로부터 소곡주 빚는 비법을 들어 보았다.

우선 술빚기의 첫 순서이자, 가장 중요한 재료의 하나인 누룩을 만드는 데 있어, 거피하지 않은 밀을 방앗간에 가져 가 하얀 가루가 나게 찧어다가 물을 쳐가면서 반죽을 하는데, 주먹으로 쥐어 쳐가며 반죽한다. 주먹으로 쥐어봐서 '바슬바슬 풀어질만큼' 되게 한다.

김영신 씨에 따르면 "누룩 반죽이 질면 술이 불그스레해진다. 따라서 꾸덕꾸덕해질 때까지 손으로 주물러 댄 다음, 누룩 고리에 담고 발로 힘껏 디뎌서 굳힌다."고 한다.

누룩은 아랫목에 서로 닿지 않게 짚을 깔고 놓아 위 덮은 뒤, 뜨끈뜨끈하게 불을 땐 다음 가끔 뒤집어 주어야 누룩이 골고루 잘 뜬다.

《동국세시기》의 〈6월 세시주〉 편에 소곡주 빚는 시기를 "6월 유두곡(流頭穀)이라 해서, 6월은 술보다 누룩을 빚는데 적합한 달로 옛부터 유두일을 맞아 누룩 만드는 일이 중요한 행사로 여겨졌다."는

요지의 기록이 보인다.

발효 시작 20일 정도 지나면 누룩의 발효가 끝나 겉은 바짝 마르고, 속은 보유스름하고 노르스름해진다.

김영신 씨는 "잘 뜬 누룩은 겉 표면에 곰팡이가 피면서 속은 뿌옇고 노르스름하다."고 한다.

이것을 절구에 넣고 거칠지도 너무 곱지도 않은 수수알 정도의 크기로 찧어 다시 말리는데, 낮에는 햇볕을 쪼이고 밤에는 이슬 맞히길 사나흘 하면, '뜬내(곱찬내)'가 없어져 술맛이 좋아진다는 것이 김영신 씨의 설명이다.

이어 물 4되에 누룩 2되를 넣어 물누룩을 만드는데, 대여섯 시간 담갔다가 체를 이용해 걸러서 찌꺼기는 버리고 물누룩만을 사용한다.

물누룩이 만들어지면 멥쌀 2되를 물에 씻은 뒤 수 시간 가량 불려 가루로 빻아다가 흰무리(설기떡)을 지어 차게 식힌다.

차게 식힌 흰무리를 물누룩과 고루 섞어서 항아리에 안친 뒤, 30℃ 정도 되는 실내에서 약 7일 간 발효시키면 밑술이 된다.

누룩과 흰무리 양으로 도수조절

김영신 씨에 따르면 "흰무리는 손으로 비벼서 덩어리진 것 없이 하여 걸러낸 누룩물과 함께 섞고, 동쪽으로 난 복숭아가지를 꺾어다 공기방울이 일도록 젓는다. 술맛은 밑술에 들어가는 누룩의 양에 따라 달라진다. 누룩이 많이 들어갈수록 술이 독해지고, 흰무리가 많이 들어갈수록 술이 바특하고 깐작깐작하며 맛이 좋다. 술을 좋아하는 사람들을 위해서는 누룩과 흰무리를 정해진 양보다 조금씩 더 넣는 것이 좋다."는 설명이다.

밑술의 발효과정에서 유의할 점은, 술독을 안치고 나서 처음 2~3일 간은 항아리의 뚜껑을 덮지 않는다는 것이다. 술 바탕이 끓어오르면서 훈김이 솟아오르는데, 훈김이 다 빠져 나갈 때까지 그대로 두어야 술이 상하지 않는다고 한다.

또 술이 괴면서 거품이 생기면 이를 걷어 내야 술이 시어지지 않는다고 한다.

이와 같은 방법으로 빚는 술은 알코올 농도가 높지 않으므로, 일단 발효가 끝난 술을 걸러서 사용하도록 하고, 계속해서 누룩과 고두밥(흰무리)을 넣어 주면 주도를 높일 수 있다는 것이 김영신 씨가 강조하는 대목이었다.

땅 속에 묻고 80일 지나야

덧술은 찹쌀 1말로 고두밥을 지어 차게 식힌 다음, 낱알갱이가 되도록 손으로 비벼서 누룩 1되, 엿기름 3홉, 메주콩 2되, 들국화 3홉, 붉은 고추 5~6개, 생강 1냥을 마치 시루떡 안치듯 켜켜로 넣고 물 1말을 쏟아붓는다.

덧술에 날콩과 붉은 고추를 넣는 까닭을 물으니, "술이 잘못 발효되어질 때 그 신맛을 없애기 위한 것으로, 술을 담그는 날 날이 궂거나 술밑이 너무 오래 끓었을때, 또 누룩이 잘 뜨지 않았을 때 술이 시어질 수 있기 때문" 이라고 한다.

덧술을 안친 술독은 실내 온도 25℃ 정도 되는 곳에서 1차 3일 정도 발효시켰다가, 그늘진 땅 속에 항아리 운두 부분만 보이게 깊이 묻는데, 뚜껑 대신 짚으로 덮어 다시 3일을 보낸 뒤 뚜껑을 덮는다.

땅 속에 묻은 지 80일이 지나면 용수를 박아 채주한다.

드디어 한산 소곡주가 완성된 것이다.

찹쌀로 빚고 오래 숙성시켜 숙취가 없다

김영신 씨는 "땅 속에 묻은 지 3일째는 술 바탕이 부글부글 끓어오르던 것이 멎으면서, 마치 어른 손가락 굵기의 골이 지고 술독 안의 가장자리를 따라 약간 가는 테가 생기는데, 이때를 기하여 항아리를 한지로 봉하고 뚜껑을 덮어 2차 발효가 들어간다. 80일 정도의 오랜 시간이 지나야 한산 소곡주를 맛볼 수 있게 된다."고 한다.

김영신 씨는 또 "80일이라는 오랜 시간 숙성시켜 술이 부드럽고 감칠맛이 뛰어나다."면서, "술이 다 익어 술독 뚜껑을 열면 곡주 특유의 향기가 코 끝을 간지르는데, 술밥이 동동 떠 있어 보기에도 좋으며, 술이 잘 되었는지 여부는 술독에 용수를 박아보면, 잘 익은 술은 용수가 순하고 차분하게 가라앉는다."고 한다.

이렇게 하여 채주한 한산 소곡주는 샛노란 댓잎과 같은 진한 황갈색을 띠며, 끈끈하다고 할 정도로 혀끝에 짝 달라붙는 감칠맛이 있다.

여느 술과는 다르게 찹쌀을 주원료로 하여 빚은 때문이기도 하지만, 오랜 시간 저온에서 발효시킨 까닭에 술의 독성이 없어졌기 때문이기도 한다.

따라서 '아무리 많아 마셔도 속이 아파거나 숙취 등 뒤탈이 없다'는 게 소곡주를 즐기는 사람들의 이

구동성이다.

"옛날에는 들일이 많고 바빠서 지금처럼 1년 내내 술을 담지 못했다. 늦가을에 담갔다가 한 해 농사가 시작되는 이른 봄부터 마시기 시작했는데, 쌀이 귀한 때라 많이 빚지도 못했다."

김영신 씨의 말처럼 소곡주는 1년에 한 번, 그것도 소량으로 빚어 마셨던 술이었으니, 그 맛이 오죽했으랴 싶다.

'앉은뱅이술'로 숱한 설화 전해와

한산 소곡주는 '미나리 초무침'을 비롯 '상추적', '가죽잎 부각', '김', '유과'를 곁들여 마시면 한결 특별한 맛을 느낄 수 있다는 게 김영신 씨의 설명이다.

김영신 씨는 "특히 상치적은 스님들이 간식으로 부쳐 먹던 음식으로, 상치대궁이 크게 자랐을 때 줄기 부분만 약간 다져 소금으로 간을 한 묽은 밀가루 반죽에 적셔서 들기름을 사용, 센 불에서 재빨리 익혀 낸 것으로, 뜨거울 때 소곡주 안주로 먹으면 그 맛이 여간 아니다."고 한다.

한산 소곡주의 술맛이 어떠했는지는 소곡주에 얽힌 구전 설화와 소고주와 관련한 옛 문헌들을 통해 그 명성을 가늠해 볼 수 있는데, 그 내용은 대략 다음과 같다.

한산 소곡주의 술맛이 어떠했는지는 소곡주에 얽힌 구전 설화와 소곡주와 관련한 옛 문헌들을 통해 그 명성을 가늠해 볼 수 있는데, 그 내용은 대략 다음과 같다.

한산 소곡주는 속칭 '앉은뱅이 술'로 이름이 높았다.

그러니까 아주 오랜 옛날에 "한양으로 과거를 보러가던 선비가 이곳 한산을 지나가다 소곡주를 마시고는, 그 맛에 반해 그만 과거 시기를 놓치고 그냥 돌아갔다."든가, "도둑이 남의 집에 들러 술을 퍼마시고는 취해서 주저앉았다."고도 한다.

또 "반가운 손님을 맞이하여 술을 대접하면 손님이 술맛 때문에 떠나지 못하고 앉은뱅이가 되었다."고 하는 얘기에서 얻은 별명이라고 하니, 소곡주의 술맛을 가장 잘 설명해 주고 있다 할 것이다.

그러나 이상의 설화는 차치하고라도 옛 기록인 조선시대의 《사시찬요초(1470~1483)》, 《음식디미방(1670년경)》, 《산림경제(1674~1720)》, 《규합총서(1759~1824)》, 《임원십육지(1764~1840)》, 《양주방(1837)》, 《술 만드는 법(1800년경)》, 《시의전서(1800년경)》 등의 문헌에서도 한산 소곡주를 '으뜸술'로 들고 있음은, 한결같이 한산 소곡주의 뛰어난 술맛에 근거하고 있음에 다름 아니다. 酒

금주령 덕택에 만들어진 '명약주'

아산 연엽주

충남 아산군 송악면에 가면 '외암리 민속마을'이 있다.

예로부터 반촌(班村)으로 내려 온 양반마을이어서 동리 초입부터 정적이면서 아늑한 느낌을 주는데, 이 마을에 누대로 빚어 온 전통주가 있으니, 아산 연엽주(蓮葉酒)가 그것이다.

연엽주에 대한 기록을 살펴보면 《산림경제》와 《증보산림경제》, 《규합총서》에서는 고려시대 때의 술로 소개하고 있다.

한편, 다른 기록에 의한 연엽주의 유래는 "조선시대 병자호란이 한창이던 어느 해에 이완 장군이 병사들의 심신이 지쳤음을 알고, 그들의 사기를 돋우기 위해 약용(藥用)과 가향(加香) 성분을 고루 갖춘 술을 담가 마시게 함으로써, 병사들의 사기를 돋우었다."고 하는데, 이때 빚은 술이 연엽주라는 것이다.

전쟁 이후에는 무관들에 이어 사대부와 선비들이 보신을 위해 즐겨 이 술을 빚어 마셨다고 한다.

그러나 현재 연엽주 양조기능보유자 최황규 씨(충청남도 지정 무형문화재 제10호)는, 연엽주의 유래에 대해 다르게 말한다.

"연엽주는 남편(이득선, 51세)의 5대조이셨던 이원집 공(公)께서,《치농(治農)》이라는 문헌을 근본으로 삼아 술을 빚어 마셨던 것에서 유래된 술입니다."

그러니까 당시 이득선 씨의 5대조 이원집은 궁중의 비서감승으로 있었는데, 4년간의 혹한 가뭄으로 사람이 굶어 죽어간다는 유생들의 상소문이 전국 각지에서 빗발쳤다고 한다.

이에 비서감승은 암행어사로 하여금 현지 사정을 확인시킨 결과, 사실과 크게 다름없다는 결론을 내리고 상소문을 왕께 올리니, 이에 왕께서 쌀의 소비가 많은 술 제조를 금지하는 '금주령'을 내렸다 한다.

양조에 따른 식량의 소비를 줄이는 한편, 왕 스스로도 '호의호식을 멀리하고 일체의 술을 끊겠다'고 했다는 것이다.

"그런데 문제는 궁중에서 발생했답니다. 궁중 제사에 쓸 제주는 물론이고, 왕의 건강을 염려한 신하들이 궁리 끝에 차(茶)보다는 높고, 술보다는 낮은 도수의 약술을 개발하기에 이르렀는데, 이 약이 바

로 연엽주였습니다. 연엽주는 남성의 양기를 보호해 주는 효능과 함께 피를 맑게 걸러 주며, 혈관을 넓혀 주는 효과를 지녔다 합니다. 이에 선대조께서 연엽주의 양조에 관여했던 관계로, 연엽주 주방문 그대로 집안에서 빚게 됐던 것이지요. 그 후로 저희 집안의 가양주로 빚어져 종부(宗婦)에게만 비법을 전수시켜 온 것입니다."

술 빚는 이의 지극한 정성이 빚어낸 '약', 옛 풍습까지 그대로 지킨다

연엽주 만큼 옛 풍습을 그대로 지키고 있는 술도 없을 것이다.

최황규 씨는 지금도 시어머니와 술을 빚던 옛 방식대로 술을 빚고 있다는 것이다.

"술을 담글 때에는 시어머니와 함께 목욕 제계하고, 의복 단장하여 수건을 머리에 쓰고 술빚기에 들어갑니다. 매사에 언행을 삼가하며, 그날의 방위(防衛)를 보아 손이 없는 길한 방향에 술독을 앉힙니다. 술독은 꼭 안방 아랫목으로 자리를 정하고, 일단 술독이 놓여지면 술을 뜰 때까지 오로지 시어머니와 저만 출입이 가능했습니다. 집안 어른들은 물론, 일체 남자들의 출입이 금지되었으니까요"

이는 아마도 '부정타는 것'을 막기 위한 조치만은 아니었을 것으로 생각된다.

술독이 놓인 방안은 공기 온도가 일정해야 되는 만큼, 출입이 잦아지게 되면 실내의 온도조절이 제대로 이뤄지지 않기 때문이다.

그러니까 남자들의 출입을 금했다는 얘기를 두고 '부정타는 것'을 막기 위한 단순한 조치라는 등 그저 속신으로만 생각하기에는 잘못된, 술빚기에 있어 온도유지의 중요성을 일깨워 주는 대목으로 생각된다.

이렇듯 연엽주는 시어머니와 며느리의 지극한 마음으로 빚어진 '정성' 그 자체였던 만큼, 연엽주가 처음 빚어졌을 당시에는 제주로만 쓰였다 한다. 참례자들이 음복하는, 술이라기 보다는 술 빚는 사람의 지극한 마음과 정성이 담긴 차(茶)요, 약(藥)이였다 할 것이다.

만취되게 마시더라도 '소피보고 나면 깨는 술'

연엽주는 덧술을 하지 않는다.

먼저 누룩을 띄우는데, 밀을 갈아서 5:1의 비율로 물과 섞어 버무린 다음, 누룩틀에 담아서 성형을 한다. 누룩이 완성되면 호박잎으로 싸고, 다시 삼베로 감고 덮어서 닷새 이상 띄운다.

누룩은 하얗게 잘뜬 것을 골라서 쓴다. 겉과 속이 다 고르게 잘 발효된 누룩은 하얗고 깨끗하다. 이것

을 잘 부숴서 이틀 밤을 서리와 이슬을 맞추고, 이틀은 햇볕에 말려 완전히 건조시키는 것으로 법제를 마친다.

다음에 찹쌀 1되 반과 멥쌀 10되를 물에 깨끗이 씻어 고두밥을 짓되, 삼베보자기나 키에 널어서 차갑게 식힌다.

식은 고두밥은 꾸들꾸들해 지는데, 이때 법제를 마친 누룩 4되, 말리지 않고 깨끗이 씻은 생연근이나 연잎 500g을 잘게 썰어서 섞고, 물 16리터를 부어 잘 버무린다(연잎이 나지 않는 철에는 연근을 사용한다).

이어 술 담을 독을 준비하는데, 항아리는 물로 깨끗이 씻어 물기를 없앤 다음, 불을 지펴 연기와 화기로 살균을 해서 쓰거나, 항아리에 솔가지를 넣고 떡을 하듯 솥에 엎어 불을 피워 쪄서(제독을 해서) 쓴다.

연엽주의 술 담그는 방법의 시작은, 항아리 밑 바닥에 솔잎 한 켜, 연잎 한 켜를 차례로 깐 뒤에 준비된 밑술을 담는다.

술을 안친 항아리는 짚덮개를 얹고, 약 1주일간은 실내 온도를 25~30℃ 정도 되게 유지해 주다가,

나중에는 20℃ 정도로 낮추어 다시 8일간 발효 시킨다.

이렇게 해서 술이 다 익은 보름 후에는 술독에 용수를 박아 술을 뜨고, 다른 술 그릇에 하룻동안 가라 앉혀 정제를 해서 마신다.

"이렇듯 까다롭고 손을 많이 요구하는 까닭에, '술은 한 사람의 지극한 정성을 마시는 것' 입니다. 술을 빚는 사람의 온갖 정성에서 술의 향기와 맛, 심지어는 약효까지도 잘 우러나는 것이라고 생각합니다."

최 씨의 말을 이어 남편 이득선 씨가 한 마디 거들고 나섰다.

고유의 맛 지키려 옛법 고집
궁중에서 빚어졌던 제사용 술

"연엽주는 아무리 많이 마셔도 뒤끝이 깨끗할 뿐만 아니라, 향기와 감칠맛이 뛰어나서 자꾸 마시게 됩니다. 그런데 희한한 일은, 연엽주를 마셔 본 사람들이면 한결같이 만취가 되도록 마시더라도 '소피 한 번 보고 나면 술이 깬다' 고 합니다. 내 말이 거짓인가 아닌가 글쎄, 한잔 쭉 들이켜 보세요."

엽연주는 술이라기 보다는 차(茶)나 약(藥), 또는 음료라고 생각한다는 것이다.

이러한 연엽주의 술맛은 최근에 와서야 알려진 것으로, 예안 이씨가의 일가친척이 아니면 가히 맛 볼 수 없는 귀한 술이었다고 한다.

예안 이씨 집안에서는 이 술이 일반에는 잘 알려지지 않은, 궁중에서만 빚어진 술이라는 사실을 감안하여 집안 제주용으로만 쓰도록 하였던 것이다. 때문에 예안 이씨가의 친척들도 제사를 마친 다음 음복(飮福)때 한 두 잔 음미했을 뿐이었다는 것.

이러한 술이 세상에 알려지게 된 것은, 정부의 전통주 개발과 우리 고유의 음주문화를 되살리자는 운동이 일어나면서부터였는데, 지난 1990년 말 충청

남도로부터 문화재 지정을 받게 된 후부터였다.

여느 전통·토속주들이 양조허가를 받으면서부터는 대중적인 양조시설로 대량생산을 서두르고 있는 것과는 달리, 최씨는 오로지 시어머니, 아니 조상 대대로 물려 받고 익혀 온 전통적 양조방식을 고집하고 있다.

최씨는 "주위에서들 현대적인 양조시설과 대량 생산방법을 권해 오지만, 시어머니께서 물려 준 비법 그대로 손으로 빚는 게 좋다고 생각합니다. 돈벌이도 좋지만 고유의 맛을 지키겠다는 고집이지요. 해서 주문량 만큼만 술을 빚고 있습니다."라고 그 이유를 밝히고 있다.

연엽주에 대한 남다른 자부심이었다.

연엽주를 맛보기 위해서는 충남 아산의 외암리 민속마을 '이 참판댁'까지 직접 가거나, 전화로 주문을 해야 한다. 연엽주는 도자기로 된 700*ml*들이 한 병에 1만 5천원으로, 알코올도수 14℃의 매우 순하

면서도 쌉쌀한 맛과 곡주만의 부드러운 감칠맛을 함께 간직하고 있다. 酒

선비들이 풍류로 즐겼던 가향 약주

계룡 백일주

우리의 전통·토속주 가운데는 저물녘에 술을 빚기 시작해서 새벽 닭이 울 때 완성되는 술이 있는가 하면, 석달 열흘, 아니 3년이 걸리는 술도 있다.

충청남도에는 한산 소곡주를 비롯해 면천 두견주가 일찌기 명성을 드날렸는데, 이에 비해 가양주(家讓酒)로만 전해오던 백일주가 뒤늦게 일반에게 그 맛과 향을 자랑하게 되었다.

'백일 동안 술을 익힌다'고 해서 붙혀진 이름의 계룡백일주(溪龍百日酒)는 名山인 계룡산(溪龍山)의 이름을 앞에 따 왔다.

충청남도 지정 무형문화재 제7호로 지복남(地福男, 67세) 씨가 그 기능보유자이다. 지복남 씨는 또 '술빚는 솜씨가 아깝다' 하여 농림수산부로부터 지난 '94년 8월 6일 계룡백일주 소주부문 명인 제4호로 지정되기도 했다.

지복남 씨는 계룡백일주의 유래에 대해 이렇게 들려준다.

"옛날에는 '신선놀음'이라 해서 공산성(公山城) 누각에 올라 앉아 금강을 바라보며, 술을 마시면서 시회(詩會)를 갖는 것을 선비들의 풍류(風流)로 알았던 만큼, 그 신선놀음에 즐겨 마셨던 술을 '신선주(神仙酒)'라 했는데, 그 신선주가 다름 아닌 저희 집안의 가양주인 백일주였다고 합니다."

지복남 씨의 계룡백일주에 얽힌 얘기는 계속된다.

"제가 스물 네살 때 연안 이씨 가문으로 시집을 왔는데, 이 집안에 대대로 내려 온 가양주로 백일주가 있어, 자연스럽게 배우게 되었지요. 남편(李鑛, 74세)으로부터 전해 들은 백일주의 내력은, 시댁의 14대 조상인 이귀(李貴, 1557년 명종조 12년~1633년 인조 11년) 공(公)은 인조반정의 공신이었답니다. 하여 임금으로부터 백일주의 비법을 하사받아 그때부터 집안의 가양주로 술을 빚어 마시게 되었다 합니다. 이에 선대조 이귀 공께서는 정성껏 술을 빚어 왕께 진상을 하셨고, 왕의 은혜를 입은 하사주를 귀히 여겨 문중의 제사나 명절 때, 그리고 귀한 손님 접대에 이 술을 사용하여 오늘날까지 전

종의 황국잎과 진달래꽃잎, 그리고 봄에 채취한 솔잎이 쓰인다(때에 따라서는 오미자 열매와 이소꽃을 조금씩 넣기도 하는데, 이는 집안에 아픈 사람이 생겼거나, 주위의 주문이 있을 때 넣는다). 오미자는 자양, 강장효과와 함께 허리 아픈 데 약이 되는 효능이 있는 것으로 알려져 있고, 이소꽃은 피를 맑게 하는 효능이 있기 때문이다.

황국, 진달래꽃, 솔잎을 넣어 빚고 오랜 기간 발효시켜 얻은 술

해져 내려 온 것입니다."

이상이 계룡백일주의 유래와 전승과정이다.

그러나 계룡백일주에 대한 기록이나 관련 문헌은 아직 어디에서도 찾아 보기 힘든 실정이다. 다만, 술의 빛깔이나 맛, 향기에 있어서는 어느 전통·토속주에 비해서도 결코 뒤떨어지지 않는, 알코올함량 16%의 명약주라 할 수 있다.

계룡백일주의 빛깔과 맛, 향이 뛰어난 비결이랄까, 그 배경은 아마도 덧술을 담을 때 거기에 들어가는 재료에 기인한 것이 이닐까 생각된다.

이 술 역시 여느 전통·토속주와 비교해 볼 때 술 빚는 방법에 있어서는 크게 다를 바가 없기 때문이다.

계룡백일주는 순 찹쌀로만 빚는다. 찹쌀을 물로 깨끗이 씻어서 하룻밤 불렸다가, 묽은 죽을 쑤어서 여기에 누룩과 섞어 밑술을 빚는데, 순수 재래

계룡백일주를 빚는 실제 과정은 다음과 같이 요약된다.

먼저 누룩을 만드는데, 여늬 술들과는 다르게 찹쌀가루를 사용하고 있음에 주목할 필요가 있다.

통밀과 찹쌀을 똑 같은 분량으로 하여 방앗간에 가져가 거칠게 빻아 가루를 만든 다음, 2할 가량의 물과 섞어 반죽을 하여 누룩틀에 담고 발로 힘있게 디뎌서 성형을 마친다. 이를 짚이나 황국을 깔고 그

흘을 발효시킨다."

씨는 "마지막 단계로 술이 다 익으면 술독에 용수를 박아 채주에 들어 가는데, 용수를 질러보면 잘 익은 술은 용수가 순하게 갈아 앉으면서 말간 술이 위로 솟는다."면서 "채주한 술은 그 상태로도 말갛고, 보기 좋지만 앙금이나 찌꺼기가 가라앉는 것을 방지하고, 더욱 맑은 술이 되게 하기 위해 한지나 창호지를 받쳐 걸러서 마신다."고 말한다.

이로써 계룡백일주는 밑술의 발효기간 30일과, 본술을 빚은 날부터 술이 다 익기까지의 70일을 합해서 꼭 1백일이 걸린다는 데에서 이름을 따 온 술임을 알 수 있다.

완성된 술은 밝고 깨끗한 진노랑색을 띠며, 진달래·국화꽃 향기가 난다.

위에 성형한 누룩을 서로 닿지 않게 놓은 다음 짚을 덮어 띄운다. 누룩을 띄우는 기간은 여름철에는 두 달, 겨울철에는 3개월 가량으로 2~3일에 한 번씩 뒤집어 주어야, 노르스름 하면서도 빛깔이 하얗고 잘 뜬 누룩이 된다.

누룩의 발효가 끝나면 콩알 크기만 하게 부숴서 여늬 술처럼 법제하여 사용한다.

이여 술빚기에 들어가는데, 밑술은 찹쌀 1말을 물로 깨끗히 씻어서 불렸다가 가루로 빻아 묽은 죽을 쑨 다음 차게 식혀서 물 1말, 누룩 2되와 함께 고루 섞어서 온도 20~25℃ 정도되는 실내에서 한 여름에는 10여일 한 겨울에는 1개월 가량 발효 시킨다.

덧술 빚기는 찹쌀 2말로 술밥을 쪄서, 꼬들꼬들 해질 때까지 차갑게 식혀서 물 2말과 응달에서 건조시킨 오미자, 황국, 진달래꽃, 이소꽃, 솔잎 각각 1근을 그대로 함께 섞어 밑술 항아리에 담아 잘 저어 준 다음, 밑술과 같은 온도에서 두 달 열

손수 재료 구해 오고 정성과 예로 빚는다

이렇게 계룡백일주의 술빚기는 끝이 나는데, 지씨의 일은 한이 없을 정도라고 한다.

본격적인 술빚기 보다는 다른 일이 시간도 더 많이 걸리고 힘이 든다는 것이었다.

다름 아닌, 술의 재료인 황국꽃이나 진달래꽃잎, 이소꽃 등의 재료 준비가 그것이다.

일도 보통 일이 아닌 것이, 지 씨가 여기에 쏟는 정성은 자못 지극하다 못해 거의 미쳐 있기 때문이다.

여느 사람들 같으면 한약재 상가나 서울의 경동 한약시장 같은 데 가서 구해다 쓴다 해도 문제가 없을 뿐만 아니라, 주변의 사람들을 시켜서 채취해 오도록 해도 될 듯 한데 그렇지 않다.

"이들 재료만큼은 인근 야산에 가서, 또는 직접 가꾸어서 채취해 씁니다. 사람들을 믿지 못해서가 아니라, 내 손으로 직접 구해와야 직성이 풀립니다.

두 번 일을 안하게 되지요."

지 씨의 성격을 짐작할 것도 같다.

그러기에 '술은 그 사람의 정성을 마시는 것'이라고 하는가 보다.

"이른 봄 흐드러지게 핀 진달래꽃을 뜯으러 산에 오르다 보면 건강에도 좋을 뿐더러, 따뜻한 오뉴월 햇볕을 받으며 솔잎을 뜯다 보면, 마치 소나무를 닮아가는 기분을 느낍니다. 그리고 무서리가 내린 뒤에도 고고하게 서서 피어 있는 채마밭의 황국에서도 남다른 애정을 느끼게 됩니다."

그런 까닭에선지 지씨를 대하노라면 70을 맞는 노인네 같다는 생각이 전혀 안든다. 그저 정정하고 깔끔한 '서울 할머니' 같은 느낌이 들 뿐이다.

사람의 도리부터 배운 뒤 술 빚어야

이렇게 거의 1년 내내 일이 끊이지 않는, 어쩌면 그렇듯 바쁜 생활로 자신의 삶을 끌어가고 있는 것은, 다름 아닌 지씨 자신의 즐거움일지도 모른다는

생각이 들었다.

그러나 지씨는, "이젠 늙어서 하루가 다르게 힘이 들어요. 그래, 내 '복'인지는 모르겠지만 이 일을 물려 줄 수 있게 되어서 다행입니다. 글쎄, '저 신통한 것(며느리)'이 우리 집에 들어왔어요"라면서, 흐뭇해 하는 표정을 지었다.

사실 지씨는 근 5백년 동안 한 번도 끊이지 않고 대대로 이어 온 가정주 '계룡백일주'가 자신의 대에서 끊기게 되지 않을까 하는 걱정에 사로잡힌 적이 한 두 번이 아니었다고 한다.

때문에 '어머니를 돕겠다'고 나서는 며느리(성연숙, 25세)가 그렇게 고맙다는 것이다.

"더욱이 내 자식들도 달갑지 않게 생각하고 있는 아침 문안 등 고유 법도를 한 번도 거스르는 일이 없습니다."

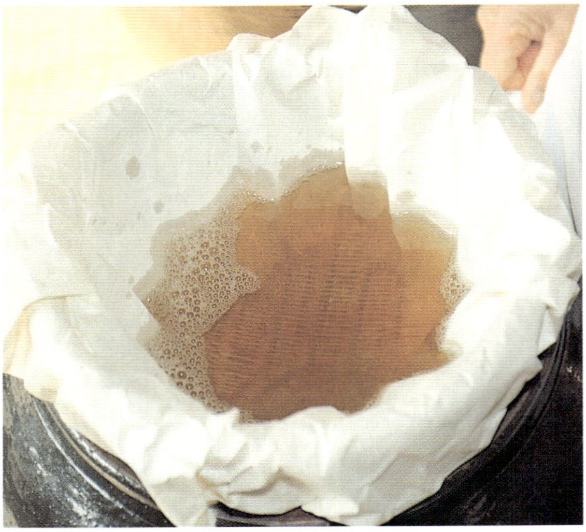

새기면 새길수록 가슴에 와 닿는 말이었다.

'우리의 술을 빚고 그 기술을 익히자면 먼저 사람의 도리부터 닦아야 하지 않겠느냐'는 반문(反問) 같기도 했다. 酒

동동주'가 아니라 '부의주' 다

경기 부의주

우리의 전통주(傳統酒) 가운데 가장 전형적인 술로, 그리고 청주의 대명사로 세간에 널리 알려진 술이 있다.

부의주(浮蟻酒)라는 이름의 전통주가 그것으로, 현재 경기도 지정 무형문화재 제2호이다.

이 부의주의 양조기능보유자는 권오수(權五守, 71세) 옹으로, 권 옹은 "한국민속촌'에서만 술을 빚은 지 20년이 넘었다."면서 부의주, 곧 동동주의 내력에 대해 이렇게 일러 주었다.

동동주가 아니라 '부의주' 다

"동동주라는 술은 본래 존재하지 않는다. 이 술의 이름은 해방골 부산에서 생겨났는데, '쌀알이 동동 떴다' 해서 붙여진 이름이며, 지금은 탁주의 대명사가 되어버렸지만, 본래의 술 이름은 '뜰부(浮)' 자에다 '개미의(蟻)' 자를 붙여서 '부의주(浮蟻酒)' 라고 불렀다. 부의주는 고려시대부터 빚어졌던 청주(淸酒)로, 《산림경제》를 비롯 《고사촬요》, 《임원십육지》, 《양주방》 등의 옛 문헌에 '부의주' 로 기록되고 있을 뿐, '동동주' 라는 술이름은 보이지 않는다."

권옹은 부의주의 올곧은 족보(?)를 은근히 강조한다.

권 옹에 따르면, "술을 빚기 시작한 지 17~20일이 되면 쌀 알이 수면에 떠오르는데, 그 생김새가 꼭 알에서 막 깨어난 개미의 유충(幼蟲)이 떠 있는 것처럼 보인다는 데에서 빌어 온 표현이다."는 것이었다.

권 옹은 술잔을 건네면서 동동주, 아니 부의주를 빚게 된 내력을 점잖게(?) 들려주었다.

"안동에서 양조장을 하시던 부친의 대를 이어 술을 빚어 왔는데, 일제 강점으로 술 빚는 일이 여의치 않게 된 데에다, 징용을 피해 만주로 도망을 쳤다. 해방이 되어 다시 양조장 일을 시작했는데, 60년대 들어서 쌀술을 못만들게 해서 그만 두고, 서울에 올라와 '양조기술연구소'를 세워 양조기술 보급 등 술빚는 일에 매달렸다. 그러나 이 일도 얼마 가지 못해서 그만 뒀다. 무슨 미련이 남아서인지, 춘천에서 다시 양조장을 하다가 역시 손을 떼고 놀고

있는데, '한국민속촌'이 세워지면서 부의주 양조 의뢰를 해 와 1996년까지 몸 담았다가 이곳 화성에 술도가를 마련, 독자적으로 부의주의 생산에 임하고 있다." 고 한다.

술을 떠나 살 수 없는 운명'
60년 넘도록 술 빚어 온 권오수 옹

권 옹은 3대째 정승을 지낸 집안의 장손으로 태어나, 어려서부터 할머니의 등에 업혀 술광을 드나들었다고 한다. 그러니 이미 여섯살 때부터 할머니를 따르면서 술빚기며, 술항아리를 간수하는 법을 아주 자연스럽게 익히게 되었던 것이다.

"할머니께서 손가락으로 술을 찍어 맛보시는 걸 보고 나도 따라서 술을 찍어 맛보곤 했는데, 할머니께서 자리를 비우실 땐 달작지근한 맛에 쏠려서 곧잘 술에 취해 잠을 자곤 했다. 일찍이 술을 떠나 살 수 없었던 모양이다. 그러니 이 나이가 되도록 술빚느라 자유롭지가 못하지. 안그래?"

너털웃음을 지어 보이는 권 옹에게서 외려 외경스러움이 느껴지는 것은 무슨 연유일까.

순명(順命)이랄까? 자신이 가야 할 길을 알고, 그 천직(天職)에 스스럼없이 자신의 모든 것을 쏟아 붓고 있는 권오수 옹.

권 옹의 이력이 말해주듯 술에 관한 해박한 지식은 물론, 지금까지 빚어 보지 않은 술이 없다는 권 옹이 부의주에 특별한 애착을 갖는 이유는 다름이

아니었다.

단점으로 지적하면 부의주가 청주류인 만큼 거의 모든 술빚기의 기본이 된다는 사실이었다.

대개의 술이 부의주 빚는 법을 기초로 하여 덧술을 안치기도 하고, 가향약재를 넣어 가향주나 약주로 빚고 있으며, 소주류에 있어서도 부의주 빚는 과정을 토대로 덧술과 증류과정을 더 거치고 있을 뿐이기 때문이다.

마치 어린애 키우듯 하는 조심스런 술빚기

예로부터 전해오는 부의주 제조과정을 살펴보면, 먼저 〈제1법〉과 〈제2법〉이 있다.

《규곤시의방》에 "멥쌀 2말로 흰무리를 쪄서 끓는 물 3말로 망울없이 풀어 차게 식힌 후, 누룩가루 3되를 섞어 밑술을 빚는다. 나흘 후 멥쌀 5되로 지에밥을 쪄서, 누룩 한 줌과 밀가루 1되를 섞어 위를 덮어서 여름이면 채워두고 쓴다." 하여 〈제1법〉을 소개하고 있고, 《양주방(釀酒方)》에 의한 〈제2법〉은 "찹쌀 1말로 지에밥을 쪄서 채우고, 여기에다 누룩가루 1되에 밥을 찔 때 썼던 물을 타서 섞어 빚어 넣고, 사흘 밤이 지나면 마신다."고 소개하고 있다.

그러나 현대에 와서 부의주의 제조방법이 약간 변화되었음을 알 수 있었다.

술빚기의 실제는 누룩가루를 물반죽해 두고, 찹쌀로 고두밥을 지어 차게 식힌 후, 고두밥과 물반죽한 누룩, 물을 8 : 2 : 12의 비율로 고루 섞어 항아리에 담는다. 술 담그기가 끝나면 발효·숙성에 들어가는데, 실내온도를 여름철엔 30℃ 정도 되게 유지해 주고(겨울철 40℃) 약 한 달간 숙성을 시킨다.

따라서 부의주 빚기의 실제 기간은 30일로서, 《규곤시의방》, 《양주방》 등 문헌상에 나타난 4일~7주야 보다 발효·숙성기간이 길어진 것을 알 수 있다.

이러한 까닭은 술의 양이 많은 데 기인한 것 같다.

"이렇게 하여 술을 안친지 17~20일이 되면 밥알이 '동동' 뜨기 시작하고, 다시 5일 정도 지나면 재차 가라앉은 상태로, 담황색의 맑고 시원한 감칠맛

의 술이 익는데, 30일째 되는 날 술을 뜬다. 술을 뜨기 하루 전날, 즉 내일이 술을 뜨는 날이라고 하면, 하루 전인 오늘 쯤 술항아리에 용수를 박아 두어 그 안에 고인 술을 뜨는 것이다."

감칠맛 뛰어나, 다시 찾는 술

권 옹은 "고급 술일수록 누룩을 잘게 부숴서 쓰는데, 부의주의 경우 약 3개월 정도 누룩을 띄운다."면서, 지금도 전래의 기법 그대로를 고집, 오늘에 이르고 있다고 한다.

권오수 옹은 "사실 우리의 전통주들은 주세법이 없었을 때 만들어진 것들로서, 우리의 입맛과 실정에 맞는 주세법을 만들어야지, 일본인들이 만든 주세법을 적용한다는 것은 모순이다." 면서, 이는 곧 우리 조상들이 그랬듯이 술이 괴면서 술항아리에 열이 오르기 시작하는데, 숙성 기간이나 온도 유지를

잘못해주면 자칫 술이 너무 시거나 쓴맛이 돌고, 또는 너무 달아서 제대로 된 술맛을 낼 수 없을 뿐만 아니라, 오미(五味)를 간직한 술빚기가 어려워진다. 특히 부의주는 "기구없이 오직 눈과 귀, 코, 입을 동원하여 미생물의 변화를 감지해 내고, 적절히 조절해 주는 등 마치 어린 아이 키우듯 조심스럽다." 고 한다.

술빚기가 끝나 채주한 술은 약간 붉은 빛깔의 맑은 술로, 여느 전통주에 비해 시원한 맛을 느낄 수 있다.

알코올함량 14~15% 정도로 마시기에도 전혀 부담이 없고, 감칠맛이 뛰어나서 자꾸 자꾸 입맛을 다시게 되어 자칫 대취(大醉)하게 된다.

권 옹은 이 대목에서 한 가지 사실을 거듭 강조하길 마다 하지 않았다.

얘기인즉, "옛날 부유층에서는 1차로 본술인 청주를 걸러내고 나서 술찌꺼기를 가지고 소주를 뜨거나, 다시 막걸리를 만들었다."면서 부의주가 대개의 술빚기의 기본이 된다는 것을 거듭 강조했다.

권 옹은 또 "국내의 거의 모든 술은 약주(藥酒)로서, 옛날 어른들은 구미(口味)에 맞아 마셨으나, 현대인들은 식생활의 변화와 함께 입이 고급스러워져서, 아무리 훌륭한 전통주가 있다고 해도 호기심에서 한 두 번 마셔 볼 뿐이다. 따라서 현대인들의 구미에 맞게 맛을 내어주어야 하는데, 그러자니 전통주로서의 전통을 잃는 결과를 초래하게 되고, 전통성만을 강조하자니 마셔 주는 이가 없는 것이 우리 전통주다."며 오늘의 현실에 대해 몹씨 안타까워 했다.

권 옹은 "지금 당장이라도 이 일에서 손을 떼고 싶지만, 옛날의 비법 그대로의 부의주를 만들어 본 사람들 대개가 작고하여 전무한 상태라 그럴 수도 없다."면서, "부의주 양조기능 전수자로 있는 둘째 아들(권기훈, 38세)에게나마 기대를 걸고 있다."고 한다. 酒

'방향주' 주가(酒價) 높혔던 180년 내력

해남 진양주

겨우내 헐벗고 메말랐던 나무가지에 살이 오르고 어린애 젖꼭지만한 새움이 피어오를 때 빚어 마시는 술이 있다.

남도 땅 해남군 계곡면 덕정리 소재의 '진양주(眞釀酒)'가 그것으로, '93년에야 전라남도에선 처음으로 도지정 무형문화재 제20호가 되었다.

해남 진양주는 180년의 역사를 가진, 장흥 임씨 가문의 방향주(芳香酒)로 전해오고 있다.

궁녀가 빚은 술

우리의 전통·토속주는 그 양조제법에 있어서 죽이나 고두밥, 밥을 지어서 밑술을 만드는 공통성을 보이고 있는데, 죽을 쑤어서 밑술을 만드는 전통·토속주가 가장 오래된 술이고, 고두밥과 떡의 순으로 나타나고 있음을 알 수 있다.

해남 진양주 역시 전통주인 '교동 법주', '한산 소곡주', '경기 계명주'와 더불어 죽을 쑤어서 밑술을 만들고 있고, 양조과정도 비슷하여 그 유래(由來)가 적지 않은 세월을 간직하고 있음을 알 수 있다.

해남 진양주가 계곡면에 터를 닦고 사는 장흥 임씨 가문에 전해지게 된 배경은 이렇다.

최옥림씨의 설명에 따르면, 광산 김씨 문중의 김권(金權, 1805~1866)이 한 사람이 조선조 순조(純祖) 31년에 등과, 고종(高宗) 때 승지로 있었는데, 순조로부터 '오직 남쪽에 보배 한 사람 있다'고 하는 극찬을 받을 정도로 신임이 두터웠다. 그가 퇴출궁녀 최씨를 소실(小室)로 맞았던 바, 최씨는 상궁으로 있으면서 궁중 양조기술에 능하였다 한다.

이에 김 권공(公)의 본처 딸 재희(載禧)가 양조제법을 지득하였고, 후일에 장흥 임씨 문중에 시집을 오게 되었던 것으로, 상궁 최씨는 현재 진양주 제조기능보유자인 최옥림(崔玉林, 52세)의 남편 임종모(林鐘模, 54세) 씨의 증조할머니가 된다. 그리하여 장흥 임씨 가문의 여인네들로부터 대대로 전수된 진양주 제조 비법(秘法)을 최옥림 씨가 이어받은 것으로, 약 180여년의 내력을 담고 있다.

"술도 술 같은 술을 마셔야지요"

최옥림 씨는 시집 온 지 올해로 스물 여섯 해를 맞고 있는데, 남도음식의 본고장 해남에서도 가장 술 잘 빚는 사람으로 유명하다.

최 씨는 "원근의 부녀자들이 술 빚는 법을 배워가지만, 아직 제대로 된 술을 빚는 사람은 없는 것 같다."면서 "이는 양조에 쓰이는 물, 곧 '조금 건건한 맛'의 덕정리 샘물 맛에 연유한 것 같다."고 한다.

진양주는 원래 별 다른 이름없이 가양주로 내려왔는데, '임금이 마신 술'이라 하여 "어주(御酒)"로 불리기도 하였으나, 임씨 가문에서 전하기로는, 김권의 생존 당시 그는 술을 무척 좋아해서 이것 저것 두루 마시고 취하기 일쑤였는데, 이를 보다 못한 소실 최씨가 "술도 술 같은 술을 마셔야지요." 하면서 '진짜 술 같은 술'을 만들어서 남편을 봉양했다는 데에서 따 온 이름으로 '진양주'라고 했다 한다.

"처음에는 우리 집 박사님(시어머니)이 시킨께 할 수 없이 했지요. 불볕 더위 속에서도 광으로, 장독대로 자리를 옮겨 댕기면서어. 지금 생각해도 어떻게 그 한도 없는 일을 다 했는가 몰라요."

최 씨의 남편 임종모 씨와 마주 앉아 못 마시는 술이지만 한 잔 받는다는 것이 어느 사이 너댓잔, 은근히 취기가 오른다.

"진양주는 약간 과해도 그 취기가 은은해서 머리가 안아프고 맛이 부드러워 속도 거북하지 않제. 한 잔 더 할라우."

어렵게 임종모 씨의 술잔을 뿌리치고, 최 씨에게 진양주 제법에 대해 묻자, 마루로 따라 오란다.

거기에는 소독을 한 항아리와 찹쌀죽, 누룩 가루가 이미 갖춰져 있었다.

쌀 한 말에 술 한 말 꼴끈적거릴 정도의 진기로 뭇사람 유혹

타향인들이 듣자면 좀 거북스런 전라도 사투리지만, 고향이 해남이라고 했더니, 예의, 격의없는 말투로 우선 술 한 잔을 권한다.

진양주를 빚으려면 먼저 찹쌀 1말, 누룩 2되, 물 10되를 준비한다. 재료는 이 뿐이다.

준비한 찹쌀 1말 가운데 1되로 먼저 죽을 쑤는

데 물 5되를 붓는다. 끓인 죽은 차갑게 식혔다가 누룩 2되를 넣는다. 이를 손으로 잘 버무려서 준비한 항아리에 안친다.

명주베나 삼베로 항아리를 봉하여 따뜻한 아랫목에 자리를 잡고 이불로 싸맨 뒤, 닷새 정도 둔다.

이때 발효의 진행 상태는 손으로 항아리를 만져 봐서 가늠한다.

"옛날에는 '옹댕이'라고 해서 짚으로 만든 짚덮개를 씌웠어요오. 발효과정에서 항아리에 까스가 차는데 숨통을 막아버리 술이 베린당께요. 다음에 찹쌀 나머지(9되)를 깨끗이 씻은 다음 한나절 잘 불린 다음, 솔가지 불을 때서 푹 찐 고두밥을 평상에 돗자리를 깔고 널어서 완전히 식힙니다. 찹쌀이 잘 안익었거나, 덜 식었을때 넣으면 술이 시거나 버리게 되므로 주의해야 되아요오."

씨의 애긴 즉, 고두밥을 잘 지어야 한다는 것으로, 고두밥이 완전히 식으면 밑술과 섞고 예의 방법대로 아랫목에 1주일쯤 둔다. 다시 8일째 되는 날 끓여서 식힌 물 5되를 마저 붓고, 사흘 뒤에 용수를 박아 술이 고이면 퍼내서 찌꺼기나 밥알이 없게하기 위해서 체로 걸러낸다.

술이 다 익었는지의 여부는 눈대중으로도 알 수 있지만, 항아리 안쪽에 굵은 테가 생기면서 골이 생긴다고 한다.

술 받으러 오면 빈 병에 술지게미 담아 보내 '혀 끝에 "쩍쩍" 달라붙는

씨의 애긴 즉, 고두밥을 잘 지어야 한다는 것으로, "이 손이 질(제일)이어라. 한 사흘째 되면 밑술이 끓어오르느라 항아리 배(품온)가 40℃ 정도 까지 올라가고, 나흘이 되면 27℃ 정도로 내려

온디요."

이렇게 해서 빚어진 진양주는 진황색을 띠며 술 냄새가 별로 나지 않는데, 쌀 한 말에 한 말의 술이 얻어진다고 한다. 그리고 그 맛은 찐득한 만큼 달짝지근해서 취한 뒤에도 술잔을 놓기가 아쉬워진다. 때문에 자꾸 마시게 되어 대취(大醉)하기 일쑤라고 한다.

일전에 어떤 이가 술을 받아가지고 가던 중 '한 모금만' 하다가 결국 빈 병만 남아 다시 술을 받으러 오길 몇 차례였다고 한다. 그래서 최씨는 따로 빈 병에 술지게미를 담아줘서 보냈다는 것.

진양주의 술맛이 어떠한가를 잘 설명해 주고도 남는 얘기라 하겠다.

혀 끝에 '쩍쩍' 달라 붙는 감칠맛에 저 취한 줄 모르고 마시게 되는 술이 진양주이다.

진양주는 요즘이 가장 술 빚기에 좋은 때여서 임씨는 아내의 시중을 든다는 핑게로 나들이를 삼가하고 앉아 있는데, 여기 저기서 "술 익었느냐?"며 찾

아오는 손님들 접대에 늘상 술에 취해 있기 일쑤라고 한다.

"글쎄, 들 일도 못하고 있어요오. 여기 저기서 밤낮 전화 오제, 멀리서 찾아 온 사람들마다 다 줘어 보낼 수도 없고. 어디 시골 인심이 그래요? 기다리라고 하기도 미안해서 같이 한 잔씩 하다 보면 술 취하기 일쑤고."

"워따. 뭘 그래요. 힘들게 일 안하고 얼마나 신수 좋을 텐디. 술 맹글어 놓으면 저 양반이 반틈(절반)은 마실 것이요."

임 씨의 그럴듯한 핑계에 은근히 건강이 걱정이 되어서인지 최 씨가 한 마디 말침을 놓자, 일순 폭소가 터지고 말았다.

진양주는 오랜 경험에서 터득한 감(感)으로, 오직 최 씨의 손 끝에 의해 빚어진다 해도 과언이 아니다.

그래서 최 씨의 술방에는 온도계가 없다.

"전통주 섬기는 이치를 모른다"

술빚기의 절대조건이 좋은 물 못지 않게 적정한 온도유지라는 사실은 불문가지다.

'손으로 만져 봐서 따뜻하다 싶을 정도의 온도'라는 말은 과학적이지도, 합리적이지도 못한 표현이지만, 바로 그 '느낌'이 우리네 선조들, 특히 어머니의 어머니들의 온도 측정법이었다면 가능한 설명이 될지 모르겠다.

최씨 역시 오직 그 느낌인 '감(感)'만으로 술을 빚고 있음에도, 술의 향이나 맛을 제대로 유지하고 있다는 사실이다.

그래서인지 원근에서 진양주를 한 번 마셔 본 사람'이면 꼭 다시 찾는데, 서울은 물론 심지어는 일본에서 온 관광객들이 해남 대흥사에 왔다가 술맛을 보고는, '꼭 한 병씩 옆구리에 차야 간다'고 할 정도로 이름값을 톡톡히 하는 술이다.

그러나 해남 진양주는 아직 단속 대상이 되는 술이다. 양조허가가 나지 않았기 때문이다.

임종모 씨는 "나라법도 언젠가는 우리의 전통주를 섬기는 이치를 알겠제" 하면서도 '오늘 내일' 하면서 소식이 없는 까닭을 허공에 묻고 있었다.

유독 전남지방에만 전통주의 문화재 지정이 단 두건에 그친 상태여서, 진양주의 양조허가에 관한 한 최 씨보다 남편 임종모 씨의 갈증이 더 하는 지도 모르겠다. 酒

소나무 가지를 주원료로 한 조선조 중엽의 전통 약주

서울 송절주

송절주는 은은한 솔향기와 함께 쌉쌉하면서도 새콤한 맛을 자랑하고 있다.

1989년 서울시 무형문화재 제2호로 지정되었는데, 당시의 기능 보유자였던 박아지(朴阿只) 씨가 지난 1991년 작고하자, 그 기능을 전수 받은 며느리 이성자(李成子, 48세) 씨가 올해 현대식 시설로 양산체제를 갖추고 본격적인 시판을 시작했다.

송절주는 조선조 중엽 이전부터 빚어졌던 것으로 추정되는데, 소나무 가지를 주원료로 빚는 술이라는 데에서 따온 이름이다.

송절주는 전의 이씨(全義 李氏) 집안의 가양주인데, 대대로 며느리들에 의해 계승되어 온 술로서 그 유래는 이렇게 정리된다.

조선조 중엽, 선조 때의 충경공 이정난(忠景公 李廷鸞) 장군의 14대손 필승(弼承)의 처 허성산(許城山 : 1892~1967)을 통해, 그의 며느리 박아지 씨에게 전수되었고, 다시 박씨에 의해 며느리인 이성자 씨가 그 기능을 이어 받아 오늘에 이른 것이다.

“시집 와 술 빚는 일부터 배웠다”
며느리들이 지켜 온 가양주 비법

“시어머니로부터 송절주 제조기술을 배우면서, ‘시할아버님(弼承)께서 말에서 떨어져 크게 다치셨을 때, 이 술을 약으로 드셨다.’는 말씀을 자주 들었어요. 술에 송절 외에 당귀·속단 등 한약재가 들어가 신경통·관절염 등에 그 약효가 뛰어나기 때문이었던 것 같아요.”

송절주에 얽힌 일화였다.

송절주는 《임원십육지》와 《규합총서》 등에 소개하고 있는 것으로 미루어, 조선조 중엽부터 빚어졌던 술임을 알 수 있으나, 정확한 시기와 장소를 밝힐 수 없다.

이 씨는 “이 술이 《규합총서》 등에 기록된 것으로 미루어 서울 지방의 술로 짐작하고 있는데, 시집(전의 이씨)이 전주 지방에서 대대로 살았기 때문에 어떻게 된 것인지 이상하게 생각된다.”고 했다.

“송절주는 전의 이씨 집안의 가양주였던 만큼, 시집을 온 며느리들은 가정범례와 함께 송절주를 빚는

일부터 배웁니다. 집안에 행사가 있을 때마다 술을 준비해야 했기 때문에 시어머니를 따라 1년에 두 세 번은 술 빚는 법을 배우게 되지요."

송절, 당귀, 속단 등 추출물에 백설기와 뇌명 누룩으로 빚는다

여기서 이성자 씨로부터 송절주 빚는 법을 듣자니, 술빚기가 여간 까다롭지가 않았다.

옛법의 술빚는 행사는 가장 먼저 손이 없는 날을 잡는 것이었다.

예로부터 '매달 12지(支) 중 첫 돼지날(亥日)이 좋다'는 속설과 함께, 3월과 11월 30일이 적기라고 전해지고 있으나, 이성자 씨는 "한여름, 즉 술맛이 변하기 쉬운 여름철을 제외하고는 봄, 가을, 겨울, 어느 때나 술을 빚습니다. 먼저 밑술을 만드는데 송절(松節)과 누룩을 준비합니다. 그리고 멥쌀을 빻아 찐 백설기를 송절과 당귀, 희첨, 속단 등 한약재를 함께 끓여 낸 약물과 섞어 죽 상태로 만든 뒤, 항아리에 넣고 7일간 발효시킵니다. 그리고 덧술은 멥쌀과 찹쌀을 반반씩 섞어 고두밥을 찐 다음, 밑술과 섞어 덧술을 안치고 송절 삶은 물을 첨가합니다."

따라서 이성자 씨의 서울 송절주는 옛법과 다소의 차이를 발견할 수 있다.

우선, 주원료로서 누룩을 만들어야 하는데, 송절주에 사용되는 누룩은 일명 '뇌명누룩'이 제일 좋다.

누룩은 흔히 '백곡'과 '황곡'으로 나누기도 하고, '뇌명누룩'과 '섭누룩'으로 분류하는데, 송절주의 '뇌명누룩'은 재래종 통밀을 너무 곱지도, 거칠지도 않게 빻은 뒤, 밀기울을 제거 하여 20% 정도의 물을 섞어 반죽한다. 이를 삼베 보자기나 명주베로 싸서 누룩틀에 담고 발로 힘 있게 디뎌서 성형을 한다.

완성된 누룩은 따뜻한 아랫목에 짚이나 약쑥을 깔고 위를 덮어서 25~30일 정도 띄우고, 너무 곱지 않게 가루내어 법제하여 사용한다.

다음으로 송절을 준비한다.

송절은 봄에 잘 자란 소나무 가지의 마디를 10㎝ 정도 길이로 잘라서 다듬는다.

이를 물로 깨끗히 씻고 시루에 담아서 시간 반 가량 찐 다음, 서늘하고 그늘진 곳에서 완전히 말려 저장해 두고, 필요할 때마다 조금씩 꺼내서 사용한다.

양조용수는 지하수를 사용하되, 송절과 함께 끓여서 식힌 물을 사용한다.

이외에 술을 담을 항아리를 준비해야 한다. 술독은 잘 구워진 오지독을 선택, 깨끗히 씻고 청솔가지를 독에 가득 넣은 다음, 솥에 엎어 쪄서 사용하거나, 더운 김과 짚을 태운 연기를 쏘여 소독한다(지금은 현대식 발효탱크를 사용하고 있다).

이어 멥쌀 9㎏을 가루내어 백설기를 찐 다음 식힌다. 앞서 준비해 둔 송절 10㎏과 당귀, 희첨, 속단을 섞어 물 45ℓ에 넣고 40ℓ가 되게 달인 다음, 20ℓ의 약 달인 물에 백설기와 누룩 4㎏을 섞어 묽은 죽 상태로 만들어 소독을 마친 술독에 담아 밑술을 만든다.

실내온도를 15℃ 정도로 유지해 주면서 7일간 발효시킨다.

밑술이 다 익으면 덧술을 만든다. 덧술은 찹쌀 15㎏과 멥쌀 15

㎏으로 각각 고두밥을 짓되, 나머지 송절을 달인 물 20ℓ 중, 메밥에는 찰밥보다 물을 많이 부어서 푹 찐다.

그래야만 고두밥을 섞어 버무릴 때 고른 상태가 된다. 또 누룩 4㎏을 끓여서 식힌 물에 하루동안 재워 불렸다가 사용한다. 밑술을 퍼내어 덧술과 잘 섞이도록 저어준다.

쌉쌉하면서도 은은한 솔 향기 일품, 신경통 · 치통 · 관절염 등에 효능 뛰어나

다음에 새 술독을 준비하여 맨 밑 바닥에 솔잎 150g을 깔고 술을 안친 뒤, 그 위에 다시 솔잎 150g을 얹어 덮고 얇은 천으로 밀봉한다. 15℃ 정도의 실내에서 25일간 발효시키되 가을엔 국화, 겨울엔 유자 껍질, 봄엔 진달래꽃을 넣기도 하며, 송절을 달인 물에 생지황을 넣어 향과 약효를 얻기도 한다.

이렇게 해서 술빚기가 끝나다 익은 술은 황갈색을 띠는데, 채주하여 여과시켜 마신다.

쌉쌀하면서도 은은한 솔 향기와 함께 감미가 도는 것이 예사 술이 아님을 알 수 있다.

송절주는 알코올 함량 17%로 그리 독하지 않아 취하도록 마셔도 전혀 뒤끝이 없다.

또한 원료로 쓰인 당귀, 속단, 희첨, 송절 등의 약효 성분이 잘 어울어져 신경통을 비롯해 치담, 치풍, 관절염 등에 효능이 뛰어난 것으로 알려져 있다.

이러한 송절주는 최근 한국문화재 보호재단을 판매원으로 증류식 소주 '한주'로 개발되어 애주가들 사이에 좋은 반응을 얻고 있다.

애향심이 되살린 전통주와 민족적 자존심으로 빚는

김천 과하주

"이곳 김천에 살면서 고향에 애정을 갖다 보니 과하주(過夏酒)의 재현이 시급한 일로 생각되었습니다."

경상북도 지정 무형문화재 제11호 김천 과하주 제조기능보유자 송재성(79세) 옹의 말이었다.

송 옹은 현재 경북 금릉군 대항면 향천리 직지사 입구에 현대식 생산설비를 갖춘 과하주 제조장을 마련, 과하주를 빚어내느라 동분서주하고 있다.

옹의 나이 여든을 바라보는지라, 주위 사람들은 그에게 "아직도 그 놈의 술 때문에 고생이냐."고 농담 섞인 위로를 보내고 있는 터.

"김천 과하주가 부활되고 계승됨으로써, 산업자원이 빈약한 고향 발전에 일익을 담당할 수 있었으면 하는 바램입니다. 전통·토속주가 우리의 뿌리깊은 전통 식문화이면서도, 아직 정착되지 못하고 있는 상태여서 쉽지 않으리라는 것은 생각하고 있습니다. 그러나 과하주만큼은 전통주의 자존심을 찾기 위해서라도 외국의 브랜디나 위스키에 비해, 결코 뒤떨어지지 않도록 여생을 바칠 각오입니다."

결연한 의지였다.

송 옹이 이렇듯 과하주에 애착을 갖는 또 다른 이유는, 과하주가 전통주이면서도 국내는 물론, 일본의 《주조독본》이란 책에 오를만큼 널리 알려졌던 '우리의 술'이라는 사실에 있다.

과하주 빚기, 여러 방법 전해와 옛 기록과는 다른 김천 과하주

과하주는 과연 어떤 술인가?

여러 옛 기록에 의하면, "과하주는 봄, 여름 사이에 빚어 마시는 술로, 갈증을 씻어주어 한여름도 거뜬히 날 수 있다."했고, "한여름의 무더위를 넘겨도 변하지 않는 술"이라 했으니, 과하주(過夏酒)인 것만은 분명하다. 또 "과하주는 혈액 순환을 돕고 적당량을 장복(長服)할 경우 신경통에 좋은 술"로도 알려져 있다.

이러한 과하주는 두 가지가 전한다.

과하주는 본래 봄, 여름 사이에 술을 빚어 발효한

것에 다시 소주를 넣어 삭힌 술로, 《규합총서》에 "멥쌀 2되(또는 1되)를 가루내어 죽을 끓여 차게 식힌 것에, 가루누룩을 버무려 밑술로 한다. 이것이 고이기 시작하면 찹쌀 1말로 지에밥을 쪄 차게 식혀 밑술에 버무려 두었다가, 7일 후에 소주 20복자(오목한 국자)를 넣어 소주맛이 없어졌을 때 마신다." 고 하였고, 《양주방》에는 "찹쌀 1말로 지에밥을 쪄서 차게 식힌 것에 누룩 5홉을 고르게 치대면서 섞어 하룻밤 쟁인 다음, 소주 20대야(술 되는 그릇으로 5잔들이)에 누룩 7홉 정도의 비례로 부어 20~30일간 삭힌다. 이때 누룩이 많아지면 색깔이 붉어지고 맛이 좋지 않다."고 기록되어 있다.

송 옹은 먼저 "김천의 과하주는 전북 익산의 여산주, 경북 문경의 호산춘, 강원 춘천의 춘단주와 함께 그 이름을 전국에 떨쳤습니다. 외지 사람들이 술빚는 법을 배워 갔으나, 그 맛이 모두 본토주(本土酒)와는 같지 않음은, 이곳 과하천(過夏泉)물의 신비함에 연유한 것 같습니다."하면서, 김천 과하주 자랑부터 시작한다.

송 옹의 이 말은 《금릉승람》이란 군지(郡誌)에 의한 기록을 토대로 하고 있다.

찹쌀로 무른 찰떡 만들고 과하천 샘물로 빚어

과하주 빚는 법은, 모든 술의 제조과정이 누룩빚기로부터 시작되듯, 누룩은 통밀을 맷돌이나 절구로 찧어서 과하천 샘물로 반죽한 뒤, 누룩틀에 넣고 발로 디뎌서 성형을 한다. 디뎌진 누룩은 짚방석 위에 쑥이나 황국잎을 깔고 그 위에 서로 닿지 않게 놓아서 한달 가량 발효를 시킨다.

이때 2~3일에 한 번씩 뒤집어서 골고루 발효가 되도록 하고, 누룩의 발효가 끝나면 곰팡이 냄새가 날아가도록 하루 낮 동안 햇볕에 말렸다가 콩알 크기로 잘게 부숴서 쓴다.

다음에 찹쌀 6.4㎏을 역시 과하천 샘물에 씻어서 하룻동안 불린 다음, 물기를 빼고 시루에 안쳐 1시간 정도 찐 뒤, 고두밥을 국화잎이나 쑥잎을 깔고 널어서 식힌다.

이어 누룩(3.2kg)을 샘물(4kl)에 하룻동안 담가두었다가, 체로 쳐서 걸러 낸 누룩찌꺼기와 고두밥을 섞어 떡판에서 떡메로 치대어 반죽한다.

이때 반죽은 누룩을 걸러낸 물을 쳐가면서 완전한 반죽이 되게 하여 무른 떡을 만든다. 떡 반죽은 누룩을 걸러낸 물과 함께 미리 준비해 둔 술독에 넣음으로써, 술빚기가 끝난다.

술독은 밀봉하는데 공기의 소통이 잘 이뤄지도록 한지로 덮어 씌운다. 이 상태로 실내온도 15~20℃ 정도에서 석달 정도를 보내면 발효가 끝나므로 용수를 박아서 뜬다고 한다.

달짝지근한가 하면 약간 신맛이 느껴지는 과하주는 곡주만의 황갈색을 띠는데, 찹쌀을 사용한 까닭에 끈끈할 만큼 진한 것이 특징이다.

양조용수에서 얻은 이름의 술

여기서 김천 과하주의 또 다른 특징을 발견하게 되는데, "그것은 담근 후 닷새가 지나면서부터 발효가 시작되고 탄산가스가 발생하는데, 그 빈도수와 음향으로 미루어 술의 발효가 어느 정도 진행되고 있는지를 가늠한다. 또 고이는 술의 색깔을 보아서 그 질(質)과 알코올함량의 정도를 판정할 수 있다."는 송 옹의 말이었다.

그래서 송 옹은 이 대목에서 신경을 가장 많이 쓴다고 한다.

발효 시작부터 술이 익기까지는 3개월 정도가 걸리는데, 발효기간이 긴 것은 술바탕이 고두밥이 아닌 찹쌀 반죽인 것과 저온 숙성(15~20℃) 때문인 것으로 생각된다.

그리고 찹쌀 반죽이 다 삭아 숙성이 끝나면 용수를 박고 그 안에 고인 맑은 술만을 떠낸 다음, 다시 광목보를 받쳐 걸러내어 마신다고 한다.

이로써 《규합총서》나 《양주방》의 제법과는 술밑 만드는 법에 있어 상당한 차이를 발견할 수 있다.

여러 옛 기록들을 보면, "과하주는 3월에 빚어 마심으로써 여름 건강을 도왔다."고 했고, 여타 지방의 과하주는 거의가 혼양주류인 것으로 볼 때, 과하천 이름과 관련한 '과하주(過夏酒)' 지칭은 좀 색다른 면이 없지 않다고 하겠다.

즉, 김천 과하주는 그 지방의 과하천 샘물로 빚는다고 하여 붙여진 술이름인 것이다.

경북 김천 과하주에 대한 기록으로는, 금릉군사(金陵郡史)인 《금릉승람(金陵勝覽, 1902년)》, 《조선주조사(朝鮮酒造史, 1935년)》와 일본 서적인 《주조독본(酒造讀本, 1938년)》에 보이고 있으며, 옛날 궁중의 공물(貢物)로 진상했을 정도로 상류층에서 귀빈 접대용으로 내놓은 술이다.

투명한 황갈색의 독특한 감미(甘味)와 산미(酸味)가 있어, 부드럽고 숙취 또한 없는 술이다.

단, 삼해주·소곡주처럼 저온 발효시킨 술이라는 점에서 냉장보관하여야 하며, 장기간 보존시 재발효의 우려가 없지 않다.

과하천(金夏泉)에 얽힌 설화

'과하천'에 대한 여러 가지 설화가 전해지고 있는데, 그 중 "과하천은 임진왜란 때 명(明)의 원병 수장(首將)이었던 이여송이 김천지방을 지나다가, 김천의 과하천(남산 2동 소재) 물맛을 보고, '중국 금릉에 있는 과하천의 물맛과 같다' 하여 샘 이름을 과하천으로 불렀으며, 그 샘물로 빚은 술이라고 해서 과하주로 부른 것으로 전한다."고 하는 유래를 으뜸으로 친다.

코 끝에 풍기는 국화 향기와 쑥 냄새, 혀끝을 감도는 감미의 과하주는 알코올함량 16%의 비교적 순한 술로, 사시사철 담글 수 있다는 점에서 애용인구가 꾸준히 늘고 있다.

아무튼 송 옹의 말처럼 "양주에 내준 우리 전통·토속주의 위상확립"은 비단 그 만의 일이 아닌, 우리 모두의 과제로서, '전통·토속주의 자리매김'에 대한 특별한 관심이 모아져야 할 것이다. 酒

'금주령' 불렀던 조선시대 반가의 고급 약주

서울 삼해주(약주)

우리나라 전통주 가운데 술빚는 시기와 계절에 따른 술 이름이 몇 있는데, 그 대표적인 예가 삼해주(三亥酒)와 청명주(淸明酒)이다.

삼해주는 음력으로 '정월 첫 해일(亥日) 해시(亥時)에 이어. 12일 후나 한 달 간격의 해일 해시에 모두 세 번에 걸쳐 술을 빚는다' 하여 삼해주라 하였고, 청명주는 '음력으로 청명절(淸明節) 100일 전에 술을 빚어 청명일에 술을 마신다' 하여 청명주라 부르게 되었다.

"서울로 올라오는 쌀이 삼해주 만드는 데로 몰려간다."

삼해주의 경우 서울 등 중부지방의 사대부와 부유층에서 주로 빚어 마셨던 춘주(春酒), 곧 고급 약주로 현재 권희자 씨를 비롯 서울 지방에 세 가지 삼해주가 있으며, 이들 삼해주는 원료의 처리방법 등 각각 다른 방법으로 술을 빚고 있다.

삼해주에 대한 기록은 《양주방》을 비롯 《규곤시의방》, 《동국이상국집》, 《요록》, 《산림경제》, 《주방문》, 《조선상식》, 《한국의 명주》, 《한국음식사회사》 등 여러 문헌에서 쉽게 찾아 볼 수 있는데, 그 방법은 집안마다 지방마다 달랐던 것으로 보인다.

그 예로, 《규곤시의방》에는 "정월 첫 해일에 찹쌀 석 되를 백번 씻어 가루를 만들어 죽을 쑤어 식힌 후, 누룩 한 되를 섞어 두었다가 두 번째 해일에 흰 쌀 서 말을 백번 씻어 가루로 만들어 물송편을 만들고, 이것을 차게 식혀 먼저 만든 밑술에 섞어 넣고, 세 번째 해일에도 다시 한 번 덧술하여 빚는다."고 하였으며, 《산림경제》에서도 "정월 첫 해일에 찹쌀 한 말을 백번 씻어 가루로 만들어 묽은 죽을 쑤어 식힌 데에다 누룩가루와 밀가루 각 한 되를 섞어서 독에 넣고, 다음 해일에 찹쌀과 멥쌀 각 한 말을 백 번 씻어 가루로 만들고, 이것으로 술떡을 푹 끓여서 술밑에 섞고, 또 세 번째 해일에 백미 다섯말을 백번 씻어 떡으로 쪄서 식힌 것을 끓인 물 세 양푼에 풀어서 다시 덧

가리킨다고 생각하게 되었다."라고 기록되어 있을 정도였다.

가풍이나 전통은 어려운 가운데서도 지켜져야 '가치'

여러 삼해주 가운데 약주 삼해주는 권희자(58세) 씨가 그 기능을 보유, 소주 삼해주와 함께 서울특별시 지정 무형문화재 제 8호가 되었다.

술하여 3개월 동안 익혀 낸다."고 하였다.

이러한 삼해주는 "음력 정월에 담기 시작해서 봄 버들개지가 날릴 때쯤 마신다."고 하여 '유서주(柳絮酒)'라는 낭만적인 이름으로 불려지기도 했다.

삼해주는 서울의 동막(마포 공덕동) 근처가 물맛이 좋아 명산지로 알려져 왔는데, 이미 고려시대 때부터 빚어지기 시작하여 조선시대에 전성기를 누렸던 것으로 알려지고 있다.

《추관지(秋官志)》에 "삼해주의 인기가 높아짐에 따라 '형조판서 김동필(金東弼)이 서울로 들어오는 쌀이 삼해주 만드는 데로 쏠려 들어가니 이를 막아달라고 진언하였다."는 기록이 있듯이 조선시대에는 널리 제조되었고, 그 방법도 다양하였음을 알 수 있다.

삼해주는 조선시대 중엽 이후에 이르러서는 소주의 술덧으로 쓰이기도 하여, 《일성록(日省錄)》에는 "언제부터인지 정월의 첫 해일에 빚던 것이 어느 해일에나 빚게 되고, 또 약주보다 소주의 원료로 쓰이게 되어, 요즈음은 삼해주라 하면 소주의 밑술을

여기서는 약주 삼해주의 유래와 전승과정, 그리고 술 빚는 법을 그 기능보유자인 권희자 씨로부터 알아보기로 한다.

"정확한 고증은 없지만, 저의 시 5대조부(始5代祖父)께서 순조(純祖)의 제 2부마(駙馬)인 창녕위 김병주(金炳疇)로서, 비(妃)인 복온공주(福溫公主)께서 시집 오신 이후, 저희 안동 김씨 가문에 계속 전승되었다. 이후 삼해주 기능 보유 4대가 되는 시어머니(정을율, 1983년 79세로 작고)에 이어, 5대째 그 기능을 전수 받아 오늘에 이르고 있다."

권희자씨는 24세 되던 해 안동 김씨(동현, 62세)에게 시집 와, 올해로 34년째 시댁의 가양주인 삼해주를 빚어오고 있는데, 서울시 지정 무형문화재가 된 때는 6년전인 1993년 2월 13일이었다고 한다.

"요즘도 그렇지만 술 담그는 일이 그리 쉬운가? 당연한 일이고 의무감에서도 잘 하려고 애쓰지만 날씨가 덥고 일이 몰리거나, 또 건강이 좋지 못할 경

우 아무래도 이번에는 좀 쉬웠으면 하지만, 바깥 어른께서 가만 계시질 않았다. 누룩 만들어야 할 때, 제사나 행사가 있을 때면 어떻게 다그치고 챙기시는지 하는 수 없이, 마지 못해 할 때가 있었다. 그도 그럴 것이 전에 빚어서 남은 누룩이나 술이 있으면 그걸 써도 되는데, 바깥 은 꼭 새로 빚은 술로 제사를 모시고 일을 치르게 하셨다."

"누룩 잘 만들고, 술 빚을 때 날씨 · 바람 · 온도 관리 잘 해야"

그러니 가풍이나 전통이란 것이 하루 아침에 이뤄진 것이 아닌, 그 중요성이나 관심이 계속되지 않으면 사라지고 마는 것임을 깨닫게 해주는 대목이었다.

권희자씨는 또 "지난 해 5월에 빚은 술이라 색깔이 그렇게 맑지도 않고 제맛은 아니지만, 마시기엔 아무런 이상이 없다."면서, "맛이나 한 번 보라. 이대로 몇 개월 더 지내도 변하지 않는다."며, 삼해주 한 잔을 권했다.

그런데 놀랍게도 권씨가 건네 준 술잔 속의 삼해주는 예의 약주 빛깔 그대로 맑고 투명했다. 색깔의 변화가 그리 심하지도 않았고, 맛도 약주로서는 약간 독한 편으로 깨끗하고 시원한 느낌을 주었다.

알코올 도수를 물으니 17~18℃ 정도는 될 것이라고 했으나, 그 이상일 것이란 느낌이 들었다.

삼해주 만드는 법을 권희자씨에게 물으니, "맨 먼저 누룩을 잘 만들고, 술 빚을 날의 날씨, 바람 등을 고려하여 술을 안치되, 온도와 술독관리에 최선을 다해야 한다."고 말한다.

권희자씨의 설명에 따른 삼해주 빚기에서 그 첫 순서인 누룩 만들기부터 찬찬히 살펴보기로 한다.

삼해주(약주)의 술빚기에 사용되는 누룩은 일명 '뇌명누룩'이라고 하여 통밀을 곱게 빻은 뒤 밀기울을 완전히 제거한 하얀 밀가루만을 취하여 물과 섞어 반죽을 하여 만드는데, 권씨에 따르면 "아주 한여름(삼복)에 꽁꽁 밟아야 한다. 그러니까 밀기울

면 다른 미생물이나 잡균을 없앨 수 있고, 잡내도 제거되어 좋은 술빚기가 가능하다." 면서, "삼복(三伏)에 한 번 만드는데, 2~3일 만에 한 번씩 맨 위에 것은 맨 아래로 가게 하고, 가운데 것은 맨 위로 가게 뒤집기를 해주면서 약 20일 가량 띄우면, 겉은 하얗고 속은 노르스름하면서 약간 붉은 빛을 띠는 질 좋은 누룩을 얻을 수 있다."고 말해, 지금까지 보아왔던 누룩과는 다른 방법으로 만만들고 있음을 알 수 있다.

삼해주는 그 이름에서도 알 수 있듯 해일(亥日)에 세 번에 걸쳐 술을 빚는다고 해서 붙여진 이름이다.

약주 삼해주는 1년에 한 번 빚는 술로, 음력 정월 첫 해일 해시(亥時)에 술을 빚기

과 분리한 고운 밀가루를 물과 섞어 반죽을 하는데, 그 비율은 밀가루 5되였을 때 물은 1되 가량이다. 송편 빚을 때의 반죽 농도보다 훨씬 되게 만들어 이를 누룩틀이나, 지름 20~25cm 정도 되는 그릇에 담아 발로 꽁꽁 디뎌서 성형을 한 다음, 생쑥 한 켜 깔고 그 위에 반죽덩이를 한 켜 놓고, 다시 쑥을 깔고 하여 마치 시루떡을 안치듯하여 햇볕에 말려가면서 띄운다."고 한다.

여기서 한 가지 주목할 사실은, 여늬 술빚기에서처럼 누룩을 띄울 때 방 안이나 선반, 시렁 등 바람은 통하되 볕은 들지 않는 그늘진 곳이었는데 반해, 삼해주의 뇌명누룩은 밖에서 햇볕을 쪼여가면서 누룩을 띄운다는 것이다.

한겨울에 만들어 이른 봄에 마신다, 술이 익기까지 100일 걸려

이에 대해 권희자 씨는 "볕에 내놓아 누룩을 띄우

시작하여, 2월 해일 해시와 3월 해일 해시에 두 번에 걸쳐 덧술을 한다. 따라서 술이 완성되기까지는 총 100일 정도가 소요된다.

삼해주를 빚으려면 음력 정월 첫 해일 하루 전날 멥쌀 1되(大升)를 깨끗이 씻은 뒤, 한나절(10~12시간)가량 물에 담갔다 건져서 고운 가루로 빻아 둔다. 다음 날(亥日) 해시(亥時)가 되면 준비해 두었던 쌀가루와 팔팔 끓인 물(4~5대접)로 익반죽하고, 여기에 다시 지난 해 마련해 두었던 누룩을 가루로 만들어 1되를 섞고, 술독에다 메주를 뭉치듯 하여 담는다. 술독은 깨끗한 물로 씻고 오랫동안 여러 번에 걸쳐 잘 우려낸 것으로, 물기 없이 깨끗이 씻어 말린 것을 사용하고, 술을 안친 다음엔 베보자기를 씌우고 뚜껑을 덮어 밖이나 서늘한 곳에 보관한다.

덧술도 음력 2월 해일 하루 전날 그 재료를 준비하였다가 다음 날 해시에 술을 담그는데, 멥쌀 1말(大斗)을 밑술에서와 같은 방법으로 하여 가루로 빻

고, 여기에 밀가루 2되(大升)를 섞어 끓는 물로 익반죽을 하는데, 반죽 덩어리를 양을 같게 하여 두 개로 나눈다. 끓는 물에 반죽덩어리를 넣어 한 개는 익히고, 다른 한 개는 설익은 상태로 꺼내서 전량 송편 크기로 잘게 끊거나, 수제비를 만들 때와 같이 잘게 떼어서 발효가 끝난 밑술과 고루 섞어 새 술독에 안친다.

술 빚는 일은 조선 여인의 숙명, "1년 두고 마셔도 변하지 않는다"

덧술을 안친 술독은 밑술에서와 같이 밀봉하여 보관하는데, 술을 안칠 때 너무 질거나 너무 되지도 않은 상태로 쌀반죽을 잘 풀어서 고루 섞이도록 잘 버무려 주어야 한다.

또 따뜻한 기가 남지 않도록 차게 식힌 뒤, 깨끗이 씻어 물기가 없는 술독에 안치고, 서늘한 장소에 내놓아 3월 첫 해일까지 밀봉해 놓는다.

삼해주는 덧술을 두 번 해 넣는 고급 약주로, 2차 덧술은 3월 첫 해일 하루 전날 멥쌀 3말을 깨끗이 씻어 물에 12시간 담갔다가 건져서 고두밥을 지어 차게 식히고, 물도 35대접 정도를 팔팔 끓여 차게 식혀 둔다.

다음 날 해시가 되면, 발효가 끝난 덧술과 섞고, 잘 풀어서 미리 준비해 둔 고두밥과 물을 섞은 술밑을 술독에 안치는데, 한 켜씩 켜켜로 안친다.

그리고 고두밥 보다 술밑 양이 많을 경우, 술독 안의 고두밥보다 약 10cm 정도까지만 위로 올라오게 붓고 밀봉하여, 서늘한 곳에서 20여일 발효시키면 삼해주가 완성된다.

발효가 끝났는지, 곧 술이 다 익었는지의 여부는 술독 안에 성냥불을 켜 보아 불이 꺼지지 않으면 술이 완성된 것으로, 바깥 날씨와 온도에 따라 다소 발효 기간의 차이가 있다.

따라서 권희자 씨가 빚고 있는 삼해주는 앞서 언급한 두 기록과는 또 다른 방법으로 빚고 있는 술임을 알 수 있다.

권희자 씨는 "술이 완성되면 '전대'에 담아 무거운 돌로 눌러서 짜낸 다음, 다시 정제시켜 맑은 술만 떠서 병에 담아두고 마시는데, 1년 두고 마셔도 변하지 않는다."고 말한다.

이러한 삼해주는 채주율이 매우 낮아, 위의 술빚기에서 얻을 수 있는 삼해주의 양은 약 30 l 에 그친다.

가문의 전통과 가양주의 맥을 잇고자, 오늘도 까다롭기 그지없고 온갖 정성을 다 쏟아야 하는 전통주 삼해주를 빚고 있는 권희자씨를 대하면서, 이는 분명 우리네 모든 조선 여인의 숙명이랄까, 끈끈한 삶의 궤적을 엿보는 것 같아, 한편으로는 안타깝고 또 한편으로는 흐뭇한 마음을 감출 수가 없었다. 酒

전주 류씨 집안의 가양주로 전승돼 온

안동 송화주

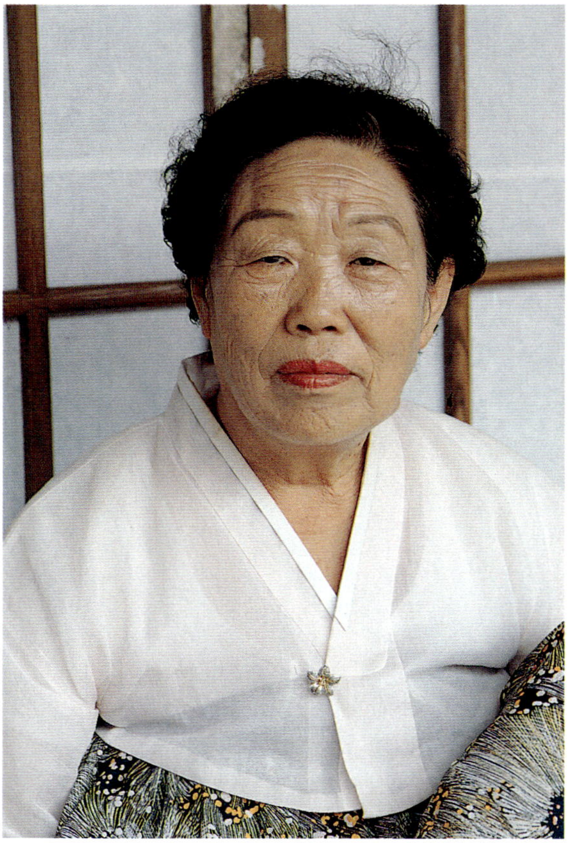

예로부터 안동지방은 명문 세도가들이 많기로 유명한 고장이다.

안동 김씨를 비롯해 풍산 류씨, 전주 류씨 등 제각기 권세와 문벌을 자랑했던 까닭에, 아직까지도 각종 문화유적과 민속자료가 많이 남아 있다.

이 안동지방에 향토음식과 관련한 두 가지 무형문화재가 있는데 '안동소주'와 '안동 송화주'가 그것이다.

특히 안동소주가 조옥화 씨에 의해 재현된 술인데 반하여, 안동 송화주는 누대에 걸쳐 전주 류씨 집안의 가양주로 그 맥을 이어왔다는 점에서 주목할만하다.

대개의 전통주들이 일반 서민층의 술이라기 보다는 사대부나 집권계층, 부자집에서 제주(祭酒)나 보양주(補養酒)로 빚어져 왔듯이, 송화주 역시 명문 전주 류씨 집안의 가양주로서, 6대에 걸쳐 오늘에 이른 술이다.

경북 안동군 임동면 수곡리에 사는 (고)이숙경(70세) 씨가 양조기능보유자 (무형문화재 제20호)로 지정되었으나, 이씨가 노환으로 1997년 생을 달리함에 따라, 현재는 며느리 김영한(42세) 씨와 아들 류승호(46세) 씨가 보유자로 지정되어, 전통의 안동 송화주 계승을 위한 노력을 아끼지 않고 있다.

솔잎 · 국화로 빚는 삼천냥 집의접대용 술

지난 '96년 세 차례의 방문 끝에 만난 이숙경 씨였다. "송화주(松花酒)라고 하니까, 송화(松花)가루가 들

어가는 술로 생각하기 쉽습니다만, 이 술은 솔잎과 국화(감국) 꽃잎이 들어간다고 해서 송화주란 이름을 붙인 술입니다. 물론 송화가루가 들어가는 술이 있긴 하지요. 지금은 전해오고 있진 않지만……"

이숙경 씨로부터 송화주의 전승과정을 듣자니, 먼저 전주 류씨 가문에 대한 내력을 살필 필요가 있었다.

"제가 류씨 집안에 시집 와서 시어머니로부터 술 빚는 법을 배우는데, 시어머니께서는 윗대조 치(致)자 명(明)자 할아버지 때부터 내려 온 술이라고 하시더군요. 밤낮으로 손님이 들끓어 술빚기가 여간 힘들지 않았습니다. 술 빚는 일이 아녀자들이 해야 하는 큰 일 중에 하나이기도 했구요. 저희 친정에서도 술 빚는 일을 배웠던 까닭에 알고는 있었지요."

어머니(이숙경 씨) 옆에서 가만히 듣고만 있던 맏아들 류승호(46세) 씨가 말을 받았다.

"저희 6대조이신 치명(致命) 공 때부터 대대로 벼슬을 사셨습니다. 그래서 한 때 가문이 번성했지요. 자연히 집안에는 내외로 손님들의 출입이 잦았고, 접대용의 술을 빚게 되었던 것 같습니다. 집안의 기록 문헌에는 6대조 때부터 빚어 마셨다는 기록이 보입니다만, 학계의 추정으로는 송화주가 2백년 이상된 술이라고 합니다. 그리고 저희집을 '3천냥 집'이라고 했는데, 그런 지칭은 윗대 어른들의 용모가 얼마나 준수하셨던지, '인물 천냥'이라고 했다고 합니다. 제가 젖먹이 때 부친께서 병환으로 돌아가셔서 기억을 못합니다만, 주변 사람들과 친척들은 저희 아버님의 용모가 특히 빼어나셨다는 것이지요."

류승호 씨는 여기서 말을 그쳤다. 자칫 집안 내력을 자랑 삼는 소치로 비칠까 우려한 어머니 이숙경 씨가 헛기침을 하면서 아들의 입을 막았기 때문이었다.

부득이 주위 사람들의 얘기와 전주 류씨 가보(家譜)를 바탕으로 내린 결론은 '벼슬 천냥', '돈 천냥', '인물 천냥'이었다.

6대에 걸친 벼슬살이와 함께 제법 살림살이가 넉

넉했다는 사실이 이를 뒷바침해 준다.

이숙경 씨로부터 송화주 제조과정을 듣자니, 그 방법이 다소 특이함을 알 수 있었다.

물 적게 붓고 솔잎과 황국의 진한 향기 으뜸

이상의 재조과정을 찬찬히 살펴보면, 여느 전통·토속주들과 다소 다른 점을 발견하게 된다.

즉, 양조용수와 누룩은 밑술을 안칠 때만 넣고, 덧술로는 솔잎, 황국만을 넣는다는 점이다.

먼저 누룩은 일반 누룩제법과 특별하게 다를 바 없었으나, 덧담근 술이면서도 양조용수가 극히 적게 들어간다.

술빚기의 첫 순서로 밑술을 빚음에 있어 주재료로 누룩 3되, 멥쌀 5되, 찹쌀 5되, 물 8되, 솔잎 1㎏, 황국 20g을 준비한다.

이어 멥쌀 2되를 깨끗하게 씻고 12시간 물에 불렸다가, 건져서 물기를 뺀 다음 고두밥을 짓는다. 키나 돗자리 위에 널어서 고두밥이 차게 식거든, 누룩 3되와 물 8되를 섞어 소독한 항아리에 넣고 밑술을 안친다.

밑술 항아리는 막지 않고 이불로 싸서 따뜻한 아랫목에 2~3일 두어 발효시킨다. 술바탕이 끓어 올랐다가 가라앉으면 발효가 끝난 상태이므로, 다시 나머지 멥쌀 3되와 찹쌀 5되를 섞어 깨끗히 씻고 한나절 물에 불렸다가 고두밥을 짓는데, 이때 솔잎을 시루떡 안치듯 켜켜로 넣는다. 고두밥이 다 쪄지면 차갑게 식혀서 황국과 함께 밑술에 넣고 잘 저어준다.

덧술 안치기가 끝난 술독은 보자기로 덮고 이불로 싸서 술방에 두는데, 실내의 온도는 15~20℃ 정도를 유지해 준다. 또 계절에 따라 다소 차이가 있긴 하지만 5~7일이 지나면 이불을 벗기는데, 이때의 술은 술바탕이 완전히 가라앉고 골이 지면서 술독 가장자리에 뚜렷한 테가 생긴다.

술이 잘 익었는지는 육안으로 보아서도 알 수 있지만, 용수를 박아보면 잘 익은 술은 용수가 순하게 가라 앉는다.

때때로 덧술을 안친 즉시 용수를 박아두기도 한다. 그리고 용수를 박은 상태로 바람이 잘 통하는 시원한 곳으로 술독을 옮겨 두고, 15~20일 가량 더 두었다가 그때부터 술을 뜨기 시작한다.

서늘한 곳으로 술독을 옮겨 두면 덧술을 안친 지 50일까지는 술뜨기가 가능하다. 용수에서 막 떠낸 술은 본견으로 두 차례 걸러 서늘하게 해서 마시는데, 그 맛과 향기가 으뜸이다.

좋은 재료 선택하고
술빚는 일에 신중해야

이상의 제조과정을 찬찬히 살펴보면, 여느 전통·토속주들과 다소 다른 점을 발견하게 된다.

즉, 양조용수와 누룩은 밑술을 안칠 때만 넣고, 덧술로는 고두밥과 솔잎, 황국만을 넣는다는 점이다.

이숙경 씨는 또, "특히 과음을 해도 절대로 두통이 없고, 말짱하게 깨기 때문에 집안 어른들께서 곧잘 취하도록 드시는 바람에 술 빚느라 이만저만한 고생이 아니였지요. 그러나 술을 빚는 일에 있어서 보다 신중을 기하고, 중요시 해야 하는 일은 좋은 재료의 선택입니다."

술맛은 쌀을 비롯해 누룩, 물, 그리고 솔잎과 감국 등 주원료를 잘 선택하는 일에서 우선적으로 결정된다는 정설(?)이 그것이다.

"솔잎은 원근의 깊은 산 속에 들어가 깨끗한 새순을 채취해 오고, 국화는 계절꽃이므로 산에 올라가 직접 채취해 오기도 하지만, 집 안팎 여기 저기에

심어 두고 서리가 내리면 꽃만 따서 깨끗히 씻어 그늘에서 말렸다가, 서늘한 곳에 보관해 두고 필요할 때 조금씩 꺼내서 씁니다. 물도 집안 우물물을 쓰는데, 그 깊이가 90m에 이르며, 깊은 산골이어서 전혀 오염이 안된 데다 물맛 또한 술빚기에는 그지없이 좋습니다. 보다 많은 사람들에게 술맛을 보여 줄 수 없느냐고 묻자, 맏아들 류승호 씨는, "글쎄요. 문화재 지정 배경도 그랬지만, 조상 대대로 제주(祭酒)로, 또 귀한 손님을 맞아 접대하는 예주(禮酒)를 가지고 마치 장사를 한다는 느낌이 들어서 싫기도 하지만, 연로하신 어머니께서 술 빚는 일로 고생하시게 될 것 같아 마음이 내키지 않습니다."라고 하면서, 문화재 지정에 대한 배경을 묻는 질문에도 "드러내놓고 자랑할 술이 아니라, 조상님들의 제주로만 1년에 한 두 번씩 소량으로 빚어 왔었는데, 집안 어른들께서 술맛을 잊지 못해 가끔씩 들러 잡수시고 가셔서는 자랑삼아 말씀하셔서 소문이 나게 된 것"이라고 한다.

그러나 송화주가 전통주로서 결정적으로 문화재 지정을 받게 된 배경은, "고 김호일(전 포항공대 학장) 씨께서 술을 맛 보시고는 최소한 2백년이 넘은 전통주라는 사실을 도(道)에 귀띔을 해주어, 문헌적인 고증과 실답사를 거쳐 지난 '93년 2월 경북도 지정 무형문화제 제20호가 된 것"이라며, 류 씨는 좀 더 많은 시간을 두고 생각해 볼 일로, 주변 분위기를 살피겠다는 눈치였다.

사실 '안동소주'가 잘 된다 하니까 경쟁적으로 소주회사들이 생겨나 집안 싸움에 열을 올리고 있는 실정이고 보면, 류승호 씨의 고민도 적지 않을 것 같다. 酒

여러 번 덧담그는 국내 유일의 춘주

문경 호산춘

소위 '족보있는 술'이 한둘 일까마는 이름 그대로 '춘주'로서의 족보있는 술은, 경북 문경의 '호산춘(壺山春)'이 아닐까 하는 것이다.

《산림경제》지를 비롯《임원십육지》,《양주방》,《치농》등의 옛 문헌에 자주 올라 있는 호산춘은, 사실 중국에서 빚어졌던 술로서 당나라 때부터 왕실과 귀족 등 특수계층에서만 마시던 고급주였던 것으로 전한다.

그러나 이러한 춘주가 언제부터 우리나라에 전래되었는지는 알 수 없으나, 조선시대에 널리 빚어졌던 명주였음은 분명하다.

"우리나라 술 가운데는 문헌상으로 전혀 그 근거나 뿌리를 찾을 수 없는 술들이 많은데 반해, 호산춘은《산림경제》지를 비롯 여러 문헌에 언급되고 있어, 특히 '족보있는 술'로 유명하다."

문경 호산춘주의 기능보유자인 권숙자(64세) 씨의 첫마디였다.

그의 '족보 있는 술' 운운이 처음엔 귀를 거스르는 얘기로 들려 거부감이 일었으나, 그런 거부감은 이내 동화(同化)되고 말았다.

권 씨의 종가집 전통을 고수하려는 노력과 함께 술빚기에 따른 남다른 정성에 따른 동화였다.

"시댁이 종가집이다 보니 자연 손님들의 내왕이 잦았고, 각종 대소사가 끊이질 않았다. 아녀자들에게는 부엌살림 못지 않게 술을 빚는 일이 큰 일이었다. 시집 와서 제일 먼저 배워야 했던 것이 술 빚는 일이었다. 시어머니의 손을 거들면서 어깨너머로 배우기 시작한 것이다. 호산춘주를 여러 사람들이 맛볼 수 있게 된 것은, 오래지 않은 1990년대 초반이다."

권 씨로부터 춘주 빚는 방법에 대해 자세히 들을 수 있었다.

두 세 시간 나눈 얘기로 1개월여에 걸친 권 씨의 술빚기에 따른 정성과 노력을 이루 다 설명할 수 있을런지는 의문이었지만.

아무튼 호산춘의 제조과정과 술에 얽힌 단편적인 얘기들을 소개하기로 한다.

먼저 제조방법과 그 과정에 대해 알아보았다.

백설기로 술 빚고 밑술과 덧술에 솔잎 많이 넣어 빚는다

문경 호산춘은 멥쌀과 찹쌀 각 1말, 누룩 6kg, 양조용수 2말, 그리고 생솔잎 1말이 주원료의 전부이다.

먼저 밑술을 담는데, 멥쌀 1말을 가루내어 시루에 안쳐 백설기를 찐다. 이때 시루 바닥에 솔잎을 깔되, 그 양은 1/3 정도로 한다.

다음에 백설기와 거칠게 빻아 법제를 마친 누룩 3kg을 끓여서 식힌 물 1말과 함께 섞어 버무리는데, 메주를 쑤듯이 하여 어린 아이 머리 크기로 덩어리를 지어 항아리에 안친 다음, 실내온도를 15~20℃ 정도로 유지해 주면서 7일간 발효시킨다.

항아리는 망사로 살짝 덮어주고, 술독을 10㎝ 정도의 높이 되는 각목이나 받침 위에 올려 놓아, 바닥의 찬 기운이 직접 항아리에 스미지 않도록 해준다.

밑술의 발효가 끝나면 여기에 찹쌀 1말과 누룩3kg, 양조용수 1말을 섞어 덧술을 안친다.

덧술은 찹쌀 1말을 깨끗히 씻어 12시간 침미시켜 고두밥을 짓는데, 이를 식혀서 시루에 안치되 시루 바닥에 솔잎 1/3을 깔고, 고두밥을 안치는 중간에 나머지 솔잎을 켜켜로 넣는다.

그 요령은, 고두밥을 식혀서 덩어리 진 것이 없이 낱알로 뗀 다음, 양조용수를 끓이고 식혀 고두밥과 함께 버무리면 찰밥처럼 된다. 반죽이 끝났으면 여기에 누룩가루 3kg을 넣고 함께 치대어서 새 술독에 담고 밑술을 쏟아 붓는다. 밑술과 같은 온도에서 20일 정도 발효시킨다.

다 익은 술은 삼베 자루에 담고 돌을 얹어 눌러서 짜낸다.

마을 약샘 물로 빚어야 제맛, '망주'·'호선주(好仙酒)'로 더 유명

이상의 술빚기 과정에서 살펴 본 호산춘의 특징으

로, 전통주 가운데 드물게 밑술용 백설기와 덧술용 고두밥을 찔 때 가향재로 솔잎을 넣는다는 점과, 밑술을 메주 쑤듯 덩어리를 지어 안친다는 점이 다른 전통주의 술빚기와는 다름을 알 수 있었다.

"술을 빚는데 사용되는 양조용수는 꼭 이곳 대하리 약샘에서 길어 온 물이라야 제맛이 난다. 약샘물은 소백산맥 줄기에서 솟아 나오는 석천수로 수질이 호산춘의 술맛을 좌우한다. 솔잎은 봄철에 갓 자라난 새순을 채취, 깨끗하게 씻고 다듬어 사용하고 있다. 쌀 1말을 담으면 기껏해야 술 1말을 얻는 매우 진한 술이다."

호산춘은 마치 황국을 우려 놓은 물처럼 담황색을 띠면서도 맑다. 코 끝을 자극하는 솔잎 향기가 가히 일품이다. 더욱이 찹쌀을 넣고 물을 적게 넣는 까닭에 끈적끈적할 정도로 진기가 돌며, 부드럽게 넘어가는 술이다.

그러나 호산춘은 주도가 18%나 돼서 부드럽고 끈적거리는 감칠맛에 자칫 많이 마셨다가는 대취하기 쉽다.

옛 사람들은 이 술을 '망주', '호선주' 등 여러 이름으로 불렀던 것으로 전하는 것도 그 때문이다.

호산춘에 얽힌 설화(說話)가 참 재미있다.

권씨는"이 술은 옛날부터 신선(神仙)들이 좋아했다고 해서 '호선주(好仙酒)'라고 불렀는가 하면, 조선시대에는 관리들이 술에 취해 임무도 잊고 돌아갔다고 하여 '망주(忘酒)'라 불렀으며, 술맛을 보려는 사람이 너무 많아 가세(家勢)가 기울었다고 해서 '망주(亡酒)'라는 아름답지 못한 이름까지 얻은 술이라고 했다."는 것이다.

이러한 호산춘은 원래가 전라북도의 여산지방에서 빚어졌던 술로, 여산의 옛 이름인 '호산(壺山)'이란 지명을 빌어 오고, 여러 번 덧술을 하여 주도를 높인다 해서 '춘(春)'자를 붙여 호산춘이라 했다.

우리나라의 전통주 가운데 '춘'자를 붙인 술이 여럿 있었는데, 호산춘 외에 백화춘 · 한산춘 · 약산춘 · 벽향춘 등이 있다.

그러나 일제에 의한 주세법 제정과 밀주 단속 등으로 지금은 모두 사라졌고, 호산춘만이 경상북도 문경의 신북면 장수 황씨 가문의 가양주로, 또 유일하게 '춘주(春酒)'로서의 맥을 이어 오고 있다.

가문 명예 지키는 보람, 비법 전수로 소임 다할 뿐

장수 황씨 가문의 가양주에 대한 내력은 지금으로부터 6백년 전으로 거슬러 올라간다.

고려 말 · 조선조 초기의 문신으로, 특히 세종에게

10호
148.5ℓ

가장 신임 받는 재상으로 명성이 높았던 황희(黃喜, 1363~1452)의 증손 황 정(黃 珽)에 의해, 문경군 산북면 대하리에 처음 집터를 닦은 이래 집성촌을 이루게 되었으며, 집안의 애경사와 접대용으로 빚어졌다고 한다.

지금은 장수 황씨 가문의 21대 종부(宗婦)인 권숙자(경북 무형문화재 제18호) 씨와 아들 황규욱(45세) 씨, 며느리 송일지(41세) 씨에 의해 내림솜씨를 이어가고 있다.

문경 호산춘은 봄부터 가을까지가 술 빚는 시기여서 여느 술에 비해 생산량이 극히 적은 편으로, 연간 64㎘에 그친다고 한다.

"이 때문에 술을 사지 못한 사람들이 증산을 요구해 오지만, 장수 황씨 종가의 명예를 돈으로 바꿀 수는 없고, 다만 비법을 전수하는 것으로 소임을 다한다고 생각한다."

권숙자 씨는 안동 풍산이 친정으로 일제 때 이곳 장수 황씨 가문으로 시집을 와서 시어머니로부터 가양주 호산춘의 비법을 전수 받았는데, 시집 온지 얼마 안되어서 6.25가 터졌고, 다시 새 정부가 들어서면서, 새마을 사업이다 뭐다 해서 술 빚을 형편이 못되었으나, 술빚기를 그만 둘 수가 없었다고 한다. 술빚는 일이 1개월여 걸리다 보니 그냥 들통 나서 혼이 나곤 했다는 것.

"그래, 모르게 담느라고 옛날에는 갱 속에다 술독을 안치고 3개월여 발효시키곤 했는데, 문화재 지정과 함께 양조허가를 받으면서부터는 현재의 방법을 유지하고 있다."

'무엇보다 욕심부리지 않고 겸손한 마음으로 조상들의 술에 담았던 정신을 받아들이면서, 여생을 바치고 싶다는 것이 바램'이라는 말에서, 권숙자 씨의 삿되지 않은 마음을 읽을 수 있었다. 酒

청명일(淸明日)에 빚는 계절주

중원 청명주

"글쎄, 이게 뭔 대단한 일이라고 요즘 젊은 사람들이 청명주(淸明酒) 맛을 제대로 알기나 할까."

청명주 기능보유자 김영기(74세) 옹의 첫 인사말이었다.

김영기 옹의 이 말은 곧 희석식 소주와 고급 위스키, 맥주에 길들여진 사람들로서는 제 아무리 전통이나 역사, 순곡의 '우리 술'이라고 강조해도 '소 귀에 경 읽기'가 아니겠느냐 하는 반문이었다.

조선 초기의 명주로 진상되었던 가문비주 10대에 걸쳐 가양주로 전승

김 옹의 집은 남한강 언덕배기에 위치해 있어, 탄금대가 한눈에 들어왔다.

찻잔을 사이에 두고 청명주의 내력을 묻자, 김 옹은 채 안개가 걷히기 전의 달천을 내려다 보면서, 중원(中原)의 주가(酒價)를 올려놓았던 청명주에 대한 회상에 잠기는 듯 한 모금 담배연기를 길게 내뿜었다.

김 옹에 따르면 이조시대 때 이곳 창동마을에 조세창고(租稅倉庫)가 있었다 한다. 창동마을은 탄금대를 중심으로 달천과 남한강이 교차되는 지리적 특성을 살린 포구로, 뱃길 화물 운송의 중심지였다는 것이다.

따라서 조세(組稅)인 쌀섬을 실어나르는 배로 작은 포구는 항시 출렁거렸는데, 김 옹의 10대조가 이곳에 정착, 여러 척의 배를 거느린 선주였던지라, 쌀섬을 져 나르는 일꾼들을 위해 빚었던 술이 바로 청명주였다는 것.

물론, 술을 처음 빚었을 당시부터 술 이름이 있었던 것은 아니었다. 한 겨울이 지나고 얼음이 풀리는 때, 그 때가 바로 청명절(淸明節).

이때를 기하여 조세를 실은 배가 출항을 하는데, 조세 쌀 섬과 함께 100일 동안 익힌 술을 몇 동이씩 싣고 떠나곤 했는데, 뱃사람이며 서울로 과거 보러 가던 유생들과 나룻터를 찾는 상인들이 술맛을 결코 잊지 못했다고 하여 붙여진 이름이 청명주이다.

더욱이 포구를 이용, 서울과의 왕래가 빈번했던지라 청명주의 소문이 서울 장안에도 퍼졌으며, 급기야 나랏님께 진상되었다고 하여, 그 후로 청명주라는 이름으로 조선시대 초기부터 명주로서 이름을 떨쳤다.

청명주는 지난 1993년 6월 4일에야 충청북도 지정 무형문화재 제2호가 된 술이다.

청명주는 일제 강점기에 접어들면서 그 맥이 끊겼다가, 김 옹의 증조부 되는 고 김양배(金良倍) 씨 생존 당시, 가전 기록인 《향전록》에 기록된 약방문(주방문)을 그 근거로 10대에 걸친 가양주를 1986년 10월 재현에 성공했다.

김 옹은 창동리에서 토속음식점을 운영하면서 청명주를 관광상품으로 개발하겠다는 일념으로, 1983년 자신의 집 앞마당에 1백명 규모의 양조실험장을 마련, 숙모 박영아(83세, 1993 작고) 씨와 함께 재현에 들어갔다고 한다.

청명주 재현에 성공한 김 옹은 중원군으로부터 '전국민속주경연대회' 참가 의뢰를 받고 청명주를 만들던 중, 세무서의 불법주조 단속에 적발되어 수백만원어치의 재료 등을 빼앗기는 등 한 때 우여곡절을 겪기도 했다고 한다.

더욱이 '양조허가 신청을 해 놓은 지 여러 해가 넘도록 묵묵부답'이었다는 데서, 뒤늦게야 김 옹의 표정이 어두웠던 이유를 읽을 수가 있었다.

"석자 세치 깊이의 물을 떠라"
신비의 샘물 사용

"청명주의 양조용수는 옛부터 남한강과 달천, 창골 계곡물이 합수하는 충주 탄금대와 청금대 중간의 속칭 '수살매기' 지하의 자갈 · 모래 · 숯 등의 여과층을 뚫고 솟아나오는 물이라야 청명주의 제맛이 살아난다고 했어."

하여, 김영기 옹에게 있어 이 '수살매기' 물은 매우 각별한 의미를 지닌다.

김영기 옹의 '수살매기 물'에 대한 설명은 계속된다.

"예전에 어른들께서 술을 빚으실 적에 저기 남한강과 달천이 합수(合水)되는 수살매기 지하수를 길어다 쓰셨는데, 저 강가에 신비한 샘이 있었지. 지금은 침수되어 깊이 묻혀버렸지만 그 위치는 알고 있거든. 그런데 어른들은 물 심부름을 보내면서 '석자 세치 깊이의 물을 떠라' 하고 말씀하셨어. 그 깊이의 물이라야 술맛이 좋다는 것이야."

김 옹에 따르면 "그 샘물은 아무리 홍수가 지고 강이 범람해도 그 샘물만큼은 말갛게 솟아오르고 있었다."면서 "이제 양조 허가가 나와 본격적인 술빚기가 가능해 졌으므로 그 샘물을 사용, 옛날의 술맛 그대로 청명주의 명성을 되찾고야 말겠다."는 어기찬 다짐을 보였다.

청명 백일 전에 빚어 청명일에 마신다
특히 진미가 뛰어난 술, 누룩 제법 특이

청명주의 술빚기 역시 누룩 만들기부터 시작되는데, 그 방법이 다른 전통 · 토속주에서는 볼 수 없는

것으로 매우 특이하다.

청명주에 사용되는 누룩은 밀을 빻아 기울을 제거한 다음, 전에 빚었던 청명주를 물 대신 섞고 버무려서 반죽하여 건조시킨 뒤, 다시 빻고 하기를 3차례 반복한다.

이러한 누룩 제법은 청명주에서만이 찾아 볼 수 있는 방법이다.

누룩 버무리기가 끝나면 무명베로 싸서 누룩 틀에 담아 발로 디뎌 성형을 한다. 이를 따뜻한 아랫목에서 2~3개월간 발효시킨 다음 법제하여 사용한다. 때때로 약식으로 만들기도 하는데, 이는 성형과정을 생략한 채 두 주먹 크기로 덩어리를 지어 무명베로 싸서 바로 발효에 들어간다.

이 같은 청명주의 누룩 제법은 지금과 같이 배양균이나 효모를 접종시켜 누룩을 만드는 방법이나 다름없다.

따라서 우리 조상들은 이미 오래 전에 그와 같은 사실을 터득하고 있었다는 얘기이기도 하다.

또한 물 대신 술을 이용한 누룩은 발효기간을 단축시키면서 누룩의 힘이나 질에서도 뛰어나다는 사실이다.

이로써 우리 선조들은 술빚기에 있어서 만큼은 뛰

어난 지혜와 양조기술을 터득하고 있었음을 알 수 있다.

누룩 만들기가 끝나면 본격적인 술빚기에 들어가는데, 먼저 찹쌀 1말 중 체로 쳐서 얻은 싸래기 1/2되에 물 3홉을 부어 죽을 쑨 뒤, 다시 물 1말을 넣어 묽은 죽을 만들어 누룩 1되와 혼합한다.

이를 동쪽으로 난 복숭아나무 가지로 방울이 일도록 젓고, 소독을 마친 술항아리에 안친다.

밑술 항아리는 25℃ 정도의 온도를 유지하면서 1주일 정도 지내면, 끓어오르던 술바탕이 가라앉고 발효가 끝난다.

여기서 한 가지 중요한 사실은 청명주는 그 기간이 총 100일이 소용되는 관계로, 청명일 1백일 전에 밑술을 담가야 한다는 계산이 나오므로 날짜 계산을 염두에 두어야 한다.

밑술의 발효가 끝나기를 기다렸다가 덧술을 만드는데, 덧술은 나머지 찹쌀 9.5되를 깨끗히 씻고 한나절 침미하여 고두밥을 찐다. 고두밥은 차갑게 식혀서 물 없이 누룩 2되와 섞어 밑술 항아리에 담고 잘 저어준다.

그리고 덧술은 밑술과는 달리 발효온도가 10℃가 낮다. 15℃의 실내에서 1개월 가량 발효시켜 용수를 박아 채주한다.

"갈증 없애주고 혈액 순환 돕는다"
한양 · 경상도인에게 더 인기였던 중원 명주

이 청명주는 채주율이 비교적 낮다. 쌀 1말에 술 7되를 얻을 만큼, 매우 진한 술인 데도 그 맛을 더욱 좋게 하기 위해 10℃ 정도의 서늘한 실내에서 50일 가량 숙성시켜서 마신다.

"덧술은 안친 지 닷새 정도 지나면 이때부터 본격적인 발효가 시작되므로, 술바탕이 끓어오르면서 탄산가스가 터져 오르는 소리와 빈도로 술의 발효상태를 짐작한다."

술이 괴는 동안 색깔, 맛 등을 보지 않고 소리만으로도 술이 제대로 된 것인지 아닌지를 알 수 있다는 것이다.

이렇게 해서 청명주의 술빚기가 다 끝나는데 숙성을 마친 청명주는 알코올 성분이 16%로, 매우 끈적거릴 정도의 진미와 약간의 산미를 느끼게 해준다.

또 오랫동안 숙성을 시킨 까닭에 마시기엔 전혀 부담이 없다.

김영기 옹은, "예로부터 전해오는 청명주는 갈증을 없애주는 한편, 혈액 순환을 원활하게 해주며 신경통에도 효과가 좋은 것으로 알려져 왔다."면서, "앞으로 청명주를 중원(中原)의 전통주로 상품화 시켜 충청도의 술로, 또 옛날 진상주로서의 명성을 되찾고야 말겠다."고 한다.

전통주 청명주는 은근하게 취하는 술이다.

전하는 말로,"한양 사람들과 과거를 보러 한양으로 가던 경상도 사대부들이 이곳에 이르러 청명주를 사 먹고 가노라면, 문경새재 산마루에 다다라서야 술이 깼다."고 할 정도로, 오래도록 그 진미를 즐길 수 있다고 한다.

그래서인지 청명주는 오히려 한양 사람들과 경상도 사람들에게 청명일을 상기시켜 주는 계절주로 더 유명했다고 한다. 酒

사찰에서 빚어져 광해군이 좋아했던 술

달성 하향주

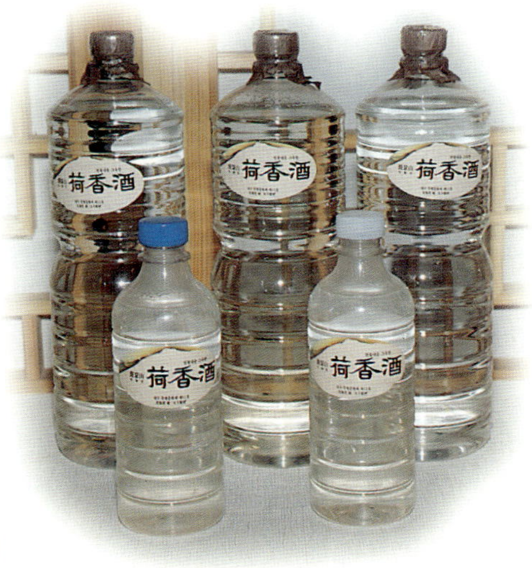

지금도 '천하명주(天下名酒)'를 맛볼 수 있다.

경북 대구광역시 달성군 유가면 소재 비슬산 기슭엔 유가사(瑜加寺)라는 절이 있는데, 그곳에서 처음 빚어진 것으로 전해지고 있는 하향주(荷香酒)가 바로 '천하명주'로, 이 술에 대한 유래는 대체로 일치한다.

신라시대 때 이곳 유가사의 '도성암'이란 암자가 소실되어 복원 공사를 하게 되었는데, 이 절의 스님이 복원공사의 노역(勞役)을 맡은 인부(人夫)들에게 줄 술을 빚어 마시게 했다는 것이 지금까지 알려지고 있는 하향주의 유래다.

그리고 조선조에 이르러 임진난이 일어나면서 천연요새였던 이곳 비슬산에 군(軍)의 주둔지가 생겨났는데, 후일 한 장수(將首)가 하향주의 독특한 맛에 반해 임금께 진상하였던 바, 광해군은 하향주의 특별한 맛과 취향(醉香)을 극찬하면서 '천하명주'라 이름하여, 그 후로 매년 10월이면 수라상에 올랐다고 전해지는 술이다.

그 후 하향주는 진상품으로 세간에 회자되었으며, 《음식디미방》을 비롯한 여러 고서(古書)에 그 주방문(酒方文)이 올라 있어, 하향주의 명성은 상당하였던 것으로 짐작된다.

밀주 단속 피해 논에 술독 숨겨

그러나 우리나라 다수의 전통·토속주에 대한 역사에서도 잘 나타나고 있듯이, 일본의 지배 하에 놓이게 되면서 하향주는 자취를 감추었고, 일제에 의해 만들어진 주세법과 밀주단속으로 그 명맥을 보전(保全)하기도 어려운 처지에 놓였었다.

"본래 하향주는 유가사 스님들에 의해 처음 빚어졌으며, 매년 가을이면 소량씩 빚어 즐겼던 약주(藥酒)였다고 합니다. 일제의 지배에 접어들면서 밀주단속이 심했는데, 특히 집안에 두었다간 들통날까봐, 소량(小量)씩 만들어서 들(논)에 묻어두고 제사나 잔치 때 사용했습니다. 그러나 다른 사람들은 일본 순사(경찰)가 무서워서 아예 술 만들기를 그만

됐고, 이젠 하향주 빚을 줄 아는 사람이 전무(全無)한 상태입니다."

유일하게 4대째 하향주를 빚어 온 박영수(朴永壽, 78세) 옹의 말이었다.

박 옹은 "저희 집안에서 하향주를 빚기 시작한 것은 저의 증조모님 때 부터로, 조모님과 모친에게로 이어지는 과정에서 자연스럽게 술 빚는 방법을 터득하게 되었지요. 저의 내자(內子)도 이젠 도사(?)가 되었지요."라면서,"한 때 살림이 어려워 술빚기를 그만 두었으나, 11년 전부터 다시 하향주를 빚기 시작, 오늘에 이르렀다."고 한다.

박 옹은 또 하향주가 예사 술이 아님을 알고 "조상 대대로 이어 온 양조법(讓造法) 그대로 자식에게 물려주어 옛 명성을 되살려야겠다는 생각 뿐이다."면서, "이에 미국에서 사업을 하고 있던 큰 아들 상화(相華, 52세) 씨를 귀국시켜, 요즘은 부자(父子) 간에 나란히 술독 앞에 앉아있는 날이 많습니다."고 하면서 흐뭇한 표정을 지었다.

하향주의 독특하면서도 까다롭기 그지없는 술빚기

거의 모든 전통·토속주들은 어떤 면에서건 저마다의 특성을 자랑하는 데 주저함이 없다.

하향주 역시 그 양조과정에 있어 까다롭기 그지없으면서도 독특한 게 특징이랄 수 있다.

누룩은 일반 술의 누룩 만들기와 같다. 다만, 누룩을 발효시킬 때 온돌 바닥에 짚과 약쑥, 야생 국화꽃을 깔고 위를 덮어서 15일 가량 띄웠다가 왕모래알 크기로 잘게 부숴 3~4일 가량 법제를 하는데, 낮에는 햇볕에, 밤에는 이슬을 맞혀 냄새를 없앤 후에 술 담그기에 들어간다.

일반 누룩은 정방형, 또는 원형이면서 두께(높이)도 7~10㎝ 정도인데, 하향주에 쓰이는 누룩은 직사각형에 두께도 4~5㎝ 정도로 얇다.

먼저 밑술을 담는데, 찹쌀 1되로 흰죽을 묽게 쑤거나 흰무리(설기떡)를 쪄서 식혔다가, 물 5되와 누룩가루 2되를 함께 섞고 잘 버무려서 항아리에 안친다. 보통 실온 15℃에서 7~8일이면 발효가 끝나므로 때를 기다려 덧술을 안친다.

덧술은 찹쌀 1말과 누룩 1말, 물 1.5~2말이 소용되는데, 찹쌀로 고두밥을 지어 차게 식혀서 준비된 누룩과 물, 발효가 끝난 밑술을 함께 섞고 잘 치대어 항아리에 안친다.

고두밥을 찔 때는 시루밑 물에 약쑥과 야생 국화꽃잎, 인동초를 각 50g을 넣어 고두밥을 찌고, 덧술의 양조용수를 바로 이 시루밑 물을 식혀서 사용한다.

그리고 덧술을 안친 그 위에 누룩가루와 엿기름 각 3홉씩을 골고루 뿌려, 뚜껑을 연 채로 약 15~17일 가량 1차 발효를 시켰다가, 다시 온도를 낮춰 10℃에서 15일 정도 숙성 시킨다.

이때는 술독 뚜껑을 덮는다.

달라진 '주방문' 근거 못찾아

이렇게 해서 2차 발효가 이루어지면 항아리를 밀봉해서 뚜껑만 보이도록 땅에 묻어 2개월을 지내면 술이 완전히 익는다.

술이 다 익으면 항아리 가운데에 용수를 박고 하루 뒤에 떠내면 곧 하향주를 얻는다.

하향주는 약주로서는 다소 독한 편인 19%나 되는 술로서, 진한 황갈색을 띠며 쑥과 국화 향의 그윽한 향취와 함께 감칠맛이 뛰어나서 부드럽게 넘어간다.

굳이 흠을 잡는다면 술 빛깔이 여느 전통·토속주에 비해 약간 탁하고 진하다는 것이리라.

박 옹은 이러한 하향주의 감칠맛과 독특한 취향에 대해, "하향주의 맛과 향기를 가늠하는 첫째 요건은, 뭐니 뭐니 해도 저 비슬산 깊은 계곡에서 흘러내리는 물 맛에 있습니다. 그 다음이 발효 단계마다의 온도 조절,과 장기간의 숙성 그리고 좋은 재료의 사용입니다."고 말한다.

박 옹의 말인 즉, 양조용수를 비롯 원료의 중요성과 발효과정에서의 온도관리를 강조한 것이다.

천하명주의 비결은 2단계 발효, 장기저온 숙성

하향주의 특징으로 마음의 세 가지를 들 수 있다. 그 가운데 첫번째는 앞서의 고두밥 짓기를 들 수 있다. 즉, 고두밥을 찔때 시루밑 물에 약재를 넣고 그 물을 양조용수로 사용한다는 점이고, 두번째는 덧술을 안친뒤 맨위에 누룩가루와 엿기름가루를 뿌려준다는 것이다.

이는 발효과정에서 이물질의 유입이나 잡균으로부터의 오염 및 신패를 방지하기 위한 지혜로운 방법으로 생각된다.

그리고 세 번째 특징으로, 덧술의 1차 발효 온도는 밑술의 발효시 온도와 같게 하지만, 2차 발효온

도는 7~5℃ 다소 낮게 땅 속에 묻어둔다는 점이다.

술빚기의 가장 큰 어려움이 발효와 숙성에 따른 적정 온도유지라는 점에서, 그 까다로움을 알 수 있으며, 고급 술일수록 저온 숙성과 오랜 시일이 요구된다는 점에서, 이른 바 '천하명주'로서의 명성이 그저 주어졌던 것이 아니었음을 짐작케 한다.

그런데 여기서 간과할 수 없는 두 가지 의문을 갖게 되었다.

그 첫째는, "본래의 하향주는 연꽃을 넣어 빚는다 하여 붙여진 이름으로, 유가사 스님들이 직접 빚었다."고 하는 박 옹의 말이었다.

즉 '연꽃을 넣어 빚었다'는 데에서 유래한 이름의 하향주가 '어떻게 해서, 언제부터 연꽃 대신 약쑥과 인동초, 야생 국화를 사용했느냐' 하는 의문이었다.

그러나 유감스럽게도 박 옹은 "증조모 때부터

집안 대대로 이어져 온 비법 그대로 빚고 있다."고만 말하고 있다.

두번째의 궁금증으로서, 《규곤시의방》과 《양주방》등의 옛 기록에 의한 하향주는 밑술을 만듦에 있어, 찹쌀이 아닌 멥쌀을 사용하고 있어 박 옹의 '주방문'과 달랐고, 흰죽이나 흰무리가 아닌, '구멍떡을 만들어 빚는다' 하여 역시 차이점을 보였으며, 가향약재(加香藥材)의 사용, 발효와 숙성에 따른 양조기간도 각각 달랐다.

피로회복과 혈액순환 촉진효과, 부자가 함께 하는 전통보존

어떻든 하향주는 여러 전통·토속주 가운데 독특한 방법으로 빚어지는 약주이면서도, 알코올 함량이 다소 높은 편이나, 술잔을 입에 대면 거의 술 냄새를 느끼지 못할 정도이며, 쑥과 국화 향기만이 후각을 자극한다. 또한 엿기름을 넣은 탓에 감칠맛이 그만이어서 알코올 함량 19%의 술이라는 사실을 깜박 잊고 자주 입에 대게 되어 대취하고 만다.

하지만 숙취가 없으며, 덧술에 넣는 가향재의 약효성분 때문에 피로회복과 혈액순환 촉진에 특히 좋다고 한다.

이러한 달성 하향주는 상품화에 대비, 저장성과 유통성에 따른 문제를 극복하고자 증류식 소주로 만들고 있으며, 박영수 옹의 부인 김현순(80세)이 최근 대구광역시 지정 무형문화재 제11호로 지정되어 상품화를 위한 준비를 서두르고 있다.

최근에는 하향주가 위장이 나쁜 사람이 식사 때 반주로 곁들이면 효과가 좋은 약주로 소문이 나서, 옛 명성을 되찾을 수 있을 것이라는 기대를 갖게 하고 있다.

따라서 '천하명주'로서 옛 명성을 되찾을 수 있을지의 여부를 떠나, 박영수 옹 부자의 전통 계승과 보존에 대한 남다른 집념과 노력은 오늘에 되살려야 할 우리 모두의 본디 모습이자, 참 삶이 아닐까 하는 생각을 불러일으킨다. 酒

고산병과 편식 예방 위해 스님이 만든 '선방의 곡차'

송죽 오곡주

이 땅의 전통·토속주 치고 저마다의 풍미(風味)와 향기(香氣)를 자랑하지 않는 술이 없다.

그러나 하고 많은 전통·토속주 가운데 정말로 특별한 토속주(土俗酒)를 꼽는다면, 단연코 전북 완주의 송죽 오곡주(松竹五穀酒)를 들 수 있겠다.

이른 바 '선방의 곡차(禪房穀茶)'로 불리워지고 있는 송죽 오곡주는, 모악산 도립공원의 수려한 산수(山水)만큼이나 오랜 세월동안 한 번도 그 맥이 끊이지 않고 오늘날까지 이어 온 술이기 때문이다.

송죽 오곡주는 "조선조 인조(仁祖) 때의 고승(高僧) 진묵대사(震默大師 : 1562~1633)가 해발 8백m의 모악산 정상 부근에 사찰(수와사·水王寺)을 중건하고 참선과 수행을 하던 중, 산중 생활에서 오는 고산병(高山病)과 채식(菜食) 위주의 편식으로 말미암은 영양결핍과 신체적 불균형을 예방하기 위하여, 그곳 모악산 수왕사 주변의 자생 약초와 곡류를 중심으로 곡차(穀茶)를 빚어 마셨다."는 데에서 이 술의 유래(由來)를 찾을 수 있다.

진묵대사의 사후(死後)에는 대대로 이 절의 주지스님을 통해 그 비법이 전수되었고, 대사의 기일(忌日)에 제사용으로 빚어져 왔던 술로 전한다.

이 술이 세상에 나오게 된 것은 정부가 '전통주와 토속주의 보존 및 체계화'라는 취지 아래, 그 양조와 시판을 장려하게 됨에 따라 최근 세간에서 널리 회자되게 된 것.

350년 동안 한 번도 맥이 끊기지 않고 이어 온 산사의 비주(秘酒) 송죽 오곡주는 지금 이곳 수왕사의 5대 주지 조영귀(趙永貴, 44세) 스님이 양조기능보유자로, 전통·토속주로서는 처음으로 농림부로부터 명인 1호 및 전통식품 제23호로 지정을 받기도 했다.

송죽 오곡주는 지난 1991년 말부터 본격적인 생산가동이 이루어져 시판해 오고 있는데, 일본에까지도 선을 보인 술이다.

"본래 상품화 할 의도는 아니었습니다. 그저 알리는 정도로 그치려던 것이었는데, 350년 동안 한 번도 맥이 끊기지 않은 점과 산사의 비주라는 사실에서 애주가 등의 호응이 컸고, 전통의 우리 술을 보급하여 보다 많은 사람들의 건강과 질병치료에 도움이 되고자 하는 순수한 생각에서, 먼저 송죽 오곡주를 시판하게 된 것입니다."

송죽 오곡주의 상품화에 대한 조영귀 스님의 배경 설명이었다.

약수 · 오곡 · 자생 약초의 오묘한 조화

조영귀 스님으로부터 일련의 술빚기 과정을 좀 더 찬찬히 살펴 볼 수 있도록 설명을 부탁했다.

"송죽 오곡주는 그 재료의 사용과 술을 안치는 과정이 여느 술과는 다소 차이가 있습니다. 특히 솔잎과 죽엽, 산수유, 오미자 등의 약재를 사용, 보신(補身)의 효과가 뛰어나다는 것입니다."

수왕사 진묵전(震默殿) 바로 옆에는 10여개의 바위틈을 비집고 흘러내리는 석간수(石間水)가 약수(藥水)로 유명한데, 송죽 오곡주는 이 약수 1말을 양조용수로 하여 멥쌀 1말, 보리쌀 반말, 콩 · 조, 수수 각 1되, 그리고 생솔잎과 죽엽 1말, 산수유 · 구기자 · 당귀 · 하수오 · 오미자 · 국화 · 감초가 각각 100g씩 쓰인다.

송죽 오곡주는 멥쌀 1되를 고두밥 지어 식혔다가 곡자(누룩) 4㎏, 물 1.5 l 를 고루 혼합하여 항아리에 담아 밑술을 만든 다음, 밑술의 발효가 끝나기를 기다려 덧술을 안치는데, 약 2~3일 정도의 시간이 필요하다.

밑술이 완성되면, 멥쌀 1말과 준비해 둔 오곡(五穀)을 함께 섞어 물로 씻고 시루에 안치는데, 이때 솔잎을 시루떡을 안치듯 켜켜로 넣는다. 물론, 고두밥은 완전히 차갑게 식혀서 쓴다.

누룩은 밤톨 크기만 하게 거칠게 깨서 식혀 둔 고두밥과 함께 손으로 버무린 다음, 준비해 두었던 한약재와 진묵전 옆의 바위틈에서 흘러내린 석간수 1말을 함께 섞어서 담는다.

술을 안칠 때 주의할 일은 항아리의 좌우에 생죽엽을 반말씩 넣는 일이다.

죽엽을 술에 넣는 이유는 대나무 잎의 열방지 성분을 이용, 가능한한 일정한 온도를 유지케 하자는 것이며, 발효시의 술이 변하거나 상하는 것을 예방해 주기 때문이다. 사실, 대나무 잎에는 휘발성분이 있어, 뼈를 강하게 해주는 효능과 함께 스님들이 산중 생활과 참선(參禪)할 때 자칫 초래되기 쉬운 신경통 예방과 치료에도 매우 효험이 있다고 한다.

술 안치기가 끝나면 항아리를 천으로 봉하고 섭씨 25℃ 정도 되는 방안에서 7일 동안 발효시킨 뒤, 8

일째 되는 날부터 땅에 묻고 49일간 숙성을 시킨다.

술독을 땅에 묻는 까닭은, 저온 숙성의 술이 맛도 좋다는 이유에서만은 아닌, 일정 온도를 유지케 하는 일이 술빚기의 가장 중요한 일이기 때문으로 생각된다.

또한 산 속에서 수행하는 스님들이 속가(俗家)의 여인네들처럼 술독에 세밀한 관심을 쏟을 만큼 주변 환경이 적절치 못한 것이 그 이유이다.

"취해도 열이 오르지 않는 술"

조 스님은 "15일째 되는 날부터는 마실 수 있을 정도로 술이 익는데, 발효 7일 후 그러니까, 땅 속에 묻은지 7일째부터는 단맛이 나고, 다시 7일 후에는 쓴맛과 신맛을 냅니다. 그러다가 셋째 7일 후부터는 단맛과 쓴맛, 신맛이 없어지면서 송죽 오곡주 특유의 은은하면서도 거의 술 냄새가 나지 않는 '곡차의 맛과 향'이 후각을 자극합니다."고 말한다.

조영귀 스님은 또 "이와 같은 맛과 향기의 원천은 바로 진묵전 옆의 바위틈에서 흘러나오는 석간수의 효능이 아닌가 생각합니다. 이 약수에 환부를 담그거나 마시기만 해도 피부병, 신경통, 위장병 등에 놀라운 효험을 볼 수 있습니다."고 설명한다.

그러나 스님의 약수 효능에 대한 자랑(?)을 전적으로 부인한다고 하더라도, 이 술의 덧술에 함께 들어가는 재료들을 살펴보면, 하나같이 몸에 좋은 것들임을 알 수 있다.

덧술에 함께 넣는 콩·조·수수·쌀·보리 등 오곡의 풍부한 영향은 물론이고, 갖가지 약재가 추가됨으로써 이것들이 함께 어우러져, 그 신비로운 맛과 향기를 띄게 되는 것이라 생각 된다.

때문에 스님들의 입장에서 볼 때, 산중 생활의 고행

에서 오는 영양과 신체적 불균형을, 술이 아닌 '곡차'로 다스렸음은 결코 핑계가 아닌 것으로 생각된다.

조영귀 스님은 "이 술은 당뇨병에 효험이 있음은 물론 전신피로회복 · 강장 · 강정작용 그리고 주독제거의 효과가 있으며, 해열작용이 있어 마셔도 열이 오르지 않는 것이 특징"이라고 한다.

특히 오미(五味)를 느낄 수 있는 술로 6℃ 이하로 차게 해서 마시면 더욱 부드럽고 순한 맛과 향을 즐길 수 있는 것.

전통 · 토속주 중 으뜸인 약효와 향기의 명약주

송죽 오곡주를 빚게 된 동기 자체가 높은 산중에서의 고산병과 영양수급의 균형을 위해서였던 만큼, 원기회복은 물론 신경통, 신경쇠약, 동맥경화 예방에 효과가 있는 것만은 분명한 것 같다.

이같은 사실을 뒷받침하는 근거는 덧술에 들어가는 각종 약재의 성분이 임상학적으로 증명되고 있기 때문이다.

예를 들면 감초는 독성제거와 중화제 역할을 하여 예로부터 한약재와 조미료에 널리 이용되어 왔고, 구기자는 상약(上藥)으로 알려진 만큼 그 효능도 뛰어나 간장기능 강화, 콜레스테롤 억제작용, 동맥경화 예방에 뛰어나다는 것이 증명되고 있다.

하수오는 강장·강정 및 완화제로 쓰이고, 야생 국화는 눈을 밝게 함과 동시에 머리를 좋게 하고, 신경통과 두통·기침에 효과가 있으며, 식용증진과 건위·피로회복·녹내장 등에 효능을 인정받고 있다. 또 국화는 술의 향을 돋워 술맛을 좋게 한다.

당귀는 통경·진통·조혈·강장 등의 효능이 있는데, 특히 여성을 위한 강장약에 거의 이 당귀를 쓸 정도로 여성 건강에 효과가 뛰어난 것으로 알려지고 있는 것은 주지 할 사실이다.

특히 솔잎은 《동의보감》에 "풍습창을 낫게 하고, 모발을 나게 한다. 오장(五臟)을 편하게 해주어 주리지 않고 연년(延年)할 수 있다." 했으며, 오미자는 너무나 잘 알려져 있듯이 "체질이 허약한 경우와 피로·권태감·무기력증을 해소해 주며, 강심작용과 순환기계 관계개선·혈압 안정·땀을 많이 흘리는데, 신경쇠약에 효과가 있다."고 기록되어 있다.

하여, 여러 전통·토속주 가운데 가장 약효와 향기가 좋은 술로도 알려지고 있는 것이 송죽 오곡주이다.

더욱이 산사에서 빚어져 온 관계로, 저간의 금주령이나 밀주 단속 등 여러 사정에도 구애됨이 없이 3백여년간 한 번도 그 맥이 끊이지 않고 이어져 온 명약주라는 사실에서 송죽오곡주의 진가를 찾아야 할 것이다. 酒

'주중지왕(酒中之王)' 민비 집안의 가양주

가야곡 왕주

노령산맥의 끝자락 태봉산을 등지고 있는 논산군 가야곡면(加也谷面)은 강응정 효자를 비롯한 많은 효부·효자를 배출한 고장으로 유명하다.

마을 곳곳에 정문(旌門)과 비(碑)가 세워져 있어, 효·열부(孝·烈婦)의 고장임을 한눈에 알 수 있게 한다.

이곳에 왕가의 전통·토속주를 빚고 있는 집이 있어, 그 집 안주인 남상란 씨(51세)를 찾았다.

남편의 외조로 우리 술 지키는 여인

술이란 것이 우리네 식생활에 있어서 절대적인 자리를 차지하고 있는 실정이고 보면, 올바른 식생활 못지 않게 좋은 술의 선택은 건강유지의 첩경이 아닐 수 없다.

"사실은 남편(이용훈, 51세, 반야주조장 대표)이 사업의 위기를 맞으면서 그 타개책을 궁리하던 끝에 친정의 가양주를 떠올리게 되었고, 남편과 함께 그 재현에 뛰어들게 됐어요. 어려서부터 친정 어머니의 술 빚는 일을 도우면서 터득한 기술이어서 재현하는데는 어렵지 않았어요. 다만, 어떻게 하면 현대인들의 입맛에 맞는 건강주를 만들 수 있을까 하는 것이 과제였어요. 그래서 남편이 좋은 원료(물)를 찾는 일과, 요즘 사람들의 구미(口味)를 맞추려는 연구로 고생이 많았어요. 술 빚는 법은 옛법을 고수하되, 맛을 보다 좋게 하기 위해서였지요."

사실, 남상란 씨의 남편 이용훈 씨는 21세 때부터 이 고장의 토속주로 명성이 높은 '가야곡 동동주'를 30년 동안 빚어왔다고 한다.

이씨의 부친(이연학, 76세)은 지난 '63년 '노성양조장'을 인수·운영해 오다, 아들 용훈 씨에게 가업으로 물려주었다. 그간 '가야곡 동동주' '빽빽주'로 이 지역과 인근의 공주, 부여, 금산, 전북 완주 등지에 이름을 날렸었는데, '90년대 접어들면서 급격한 생활환경의 변화로 막걸리와 동동주 등 전통의 토속주가 외면 당하게 되었던 것.

양주에 밀려 설자리를 잃고 있는 국내 전통·토속주 시장은 물론, 외래주에 우리의 고유한 입맛을 빼앗기고 있는 현실과, 가업의 위기 사이에서 고민하고

있는 남편에게 친정의 가향약주를 빚어 볼 것을 권하고 그 비법을 알려주게 된 것으로, 이젠 남상란 씨가 남편보다 술빚기에 더 열정을 갖게 되었다 한다.

남상란 씨의 남편 이용훈 씨는 "요즘에는 농촌 들녘에서조차 막걸리 대신 맥주를 마시고, 새참으로는 중국요리에 커피까지 배달해다 먹고 있지 않습니까. 전통 명주 '왕주' 개발은 그러한 현실에 대한 반기였고, 가업을 지켜 나가야겠다는 각오에서 비롯되었다고 할 수 있습니다. 그간의 고생은 말로 다 못하지요."하면서 자리를 떴다.

명성황후 민비 집안의 가양주 다시 살렸다

남상란 씨는 공주 가는 길목의 노성이란 마을에서 출생, 21살 나던 해 한 마을에 사는 이용훈 씨에게 출가했단다.

시아버지께서 가업으로 꾸려오던 양조장을 물려받아 남편과 함께 운영해 왔는데, UR 타결 이후 수입개방이 본격화되면서 전통·토속주 업계가 고사 직전에 이르렀고, 막걸리도 그 소비량의 절대 감소로 가업이 심한 타격을 받기에 이르렀다는 것.

이에 남상란 씨는 친정 어머니로부터 배운 가양주로 새로이 활로 개척에 나섰던 것인데, 의외로 손님들의 반응이 좋았다고 한다.

사실, 남상란 씨의 '새로운 모색'은 남편 이용훈 씨

의 남다른 외조와 노력의 결과라고 하는 것이 옳다.

이용훈 씨는 "건강에 좋은 술은 많지 않습니다. 왕주는 술을 즐기는 한편으로, 보신과 건강을 유지할 수 있는 술이라는 점에서 손님들이 즐겨 찾고 있지요. 왕주를 마셔 본 사람들은 '가야곡 막걸리 만드는 곳에서 만든 술이구먼!' 합니다. 그간 '최고의 술을 만들겠다'는 신념으로, 전국의 양조장과 이름난 술들을 연구해 왔습니다. 그 결과 물이 가장 중요하다는 결론을 내렸지요. 좋은 물 찾기 수 년만에 이곳 가야곡의 지하 150m 암반수를 발견, 처갓집 가향약주를 '가야곡 왕주'라는 이름으로 선을 보이게 되었습니다."고 말한 바 있다.

남상란 씨의 친정은 의령 남씨 가문으로, 조선조 고종의 비인 명성황후, 곧 민비 집안과 친척간이다.

누대로 궁중의 술을 빚어 가양주로 즐겨왔는데, 남 씨의 친정 어머니(성주 도씨, 화희)가 그 기능을 보유하고 있다가, 딸인 남상란 씨에게 전수하게 되었다고 한다.

결국, 남상란 씨는 친정의 가양주를 시댁인 전주 이씨 집안에 다시 전하게 됨으로써, '가야곡 왕주'의 탄생을 보게 된 것이다.

전국에서 가장 큰 누룩, 흰무리 쪄 덧담근 술

가야곡 왕주는 과연 '주중지왕(酒中之王)'인가.

왕주가 첫선을 보이게 된 것은 지난 '91년으로서, 생산 초기부터 상당한 반향을 불러 일으켰다.

그도 그럴 것이 대를 이어 농주를 빚어 온 양조기술을 바탕으로, 물 좋기로 유명한 가야곡에서도 지하 150m의 지하 암반수를 용수로 해서 빚어낸다는 점에서, 그리고 무엇보다도 명문 민비 집안의 가양주라는 사실에서 이름도 '주중지왕(酒中之王)' 그대로 왕주(王酒)가 된 것이다.

왕주를 빚는 과정을 남상란 씨에게 물으니 고개를 설레설레 흔든다.

'밑천을 다 보여주는 사람이 어딨냐.'는 것이다.

하여, '술이 좋은 까닭을 전혀 알 수 없다.'는 식의 협박(?)을 한 끝에 알아낸 왕주 빚는 법은 이렇게 정리된다.

좋은 술의 기본은 누룩에 있는 터여서 누룩 제조 과정을 찬찬히 캐물었다.

씨는 "먼저 거피한 통밀을 깨끗이 씻은 뒤, 건져서 맷돌이나 방앗간에 가져가 너무 거칠지도, 곱지도 않게 갈아서 물을 뿌려가면서 반죽을 하는데, 물은 밀의 20% 정도를 넣는다. 이를 베보자기나 마대자루에 담고 발로 사정없이 디뎌서 굳히는데, 자루에 싼 그대로 선반에 짚을 깔고 띄운다."고 설명한다.

실제로 누룩의 크기를 보니, 이제까지 보아왔던 어떤 누룩보다 두께나 크기가 큰, 지름 30cm 이상으로 초대형이었다. 어림잡아도 반말(5되) 정도의 양은 되어 보였다. 이는 지금까지 보아왔던 전국의 전통·토속주 중에서 가장 큰 누룩이다.

누룩 디디기가 끝나면 제국실(製麴室)로 옮겨 발효에 들어가는데, 실내 온도 27~30℃에서 20일간 띄운다. 발효가 고루 이뤄지도록 2~3일 간격으로 뒤집어 준다.

자루를 벗겨 누룩의 발효상태를 살펴보니, 과연 '어쩌면 이렇듯 누룩이 뽀얗고 누르스름하고 향기도 좋고 깨끗할 수가 있나' 싶을 정도였다.

지금까지 알려진 바로는 부산의 산성막걸리(토산주)의 누룩이 '전국 제일'이라고 했는데, 가야곡 왕주의 누룩 또한 결코 뒤지지 않을 것 같다는 생각이 들었다.

야생국화·오미자·구기자·솔잎 등으로 빚고 저온에서 100일간 숙성시켜 부드럽고 상쾌한 맛

왕주는 덧담근 약주이다. 밑술을 만드는 데 있어, 멥쌀 24kg을 물에 씻고 10시간 이상 불려서 가루로 빻아 백설기(흰무리) 떡을 찐 뒤, 차게 식혀서 덩어리진 것 없이 하여 가루로 빻아 법제한 누룩 13.2kg과 물 130 l 를 고루 섞어 항아리에 안친 뒤, 20~23℃ 정도 되는 실내에서 7일간 발효시킨다.

밑술이 익으면 찹쌀 80kg을 고두밥 지어 식힌 뒤, 누룩 16kg과 가공하지 않은 상태의 건조한 야생 국화, 구기자, 오미자 각 1근씩과 약간의 솔잎, 물 120kl를 발효가 끝난 밑술과 잘 섞어서 소독한 항아리에 담아 밑술과 같은 온도·같은 장소에서 다시 10일간 발효시킨다.

이어 술이 익으면 걸러서 병에 담은 뒤, 10℃ 이하 되는 그늘진 실내에서 1백일간 숙성시키면 주중지왕(酒中之王)의 왕주를 얻게 된다.

왕주는 여느 술과는 다르게 오랜 시간 저온 숙성시킨 까닭에 술맛이 부드럽고 상쾌한 맛을 주며, 국화·구기자·오미자·솔잎 등의 약재가 들어가 보신의 역할까지도 한다.

애주가들의 ."다른 술과는 다르게 시원하고 깨끗한 맛이 일품이며 전혀 숙취가 없다."는 호평을 받는 것도 이 때문이다.

외국에까지 수출, 전통주에 대한 새로운 자리매김

남상란 씨 부부가 함께 빚는 가야곡 왕주는 지난해 초 본격적인 생산에 들어갔는데, 국내 시장의 높은 점유율은 물론, 미국· 일본· 홍콩 등 외국에까지 수출계약을 체결하는 등 그간 잃어버렸던 전통·토속주의 위상과 음주문화를 정립시켜 나가는 한편으로, 왕주를 세계적인 술로 자리잡기 위한 노력을 거듭하고 있다.

남 씨는 "가야곡 왕주의 독특한 맛에 매료된 애주가들의 주문과 입에서 입으로 전해져, 왕주를 찾는 사람들이 날로 늘어나자, 그간 외면하기만 했던 아들 준연(한남대 졸, 27세)도 자청해서 대를 이은 왕주 빚기에 여념이 없다."고 말해, 남 씨의 얼굴에서 '사는 재미', '자식 키운 재미'를 느끼고 있음을 살필 수 있었다.

어떻든 우리는 술을 마실 때의 마음을 정(精)하고 정(正)하게 할 일이다.

술이란 한 사람의 지극한 정성을 마시는 것으로, 마시는 사람의 자세가 더 중요하며, 그 자세에 따라 술맛 또한 달라지는 법이다. 또 흥취를 위해서 마신다 할지라도 좋은 음식이자 약으로 알고 마셔야 할 일이며, 좋은 음식을 먹고 뒤가 지저분해지는 일은 더욱 없어야 할 것이다. 酒

불로초와 구기자, 늙지 않는 생명의 약

청양 구기자주

불로장수, 곧 영생(永生)을 꿈꾸어 보지 않은 사람은 없다. 누구나 오래 살기를 염원하지만 아직까지 불로장생 했다는 사람은 없다.

천하를 얻고도 죽음 앞에서는 무기력 해질 수 밖에 없는 것이 인간이기에, 중국의 진시황도 천명(天命)을 거슬르지 못했다.

그런데 진시황이 찾고자 했던 불로초(不老草)가 바로 구기자였다는 설과 함께, 다른 속설이 있어 귀를 번쩍 뜨이게 한다.

그러니까 옛날도 아주 오랜 옛날의 얘기다.

어느 날 한 나그네가 길을 가는데, 머리가 새까만 젊은 여인이 백발이 성성한 노파를 향해 야단을 치면서 회초리로 종아리를 때리고 있어, 이를 본 나그네가 이상하게 여기고는, "어찌하여 젊은 여자가 노파를 이렇듯 매를 때리는가."고 물었다고 한다. 그러자 그 젊은 여인이 말하길, "이 사람은 내 딸인데 얘가 시집갈 때 내가 그렇게 일렀건만, 삼십년만에 친정에 온 이 애가, 에미가 이른 말을 듣지 않아서 이렇듯 머리가 하얗고 에미보다 늙어버렸으니, 에미의 말을 듣지 않은 자식은 매를 맞아야 한다."면서 매를 때리더라는 것이다.

또 다른 속설로는 5대에 걸쳐 대대로 장수하는 집안이 있어, 그 연유를 캐보려 했으나 알지 못하다가, 그 집 우물가에 큰 구기자 나무가 있더라는 것이다. 그래서 우물을 들여다 보았더니 그 구기자 나무 뿌리가 우물 속으로 뻗어 있고, 그 뿌리 사이로 샘물이 솟아나오며 물을 약수(藥水)로 만들고 있더라는 것이다.

그 약수를 매일 마셨기 때문에 대대로 장수할 수 있었다 한다.

어디까지가 사실이고 어디까지가 과장인지는 모를 일이나, 아무튼 구기자의 약효는 이렇듯 신비스러운 것으로 전해지고 있다.

청양 농촌지도소 주축, 토속주 개발 본격 추진

청양 지방에 오래 전부터 구기자를 이용한 전통 토속주가 빚어지고 있다 하여, 그 기능보유자인 임영순(58세) 씨를 만나 구기자주의 제조 방법에 대해 살펴 볼 수 있었다.

임영순 씨는 홍성 출신으로, 청양군 운곡면 광암리 정기채 씨에게 시집을 왔는데, 정씨 집안에서 가양주로 빚어져 오던 술이 구기자주였다고 한다.

임씨는 "시어머니(최규은 씨)로부터 그 제조방법을 배웠다."면서, "시집을 와 20세 되던 해에 남편을 일찍 여의고, 몇 해 전 시어머니 마저 돌아가시자, 이제는 아들(정병구, 37세)과 며느리(최미옥, 35세), 그리고 손녀딸과 함께 단출한 살림을 꾸리면서 가양주의 맥을 이어 가고 있다."고 한다.

한편, 청양 구기자주는 현재 청양군 농촌지도소가 주축이 되어 특산품으로서의 개발을 서두르고 있다.

청양군은 이를 위해 구기자주에 대한 고증자료 수집과 함께, 가양주로서 구기자주를 빚고 있는 민가와 고령의 노인들을 대상으로 탐문하는 조사도 병행하고 있어, 그 귀추가 주목된다.

그런데 여기서 간과할 수 없는 사실은《규합총서》를 비롯하여《지봉유설》,《송암집》,《양주방》 등 옛 문헌에는 구기자주를, '술에 구기자를 가미한 술'로 언급하고 있어, 지금의 임영순 씨를 비롯한 민가에서의 양조법과는 크게 다르다는 점이다.

막누룩에 구기자, 엿기름, 솔잎 사용하는 등 특이한 술빚기

구기자주는 주원료인 누룩 빚기 부터가 색다르다. 일반 전통·토속주들이 쓰고 있는 누룩은 밀을 빻아다가 물을 붓고 반죽하여 성형을 한 다음 띄우는 것인데 반해, 청양 구기자주는 통밀을 물에 바로 씻어서 빻아가지고 마포대에 눌러 담고 마루나 밖에 층층히 쌓아 둔다.

한여름 날씨면 20일 정도 띄워 쌓아 두었던 포대자루를 내려서 따로 따로 두고 10여일 더 띄운다.

고루 잘 뜬 누룩은 하얀 곰팡이가 뽀얗게 피는데, 이를 방망이로 두들겨 빻아 3일 밤낮으로 햇볕에 말리고 이슬을 맞혀 쓴다.

그러니까 누룩은 밀을 물로 씻을 뿐 따로 물을 넣지 않으며, 누룩틀에 담고 발로 디디는 등의 성형과정과, 짚 위에서 띄우는 발효과정을 생략한, 이른바 막누룩(섭누룩)이랄 수 있다.

술 빚기에 있어, 밑술은 멥쌀과 찹살을 반반씩 섞어 그 양을 10kg으로 하여 세미한 후, 한나절 (12시간)가량 불렸다가 물기가 빠지면 고두밥을 짓는데, 솔잎 1kg을 켜켜로 안친다(솔잎은 임씨가 술맛과 향기를 더 좋게 하기 위해 넣은 것으로, 본래의 구기자주에는 솔잎을 넣지 않는다).

고두밥이 식는 동안 약재를 달인 물 5되를 준비한다. 구기자 열매와 뿌리(여름철에는 구기자나무 뿌

리 대신 잎을 넣는다), 갈근 각 2㎏씩 6kg을 5되의 물에 넣고 달여 4되가 되거든, 차게 식혔다가, 준비해둔 고두밥과 누룩 15㎏, 엿기름 1㎏을 함께 섞은 뒤, 지하 샘물 50 l 를 붓고 잘 저어준다.

이때 구기자 등 약재의 건더기도 버리지 않고 함께 넣는다.

술을 안친 술독은 18~20℃ 되는 실내에서 봄·가을· 겨울철에는 1주일, 여름에는 지하 서늘한 곳에서 1주일 정도 발효시킨다.

밑술이 익거든 멥쌀 30㎏으로 고두밥을 쪄서 식혔다가 누룩 25㎏과 물 80 l 를 붓고 잘 섞은 뒤, 새 술독에 담고 밑술도 함께 쏟아 붓는다. 밑술과 덧술이 잘 섞이도록 적당히 저어주고 18~20℃ 되는 방안에서 8일 정도 발효시킨다.

술이 다 익으면 술독 가장자리에 뚜렷한 테가 생기면서 골이 생긴다. 술 뜨기 하루 전에 용수를 박

아두면 진노랑색의 향기로운 구기자주를 얻는다.

용수에서 뜬 술은 재차 체로 걸러서 술 찌꺼기가 남지 않게 하여 10~15℃ 되는 서늘한 곳에서 1주일간 숙성시켜 마시는데, 알코올함량 18~20%로, 구기자의 약효성분이 잘 우러나, 약간 새콤하면서도 독특한 향과 함께 시원한 맛과 감미가 그만이다.

혈중 콜레스테롤을 떨어뜨려 성인병 예방 · 치료에 큰 효과

한편, 술이 남아 오래되거나 변질될 우려가 있다 싶으면, 소주를 내리기도 한다.

"한여름을 앞두었거나 술이 많이 남아 상할성 싶어지면 재래식 소주고리로 증류를 시켜 소주로 만들기도 합니다. 구기자 소주 역시 주도가 약 40% 정도로 비교적 독한 술이지만, 구기자 특유의 은근한 향기와 약효가 있어, 마시기에 부드럽고 머리가 아픈 법이 없습니다."

임 씨는 광으로 가더니 조심스럽게 술 한 병을 들고 나왔다. 구기자주였다.

갖은 반찬에 술상을 차려내 놓고는 '어서 마셔보라'고 성화다.

《동의보감》과 《의학입문》 등의 전통 한의서에 "구기자는 독이 없고 피로회복과 정력 증진, 뼈와 근육을 튼튼하게 해주는데 특효하며, 위장과 신장 · 간장 · 심장 등 인체 주요기관의 질병치료에 약효가 뛰어나다."고 수록되어 있다.

그런데 이러한 옛 문헌상의 기록이 아닌, 현대 과학에 의해 밝혀진 구기자의 효능이 옛 기록과 거의 일치하고 있어 주목된다.

최근 일본의 요코하마 국립대학의 한약연구센터가 실시한 〈구기자의 효능 연구, 분석 결과〉라는 보고에 의하면, "구기자는 혈중 콜레스테롤을 떨어뜨려 혈액순환을 촉진시키는 등 성인병 예방과 치료에 큰 효과가 있다."고 밝히고 있기 때문이다.

옛부터 구기자는 불로장수의 약재로 불려지고 있는 만큼, 장복할 경우 장수불사의 전설이 바로 자신의 얘기가 될 지도 모른다. 酒

질 좋은 술빚기와 '우리것 지키기'의 외로운 길

남해 유자주

경남 남해의 유자주(油子酒)를 찾아 갔을 때는 이제 막 벚꽃이 북상을 시작하는 4월 초순이었다.

남해대교를 건너면서부터 터널을 이룬 꽃길은 가도 가도 끝이 없을 듯 현란한 손짓으로 나그네를 반기고 있었다.

그러나 이내 꽃길이 끝나면서 지루한 여행이 계속되었다. 벚꽃터널을 빠져나오자 마자 굵은 빗방울이 날아들었고, 초행인 데다 비까지 내려 더욱 멀게만 느껴졌던 것이다.

옹서지간의 술빚기

'이렇게 먼 곳인 줄 알았더라면 차라리 되돌아가는 편이 더 나았을걸' 하는 후회의 눈빛을 읽었던지, "먼길 오시느라 고생이 많았죠?"라면서 젊은 남자가 손을 내민다.

"글쎄 말입니다. 약속만 하지 않았다면…"

손을 맞는 주인의 인사에 대한 나의 대꾸치고는 퉁명스럽기가 이를 데 없었다.

찻잔을 경계로 마주앉으며, 얘기가 계속되었다.

젊은이가 시골에 파묻혀 돈도 되지 않는 일을 하게 된 배경에 대해, "연로하신 장인 어른께서 지병(持病)으로 고생하신 데다, 자금이 딸려서 고전하고 계신 것을 그냥 볼 수만은 없었어요. 그래 자청(自請)해서 이어 받았던 것이지요. 또 좋은 사업 같기도 하고. 1993년 5월 29일부터 본격적인 생산을 시작했는데, 1년이 다 넘도록 이렇다 할 뚜렷한 성과가 없어 장인 어른께 죄송할 뿐입니다."고 말한다.

남해 유자주 대표 유용식 씨의 막내 사위이자, 현재 유자주를 빚고 있는 강상태(34세) 씨의 말이었다.

강씨의 덧붙이는 말에는 뼈와 가시가 숨어 있었다.

"우리 사회 실정이 거의 모든 분야에서 그렇듯이 도시집중 사회, 다시 말하면 '서울 중심 문화'를 형성하고 있어, 이런 벽지에서 아무리 좋은 술이 생산되고 있다 하더라도 알아주지 않는 데다, 영세규모의 사업자로서는 대기업처럼 광고를 할 수도 없어, 이중 삼중으로 어려움에 직면해 있습니다. 서울의 모 신문사, 방송국에서 취재를 해 가곤 했지만, 단

한 번도 제대로 보도해 준 적이 없습니다. 그러니 박선생님 오셨다 해도 시큰둥할 수 밖에요."

취재협조를 위해 하루 품을 버릴 정도로 정성들여 응해 주었지만, 어찌된 일인지 '함흥차사' 더라는 것이 강상태씨 얘기의 핵심이었다.

기대가 크면 실망도 큰 법인가. 거듭해서 실망감만 안게 된 강씨였다.

"한 때 회의감이 일어나기도 했으나, '남에게 의지하고 않고 자력으로 일어서겠다' 는 결심으로 '질 좋은 술' 빚기와 '제품의 다양화' 에 신경을 썼고, '욕심' 을 비웠습니다."

누룩에도 유자채 넣고 오랫동안 발효시켜

강 씨는 하루라도 빨리 성공을 하겠다는 조바심과 의타심을 버리자, 마음이 가벼워지면서 주위에서 '술맛이 좋아졌다' 고 하더라는 것. 사실, 강상태 씨의 그러한 얘기는 외로운 길을 가고 있는 자신과의 싸움에 대한 자신감의 결여에서 기인한 것으로 가볍게 보아 넘길 수도 있겠지만, 다른 한편으로는 그만큼 '우리것 지키기' 에 무관심한 현대인들과 그 세태상을 반증해 주는 얘기로 받아들여졌다.

강상태 씨로부터 유자주의 제조비법과 그 과정을 전해 들을 수 있었다.

'가능한 한 옛법을 지키려 노력한다' 는 강 씨.

그의 유자주를 만드는 법은 이렇게 정리된다.

먼저 누룩을 만드는 데, 그 과정이 여간 까다롭지 않거니와 정성을 요구한다.

누룩은 초겨울에 딴 유자를 깨끗히 씻고 물기를 없앤 다음, 속청을 제거하고 껍질을 채 친다. 이어

서 밀을 맷돌에 거칠게 갈아서 유자생채와 물을 섞어 되게 반죽을 한다. 삼베보자기로 반죽을 싼 뒤, 누룩틀에 넣고 단단히 디딘다. 25℃ 정도의 따뜻한 온돌방에 쑥이나 짚을 깔고 위를 덮어서 30일 가량 띄운다.

발효가 끝난 누룩은 거칠게 빻고 법제하여 쓴다. 밀과 유자생채의 비율은 8 :2로 한다.

누룩이 준비되면 밑술을 담는데, 찹쌀과 멥쌀 각 8kg을 고두밥 지어 식혔다가 누룩 6kg, 솔잎 100g, 물 24 l 를 붓고 잘 버무려 소독을 한 술독에 안친다. 20℃ 내외의 실내 온도를 유지해 주면서 7일간 발효시키면 밑술이 익는다.

유자주는 예로부터 남해군 남면 당황리의 샘물을 사용해야 제맛이 난다고 하여 지금도 그 샘물을 양조용수로 사용하고 있다.

덧술은 밑술과 같은 비율의 쌀로 고두밥을 짓고 식힌 뒤, 누룩 4kg과 유자생채 2kg, 물 27.2 l 를 함께 섞어서 밑술에 그대로 붓고 창호지로 덮어 2개월 가량 발효시킨다.

감기와 거담, 피부미용에 효과 혈액순환 돕는 건강주

덧술 발효에 요구되는 실내 온도는 15~18℃가 적당하다.

공기가 통하는 암소에 보관하되, 여느 술과 같이 덧술과 밑술을 섞지 않는다. 밑술 위에 덧술을 그냥 쏟아 붓고 그대로 두어야지, 서로 섞게 되면 술이 상한다고 한다.

그 이유를 물었더니, "어찌된 일인지 다른 술과 같이 서로 섞어 주어야 발효가 잘 될 것 같은데, 그렇지 않고 시거나 맛이 변하는 등 술이 되지 않는다."는 것이었다.

이러한 술빚기는 '김포 동동주'를 비롯한 극소수의 토속주에서 엿볼 수 있는데, 이렇다 할 뚜렷한 이유를 밝힐 수는 없었다.

어쨌든 이렇게 해서 술빚기가 끝나면, 채주하여 여과시켜 마신다.

유자색의 황금빛을 띤 유자주는 술이라기 보다는 감기와 거담해소 등 민간요법의 약으로 애용되어 왔다고 해야 더 옳다.

유자는 신라시대 때 장보고가 중국에서 들여 온 것으로 전하는데, 제주도와 전남의 진도, 고흥, 해남, 경남의 남해와 거제도 등 남해안의 일대에서 많이 재배되고 있다.

경남 남해에서 유자주가 빚어지게 된 정확한 시기는 알 수 없으나, 유자의 효능이 감기와 거담해소, 모세혈관을 보호하고 튼튼하게 해주는 작용을 감안, 조선시대에 이르러 누룩에 유자를 넣는 방법을 이

용, 술을 빚었을 것으로 추측된다.

현재의 유자주는 한일 합방 이전까지는 경남 남해 지방에서 빚어졌다가, 일제에 의해 그 명맥이 끊겼던 술이다.

이에 유용식 씨가 이 지역에 사는 고령의 노인들로부터 그 비법을 캐묻는 식의 탐문과 실사를 바탕으로, 지금의 '남해 유자주'를 재현하는 데 성공, 세상에 내놓게 되었던 것이다.

이를 계기로 유용식 씨는 1991년 특허등록을 마쳤으며, 농림수산부로부터 전통식품 가공업체 경남 제20호지정과 과거 교통부로부터 관광·토속주로 지정된 술이다.

황금 빛 술 빛깔의 유혹

사실, 유자는 맛과 향이 뛰어날 뿐만 아니라, 예로부터 감기몸살 증상과 신경통, 요통, 관절염에 대한 소염작용이 있으며, 혈액순환과 피부를 윤택하게 하여 피부미용제로 널리 알려져 있다.

또 유자의 향기는 머리를 맑게 하여 기억력을 되살리고, 창의력을 발휘시킬 뿐만 아니라, 두뇌의 뇌세포 재생력 촉진제 역할을 한다는 점에서 최근 각광을 받고 있는 과실이다.

이러한 유자를 원료로 한 유자주인 만큼 그 효과를 기대할 수 있을 것으로 생각된다.

"우리나라의 전통주 가운데 몇 종류의 술을 맛 보셨는지는 모르겠으나, 약주 가운데 유자주 만큼 빨리 취하고, 빨리 깨는 술은 거의 없을 것입니다. 특히 유자 특유의 향기는 물론이고, 그 빛깔이 이처럼 황금빛을 띤 술은 맛보질 못했을 것 입니다. 어때요, 멀리까지 온 보람이 있습니까?"

그랬다. 보기 드물게 유자주는 그 색깔이 황금빛을 띠고 있었고, 술잔을 가까이 하지 않더라도 은은한 유자향기가 방 안을 가득 채우고 있었다.

더욱이 알코올 함량이 15%에 그쳐서 마시기에도 부드럽고, 대취해도 전혀 숙취가 없다.

감기에 자주 걸리거나 스트레스 등으로 인해 심적 불안정, 신경과민, 자율신경 실조증후군의 증상이 있는 사람들에게 효과가 좋으므로 꼭 마셔 볼 만한 술이다. 酒

신라시대의 국민주로 애용된 국화주

경주 황금주

천년 고도 경주에 가면 교통법주 외에 가향주(加香酒)로서 황금주(黃金酒)가 있다.

《삼국사기》를 보면, "신라 제49대 헌강왕 8년, 왕이 반월성 월상루에 올라 서라벌을 굽어보니, 용마루와 용마루가 서로 맞닿아 기러기처럼 이어졌고, 거리에는 풍악소리가 그치지 않아 '가히 태평성대로구나' 하셨다."는 기록이 전한다.

또한 "민가에서는 국화꽃잎을 따서 술을 빚어 마셨다."고 했다.

여기서 경주 황금주(黃金酒)의 유래를 찾아 볼 수 있다.

당시의 이 국화주는 문헌상으로도 황금주로 기록되어 있기도 하거니와, 곡주 특유의 담황색 빛깔을 띤 데다, 노란 황국(감국(甘菊))을 넣어 빚은 까닭에 황금 빛깔을 띠었으리라는 것은 누구나 알 수 있을 것이다.

사실, 국화주는 그 향기가 은은하여 옛부터 사대부 집안에서보다는 일반 민가에서 더 즐겨 마셨던 술이라는 것은, 이미 여러 문헌과 기록을 보아서도 알려진 사실이다.

따라서 그 술 빛깔이 특별할 정도로 노랗고 또한 맑고 깨끗한 데에서 황금주라는 술 이름을 얻게 된 것이 아닐까 싶다.

어쩌면, 기와집들이 즐비한 서라벌의 거리와 창문을 통해 발하는 불빛, 풍악이 낭자한 거리를 반월성 월상루에 올라 내려다 보면서 기울이는 국화주라면, 술 빛깔도 서라벌 만큼이나 화려한 황금색을 띠었을 것이라는 짐작은, 멋과 풍류를 아는 사람이라면 누구나 쉽게 할 수 있지 않겠는가.

어쨌든 국화주, 아니 황금주는 통일신라 헌강왕 집권 이전부터 빚어 마셨던 우리의 전통·토속주로서, 무척 오랜 역사를 지닌 술임을 알 수 있다.

황금주에 대한 기록으로는 조선시대의 음식 관련 문헌인 《음식디미방(1598~1680)》과 《요록(1680)》에 그 제조방법을 소개하고 있어, 적어도 조선시대 중엽까지는 반상의 구분없이 널리 빚어졌음을 짐작할 수 있다.

국제 관광도시의 경주, 그리고 고유의 토속주 '황금주'

그러나 언제부터 그 맥이 끊겼는지는 정확히 알 수 없다.

다만 다행인 것은 지난 1990년 7월에 이르러 경주시가 관광객 유치를 목적으로, 《삼국사기》의 기록을 근거로 황금주를 재현하여 이제나마 다시금 천년 세월의 풍류를 한껏 즐길 수 있게 되었다는 사실이다.

황금주 재현에 따른 배경은 대략 이렇게 정리된다.

경주시가 국제관광 도시로서의 위상을 갖추기 위하여 불국사로 향하는 길목에 '신라민속공예촌'을 건립한 뒤, 외래 관광객들에게 향토음식과 함께 전통의 토속주를 보급하려 했으나 마땅한 술이 없어, 《삼국사기》에 기록된 황금주를 전통 토속주로 선정, 각계의 자문을 받아 어렵게 재현한 술이라는 점이다.

당시 (주) 신라개발이 지난 1989년 7월, 국세청으로부터 황금주 제조허가를 받아 양산체제를 갖추고 시판에 들어갔으나, 경영악화로 중단될 위기에 처했었다. 이에 평소 우리의 전통·토속주에 남다른 관심을 갖고 있던 이진완(61세) 씨가 이를 인수하여 1992년 5월 재허가와 함께 대중주로서의 활로개척에 성공한 술이다.

"신라시대부터 일반 서민층에서 널리 즐겨 마셨던 우리 고유의 술을 되살리는 일은, 우리의 뿌리를 찾는 일이라고 생각합니다. 황금주를 보다 다양한 계층, 보다 더 많은 사람들에게, 특히 국제적 관광도시 경주를 찾는 외국인들에게 보급시켜 나감과 동시에, 우리 고유의 음주문화를 정착시키는 데 이바지하고 싶을 뿐입니다. 그러기 위해서는 보다 좋은 술, 그리고 건강은 물론 질병 치료에도 도움이 되는 황금주의 술맛을 높이는 일에 더욱 정성을 쏟아야겠지요. 이것이 제 여생의 길이자 소원이기도 합니다."

경주 황금주 제조자 이진완씨의 설명이었다.

우리나라에서만 빚어지는 '국화주' 옛부터 건강유지 목적으로 빚어

사실, 이진완 씨의 자랑이 아니더라도 국화를 넣어 빚은 술은 그 효능이 뛰어난 것으로 잘 알려져 있다.

옛부터 국화는 '간장기능을 보(補)하고 간의 열을 내려주며, 눈의 충혈과 두통을 해소하는 효능이 있다'고 하여 한방에서 약재로 이용하였음은 두루 알려진 사실이다.

또 《선농본초경》과 《명의별록》에 국화의 효능을 적고 있는데, '국화는 모든 풍과 약풍, 습비 등을 다스린다. 장복하면 혈기를 이롭게 하고 몸을 가볍게 한다'든가, '국화는 요통과 가슴 속의 번열을 덜어주며 위와 장을 안정시킨다'고 했다.

한편, 경북대 식품가공학과 윤형석 교수는 〈황금주의 주질 및 효능에 대한 평가서〉에서 "국화꽃 잎을 이용한 술은 우리나라에서만 전해오고 있으며, 국화주, 황금주라 하여 애용되어 왔다."고 전제하고, "그 효능은 일반적으로 '간장기능 보강, 두통 및 해열과 눈의 충혈을 방지한다' 하여 '평소에 담가 두었다가 건강유지를 위하여, 또한 치료용으로 사용하였다' 한다."고 언급하고 있다.

천년 신라의 유구한 역사와 찬란한 문화 속에 그 뿌리를 두고 있는 황금주는 덧담근 술이다.

그 양조과정과 신비의 비법을 밝혀 본다.

술빚기의 첫 순서로 누룩을 만드는데, 이 씨는 "옛날처럼 소량의 술을 빚는 것이 아니어서 곡자회사에서 생산

한 누룩을 사다 쓴다."고 한다.

옛법에 의한 누룩만들기가 현실적으로 어렵기 때문이라는 것.

멥쌀과 찹쌀, 생국화꽃 넣어

황금주는 멥쌀과 찹쌀 각 22.5kg을 깨끗히 씻어 12시간 담갔다가 건져서 고두밥을 찌는데, 고두밥은 완전히 차갑게 식혀서 누룩 9kg과 효모 180g, 물 45 l 를 넣어 30℃ 정도 되는 실내에서 3일간 발효시킨다. 밑술의 발효가 잘 이뤄지도록 8~10시간 단위로 잘 저어준다.

밑술의 발효가 끝나기 하루 전 날 멥쌀 90kg과 찹쌀 90kg을 함께 섞고 밑술과 같은 방법으로 고두밥을 만들어 누룩 18kg, 물 900 l 를 섞어서 버무린 뒤 밑술과 혼합한다.

새 술독(발효탱크)에 섞어 담고 15~18℃ 정도 되는 실내에서 3일간 발효시킨 뒤, 음지에서 건조시킨 생국화 꽃잎(감국) 450g을 넣고 저어준다.

술이 다 익으려면 16일을 더 발효시켜야 한다.

채주방법은 압착기를 이용 여과시킨 뒤, 2일 동안 침전시켰다가 2차 여과하면 알코올 함량 14%의 황금주를 얻는다.

이렇게 해서 술빚기가 모두 끝이 나는데, 술의 재발효와 변질을 막기 위해 65℃에서 30분간 고온 순간 살균처리한 뒤 마신다.

전통 · 토속주 중 '가장 깨끗한 술'

경주 황금주는 '깨끗한 술'로 정평이 나 있다. 지난 1992년 국세청 기술연구소가 실시한 '전통 · 토족주의 주질 검사'를 한 결과, 타 전통 · 토속주의 혼탁도가 평균 29.3~56.3인데 비해, 황금주는 0.6을 나타내 술빚는 이의 정성과 여과에 따른 노력을 엿볼 수 있다.

술이 그지없이 맑은 황금빛을 띠면서 그 맛이 감미롭고 향기롭다는 것이 주변의 평이다.

황금주는 교동 법주와 함께 특히 경주를 찾는 관광객들에게 인기를 끌고 있다.

취하도록 마셔도 숙취가 없고 뒤끝이 깨끗한 데다, 향취가 더 없이 그윽하기 때문이다.

오늘도 황금주 빚기에 밤낮이 없는 이진완 씨. 이 씨는 어쩌면 황금빛을 띤 황금주의 시적(詩的)이면서도 그윽한 향취에 젖어 옛 조상들의 자취를 더듬어 가느라 행복한 노후를 보내고 있는지도 모른다. 酒

'제삿날 울어도 좋을 국화주나 빚어야지'

함양 국화주

우리의 고유한 전통문학이면서 한국인의 성정(性情)을 가장 잘 표현한 시조(時調) 가운데 유동(流東)이 우종 시인의 '산처일기(山妻日記)'라는 작품이 있다.

그리고 그 작품 가운데 '국화주'에 대한 언급이 있어, 이를 먼저 소개하고자 한다.

한 십년 살다 보면/ 가난도 길이 들어//
열두나 다랑이가/ 줄이 죽죽 금이 가도//당신이 웃는 동안은/ 청산(靑山) 위에 달이 뜬다.//
장마루 놀이 지면/ 돌아 올 낭군하고//조금은 이즈러진 / 윤이 나는 항아리에// 제삿날 울어도 좋을/ 국화주나 빚어야지.//
아직은 두메산골/ 덜 익은 가을인데// 사랑이 응어리로 / 터져오는 밤이 오면// 보리를 쌀이라 해도/ 묻지 않을 양(羊)이어라.//

가난이란 것도 부부의 사랑과 웃는 얼굴로 극복할 수 있다는 것이 이 작품의 첫 수(首)이고, 둘째 수에서는 품 벌러 떠난 남편이 무사히 돌아오면 손때가 묻고 이즈러진, 하나 밖에 없는 항아리에 제사를 핑계로 평소에 쌓였던 설움을 한꺼번에 터뜨릴 수 있는 그러한 제삿날에 쓸 국화주를 이마를 맞대고 빚어야겠다고 하고 있다.

그런가 하면 셋째 수에서는 추수가 멀어 남편은 짐짓 보리를 가지고 '이것이 쌀이오' 해도 '아 참 그렇군요' 하면서 순순히 따라주는 소박한 부부의 사랑을 엿볼 수 있는 작품으로, 이렇듯 순박한 서민의 삶 속에 깃들어 있는 술이 국화주이다.

음력 9월이 술빚기에 좋을 때, 가장 서민적인 술로 애용돼

이러한 국화주가 경남 함양읍 삼산리에서 김광수(40세) 씨에 의해 관광 토속주로 생산되고 있다.

그 고결한 자태와 은은한 향기를 좋아했던 옛 선비들은 국화를 사군자(四君子)의 하나로 꼽았으며, 가을이면 온 산에 흐드러지게 핀 국화꽃을 따서 화전(花煎)을 부쳐 먹었다. 또 술 외에 완상(玩賞)으

로서 창호지로 바른 문의 장식과 베게 속에 넣어 그 운치를 즐겼다.

그간 기록에 의한 문헌과 구전으로만 전해오던 국화주가 세상에 선을 보이게 된 것은, 한 때 잘 나가는 자동차회사에 다니던 김 씨가 "소주와 맥주를 많이 마시는 우리나라 사람들의 음주문화에 변화가 있어야겠다."는 생각과, 옛부터 고향 함양에서 빚어 마셨다던 국화주를 《동의보감》에서 발견하면서 부터이다.

김씨는 그 후 직장을 버리고 《동의보감》의 기록을 토대로 그 제법과 맛을 재현하기 시작했는데, 술의 숙성과정과 온도조절 등에서 수 차례의 실패를 거듭하던 끝에 3년만인 '86년에야 그 맛과 향을 되살리는데 성공했다.

"여기 《국어대사전》을 비롯한 《동의보감》, 《산림경제》 등에 기록된대로 술을 빚어 봤으나 무척 힘들었습니다. 옛날에 있었던 술을 재현하는 일이기에 옛 맛과 향을 살려야 한다는 부담도 있었고, 술에 관한한 문외한이었으니까요. 그래서 전국의 술도가는 안다녀 본 곳이 없을 정도입니다."

국화주는 '청명주'와 더불어 세시주(歲時酒)인데, 음력 9월이 술 빚기에 좋은 시기이다.

늦가을 서리를 흠뻑 머금은 감국(甘菊)을 따다가 지황, 당귀, 구기자 등과 함께 달인 물에 누룩, 고두밥을 섞어 빚는 술로 한방에서는 중풍의 치료제로 쓴다고 한다.

국화주는 우리나라 전역에서 즐겨 마셨던 술로, 그 역사는 멀리는 《삼국사기》와 가까이는 이조 세종때의 《농가집성》, 《사시찬요》에 기록되어 있는 것으로 보아, 매우 오래된 술 가운데 하나로, 또 민가에서 가장 보편적으로 즐겼던 술임을 알 수 있다.

국화, 구기자 등 약재 달인 물로 술 빚어 그만인 향기

김광수 씨에 의해 빚어지고 있는 국화주는 《산림

경제》의 〈제2법〉에 근거하여 재현한 것으로, 그 제법과 과정은 다음과 같다.

"밑술은 찹쌀을 12시간 물에 불려 시루에 찌고 식혀 꼬득꼬득 해지면 누룩과 물을 섞어 '명약사(발효탱크)'에 담아 3일 정도 발효시킨다. 덧술은 밑술과 같은 방법으로 지은 고두밥과 누룩을 섞고 국화와 구기자, 생지황을 섞어 달인 물을 넣는다. 적정한 온도를 유지해 주면서 12일간 발효시키면 주도 16%의 국화주가 만들어진다."

김광수 씨의 설명이다.

이를 구체적으로 설명하자면 이렇게 정리된다.

먼저, 찹쌀 40㎏으로 고두밥 지어 식혔다가 누룩 20㎏, 물 40 l 를 섞어 밑술을 안치는데, 20~25℃의 온도를 유지해 주면서 3일간 발효시킨다. 밑술이 익으면 멥쌀 80㎏으로 고두밥을 짓고 식혀서 누룩 30㎏과 용수 150 l , 그리고 감국, 생지황, 구기자 등 각 1㎏을 20 l 의 물에 넣고 달인 물 7.5 l 를 식혀서 밑술과 함께 섞어 덧술을 안친다.

약재 달인 물은 덧술 용수의 약 5%로서, 중간 불

로 오랜시간 졸이듯 하여 약재의 성분을 우려내 건데기는 버리고 물만을 사용한다.

발효가 끝나려면 20~25℃ 정도의 실내에서 12일간 지내야 한다.

몸이 가벼워지고 기운이 왕성해진다
청혈 해독작용으로 성인병 예방

술이 다 익으면 압축기를 이용, 여과하여 술을 얻는데 맑은 암갈색을 띤다.

"이렇게 얻은 국화주는 혀 끝에 부드럽게 감기는데, 은은한 국화 향기와 함께 구기자·당귀·생지황 등의 약효가 어우러져 그 맛이 신비롭습니다. 아무리 많이 마셔도 뒤탈이 없을 정도로 숙취가 없으며, 마셔 본 사람은 다시 찾게 됩니다. 특히 국화는 지리산의 함양 국화를 으뜸으로 치는 까닭에 옛부터 함양의 국화주를 첫 손가락으로 꼽았답니다."

김 씨의 국화주 자랑은 끝이 없다.

실제로 《동의보감》을 보면, "국화는 청혈해독(淸血解毒)의 약리작용이 있으며, 말초혈관을 확장하고 혈관운동 중추를 억제하는 혈압 강하작용을 해, 고혈압 방지에 효능이 뛰어나며, 국화를 넣어 빚은 국화주는 근육과 뼈를 강하게 하고 골수를 보강하며, 눈이 밝아지는 효능이 있는 약주(藥酒)이다."고 했고, 또 《임원십육지》를 비롯 《증보산림경제》지에도 불로장생의 묘약으로 소개하고 있다.

그리고 중국 한나라 때 부터 전해지는 얘기로는 "사자(使者)가 이 술을 13일 먹었더니 몸이 가벼워지고 기운이 왕성해졌다."는 얘기라든가, "1백일을 두고 마셨더니 얼굴이 화려해지고 백발이 검어지며 빠진 이도 다시 나게 됐다."고도 한다.

이러한 얘기는 어디까지가 사실이고, 그대로 또 믿고 인정하기에는 너무나 황당한 얘기이긴 하지만, 그저 술 마시고 술 취한 사람의 '허풍'과 '과대포장'이라고 속단하기에는 섣부른 감이 없지 않다.

술이라고 하는 것, 특히 우리의 전통·토속주의 경우, 다수는 이른바 '약주'로 인식되어져 그 뿌리를 내려왔으며, 지금도 약효를 얻고자 마시는 이가 한 둘이 아니기 때문이다. 酒

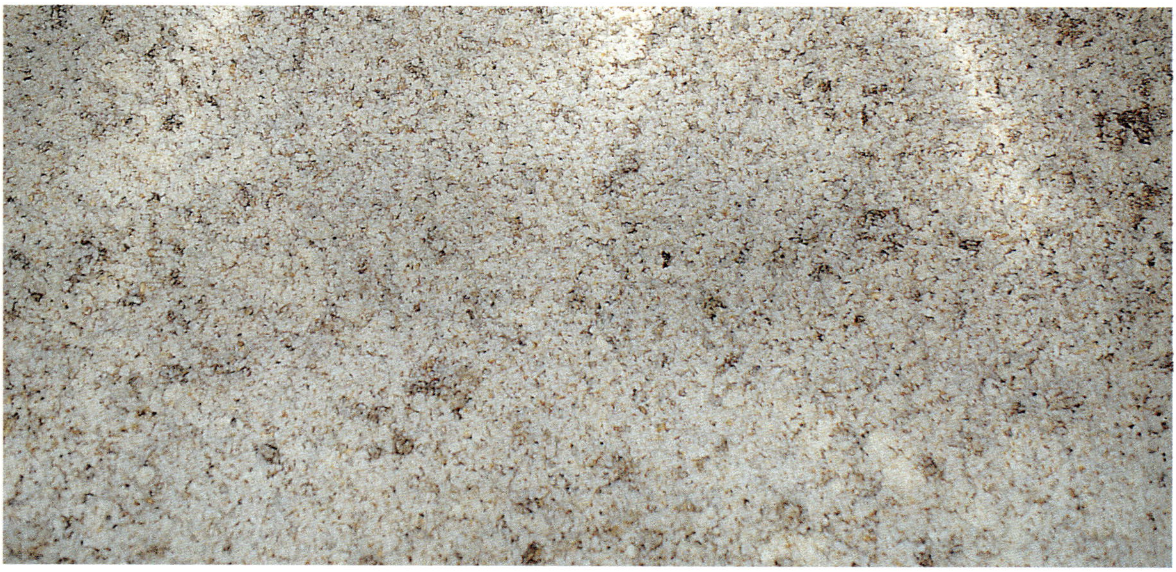

전통주 전성시대의 '우량주' 돼지날 세 번 빚는

태릉 삼해주

현재 전국에서 빚어지고 있는 우리의 전통주들은 일찍이 〈금주령〉과 〈주세법〉에 의한 단속의 눈을 피해 밀주의 형태로 빚어 온 것이 대부분이다.

그런가 하면 아예 맥이 끊겼다가 최근에 와서야 다시 재현되어 빛을 보게 된 술들도 있다.

서울의 태릉 삼해주(三亥酒)는 2백여년만에 재현된 후자의 경우에 속한다.

세간에는 일명 '춘주(春酒)' '백일주(百日酒)'로도 널리 알려졌으며, 전통주의 전성기를 맞았던 조선조에 이르러서는 우량주로, 장안의 주가(酒價)를 높였던 술이었다.

예로부터 우리 민족은 돼지를 '복을 가져다 주는 동물'로 숭상하는 풍속을 지켜왔던 까닭에, 이 돼지를 상징하는 해일(亥日)에 술을 안치되, 12일 간격으로 돌아오는 해일에 덧술을 치는 제법과, 한 달 간격(36일)으로 첫 해일에 덧술을 치는 제법 두 가지의 술이 있다.

또 같은 삼해주이면서도 세 번 덧술을 쳐서 걸러낸 청주와, 술을 걸러내기 전 술덧을 가지고 증류시킨 소주 로 나뉜다.

태릉 삼해주는 청주이자 약주로 나강형(61세) 씨가 그 기능보유자이다. 또 36일 간격으로 돌아오는 해일에 세 번에 걸쳐서 술을 안쳐서 만드는 일명 '백일주'이다.

태릉 삼해주는 가장 추울 때인 정월에 담갔다가, 100일이 지난 4월 중순부터 마시는 술로, 여름철에는 더위를 식혀주는 '건강주'로 애용되어 왔다.

서울 · 경기 · 호남의 전통주로 명성 떨쳐

나강형 씨는 "손이 없는 돼지날에 빚어 마시는 술이요, 또 곡주이니만큼 몸에도 이롭다. 특히 삼해주는 고려시대 때부터 유명주로 주가가 높았던 술로서 조상들의 얼이 담긴, 순수한 전통 명주 중의 으뜸이라고 할 수 있다."며 삼해주에 대한 남다른 애정을 보였다.

삼해주가 등장한 시기는 고려 때로서, 고려조 초기의 《동국이상국집》을 비롯, 30여종의 고문헌에서

삼해주에 관한 기록을 찾아 볼 수 있다.

옛부터 서울과 경기, 호남지방의 전통·토속주로 명성을 날렸으나, 조선조 영조 9년에 이르러 '금주령'과 함께 자취를 감추게 되었던 것이다.

정조 9년에 편찬되었던 《추관지》에 "삼해주가 일반에게 널리 퍼져 술을 빚느라 식량 부족사태가 빚어지자, 형조판서 김동필(1678~1737)의 상소로 영조가 금주령을 내렸다."고 전한다. 그만큼 삼해주의 명성은 대단했던 것.

《동국이상국집》의 저자이자 시와 술, 거문고의 대가로도 널리 알려진 고려시대의 시인 이규보(1168~1241)의 시에,

쓸쓸한 집 적막하여 참새를 잡을만한데
어찌 군후재상의 방문을 생각했으랴.
다시 한 병의 술 가져오니 정이 두터운데

더구나 삼해주 맛 또한 뛰어 났구나.

라고 한 것을 보아, 고려시대 때부터 사대부와 반가에서 삼해주를 즐겨 마셨음을 짐작할 수 있다.

그러던 것이 조선조에 이르러서는 서울 장안의 주가를 높일만큼 일반 서민에 이르기까지 애음하게 되어, 지금의 마포구 공덕동에 위치했던 삼해주 술도가가 쌀을 실어나르는 마차행렬로 줄을 이었다 할

정도로 지나치게 쌀 소비를 초래, 급기야 나라에서는 금주령을 내리게 되었던 것이다.

그 후로는 몇몇 가문에서만 가양주로 빚어지다가, 구한말에 이르러 일제의 의한 주세령으로 말미암아 다시 모습을 감췄을 것으로 추측된다.

나강형 씨가 삼해주의 재현에 관심을 갖게 된 것은 약 10년 전으로 거슬러 올라간다.

나 씨는 "우연찮게 고려대학교 총장을 지내셨던 김상협 씨의 가문에 대대로 내려오던 가양주를 맛보게 되었는데, 그 술이 맛과 향기에서 내가 어렸을 때 고향에서 할머니께서 명절 때

마다 빚어내시던 술맛을 떠올리게 되었다. 할머니께서 빚으셨던 고향의 그 술을 재현해야겠다고 생각해 결행한 일이다."라고 말한다.

나강형 씨가 삼해주를 되살려야겠다고 생각하게 된 배경과, 술빚기에 대한 남다른 애착을 갖게 된 까닭은, 자신이 황해도 출신의 실향민이기 때문.

그래서 그의 망향에 대한 한과 그리움에의 미련이 삼해주의 재현을 위해 10년 세월을 뛰어다니게 했고, 그 결과 성공을 거두었던 것이다.

청계천 일대의 고서점은 물론이고 공공 도서관을 찾아다니는가 하면, 옛 명문가의 가양주를 찾아나서며 자문을 구한 끝에, 10년만에야 삼해주의 옛맛을 살리는데 성공했다는 나 씨.

그는 처음에는 덧술을 치는 과정에서 저온발효의 가능성을 생각지 못해 번번히 식초를 만들어 버리곤 했다고 한다.

한여름에도 시원함과 진한 감칠맛을 주는 술

사실, 삼해주는 여느 전통 · 토속주와는 달리 맑은 공기와 깨끗한 물을 바탕으로, 10~15℃의 낮은 실내온도에서 발효와 숙성을 거치는 것이 가장 큰 특징이랄수 있다.

삼해주는 정월 첫째 해일에 밑술을 빚는다. 밑술은 쌀 2말을 가루내어 시루에 쪄 낸 다음 죽을 만든다. 이때 찹쌀과 멥쌀을 2 : 1의 비율로 배합해서 쓴다.

다음에 물 3말에 누룩가루 3되, 밀가루 1.5되를 고루 섞어서 만들어 둔 죽과 함께 혼합하여 항아리에 담아서 36일간 발효시켜 밑술을 만든다.

둘째달 첫 해일에 밑술에다 덧술을 해서 안치는데, 덧술은 밑술을 만들 때의 요령으로 쌀 3말을 가

루내어 쪄서 죽을 만들고, 누룩없이 물 4말과 섞어 넣고 잘 저어준다.

두번째 덧술은 셋째달 첫 해일, 즉 밑술을 만든지 72일 째 되는 날로, 찹쌀과 멥쌀을 2 : 1의 비율로 섞은 5말을 쪄서 술밥을 만든다. 여기에 끓인 물 7.5말과 섞어 누룩없이 술독에 넣고 잘 저은 다음, 100일째 되는 날 술을 뜨는데, 채주는 술뜨기 하루 전에 용수를 박고, 그 안에 고인 술을 뜨는 것으로 일련의 술빚기가 끝난다.

이러한 까닭에 삼해주를 일명 '삼해 백일주'라고도 하는 것이다.

다만, 장기 저온발효주라는 사실로 미루어 15℃ 이상의 실내에서는 재발효의 우려가 있는 만큼, 냉장고에 보관했다가 마시면 더욱 좋을 것이다.

태릉 삼해주는 1985년 국세청으로부터 양조허가를 받음으로써, 부산의 '산성막걸리'와 경기도의 '부의주'에 이어, 국내에서는 세 번째로 세상에 선보이게 된, 과거 교통부 선정의 관광·토속주이다.

세 번 술 빚고 장기 저온 발효가 특징 한여름 에도 겨울의 기온느껴

태릉 삼해주는 일반에 잘 알려진 '경주 교동법주'나 '한산 소곡주'가 두 번 술을 안치는 술이면서도 고급 약주에 속한다는 점에서, 삼해주는 세 번 빚는 술이어서 그 진가를 발견하기에 이른다.

또 전통·토속주 가운데 드물게 100일간이라는 장기 저온발효를 거치는 까닭에 술맛이 부드럽고 12%의 낮은 알코올함량을 보여 남녀 공히 부담없이 마실 수 있다.

특히는 한여름에도 겨울의 기온을 그대로 지니고 있기 때문에, 여름에 마시면 곡주 특유의 미황색이 주는 시각적 효과와 함께 시원한 감칠맛을 즐길 수 있다는 게, 나강형 씨를 비롯 삼해주를 즐겨 찾는 사람들의 얘기다. 酒

멋과 풍류를 아는 사람들이 즐기는 전통 민속마을의

낙안 사삼주

오랫동안 구전(口傳)과 밀주 형태로 이어져 오던 '사삼주(沙蔘酒)'가 최근 건강을 염려하는 현대인들 사이에 인기를 끌고 있다.

전남 순천시 낙안 민속 마을에 위치한 '낙안 사삼주'는 지난 '85년 박형모(70세) 씨의 집념어린 연구와 수 년간의 양조실험 끝에 빛을 보게 되었는데, 더덕의 약효와 더불어 우리의 전통·토속주가 건강에도 좋다는 인식이 확산되면서, 명절 선물용과 건강주로 꾸준한 신장세를 보이고 있는 것.

전남 순천 지방은 승보사찰 송광사와 함께 임경업 장군이 토성(土城)을 석성(石城)으로 개축했다는 낙안읍성으로 더 잘 알려져 있는데, 정부가 '83년 낙안 읍성마을을 전통 민속마을(사적 제302호)로 지정, 연중 관광객의 발길이 끊이지 않거니와 최근에는 '남도음식축제'의 현장으로 더욱 널리 알려져 있는 곳이다. 또한 국내 여러 민속마을 가운데 옛날 일반 서민층의 생활상을 한눈에 살펴볼 수 있는 곳으로 옛 모습 그대로 잘 보존된 마을로 더욱 유명하다.

낙안 읍성을 들어서기 바로 초입, 이 고장의 토속주로 멋과 풍류를 즐길 줄 아는 사람들 사이에 즐겨 마셨다는 사삼주의 제조장(낙안 민속양조)이 있어, 사삼주 기능보유자 박형모와 씨의 장남 장호 씨로부터 그 제법과 과정을 들을 수 있었다.

가산 탕진하면서까지 사삼주 재현에 전념

사삼주에 얽힌 구전과 기록으로는, 이수광(1563~1628)이란 사람이 순천 부사로 봉임(封任)하고 있을 때, 그의 저서 《승평지》에 "예로부터 승주(낙안)는 더덕(沙蔘)의 산지인 관계로, 이곳 사람들이 더덕술을 빚어 마셨다."고 기록하고 있다.

박형모 씨는 이 기록을 토대로 이 지방 고령의 노인들과 가양주 형태로 이 술을 빚어왔던 가구를 찾아다니면서 조사한 결과, 그 자료들을 바탕으로, 1989년 사삼주의 재현에 성공, 시판에 들어 간 것이다.

지금은 박 씨의 장남(박장호, 30세)이 그 비법을

익혀 전승·보전이 가능하게 됐지만, 오늘이 있기까지는 박형모 씨의 피눈물이 짙게 배어 있다.

박형모 씨는 "본격적인 사삼주 재현을 위해 집 마당에 30여평의 주조장을 설치, 실험을 시작했으나 번번히 실패했다."고 하면서, "재산을 다 탕진하고 나자, '그만 포기할까'도 생각했으나, 그간 쏟은 노력과 정성이 너무나 아까워 포기할 수가 없었다."고 한다.

실패가 거듭될수록 박 씨의 술빚기에 따른 노력과 정성은 배가(倍加)되었으며, 그야말로 천신만고 끝에 옛 맛과 향취를 자아내는데 성공을 거두게 된 것이다.

옛법의 좋은 점만 취한 술 빚기 더덕, 지하 암반수 등 좋은 원료로만 빚어

이렇게 해서 재현된 사삼주는 현대식 양조과정으로 생산되어, 주질(酒質)이나 위생적인 측면 등에서 현대인들의 구미(口味)를 잘 살리고 있다는 평가를 받아, 과거 교통부로부터 관광 토속주로 지정되어 오늘에 이르고 있다.

먼저, 구전에 의한 사삼주 빚기와 이 지방 사람들이 빚어왔던 가양주로서의 사삼주 제조 과정을 살펴봄으로써, 옛법에 의한 술빚기와 오늘의 양조방법이 어떻게 다른 지를 비교해 보는 것도, 전통·토속주에 대한 이해를 새로이 할 수 있는 계기가 되리라 믿는다.

구전에 의한 술빚기는, "백미 1말을 맑은 물이 나도록 깨끗이 씻어 하루 밤낮을 침미한 뒤, 고두밥을 지어 곡자 1되 7홉과 혼합하고, 깨끗히 씻은 사삼 2~3근을 삭혀서 술덧에 가한 후, 7~8그릇의 물을 붓고 2일 후에 고두밥과 삶은 사삼, 곡자를 다시 넣은 뒤 7일 후에 마신다."고 한다.

한편, 가양주로서 가전에 의한 방법으로서는, "찹쌀 2되를 잘 씻어 12시간 불린 뒤 1시간 쪄서 고두밥을 만든다. 고두밥이 식거든 곡자 1되, 물 2되를 섞어 주모 4되를 만든 다음, 2 ~3일간 발효시켰다가, 찹쌀 3되를 고두밥으로 지어 곡자 2되, 물 5되를 주모와 섞은 다음, 2일 후에 다시 찹쌀 5되를 고두밥 지어, 생더덕 2근과 물 7되를 같이 덧술에 섞고 3일 후에 물 8되를 부은다. 다음 날 용수를 박아 채주하여 마신다."고 하였다.

이로써 앞서의 두 가지 술빚기가 서로 다름을 알 수 있다.

박형모 씨의 낙안 사삼주는 앞의 두 가지 제법 중 장점만을 취한 방법으로 생각된다.

박형모 씨를 통해서 그 양조방법과 과정을 보면, "9분도 찹쌀 22kg을 깨끗이 씻어 한나절(12시간) 침미한 뒤 물기를 뺀다. 이를 1시간 가량 쪄서 고두밥을 만든 다음 차게 식혔다가, 법제한 누룩 3kg과 양조용수 22 l 를 섞어 술독에 붓고, 잘 저어 준 뒤 25℃ 되는 실내에서 발효시킨다.

3일 후에 덧술을 만드는데, 찹쌀 60kg을 밑술과 같은 방법으로 고두밥을 짓고 식혀, 누룩 6kg과 양

조용수 80 l , 파쇄한 생더덕 분말 20kg을 고루 섞은 뒤, 새 술독에 안치고 밑술을 쏟아 붓는다.

덧술은 실내온도를 30℃ 정도로 유지해 주고 발

효가 잘 진행되도록 고루 저어준다.

발효가 끝나려면 3일이 소요되는데, 3일째 되는 날 끓여서 식힌 물 66l를 후수한 뒤에 다시 2일을 지낸 다음, 채주하여 화입기(火入機)에 넣고, 고온 순간 살균처리를 하여 압축기로 여과한다.

다 익은 술은 곡주 특유의 담황색 빛깔을 띠면서 진한 더덕향이 후각을 자극, 술맛을 돋군다.

낙안 사삼주는 알코올 함량 14%에 그치는 약주여서 마시기에 절대 부담이 없다.

특히 사삼주의 주원료인 더덕은 그 맛이 쌉쌀하면서도 부드러워 그윽한 향취를 자아낸다.

대를 이은 토속주 보전 노력,
세계 시장 진출로 '옛 명성 재현' 소원

옛부터 이 지역의 더덕은 금전산의 '석이', 백이산의 '고사리', 오봉산의 '도라지', 남내의 '미나리', 성내의 '녹두묵', 성북의 '무', 용소의 '천어' 등과 함께 8진미(八眞味)로 꼽고 있어, 향은 물론 탁월한 약효로 이름 나 있다.

특히 더덕은 그 모양에 있어서 인삼(人蔘)과 흡사할 뿐만 아니라, 특히 약효가 비슷하여 '사삼'이라 불리웠다.

《동의보감》, 《한약집성방》, 《청보기》, 《요약제서》 등의 옛 의서에 "자양강장, 보간해독, 가래, 기침 등에 효과가 있으며, 그 성미는 달고 쓰며 약간 차다." 고 기록하고 있고, "인삼·현삼·단삼·고삼과 더불어 오삼(五蔘) 중의 하나로 귀하게 여겼다."고 한다.

또한 한방에서는 '더덕은 속 기운을 보하고, 오장을 편하게 한다."고 하였다.

사삼은 인삼과 같이 '사포닌' 성분을 비롯 칼슘, 철분, 단백질, 인, 섬유 성분이 풍부한 정강·강장 약재로서, 그 효과 또한 우수한 것으로 밝혀졌다.

이러한 까닭에 낙안 사삼주는 정장 및 강장제로, 또 폐와 신장을 튼튼히 해주며, 조혈과 거담, 피로회복 등에 특별한 효과를 얻을 수 있어, 사삼주를 찾는 사람이 날로 늘어가고 있다. 또 찹쌀로 빚기 때문에 감칠맛이 뛰어나다.

더욱이 '술은 수질이 결정한다'는 것이 통설이고, 요즘은 특히나 각종 쓰레기와 공해 물질 등으로 해서 문제가 자못 심각한 현실을 감안할 때, 사삼주의 진가는 더욱 두드러진다.

사삼주의 용수는 이 지역이 지리적으로 전혀 오염이 안된 산간 지역인 데다, 낙안골의 지하 암반층에서 흘러나오는 지하수를 개발, 양조용수로 사용하고 있어 술맛 또한 특별하다.

고희(古稀)를 넘어 선 노안의 박씨에게 있어, 이제 마지막 소원은 "아들(장호)이 주질을 더욱 높여서 위스키와 고급 양주 등 외래주에 빼앗긴 우리 전통 · 토속주의 '자리'를 사삼주가 되찾아 올바른 음주문화를 정립시키는 것, 더 나아가서는 우리의 향토주로 세계 주류시장에 진출하여 옛 명성을 되찾는 것"이라고 한다.

궂은 일, 힘든 일을 싫어하는 요즘 젊은이들과는 달리, 부모의 대를 이어 '가업'의 차원을 넘어 선 '전통문화 지키기'에 정성을 쏟고 있는 박장호 씨의 자그마한 손이 더 없이 미덥기만 했다. 酒

궁중에서 반가로 전해진 200년 내력의 가양주

횡성 의이인주

강원도 치악산 국립공원에 가면 좀 더 색다른 술을 맛 볼 수 있다.

일명 율무술이라고 하는 '의이인주(薏苡仁酒)' 라는 술이 그것이다.

강원도 횡성지방에서만 맛 볼 수 있었던 의이인주는 최근 효자술로 이름이 나고, 인근의 치악산 국립공원을 찾던 사람들이 술맛을 잊지 못해 다시금 찾게 된 것이 전국적으로 유명해진 배경이다.

"의이인주의 내력은 약 200년으로 추정된다고 하는데, 저희 고조부 때부터 집안의 가양주로 빚어 왔다고 합니다. 그러니까 조선시대의 궁중에서 빚어졌던 술이었는데, 순종 때 공주가 안동 김씨 문중으로 출가하면서 궁중의 술을 시가(始家)에 전한 것으로, 공주가 왕실에서 데리고 간 상궁에 의해 가양주로 빚어지게 된 것이지요. 그리고 다시 그 안동 김씨 집안의 딸이 남양 홍씨 에게로 출가하게 됨에, 안동 김씨가의 가양주가 다시 남양 홍씨가의 가양주로 전해졌고, 남양 홍씨였던 저희 증조모님께서 연일 정씨 가문의 가양주로 빚기 시작하면서 조상 대대로 내려왔으며, 최근까지도 아버님께서 직접 빚어 오셨던 술이지요."

의이인주가 정씨 집안의 가양주로 전해져 오기까지의 내력도 복잡하거니와, 여기서 간과할 수 없는 한 가지 사실은, 현재의 의이인주 양조기능보유자인 정재교(鄭在教, 35세) 씨의 가양주 전승과정이다.

"부친(59세, 1991년 졸)께서는 상당히 주도면밀한 분이셨지요. 제가 고등학생이던 때부터 제게 이 일을 이어 받게 하실 작정으로, 대학과 학과까지 정해 줄 정도였으니까요. 때문에 형들도 아버님의 뜻하신 바 대로 대학 진학을 하게 되었지요. 그러나 저는 좀 달랐어요. 아버지께서 정해 준 농대를 마다하고, 법대를 진학 했습니다. 그래서 무사히 학업도 마치고 서울서 직장생활도 하게 되었지요. 결혼도 해서 아이도 낳고 전형적인 맞벌이 부부생활이었어요. 아내가 학교 교사로 있었으니까요."

그러나 정씨의 부친은 평소 지병이 있었던지, 아

직 한참 일할 나이인 59세를 일기로 안타까운 삶을 마감하고 말았는데, 의이인주만은 계속 전승·보전해야 겠다는 생각에 자신의 뜻을 글로 남겼던 것.

서울생활 청산, 유언 따라 부부가 함께 술 빚어

"부모를 존경하지 않는 사람이 어딨겠습니까? 그러나 그런 의미에서 저는 한편 희생자라는 생각을 해 본 것도 사실입니다. 갑자기 날아 든 비보를 듣고 달려와 보니, 미리 준비해 두셨던 것이 분명한, 선친의 유서와 '율무술 비법'이 기다리고 있었습니다."

한지 위에 연필로 꼭꼭 눌러 쓴 부친의 유서를 가슴에 끌어 안고부터 재교씨는 부친의 유언을 따르기로 작정했다고 한다.

장남도 아니요, 딸도 아닌, 그것도 행정학을 전공한 그가 가양주 전승자가 된 배경은 그러했다.

결국 그도 부친의 뜻을 따를 수 밖에 없었다는 표현이 더 적절할 것 같다.

그리하여 재교씨는 재직 중이었던 고려대학교를 미련없이 떠나 고향에 몸 담게 되었고, 부인 이혜정(32세) 씨도 몸 담고 있던 교직을 버리고 1990년에 낙향, 남편의 뜻을 따르고 있다.

"나를 따라 고향으로 내려가자는 말 한마디 해 본 적이 없는데, 아무런 불만없이 와 준 아내가 고맙지요. 경제적인 면이나 사회·환경·문화적 측면에서도 나을 게 하나 없는, 그저 '일' 뿐인 시골생활에도 불구하고, 여지껏 짜증 한 번 낸 일이 없는 아내가 고맙고, 한편으로는 고생을 시켜서 미안하게 생각하고 있습니다."

정재교 씨의 이런 말은 전혀 가식이 아니었다.

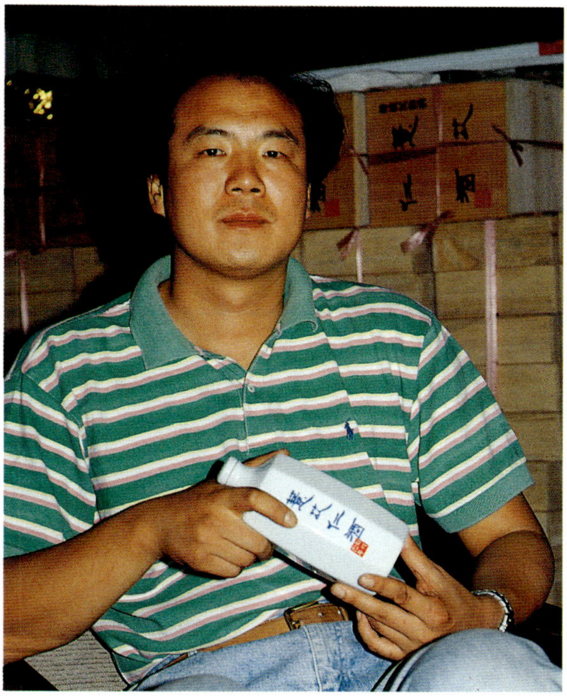

술을 빚는 일 외에 대대로 내려오는 100마지기가 넘는 논밭일을 손수 해오고 있다는 사실에서도 정재교 씨 부부의 남다른 효심을 읽을 수 있게 된다.

좋은 물, 정성이 술빚기의 관건 약 달이듯 한 '보양주'

조선시대의 실학자이자 농정가인 서유구(1764~1845) 선생이 짓고, 박세당(朴世當) 선생이 증보(增補)한 《임원십육지(林園十六誌)》에 의이인주에 대한 기록을 볼 수 있는데, "음용시 풍과 습기를 제거하며, 뼈와 근육을 튼튼히 하고 비장과 위를 건강하게 하는 보양주"라고 기록되어 있어, 의이인주가 이미 세간에서 널리 애용되고 있었음을 알 수 있다.

한편, 《동의보감》에 의하면 율무(의이인)는 "비장을 튼튼히 하고 위와 폐를 보하며, 해열에 좋다."고 기록하고 있어, 의이인주가 보양주임을 입증하고 있

다고 하겠다.

정재교씨의 설명에 따른 율무술 빚는 법은, 먼저 멥쌀을 물에 씻어 불렸다가 가루를 내고 끓는 물에 물반죽한다. 이는 쌀가루를 살짝 데치는 정도로 겉만 익히는 반증자법이다.

여기에 누룩을 가루내어 같은 비율로 섞는다. 쌀가루(1) : 누룩(1) : 물(1)의 비율이다. 이를 항아리에 담아 10℃ 정도 되는 실내에서 약 1개월 정도 발효를 시켜 덧술을 안치는데, 덧술은 밑술 담기와 같은 방법으로 똑같은 양을 만들어 밑술과 섞는다. 역시 잘 섞이도록 고루 저어주고, 다시 1개월 정도 발효시키되, 이때는 실내온도를 5℃ 정도 높여 준다.

덧술의 발효가 끝나기를 기다려 2차 덧술을 만든다. 2차 덧술은 덧술을 빚을 때의 주원료(쌀 + 누룩 + 물)의 3배 양으로 한다. 그리고 이 때 율무쌀을 넣는데, 사용되는 쌀의 10%에 해당하는 양을 쌀과 함께 섞어서 고두밥을 짓고 식혀서 누룩과 물을 혼합하여 덧술 항아리에 담는다.

2차 덧술 역시 약 1개월 정도의 발효를 거친 뒤, 10일 정도 제성을 하여 채주하면, 독특한 향의 맛있는 의이인주를 얻는다.

채주방법은 현대식의 대량 생산시 사용하는 압착여과방법을 택하고 있으며, 양조허가상의 알코올함량은 13%이지만, 채주시의 알코올함량은 20%에 이른다. 채주량은 여느 전통·토속주처럼 거의 1 : 1의 비율로 얻어진다.

이렇게 해서 만들어진 의이인주는 약주이면서도 와인맛을 주는 데다, 율무가 피부미용에 좋다는 사실 외에도 아주 엷은 미황색의 술 빛깔 때문에 특히 여성들에게 인기가 높다.

유일한 반증자법의 술
첫 번째 두 번째 잔 술 맛 달라

의이인주를 마셔 본 사람들은 한결같이 "술맛이 달다."고 말한다고 한다.

그러나 첫째 잔을 마셨을 때의 그러한 느낌과 맛이 둘째 잔을 들이켰을 때는 전혀 달라진다.

"이상하게 첫째 잔을 마셨을 때의 상큼하면서도 톡 쏘는 듯한 맛에 비해, 둘째 잔은 약간 톡 쏘는 듯한 강한 맛이 듭니다."

정재교 씨는 이러한 술맛의 차이에 대해 이렇게 말한다.

"아마도 이 지역의 물맛 때문이 아닌가 생각됩니다. 사실, 제가 지금 안고 있는 가장 큰 문제이기도 합니다만, 의이인주는 태백산 깊은 골짜기에서 흘러내리는 천연광천수를 사용하고 있는데, 멀지 않아 이 지역이 수몰지구가 된다고 합니다. 그래서 술 공장을 옮길 예정지의 물을 떠다 술을 빚어 보았지만,

전혀 술맛이 나질 않아요. 술이 금방 상하는가 하면, 상큼하면서도 톡 쏘는 듯한 와인 맛, 첫째 잔과 둘째 잔을 마셨을 때의 색다른 느낌도 없어요. 그래서 요즈음 밤낮없이 양조용수를 찾아 다니기에 바쁩니다만, 아직 이렇다 할 술맛을 낼 수 있는 물을 못 찾아 밤잠을 설칩니다."

그러기에 옛부터 '술빚기의 첫째는 좋은 물이요. 그 다음은 정성이다'고 애써 강조했는지도 모르겠다.

의이인주에 대한 한방적 효능으로 '율무쌀로 만든 술을 자주 마시면 신경통과 각기병 예방에 도움이 된다'고 하였으며, 과하게 마시지 않고 적당량을 장기간 복용할 경우, 건위제로서의 효험은 물론, 특히 여성들의 피부건강에 효과가 좋은 것으로 알려지고 있다.

우리나라의 전통 · 토속주 가운데는 탁주 · 청주(약주) · 소주 등 가짓수도 많고, 그 나름의 독특

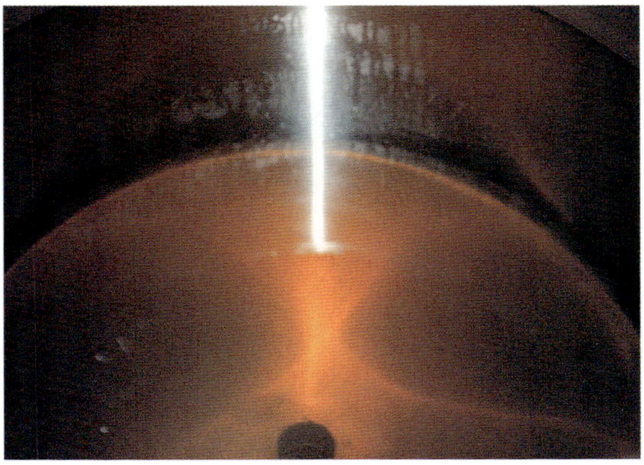

한 맛과 향 · 효능을 자랑하고 있지만, 진정으로 건강을 생각해 만들어진 술은 그리 많지 않다.

그런 의미에서 횡성 의이인주는 율무의 영양과 효능이 살아 있으며, '술은 정성으로 빚는 것'이라는 관점으로 볼 때, 어느 전통 · 토속주보다도 '효심'으로 빚은, 약을 달이듯 지극한 정성으로 100일 동안 빚은 보양주라 할 것이다. 酒

성 안에 갇혀 살던 사람들의 동반자

청주 대추술

청주시에서 동북쪽 방향으로 약 십오리 정도 거리에 성(城)이 하나 있는데, 사적(史蹟) 제212호인 상당산성(上黨山城)이다.

삼국시대 때 축조되었던 것을 조선조 숙종 42년(1716) 고지(古址)에 의거하여 석축으로 개수한 것이다.

성 둘레가 4천 4백m에 높이 4.7m, 면적 12.6ha에 달하는 산성(山城)으로 동·서·남방에 각각 문이 하나씩 서 있다.

이 상당산성 안에 마을이 있는데, 이곳 성내마을 사람들은 대대로 토속약주를 빚어 마셔오고 있다.

대추술이 그것이다.

안색이 좋아지고 몸이 가벼워져 장수한다.

그윽한 향은 물론이고, 맛 또한 좋아서 애주가들의 끊임없는 사랑을 받고 있어, 관광 토속주로서의 확고한 위치를 점하고 있다.

대추술은 예로부터 신진대사를 원활하게 해주므로 위를 튼튼히 할 뿐만 아니라, 피로회복·이뇨작용에 효과가 탁월한 것으로 전해지고 있다. 또한 요즘과 같이 더위가 길어지고 쉽게 피로해지는 하절기에 특히 대추술이 좋다고 하는데, 이는 대추의 효능 때문이다.

각종 문헌을 비롯하여 기록으로 전해지는 대추의 효능은, 양기를 보강하고 비위를 튼튼하게 하며, 장복하면 안색이 좋아지고 몸이 가벼워지고, 불면증·이뇨·강정의 효과가 있는 등 장수하게 된다고 한다. 또 갈증해소와 정신안정 등의 효능이 있는 것으로 밝혀지고 있는, 우리와는 너무나 친숙한 과실이다.

그런데 어떻게 해서 이곳 성내마을의 토속약주로 대추술이 만들어지게 되었는지, 그 내력이 궁금하기 짝이 없었다.

"대추술이 언제부터 만들어져 왔는지 정확한 시기는 잘 알지 못한다. 다만, 옛부터 이 마을에 대추나무가 많아서 집집마다 대추술을 담아 즐겨마셨던 것으로, 그 양조비법이 자연스럽게 전해져 왔고, 그 기술을 바탕으로 오늘에 재현된 술이라는 사실이다."

청주 대추술의 양조기능보유자 박희동(74세) 옹의 말은 계속된다.

"어려서부터 양조장에서 일을 했다. 대추술 만드는 것이야 오래되지 않았지만, 막걸리부터 약주(청주), 과하주, 그리고 재래식 소주 등 여러 가지 술을 만들곤 했다. 술빚기는 아무래도 오랜 경험과 숙련이 있어야만 제대로 된 술이 만들어지는 것 아니겠어?"

박희동 옹의 오랜 경험에 의해 지금의 '청주대추술'이 제 맛과 빛깔, 취향을 제대로 간직, 세상에 나오게 되었다는 얘기이기도 하다. 그 만큼 박희동 옹은 전통·토속주에 대한 탁월한 조예를 보여주고 있다.

박희동 옹은 "본래 충북 음성 출생으로 여러 양조장에 적을 두었던 것이 인연이 되어 이곳 성내마을 양조장(대표 서정만)과 손을 잡고, 대추술 생산에 본격적으로 뛰어들게 되었다."고 한다.

서민적인 고급 약술, 술빚는 모습 보면 술맛까지 가늠된다

박희동 옹의 외모에서 풍기는 느낌도 그렇거니와, 그의 술 빚는 모습을 보노라면 술맛까지도 가늠할 수 있다고 한다.

그런 생각이 드는 것은, 박씨의 소탈하면서도 차분한, 특히 충청도식의 어눌한 말씨에서 기인한 것이리라.

박 옹에 따르면 "청주 대추술 역시 누룩 만들기부터 일이 시작된다."면서, "옛날에는 토종 밀을 직접 재배해 그것을 찧거나 빻아 물반죽을 되직하게 해서 누룩을 만들어 썼다. 그러나 지금은 누룩을 직접 만들어 쓰기에는 경제적으로, 시간적으로 여의치 못하여 곡자회사에서 직접 주문해다 쓰고 있다."고 했다.

직접 만들어 쓰기에는 누룩의 소요량이 너무 많은데다, 인력이나 시간적으로도 그렇고 타산이 맞지 않아 오히려 생산비만 높여 놓는 결과를 초래한다는 것이 그 이유.

성내 산성약수와 대추 달인 물로 빚어 대추술은 매우 서민적인 약주이면서도 고급 술에 속한다.

대추술 빚기에 따른 과정을 정리해 보면, 크게 세 단계로 나누어 생각해 볼 수 있다.

그 첫째는 밑술 담기로서, 누룩 2㎏을 잘게 부숴 준비하고 멥쌀 10㎏를 오랜 시간 침미하여 찐 고두밥과 물 20 *l* 를 함께 섞어서 항아리에 안친다. 이때의 실내온도는 30℃ 정도를 유지해 주면서 여름에는 약 4일, 겨울에는 7일간 발효를 시킨다. 여느 술에 비해 밑술의 발효기간이 짧은 것은, 밑술 원료 중 누룩을 적게 넣으면서도 발효에 따른 실내 온도가 비교적 높다는 사실 때문이다.

밑술의 발효가 끝나기를 기다렸다가 덧술을 만들어 밑술과 함께 섞어 숙성을 시키는데, 덧술은 밑술 만들기와 비슷한 과정을 거친다.

다만, 원료인 쌀은 멥쌀 40kg과 찹쌀을 50kg을 섞어 반나절 이상 물에 불렸다가 체에 받쳐 놓고, 그늘에서 오랜 시간 말린 솔잎 5kg과 섞어서 2시간 이상 쪄서 고두밥을 만든다.

다음은 양조용수를 준비하는데, 양조용수는 이곳의 깊은 계곡에서 흘러내리는 산성약수 1백 60 l 와 대추를 달인 물 40 l 를 준비한다.

대추 달인 물을 만드는 요령은 물 60 l 에 대추 5 kg을 넣는데, 10시간씩 3~4차례 반복해서 40 l 가 될 때까지 달인다. 비교적 약한 불에 10시간 단위로 3~4회 반복한다. 이는 대추의 성분이 충분히 우러나도록 하기 위한 것 이라고 박 옹은 설명한다.

이렇게 해서 준비가 끝나면 큰 술독에 고두밥과 대추 달인 물, 누룩 30kg, 양조용수를 붓고 오랫동안 저어준 다음, 그 위에 밑술을 죄다 아 붓고 잘 저어준다.

술 안치기가 끝난 술독은 실내 온도가 20℃ 정도 되게 적정 온도를 유지해 주면서 13일간 발효시킨다.

덧술의 발효가 끝나 다 익은 술은 마치 진홍색의 대추 빛깔을 띤, 알코올농도 13%의 순하고 부드러운 대추술이 만들어진다.

대추의 단맛, 솔잎의 떫은 맛 간직 '땡기는 맛'이 일품인 대추술

이렇게 해서 얻어진 대추술은 대추의 은은한 감미와 향, 솔잎의 씁쌀한 듯 떫은 맛이 함께 어우러져 곡주 특유의 맛을 한껏 풍기는데, "입에 쩍쩍 달라 붙으면서 땡기는 것이 그만이고 뒤끝 없어 좋다."고 한다.

최근에는 대추의 미용효과가 알려지면서 여성들로부터도 좋은 반응을 얻고 있는 술이다.

대추술은 신진대사를 촉진시켜 위를 튼튼히 해준다고 하며, 특히 현대인들의 스트레스로 말미암은 피로회복과 이뇨작용, 그리고 한여름의 무더위와 피로, 갈증에 적당량을 장기 복용하게 되면, 그 효험

이 좋은 약주로 애용되고 있다.

청주 대추술은 지난 1991년 10월 국세청으로부터 주류제조 승인을 받아, 상당산성내 마을 산기슭의 6백여평 대지에 주조설비를 갖추고 본격적인 시판에 들어갔는데, 하루 평균 1천 l 의 대추술을 생산하고 있다. 또한 과거 교통부로부터 관광 토속주로 지정되어 오늘에 이르고 있는 전통·토속주 중 하나이다. 酒

최초의 '假傳' 작품에서 따온 이름 '국순당 술도가'의

이조 흑주

'국순당술도가'
그곳엔 '미친 사람'들만 모였다

우리나라 최초의 가전(假傳)작품으로 술을 의인화 한 소설인 《국순전(麴醇傳)》이 있다는 사실은, 고졸 학력이면 다 아는 터이다.

그러나 우리의 전통주를 사랑하는 사람들이 《국순전》에서 이름을 따 오고, 전통술 재현에 미친, 그런 사람들이 모인 집 '국순당(麴醇堂)'을 아는 사람은 그리 많지 않을 것으로 안다.

세계 최초의 '무증자법' 개발
배상면 씨 '20년 술 연구 결과

우리나라 대표적인 약주 '백하주'를 비롯, 전통주의 양조비법 규명과 재현에 사운(社運)을 걸고 있는 국순당은, 이름까지도 양조회사가 아닌 옛 이름 그대로 '술도가'로 하고 있다.

국순당 술도가 대표 배상면(71세) 씨는 우리 술빚기를 고집하는 이유에 대해, "내가 태어나던 시기에 우리의 술과 음주문화가 말살되었다. 그러니 때가 늦었지만 지금 뭔가를 이뤄 놓아야 겠다는 생각에서 술도가를 마련했다."면서, "이제 다시는 부끄러운 세대(世代)가 되지 말아야겠다."고 한다.

사실, 국순당 술도가는 그간 발효업계를 주도하면서 전통 누룩의 개량과 전통주 양조비법 규명에 힘써 오다가, 우리의 전통 누룩이 일본 누룩에 비해 검다는 점을 이용, 지난 '88년 첫 작품(?)으로 '이조 흑주'를 내놓았던 것.

"세계 어느 시장에 내놓아도 손색이 없는 한국의 전통주를 만들겠다는 일념 뿐이다. 이 일은 우리의 식문화를 되살리는 일이기도 하다. 나라마다 식문화는 다르겠지만, 음주문화가 차지하는 비중은 크다. 세계 어느 주류시장에 내놓아도 손색없는 우리의 전통주를 만들기 위해서는 술의 질을 높이는 일

이 우선인데, 그러기 위해서는 술의 기본이자 주원료인 누룩, 즉 발효제의 질을 높이는 것이 과제다. 그간의 연구 결과 '무증자 약주제조법'을 개발 특허를 따냈다. 그 '무증자 약주제조법'으로 만든 술이 '흑주'와 '흑주순', '백세주', '캔막걸리 바이오 탁'이다."

배 씨가 개발한 '무증자 약주 제조법'은 기존의 전통주, 토속주들이 증자법이나 반증자법을 취하고 있는데 반해, 원료인 쌀을 찌거나 익히지 않는 등 일체의 열을 가하지 않고 생쌀 그대로 발효시켜 술을 빚는 독특한 방법이다.

배상면 씨는 "전통 백하주를 재현한 술이 이조 흑주이다."고 말한다.

따라서 고려시대부터 있었던 백하주(白霞酒)의 제조법에 배상면 씨 자신이 개발한 무증자 약주제조법을 가미 '이조 흑주'를 탄생시킨 것이랄 수 있다.

흰노을 같은 백하주 '이조흑주'와 물 대신 술로 덧담근 술 '백세주'

백하주는 '술 빛깔이 흰 노을과 같다고 하여 술이름을 붙인 것으로, 일명 방문주(方文酒)라고도 한다. 《동국이상국집》, 《고사촬요》, 《주방문》, 《산림경제》, 《증보산림경제》, 《규합총서》 등 여러 문헌에 수록되어 있으며, 우리나라 청주를 대표하는 술로, 후세에 와서는 약주의 대명사처럼 불리워졌던 술이다.

《고사촬요》에 수록된 백하주 제조방법을 보면, "깨끗히 씻은 쌀 한 말을 가루내어 그릇에 담고, 끓는 물 세 병을 섞어서 식힌 뒤에 누룩가루 1되와 주모 1되를 섞어 독에 넣는다. 그리고 3~4일 지난 뒤 다시 쌀 두 말을 깨끗히 씻어 쪄서 끓는 물 여섯 병을 섞어서 식힌 뒤에 밑술에 합하고, 여기에 누룩가루 1되

를 얹어서 조화하면 7~8일만에 숙성한다."고 기록되어 있다.

흑주의 경우, 먼저 수국(水麴)을 만드는데, 온도 25℃ 되는 곳에서 6개월 동안 띄운 누룩을 깨끗한 물에 3시간 정도 불려 수국이 만들어지면, 수국과 생쌀가루를 1 : 49의 비율로 섞어 밑술을 안친다.

밑술은 48시간 발효시켜 덧술은 넣는데 누룩 · 감초 · 효모를 섞어 밑술과 혼합한다. 덧술은 4일이 지나면 1차 발효가 끝나 술이 익는데 압착기를 이용, 여과해서 대형 탱크에 담아 5℃에서 1백일 동안 2차 발효(숙성)를 거친다.

국순당 술도가의 술은 뭔가 달라도 다르다?

이렇게 해서 만들어진 흑주는 알코올 함유 13%로 안주없이 마실 수 있을 정도로 부드럽고 순하다.

향을 살리고 있으면서 뒤끝이 깨끗한 술이다.

국순당 술도가 한사홍 차장, 그도 배상면 회장처럼 우리 술에 미쳐있는 사람 가운데 하나다. 그는 "우리 국순당 술도가가 결실을 거두게 될 것 같습니다. 지난 '93년 9월과 10월, 호주에 흑주순과 백세주의 수출계약이 진행된데 이어, 이달('94년 4월)에도 호주를 비롯 일본, 홍콩, 독일에 국순당 술도가의 '우리 술'들이 그들의 주류시장 공략에 나서게 될 것이기 때문입니다."고 하면서, "그리고 중요한 사실은, 최근 식생활 변화와 함께 현대인들의 구미 또한 다양해졌다는 것입니다. 현존하는 전통·토속약주들이 시장성을 확보하지 못하고 있는 것과는 달리, 현대인들의 입맛에 맞게 개량한 것이 주효한 것 같습니다. 뜻밖의 판매신장세에 저희들도 놀라고 있습니다. 이에 저희들은 자신을 얻었습니다. 따라서 우리의 전통주도 프랑스의 포도주나 독일의 맥주, 일본의 정종처럼 세계적인 명주(銘酒)로 받돋움할 날이 멀지 않았다고 생각합니다."고 말한다.

술을 좋아하는 사람치고 몸을 망치지 않은 사람이 없는 법인데, 국순당 술도가 대표 배상면 씨나 한사홍 씨 등은 술에 미친 사람들이면서도 온전한 정신으로 살아가고 있고, 세계 주류시장까지를 넘보고 있는 것을 보면, 국순당 술도가의 '우리 술'들은 뭔가 달라도 다른 모양이라는 생각을 갖게 한다. 酒

전통 약주 특유의 담황색 빛깔과 함께 두통이나 숙취가 없으며, 술에 들어가는 감초의 해독작용이 있어 건강에 대한 부담이 전혀 없다는 것.

그런가 하면, 물 대신 다 익은 술로 두 번 이상 덧담근 고급 청주 '흑주순'과 한약재를 넣어 진하게 빚은 전통의 춘주(春酒) '백세주'(13%), 그리고 역시 무증자법을 사용하여, 영양소의 파괴를 최소화한 탁주 '캔 막걸리 바이오 탁'(11%)도 고유의 맛과

술로서 사람과 사람 사이의 화합과 일체감을 꾀한

인천 칠선주

고래로 '술은 백약의 으뜸'이라 하여 식문화의 중요한 위치를 차지해 왔으며, 오늘날에 있어서도 없어서는 안될 중요한 음식이자, 문화를 이루고 있다.

우리 조상들이 즐겨 마셨던 술로는 막걸리와 약주, 소주가 있는데, 약주가 절대 다수를 차지하고 있다.

지금도 흔히들 '약주 한 잔 하자'고 말하는 것을 들을 수가 있는데, 약주란 원래 약용약주(藥用藥酒), 가향약주(加香藥酒)의 줄임말로, 곡물과 누룩만으로 술을 빚는(민자약주) 과정에서 약재나 꽃을 넣어 약효를 얻고 향기도 즐기기 위한 술이다.

또 약주를 마심으로써 자양 강장·보양의 효과를 얻고자 했으며, 그저 마시고 취하는 술이 아니었다.

가무를 곁들임으로써 취흥을 돋구웠으며, 취함에 시(詩)로서 인생무상을 노래했다.

한국의 시성(詩聖)으로 일컫는 윤선도는 그의 시조(時調) 《산중신곡 (山中新曲)》 중 〈만흥·3〉에서, 말 그대로 취흥을 잘 표현하고 있다. 그 내용인즉,

잔들고 혼자 앉아 먼 뫼를 바라보니
그리던 임이 온다 반가움이 이리하랴
말씀도 웃음도 아녀도 못내 좋아 하노라.

라고 노래했듯, 우리 조상들은 이처럼 술과 함께 풍류를 즐겼다.

그런가 하면 술을 마심으로써 일상적 인식의 소멸의식, 외부 조건으로부터의 해방감을 갖기도 했고, 술로서 사람과 사람 사이의 화합, 또는 인간의 본능과 감상적 영역을 강화시키는 일체화를 꾀하기도 했다.

이렇듯 술은 지나치지만 않다면 정신건강에도 좋은 음식이다.

인천의 유일한 전통주 '칠선주'
이종희 씨 2백년만에 재현

실사한 바로는 전국에 100여종의 약주류가 산재해 있으며, 그 가운데 인천 지역의 칠선주(七仙酒)라는 약주가 있는데, 그 기능보유자 이종희(50세, 칠선주조 대표) 씨에게서 그 유래와 약효, 양조과정

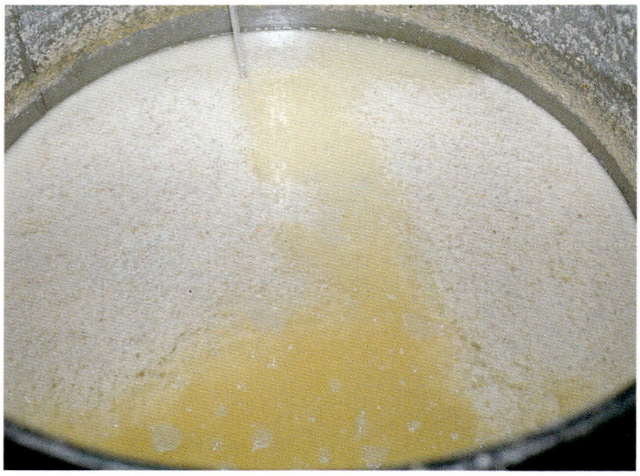

에 대해 들을 수 있었다.

먼저, 문헌상 기록으로 《규합총서》를 비롯, 《산림경제》, 《임원십육지》, 《양주방》에 칠선주가 수록되어 있으며, 특히 경인 지역에서 많이 유통되었다고 전하는데, 1777년 조선조 제22대 정조 원년에 빚었다고 한 것으로 보아, 적어도 2백년이 넘은 전통주라는 사실을 알 수 있다.

현재의 칠선주는 이종희 씨가 《양주방》의 문헌적 기록을 토대로 연구와 양조실험을 계속한 끝에 지난 1980년 칠선주 제조 특허를 냈고, 10년만에야 국세청 주류시험제조 승인을 받았다.

칠선주 즐기면 병들지 않고, 늙지도 않는 '신선'된다?

이 씨는 1970년대초 섬유수출업을 하다 실패, 술로 세월을 보내다가, 그때 건강이 악화되면서 술에 관심을 갖게 되었다고 한다.

이씨는 "건강을 해치지 않으면서 즐길 수 있는 술이 없을까 생각한 끝에 조선시대의 양조방법을 기록한 《양주방》에서 칠선주에 관심을 갖게 되었다."고 말한다.

그 이후로 이종희 씨는 '술에 미친 사람', '술로 몸을 망친 사람이 이제는 재산까지 탕진하고 있다'는 소리를 들어가면서까지 칠선주 재현에 몰두했고, 마침내 결실을 보게 된 것.

칠선주는 당시 국세청 기술연구의 주질 검사 및 국립보건원의 위생 검사 결과, 양질의 주류로 합격 판정을 받아 판매허가를 얻게 됐다.

일반 약주와 동일하게 빚어지는데, 주요 곡물 외에 구기자를 비롯해 7가지의 약재가 들어간다 해서 보양주(補養酒)로서의 옛 이름 그대로 '칠선주'라는 이름을 얻게 되었던 것 같다.

칠선주를 약주라고 하는 까닭도 술을 빚을 때 들어가는 약재의 성분과 효능에 기인한 것으로, 풍을 제거하고 폐와 간장을 보호하며 혈액순환과 신진대사를 촉진하는 인삼과 더덕을 넣는다.

이외에도 양기를 돋워 주며 눈을 밝게 하고, 고혈압과 당뇨병에 효능이 좋다고 알려진 구기자, 피로회복과 근육경련, 무릎이 시리고 아프며, 특히 기관지 천식에 효능이 좋은 모과, 여성들의 부인병과 변비, 빈혈, 복통, 생리통을 치료하고 피를 만들어 주는 당귀, 갈증해소와 주독제거의 효과가 좋은 갈근, 이들 약재의 약효를 상승시키는 감초를 한 데 섞어 진하게 달인 원액을 덧술에 넣은 술로, 옛 사람들은 "이 술을 즐겨 마시면 병들지 않고 늙지도 않는 신

선이 된다."고 믿어 칠선주라고 이름했다는 것이다.

인삼, 더덕, 구기자 등 약재 넣고 옛맛 지키려 손으로 빚는다

먼저 원재료인 멥쌀과 찹쌀은 경기지방의 특미를 사용하는 한편, 인천상륙작전 기념탑 옆의 홍륜사 약수를 양조용수로, 술빚기에 들어간다.

술빚기의 첫 순서로 밑술을 만드는데, 멥쌀 20kg을 고두밥 지어 식혔다가 누룩 4.25kg과 물 40 l 를 섞어 용기에 담고, 실내 온도 25℃에서 3~4일간 발효시킨다. 찹쌀 30kg으로 다시 고두밥을 지어 같은 방법으로 덧술을 담는다.

덧술엔 누룩 3.25kg과 물 60 l 가 들어간다. 이를 2일 동안 실온 25℃에서 숙성 · 발효시킨 후에 2차 덧술을 안친다.

2차 덧술은 멥쌀 50kg을 고두밥 지어 차게 식힌다. 고두밥을 돗자리나 키에 덜어 식는 사이, 인삼을 비롯 구기자, 더덕 등의 약재 5.25kg을 50 l 의 물에 넣고 15 l 로 줄 때까지 푹 달인 다음, 누룩 5

kg, 약재, 달인 물 15 l 와 양조용수 150 l 를 식혀 둔 고두밥과 함께 발효 중인 덧술 술독에 넣어 실온 25℃에서 4~5일간 숙성시킨다.

인천 칠선주는 착수비율이 1 : 2로 비교적 낮아 맛이 매우 진하다.

'명주'로서 조금도 부족함 없는 부드럽고 뒤끝 깨끗한 술

이렇게 해서 빚어진 칠선주는 애주가들로부터 "마시기가 부드럽고 그 맛과 향이 독특하다."는 평을 듣고 있다.

우리가 좋은 술, 곧 '명주(銘酒)는 마실 때 거부감이 없이 부드럽게 넘어가야 하고, 잔을 입에 댈 때의 그윽한 향기가 입 안에 오래 남고, 취하도록 마셔도 뒤끝이 깨끗해야 한다."는 주장에 조금도 부족함이 없는 술이다.

"먹고 마시는 일도 문화생활의 한 가지이다. 우리의 전통· 토속주에는 우리 민족의 역사와 조상의 얼이 숨쉬고 있음에도 불구, 외세에 의해 우리 것을 잃어버린 것도 부족해서 현대인들의 무분별한 가치관에 의해 고유의 음주문화까지 설자리를 빼앗기고 있는 현실이 늘 안타까웠었는데, 최근 우리 고유의 전통·토속주들이 속속들이 개발, 시판되고 있음은 참으로 다행한 일이다. 개인적으로는 칠선주가 기쁜 사람에게는 더 없는 기쁨을, 슬픈 사람에게는 슬픔을 달랠 수 있는 술로, 그리고 국민 건강을 지켜드릴 수 있는 술을 내놓게 된 것을 그간의 고생에 대한 보람으로 삼고 있다."

한 인간이 10년이 넘도록 돈도 되지 않는 일에 그토록 매달렸다는 사실도 그렇거니와, 그것도 우리의 전통·토속주 재현이라는 점에서, 이종희 씨의 그간의 집념과 삶의 참 모습을 엿보는 것 같았다. 酒

특이한 방법으로 빚고 달콤함으로 마음을 빼앗는

삼척 불술

시어른 반주용으로 빚던 밀주

늘상 반복되는 일이지만 우리네 여인들의 밥짓기는 그 때마다 밥맛이 달라진다.

어떤 때는 고슬고슬하여 입에 맞다가도, 어떤 때는 너무 질고 또 너무 된밥이라서 입맛까지도 떨어뜨리는 경우가 적지 않다.

반찬도 마찬가지다. 조리법이 합리적이지 못하기 때문이다. 묵은 쌀인지 햅쌀인지, 또 같은 분량의 쌀에 같은 양의 밥물을 붓고 지은 밥일지라도 솥의 재질에 따라서, 불의 세기에 따라서 밥의 질이 달라진다는 사실을 간과해 버린 데서 오는 결과이다.

특히 노인들이나 옛날처럼 시집살이가 심했던 때의 시부모를 모시는 데 있어 밥이나 국, 반찬은 늘 시집살이의 구실이 되곤 했다.

질거나 너무 된밥이어서 상에 올리기에 난처한 밥, 먹고 남아 처치하기에 곤란한 식은 밥, 쉬게 생긴 밥을 이용하여 빚는 술이 있다.

삼척지방의 불술이 그런 경우로 국내 전통·토속주 가운데 매우 특별한 술이라고 할 수 있다.

삼척 불술은 삼척시 노곡면 죽마읍에 사는 이화자 씨(52세)가 술 빚는 법을 간직하고 있다.

이화자 씨는 “시집와 보니 시어머니(강릉 김씨, 정옥)께서 ‘집안 대대로 내려 온 비법’이라면서, 술 빚는 법을 가르쳐 주시더군요. 시어머니께선 ‘시할머니(청송 심씨)께서 가르쳐 준 방법이다. 그러니 너도 네 며느리에게 전해라 하시며 가르쳐 주시더라’ 하시더군요. 19세에 이곳 순흥 안씨(창룡, 53세) 집안으로 시집 와서 배웠으니까 꽤 오래 되었네요. 하지만 요즘엔 거의 못 빚고 있어요. 밀주라는 사실도 그렇고, 농사 짓다 보면 어디 그것 할 사이가 있어야지요.”라면서 몸이 불편하다 보니 모든 일이 귀찮기만 하다고 한다.

삼척 불술의 전승내력을 좀 더 구체적으로 살피자면, 이 씨의 시할아버지는 안기봉 씨로 85세를 일기로 30년 전 작고했는데, 경상북도 안동에서 살다 어

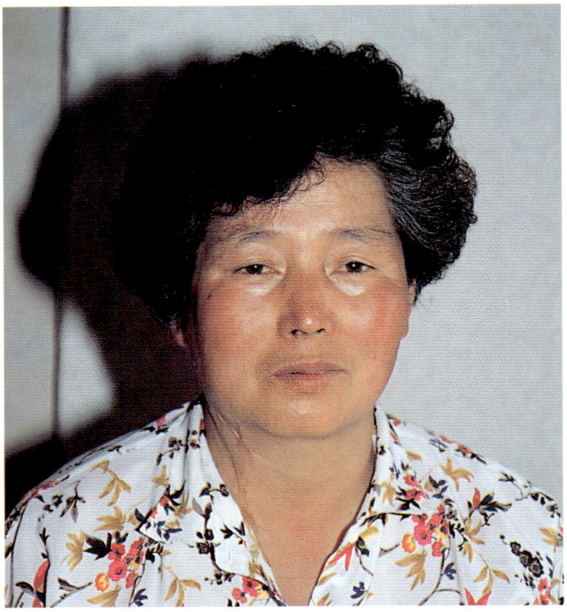

상을 떠났다고 한다.

그러니까 이화자 씨가 시집을 온 지 4년째 되던 해에 이르러, 시조부모와 시부모를 다 여읜 셈이다. 다만, 시할머니에서 시어머니에게, 그리고 다시 이화자 씨에게 불술을 빚는 법만은 전승되어 왔다고 하겠다.

씨는 "시어른들 밑에서 술 빚던 때를 생각하면 지금도 눈물이 나고 가슴이 덜컥 내려 앉습니다." 고 하면서 당시의 얘기를 들려주었다.

"그 때는 이런 산골에도 밀주단속반원들이 곧잘 들이닥쳐서 온 집안이 발칵 뒤집히곤 했어요. 하루는 술병을 들고 방문을 나서다 하필이면 밀주단속반원에게 들켰는데, 그때 살림 한 귀퉁이가 어긋났어요."

밀주에 대한 벌금이 얼마나 많았던지, 큰 돼지 2마리 값으로도 부족했다는 것.

"그러니 살림이 휘청할 수 밖에요. 그런데 그렇게 무서운 줄 알면서도 어른들 계실 때는 반주(飯酒)하시라고, 그것이 자식들 도리라고 생각해서 몰래몰

느 해부터인지는 잘 모르겠으나, 이곳 노곡면 중마읍으로 이사와서 터전을 닦게 되었으며, 그 때 이미 이불술을 빚어 즐기셨다고 한다.

안기봉 씨에 이어 이화자 씨의 시아버지되는 안병옥 씨는 26년 전 49세라는 아까운 나이에 일찍 세

래 빚었던 거지요. 단속하고 못 만들게 하니까 더 마시고 싶었고, 차례나 젯상에 올리는 음식만큼은 살림하는 여자들이 손수 만들고 정성 다해서 빚는 것이 당시의 생활이었고, 마땅한 도리로 알았으니 단속반원들이 들이닥친다고 관두겠어요? 산속에 가서 숨어서라도 다들 했어요, 그때는 요.."

밀기울로 띄운 섭누룩은 특히 잘 빚어야

씨의 말을 듣고 있자니, 살아보지 못한 세월이지만 당시의 생활이 눈에 선하게 잡혀온다.

이렇듯 절절한 생활 속에서 지켜 온 가습(家習)과 전통, 뿌리내림으로서의 불술은 어떻게 빚어지는지, 또 맛과 색깔, 특이하다 밖에 말할 수 없는 불술의 향기는 어떠한지, 이화자 씨로부터 그 제조과정을 들었다.

술빚기에 따른 주원료인 누룩은 통밀을 깨끗이 씻은 뒤, 절구나 맷돌을 이용 너무 곱지도 거칠지도 않게 갈되, 하얀 밀가루는 빼서 다른 용도로 쓰고 밀기울을 물과 반죽을 하여 여느 방법과 같이 누룩을 만든다고 한다.

누룩디디기가 끝나 성형된 누룩은 방 아랫목에다 천을 깔고 그 위에 놓아서 띄우는데, 서로 닿지 않게 놓고 가끔씩 뒤집어준다.

"누룩은 15일에서 20일 정도면 발효가 끝나는데 잘 뜬 누룩은 표면과 속이 뽀얗습니다. 누룩을 반죽할 때 물이 많아 눅눅하면 뽀얗지 못하고, 까맣거나 썩는 등 좋은 누룩이 못됩니다. 가능한 한 반죽을 되게 하고 힘을 들여 아주 단단하게 밟아야 합니다."

어렸을 적 고향에서 누룩을 만들 때 어른들이 누룩틀 위에서 뜀뛰기를 시켰던 까닭을 비로소 이해할

수 있었으니, 발바닥이 아프도록 밟고 뛰뛰기를 해도 '아직 멀었다' 시던 어른들의 말씀이 그저 하시던 말씀이 아니었음을 알겠다.

땡볕 아래 새까맣게 탄 얼굴로 구슬땀을 훔치면서도 머지 않아 오랜만에 흰 쌀밥(고두밥) 훔쳐 먹을 욕심에, 꼼짝없이 붙들려서 누룩을 디뎠던 옛 기억이 새삼스레 떠올려지는 순간이었다.

이렇게 해서 완성된 누룩은 자루에 담아 바람이 잘 통하는 처마밑이나 곡간의 시렁 위에 보관했다가, 겨울이 되면 가루로 빻아서 술 빚을 때 사용한다.

고두밥 아닌 식은 밥으로 빚는 유일한 술빚기

삼척 불술은 두 번 담그는 술이다.

따라서 밑술을 만드는 데 있어, 주재료는 누룩 1되, 엿기름 1되, 밥 6되, 물 5되 정도가 필요하다(밥의 양은 멥쌀 3되로 지은 양의 밥이 소용된다. 따라서 식은 밥이 없으면 멥쌀 3되로 고두밥이 아닌 식사 때 먹는 밥을 지어 사용하면 된다.

누룩과 밥, 엿기름을 섞어 고루 비빈 다음 단지에 담고 물을 붓는데, 물은 손으로 젓기 좋게 잘박할 정도이면 족하다고 한다.

이를 좀 더 구체적으로 설명하자면, '밥을 지을 때 물 붓듯 하고 찰랑찰랑하게 붓되, 손을 넣어 손등 올라오게' 붓는다는 것이었다.

그런데 다음의 과정에서 삼척 불술의 특징을 발견하기에 이른다.

즉 밑술의 발효과정이 그것인데, 여느 술들과는 다르게 짚불을 이용, 발효시킨다는 점이다.

씨는 "술을 안친 단지는 짚불을 피워서 짚불이 술단지의 절반 정도 높이까지 올라오게 불을 놓는데, 오래지 않아서 술바탕이 불그스레해지면서 술이 삭기 시작합니다. 술이 삭기 시작하면 밥알은 밑으로 갈아앉고 약간 붉은 빛의 술이 고입니다. 마치 한약 달이듯 달여서 차게 식혔다가, 고운 체나 명주베를 이용하여 자연스럽게 걸러서 비지(주박)는 버리고 술만을 씁니다."

씨가 말하는 '비지'란 술찌꺼기를 가리킨다. 곧 밥알과 누룩찌꺼기인 주박이 그것이다. 또 밑술을 달이는 시간은 2시간 30분 정도면 충분히 삭는다고 한다.

밑술이 완성되는 때를 같이하여 덧술을 빚을 고두밥을 짓는다. 고두밥은 멥쌀 2되를 깨끗이 씻은 뒤, 5~6시간 물에 담갔다가 건져서 물기가 빠지면 시루

에 담아 찐다. 고두밥은 돗자리나 멍석 위에 고루 펴서 차게 식힌다.

고두밥이 식는 사이 걸러낸 밑술을 새 술독에 퍼 담고, 누룩가루 2되와 엿기름 5홉, 차게 식힌 고두밥을 함께 섞어 술자루에 담아 밑술을 담은 술독에 넣는다.

"술을 안치고 나면 항아리 안이 느직하게 되는데, 술자루에 밤과 대추를 2홉 정도 넣어 주면 술맛이 좋아집니다. 술단지는 따뜻한 아랫목(온도 30℃ 정도)에 놓아 두는데, 하루가 지나면 끓기 시작하여 3일째 되면 고두밥이 삭으면서 술자루가 푹 가라앉습니다. 술이 다 된 것입니다. 술자루만 가만히 들어내고 떠서 마시면 됩니다."

씨에 따르면 강원도 지방은 옛부터 쌀 농사가 그리 쉽지가 않거니와, 부잣집이 아니면 주식이 될 수 없었다고 한다. 그래서 쌀이 없는 경우에는 옥수수를 이용하기도 했다고 한다.

옥수수를 이용할 경우, 옥수수를 갈아서 되직한 죽을 쑤어서 사용했으며, 그 생김새가 마치 범벅처럼 생겼다고 한다.

칡정과 고사리잡채 곁들이면 독한 줄 모르고 마시다 취하기 일쑤

이렇게 해서 완성된 불술은 진황색의 약간 붉은 빛이 돌며 제법 독한 편으로, "옛날에 집안 어른들이 드실 때는 순수하니까, 그냥 편하게 잡수시는데 빨리 취하셔서 돌아가실 때는 취해서 못 일어나시기 일쑤였습니다. 달콤한 맛에 독한 술인 줄 모르고 거듭 마신 탓이지요."라면서, "소주까지는 못돼도 18~19도 정도는 될 것."이라고 말한다.

이씨에게 불술은 어떤 안주와 마시는 것이 제격이냐고 물었더니, "산골인데 안주가 별 것 있겠어요?"라면서도, "집안 어른들 말씀이 '칡정과와 '고사리잡채가 좋다.' 시면서 즐겨 잡수셨습니다."고 말해, 술안주 역시 생활주변에서 쉽게 마련할 수 있는 것들이면서도, 어지간한 정성이 없이는 상에 올릴 수 없는 것들이고 보면, 옛 사람들의 술마시는 법이 얼

마나 까다로웠는지, 또 술을 빚고 찬을 마련하는 데 따른 여인네들의 고생이 어떠했는지를 가히 짐작할 수 있다.

불술에 어울린다는 칡정과를 두고 보더라도 얼마나 많은 시간과 정성이 요구되는 것인지는 그 과정을 보면 쉽게 짐작이 간다.

정과는 견과·근채·생과 등을 꿀에 조리거나 잰 음식으로, 장국상·큰상 또는 제례음식에 반드시 쓰인다. 또한 당도가 65% 이상이어서 저장성이 좋은 음식이다.

우리 조상들은 제철에 나는 근채·견과·생과 등을 비축할 수 있는 한 수단으로 정과를 만들어 왔는데, 칡정과 또한 마찬가지이다. 칡은 즙을 내서 마시거나 말려서 약재로도 이용하는데, 전분이 많아 흉년에는 구황식으로 이용해 왔다. 칡에서 뽑아 낸 전분을 갈분이라 하는데, 떡이나 과자를 만들어 먹기도 한다. 또 갈분을 더운 물에 풀어서 마시면 초기 감기에 잘 들으며, 강장제의 효능을 얻을 수 있다.

여성의 경우 하혈에 좋으며, 설사와 갈증을 멎게 하는 효능이 있다.

특히 갈분은 술을 마시고 난 뒤의 갈증을 해소하는데, 갈근을 따라 올 그 어떤 것도 없다 할 정도로 효과적인 식품이다.

따라서 술 안주로 칡정과를 곁들인다는 사실은, 칡정과 자체가 고급 안주라는 것 외에, 술 마시고 난 뒤의 일까지를 예방하는 방법이라는 점에서, 옛 사람들의 슬기를 다시금 배우게 된다.

그러나 아쉬운 것은 삼척 불술은 아직 상품화가 안된, 몇 년에 한번 빚을까 말까 할 정도로 어려운 처지에 있다. 양조허가를 낼 수 없는 이화자 씨의 현실이 술을 아끼는 사람들의 마음을 아프게 한다. 酒

팔경(八景)이 팔선(八仙)을 불렀다

변산 팔선주

변산지방은 우리나라 8대 명승지 가운데 하나요, 자체적으로 8경(八景)을 자랑하는 지방이고 보면, 이 지방 사람들의 자연관(自然觀)은 특별했을 법하다.

변산팔경은 곰소앞 칠산바다에서 낚시하는 꾼들의 풍치를 일컫는 '웅연조대(熊淵釣臺)'를 제1경으로 하고 직소폭포의 장관과 밑으로 이어지는 제 2·3폭포와 옥녀담 계곡의 아름다운 선경(仙境)' 특히, 고찰 내소사의 은은한 저녁 종소리와 울창한 전나무 숲의 경치인 '소사모종(蘇寺慕鐘)'은 그중 으뜸이다.

쌍선봉 중턱에 있는 월명암에서 내려다 보이는 '월명무애(月明霧靄)', 월명암 뒤의 낙조대에서 황해바다로 지는 해를 바라보는 '서해낙조(西海落照)', 채석강 층암절벽의 장관과 그 밑 푸른 바다에 돛단배를 띄우고 노니는 선유의 '채석범주(採石帆舟)', 김구의 묘소에서 바라보는 신령스런 기운과 빼어난 경관인 '지포신경(止浦神景)', 개암사와 우금산성, 묘암골의 유서 깊은 역사와 아름다운 경치인 개암고적(開巖古跡)' 등이 그것이다.

'팔선(八仙)'과 명약주 중의 명약주 '팔선주(八仙酒)'

이러한 선경(仙景)을 즐기면서 그 어느 한 곳에서고 술이 없으면 무슨 재미가 있으랴 싶어서였던지, 술 이름이 팔선주(八仙酒)라 하는 명주가 그 맛을 자랑하고 있다.

술 이름의 내력을 정확히는 알 수 없지만, 한편으로는 변산팔경과 결코 무관하지는 않을 것이란 생각을 갖게 한다.

그런 의미에서 변산 팔선주 역시도 자연적으로 형성된 풍광(風光)의 '8경(八景)이 8선(八仙:四本四根)을 부른 것이 아니겠느냐' 하는 것이다.

변산 팔선주는 그 재료에서 볼 수 있듯 이른 바 약주 중의 명약주라고 할 수 있다.

상서면사무소가 팔선주를 면특산품화하려는 노력도 그 때문이다.

상서면사무소의 한 직원은 "팔선주에 대한 지역 특산품화를 위한 조사과정에서 원근의 고령자들로부터 '옛날에는 귀한 술로 여겨서 쉽게 맛볼 수 없었다. 그래서 기력이 떨어지거나 잔병치레에 공복에 약으로

로 사용하고 있음은 모두가 인정하는 바다.

'전통문화의 단절 두고 볼 수만 없다.' 토속주 살리기 나서

변산 팔선주는 어떻게 빚어지는 술인지, 부안에서는 술 잘 빚기로 소문났다는 상서면 청림리에 사는 장성수(55세)씨, 이점수(50세)씨, 장유화(44세) 씨를 찾았다.

이들 세 사람은 "최근 가속화되어가는 이농현상을 비롯 전통문화의 단절을 두고 볼 수만 없어, 우리 고향의 전통 토속주 '팔선주'라도 그 맥을 잇고자 하는 뜻에서 힘을 모으고 있다."면서 이점수씨의 부인 조영순 씨가 예의 팔선주 만드는 과정을 직접 보여 주었다.

변산팔선주의 취재를 통해서도 우리 문화의 단절과 변형 등 문제의 일단을 다시 느낄 수 있었다.

우리 조상들은 가속(家俗)이나 전통에 대해 왜 그렇게도 소홀했느냐 하는 것이다.

이 세 사람들 역시도 "언제부터 팔선주를 이 지방에서 집안 가양주로 빚어왔는지는 알지 못한다. 다만, 집안 여인네들에 의해 그 맥을 이어왔을 뿐"이라고 했다.

먼저 재료의 선택으로, 멥쌀을 비롯 한여름에 띄운 질 좋은 누룩과 지하 120미터에서 끌어올린 지하수, 오갈피나무 등 8가지 약재를 재료로 쓴다.

잘 뜬 누룩은 속까지 겉 표면과 같은 하얗고 뽀얀 노란 곰팡이가 피어 있으며 냄새 또한 좋다.

마셨다.'는 얘기를 들었다. 술의 재료들을 보면, 소위 말하는 4본4근(四本四根)이 아주 분명하다. 자연에서 얻어지는 산물치고는 이렇듯 절묘한 조화를 찾아보기 힘들다."면서, "요즘 사람들의 성인병 예방과 치료에 상당한 효과를 얻을 수 있을 것이란 확신을 갖고 있다."고 말했다.

실제로 팔선주에 사용되는 약재를 보면 한결같이 현대인들의 각종 성인병 예방과 치료에 있어, 그 효능을 인정받고 있을 뿐만 아니라, 한방에서는 귀한 약재

"옛날에는 먹을 게 부족해서 누룩 만들 밀을 빻아서 하얀 밀가루는 따로 수제비나 음식을 만들어 먹고, 밀기울을 가지고 누룩을 만들었다. 밀가루를 빼 버린 밀기울 뿐이라서 잘 굳어지지가 않았다. 방안에 널어 놓고 한 스무날쯤 지나면 누룩이 뜨는데 완성된 누룩은 방망이로 두들겨서 가루로 만들어 하루 정도 햇볕에다 내 놓으면 냄새가 덜난다. 그렇게 해서 술을 빚었기 때문에 질 좋은 누룩이랄 수는 없다."

실인즉 섭누룩이란 얘기였다. 섭누룩이 만들어질 수 밖에 없었던 내력은 다음 얘기에서 설명이 된다.

"옛날에는, 그러니까 우리들 클 때만 해도 이 지방에서 살던 큰애기가 시집을 갈 때 '쌀 한 말 먹고 시집가면 부잣집 딸'이란 소릴 들었다. 그만큼 살림살이가 넉넉하지 못했고, 먹고 살만한 것이 부족했다."

오가피 등 8가지 약재 사용
오렌지색 밝은 빛깔로 구미자극

그러나 사람들이 모여 사는 곳이면 그 지방의 향토음식과 향토성을 간직한 술이 있게 마련이었으니, 어떻게 해서든지 술빚는 일은 그칠 수가 없었다.

술이란 일상식 못지 않은 특별식이자, 명절이나 집안 기제사와 대소사에 없어서는 안될 중요한 음식이었기 때문이다. 그러자니 밀가루를 빼 먹고 남은 밀기울일지언정 그것으로라도 술을 빚었음은 누구라도 짐작할 수 있는 일이다.

다음은 양조용수로 사용할 약 달인 물을 만든다.

약 달인 물은 지하수 75 l 에 오가피나무 1.2kg, 마가목 600g, 노나무 600g, 음정목 900g, 우슬 600g, 창출 500g, 석창포 400g, 위령선 300g 등 8가지 약재를 넣고 하룻동안(24시간) 중간 불로 달인다. 약달인 물은 75 l 의 물이 졸아서 25 l 가 될 때까지 달여서

차게 식힌다. 약 달인 물이 식는 사이를 이용하여 씻어 하룻밤 담가두었던 멥쌀 20㎏를 세미한 뒤, 고두밥을 짓는다. 고두밥 역시 키나 돗자리를 펴고 그 위에 널어서 차게 식히고, 손으로 비벼서 덩어리진 것 없이 하여 누룩가루 10kg을 섞어 약달인 물과 함께 술항아리에 안친다.

이렇게 해서 술 안치기가 끝나면 술독을 방 아랫목에 앉힌 뒤, 주둥이를 본견이나 미영베로 살짝 덮고 항아리 뚜껑을 씌워 이불로 몸을 싸맨다. 발효에 들어간 지 24시간이 지나면 술이 끓기 시작하고 3일째가 되면 최고의 상태가 된다.

술을 안친지 하루가 지나면서부터 술이 끓기 시작하다 3일째가 되면 마치 소나기 오는 것 같은 소리가 난다. 이때 술독 뚜껑을 열어주고 이불을 벗겨내서 술이 넘치거나 더 이상 열이 오르지 않도록 해주는 것이 중요하다. 자칫 술이 넘치거나 열을 내려주는 시기를 놓치게 되면 술이 상하고 만다.

뚜껑과 이불을 벗겨내고 두어 시간 지나면 열이 어느 정도 내리므로, 그때 항아리 뚜껑을 살짝 덮어두어, 여드레 내지 열이틀 동안 계속 발효·숙성시켜 주면 드디어 팔선주가 된다.

따라서 술을 안친지 여름에는 11일째 날에, 겨울철에는 14일째 되는 날 용수를 박아 둔다.

"용수를 박아두고 이튿날 뚜껑을 열어보면 용수 안에 밝은 오렌지색의 술이 고이기 시작한다. 드디어 변산 팔선주가 완성된 것이다. 그런데 맨 먼저 술을 떠내고 다음에 고인 술을 떠내면 나중에 떠낸 술은 빛깔이 먼저 것보다 더 진하지만 맛은 더 있다."

조영순 씨의 곁에서 있던 유하 씨는 "용수를 박아두면 술독 안의 절반 정도는 술이고 절반 정도는 술밥이다."면서, "이상의 술빚기 과정에서 알 수 있듯 변산 팔선주는 술 빚을 재료 가운데 오갈피나무 등 8가지 약재가 들어간다는 데서, 또 채주율이 낮아 귀한 술이라는 사실에서 '팔선주(八仙酒)'란 이름을 얻게 되었다."고 말한다.

마을마다 약재 사용 달라
장성 팔목주와도 술 빚는 법 차이

그런데 한 가지 주목할 사실은, 변산의 팔선주는 3개 동리에서 각각 다른 이름으로 불리워지고 있으며, 부재료인 약재의 선택에 있어서도 약간씩 차이를 보이고 있다는 점이다. 즉, 부안군 상서면 청림리(노적마을)를 중심으로 한 청림팔선주와 풍랑리를 중심으로 한 풍랑팔선주, 진서면 석포리의 신선대팔선주가 그것으로, 청림 팔선주와 비교해 볼 때 풍랑 팔선주는 약재가 위령선이 아닌 바람풍나무를 사용하고 있고, 신선대 팔선주는 청림 팔선주의 우슬·창출·석창포·위령선 대신 바람풍나무·엄나무·참빗살나무·초피나무를 약재로 사용하고 있어, 재료에서 차이를 나타냈으나 술빚는 방법은 같았다.

따라서 이들 술 이름은 한 가지에서 여러 갈래의 뿌리를 두고 있음을 추측할 수 있다.

우리나라 전통주의 절대다수가 집안의 여인네들에 의해 내림솜씨로 빚어져 온 가양약주(家釀藥酒)라는 사실과 함께, 이들 가양약주는 또 그 집안의 사정에 따라 재료의 가감과 변화를 거듭해 왔다는 사실을 여러 전통주에서 찾아 볼 수 있기 때문이다.

변산 팔선주로 대변되는 청림 팔선주를 빚고 있는 유하 씨를 비롯, 이점수 · 장성수 씨는 "옛날 우리 마을에 '선들양반'이란 사람이 그 중 팔선주를 잘 빚기로 유명했는데, 그분의 아들 이성춘(75세) 씨에 따르면 '변산 팔선주의 원재료는 오가피 · 마가목 · 노나무 · 구룡목 · 우슬 · 창출 · 석창포 · 위령선이다.'고 했다."는 사실로, 현재의 술 재료에서조차 음정목이 아닌 구룡목을 사용해오던 것이 언제부턴지 모르게 음정목으로 바뀌었음을 알 수 있다.

반면, 신선대 팔선주는 전남 장성지방의 '팔목주(八木酒)'라는 술의 재료와 매우 흡사하지만 술 빚는 법에서 현저한 차이를 나타내고 있으며, 이 지방 사람들이 경남의 청학동으로 대거 이주해 갔다는 사실을 감안, '청학동의 신선주'와 비교해 보았으나, 역시 재료와 술빚는 법에서 상당한 차이가 있었다.

따라서 변산 팔선주는 이 지방에서만이 찾아 볼 수 있는, 고유의 이름과 제조방법을 보여주고 있으며, 귀한 재료를 이용한 술이면서도 한 번 담그는 술이라는 점에서 그 특징을 찾아 볼 수 있다.

왜냐 하면 대부분의 가양약주는 덧담그는 술이면서, 밑술에서가 아니면 덧술을 안칠 때 이들 약재를 첨가하고 있는데 비해, 변산 팔선주는 한 번 담그는 술이면서도 재료의 약성을 추출한 물로 양조용수를 대신하고 있는 점도 특이하다.

상서면 청림리 팔선주는 이제 유하 씨를 비롯 이점수 씨, 장성수 씨 등 세 사람의 전통지키기와 고향 살리기에 힘입어, 애향심만큼이나 그 깊은 맛을 다시 자랑할 수 있게 되었다. 酒

남도선비의 3구색(三具色)

진도 박문주

우리의 기록인 《주방문(酒方文)》 등 음식 관련 문헌에 수록되어 있는 술의 종류만 해도 대략 300여종에 이른다.

술을 빚는 방법에 따라, 거르는 방법에 따라, 재료에 따라 다양하기 이를 데 없는 명주와 향토성을 띤 갖가지 토속주들이 수 천년을 두고 그 뿌리를 내려왔기 때문이다.

그러나 우리나라의 숱한 명주들이 몰락의 길을 걷게 된 것은 그리 오래이지 않다. 소위 개화기라고 일컬어지고 있는 1900년대 접어들면서, 서구의 새로운 문물과 함께 갖가지 서양음식이 따라 들어오게 되었는데, 이에 영향을 받았던 것도 사실이나 보다 정확히는 일본과의 을사보호조약이 강제로 체결된 이후라고 해야 할 것이다.

밀까지 강제수매 해가 너나없이 술빚기 단절 초래

이때 이미 우리의 생활문화는 숨을 제대로 쉬지 못한 채 움추려들기 시작하였다.

그래도 가정을 중심으로 발달했던 전통음식은 의연하게 그 뿌리를 내려왔으나, 전통주 곧 가양주 형태로 명맥과 전통을 함께 이어오던 명주(名酒)들은 급격히 쇠퇴, 거의 사라지고 말았다.

양조업은 주세를 바탕으로 국가의 큰 수입원이 되었으므로, 일제에 의해 1907년 조선총독부령에 의해 주세령(酒稅令)이 공포되고, 같은 행 9월에는 주세령이 강제집행 되었다면서 가양주 형태의 밀조주조(密造酒造)를 금하는 한편으로, 양조장제도(釀造場制度)를 도입, 밀주제조를 단속하기에 이르렀다. 그러나 밀주가 성행하므로, 다시 단속을 강화하고 1916년 1월부터는 우리나라의 술을 약주·탁주·소주로 획일화 시키고 말았다.

이로써 그토록 다양하던 가양주와 제조기술이 뛰어나게 발달하였던, 지방마다의 고급 술과 명주들은 흔적을 감추고 말았다. 그리고 이듬 해 일제는 다시 주류제조업의 정비와 함께 밀주단속을 강화하였는데, 이때는 누룩의 제조금지는 물론이고, 아예 누룩의 원료가 되는 밀을 의무적으로 전량 수매에 응하게 함으로써, 그나마 1년에 한두 번씩 빚는 가양주마저도 못 만들게 되면서 자가양조는 완전히 사라지게 되었다.

양반가·대갓집의 비주로 전해 온 '선비의 3구색'

글의 서두에 왜 이러한 얘기를 꺼내게 되었는가 하면, 그 이유는 다름 아니다.

그러니까 우리나라 명주의 몰락은 곧 지방과 집안마다의 향토색과 가문비법을 간직한 숱한 가양주들이 단절되었다는 사실을 반영하기 때문이다.

진도 홍주와 함께 또 다른 명주로 알려진 박문주 역시도, 일제에 의한 밀주 단속으로 한동안 맥이 끊겼던 술로, 해방 후 다시 그 명맥을 잇고 있는 명주이다.

박문주는 뚜렷한 유래나 기록이 없이 진도에 살고 있는 청주 한씨 집안을 비롯, 이 지방의 양반가와 대갓집의 비주(秘酒)로 전해오고 있다.

가람 이병기 선생은 이 박문주를 일러 '선비가 갖추어야 할 세 가지 구색(三具色) 중의 하나'로 칭했다고 하여 세상에 더 널리 알려졌던 술이다.

박문주는 현재도 여러 집안에서 가양주로 빚어오고 있는 것으로 알려지고 있는데, 예로부터 진도의 부농으로 청주 한씨(정석, '90년 66세로 졸) 가문에서 빚는 박문주가 맛있기로 세간에 소문이 자자하다.

이에 청주 한씨 집안의 안주인 되는 조말심(72세) 씨를 찾았다.

조말심 씨로부터 박문주의 전승내력과 술빚는 방법에 대해 들을 수 있었다(이하 자세한 내용은 진도 동방주편 참조).

누룩 1덩이 1되 분량 크기로 만들어, 누룩양 따라 술 빚을 양 측정

박문주에 들어가는 재료로 찹쌀 1말, 멥쌀 1되, 누룩 6되, 물 5되를 준비하는데, 누룩을 잘 만들어야 한다.

누룩을 이 지방에서는 '제명가루'라고도 하는데, 이는 뇌명누룩을 지칭하는 방언이다.

조말심 씨는 "통밀을 물로 깨끗이 씻어 불순물을 제거한 다음 3~4시간 불렸다가, 건져서 물기가 빠지면 볕에 말려서 수분이 충분히 제거되면 방앗간에

가져가 빻는데, 밀가루처럼 아주 고운 가루를 만든다."면서, "이 밀가루를 물로 반죽하는데, 밀가루가 1말에 대해 물은 2~2.5되 정도 섞어 충분히 반죽이 되면, 누룩틀에 가제베로 깔고 그 안에 밀가루 반죽을 담은 다음 발로 한껏 디뎌서 굳히는데, 누룩틀은 아름드리 통나무를 속을 둥글게 또는 모가 나게 파서 만든 것으로, 밀가루 반죽을 넣고 디뎌서 굳혀 만든다. 이때 사용되는 누룩틀의 크기는 잘 띄운 누룩을 가루로 빻으면 1되 분량이 되는 크기이다."고 말한다.

따라서 조말 심씨가 말하는 누룩틀은 반죽을 하지 않은 생밀가루 2되가 들어가는 크기임을 알 수 있다.

잘 굳힌 밀가루 반죽은 누룩틀에서 빼내고 베보자기를 벗겨서 온도가 25~30℃ 되는 따뜻한 실내로 옮기고, 바닥에 볏짚을 깔고 그 위에 나란히 펼친 다음, 다시 볏짚을 덮어 띄운다.

누룩을 띄울 장소가 여의치 않으면 대나무살로 만든 소쿠리나 채반 같은 통기성이 좋은 넓은 그릇에 누룩의 몸이 서로 닿지 않게 담아 실내에 두고 띄운다.

조찹쌀로 빚어 끈기가 뛰어난 술, 짓무르게 치대야

조말심 씨는 "이렇게 해서 띄우기 시작하기 더울 때는 25일 정도, 봄·가을로는 30일 정도 걸려서 만들어진다."면서, "더울 때는 빨리 만들어지고 잘 뜨니까 덜 고생스럽지만, 봄·가을로는 손이 많이 간다. 2~3일 전에 가루로 빻아서 햇볕에 내놓아 공내(곰팡이냄새)를 제거한다."고 말한다.

술빚기의 첫 순서로 밑술을 만드는데, 이튿날 멥쌀 1되를 깨끗이 씻어 약 3~4시간 물에 담갔다가, 방앗간에 가져가 거칠게 가루로 빻아다 시루에 담고 설기떡을 만든다. 설기떡이 익으면 자리에 고루 펼쳐서 차게 식힌 다음, 물 5되와 볕에 말려 법제(法製)한 누룩가루 1되를 함께 섞고 떡이 짓무르도록 매우 치댄 다음 술독에 안쳐 발효에 들어간다.

술독은 베보자기를 씌우고 뚜껑을 덮어서 뜨겁지도 차지도 않은, 실내 온도가 약 20℃ 정도 되는 곳에서 5일 정도 지내면 밑술이 완성된다.

밑술을 안친지 5일째 되는 날, 찹쌀 1말을 쌀뜨물이 나지 않을 때까지 깨끗이 씻어 한나절 (12시간) 가량 물에 담갔다가, 건져서 물기가 적당히 빠지면 시루에 안쳐서 고두밥을 짓는다.

덧술용 고두밥 역시 넓은 돗자리나 멍석 위에 고르게 펴서 손이 시릴 정도로 차게 식힌다.

이어 넓고 큰 자배기에 발효가 끝난 밑술을 퍼 담고, 또 차게 식힌 고두밥을 넣어 고루 섞이도록 잘 버무린 뒤, 술독에 안치는데 이때 용수를 박는다.

조말심 씨는 "용수자리를 잡을 때는 술독에 넣기 전에 물에 약 1시간 정도 담가서 용수가 물을 충분히 흡수했을 때, 바로 꺼내서 술독 안에 세워 넣고 용수 위에 바가지나 오목한 그릇으로 덮어주어야 덧술을 떠 담을 때 용수 안으로 들어가지 않는다. 이어 덧술을 용수 둘레부터 채워 넣는다."고 한다.

바닥에 떨어지면 버선발이 안 떨어진다

용수를 물에 담갔다가 넣는 것은 덧술용 찹쌀의 찰기로 인해 용수에 찹쌀이 달라붙거나 용수의 구멍이 막히는 것을 막기 위한 방법으로서, 그렇지 않으면 찹쌀의 찰기로 인해 용수를 꺼냈을 때 씻기가 어려울 뿐만 아니라, 용수 구멍이 막혀 술이 적게 얻어진다는 것이다. 그렇지 않아도 박문주는 물을 적게 넣기 때문에 술의 양이 적은데, 용수 구멍이 막히면 수율은 더욱 떨어지기 마련.

이렇게 해서 술 안치기가 끝나면 용수 위에 덮었던 그릇을 벗겨내고 베보자기를 씌운 뒤, 뚜껑을 덮어 밑술에서와 같이 뜨겁지도 차지도 않은 곳에 술독을 앉히고 15일 정도 둔다.

조말심 씨는 "보름 정도 지나면 술이 익는데 용수 안에 말간 담황색의 술이 고이므로 바가지로 떠서 술병에 담아 두고 마신다."면서, "잘 익은 술은 매우 끈기가 있어, 바닥에 떨어지면 버선발이 안 떨어진다."고 말한다.

본주보다 후주가 더 감미있다, 진도 아리랑과 같은 감칠맛 자랑

씨의 말맞다나 "박문주는 주재료인 멥쌀과 찹쌀의 양 (11되)에 비해, 물이 5되 밖에 들어가지 않기 때문에 매우 끈기가 있으며 술이 진하다. 또한 수율이 적으므로 30년 전만하더라도 부잣집이 아니면 감히 맛볼 수 없는 매우 귀한 술로 여겼었다."고 한다.

때문에 박문주는 후주(後酒)를 만들어 마셔도 맛

이 술로 그 유명세를 자랑했었다.

그 요령은, 본주(本酒)를 떠내고 난 다음 찬 기운을 없앤 맹물 1되를 항아리 주변에 붓는다.

이때 술덧을 파서 용수 주변으로 빙 둘러 쌓고 파낸 부분에다 물을 부어주어야 물이 용수 안으로 그냥 흘러들어가지 않고, 술덧 속으로 스며들어 닷새 후면 부드럽고 달보드름한 후주를 얻을 수 있다고 한다.

씨는 또 "별법으로 묽은 찹쌀죽을 쑤어서 누룩가루를 적당량 섞어서 부어주면 아름다운 맛의 후주를 3차례까지 얻을 수 있다. 본주나 후주 모두 꼭 참기름 같다."면서, 박문주는 진미가 뛰어난 술임을 강조한다.

술맛을 아는 이들은 박문주와 같은 술을 '감칠맛이 있다'고 한다.

그러고 보니 진도에는 박문주와 같은 또 하나의 감칠맛이 있으니, 다름 아닌 '진도 아리랑'이다.

부요적(婦謠的) 성격이 강한 서정민요로 진도에서 발생했지만, 전국적으로 불려지고 있는 이유가 바로 그 '감칠맛'에 있기 때문이 아닐까.

서산에 지는 해는 지고 싶어 지느냐. / 날 두고 가신임은 가고 싶어 가느냐. / (후렴) 아리아리랑 스리스리랑 아라리가 났네. / 아리랑 응응응 아라리가 났네. / 문경새재는 웬 고갠고 / 구부야 구부구부가 눈물이로구나. / (후렴) 니정 내정은 정태산 같은데 / 원수년의 탄광 모집이 니정 내정을 띤다. / ((후렴) 저 강에 뜬 윤선은 바람심으로 놀고 / 점방에 유성기는 기계심으로 논다. / (후렴) 오동나무 열매는 감실감실 / 큰 애기 젖통은 몽실몽실 / 씨엄씨 잡년아 잠깊이 들어라 / 문밖에 섰는 낭군 밤이슬 맞는다. / 서방님 오까매이 깨벗고 잤더니 / 문풍지 바람에 설사가 났네. / (후렴)

방문주와 제조과정 비슷한 '한 뿌리의 술'로 여겨져

여기서 필자 나름의 박문주에 대한 소견을 말하자면, 조말심 씨의 진도 박문주가 비슷한 이름의 방문주(方文酒), 곧 밀양 지방의 손대곤씨 댁의 밀양 방문주와 얼마나 유사한 지를 알고 난 다면, 진도 박문주의 유래를 짐작할수 있지 않을까 하는 생각이다.

결론부터 말하자면, '방문주'의 발음이 전라도의 강한 어투로 말미암아 박문주가 되지 않았겠느냐 하는 것이다.

그 이유로 네 가지를 지적할 수 있다.

그러니까 방문주나 박문주의 술 이름이 거의 비슷하다는 것이 첫째 이유이고, 둘째는 술빚기 과정에 있어, 방문주와 박문주가 다 같이 밑술을 죽으로 하면서 덧술에는 물을 넣지 않는 공통점이 있으며, 셋째는 양조용수를 적게 사용 채주율(採酒率)이 적으며, 술에 끈기(진미 ; 眞味)가 있다는 점이다.

그리고 넷째는, 이 두 가지 술 역시 전주(前酒)를 떠낸 뒤 가수(加水)하여 후주(後酒)를 만든다는 사실에서 그와 같은 추론을 해볼 수 있다.

그러나 분명한 것은, 이와 같은 공통점이 있음에도 불구하고, 또 다른 한 가지 사실은, 우리나라 음식 관련 문헌인 《규합총서》에 수록된 방문주와는 두 가지 차이를 나타내고 있다.

즉, 첫째는 《규합총서》의 방문주는 그 주재료가 찹쌀이 아닌 멥쌀을 사용하고, 둘째는 덧술에 있어서 박문주에서는 물을 넣지 않는 반면, 방문주는 덧술은 고두밥에 끓여서 식힌 물을 넣어 빚는다는 점에서 차이를 보여주고 있다는 사실이다.

물론 《규합총서》의 기록은 이러한 차이는 밀양 방문주와의 차이점이기도 하다. 酒

혀 끝에서녹아드는 상쾌한 맛

밀양 방문주

우리나라 전통의 민족문학으로 지칭되는 시조(時調)를 현대화시킨 선구자라 할 수 있는 가람 이병기 선생은, 시조 쓰는 일만큼이나 술을 좋아했던 것으로 잘 알려져 있다.

그런 그가 즐긴 술은 이강주와 방문주였다고 한다.

방문주(方文酒)는 현재 몇 사람이 그 기능을 보유하고 있는 것으로 알려져 있는데, 경남 밀양시에도 맛 좋기로 유명한 방문주가 있어, 발길을 재촉했다.

여인네들에 의한 대물림의 '교동 방문주'로 명성 얻어

밀양 방문주는 이 지방 토박이 성인 밀성 손씨 집안(손대곤) 씨의 가양주로, 씨의 부인 이문숙씨(63세)에 의해 전승되고 있는 비주(秘酒)로, 그 내력은 150년~180년에 이른다.

그러니까 손대곤(66세) 씨의 6대조 때부터 집안 안주인들에 의해 내림솜씨로 빚어져 온 술로 알려져 있다.

손대곤 씨의 중시조는 조선조 광해군 때 대장군을 지낸 무관 손진하(孫振夏)로, 이곳에서 일가를 이루었다. 방문주가 손대곤 씨 집안의 가양주로서 뿌리를 내리게 된 때는, 씨의 6대조 때에 이르러서부터였다고 한다.

"당시에는 '교동방문주'라는 이름으로 불려지고 빚어져 그 명성을 구가해 왔는데, 시할머니와 시어머니(이정윤, 83세)에게서 술 빚는 법을 배우게 되었다."

이씨에게서 밀양 방문주 만드는 법을 듣자니, "누룩 만들기가 첫째로 중요하고, 다음이 좋은 쌀과 좋은 용수(用水), 그리고 술을 빚어 안친 뒤의 술독을 관리하는 일로, 술독은 갓난 어린애 돌보듯 해야 한다."고 말한다.

쌀죽 넣어 만들고 7일간 띄운 누룩 사용

이문숙씨가 말하는 '어린애 돌보듯' 하는 술빚기는 어떻게 이루어지는지를 자세히 소개하면, 그 첫 순서로 질 좋은 누룩을 만들어야 한다.

누룩은 통밀을 물로 깨끗이 씻은 뒤 방앗간에 가져가 거칠게 빻아 밀기울(껍질)을 제거한다. 밀가루만을 사용한다고 생각하면 된다. 이 밀가루와 멥쌀로 쑨 묽은 죽을 함께 섞어 반죽을 한다. 그러니까 다른 술의 경우, 누룩을 만들 때 밀가루의 20%에 해당하는 물을 섞어 반죽을 하는데 밀양 방문주의 누룩은 물이 아닌 쌀죽으로 반죽하는 것이 다르다.

이런 예는 경주의 '교동법주'에서 볼 수 있다. 반죽이 다 되면 누룩틀에 삼베나 명주베보자기를 깔고 그 안에 담아서 발로 힘있게 디뎌서 성형을 한다. 성형이 끝난 누룩은 방 아랫목에 보릿짚이나 볏짚을 깔고, 그 위에서 띄우는데, 짚과 누룩을 켜켜이 쌓아 띄운다.

"누룩은 이레 정도 띄우는데, 이때 중요한 일은 2~3일만에 한 번씩 뒤집어 주되, 위에 있었던 누룩은 아래로 가게 하고, 아래에 있었던 누룩은 위로 가게 하는 등 서로 자리를 바꾸어 주어야 고루 잘 뜬다. 30일이 지나 누룩 띄우기가 끝나면 노르스름한 곰팡이가 속에까지 고루 피어 있어, 발효가 끝난 것을 알 수 있다. 다른 술처럼 법제를 하지 않는 대신에 방문주는 그냥 햇볕에 내다 반짝 말렸다가 곱게 가루로 빻아 쓴다."

집안 샘물과 찹쌀로만 빚는 진미(眞味)의 명주

고급 약주들이 그렇듯 밀양 방문주도 덧담그는 술, 곧 두 번 담그는 술이다.

먼저 밑술을 담그는데, 찹쌀 1되를 깨끗이 씻어 가루로 빻은 뒤, 끓여서 식힌 물 8되와 누룩 1되를 함께 섞어 만든다. 여기에 사용되는 물, 곧 용수는 손대곤씨 댁 집안의 샘물을 쓴다고 한다.

그래야 방문주 본래의 술맛을 낼 수 있다는 게 이씨

의 설명이다.

밑술은 소독을 마친 오지항아리에 안쳐 25~30℃ 정도 되는 아랫목에 자리를 잡아 이불로 싸맨 상태에서 3일 가량 발효를 시킨다. 밑술을 안칠 때 주의할 일은, 술항아리의 뚜껑을 덮거나 밀폐시키지 않아야 한다. 이는 발효시 발생하는 가스를 밖으로 배출시켜 주어야 술의 산패를 막을 수 있기 때문이다.

따라서 술항아리 주둥이는 삼베나 명주베보자기로 덮는 것으로, 먼지 등 이물질의 유입을 막는 정도면 된다. 그러나 몸체는 이불로 단단히 싸매주어야 한다.

방안은 사람들의 출입이 잦은만큼 잘 싸매주어야 일정한 온도를 유지할 수 있어 술의 발효가 잘 이루어진다.

밑술이 익으면 덧술을 만드는데, 찹쌀 1말을 물에 씻어 한나절 불렸다가 건져서 물기가 빠지면 시루에 담아 고두밥을 짓는다. 키나 돗자리 위에 고르게 펴서 차게 식힌 뒤, 물 1말과 누룩 반되만을 섞어 새 술항아리에 담고 완성된 밑술을 쏟아 붓는다.

작대기나 큰 주걱으로 저어서 밑술과 덧술이 고루 섞였으면, 용수를 항아리 한가운데에다 박아두고, 밑술

을 안쳤을 때처럼 방 아랫목에 자리를 잡아 놓는다.

역시 처음 3일간은 항아리 주둥이는 덮지 말고 베보자기만을 씌우며, 이불로 항아리 몸체를 싸맸다가 4일째가 되면 이불을 벗겨 낸다. 덧술도 밑술에서와 같은 온도인 25~30℃ 정도의 온도가 적정 발효온도이다. 이불을 벗겨낸 지 20~22일이면 술이 익는다.

여느 술과는 달리 용수를 미리 박아두는 이유를 묻자, 이문숙 씨는 "다 익은 술은 아주 끈끈해서 용수를 박을 수가 없다. 그래서 미리 박아두는 것이다."면서, "찹쌀 1말 1되에 물이 고작 8되이므로 어떤 술보다 진하고, 찹쌀만으로 빚은 술인만큼 진기가 높다."고 설명한다.

후주(後酒)가 감칠맛과 향기 좋아, 멋모르고 마시다 앉은뱅이 되기 십상

씨는 또 "덧술을 안치는 과정에서 술의 도수, 곧 알코올 함량 정도를 조절할 수도 있다."고 한다. 실인즉, 술이 단맛이 나게 하려면, 고두밥 1말을 덧술로 하였을 경우, 누룩을 소두 1되 정도 넣고, 좀 독하게 마시고 싶으면 대두 1되 정도 넣는다는 것이다.

"옛날에는 찹쌀이 귀해서도 그랬지만 본술을 떠내고 후주(後酒)를 세 번까지 떠냈다. 후주라고는 하지만 색깔만 진해질 뿐 본술과 전혀 차이가 없다. 감칠맛이나 향기 등에서는 오히려 본술보다 더 낫다."

씨가 말하는 후주는 본술의 3할 정도 되는 물을 끓여서 차게 식혔다가 붓고, 대략 20일 정도 지나면 다시 술이 만들어져 1차 후주를 떠내고, 재차, 3차로 끓여서 식힌 물을 붓는데, 그 양은 횟수가 반복될수록 줄어든다고 한다.

예의 방법은 전남 지방의 '백일주'와 고령지방의 '스무주', 경주의 '교동법주' 등 여러 술에서도 나타나고 있다. 또 후주는 본술이나 마찬가지로 맛이 진하여 멋모르고 홀짝홀짝 마시다가는 대취하여 앉은뱅이가 되기도 한다.

씨는 또 "그만큼 감칠맛과 향기가 좋다. 그리고 후주를 마시고도 대취한다면 믿지 않을지 모르겠지만, 본술의 경우 성냥불을 가져다 대면 불이 붙는다. 약주치곤 이렇게 독한 술은 없을 것이다."고 말한다.

'고급약주란 바로 이런 것' 1년 두고 마셔도 술맛 변하지 않는다

그런데 이 무슨 처사인가.

이씨는 "작년에 빚어서 마시고 남은 것으로, 귀한 손님 오실 때나 접대용으로 한두 잔 권하곤 한다."면서, 술 한 잔을 권하는 것이었다.

불이 붙을 정도의 독한 술이라면서 권하는 술잔이라니, 그것도 소줏잔도 아닌 사발로 권하는 술 한잔이었다.

호기심 반 두려움 반으로 받아들긴 하였지만, 이씨의 저의가 못내 얄미웠다.

하지만 술맛을 모르고서 무엇을 말할 것이며, 천리

길을 멀다 않고 달려 왔으니 객고도 풀 겸 한잔 술은 약이 될 수도 있으려니 하고 받아 든 술잔을 들여다 보니 밝은 주황색, 아니 연한 노랑색도 아니다.

뭐랄까, 그랬다. 제주도산 금귤빛깔이었다.

게다가 곡주에서만 느낄 수 있는 상쾌한 술 향기 하며, 찹쌀로만 빚은 특유의 감칠맛이 혀 끝에 녹아 들었다.

밀양 방문주의 술맛은 그랬다. 한마디로 '제대로 된 술, 고급 약주(청주)란 이런 것이로구나' 하는 생각을 절로 불러일으켰다. 그리고 그것은 어쩌면 탄성이었다.

그러기에 가람 선생이 하고 많은 술 중에 방문주를 즐겼던 까닭을 비로소 이해할 듯도 싶다.

이러한 방문주는 《술 만드는 법》을 비롯, 《술 빚는 법》, 《규합총서》, 《시의전서》, 《양주방》 등 여러 음식 관련 문헌에 그 이름과 만드는 법이 수록되어 있는데, 이문숙 씨가 빚는 방문주와도 궤를 같이 하고 있다.

참고로 《규합총서》에 수록된 방문주 제조방법을 소개하면 다음과 같다.

"멥쌀 1말을 가루내어 물 1말 2되를 끓인 것에 풀어 죽을 끓인 후에 차게 식거든, 가루누룩 1되 3홉으로 버무린 다음 밑술로 한다. 7일 후에 멥쌀 2말로 지에밥을 쪄서 끓인 물 2말을 부어 덧술을 만드는데, 물이 밥에 배면 차게 식혀 밑술에 버무려 넣어 발효시킨다."고 기록 되어있어, 따라서 이문숙 씨의 밀양 방문주는 《규합총서》의 방문주 제법과 비교해 거의 같은 방법으로 빚어지고 있음을 알 수 있었다. 다만, 《규합총서》에서는 멥쌀로 덧술을 만드는데 이문숙 씨는 밑술에서와 같이 찹쌀을 사용하고 있는 점이 다를 뿐이었다.

그런데 여기서 한 가지 빼 놓을 수 없는 것은, '이런 술은 어떤 안주가 어울릴까' 하는 궁금증이었다.

그래서 '눈치가 빠르면 절간에 가서도 젓갈을 얻어 먹을 수 있다.' 고 했던가.

층층시하에다 제법 규모가 큰 집의 살림살이를 꾸려 가다 보면, 시어머니를 비롯, 시집 식구들 시중 드랴, 시도 때도 없이 찾아드는 사랑채 손님들 접대하랴 하다보니 느는 것은 눈치라,

씨는 "방문주에는 이 지방 명물인 집장으로 가미한 시절식품이 제격이다."면서, "상추무침에 한 잔 더 쭉 들이키라."고 성화다.

밀양의 명물 방문주 못지 않게 이름난 집장은 밀과 콩을 섞어 띄운 것을 질금가루와 섞어 오지로 된 단지에 담고 뚜껑을 덮은 뒤, 단지를 짚으로 싸고 흙을 발라서 흙이 마르면 단지를 아궁이에 걸치고, 그 밑에는 잔나뭇가지와 등겨를 쌓아 불을 붙인다. 하루가 지나면 단지가 끓으면서 집장이 만들어진다고 한다.

씨는 "옛날에는 단지를 두엄벼늘 속에 며칠간 묻어서 만들었다."면서, "이렇게 만든 집장에다 제 때 나는 먹거리들을 넣고 안주 삼아 마시면 술이 취하는 줄 모르고 자꾸 마시게 된다."며, 오히려 방문주 보다는 집장 자랑이었다. 酒

주방문(酒方文)에 통달한 촌로와 약주 중의 약주

장성 팔목주

전남 장성지방의 특별한 토속주로, 또 약주 중의 약주로 꼽을 수 있는 술로 팔목주(八木酒)가 있다.

여덟 가지 나무를 약재로 빚는다 해서 팔목주인 술이다.

팔목주는 그 역사는 유래를 밝힐만한 기록이나 문헌이 없는 것으로 미루어, 한방 조제과정에서 파생된 술이 아닌가 짐작된다.

오갈피나무를 비롯해 팔목(八木)은 단순한 나무가 아니라 약재라는 사실과, 대부분이 희귀한 재료라는 것이 그 이유이다.

팔목주는 60년 가까이 전국 방방곡곡의 술도가를 돌아다니며, 한평생 오로지 술빚는 일에 전념해 온, 장성군 황룡면 장상리의 기우경(78세) 옹이 팔목주의 양조기술을 보유하고 있다.

기우경 옹은 '장성 진고색주'의 기능보유자이기도 한데, 이 두 가지 술은 그 방법이 전연 다르며, 진고색주가 증류식 소주인데 비해 팔목주는 혼양약주이다.

여든을 눈 앞에 둔 고령에도 불구하고, 기우경 옹은 "우리의 전통·토속주를 부흥시키는 일이 여생의 목표다. 또 그 목표는 다름 아닌 우리의 전통·토속주를 말살시키고, 그것도 부족해서 양조기술을 훔쳐가서는 자기네들의 것인양 떠들고 있는 일본 사람들, 그들이 빚어낸 일본 술 보다 더 좋은 술을 만드는 것이다."라면서 강단있는 자신의 뜻을 피력했다.

기우경 옹을 보노라면 기 옹이 무명의 한 촌로(村老)라는 사실에도 불구하고, 어느 한 구석에서도 촌로의 모습을 찾아 볼 수가 없다. 몹시 깡마르고 작은 체구에 선량하게만 보이는 눈빛 때문이다.

그런 기 옹의 가슴 속에 불타고 있는 '극일(克日)의 정신'은 어디에서 기인한 것일까?

"칠십 평생을 술빚는 일을 천직으로, 그리고 그 직업에 대한 자긍심으로 살아왔다. 불행한 시대에 유년기를 맞았고, 어려서부터 배우게 된 것이 이 일이었다. 그런데 저들 때문에 술을 마음대로 빚어보지도 못했다. 그런가 하면 목숨을 부지하기 위해 술(밀주)을 빚어 온 사람들이 한 둘이 아니다. 우리 술은 그렇게 해서 쉬이 사라지고 왜곡 되었으며, 그 맥이 끊겼다. 다시 재현하려 해도 기록을 찾을 수 없다. 우리 술은 입에서 입으로, 손에서 손으로 전해져 왔기 때문이다. 더욱이 저들의 수탈로 말미암아 술빚기를 그만 두게 되면서 다양하면서도 특색있는 전통술과 지방마다의 숱한 토속주들이 사라져 버린 것이다. 내가 그들의 치하에서 태어나 저들의 감시를 받으면서 술을 빚어왔기 때문에 잘 안다. 또 한 곳에서 마음껏 술을 빚지 못하고 부평초처럼 술도가를 찾아 전국을 떠돌며 살았다. 그러다 보니 결혼을 해서도 집사람에게 미안한 마음뿐이었다. 그들보다 더 좋은 술을 만들고야 말겠다는 생각에 의식주의 중요성 같은 것도 모르고, 돈도 모르고, 가정생활이란 것도 등한시 한 것이다. 부끄런 얘기지만 내 손으로 운동화 한 켤레 사 신은 것이 처음이자 마지막이었다. 그것도 술과 관련한 일로 서울에 갔다가 서울역에서 1만원을 주고 사 신은 것이 전부다."

기 옹의 일생을 짐작케 해주는 이야기의 한 대목이었다. 그리고 그나마 남은 여생을 전통·토속주를 부흥시켜, 특히 일본 술을 능가하는 술을 만들겠다는 것이라고 하니, 한 인간의 집념과 삶의 보람이 무엇이며, 어디에 있는가를 다시금 생각케 한다.

국내 유일의 초저온 발효주
술 빚는 법도 특별

그렇다면 약주 중의 약주, 팔목주는 어떻게 만들어지며, 팔목주는 무엇에 어떻게 좋은가를 알아볼 필요가 있겠다.

먼저, 기우경 옹의 설명에 따른 팔목주의 양조과정은 이렇게 정리할 수 있다.

팔목주는 멥쌀 5되를 물에 불렸다가 찐 고두밥과 법제(法制)를 마친 누룩 5되를 함께 섞고, 양조용수로 7홉의 물을 부어 버무린 뒤, 그릇에 담아 밑술을 잡는다. 밑술은 바로 발효에 들어가기에 앞서 0~5℃의 냉장고에 2~3일간 넣어 두었다가, 덧술을 만들고 함께 섞어 발효를 시킨다.

단, 누룩은 여느 술과 같은 방법으로 빚어서 곱게 가루내어 사용한다.

기우경 옹은 "밑술을 다른 술과 같이 하지 않고 냉장고에 보관하는 이유는, 고두밥이 누룩곰팡이와 섞여 상온에서 이뤄지는 유산균 발효를 지연시키기 위한 목적에서다. 이렇게 해서 술을 빚으면 아무리 많이 마셔도 절대 부작용이 없다."고 말한다.

덧술은 멥쌀 1말을 깨끗히 수세하여 물기를 빼서 고두밥을 짓고, 아주 차갑게 식혀서 법제를 한 누룩가루 1말과 비벼 섞고, 소독을 한 술독에다 밑술과 함께 쏟아붓는다. 덧술의 물은 쌀과 같은 양의 1말을 넣는다.

발효가 잘 진행되도록 고루 저어주고, 천으로 항아리를 덮어 실내에 두는데, 발효에 적당한 온도는 20℃ 정도이다. 그런데 이때 사용하는 물은 날물이 아니라 팔목을 삶은 물을 넣는다. 팔목은 요즈음 구하기 힘든 것이 많다. 가장 흔한 오가피나무(1kg)로 이 약재를 비롯해 엄나무(1kg), 노나무(1kg), 주엽나무(1kg), 마가목(1kg), 참빗나무(1kg), 음정목(1kg), 그리고 구하기 힘든 바람풍나무(1kg) 등의 약재 8kg을 1말 5되의 물에 넣고 달인다. 물이 1말이 될 때까지 중간 불로 오랜 시간 삶아야 이들 약재의 성분이 잘 우러난다.

즉, 쌀이 누룩과 섞이면 곧 바로 발효가 진행되는데, 온도를 낮춤으로써 유산균 발효는 지연되는 대신에 당화만 진행시키려는 목적이다.

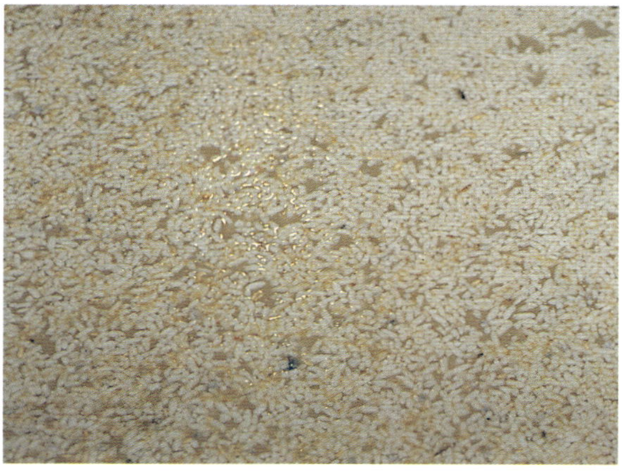

술을 안친 술독은 15℃에서 하루를 지낸 뒤, 자리를 옮겨 약 20℃ 정도 되는 바람이 잘 통하는 서늘한 곳에서 발효를 시키는데, 술독의 품온이 22~32℃ 정도가 되도록 온도유지에 신경을 써야 좋은 술이 만들어진다.

여름철에는 8~9일, 겨울철에는 10~11일 정도면 덧술의 발효가 끝난다. 물론, 술의 양에 따라 발효기간은 다소 차이가 있다.

이때를 기다렸다가 2차 덧술을 안치는데, 멥쌀 1말을 푹 쪄서 지은 고두밥을 차게 식혔다가, 물 1말과 섞는다. 덧술을 안칠 때와 같은 방법으로 누룩없이 덧술과 섞어 실내온도 15~18℃에서 여름철에는 4~5일, 겨울철에는 5~7일 정도 발효시키면 술이 다 익는다.

72가지 풍을 다스린다
'팔목주 이상의 술이 없다?'

이상으로 술빚기가 끝나 채주에 들어가는데, 용수를 박아 떠낸 뒤 무명베로 걸러내면 그윽한 향기는 물론이거니와, 마시기에는 부드러운 팔목주가 된다.

팔목주를 '약주 중의 약주'라고 하는 또 다른 이유는, 기옹의 다음 얘기에서 그 근거를 찾을 수 있다.

"옛부터 '팔목주는 72가지 풍(風)을 다스린다'고 했다. 이 '풍'이란 것은 요새 말로 성인병을 통칭하는 것이라 생각된다. 술이라는 것이 건강을 해치는 복병으로 간주되고 있는 것이 사실인데, 지금의 양조회사들이 빚은 술은 요새 사람들의 구미에 맞기는 하지만, 기업의 생리상 수익을 목표로 하고 있기 때문에, 술에 들어가는 주정을 공업적으로 처리하는 생산과정을 거친다. 때문에 그 주정이 우리 몸속에 들어 와 조직 세포막을 파괴한다. 피가 새까맣게 변하고 간경화가 생기는 것이다. 물론, 간 자체가 자강력(自强力)이 있어서 회복되긴 하지만, 후유증이 남는 것은 누구도 부정하지 못한다. 그런데 전통·토속주, 즉 전통 곡주는 그런 부작용이 없다."

평생을 전국의 술도가를 찾아다니면서, 그리고 60년 가까이 한가지 술 연구와 경험에서 비롯된 기우경 옹의 지론이고 보면, 결코 가벼이 여길 얘기가 아니라는 생각이 든다.

따라서 팔목주는 순곡과 자연 약재를 바탕으로 빚어지기 때문에 건강에도 좋을 뿐만 아니라, 각종 성인병 예방과 치료를 위한 건강 약주이라고 할 수 있다. 기우경 옹 말대로 '72가지 풍을 다스린다'는 과학적인 연구 결과만 뒷받침 된다면, 팔목주 이상의 술, 아니 '약'도 없을 것이라는 생각을 갖게 된다.

그도 그럴것이 요즘에 와서 양조회사들이 '곡주'임을 강조하고 나서는 것도 그렇거니와, 팔목주에 들어가는 약재들의 효능에서도 기 옹의 말이 허언이 아님을 알 수 있게 된다.

실례로, 산림청에서는 엄나무를 이용한 항생제 개발에 성공했는데, 이는 미국에서도 그 효능을 인정한 획기적인 상품으로서, 그 이용 범위가 확대될 전망이라고 한다.

그 내용인 즉, 엄나무에서 채취한 곰팡이균을 이용한 항생제, 곧 항암제 개발에 성공했다는 사실이다.

암이라는 것이 성인병(현대병)이고 보면, 앞서의 한가지 사실만으로도 옛 조상들의 지혜와 슬기가 얼마나 뛰어났는지를 가히 짐작할 수 있을 것이다. 酒

논밭일보다 중요했던 가양주 빚기

강릉 청주

예로부터 '술 한 잔 없는 잔치가 없다' 했으니, '산해진미라도 술 한 잔이 없다고 하면, 팥고물 없는 시루떡'이나 다름 없다.

그런 의미에서 강릉 청주는 특별한 토속주라고 할만하다.

지금은 행정구역이 바뀌어 강릉시가 되었지만, 과거에는 명주군으로, 강동면 언별1리에 사는 진순남 여사(75세)가 그 솜씨를 갖고 있는데, 10여년 전만 해도 묻혀 있던 토속주에 불과했다. 그러던 것이 진순남 여사의 아들 이승재 씨가 마을 이장을 맡으면서 외지출입이 잦아졌고, 내외로 찾아드는 손님들에게 접대용으로 내놓던 가양주였던 것인데, 그 특별한 맛에 반한 사람들이 다시 찾아와 술을 맛보고 가면서 소문의 꼬리를 물게 되었고, 술 좋아하는 사람들 사이엔 강릉청주를 모르는 사람이 없다 할 정도로 제법 유명해졌다.

술꾼 남편 위해 매일 술만 빚어, 밀주단속도 피해갔던 오지, 옛맛 간직

진순남 씨가 청주를 빚게 된 것은 56년전 현 거주지로 이사오면서부터 시부모를 비롯 술 좋아하는 남편을 위해 시댁의 가양주를 빚게 된 것이라고 한다.

특히 진순남 씨의 남편은 '술 한 동이를 지고는 못가도 마시고는 간다'할 정도의 술꾼. 때문에 진씨는 매일같이 술만 빚었다고 한다.

진순남 씨가 어느 정도 술 빚는 일에 전념했는지를 대변해주는 우스갯소리가 있는데, 바로 "고추가 욕 안하드냐"는 말이다.

진씨는 "길쌈이고 빨래고 모르고 살았다. 술 빚느라 농사는 손도 안댔다. 그러다 보니 고추가 다 익어서 떨어지게 생겼어도 거두는 사람이 없는데, 장에 나온 나를 보고 마을 사람들이 놀리는 말이 '고추가 욕 안하드냐'고 농 삼아 던지는 말이었다."면서, "농사는 안지어도 식구들이 거둔 것을 장에다 내다 팔러는 갔다. 그러다 보니 그런 소릴 들었다."고 말한다.

씨가 또 술 빚는 일을 계속할 수 있었던 또 다른 이유가 있다. 진순남 씨가 사는 언별 1리가 얼마나 외진 곳인지, "일제 강점기나 해방 후 밀주단속이 심했던 당시에도, 단속을 나오지 않을 정도로 깊은 산

누룩은 밀을 가루로 빻아 흰 밀가루는 분리하여 수제비며 빵을 만들어 먹고, 밀기울만을 물과 반죽하여 누룩틀에 넣고 발로 사정없이 디뎌서 성형을 하는데, 밀기울과 물을 섞는 비율이 가장 중요하다.

진순남 씨는 물을 섞는 정도에 따라서 술맛이 달라진다고 한다.

진씨는 "누룩은 특히 반죽을 잘 해야 한다. 물이 많이 들어가면 술 빛깔이 싯벌겋게 되고 술맛이 시어진다. 또 오래 두면 꺼멓게 변해버린다."면서, 그 구체적인 방법이랄까, 요령은 밀기울과 물을 섞는 비율인데, "비율은 딱히 정해진 양이 있는 것은 아니다. 주먹으로 쥐어봐서 풀어지지 않고 뭉쳐질 정도가 좋다."고 설명한다.

속이어서 옛맛을 그대로 보존하고 있다."는 것이 강릉시 농촌지도소 이윤옥 생활개선계장의 설명이었다.

진씨는 "처음에는 술 걸르는 일부터 시어머니에게서 배웠는데, 당시에는 집집마다 술을 빚어 가용으로 쓰고 있었기 때문에 서로 돌아가면서 품앗이로 술빚는 일을 도왔다. 그래서 술 빚는 일을 어렵지 않게 배울 수 있었다."고 말한다.

누룩 만드는 일이 제일 중요
누룩따라 술맛 달라져

진순남 씨는 시집 오기 전 친정어머니로부터 동동주 빚는 법을 이미 익혔던 처지라, 시댁의 가양주 빚는 법이 그리 어렵지 않았다고 한다. 그러나 씨는 술 빚는 일 가운데 누룩 만들기가 가장 어려운 일이라고 한다.

씨는 "옛날에는 누룩 한 번 빚을려면 밀 세 가마나씩 방앗간에 가져다 빻아 왔다."면서 누룩 빚는 법을 일러주었다.

성형을 끝낸 누룩은 방바닥에 짚거적을 깔고 그 위에 펼쳐 놓고 담요를 덮어 3~4일간 푹 띄웠다가 5일째 되는 날 담요를 벗긴다. 속이 다 마를 때까지 그대로 두는데 한달 가량 걸린다. 잘 뜬 누룩은 거무스름한 황색 곰팡이가 피는데, 볕에 말렸다가 공기가 잘 통하는 곳에 보관해두고 쓴다.

술을 빚기 전 낮에는 햇볕에 말리고 밤에는 이슬을 맞히길 이틀간 하여 쓴다.

법제가 끝난 누룩은 붉은 빛깔을 띠는데, 원형으로 높이는 10~12cm 가량이다. 이어 술빚기에 들어가는 고두밥은 토종 찹쌀을 사용한다.

진순남 씨는 찹쌀은 집에서 직접 농사 지어 거둔 것으로, 시루에 쪄서 차게 식으면 엿기름가루와 섞어 감주를 만들 듯하여 지에밥을 삭혀 엿물을 만드

는데, 그 비율은 찹쌀 1말로 지은 지에밥에 대승 1되의 엿기름가루와 끓여서 식힌 물로, 온도가 40℃ 정도 되는 양조용수를 한데 섞어 가마솥에 담고, 아주 약하게 불을 지펴 가마솥 안의 온도가 40℃ 정도 되게 유지하는 것이다. 그렇게 해야 엿기름물에 의해 밥알이 잘 삭는다.

"밥알이 다 삭으려면 4~6시간 정도 걸리는데 온도유지가 매우 중요하다. 식혜를 만드는 법과 거의 같은데 한 가지 다른 점은 엿기름가루를 걸러내지 않고, 그대로 고두밥과 섞어 만든다는 점이다." 진순남씨의 설명이었다.

엿물로 밑술 빚고
찹쌀 · 솔잎 넣어 '진한 맛'

이어 밥알이 다 삭았으면 가마솥에 담고, 팔팔 끓여서 엿밥을 걸러내는데, 고운 망사자루를 이용한다. 망사자루에 끓인 엿밥물을 담고 엿틀을 이용, 눌러 짜면 엿밥과 엿물이 분리된다.

엿밥은 버리고 남은 엿물 두 동이(40 l)를 볏집을 태워 그 연기를 쏘여 소독을 한 술독에 담고 양조용수로 삼는다.

이어 찹쌀 5되를 예의 방법대로 고두밥을 짓되, 가향재(加香材)로 생솔잎 한 웅큼(약 250g 정도)을 넣는다.

"솔잎을 너무 많이 넣으면 술이 시큼해진다. 손으로 집어서 한 주먹 가득이면 된다. 찹쌀로 다시 고두밥을 지어서 자루에 담아 술독에 넣고 돌로 눌러 놓으면 된다."

진씨의 설명이다.

본술 담그는 법을 구체적으로 설명하면, 먼저 재료로 찹쌀 5되와 누룩 6되 6홉, 솔잎 250g이 들어간다.

"찹쌀은 고두밥을 지어 차게 식히고 누룩은 곱게 빻아서 물 없이 고루 섞고 치댄 다음, 고운 망사자루에 담아 주둥이를 단단히 동여 맨 다음 엿물을 담아 둔 술독에 담고 무거운 돌로 눌러 놓는다".

이상에서 알 수 있듯 강릉청주는 밑술로 엿물을 만들어 담그는 등 독특한 방법으로 빚어지고 있음을 볼 수 있는데, 이런한 술 빚기는 강원도 원주 지방의 엿술이나 춘천의 한옥로, 경북 봉화지방의 옥수수술과는 또 다른 과정을 거쳐 빚어지고 있다고 하겠다.

물론, 술을 담그는 과정에서 엿물과 고두밥, 누룩을 함께 섞어 담지 않고 고두밥과 누룩만을 섞어 자루에 담아 술독에 넣어 두는 까닭은, 전통적인 방법인 용수를 사용하지 않는 별법이라 할 수 있으며, 용수를 이용해 채주(採酒)하는 방법보다 훨씬 간편할 뿐만 아니라, 보다 맑은 술(淸酒)를 얻기 위한 방법으로 여겨진다.

술 안치기가 끝이 나면 술독을 안쳐 발효에 들어가는데, 봄·여름철에는 창고에 두고 가을·겨울철에는 방에 두어 이불로 술독의 몸을 싸고 베보자기로 주둥이를 봉한다.

술독이 놓인 실내의 온도를 늦봄의 날씨라고 할 수 있는 25℃로 산정할 경우, 4일 정도면 발효가 끝나 술자루가 떠오른다.

술자루가 떠오르면 술을 떠서 마실 수 있는데 오래두고 마시려면 술자루는 그대로 두고, 술만을 떠서 별도의 여과과정 없이 마시고, 그렇지 않으면 술자루를 건져내고 술은 떠서 별도의 술단지에 담아서 저온장소에 보관한다.

황금색 술 빛깔과 시원하면서도 단맛 주는 상쾌한 술

그런데 특기할 것은 "이 술은 1년 내내 변치 않는다."는 진순남 씨의 얘기였다.

우리가 알고 있기로는 시판 중인 대부분의 전통약주들은 고온살균, 또는 저온살균법을 통해서 일정

기간 술의 재발효를 막거나 지연시키고 있음에 비추어 볼 때, 강릉 청주의 장기 저장 가능은 전통발효주(양조주)라는 점에서 의문을 갖게 만든다.

얼른 이해가 되지 않는다며 고개를 젓자, 진씨의 큰며느리 박춘옥 씨가 광으로 가더니, "담근 지 3개월이 지났다."면서 술 한 병을 들고 나왔다.

그 술 빛깔을 보니 여느 전통주나 토속주와는 다른, 진노랑색을 띤 것이 일견하기에도 예삿술이 아님을 알 수 있었다.

금새 입안에 침이 괴는 것이, 앞서 진순남 씨가 누룩 빚기의 중요성을 강조한 까닭을 어렴풋이나마 짐작할 수 있을 것 같았다.

지금은 큰 며느리 박춘옥(48세)씨가 시어머니의 술 빚는 일을 돕고 있는데, 지금도 옛법 그대로를 고집하고 있어, 술맛 또한 특별하다는 평이다.

다시 말해 여느 토속주와 제법 유명세를 얻고 있는 상품화된 술맛과는 비교가 안될 정도로, 고유 청주의 맛을 살리고 있다는 것이다.

강릉 청주는 황금색의 밝은 술 빛깔과 함께 시원하면서도 단맛, 그리고 떫은 맛, 신맛을 함께 지닌 감칠맛이 특징이다.

떫은 맛은 솔잎이 들어갔기 때문이고, 단맛은 토종 찹쌀로 빚고 엿기름가루를 넣은 때문이다. 술의 상쾌함을 더해주는 신맛은 부드러운 곡주에서만이 느낄 수 있는 고유의 맛이다.

"추석과 설, 보름, 잔치 때 담가 마십니다. 특히 시어머님 생신이 대보름 다음 날이라서 자손들이 보름날 모여서 생신 잔치를 해드리는데, 이때 온 가족이 모여서 함께 마시는 모습을 좋아하셔서 손수 빚곤 하시지요. 술 빚는 일을 취미로, 재미로 아세요."

큰 며느리 박춘옥 씨의 얘기였다.

우리 것을 천시하는 못된 사회풍조가 그렇고, 힘든 일을 기피하는 요즘의 젊은 사람들 사이에서도, 진순남 씨처럼 집안의 가양주를 50년 넘게, 옛법 그대로 지켜오고 있는 일도 그렇거니와, 술 빚는 일이 즐겁다는 시어머니를 말없이 도와 주고, 그 맥을 지키기에 여념이 없는 큰 며느리 박춘옥 씨를 보면서 맏이의 숙명론을 다시 생각하게 된다. 酒

양반님네들의 손님 접대엔 최고인 술

고흥 백일주

섬이 아니면서 사면이 거의 바다로 둘러싸여 있어, 수산물은 물론이고 내륙지방에서 산출되는 토산물이면 나지 않는 것이 없다 할 정도로, 풍성한 먹거리를 자랑하는 곳이 전남 고흥군이다.

모든 것이 풍성한 고장답게 다양한 향토음식이 발달해 왔는데, 포두면 길두리 안동 부락에 가면 향은 물론, 독특한 제조과정으로 주당들의 취흥을 돋우기에 손색이 없는 토속주가 있으니 고흥 백일주(百日酒)가 그것이다.

영광 정씨가의 2백년 된 가양주와 그 뿌리 찾기

이곳 안동 부락은 옛부터 반촌(斑村)으로 알려져 왔는데, 지금도 200년 전의 유학(儒學)을 가풍(家風)으로 하는 영광 정씨의 집성촌이기도 하다.

따라서 고흥 백일주는 2백년 가까이 영광 정씨 가문의 가양주로 전해져 왔던 술이라 할 수 있다.

그러나 1909년 주세법의 제정과 함께 금주령이 내리면서 술을 빚을 수 없게 되었고, 해방 후에는 식량의 절대 부족으로 밀주단속이 심해 그 맥이 끊겼다가, 최근에 이르러 몇몇 가문에서 집안의 대소사에 접대용으로 빚어오고 있다.

안동 부락의 정진기 씨(71세) 댁과 정종배(43세) 댁의 여인네들이 그 중 술 잘 빚기로 이름이 나있다는 소문을 좇아, 세 차례의 방문 끝에 정진기 씨의 부인 송행남(70세) 씨에게서 술에 얽힌 유래를 들을 수 있었다.

"반촌이어서 서울 왕래가 잦았답니다. 그 때문에 사대부들의 출입이 빈번했는데, 양반네들이 명절과 집안 대소사에 손님 접대용으로 빚어 마셨던 최고의 술이 이 백일주입니다. 시어머니(박귀엽, 79세, 1980년 작고) 말씀이 저희 정씨 집안에서만 200여년 전부터 빚어왔다고 하시더군요. 가용으로 써왔던 술인데 '물과 누룩을 적게 넣어 빚어야 맛있다' 하시면서, '이대로 백일 두어도 맛이 변하지 않는다 해서 백일주라고 했다'는 말씀이 계셨어요. 시어머니께선 또 맛있는 술을 빚기 위해서는 누룩 넣기가 중요하다시며, 누룩을 잘 띄우고 고두밥을 덩

어리진 것 없이 차게 하여 알맞은 온도에서 발효시켜야 제대로 된 술을 빚을 수 있다는 걸 강조하셨어요."

송행남 씨의 설명이었다. 송씨는 이웃마을인 봉덕리에서 19세 되던 해 이곳 안동의 장진기 씨에게 출가, 시어머니에게서 술빚는 법을 배웠는데, 술빚는 일은 유학풍의 집안 습속을 지키는 중요한 일 가운데 하나였다고 한다.

백곡누룩에 순 찹쌀로만 빚는 특이한 방법의 백일주

송씨에 따르면 제대로 된 백일주는 술이 방울져 똑똑 떨어질 정도로 진기가 있으며, 맛이 달아서 한두 잔 정도로는 성이 차지 않아 자꾸 마시게 되는데, 아무리 많이 마셔도 절대 뒤탈이 없다고 한다.

송씨로부터 백일주에 얽힌 이야기를 마치고 나오면서, '혹시나' 하고 정종배 씨(44세) 댁을 들렀던 일은 행운이었다.

어제 밑술을 담가 놓아 지금 한창 발효가 진행 중이며, 내일 오후에 덧술을 안칠 계획이라는 것이었다.

정종배 씨는 "며칠 후에 있을 모친(유덕윤, 77세)의 생신 때 친척들 접대용으로 술을 빚기로 했다."면서, "그간 어머니로부터 배운 솜씨를 다해 정성껏 빚어 볼 생각이다. 이번에는 약쌀(흑미)을 넣어 전에 없는 좋은 술을 맛보시게 하겠다."고 말했다.

자못 흥분된 표정의 종배 씨에게서 효도하는 자식으로서의 '기쁨'을 엿볼 수 있었다.

유덕윤 씨는 고흥면 호서리 고 유성명 씨의 3녀로, 이곳 안동의 정오성 씨(1995년 77세 작고)에게 18세 되던 해에 출가하여, 30세 되던 해부터 이 마을에 사는 노인들에게 술빚는 법을 배워 지금까지 백일주를 빚어오고 있으며, 이제는 아들(종배) 내외가 그 비법을 전수 받아 집안 대소사에 술을 빚어서 쓰고 있다고 했다.

달고 진미 강한 술, 세 차례의 후수가 특징

정종배 씨 내외의 고흥 백일주 만드는 법을 살펴보니, 먼저 통밀을 곱게 빻아다가 고운 체로 쳐서 기울은 버리고 하얀 밀가루만을 사용하는데, 밀가루 양의 20% 정도 되는 물과 반죽하여 보자기에 싸서 누룩틀에 넣어 발로 힘껏 디뎌 성형을 한다. 누룩디디기가 끝난 누룩은 짚을 깔고 위 덮어서 발효에 들어가는데, 30~35℃ 정도의 따뜻한 실내에서 7일 정도면 노랗게 곰팡이가 피면서 발효가 끝난다. 발효가 끝나 잘 띄워진 누룩은 술빚기 하루 전날 맷돌이나 절구를 이용, 고운 가루로 빻아 둔다.

누룩은 술빚을 쌀의 1할, 즉 찹쌀 10되면 1되가

쓰인다.

밑술은 찹쌀 10되 중 1되를 가루로 빻아서 물 9되와 함께 끓여서 묽은 죽을 쑤어 식힌 다음, 준비해 둔 누룩가루 중 7.5홉과 섞어 항아리에 담아 따뜻한 실내(25℃ 정도)에서 2~3일간 발효시킨다.

밑술의 발효가 끝나면 나머지 찹쌀 9되를 시루에 안쳐서 고두밥을 찐 뒤 차게 식혀서, 밥알이 낱낱으로 떨어지게 손으로 비벼서 나머지 누룩가루 2.5홉과 함께 발효가 끝난 밑술과 섞어 잘 치댄 다음 새 술독에 안친다. 그리고 나머지 물 1되를 이용, 술을 버무릴 때 항아리 주둥이와 그릇에 묻은 것까지 깨끗이 씻어서 넣는다.

술을 안칠 때 주의할 일은 주원료인 쌀(고두밥)에 비해 양조용수가 적게 들어가는만큼, 여느 술과 같이 저을 수 없으므로 중간중간에 손으로 꼭꼭 눌러서 담아야 한다는 것이다. 이어 술항아리를 한지나 종이로 덮어 씌우고, 이불로 싸매서 밑술에서와

같은 온도에서 9~10일간 발효시킨다.

"술이 잘 익었는지의 여부는 눈과 코의 감각적 느낌만으로도 감지할 수 있지만, 성냥불을 켜 술항아리 안으로 들이밀면 알 수가 있다. 즉 발효가 잘 되었을 때는 불이 꺼지지 않지만, 발효가 덜 끝나거나 진행 중일 때는 안에서 발생하는 가스 때문에 성냥불이 꺼지고 만다. 발효가 끝나 술이 다 익었으면 끓여서 차게 식힌 물 10되를 술항아리에 그대로 쏟아 붓는다. 이 때 물은 밥물 붓듯이 하여 술바탕을 건드리지 말아야 한다. 용수는 첫물을 부은 그 다음 날 박아 두는데, 용수가 솟아오르지 않도록 깨끗하게 씻은 주먹만한 돌맹이 하나를 용수 안에 넣어 둔다. 2일 후에 맑게 고인 술만을 떠내면 백일주를 얻는다."

유덕윤 씨는 앞서와 같은 방법으로 4회까지 계속해서 술 을 떠낼 수 있다고 한다. 다만, 횟수를 거듭할수록 물의 양을 절반으로 줄여간다. 다시 말해 두번째 물은 첫번째 물의 1/2, 세번째 물은 두번째 물의 1/2, 네번째 물은 세번째 물의 1/2을 부어 줌으로써, 이틀 간격으로 계속해서 술을 얻을 수 있다는 것이다.

씨는 "술을 맛있게 하려면 누룩을 적게 쓰고 물을 좀 덜 넣고, 약간 독한 술을 좋아하면 누룩을 더 넣는다."고 하여, 술의 용도에 따른 원료의 가감 등 여늬 술에 비해 술빚기가 비교적 자유로움을 알 수 있다.

발효 끝나고 백일 넘도록 술맛 변하지 않아

한편, 유덕윤씨의 아들 정종배 씨는 "술을 즐기는 사람들은 첫번째 떠낸 비교적 독한 술을 찾지만, 대개는 첫번째부터 네번째까지 떠낸 술이 더 맛있다고 한다."면서 "후주 모두 함께 섞어서 마셔야 백일주 고유의 술맛을 즐길 수 있다. 그리고 고흥 백일주의 술빚기에 따른 양조기간은 12~13일 정도이지만, 첫번째 술을 떠내고 난 다음부터 네번째 술을 떠내기까지 백일이 지나도록 술맛이 변하지 않는다."고 말해, 고흥 백일주의 이름에 얽힌유래를 다시 확인할 수 있었다.

따라서 대개의 백일주들이 양조기간, 곧 밑술을 빚기 시작해서 채주 또는 숙성에 이르기까지의 실질적인 술빚기에 따른 기간이 90일에서 100일이 소요된 데서 백일주(百日酒)라는 술 이름을 얻고 있는 것과는 달리, 고흥 백일주는 발효가 끝나고 백일이 지나도 술맛이 변하지 않는다는 사실 하나와, 덧술 발효 후 수 차례에 걸쳐 끓여서 식힌 물을 더하는 등의 방법이 여느 술빚기와는 다른, 고흥 백일주만의 특징임을 알 수 있다.

그런데 여기서 간과할 수 없는 한 가지 사실은, 경북 고령의 스무주와 그 제조 과정이 너무나 흡사하다고 하는 것이다. 그간 우리의 전통주, 토속주 취재 과정에서 느꼈던 것은, 10년이 넘도록 그 어떤 술도 재료나 제조 과정에서 방법을 같이하고 있는 술을 발견하지 못해, 우리의 전통·토속주는 그 특징이 제조방법의 다양성에 있다고 강조해 왔는데, 고흥백일주의 취재가 끝난 후로는 꼭 그런 것만은 아니라는 생각을 하게 되었다.

환언하면, 주재료로 누룩·찹쌀·물 외의 어떤 부재료의 첨가 없이 만들어지고 있어, 경북 고령의 스무주와 재료의 사용에서 동일했고, 그 제조과정에 있어서도 밑술을 만드는데 있어, 찹쌀을 가루내어 흰죽을 쑤어 누룩가루와 섞어 발효시키고 있으며, 덧술은 멥쌀로 고두밥을 지어 누룩없이 술과 함께 밑술에 섞고 발효시킨 뒤, 20일 후에 채주하고 4~5회에 걸쳐 후수를 하는 등 스무주와 그 궤를 같이 하고 있다는 사실이다.

지방에 따라 솜씨에 따라
다른 방법·맛 자랑하는 술 빚기

그러면 같은 재료, 동일 방법으로 빚어지는 이 두 가지 술이 왜 각기 다른 이름으로 불리워지고 있느냐는 의문이 남게 된다.

그러나 이러한 의문도 이내 풀리고 만다.

그러니까 우리가 술 이름을 붙이는데 있어 술빚는 기간을 우선시 하느냐, 아니면 술의 보존성에 초

점을 맞출 것이냐 하는 시각 차이에서 이들 두 가지 술이 각각 다른 이름으로 불리워지게 되었다는 것이다. 즉, 고흥 백일주는 제조기간 20일에 백일 동안 두어도 술이 변하지 않아 술뜨기가 가능하다고 해서 백일주로 불리우게 되었고, 고령 스무주는 술을 안친 지 스무날이면 술뜨기가 가능해진다는 데서 각각 술이름을 따왔다는 것이 그 결론이다.

이상 고흥 백일주와 고령 스무주의 술빚기 과정에서 보았듯, 우리나라의 전통·토속주는 같은 재료를 가지고서도 지방에 따라 달리 불리워지는가 하면, 술을 빚는 이의 솜씨에 따라 각기 다른 방법, 각기 다른 맛과 향을 자랑, 수 백년을 두고 고유한 식문화의 근간을 이루었던 한 가지임에 틀림없다 할 것이다.

그러나 아직까지도 고흥 백일주는 그의 술빚기가 자유롭지 못하다는 유감을 감출 수 없다.

따라서 앞으로 다가올 설을 비롯 대소 명절과 집집마다의 애경사에는 정종배 씨처럼 집에서 직접 담근 전통술이 아니라도, 현재 유통 중인 여러 전통주를 차례상에 올려보는 것도 의미가 있을 것이라는 생각이 든다. 酒

관절염 · 신경통 치료에 효과 탁월한 약주

양감 약주

경기도 오산의 '양감 약주'를 만나게 된 것은 정말 우연이었다.

수원시에 사는 김명자 씨(53세)를 향토음식 잘 하는 사람으로 소개 받고, 김씨를 찾아 취재를 하던 과정에서였다.

김명자 씨의 얘기를 듣던 과정에서 '이건 또 무슨 횡재냐'는 생각이 들어, 먼저 따로 술 얘기를 나눌 수 있도록 해주겠다는 다짐부터 받아 놨던 것이다.

김씨는 술 빚는 기능 외에 혼례 때 사용하는 폐백음식을 비롯, 갖가지 전통음식에 일가견을 갖고 있다.

김씨는 '앞으로 전통 혼례음식 등을 배우고 싶어하는 젊은 여성들을 대상으로 상설 강좌와 연구실을 갖는 게 꿈'이라고 한다.

친정 어머니 어깨 너머로 배운 약주 빚기

김씨는 오산군 양감면 사창 2리에서 11대째 터를 닦으며 살고 있던 광산 김씨(용찬, 1988년 68세로 작고)의 1남 4녀 중 막내로 태어났다. 김씨의 선친 김용찬 씨는 양감 양조장을 운영해 왔는데, 김씨의 출생 전부터 술을 빚어 왔다고 한다. 그러나 6·25를 겪고 난 뒤 김용찬 씨는 양조장의 문을 닫았다. 김명자 씨의 언니와 오빠의 진학 문제로 고민하던 중 서울로 집을 옮기게 된 것이다.

"언니·오빠의 학교 문제 때문에 서울로 오게 되면서 술 빚는 일이 여의치 못하게 되었지만, 어려서부터 술에 대한 관심은 있었습니다. 장손 집이라서 유달리 대소사의 행사가 많았던 까닭에, 어머니(방수생, 1993년 82세로 작고)를 비롯, 부녀자들이 술 빚는 일이며, 잔치음식 만드는 모습을 어깨 너머로 보고 배우게 됐습니다. 집안 형편이 제법 넉넉해서 손 하나 까딱 안 해도 됐지만, 그냥 보는 것만으로도 재미있었습니다. 특히 술은 부모님께서 관심을 갖고 빚었던 것일 뿐만 아니라, 손님 접대며 대소사에 빼놓을 수 없는 음식이라서 집안에는 늘 술독에 술이 가득했어요."

이런 까닭으로 김씨는 시키지 않은 일을 자청해서 어머니의 술 빚는 일을 돕게 되었고, 그때 배운 비

법으로 지금도 집안 대소사에 조금씩 빚어 쓰고 있다고 한다.

김명자 씨에게 술 만드는 법을 캐물었다.

"그게 뭐 대단한 것이라고 감출 것 있겠어요. 하지만 어쩌다 1년에 한 두 번 빚어 볼 뿐이어서 제대로 빚어지려는지 잘 모르겠습니다. 이 술은 예로부터 집안에 아픈 사람이 생기면 약으로 쓸 요량으로 빚어 마셨으니까요."

그러니까 가족이나 친척 가운데 관절염이나 무릎통증 등 주로 노인성 질환을 앓는 환자들의 치료 목적의 술이자, 약이었다는 것이 김명자 씨의 설명이다.

김씨의 술 만드는 법을 보면, 우선 그 재료로 멥쌀 1말, 누룩 2되, 약 달인 물 2말을 준비한다. 멥쌀은 술 빚기 하루 전에 씻어서 조리로 일운 뒤, 12시간 가량 물에 불렸다가 건져서 물기가 빠지면 시루에 쪄서 고두밥을 짓고, 돗자리 위에 펴서 차게 식힌다.

고두밥이 식는 사이 약 달인 물을 만드는데, 그 방법은 가마솥에 물 4말이 조금 넘게 붓고, 엉겅퀴뿌리 · 조각자나무 · 음나무 · 오갈피나무 · 구기자나무뿌리 · 15cm 길이로 자른 송순 각 1근씩을 넣어 삶되, 물이 2말이 될 때까지 뭉근한 불로 달인 다음, 퍼서 차갑게 식혀 사용한다.

누룩은 중복 때 만드는 것이 좋은데, 그 방법은 밀을 방앗간에 가져가 한 번 갈아다가 물반죽을 해서 누룩 틀에 담아 단단히 굳힌 다음, 마루나 방바닥에 생쑥을 깔고 위를 덮어서 한 달 가량 띄운다. 발효가 잘 되고 골고루 뜨게 하기 위해 1주일 한 번씩 뒤집어 준다.

한 달이 지나 누룩 띄우기가 끝나면 볕에 내놓아 잡내를 없앤 뒤, 방망이나 절구를 이용, 밤알 크기

로 부숴서 사용한다.

"누룩을 빻을 때 잘게 빻거나 너무 가루가 되게 빻으면 술이 걸어지므로 밤알 크기나 어른의 엄지 손가락 마디 하나 크기 정도로 빻아야 제대로 된 술맛을 냅니다. 또 약재 달인 물은 물을 너무 적게 넣으면 술 빛깔이 아름답지 못하고, 많이 넣으면 약 냄새가 많이 나고 쓴맛이 나기 때문에 적당한 양인, 술 빚을 쌀의 두 배가 조금 넘게 넣는 것이 좋습니다."

희귀한 조각자 나무 가지 사용, '노인성 질환에 특효하다.'

김씨는 또 "약재 중의 조각자나무는 매우 귀한 약재로, 저희 집 앞 논두렁에 한 그루가 자라고 있는데, 관절염이나 신경통계 질환에 효과가 아주 뛰어나답니다. 그래서 집안 어른들이 연로하시거나 다쳐서 무릎이 쑤시고 아플 때면 한 가지씩 꺾어다 술 빚을 때 넣어 약으로 드셨었는데, '신기하게도 아프던 데가 멀쩡해졌다' 하시어 자주 술에 넣곤 하였습니다."라면서, 조각자나무 가지 하나를 건네 주면서 잘 살펴보라고 한다.

김씨가 건네 준 조각자나무는 마치 아카시아나무 같기도 하고 유자나무 같기도 한데, 줄기와 가지마다에 4~5cm 크기의 커다른 가시가 많이 나 있는 특이한 나무였다. 나무 줄기의 껍질을 씹어 보니 처음엔 쓴맛이 나다가 나중에는 단맛과 약간의 방향성을 띠었다.

이제 본격적인 술 빚기에 들어가는데, 누룩가루와 고두밥을 섞어 치댄 뒤 삼베 자루에 담고, 소독을 마친 항아리에 넣은 뒤 약 달인 물을 넣는다. 술 안치기가 끝난 술항아리는 한지나 삼베 보자기로 주둥이를 덮고(겨울에는 이불을 씌워 보온을 유지해 준다), 방 아랫목에 앉히는데 여름철에는 4일이면 술이 괴기 시작한다.

술이 괴기 시작하여 3일 정도 더 지나면 술이 괴는 소리가 약해지면서 발효가 거의 끝나 익기 시작한다.

이 때 마루나 서늘한 곳, 바람이 잘 통하는 곳으로 술독을 옮겨 놓고 채주해 마신다.

술이 다 익었는지의 여부는 술항아리에서 기포(공기방울)가 생기지 않고 밥알이 동동 떠 있는 것으로 알 수 있다고 한다.

원칙은 아니지만 술자루에 담아서 술을 안치면 용수를 박을 필요도 없고, 찌꺼기도 거의 없어 계속해서 떠내기만 하면 되니까 편하다고 한다(이번의 술 담그기는 옛 법대로 용수를 썼다).

"술을 다 퍼낸 다음에는 술자루를 건져서 함지박이나 자배기 위에 쳇다리를 걸치고 그 위에 놓고 멧

돌로 눌러 두면, 탁하지만 그 나름대로 맛 좋은 후주(後酒)를 얻을 수 있습니다. 술맛을 제대로 아는 사람들은 오히려 이 후주를 더 좋아하대요."

빚는 사람의 성격대로 가는 술맛

여기서 양감 약주의 술 빚기가 여느 술 빚기와는 다소 다른 점을 알 수 있다. 여느 술들이 술독에 원재료들을 섞어 안치는데 반해, 양감 약주는 망사나 술자루에 따로 담고 술독에 넣어 발효시킨다는 사실로서, 용수를 이용한 불편함을 해소시킴과 동시에 밥알이 섞이지 않은 깨끗한 술을 얻을 수 있어, 여과가 필요치 않다는 사실이다.

김명자 씨의 얘기는 계속된다.

"술이란 것이 참 묘해요. 옛날 집안 어른들이 '술은 성질대로 간다'고 말씀하시곤 했는데, 뒤늦게서야 그 말씀의 뜻을 알았어요. 술은 술을 빚는 사람의 성질이 급하면 술도 빨리 만들어지고, 느긋한 사람이 빚으면 오래 걸린다는 말씀이었는데, 저는 성질이 급해서 그런지 언니가 만들 때보다 빨리 끝나요. 참 이상하지요."

술을 비롯한 우리네의 고유한 발효음식은 인스턴트식이 아니다.

오랜 세월 묵히고 삭혀서 거기에서 우러난 곰삭은 맛을 으뜸으로 치는 까닭에, 그 음식을 만드는 사람의 온갖 정성과 열정이 녹아들게 마련이다.

그러니 그 음식을 만드는 사람의 성격을 잘 나타내고 있다고 할 것이다.

따라서 김명자 씨의 말처럼 술도 술을 빚는 사람의 성격에 따라 맛과 향은 물론이고, 술의 발효·숙성 정도가 달라지는 것은 오히려 당연하다 할 것이다.

이렇게 해서 얻어진 양감 약주는 흔히 '신경통·관절염 술'로 더 잘 알려져 있다.

농사일을 천직으로 알고 살던 사람들이기에, 1년 열두 달 쉴새 없이 몸을 굴리다 보면 신경통에 걸리거나 관절이 녹아들기 십상이어서, 어느 정도 나이가 들면 관절염과 신경통을 달고 살게 마련이다. 그러다 보니 '신경통에 좋다'는 술이 있다는 데야 체면·염치 불구하고 한 잔 달라고 할 수 밖에.

"어렸을 때 보면요, 동네 노인 양반들이 찾아오셔서 '신경통 술 한 잔 달라'고 며칠이고 들볶아요. 어떤 사람들은 '돈 줄테니 신경통 술 만들어 달라'고 조르기도 하고요. 그리고 하루는 요, 허리 아픈 이가 와서 술지게미를 달래서 '버리느니 그러라'고

주었더니, '지게미 가져다가 물 부어 재차 걸러서 마시고는 품앗이 하러 다녔다'고 하더군요. 술 지게미까지 약효가 남아 있었다는 얘기지요. 참말로 우리 조상들의 지혜는 대단합니다. 그런데 요즘 보면 술들은 많은데 건강에 좋은 술은 별로 없는 것 같습니다. 술을 마시고 나가 떨어지는 걸 보면 말입니다. 술은 옛날식 그대로 만든 우리 술이 좋지요."

양감 약주의 가장 큰 특징이 바로 신경 계통의 질환에 효과가 좋다는 것이다.

김씨는 "최근, 전보다 술을 훨씬 자주 빚게 된 까닭도 어디서 들었는지, '술맛 좀 보여 달라'는 사람들의 성화를 못 이긴 때문"이라면서, "오늘 처음 떠낸 술이니 맛 좀 보고 가세요."라면서 성화였다.

아무리 귀한 술이라도 '사람 있고 술 있다'는, 우리네 고유의 인정이 아니냐는 것이다.

취기가 빨리 오르지만 두 시간 못 넘겨

필자 역시 술맛에는 등신이라고 할만큼 문외한이고, 한 잔 술에도 뭐하다 들킨 사람처럼 홍당무가 되고 말지만, 술맛 본김에 "아예 한 병 달라"고 해서 저녁이면 반주 삼아 술을 배우고 있는데, "어째, 좀 심심한 듯 하면서도 취기가 빨리 오르고, 두 시간을 못 넘기고 술기운이 사라져 버린다."는 것이 양감 약주에 대한 솔직한 평가다.

마시고 난 뒤의 입맛 또한 알게 모르게 쓰면서도 달고, 신맛인가 하면 침이 괴는 감칠맛에 술 못하는 마누라에게도 한 잔 권하게 되었다.

'더 늙어 신경통 도지기 전에 예비 처방약 삼아 마셔두자'는 속된 욕심을 부려 본 것이다.

취하도록 마시고 나서, 다음 날 아침의 숙취나 두통 여부를 알아보기 위한 것이었는데, 속이 아프다거나 머리가 아프거나 하는 일체의 거부반응이 없어, 나름대로 '좋은 술'이라는 생각으로 가끔 반주로 곁들이고 있다.

그리고 이것이 필자 나름의 술에 대한 평가방법이라는 것이 솔직한 고백이다. 酒

나그네 객고를 풀어주는 술

소백산 신선주

지금이야 어디를 가도 여관이며 식당이 있고, 그 수효가 많아 보다 저렴하고 깨끗한 곳을 골라서 갈 수가 있지만, 그 옛날에는 사정이 달랐다.

5일 단위로 열리는 큰 장터를 비롯 산이 높은 고개의 길목, 나루터, 광산촌이라야 밥을 팔고 유숙할 수 있는 시설이 들어서 있었던 것이다.

이름하여 주막(酒幕)이 그곳으로, 그 기원은 신라시대 때 화랑 김유신이 경주의 천관(天官)이 운영하던 술집에 다녔다는 기록을 바탕으로, 천관의 집을 우리나라 주막의 시초로 보고 있다.

나그네 객고를 풀어주던 주막과 죽령에 얽힌 다자구 할멈의 전설

이후 고려시대 숙종조 2년(1097)에 주막이 등장했다는 설이 있으나, 그 진위를 가릴 수가 없고, 조선시대 임진왜란 이후에 이르러, 관(官)에서 참(站)마다에 참점(站店)이 설치되어 나그네와 여행자에게 숙식을 제공하게 되었는데, 이 참점이 주막으로 변화·발전되었을 것으로 추측하고 있다.

조선시대의 대표적인 주막으로는 서울을 비롯 인천 가는 중간 지점인 소사, 오류동과 영남에서 서울 가는 문경새재, 영주에서 서울 가는 길의 큰 고개 죽령, 서울과 전라도·경상도로 가는 길목인 천안삼거리, 전라도와 경상도의 경계인 화개장터, 곡물의 집산지였던 호남의 전주 등으로, 이들 지역은 주막촌을 이루었던 곳으로 특히 유명했다 한다.

이들 주막촌은 거개가 아침에 집이나 도시에서 출발하여 저녁 무렵에 도착하는 교통요지로서, 그곳에 형성된 주막에서 하룻밤을 묶고, 다음 날 아침 일찍 출발하여야만 했다. 또 길을 떠나기 전 나그네와 상인들은 짚신을 갈아신고 말을 갈아타기도 했는데, 객고를 풀기에는 술 이상이 없었다. 술 한 됫박이면 무상으로 잠을 잘 수 있는 곳이 주막이었다.

그렇지 않고 바쁘다 하여 밤을 도와 고개를 넘다가는 산짐승들로부터의 공격을 받기 일쑤였고, 자칫하면 도둑과 산적떼를 만나 봉변을 당하기 십상이었다.

이러한 얘기를 반영이라도 하듯, 우리나라의 대표적인 고개인 죽령(竹嶺)에 다자구할멈과 죽령산신당에 얽힌 전설이 전해져오고 있다.

얘기인 즉, 죽령에 산적이 많아 백성을 괴롭혔으나 산이 험하여 나라에서도 토벌하지 못하고 있었는데, 이 때 한 할머니가 나타나 관군과 짜고, 큰 아들 '다자구'와 작은 아들 '들자구'를 찾는다는 핑계로 산적의 소굴에 들어갔다.

두목의 생일 날 밤 모두에게 술을 먹이고 취하여 잠들자, 할머니는 '다 잔다'는 뜻으로 '다자구야' 라고 외쳐, 대기하고 있던 관군이 급습하여 산적떼를 모두 소탕하였다고 한다.

그리고 그 할머니가 죽어서 죽령의 산신이 되었는데 이후 사람들은 다자구할멈을 산신으로 모시고 동제(洞祭)를 지내고 있으며, 그 사당인 죽령산신당이 현존한다.

7백년 역사 간직한 술도가와 충북지방 대표하는 소백산 신선주

한편, 영주에서 풍기를 지나 죽령을 오르는 고속도로 변에 '죽령주막'이 옛 모습 그대로 복원되어 있어, 이곳 죽령에 주막촌이 형성되었다는 사실을 알 수 있게 해준다.

하기야 죽령을 넘어서면 바로 원주와 충주·문경으로 가는 큰 길이 나오고, '내륙의 바다'로 지칭되는 충주호의 상류인 남한강이 한눈에 펼쳐지는 데에야.

그 기대감과 흥분을 못이겨 술 한 잔을 떠올리게 되고, 상선암을 비롯 중선암·하선암·구담봉·옥순봉·운선구곡·도담삼봉·석문 등 단양팔경은 물론이고, 소백산의 희방사와 희방폭포, 죽령폭포가 연신 코 앞에 펼쳐지는 관광 요지의 길목이 아니던가.

그런데 정확하지는 않지만, 이 죽령 초입에 700여년의 오랜 역사를 간직한 술도가가 있어, 그 옛날 번성했던 죽령의 주막촌을 떠올리게 한다.

단양군 대강면 장림리 소재 '소백산 술도가'가 그곳으로, 고려시대 후기부터 있었다고 전해지고 있는데, 이 곳에서 생산되는 술맛이 뛰어나 지금까지도 그 자리를 지키며 술을 빚고 있으며, 최근에 와서는 특히 소백산 신선주라는 이름의 토속주로 특유의 풍미를 자랑, 내노라 하는 주당들을 유혹하고 있다는 것.

소백산 술도가의 술은 30여년간 교직에 몸 담고 있던 조국환(63세) 씨가 20여년전, 외삼촌으로부터 지금의 술도가를 인수하면서 새로운 이름의 신선주를 내놓게 된 것인데, 현대인들의 입맛에도 맞아 충주의 청명주, 청원의 신선주, 청주의 대추술과 함께 충북 지방을 대표하는 술로 자리매김하고 있다.

술 못마시는 사람도 욕심내는 술, 감칠맛 뛰어나 부드럽고 그윽한 맛

지금도 보다 나은 맛과 향을 간직한 신선주를 빚느라, 동분서주하는 조국환 씨로부터 술 이름에 얽힌 유래를 물었다.

조국환 씨는 “멥쌀과 누룩으로 빚은 술에 부재료로 신선초를 비롯, 소백산 능금과 당귀 · 구기자 · 천궁 · 고본 · 풍기 인삼 · 단양 토종 대추 등이 들어가 신선주라는 이름을 붙이게 되었다. 그 이유는 이들 약재가 하나같이 건강을 보존하고, 장복할 경우 연년(延年)할 수 있는 장수식품이기 때문이다.”면서, “양조장을 인수하기 전 외삼촌으로부터 예의 술 빚는 법을 배웠는데, 특히 이 일대가 석회암층이 발달해 있어, 탄산성분이 많이 함유되어 있는 물을 양조 용수로 사용하여 톡 쏘는 듯한 상쾌한 맛을 낸다. 한편, 옛 방법을 바탕으로 끊임없이 품질 개선과 제조 방법, 특히 현대인들의 입맛에 맞는 술맛을 살리려 애쓰고 있다.”고 말한다.

사실, 조국환 씨가 빚는 소백산 신선주는, 대중양조장에서 빚는 토속주로서는 드물게 맛이 부드럽

고 향이 깊으며, 특히 감칠맛이 뛰어나 전체적으로 '그윽한 맛'을 자랑한다는 평을 받고 있다.

이 지역에서 주당임을 자칭하는 사람들의 입을 빌자면, "양조장에서 생산되는 대중주가 이만큼 깊고 그윽한 맛을 내기는 어렵다. 꼭 어렸을 적 집안에서 어머니들이 손수 빚던 약주를 마셨을 때만 느낄 수 있는 그런 맛이다. 한마디로 '술이 달다'고 하는 것이 옳다."고 말한다.

소백산 신선주의 맛에 대한 평가가 이러하기로, 술맛에 관한한 등신인 처지였지만 그 맛을 보기로 했다.

죽어도 거짓 칭찬을 못하는 성격이지만, 필자가 맛 본 소백산 신선주에 대한 느낌도 이 지역 주당들의 평가와 일치했다.

필자의 소견인 즉, "소백산 신선주는 우리나라 약주에서만이 느낄 수 있는, 부드럽고 달짝지근한 맛이요, 그윽한 향취는 아무리 술을 못 마시는 사람이라도 욕심을 낼 수 밖에 없을 것 같다."고 말할 수 있다.

이러한 술맛은 전국 어디에서도 맛보기 힘든, 감칠맛과 독특한 풍미가 깃들어 있다.

그래서 '혹여, 그 옛날 산적떼들이 저 잡혀갈 줄 모르고 취하도록 마셨던 술이 아녔을까'하는 생각도 해보고, 삼국시대를 거슬러 올라가 '고구려와 신라가 이 죽령을 차지하고자 치열한 쟁탈전을 벌였던 까닭이, 어쩌면 신선주에 사용되는 물을 차지하기 위한

싸움이 아녔을까' 하는 엉뚱한 상상도 해보았다.

그리고 언제고 기회가 닿으면, 이곳에 내려와 신선주 한 잔에 시조창(時調唱)과 가얏고를 벗삼아 풍류를 즐기면서, 지고지난의 이 세상살이로부터 벗어나고 싶다는 생각까지도.

소백산 능금 · 단양 토종대추 등 여덟 가지 생약재 첨가, 향취도 일품

그렇다면 소백산 신선주는 어떻게 빚는 술이고, 또 어떤 재료가 사용되기에 까다롭기 그지없는 주당들의 입맛을 사로잡고 있는지, 조국환 씨로부터 예의 신선주 빚는 방법과 그 제조과정, 특징들에 대해 설명을 들었다.

조국환 씨는 "소백산 신선주는 가양주 형태의 전통 약주가 아니라, 1909년 우리나라에 주세법이 제정된 이후 도입된, 양조장 제조로 이루어지는 대중약주이다. 따라서 소백산 신선주는 시루 밑에 솔잎을 깔고 멥쌀로 지은 고두밥에 효모 · 종국 · 젖산 · 양조 용수 및 곡자, 그리고 부재료로 능금 · 신선초 · 구기자 · 당귀 · 천궁 · 대추 · 고본 등 생약재(건재)를 사용, 술을 만들고 있다."면서, "먼저 멥쌀로 지은 고두밥과 효모 · 젖산 · 양조용수로 주모(밑술)를 만들고, 동시에 멥쌀로 지은 고두밥과 종국으로 입국을 만든 뒤, 밑술과 입국미, 양조용수를 섞어 1단 담금에 들어간다.

1단 담금(덧술)을 한 뒤, 2일 후에 다시 입국미와 양조용수, 누룩, 약 달인 물 2말을 1단 담금한 탱크에 더하고(2차 덧술), 10~15일간 발효시킨 주액에 끓여서 식힌 물(탕수)을 30 : 4의 비율로 섞어, 압착 · 제성하여 예의 신선주를 얻는다. 그리고 유통과정에서의 산패와 재발효 등 주질의 변질을 막기 위해 65℃에서 2차례 화입(火入)시켜 출고한다."고 말한다.

숙취 · 뒤탈 없어 피부미용으로 여성들도 즐겨 마셔

이상의 제조과정을 거쳐 신선주를 얻게 되는데, 씨의 설명에서 알 수 있듯 소백산 신선주의 특징은, 고두밥을 찔 때 시루 밑에 솔잎을 깔아 발효과정에서의 술이 변질되는 것을 막고, 소백산 능금과 단양 토종대추 · 신선초 · 당귀 · 고본 등의 생약재를 달인 물을 양조용수와 함께 섞어 술을 빚은 뒤, 탕수(湯水)를 후수(後水)하여 양을 늘리고 있다는 점을 들 수 있다.

소백산 신선주는 알코올 함량 14%로 주도가 비교적 약한 편인 데다, 대추 · 능금 · 솔잎 외에 각종 약재가 들어가 달짝지근하면서도 그윽한 향취를 자랑할 뿐만 아니라, 아무리 많이 마시고 난 뒤에도 숙취나 뒤탈이 없는 술로 유명하다.

또한 술에 함유된 성분 중 비타민 B_2가 많아 여성들이 마실 경우, 피부미용에도 좋은 술로 알려지고 있다. 酒

전국 제일의 향기를 자랑하는

나주 배술

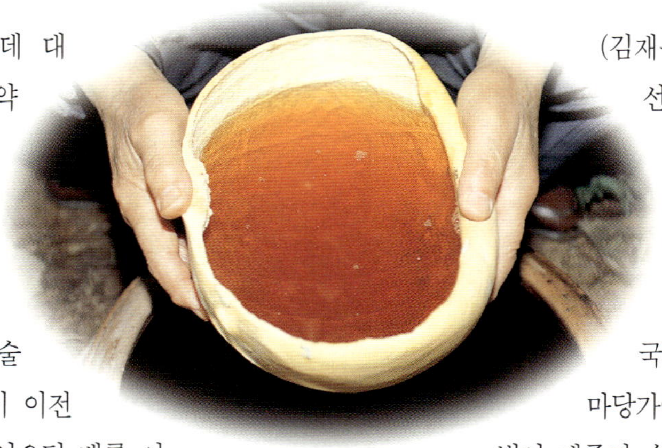

우리나라 전통주 가운데 대다수가 술 이름 그대로 약주(藥酒)라는 것은 두루 알려진 사실이다.

그 가운데 전라남도 나주지방의 배술은 약용 증류주에 속하는데, 이 술은 나주배의 명성이 높기 이전부터 이 지역에서 재배되어오던 배를 이용해서 빚어 온 가양주(家釀酒)라고 한다.

광산 김씨 일가의 가문비주, 8대째 이어와

그러니까 나주배가 지역 특산품으로 전국에 이름을 떨치게 된 시기는 1950년 경으로, 그 배경은 1900년대초 일본인들에 의해 본격적인 배 재배가 이루어지면서부터이다.

그러나 나주 배술은 지금으로부터 약 250년 전, 이곳에 살던 김영호(78세) 씨의 8대조 때부터 광산 김씨 일가(一家)의 가전 비주(家傳秘酒)로 빚어져 왔던 술로 알려져 있다.

김영호씨는 "8대조께서 조선조 중엽 도총사를 지냈는데, 이때부터 집안에 전해져 온 술로, 조부님(김재우, 68년전 90세로 졸)과 선친(구현, 37년전 80세 되던 해 졸)께서는 독농가로서 술이 괼 때면 형제들을 불러다 맛보게 하셨다. 특히 선친께서는 국화주도 잘 빚으셨는데, 마당가에 흰 국화를 재배, 술을 빚어 제주며 손님 접대에 곁들이곤 하셨다."면서, "이렇게 해서 전해오는 술인만큼 건강에도 좋다. 술맛이 어떤지 '미주회(味酒會)'를 만들어 수 차례에 걸쳐 시식회를 가진 결과, 너무나 평이 좋았다. 이구동성으로 하는 말이 '옛맛 그대로다'고 하더라."는 것.

씨의 설명에 의하면 "술맛보기 행사를 위해 구성된 미주회 회원들은, 한결같이 주량이 소주 반병에서 두 홉 정도의 사람들로 '술 마시고 나면 머리가 아프다'던 사람들이 이 배술을 만취하도록 마시고 나서도 '깰 때 개운해 언제 술 마셨냐'고 한다."는 것이다.

특히 주목할 사실은, 배술을 마실 때의 안주로는 마늘씨가 고작이었음에도 불구하고, 머리 아프다거나 속이 쓰리다고 한 사람이 한 사람도 없었다고 한다.

김영호 씨는 또 "옛 사람들이 술에 꿀을 넣는 이유가 몸을 보(補)하면서 마실 수 있는 술을 만들어 즐겼던 데서 배술과 같은 약주들이 빚어지게 되었던 것 같다."면서, "술맛 시식회를 통해서 확신을 갖고 '86년 양조허가 신청을 하게 되었는데, 뚜렷한 이유없이 서류를 반려해 왔다. 이후 몇 차례에 걸쳐 서류를 제출했지만, '서류미비'를 이유로 다시 서류를 반려해 오더니 아직까지 허가해 줄 기미가 보이지 않는다. 현재 나주 배술은 한국식품개발연구원으로부터 양조허가와 관련하여 성분 분석까지 마쳐 놓은 상태이다. 나주 배술은 옛날부터 광산 김씨 가문에서 내림솜씨로 빚어져 온 가양주이면서 전통주로서, 나주 배술의 재현은 전통의 보존과 함께 1천여 명의 나주배 재배농가가 회원을 구성, 낙과와 수확과정에서 상처가 났거나 상품가치가 떨어진 배를 이용함으로써, 배 재배농가 보호는 물론, 농외소득을 올릴 수 있는 길이기도 하다."고 주장한다.

김씨에 따르면 "특히 나주 배술의 맛은 '프랑스의 유명 와인과 비교해 오히려 더 맛이 좋다'고 하는 것이 나주 배술을 맛본 사람들의 평가여서, 지난 14년간의 연구와 고생이 헛되게 할 수 없어, 다시금 서류를 제출해 놓고 있으나, 양조허가를 해주지 않는 이유를 알 수가 없다. 왜정시대 때도 경지면적이 4만평만 되면 술을 허가해 주었는데, 하물며 이 지역 특산품이자 세계적 명산품으로 부각되고 있는 나주배 재배 1천여 농가들이 자구책을 위해 추진하고 있는 일을, 이런 식으로 외면한다는 것은 말이 안된다."고 한숨을 쉬었다.

씨에 따르면 머지 않아 나주배의 과잉생산이 예측되며, 그렇게 될 경우 이 지역 배 재배 농가들은 배의 소비와 판로에서 타격이 클 것으로 판단하고 있다.

현재 배 소비량을 늘리고 판매방법의 다양화를 위해 배식혜를 생산·판매하고 있는데, 식혜가공사업만으로는 사후대책이 되지 못한다는 것이다.

따라서 김영호 씨를 비롯한 1천여 나주배 재배 농가들은, "배술이야말로 배 저장에 따른 부대비용을 줄이고, 배의 소비를 크게 늘일 수 있는 유일한 방법"이라고 입을 모은다.

씨는 또 현재 일본에서는 배를 이용해 만든 과자가 큰 인기를 끌고 있으며, 배 재배농가들의 안정적 생업유지와 소득 향상에 크게 기여하고 있다고 한다.

"값있고 건강에 좋은 진짜 술다운 술 만들겠다."

김영호 씨가 나주 배술의 양조허가에 깊은 관심을 갖는 까닭은, 씨의 조부(김재우)가 일제 치하에서도 양조장 허가를 받아 본격적으로 나주 배술을 만들어 가문의 전통과 맥을 이어왔는데, 그간 공직과 사업에 몸 담아 온 관계로 술 빚는 일이 여의치 못했지

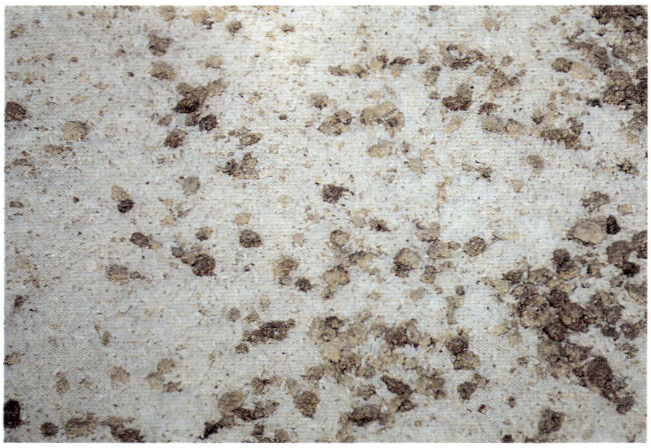

만, 자신의 대(代)에서 가전비주의 맥이 끊기지 않을까 하는 염려와 함께, 애주가들에게 좋은 술을 마시게 해 '무너져만가는 전통주의 위상을 드높이는 한편으로, 올바른 음주문화의 정책에 미력하나마 기여해 보겠다'는 올곧은 성격과, '이왕이면 값있고 건강에도 해를 주지 않는 진짜 술 다운 술을 만들겠다'고 하는 신념 때문이다.

그러면 여기서 나주 배술이 어떻게 해서 만들어지는지, 그리고 맛과 특색은 무엇인지 김영호 씨로부터 그 제조과정부터 듣기로 하자.

나주 배술은 덧담근 술, 그러니까 두 번 담그는 술이다.

그 방법으로 밑술은 멥쌀과 찹쌀을 1:1의 비율로 섞어 3되를 마련하여 물에 깨끗이 씻은 후, 한나절(약12시간) 물에 불렸다가 건져서 물기가 빠지면 고두밥을 짓는다.

고두밥이 다 지어졌으면 돗자리나 베보자기를 펴고 그 위에 헤쳐서 덩어리진 것 없이 하여 얼음처럼 차갑게 식힌다.

발효제인 누룩은 통밀을 씻어 서너 시간 불렸다가, 건져서 물기가 빠지면 맷돌에다 갈거나 방앗간에 가져가 두 번 빻아서 잘 버무린 다음, 누룩틀에 담고 발로 사정없이 디뎌서 굳힌다. 단단히 굳혔으면 누룩틀에서 빼내어 뜨거운 방에 짚을 깔거나 멍석을 펼치고, 그 위에 적당한 간격으로 펼쳐 놓은 뒤짚을 덮고 다시 그 위에 누룩덩이를 놓는 방법으로 쌓아서 20~26일 가량 띄우는데, 겉 표면에 녹두빛깔의 곰팡이가 고르게 피었으면 발효가 끝난 것이다.

누룩은 절구에 넣어 절굿공이로 찧어서 어른의 엄지손가락 굵기 정도로 빻아, 낮에는 햇볕에 말리고 밤에는 이슬을 맞혀서 냄새를 없애는데, 2~3일간 계속한다. 곰팡이 냄새가 없어지고 잘 말렸다 싶으면 한지나 공기가 잘 통하는 그릇에 담아 시렁이나 벽에 걸어두고 술을 담글 때 필요한 양만큼 덜어내어 사용한다.

'소주 내리기가 가장 고생스럽다'

나주 배술의 밑술에 들어가는 누룩은 쌀과 같은 양으로 3되를 준비한다. 준비해 둔 고두밥과 누룩을 고루 섞어 술독에 담고 물을 붓는데, 밑술에 넣는 양조용수(釀造用水)는 4되이다.

술 안치기가 끝난 술독은 잘 다독인 다음 25℃ 되는 방안에 자리를 잡아 앉히고 베보자기를 덮어 두면 4일만에 술이 익는다.

덧술도 밑술과 같은 방법으로 담그는데, 밑술을 담근 지 3일째 되는 날 멥쌀 1.5말을 깨끗이 씻은 뒤 한나절 불렸다가 다음 날 고두밥을 짓는다.

누룩은 밑술에서와 같이 고두밥과 같은 양인 1.5말이 들어간다. 고두밥이 차게 식었으면 물 3말과 누룩을 함께 섞어 잘 치댄 다음, 밑술이 담겨 있는 술독에 쏟아 붓고 손으로 잘 다져서 술바탕을 고르게 하고, 술독 주둥이는 밑술에서와 같이 베보자기

를 씌워서 25℃ 정도 되는 실내에서 7일 정도 발효시키면 술이 익는다.

발효가 끝나 술이 익었는지의 여부는 술바탕이 가라앉고 술독 안의 가장자리에 뚜렷한 테가 생기는 것으로 보아 알 수가 있다.

다시 말해서 처음에 술을 안쳤을 때 술밥이 닿는 자리보다 2~3cm 정도 아래에 술바탕이 가라앉아 있다는 것이다.

이어 증류에 들어가는데 가마솥에 주박과 함께 술을 퍼 담고 소줏고리를 얹어 불을 지피면 재래식 소주가 만들어진다.

김영호 씨는 "술을 내릴 때는 빨리 내릴 목적으로 불을 세게 하면 탄내가 나고, 탄내가 나지 않게 하려고 불을 약하게 지피면 술의 양이 적어진다."면서, "소주내리기는 얼마만큼 화력을 잘 조절하느냐에 달려있는만큼, 이 때가 가장 고생스럽다."고 말한다.

실제로 김씨의 얘기는 여러 전통주(증류주) 취재 과정에서 확인되었던 점이다. 술바탕이 끓어오르면서 기화한 수증기가 소줏고리 위의 냉각수에 닿아 액화하여 소줏고리의 귀때로 흘러내리는에, 처음

술은 이취가 심하므로 한 잔 정도는 받아서 버려야 한다. 또 처음에는 알코올 함량이 70~90%까지 높은 수치를 보이다가, 증류가 끝날 때 쯤이면 거의 맹물에 가까우므로 처음 받아낸 술과 나중의 술을 서로 희석시켜 알코올분 40%가 되도록 만든다.

강하고 자극적인 향기 특별 "양주와 비교할 수는 없다."

소주가 만들어졌으면 나주배를 껍질 벗겨 강판이나 믹서에 곱게 간 뒤, 솥에다 삶아서 건더기와 함께 깨끗이 소독한 술항아리에 담아 60일 가량 숙성시킨다.

여기에 직접 생산한 토종꿀이나 밤꿀(양봉)을 숙성시켜 만든 청을 넣는데, 소주 82%, 배즙원액 7%, 밤꿀 5%의 비율로 섞어 5년간 저온 숙성에 들어간다. 저온 숙성 방법은 술독을 땅속에 묻는 것인데, 술독의 키높이 80% 정도가 좋다. 술독의 주둥이는 완전 밀폐시켜 뚜껑을 덮어둔다.

"다시 말해서 꿀은 숙성에 들어간지 3년째가 되면 설탕은 술독 밑으로 가라앉고 꿀은 위로 뜬다. 이때 위에 뜬 청을 따로 분리하여 배즙 원액과 소주를 섞어 장기 저온 숙성시키면 비로소 배술이 되는데, 정말로 오묘한 술 향기가 나면서 오래 간다. 또 살에 묻어도 피부가 부들부들해져 옛날엔 여자들이 화장품 대용으로 썼다. 김영호 씨의 설명이다.

김씨는 또 "옛날에 선친께서 만드실 땐 관심이 덜했고 직접 빚을 기회가 없어 윤곽만 알고 있었던 까닭에, 다시 옛맛을 재현하는데 오랜 시간이 필요했다. 또 술 빚는 일은 여인네들 몫이라서 아내(고광례, 79세)를 설득, 술 만드는 일을 거듭한 결과 옛맛 그대로의 배술을 만들 수 있게 되었다."고 말한다.

씨의 부인 고광례 씨는 김영호씨보다 1년 연상으로 장흥이 본관이다.

16세 때 광산 김문(金門)의 김영호 씨와 혼례를 치뤄 62년째를 맞이했다고 한다.

나주 배술은 주정(알코올 함량)이 30% 정도로서, 다른 이름으로 '이과주(梨果酒)'라고도 하는데, 술이 부드럽고 단맛이 날 뿐 아니라, 그 향이 특별하다 싶을 정도로 강하고 자극적인 것이 특징이다.

나주 배술을 맛본 사람들은, "서양의 위스키나 소위 '생명의 신약'으로 알려진 꼬냑 등 브렌디와는 비교도 안될 정도로 맛이 좋다."는 평이다. 또한 아무리 대취하여도 전혀 부작용이 없는 술로 세간에 회자되고 있다.

김영호 씨의 애길 듣고 있자니, 언제고 나주 배술이 세상에 다시 나와 그 오묘한 향기와 부드러운 맛에 취해 볼 것이가. 그리 될수만 있다면 배술처럼 '향기나는 사람', '단맛 나는 사람'이 되고 싶어졌다. 酒

혈전 관계 성인병 치료의 전통 명주

지리산 솔송주

대하(大河) 드라마 '토지(土地)'에서 최참판댁의 촬영무대가 되었던 곳을 제대로 아는 이는 드물다.

그곳은 다름아닌 경남 함양군 지곡면 개평리 소재 정병호(1988년졸)의 한옥으로, 정병호는 조선시대 성종 때 5현(五賢) 중 한 사람이었던 일두(一斗) 정여창(鄭汝昌 ; 1450~1504) 선생의 17세손으로 알려지고 있다.

일찍이 율곡 이이 선생은 정여창·김굉필·조광조·이언적을 '동방의 4현'으로 숭배하였다고 알려지고 있다.

정여창 선생이 남긴 유적지로는 나주의 경현서원·상주의 포남서원· 합천의 이연서원· 거창의 도산서원· 종성의 종산서원이 있으며, 함양에는 성균관 유생 33인이 명종 7년에 건립한 남계서원이 있다.

현재 정여창 선생의 생가는 중요민속자료 186호로 지정되어 있는데, 정여창 선생의 사후 1570년에 건축한 것으로, 하동 정씨 종가(宗家)로 알려져 있다.

하동 정씨 종부에게 대물림해 온 정여창 선생댁의 가문 비주

이 한옥은 조선시대 양반대가의 면모를 갖춘 대표적인 가옥으로서, 안채·사랑채·아래채·곡간채·별채·안사랑채·대문채·별당·가묘(家廟) 등 전체 49칸 2천6백여평의 대지에 걸쳐 구조적인 특성과 함께, 세간 살림살이들이 비교적 예스러운 대로 제자리에 잘 보존되고 있어, 조선시대 중기·후기의 주택연구에 귀중한 자료가 되고 있다.

이 고택에는 현재 선생의 18대손 되는 고 정병호의 부인 박필임(64세) 씨가 혼자 살고 있는데, 박필임 씨는 본관이 밀양으로 1951년 정씨 집안에 시집와, 조선조 양반가의 안주인답게 지금도 조상 대대로 대물림 해온 전통음식을 지켜오고 있는 것으로 유명하다.

그 가운데 정여창 선생 생존시 특별한 방법으로

을 했는데, 이 송순주를 마시고는 천식이 말짱하게 나았고, 전보다 훨씬 더 건강해졌다.'는 소문이 나면서 송순주를 찾는 사람들의 발길이 잦아졌다."고 한다.

지리산 솔송주는 함양 지방의 토속주 송순주의 다른 이름

그런데 최근, 박필임 씨가 살고 있는 마을에서 머지 않은 곳에 '지리산 솔송주'라는 이름의 토속주가 선을 보이면서, 세인들의 주목을 받고 있어 발길을 재촉했다.

주위 사람들에 따르면, "이 지방의 전통주가 드디어 빛을 보게 되었다."고 말해, '정여창 선생 집안의 가양주(송순주) 외에 또 다른 이름의 유명 토속주가 있는가 보다.'고 생각하였으나, 사실을 알고 보니 지리산 솔송주는 예의 송순주의 다른 이름이었다.

함양지방의 명물 전통의 송순주를 되살리는 한편, 지역 주민들의 소득증대는 물론, 지역경제 활성화에도 일익을 담당하게 되었다는 평을 듣고 있는 정천상(52세, 지리산 솔송주 대표)를 만나, 저간의 사정과 솔송주를 상품화하게 된 배경, 특히 정여창 선생 집안과는 어떤 관계인지를 물었다.

정천상 씨는 "우리의 의학 관련 서적인 《동의보감》을 비롯 《본초강목》 등 옛 문헌과 가전비법을 토대로 송순과 솔잎의 효능 및 전통의 술맛을 최대한

빚어져, 대대로 종가의 종부에게 전승되어 온 것으로 전해지고 있는 가양주(家釀酒) 송순주(松荀酒)가 있다.

종가를 찾아오는 일가친척들에게 송손주를 접대주로 대접한 것이 전국적으로 유명해져, 급기야 임금에게도 진상되었다고 알려지고 있다.

먼저, 박필임 씨로부터 정여창 선생의 집안 가양주로 내려오고 있는 송순주 전승과정과 술빚는 법을 물으니, 박씨는 "시어머니인 여흥민씨로부터 배웠다."면서, "이른 봄에 인근 산에 올라 소나무의 어린 순(송순)을 따다, 찹쌀로 지은 고두밥과 누룩을 함께 섞어 잘 버무린 뒤, 발효시켜 만든 민자약주(청주)를 체로 걸러낸 다음 소주를 내려서 채취해온 송순을 담갔다가, 어느 정도 시일이 지난 뒤에 걸러내면 송순주가 만들어진다."고 말한다.

박필임 씨에 따르면, "전해오는 이야기로 '오래 전에 인근 절에 비구니 한 분이 천식이 심하여 고생

살릴 수 있는 방법을 모색하게 된 것이, 이와 같은 현대식 생산설비를 갖추게 된 배경이다."면서, "선조 문헌공 정여창 선생의 17대손으로서, 하동 정씨 가문의 가양주를 되살려 지역 주민들의 소득증대와 함께, 왜곡된 우리의 음주문화를 바로 세우고 싶어 이 일에 뛰어들게 되었다."고 말한다.

정천상 씨는 현재 함양군 지곡면 창평리 산 62번지에 대지 2천2백평, 건평 160여평 규모의 (주)지리산 솔송주를 설립, 솔송주 생산 2년째를 맞고 있다.

'솔송주'는 토종 솔잎과 송순으로 빚는 불로장생의 명주

정천상 씨는, 조상 대대로 가정음식으로 내려 온 송순주를 굳이 '솔송주(-松酒)'라고 명명한 배경에 대해, "우선 공기 좋고 물 맑은 지리산 계곡과 산야에서 나는 청정한 송순과 솔잎 등 소나무를 주재료로 하여 빚는 술인만큼, 송엽 · 송순 등의 한자표기를 순우리말인 '솔'을 앞에 붙임으로써, 신토불이(身土不二)의 뜻을 담았다."면서, 또 '송주(松酒)'라는 명칭은 "중국 진시황 때의 영주(靈酒)로 알려진 명주와 관련이 깊다."고 말한다.

씨의 얘기인 즉, 중국의 진시황 때에 불로장생(不老長生) 한다는 신령스런 술로 '영주(靈酒)'라는 명주가 있었으며, 이 영주를 진시황이 애음했다고 전해지는데, 영주는 다름 아닌 송순으로 빚은 술이었다는 것이다.

그리고 전북 김제 지방에 조선조 선조때 병조정랑을 지낸 경주 김씨 김택의 27대손 김창선 씨 집안의 가양주로 뿌리내려 온 전통의 송순주(松荀酒)가, 전라북도 지정 무형문화재로 지정돼, 현재 양조허가와 상표등록을 해 놓고 있어, 동명(同名)의 송순주를 내놓을 수 없게 된 것도 정천상씨가 솔송주라는 이름으로 바꾸게 된 이유 중 하나이다.

여기서 먼저 지리산 솔송주(송순주)와 같이 솔잎이나 송순을 재료로 하여 빚는 전통주에 대하여, 독자들의 이해를 돕고자 몇 가지 방법을 소개기로 한다. 즉, 정천상 씨가 빚고 있는 지리산 솔송주는 김제의 전통·토속주를 비롯 소나무를 재료로 하여 만드는 다른 송순주와 무엇이, 어떻게, 얼마나 다른지, 또한 그 비교를 통하여 지리산 솔송주의 특색은 무엇인지를 살펴보고자 한다.

옛 기록과는 또 다른 방법, 밑술과 덧술 제조방법 같아

우리나라의 기록으로 송엽주에 관한 문헌으로는, 1611년의 《동의보감》을 시작으로 《요록》, 《치생요람》, 《역주방문》, 《양주방》, 《술 만드는 법》, 《춘향전》, 《김승지댁주방문》, 《오주연문장전산고》, 《음식법》 등을 들 수 있는데, 이들 기록 중 《음식법》에 수록된 내용을 살펴보면, "솔잎 6말에 물 6말을 부어 2말이 될 때까지 달여서 찌꺼기는 버린다. 기름진 백미 한 말을 백세 작말하여 곱게 가루내어, 그 솔잎 삶은 물로 죽을 쑤어 식혀서 차게 식었거든, 누룩 한 되를 빚어 넣는다. 21일 후에 쓴다. 만병을 다스린다."고 기록되어 있다.

다른 기록인 《규합총서》에는 "솔잎 6말을 삶아서 그 물을 받치고, 또 6말을 부어 삶아서 그 물을 2말 정도 되게 끓여서 솔잎을 버무린다. 백미 1말을 백세하여 가루를 만들어 솔잎 삶은 물로 죽 쑤어 차게 식혀서, 누룩가루 5홉 섞어 넣었다가 2주 후에 쓴다."고 소개되어 있다.

한편, 침출법을 이용한 혼성주류에 속하는 송엽주에 대한 동서(同書)의 기록을 보면, "새로 나온 솔잎을 훑어 물에 잘 씻은 후, 1~2일 그늘에 말려 물기 없이 한 다음, 용기에 넣고 소주와 흑설탕 300g 정도를 넣고 밀봉하여 6개월 이상 숙성시켜 마신다."고 수록되어 있다.

또 같은 영남 지방의 토속주로 송엽주가 전해져 오고 있는데, 그 방법이 매우 특이하다.

술의 재료로 누룩 1되, 솔잎 1.5되, 쌀 1되, 보리 볶은 물(보리를 볶은 뒤 다시 삶은 물) 1되가 들어간다.

그 방법은 백미를 물에 담갔다가 건져서 물기를 뺀 다음 가루내어 보리 볶은 물로 죽을 만들고, 누룩과 같이 혼합하여 두면 3일 후에 죽이 삭는데, 여기에 솔잎과 술밥을 섞어서 술을 담고 발효시켜 마신다고 한다.

이제 여기서 정천상 씨로부터 지리산 솔송주의 술빚기와 그 과정에 대해 알아보기로 한다.

정천상 씨는 "지리산 솔송주는 초봄에 나는 소나무의 새순과 솔잎을 따다 누룩, 찹쌀죽과 함께 독에 넣고 6~7일간 발효시켜 밑술을 만드는데, 솔잎과 송순은 각각 깨끗이 씻어 가마솥이나 찜통에 넣고 살짝 쪄서 사용하고, 찹쌀은 묽은 죽을 만들어 송순·솔잎(3):누룩(3):찹쌀죽(7)의 비율로 배합을 한다. 이때 술을 담글 독은 짚을 끄슬려서 그 연기로

살균과 소독을 한 후, 마른 행주로 닦아내어 사용한다. 6~7일이 경과하면 밑술의 발효가 끝나 익으므로, 다음 날 덧술을 하여 넣는다. 덧술은 밑술과 똑 같은 방법, 똑 같은 재료, 똑 같은 배합 비율로 담근다. 술빚기는 발효온도가 중요하다. 지리산 솔송주의 경우, 밑술의 발효에 따른 실내 온도는 15~18℃이고, 덧술의 발효 · 숙성온도는 15℃로, 40일~2개월 정도 소요된다."고 말한다.

따라서 지리산 솔송주는 앞서 열거한 여러 종류의 송엽주 · 송순주와는 또 다른 방법으로 빚는 술임을 알 수 있다.

즉, 《음식법》이나 《규합총서》의 기록과 비교해 볼 때, 송순과 솔잎의 처리과정, 그리고 누룩과 찹쌀 등 재료의 배합 비율에서 상이함을 알 수 있고, 또한 밑술과 덧술의 처리방법과 그 양이 같음은 주목할만하다.

혈전 관계 질환 및 위장병 치료 목적의 가양주로 전승

아무튼 이렇게 하여 만들어진 지리산 솔송주는 두 차례 여과하여 마시는데, 술독 한가운데에 용수를 박아 그 안에 고인 맑은 술만을 취하는 것으로, 1차 여과한 뒤 다시 술체를 이용 걸러서 저온 숙성시킨다.

정천상 씨는 "술에 들어가는 솔잎은 옛부터 신선들이 먹는 선식으로, 나무에 달린 산삼(山蔘)이라 하여 선인(仙人)들의 식량의 하나였다. 또한 전통 비법을 바탕으로 술을 빚기 때문에 전혀 숙취가 없고, 솔잎의 효능으로 건강에 유익하고 마음을 정결하게 해준다."고 말한다.

지리산 솔송주의 주재료 중 하나인 솔잎에 대한 효능을 중국 명나라 때의 고전인 《본초강목》에서는, "솔잎은 송모(松毛)라고 하는데, 독이 없고 노화방지에도 도움이 된다."고 하였으며, 우리의 의학 관련 서적인 《동의보감》에 의하면, "솔잎으로 주조한 술은 중풍(뇌졸중), 각기, 십이풍비, 보행 불능자 등에 치료효과가 있다."고 기록되어 있음을 볼 수 있다.

사실, 지리산 솔송주와 같은 이러한 송순주는, 4월에서 5월 사이에 새로 자란 소나무가지의 끝 부분인 송순(松荀)을 10~15cm 길이로 자른 것을 사용하여 빚는 것이 최상의 술을 얻을 수 있다고 한다.

송순주는 본래가 혈전 관계 질환과 신경통, 풍치 예방, 위장병 등의 치료를 목적으로 빚어 마셨던 가양주로 알려져 오고 있으며, 쓰고 독한 맛이 있으나 과음해도 일체 뒤탈이 없어, 반상(班常)의 구별없이 가양주로 빚어 널리 애용되어 왔다.

특히 송순주는 소나무를 재료로 한 여러 가지 술(송순주, 송엽주, 송근주, 송실주, 송하주, 송화주, 등) 가운데, 그 약효가 으뜸이라 하여 사대부와 대갓집에서는 상비해두고 마셨던 것으로 전한다. 酒

너나 없이 빚는 고령지방의 토속주

고령 스무주

《한국종합민속보고서》의 〈경남편〉에 스무주의 사투리인 '시무주'라고 하여 술 이름과 함께 술 빚는 방법이 간략하게 소개되고 있다.

이 책에 의하면 "20일주라고도 하며, 술을 빚어서 20일 만에 뜨는 술로 함양지방의 토속주"라고 소개하고 있다.

지금도 함양지방에서 이 스무주를 빚고 있는지는 알 수 없으나, 어느 해 우연하게도 함양에서 지척 거리던 경상북도 고령지방에서 같은 이름의 스무주가 빚어지고 있어서, 그 기능 보유자를 수소문 끝에 찾았다.

"그 옛날 가실이면 전시 '시무주' 담았지예."

그런데 뜻밖에도 "경북 고령군 덕곡면에 사는 사람들을 대개가 스무주를 빚을 줄 안다."는 것이다.

그래서 누굴 붙들고 주방문(酒方文)을 캐물어야 하느냐고 했더니, 너나없이 가리키는 집이 있었다. 이 마을의 김영순 씨(49세) 댁이었다.

대문을 들어서자 갑자기 추워진 날씨 탓인지, 겹문까지 닫고 있던 김씨 내외가 개 짖는 소리에 놀라 문을 열고 나왔다.

"어서 오이소. 지난 번에 갖다 준 누룩으로 밑술 빚어 놓고, 이제 올라나 저제 올라나 내 기다렸다 아입니꺼. 오시느라 고생했지예. 어서 안으로 드입시더. 덧술 해 넣을라꼬 꼬두밥도 저그 식혀 놓고 안 있습니꺼."

이런 저런 인사가 오가고 김씨의 남편 이달화 씨(60세)는 "들일이 있다."며 밖으로 나갔다.

좀 있으려니 "이 집 시무주 담근다카데." 하면서 동네 아주머니 둘이 마당으로 들어섰다.

김영순 씨의 부탁으로 술 빚는 일을 도우러 온 50~60대의 아주머니들이었다. 그 중 한 아주머니가 "누룩 좋은 거 구했다카드니 참말이네예"라면서 누룩의 출처를 묻는 바람에 여간 곤란했었다. 자신에게도 누룩 좀 구해 줄 수 없느냐는 것이다.

"시장에 가도 누룩은 있는데 술이 안 돼서 그러는기라예. 냄새도 좋고 빛깔도 희고 해서 좋기는 한데 이런 누룩으로는 첨 해보길래 솔직히 걱정도 됩니

더. 술맛이 어떨지…"

김영순 씨의 말에 화제가 바뀌면서 술 빚는 얘기가 계속되었다.

김씨의 얘기를 정리하자면, 조치원이 친정으로 28년 전, 이 마을에 터를 닦고 사는 성산 이씨(달화)에게 시집 와, 집안의 어른들을 비롯한 동네 아주머니들의 술 빚는 일을 도우면서 보고 배워 익히게 되었다고 한다.

"옛날에는 가실(가을)돼서 전시(집집마다) 다 했는데, 특히 딸 치울 때(출가시킬 때)와 명절 닥칠 때 많이들 만들었십니더. 시집 일찍 왔어예. 스물한 살에예. 갓 시집와서는 시어머니께도 배우고 집안 친척집서 술빚으믄 가서 돕고 했지예. 그 때 어른들 말씀이 '짓무르게 억시(많이) 치대믄 단맛이 난다' 카데예. 그리고 '잡내 없애캘라카이(없애려면) 참숯 넌다' 카이. 술을 담을라카믄 용시(용수)를 짚으로 싸서 술독에 먼저 세워두고 담갔다 아입니꺼."

이 밖에도 김영순 씨와 아주머니들로부터 고령 스무주를 빚는 방법으로, "술을 빚어 항아리에 넣고 3일 후에 용시 안에 고인 술을 퍼서 용시 밖으로 부어 주길 세 번 정도 한다.", "첨에는 그렇지만 나중에 맛이 들거던이요.", "꼬두밥은 매번 싸늘하게 식혀서 밑술과 섞어 매 치댄다.", "매 치대믄 단맛이 더 난다카데.", "밑술이 적을 땐 매 치대면 진이 많이 나가지고 오히려 술이 끈적한 기가 있다." 등 그 방법이며, 술맛 내는 얘기를 들을 수 있었다.

고흥 백일주와 제조과정 비슷

너나 없이 자기가 배운 나름의 방법들을 들려 주니, 정통의 술 빚기 과정을 선명하게 떠올릴 수 없는 데다, 토박이들의 억센 사투리를 제대로 알아듣기가 어려워 일단 술 빚는 과정을 살펴보기로 했다.

그런데 이게 웬일인가.

술 빚는 방법을 좇아 그 과정을 살피는 동안 먼저 떠오르는 술 이름이 있었다.

전남 고흥지방의 고흥 백일주가 그것이다.

그 이유인즉, 이곳의 술은 '20일 만에 술을 뜬다' 하여 스무주(20일주)이고, 전남 고흥지방의 술 이름은 '100일 동안 술 뜨기가 가능하다' 하여 백일주(100일주)인데, 이들 술은 예의 빚는 방법과 채주 및 후수과정 등에 있어서 너무나도 똑 같다는 사실 때문이었다.

먼저 고흥 백일주

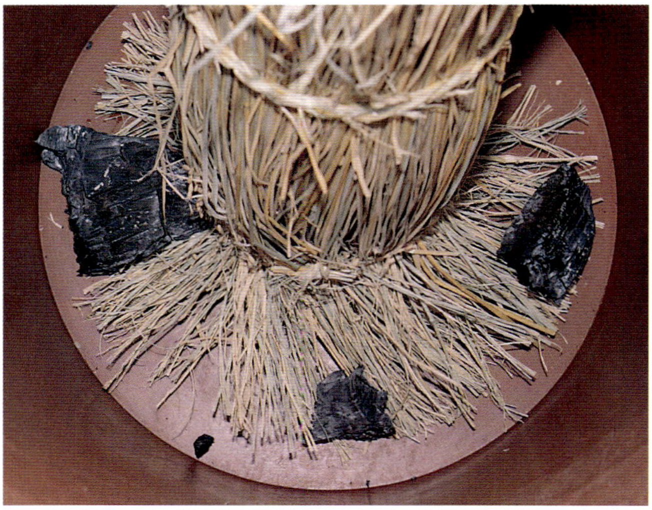

서 열이 내리게 식힌 다음, 덧술 빚을 고두밥을 짓는다.

고두밥은 멥쌀 2말을 깨끗이 씻어 침미하였다가 건져서 시루를 이용하여 찐다. 고두밥은 돗자리나 키 위에 널어서 차게 식힌다. 그 양은 밑술의 물 양과 같다. 즉 밑술의 용수가 1말이었으므로 덧술용 멥쌀의 양도 1말이 들어간다는 것이다.

덧술은 처음에는 누룩 없이 고두밥만을 낱알갱이가 되도록 손으로 비벼서 밑술에다 넣고 섞어서 새 술독에 쏟아 붓는데, 이 때 술독 한가운데에 짚으로 싸맨 용수를 세우고 참숯 몇 덩이를 넣어 준다. 참숯은 산패방지를 위한 것이라고 한다. 이어 덧술은 물을 뿌려가면서 무른 떡처럼 반대기를 만들어 용수 주위로 차곡차곡 채워 담고, 날물을 끓여서 차게 식힌 뒤 용수 주변을 손으로 헤쳐가면서 부어 주는데, 덧술에 들어가는 양은 모두 1.5~2되이다.

의 제조과정을 소개함으로써, 고령 스무주의 특징과 제조과정의 이해를 돕고자 한다.

고흥 백일주는 술 빚는 쌀의 1할 정도 되는 누룩을 준비하고 누룩과 같은 양의 찹쌀로 죽을 쑨 뒤, 누룩을 섞어 3일간 발효시켜 밑술을 만든다. 덧술은 물 1되, 찹쌀 9되, 누룩 2.5홉을 준비하여 찹쌀로 고두밥을 지어 누룩·물을 고루 섞어서 밑술과 함께 새 술독에 담아 손으로 꼭꼭 눌러 다진다. 9~10일간 발효시킨 뒤, 끓여서 식힌 물 9되를 다시 붓고, 다음 날 용수를 박는다. 이틀 후에 본술을 뜨고 같은 방법으로 후수를 붓는데, 횟수가 반복될수록 물의 양을 절반으로 줄여가는 것이다.

반면, 고령 스무주는 고흥 백일주와 마찬가지로 누룩·찹쌀·물 등을 주재료로 쓴다. 술 빚는 과정을 설명하자면, 밑술을 만드는 데 있어 찹쌀 대두 1되를 씻어 물에 불렸다가 건져서 가루로 빻은 뒤 흰죽을 쑨다. 흰죽을 쑬 때 들어가는 물은 1말이며, 죽이 끓으면 퍼서 차게 식힌 다음, 누룩가루 8되와 섞어 술독에 담아 방 웃목에 방석을 깔고 그 위에 안친다.

밑술은 안친 지 3일이면 발효가 끝나므로 이를 퍼

두 번째 뜬 술이 향과 맛 '더 좋아'

술 안치기가 끝난 술독은 베 보자기로 덮고 그 위에 다시 두툼한 방석이나 항아리 뚜껑을 덮으며 술독의 몸을 이불로 싸매 준다. 발효에 적당한 실내 온도는 25~28℃ 정도로 20일이면 발효가 끝나 술을 떠낼 수 있다.

따라서 여기서 고령 스무주의 술 이름을 찾게 된다. 김영순 씨는 "20일이 되면 술 뜨기가 가능하다캐스리 시무주라칸다 아입니꺼."라면서 멋적게 웃었다.

후주를 만드는 방법은, 밑술에 사용된 양조 용수의 절반 가량이 되는 물을 끓여서 식힌 뒤, 용수 주위에 밥물 붓듯 부어주면 20일 후에 다시 4~5되

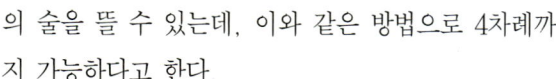

의 술을 뜰 수 있는데, 이와 같은 방법으로 4차례까지 가능하다고 한다.

다만, 횟수를 더할수록 후수의 양을 1되씩 줄여갈 뿐, 발효 기간이나 온도에 있어서는 덧술 발효시와 같다. 또한 1차로 떠낸 본술은 채주율이 극히 낮은 편으로 1.8 l 들이 5병이나, 2차로 떠낸 후주의 양은 4병으로 1.8 l 가 적고, 횟수를 거듭할수록 그 양은 같은 비율로 감소한다고 한다.

"사람들이 두 번째 술부터 술맛 난다고 하데예. 첫술은 약간 독한 편이어서 독한 술 좋아하는 사람은 몰라도, 다들 두 번째 술이 더 향내도 좋고 만나다카데예."

따라서 이상의 술빚기 과정에서 알 수 있듯 고흥 백일주와 고령 스무주는 매우 유사한 방법과 과정을 거쳐 빚어지고 있다는 점에 주목할 필요가 있다.

왜냐 하면 우리가 술 이름을 정함에 있어, 술 빚는 기간을 우선시 할 것이냐, 아니면 술을 뜰 수 있는 기간 또는 술을 보관할 수 있는 기간을 중요시 할 것이냐에 따라 이름을 달리 부르고 있기 때문이다.

이는 관점의 차이로서 그 실례로 빚는 방법은 다르지만, 계룡 백일주나 삼해주 등이 다 같이 백일주로 불리우는 것도 같은 이유에서라고 하겠다.

김씨가 "술맛 좀 보라."며, 용수 안에서 퍼올린 그릇 안의 술 빛깔은 여느 술 빛깔에 비해 훨씬 진한, 그러니까 조니워커색에 가까워 보였다.

본술에서 이와 같은 술 빛깔이 난다고 하는 것은 그 이유가 누룩을 많이 넣기 때문으로 이해되어야 한다고 했더니, 고개를 끄덕였다.

고령 스무주의 누룩은, 어떻게 만들기에 여느 술들에 비해, 특히 같은 방법으로 빚는 고흥 백일주보다 훨씬 많은 양의 누룩을 사용하는가. 김영순 씨를 통해서 고령 스무주의 누룩 빚는 법을 알아보았다.

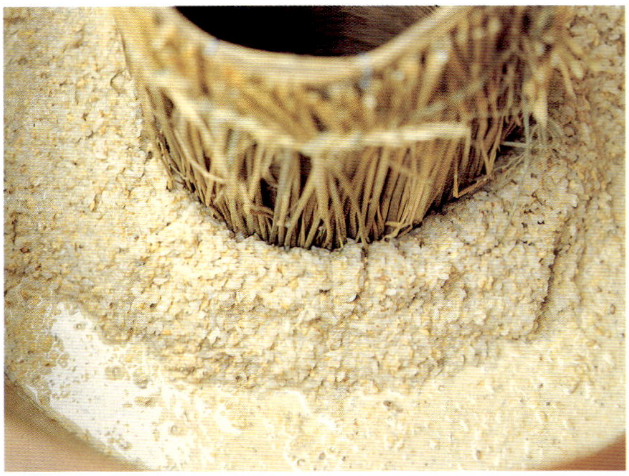

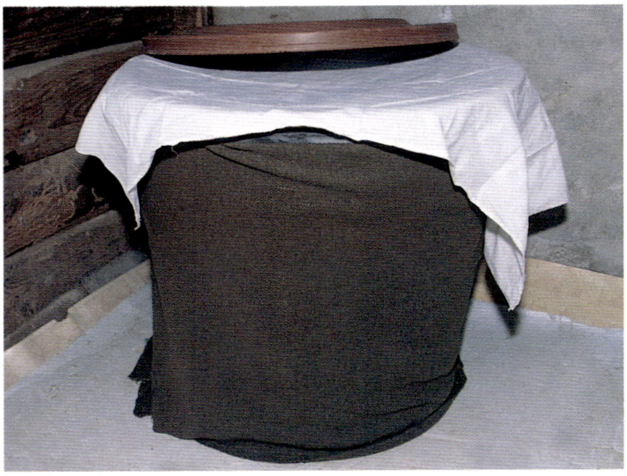

한여름 넘겨 찬바람 불 때 누룩 빚어

고령 스무주의 누룩은 한여름을 넘겨서 빚는다. 즉, 무더운 한여름이 거의 끝나가는 8월 그믐쯤이면 어느 사이 찬바람이 불기 시작한다. 이때 밀 2말을 거칠게 빻아다가 물 8되를 섞어 반죽을 한다. 밀가루가 물을 빨아들여 버실버실해질 때까지 치댄 뒤에, 누룩틀에 베보자기를 깔고 그 안에 밀가루 반죽을 담고 보자기로 덮어 싸서 발로 디딘다. 만약 누룩틀이 없으면 밀가루가 새지 않도록 보자기 끝을 묶거나 자루를 이용하여 누룩을 굳힌다. 누룩이 성형되면 발효에 들어가는데 소쿠리나 짚멍석 위에 얇은 종이나 보자기, 천 등을 깔고 서로 닿지 않게 놓은 뒤 이불을 덮어 준다. 4~5일이 지나면 누룩에서 열이 나면서 뜨기 시작한다. 5~6일째가 되면 가장 많은 열이 오르고, 7~8일부터는 서서히 열이 내리면서 더운 기운이 가시기 시작한다.

이렇게 20일이 되면 발효가 끝나 누룩이 완성된다.

누룩은 절구나 방망이로 두들겨서 가루로 만드는데 누룩의 양은 1.5말이 된다.

이상의 누룩 빚기 과정을 보면 찬바람이 나기 시작할 때 띄우는 데도 발효기간이 다소 짧다는 점과, 누룩곰팡이의 활성에 좋은 온도가 40~45℃라는 점을 감안할 때, 어쩌면 누룩이 충분히 뜨지 못했을 가능성을 생각해 볼 수 있다. 酒

세 차례 걸쳐 빚는 고급 약주

강원 송화주

그간 우리나라 전통주 가운데 소나무를 부재료로 사용, 술을 빚고 있는 술로는 일곱 가지가 있는 것으로 알려져 왔다. 솔잎으로 빚는 송엽주(松葉酒), 새 순으로 빚는 송순주(松筍酒), 소나무 가지의 마디로 빚는 송절주(松節酒), 솔방울로 빚는 송실주(松實酒), 소나무 속껍질로 빚는 송피주(松皮酒), 그리고 소나무의 뿌리로 빚는 송근주(松根酒)가 있으며, 소나무의 꽃가루를 이용하는 송화주(松花酒)도 포함된다.

동짓날밤 소나무 밑에 술항아리를 묻어……

강원도 양양군 소재 오색약주의 송하주(松下酒) 역시도 소나무 뿌리를 이용하고 있음으로 미루어, 소나무 이용 전통주의 종류에 포함시켜야 할 것으로 생각된다.

한편, 가장 최근의 기록인 《한국민속대관 2》에 송하주 빚는 법을 기록하고 있는데, 거기에 보면 "동짓달 밤에 소나무 밑을 파고 술을 빚어 넣은 항아리에 소나무 뿌리를 넣고 봉하여 두었다가, 이듬 해 늦가을에 파내어 쓴다."고 기록하고 있다.

그러나 강원도 양양군 오색약주의 정화목(38세) 씨로부터 송하주 제조과정을 듣자니, 《한국민속대관》의 기록과는 다름을 알 수 있었다.

이른 바 술을 빚은 뒤, 소나무 밑 땅을 파고 그 뿌리를 술독에 넣어 1년간 숙성시키는 과정을 생략하고 있어, 그 이유를 물었다.

씨는 "옛 법대로라면 그렇게 해야 송하주라는 이름의 술이 되지만, 그와 같은 과정을 거칠 경우 소나무가 죽어버릴 뿐만 아니라, 땅을 파헤쳐야 하기 때문에 자연환경과 생태계가 훼손되는 등 문제가 심각해지며, 현실적으로 이를 허용해 줄 어떤 법이나 제도도 없다."고 해명한다.

사실, 소나무는 국가에서 특별 관리하고 있는 '국목(國木)'이라는 이유가 정씨의 말을 뒷바침해 준다.

정씨의 설명을 들어가며 송하주 제조과정을 살펴볼 수 있었다.

먼저, 밑술을 만드는데 있어, 누룩 대신 효소제

흑국(黑麴) 20g과 물 6 l 를 섞고, 여기에 멥쌀 4되를 깨끗이 씻은 뒤 12시간 물에 불렸다가, 건져서 물기가 빠지면 고두밥을 지어 차게 식혀서 넣는다.

이어 밑술의 산도(酸度)를 맞추는데, 산도는 국세청 기술연구소의 산도 테스트법을 채택한 것으로서, 구연산(枸橼酸)을 밑술에 용해하여 산도가 22% 되게 한 뒤, 25℃ 실내에서 3일간 발효시키면 밑술이 익는다.

자신이 개발한 독특한 술빚기와 솔잎 등 약재를 넣어 만든 송하주

이러한 밑술 제조 방법은 여느 토속주에서는 살펴볼 수 없었던 과정으로, 정화목 씨만의 독특한 술빚기 방법으로 이해되었다.

밑술 발효가 끝나면 덧술을 하여 넣는데, 덧술은 백미와 옥수수를 90 : 7의 비율로 섞고 밑술에서와 같은 방법으로 고두밥을 지어 차게 식으면, 3%에 해당하는 송근·당귀 등의 약재와 솔잎을 함께 넣는다. 약재는 송근(松根) 0.5%, 당귀 0.5%, 오미자 0.2%, 계피 0.2%이고, 솔잎은 0.5%로서 약재와 솔잎은 찌거나 가공하지 않고 생것 그대로 사용한다.

밑술과 덧술을 안친 술독에 덧술 양의 170%에 해당하는 양조용수를 급수하여 잘 저어주고, 실내온도 18℃에서 3일간 발효시킨 뒤 2차 덧술을 해 넣는다.

2차 덧술은 덧술과 같은 재료, 같은 비율, 같은 방법으로 하되 솔잎은 넣지 않는다. 양조용수도 2차 덧술 원료의 170%에 해당하는 용수를 급수해 준다.

다만, 덧술과 2차 덧술을 함께 섞은 뒤 술자루에 담아 새 술독에서 발효시키며, 실내 온도 18℃에서 1주간이면 송하주가 완성된다.

이상에서 알 수 있는 사실은 송하주는 3차에 걸쳐 술을 빚는 고급 약주라는 점과 함께 전체 술의 양을 100으로 할 때 밑술 4% : 덧술 50% : 2차 덧술 46%의 비율로 술빚기가 이뤄진다는 것을 알 수 있다.

술이 완성되면 술자루를 꺼내서 소나무 판자를 이용한 재래식 압착방법으로 술을 채주하는데, 이 과정 또한 2차에 걸쳐 이뤄진다.

1차 소나무 판자를 이용 압착해 얻은 술을 다시 새 술독에 담고 침전시켜, 앙금이 가라앉으면 술만 따라내어 여과필터기를 강제로 통과시키는 방법으로 2차 여과시킨 후 병입과정을 거치며, 이어 유통과정에서의 재발효와 산패를 막기 위하여 63℃에서 3회에 걸쳐 간헐 살균시켜 출하된다.

정화목 씨에게 이렇듯 까다로운 술빚기에 몸 담게 된 까닭을 물었더니, "경기도 화성군 소재 '국순당 술도가'에서 오랜 세월 술 빚는 일을 해왔다."면서,

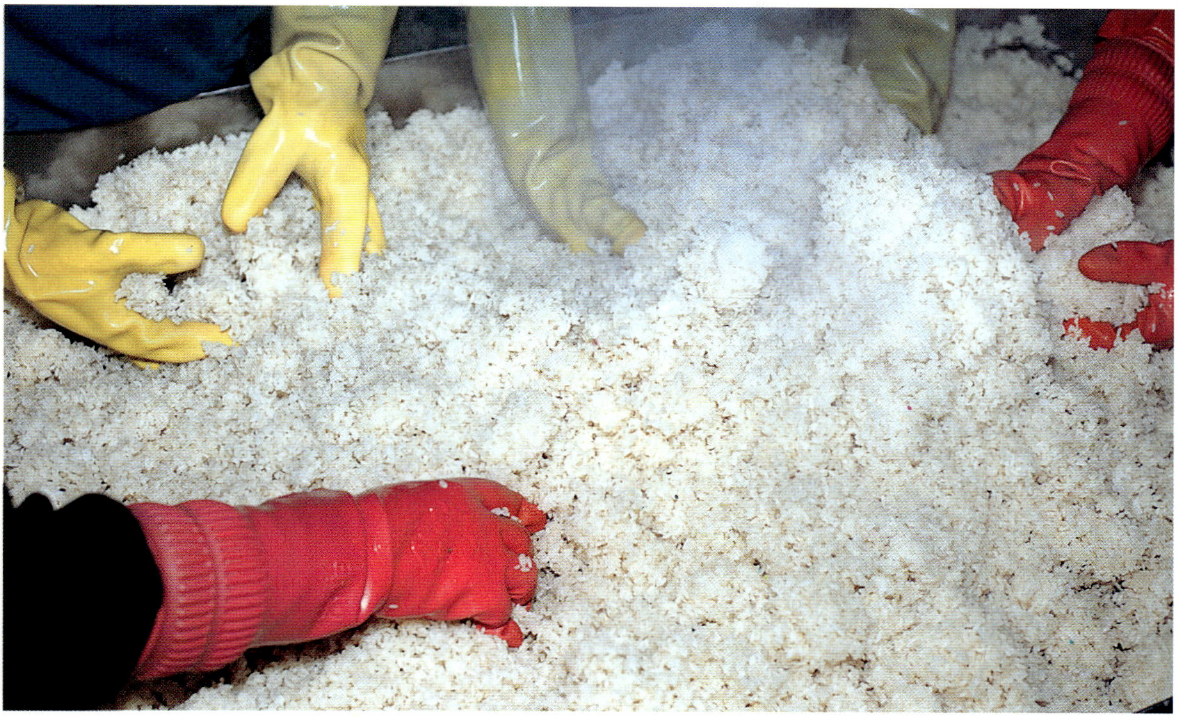

"우연히 '이곳에 양조장이 있었다'는 얘길 듣고 면허를 인수, 현지의 천혜자원(솔잎)이 풍부하고 산이 높아서 주변에서 채취되는 약재들을 이용한 송하주를 빚게 되었다."고 대답한다.

자기 독립의 술, 특별한 향취로 애주가 사로잡아

씨는 경북 대구 출생으로 어려서부터 술을 빚는 일에 남다른 관심을 갖게 되었으며, 본격적으로 술을 배워 볼 요량으로 국순당 술도가에 입사하게 되었고, 그곳에서 여러 종류의 전통주를 배우게 되었는데, 언제부턴가는 자신의 경험과 기술을 바탕으로 자신의 술을 만들고 싶다는 생각을 하게 되었다고 한다. 그리하여 '자기독립'의 결과로 송하주의 탄생을 보게 되었다는 것.

정화목 씨의 송하주는 "은은한 솔잎향이 술맛의 비결로서, 여느 술에서는 맛볼 수 없는 특별한 향취가 있다."는 평을 얻고 있으며, 부재료로 사용되는 약재들은 현지에서 직접 채취한 것들로 다른 지역의 산물(産物)보다 상품적 가치가 높을 뿐 아니라, 약효 또한 뛰어나 술맛을 배가(倍加)시키고 있다고 한다.

송하주의 특별한 술맛과 향취는 정씨의 뛰어난 술빚기에서 연유한 것으로, 씨에 따르면, "송하주의 향취, 곧 특별한 솔잎 향은 발효 온도에서 나온다."면서, "우리나라의 약주는 곡물을 발효시켜 만든 곡주(穀酒)이면서 발효주(醱酵酒)로, 발효 온도가 가장 중요하다. 특히 솔잎이 들어가는 경우, 발효 온도가 18℃일 때 가장 좋은 향을 얻을 수 있다. 발효 온도 18°c 이상이 되면 솔잎향이 달아나고, 그 이하가 되면 효모의 증식이 이뤄지지 않아 향기는 물론, 술맛을 제대로 낼 수가 없다."고 설명한다.

그런데 씨의 다음 얘기에서 그만 기운이 쏙 빠져나가는 느낌을 감출 수가 없었다.

"이렇게 정성을 다해 빚어진 술은 300㎖들이 한 병에 3000원에 출하되고 있는데, 아직 수요가 많지 않아 갈수록 술빚기가 어려워진다. 사람들이 한 병에 몇 만원에서 몇 십만원을 넘는 위스키나 브렌디, 꼬냑은 아깝다 않고 마시면서도, 한 병에 기껏 몇 천원 하는 우리의 전통주는 비싸다고 하고, 값비싼 양주에 입맛이 길들여진 나머지 '맛이 없다'고 하는 실정이다. 실로 우리 전통주의 미래가 걱정이고, 날로 외래주에 빠져드는 현대인들의 음주문화가 안타깝기만 하다."

전통주·음주 문화 바로 세우기와
세계 제일의 양주 수입국

사실이 그랬다. 이렇듯 복잡하고 까다로운 제조과정을 거쳐 만들어진 전통주가 희석식 소주값에도 미치지 못하는 까닭을 알 수 없거니와, 어떤 술은 '무형문화재'니 '명인' 지정을 이유로, 양주에 버금하는 고가에 팔리고 있고, 더러는 과대포장에 포장비용이 술값을 웃도는 것이 국내 전통주 시장의 현실임을 누구도 부인하지 못한다.

그리고 그 술 가격은 술맛에 따른 소비자들의 기호나 선택에 의한 결정이 아니라는 사실이다.

이는 우리나라 전통주와 음주문화가 얼마만큼 난관과 위기에 처해 있는가를 반증해 주는 예이기도 하다. 특히 우리네의 음주문화가 어떤 지경에 이르렀는지를 단적으로 보여주는 실례로, 외래 양주의 소비 경향을 살펴 보면 쉽게 이해가 된다.

국내 유명 주류제조 및 판매업체 JL사가 지난 '95년 1월부터 8월까지 유흥업소에서 소비된 위스키와 안주, 팁을 추정 조사한 결과 JL사를 비롯한 JS사, PS사의 위스키 판매실적이 368만 780상자로, 지난해 같은 기간에 비해 무려 40% 가까이 증가했다고 밝혔다.

이와 같은 위스키 소비량을 금액으로 환산하면, 3조 3000억원에 달하며, 국민 1인당 반 병을 마신 꼴이라고 한다. 우리나라 사람들의 양주 선호사상을 단적으로 보여주는 사례인 것이다.

그런데 이 같은 사실이 중요한 문제로 떠오르는 것은 다름 아니다. 국내 유수 업체들은 이와 같은 양주 선호사상에 편승, 자사 제품의 품질 향상이나 국가 경쟁력 제고보다는 보다 손쉬운 방법으로 외국산 양주를 무더기로 사들여 오고, 신제품 개발을 빌미로 외국의 기술을 들여와 비싼 로열티를 댓가로 지불하고 있다는 사실에 있다.

가면 갈수록 힘들고 먼 길의 술빚기와 세상 인심

그릇된 음주문화가 물질 숭배주의를 낳고 급기야 허영과 사치로 치닫게 만든 결과인 것이다.

이른 바 한심스러움의 극치를 달리고 있는 것이다.

우리나라 사람들의 양주 선호사상은 빈 양주병을 마치 장식품인양 장식장에 진열해 놓는 지경에까지 이르른 것이다. 그러니 우리나라 전통주의 위상은 그 장래를 예측하기가 어렵다고 할 수 밖에.

오색약주의 송하주 취재과정에서 느낀 이런 감정은, 정말 말로 다 표현할 수 없는 것이었다.

세상에 열려 있는 모든 길이 다 그렇듯이 '가면 갈수록 그 길이 힘들고 멀다'는 생각과 함께, '보람'과 '회의감'을 함께 가져다 주기 마련인지, 오랜만에 좋은 술, 뜻을 세운 젊은이를 만났다는 보람도 잠시, 돌아오는 걸음이 한없이 무거웠다.

전통주를 되살리고 음주문화를 바로 세우는 데 미력하나마 힘 닿는 데까지 열정을 쏟아보겠다는 생각에 여러 해 동안 동분서주 해왔다.

그러나 이 길 역시 너무나 멀고 아득한, 지난(至難)한 작업임을 오늘 새삼 깨닫게 된 것이다. 酒

달짝지근한 감칠맛에 반하는 동동주

장수 점주

술을 마시고 나서 그 술맛에 대해 평(評)하기란 참으로 주저스러워지는 일이다.

소위 "미식가는 아니라도 나름대로는 전국 방방곡곡의 내림음식이며, 이름을 얻었다고 하는 향토음식은 두루 맛을 보아 온 처지가 아니냐."는 것이고, "남들보단 꽤 미각이 발달해 있을 것 같다."는 얘기다.

하지만 아직까지도 술맛에 대해서는 등신도 상등신이라는 것이 솔직한 고백이다.

더러 "오미(五味)를 느낀다."는 사람도 있고, "오미 뿐만 아니라 칠미(七味)까지도 감지할 수 있다."는 귀신(?)도 만나 보았다.

부드러움과 호쾌함, 시원함을 주는 맛

그런데 우리나라 사람들이 선호하는 술맛은 대체로 '감칠맛'이 아닐까 한다.

속된 말로 '혀 끝에 착 달라붙는 맛'이요, 맛의 고장이랄 수 있는 전라도 사람들의 입을 빌면 '개미가 있다'는 맛일 것이다.

'감칠맛'이니 '개미가 있다'느니 하는 식의 맛에 대한 느낌을 부언하자면, 우리나라 사람들이 주식으로 삼고 있는 멥쌀보다는 점성(粘性)이 크고 찰기가 있는 찹쌀을 비롯, 차수수·차조·찰옥수수 등을 선호하는 경향도 끈적거리는 맛, 차진 맛을 더 좋아한다는 반증이요, 이와 같은 맥락에서 감칠맛을 으뜸으로 여기고 있는 것으로 생각된다.

특히 술맛에 있어서는 오미에 더하여 이 '감칠맛'과 '상쾌한 맛'을 칠미(七味)로 꼽는다.

술을 마시고 난 바로 뒤의 기분이 끈적거리는 단맛으로 부드러움과 호쾌함을 주고, 입안이 시원해지는 느낌을 갖게 되었을 때를 가리키는 것이다.

유과 곁들여 마시면 특별한 진미 느껴져

우리나라의 여러 전통·토속주 가운데 바로 감칠맛을 주는 술은 몇 안된다.

왜냐 하면, 양조허가와 관련하여 전통적인 방법의

술빚기에서 크게 벗어나 획일화된 제조과정과, 대량 생산을 위한 기계화 설비가 술맛을 변질시켰고, 생산원가를 절감하기 위한 방편으로 본래의 배합비율보다 다소 희석된 술을 생산하고 있는 것이 오늘의 현실이기 때문이다.

그런데 전라북도 장수 지방에 가면 오랜 전통의 감칠맛이 특징인 토속주가 있다.

감칠맛이 특징인 관계로 술 이름도 점주(粘酒)라고 하며, 이 술은 산서면 일대에서 집성촌을 이루고 사는 안동 권씨 일가의 가양주로, 대략 150년의 역사를 자랑한다.

장수 지방의 점주는 최근에 이르러 일명 '장수 동동주'로 더 잘 알려져 있는데, 이 지방의 명물인 유과(油果)를 안주로 곁들이면 그야말로 특별한 진미(眞味)를 느낄 수가 있다.

이러한 점주는 한자로 '粘酒'라고 표기하는 바, 훈(訓)이 '끈끈할 점' 또는 '차질 점'으로, 곧 점주(粘酒)는 뜻풀이 그대로 끈기가 있는 술이다.

점주에 대한 관련 문헌과 기록으로는, 《규곤시의방》을 비롯《양주방》, 《주방문》, 《한국민속종합보고서〈경북편〉》을 들 수 있다.

이들 여러 문헌 가운데 《규곤시의방》에 소개되어 있기를, "백미 한 되를 물에 하룻밤 담갔다가 가루로 빻아서 반죽하여 구멍이 뚫린 떡으로 빚어서 삶는다. 이 떡을 모두 떡 삶은 물로 멍울이 없게 풀어서 가루 누룩 한 되를 섞은 다음, 사흘을 맞는 아침에 덧술을 한다. 찹쌀은 아침에 찹쌀 한 말을 뜨물이 안나오도록 씻어 담갔다가 낮에 물을 뿌려가며 잘 찐다. 전날 저녁에 물 한 말을 끓여 차게 식혀두었다가 덧술하는 술밥에 풀어서 밑술과 합한다. 항아리는 끓는 물로 잘 씻어서 쓴다. 덧술을 빚은 지 7일 후에는 마실 수 있다."고 했다.

문헌마다 다른 제조과정 보여주 는 점주

다른 문헌인 《양주방》의 기록에서는 "밑술은 백미 한 되를 물에 담갔다가, 가루로 만들어 물 송편을 빚어 삶아 낸 떡을 떡 삶은 물 한 사발로 다시 풀어 누룩 8홉을 곱게 쳐서 섞고 빚어 넣는다. 나흘 후에 덧술을 한다. 덧술은 찹쌀 한 말을 물에 담갔다가 찌는데, 물 닷되를 뿌려가면서 찐다. 이 술밥을 밑술에 섞어서 빚어 넣는다."고 기록되어 있다.

따라서 《규곤시의방》에서는 밑술을 백미로 오메기떡을 만들어 사용하고, 《양주방》에서는 물송편을 만들어 밑술을 빚는다는 점에서 차이가 있을 뿐, 대체로 점주의 제조과정이 일치하고 있음을 알 수 있다.

또한 별법(別法)의 점주는 밑술을 빚는데 있어, "찹쌀 한 되를 지에밥으로 쪄서 가루 누룩 1되와 섞

이르고 있다.

양진순 씨는 "점주는 원래 친정인 구례의 남원양씨 인명의 가문에서 4대째 빚어지고 있는 가양주로, 시집 오기 전 친정 어머니(조태평)에게서 배웠다. 어려서는 어머니께서 술빚는 것을 보기만 했는데, 결혼을 하게 되면서 신랑이 술을 좋아한다는 말을 듣고 집안의 가양주 빚는 법을 가르쳐 주셨다."면서, "시집오니까 시어머니께서는 술을 만드실 줄은 모르셨으나 좋아하셨다. 또 제사를 모시지 않았으므로 술 빚는 일이 거의 없어, 오산의 안동 권씨 대종손 댁에서 술을 빚어 제주로 사용하고 있어, 그 술을 가져다 마셨다. 그러다가 시부모께서 돌아가셨는데, 그 때부터 바깥 어른께서 선고 제사에는 꼭 술을 직접 빚게 하셨다. '제사는 정성이다'는 것이 바깥 어른의 지론이셔서, 그때부터 점주가 안동 권씨 집안의 제주이자 가양주가 되었으며, 명절과 시제(時祭), 한식 성묘 때 쓰곤 했다."고 말한다.

따라서 점주는 엄밀하게 말하여 안동 권씨 가문의 가양주라기 보다 남원 양씨 일족의 가양주라고 해야

어 빚어두면 엿새 후면 술이 괴어서 밑술이 된다. 덧술은 백미로 지에밥을 찌는데 도중에 물 두 사발을 고루 뿌리면서 잘 무르게 하여 밑술에 빚어 넣는다. 물 한 사발로 지에밥 그릇에 부셔서 넣는데, 이레 후에는 술이 다 된다."고 기록되어 있다.

별법의 점주는 밑술과 덧술에서 다 같이 지에밥(고두밥)으로 술을 빚는다는 점에서 앞서의 두 가지 방법과는 또 다른 제조과정을 보여주고 있다.

친정의 가양주를 시댁의 가양주로, 옛 기록과는 또 다른 방법으로 빚어

그렇다면 전라북도 장수 지방의 안동 권씨 일족에서 빚고 있는 점주는 어떠한 방법으로 만들어지는지, 그 일단을 살펴보기로 한다.

현재 장수 점주를 빚어오고 있는 이는 양진순(70세)씨로, 전남 구례군 광해면 지천리 출신 남원 양씨 고(故) 양인명의 7남매 가운데 큰 딸로 태어났다.

14세 되던 해까지 그곳에서 살다 아버지를 따라 산서면 사상리로 이사, 17세 되던 해 장수군 산서면에 사는 안동 권씨 선탁(79세)에게 출가하여 오늘에

옳을 것 같다.

씨에 따르면, 점주는 권씨 집안의 가장을 비롯 남자들이 즐기는 술이라기 보다는, 오히려 시어머니를 비롯 아녀자들을 위한 술이었다고 한다.

"그런데 우스운 일은 시아버님은 술을 전혀 못 잡수신 반면, 시어머님은 술을 즐기는 애주가이셔서 시어머님 때문에 늘상 술을 빚곤 하였다. 시어머님을 닮아선지 남편도 술을 좋아하셔서 집 안에 술이 떨어지는 날이 없이, 늘상 여자들은 술빚는 일로 고역을 치뤘다. 어떤 때는 잘 만들어져 맛이 좋다가도, 어떤 날은 술이 시거나 발효가 제대로 안되면 '맨날 만드는 술이 왜 이 모양이냐'고 야단을 맞기 일쑤였다."고 말한다.

하지만 양진순 씨는 과거 고생스러웠던 일이 이제는 즐거운 추억으로 남아있는지, 손으로 입을 가리며 부끄럽다는 듯 미소를 짓는다.

양진순씨에게서 점주 빚는 법을 들으니, 그 방법이며 과정이 매우 쉽게 느껴졌다.

고두밥 잘 익히고 누룩은 곱지도 거칠지도 않게

씨에 따르면, 장수 점주는 "잘 씻은 쌀 1되에 물을 20~30 l 정도 붓고 죽을 쑨 뒤, 차갑게 식혀서 누룩가루를 넣어 잘 섞고, 이를 항아리에 안쳐서 서늘한 곳에 둔다. 이를 밑술 또는 술밑이라고 하는데, 여기에 찹쌀로 지은 고두밥을 섞는다. 고두밥은 섞기 전에 차게 식혀서 사용한다. 여기서 고두밥이 식는 사이 체로 밑술을 걸러서 주박은 버리고, 주액을 가라앉힌 후 맑은 술만을 떠서 식혀두었던 고두밥과 물을 넣고 잘 섞은 다음, 항아리에 안쳐 5~7일 동안 두면 빛깔이 선명하고 맛이 일품인 점주가 완성된다."고 말한다.

양진순씨의 점주 만드는 법을 좀 더 구체적으로 설명하면, 먼저 밑술을 만드는데 멥쌀 1말을 고두밥 짓고 차게 식힌뒤, 가루 누룩 3~3.5되를 섞어 술항아리에 안친다.

양진순씨는 "누룩이 너무 잘거나 고우면 술이 빨리 시어진다."면서, "술이 변질되는 것을 막고 향을 좋게 하기 위하여 솔잎을 한 줌 섞어 고두밥을 무르도록 푹 익혀야 하고, 누룩은 어른의 엄지손가락 굵기 정도로 거칠게 빻아 사용한다."고 말한다.

밑술 버무리기가 끝나면 물 2말을 붓는데, 이때 누룩 덩어리가 떠오르면 한가운데로 밀어 넣으면서 손으로 여러 차례 뒤적여서 물과 고두밥, 누룩이 잘 섞이도록 한다.

이렇게 하여 밑술 담그기가 끝나고 발효에 들어가는데, 술항아리 밑에 나무판자나 짚방석을 깔고 일정한 온도유지를 위해 이불로 항아리 몸을 싸준다. 술항아리의 주둥이는 이물질의 유입을 막고 발효시

발생하는 가스의 방출을 위해 베보자기로 살짝 덮어 주어야 한다. 실내온도가 24℃ 정도 되는 따뜻한 방이면 3일을 지낸 뒤 이불을 벗기고, 상온에서 다시 4일간 더 발효시키면 밑술이 완성된다. 발효가 끝난 밑술은 걸러내는데, 용수를 박아 그 안에 고인 맑은 술만을 떠서 재차 맑게 가라앉혀 사용한다.

밑술의 양이 2말이면 찹쌀 1되(大升)를 물에 깨끗이 씻어 덧술용 고두밥을 짓는데, 고두밥 짓기에 특히 유의해야 한다.

양진순씨는 "고두밥은 매 쪄져(잘 익어야) 한다."면서, "말렸을 때 쌀 알이 두 토막이 나야 한다."고 말한다. 또 "누룩은 밑술과 같이 가루를 만들어 사용하는데, 그 양은 1되(大升)이다. 누룩은 굵은 체로 쳐서 고운 베주머니에 담아 덧술을 담글 술독에 넣는다. 이어 차게 식힌 고두밥을 넣는데, 여과 및 정제시킨 밑술 2말 중 술독 안의 고두밥과 누룩이 겨우 잠길 정도로 잘박하게 붓고 하루를 지낸 다음, 나머지 술을 다 쏟아붓고 다시 3일을 지내면 덧술의 발효가 끝나 점주가 완성된다."고 말한다.

따라서 장수지방의 점주는 앞서의 기록에 의한 두 가지 방법과는 또 다른, 즉 밑술과 덧술을 만드는 방법에서 각각 차이를 보이고 있음을 알 수 있다.

'밥알 뜬다' 장수 '동동주'로 더 알려져

다시 말해서 양진순씨의 점주 만드는 법은, 밑술을 만듬에 있어 '죽'을 사용하며, 덧술은 밑술을 걸러 사용하는 한편으로, 2차례에 걸쳐 밑술을 섞어 발효시키는 특이한 방법의 술빚기로 만들어지고 있음을 엿볼 수 있었다.

이로써 우리나라 전통주를 비롯 토속주들의 종류와 술빚기가 얼마나 다양한지 그 정도를 가늠할 수 있게 된다.

양진순 씨는 "술이 다 익었으면 시원한 곳으로 술독을 옮겨 두었다가, 누룩 주머니만 건져내고 떠서 마시는데, 누렇게 잘 삭은 밥알이 '동동' 뜬다."면서, "이렇게 '밥알이 뜬다'고 해서 더러 동동주라고도 부른다. 점주는 온도 유지가 젤(제일)로 중하다. 날씨가 좋은 봄·가을은 술 만드는 것이 일도 아닌데, 한여름이 문제다. 따라서 여름에는 곡자가 좋은 것을 사용해야 한다."면서, "앞으로 갈수록 사람들이 제사를 안 지내려고 하는데, 그렇게 되면 우리 같이 술을 해서 제사 지낼 사람이 몇이나 될랑가 모르겠다."며 한숨을 짓는다.

그러나 다행히 장수 점주는 양진순 씨의 아들 권성안(39세)씨와 며느리 곽희자(35세)씨가 직접 농사를 지으며 농어민후계자로, 또 농촌 생활개선회 회장으로 활동하면서 술 빚는 일을 배우고 있어, 씨의 대를 이은 가양주로서의 튼튼한 뿌리를 내리고 있었다. 酒

신경 · 혈관계 질환을 예방하는 술

양주 송엽주

많은 선남자(善男子)들의 희망 사항 가운데 하나가 음식 솜씨 좋은 여자를 집안에 들이는 것이다.

그리고 솜씨 좋은 아내를 둔 사실을 행복으로 여긴다.

음식 맛이란 아무리 과학적이고 합리적이라도 정성과 사랑이 담긴 아내의 손 끝에서 묻어나는 맛에 비교할 바가 못되기 때문이다.

그런 의미에서 오랫만에 솜씨 좋은 여성을 만났다는 생각을 하게 되었다.

'언젠가는 보람 찾게 될 것이다.' 시아버지 유언 따라 가문 전통 지키는 여인

경기도 양주군 은현면에 사는 이영순(43세) 씨가 그 주인공으로, 일상사에 쓰는 찬류는 물론이고, 반주(飯酒)나 약주로는 그만인 곡주를 빚는 솜씨가 좋기로 원근에 소문이 짜(?)한 여성이다.

이영순 씨는 지난 1995년 의정부시 주최 '주부의 날 기념 음식솜씨대회'에 송엽주를 출품, 최우수상을 수상했는가 하면, 1996에는 경기도 농촌진흥원에서 추진하는 경기도 향토음식기능보유자(양주군)로 지정되는 등 그 솜씨를 이미 인정 받은 바 있다.

"송엽주를 비롯하여 집안 대대로 즐겨 먹는 약식, 연포국, 장아찌류 등 여러 가지 음식을 잘 만들 수 있게 된 것은, 시아버님(壺谷 宋壽根)의 자상한 가르침을 순수하게 받아들였기 때문입니다. 특히 송엽주, 약식, 다식, 유과 등을 꼼꼼히 가르쳐 주시면서, '언젠가는 그 보람을 찾게 될 것'이라고 하셨는데, 제가 이렇게 될 것을 내다보셨던 것만 같습니다. 시아버님의 혜안(慧眼)이 놀랍기만 합니다."

이영순 씨에 대한 시아버지의 자상함이 돋보이는 대목이 《호곡 송수근 유고집》에 기록되어 있는데, 이 책은 고인이 일상사에 필요한 일과 음식 만드는 법, 가르침 등을 직접 기록하여 자손들에게 준 것으로, 씨의 시아주버니를 비롯 남편의 형제들이 자료

를 모아 책으로 엮은 필사본이다.

거기에 보면 송엽주 담그는 법을 적고 있는데, "담가 두었다 느이 시모(始母) 생일날, 성묘 때 쓰거라. 그리고 사위도 대접하고. 아가야 네가 혹여

'망령이다' 할까보다. '시간 있으면 시험 삼아 하여 보렴아.' 하였더니, 거역하지 않고 내 뜻을 받어 성의껏 빚어 넣더니. 그리고 50시간쯤 지나면 성숙했을 걸 감안해서 맛을 보려 했더니, 또 한 걸음 앞서 챙겨 왔고나. 맛이 희안할 뿐외라. 정말 값진 송엽 동동주다." 고 하였다.

집안 가풍 · 전통 지키려는 시아버지, 며느리에게 직접 전수

이영순 씨는 "시아버님께서는 9년 가까이 병석에 누워 지내셨어요. 더욱이 실어증까지 있으셨는데, 그런 가운데에도 집안의 가풍이며 전통을 지키려 애를 쓰셨어요. 그 노력으로 필담(筆答) 형식으로 제게 당신의 뜻을 말씀해 주시면서 송엽주를 비롯, 약식 · 다과 · 유과 · 장아찌 등 옛날부터 우리 집안에서 만들어 먹었던 우리 집안 음식을 하나씩 가르쳐

주시면서, 저에게 해보도록 하셨어요. 지난 날에는 귀찮다고만 생각했는데, 지금은 시아버님의 뜻을 알 수 있게 되었습니다."고 말한다.

28세 되던 해, 이곳 여산 송씨 집안에 시집 와서 16년 동안 가문의 가풍과 내림솜씨를 배워오면서, 살림이며 음식 만드는 법을 자상하고 요령있게 가르쳐 주신 시아버님께 감사하고, 당부하셨던 말씀을 이제 실천해서 '내것'으로 만들려는 노력을 아끼지 않겠다고 다짐하고 있다는 이영순 씨였다.

이씨는 "특히 제주(祭酒)를 직접 담그는 집안 전통 때문에 한 번도 거르지 않고 그때그때 송엽주를 담가 왔는데, 결혼해서 아무 것도 할 줄 몰랐던 초보며느리 시절, 특히 예의 맛과 향, 고유의 색깔을 간직한 송엽주를 빚기란 정말 힘들었다고 한다.

"하지만 그때마다 마음 상하지 않게 다독거려 주시고 자상하게 가르쳐 주신 덕분에 빨리 배울 수 있었는데, 그렇게 정성스럽게 담가도 나중에 보면 식초처럼 시큼하게 시어버려 얼마나 허무하고 눈물이 났는지, 벌써 16년이나 되었는 데도 지금도 더 배우고 싶고 더 알고 싶은 것이 많은데, 시아버님께서 안 계셔서…"

이윽고 이영순 씨의 눈가에 이슬이 맺혔다.

그리움이었다.

시대 흐름, 집안 형편 따라 달라지는 우리의 술빚기

송엽주는 《요록》·《양주방》·《역주방》·《오주연문장전산고》·《김승지댁 주방문》·《음식법》·《조선고유색사전》 등 여러 조선시대 문헌에 이름과 술 빚는 법이 소개되고 있다.

이영순 씨의 송엽주 빚는 법은 이들 문헌상의 기록과는 다른 방법으로 빚어지고 있어, 시대의 흐름에 따라, 가정 형편에 따라, 그 법이 변화되었을 것으로 추측된다.

옛 문헌 《음식법》에는 송엽주의 재료로 멥쌀, 누룩, 물, 솔잎이 등장하고 있어 이영순 씨의 송엽주와 재료 면에서는 같았으나, 그 이용과 술 빚는 법에서는 다소의 차이를 보이고 있다.

《음식법》에서는 "먼저 송엽 6말을 삶아서 그 물을 받쳐 솔잎만 취한 다음, 물을 다시 붓고 재차 삶아서 그 물이 2말 정도되게 달이는데 솔잎은 버린다. 다음에 백미 1말을 백세하여 가루로 만들고, 솔잎 달인 물로 죽을 쑤어 차게 식혔다가, 누룩가루 5홉을 섞고 항아리에 안쳐서 2주일 가량 발효·숙성시키면 예의 송엽주가 만들어진다."고 기록되어 있고,

"별법으로는 송엽 6말에 물을 부어 2말이 될 때까지 달여서 물만 취하고 솔잎 찌꺼기는 버린다. 다음에 백미 1말을 깨끗이 씻어 곱게 가루를 내고 앞의 물로 죽을 쑨다. 죽은 차게 식혀서 좋은 누룩가루 1되를 같이 섞고 술독에 안친 뒤, 3주일 후에 채주한다."고 수록되어 있다.

반면, 이영순 씨의 송엽주 제조법은, 우선 그 재료로 멥쌀 1말, 누룩 2말, 엿기름 1말, 종국 2봉(10g), 솔잎 2말, 물 2말이 쓰인다.

재료가 준비되면이어 술빚기에 들어가는데, 중복에 밀을 빻아서 누룩을 만들고 띄워서 가루로 만들어 두었다가 술 빚을 때 쓴다.

멥쌀은 깨끗이 씻은 뒤 하루 정도 물에 담갔다가 건져서 고두밥을 짓는데, 앞서 마련해 둔 솔잎 중 10분의 1 가량을 시루 밑 바닥에 충분히 깔고, 멥쌀 한 켜 솔잎 한 켜씩 켜켜히 안친 뒤, 한김 오르면 20~30분간 뜸을 들인다. 고두밥이 식는 사이를 이용, 나머지 솔잎을 작두나 가위로 2~3등분하여 솥에 물 4말과 함께 넣고 삶아서 솔잎 우려낸 물 2말을 양조용수로 사용한다. 고두밥은 25~30℃ 정도 온기를 느낄 수 있을 때 누룩가루, 엿기름을 함께 섞고 오랫동안 치댄 뒤, 술독에 안친 다음 솔잎 달인 물을 붓고 실내에서 1주일 정도 발효시키는데, 술독은 주둥이만 터놓고 이불로 싸매준다. 술이 다 익으면 베로 만든 술자루에 담고 맷돌같이 무거운 돌로 눌러 짠 뒤 가라앉혀서 마신다.

신경 · 혈관계 질환에 효과

이상이 이영순 씨가 송엽주를 빚는 가전 비법의 방법이다.

씨는 "그렇지 않고 농삿일로 바쁠 때나 일손이 부족할 때는 약식(略式, 別法)으로 빚습니다."하면서, "누룩이 완성되면 고두밥을 짓고 적당히 식으면, 함지박 같은 크고 넓은 그릇에 담고 종국(효모) 20g을 고루 섞어 홑이불이나 보자기로 씌워서, 밥알이 하얗게 부스러질 때까지 따뜻한 아랫목에서 띄우는데, 대략 48시간이면 족합니다. 이때 방 안의 온도는 25~28℃가 적당한데, 방안 온도가 높거나 낮으면 밥에 곰팡이가 피어서 좋지 않습니다. 다음 과정은 앞서의 방법과 거의 같습니다." 라고 말해, 별법의 술빚기도 즐겨하고 있음을 알 수 있었다.

별법의 송엽주는 고두밥이 튀겨지면 준비된 누룩, 솔잎을 섞고 술자루에 담아 술독에 안친 뒤, 물을 붓는다. 술 안치기를 끝낸 술독은 이불로 몸을 싸고 베보자기로 주둥이를 덮어 ,실내 온도 25~30℃ 되는 곳에서 3일 정도 발효시키면, 이때 술독에서 '부글부글' 끓는 소리가 나다가, 4일째 부터는 끓는 소리가 낮아지면서 끓어오르던 술바탕이 가라앉고, 5

일째가 되면 드디어 술이 괴기 시작한다.

"시아버지께서는 술을 빚을 때 주의 사항으로 '맛이 틀림없다. 물 좋겠다. 살균, 소독에 힘 쓰고 띄울 때는 35~40℃만 넘지 않게 술독 온도유지에 신경쓰고 자주 젓고 푹 누루고 하게 띄워서 삼일간 빚으면 맑은 술로 빛깔이며 향이며…' 하고 특히 술독 온도 관리에 유의해야 된다고 하셨어요."

전통주의 제조과정에서 가장 중요한 과정이 역시 술독의 온도관리에 있음을 다시 확인케 해주는 이영순 씨의 설명이었다.

씨는 또 "송엽주의 특징이랄 수 있는 맛과 향을 좋게 하기 위한 방법으로, 솔잎을 누룩과 같은 양으로 하고, 솔잎은 4~5월경 새순을 채취하여 넣으면 더욱 좋습니다."라면서, 예의 비법을 들려주었다.

이러한 송엽주는 솔잎 고유의 그윽한 향기와 함께 신경통과 혈관계 질환에 작용, 혈관의 벽을 튼튼하게 강화시켜 준다고 한다.

이영순 씨는 "솔잎의 효능은 이미 잘 알려져 있다시피, 중풍과 고혈압을 예방하고 혈액순환을 도와 신경통, 류머티즘 증세를 호전시키는 데 효과적"이라면서 송엽주 예찬론을 펴는데 주저함이 없었다.

동동 뜬 밥알과 사탕물처럼 단맛의 명약주

진도 동방주

우리나라의 전통주나 토속주 가운데 가장 사랑받고 있는 술이 찹쌀로 빚은 약주류이다.

반상(班常)의 구별없이 흔히 빚어 마시는 대중적인 가양주라고 할 수 있는 찹쌀 약주류는, 특별한 유래나 제조방법이 있는 것은 아니나, 이른 봄에 담그는 경우가 많다.

진도의 동방주 또한 찹쌀 약주류의 하나로, 그 유래나 관련 문헌없이 진도 지방 특유의 토속주로 뿌리를 내려 온 술 가운데 하나이다.

옛부터 사대부 집안에서 빚어 마셨던 술로, 그 맛이 달고 진미가 있어 일반에 널리 보급되었던 것으로 전해져오고 있다.

대갓집 청주 한씨 가문의 손님접대와 '선사용' 술

현재는 진도읍에 사는 조말심(72세) 씨가 예의 기능을 보유, 동방주를 가장 잘 빚는 사람으로 알려져 있다. 조말심 씨는 진도군 고군면 오신리에서 창녕 조씨(옥환, 1968년 75세 졸)과 현풍 곽씨(1973년 85세 졸) 사이에서 다섯째 딸로 출생, 18세 되던 해 진도읍에서 교직에 몸 담고 있던 청주 한씨(정석 ; 正錫, 1990년 66세 졸)에게 출가해 오늘에 이르고 있다.

조말심 씨는 진도읍에서는 보기 힘든, 500여평 규모의 전통 한옥에서 혼자 살고 있는데, "지금도 1년에 한두 번 동방주를 비롯 박문주를 빚어오고 있다."면서, "예전같이 식구들이 많은 것도 아니고, 자식들도 다 외지로 나가 살기 때문에 명절 때나 한두 번 빚어 식구들끼리 나눠 마시는데, 자식들이 너나없이 술을 많이 마셔서 가급적이면 안 만들려고 한다."고 말한다.

조말심 씨가 동방주와 인연을 맺게 된 것은, 진도에서는 '내노라'하는 대갓집 외아들에게 시집 온 뒤, 시어머니 광산 김씨에게서 집안 기제사와 명절 차례 때 쓸 가양주를 빚으면서부터라고 한다.

조말심 씨는 "시집 와서 얼마되지 않아 시아버지 기제사에 쓸 술을 빚게 되었는데, 새색시 때 시어머니로부터 만들기 힘든 동방주 빚는 법을 처음 배웠다. 그때 시어머니 말씀이 찾아오는 손님들에게 줄 선사용 술을 빚는 것이었다. 단맛이 나기에 손님들이 좋아한다고 말씀하셔서 나중에 맛을 보니 정말로 달고, 맛있었다. 시어머니께서 나이 드시면서 술을 빚는 일이 내 몫이 되자, 나는 들놀이며 논밭에 나가 일할 때 술 빚어가지고 가서 친구들이랑 함께 마시는 걸 즐겼다. 그때마다 아무리 술 못하는 사람도 '맛있다'하고, 더러는 '혹시 술에 사탕가루 탄 것 아니냐?'고 의심의 눈빛으로 묻곤 했다. 그만큼 동방주는 맛이 좋다."고 말한다.

증조부 때부터 가양주로 정착된 것으로 추측되는 토속주

동방주 맛이 어떠한지, 지금도 진도에서는 막걸리에 찹쌀밥 지어 넣고 감미료 타서 동방주라고 속여 파는 술집이 더러 있어, 동방주의 명성을 훼손시키고 있다고 한다.

조말심 씨에게서 언제부터 동방주가 진도의 청주 한씨 가문의 가양주로 뿌리를 내려왔는지, 그 유래를 물었더니, "잘 모른다. 다만, 시어머니로부터 전해 들은 얘기를 바탕으로 추측건대, 이미 증조부 때 가양주로 정착되었지 않았겠느냐 생각된다."고 말한다.

조말심 씨의 얘기에 따르면, 남편 한정석 씨의 증조부는 당시 1천석(千石) 지기로, 현재 진도읍 송동리 일대를 기반으로 일가(一家)를 이루고 살았으며, 조부가 3남매 중 맏이였던 관계로 현재의 집과 많은 유산을 물려 받았다. 20살 되던 해 창녕 조씨와 결혼을 하였으나, 첫 아이(정석)를 낳은 지 얼마 되지 않은 21살에 안타깝게도 세상과 작별하고 말았다고 한다. 홀어머니 밑에서 부러울 것 없이 고생이라고는 모르고 자란 시아버지는, 일찍 아편(마약)을 하게(피우게) 되면서 한 차례 많은 재산을 날려버리게 되었는데, 엎친데 덮친 격으로 토지개혁이 실시되면서 또 한 차례 가산을 탕진하게 되었다. 당시에는 1천5백여평 규모였던 큰 집이 현재는 5백여평 정도로 규모가 작아졌다.

조말심 씨의 집은 얼마전까지만 해도 남부 도서지방에서는 보기 힘든 대갓집 규모를 자랑, 중요 민속자료 제 166호로 지정돼 관리되어 왔었다.

누룩 잘 띄우고 누룩 양 맞춰야 술맛 고르다

조말심 씨로부터 동방주 빚는 방법을 물었다.

조말심 씨는 "먼저 누룩을 잘 띄우는 일이 무엇보다 우선한다."면서, "밀을 깨끗이 씻은 뒤, 고운 가루로 빻아다 반죽하여 누룩틀에 담고 단단히 밟아서, 형태를 둥글게 또는 메주처럼 모가 나게 만드는데, 누룩틀이 없으면 푼주나 작은 놋양푼 같은 깨지지 않는 그릇을 이용해서도 만든다. 그리고 밀가루 양은 깨끼 되 (小升)로 한 개씩 되어서 만든다. 그래야 누룩 양에 맞춰서 술 만들 양을 정할 수 있고, 술도 항상 고르게 빚어지고 맛도 한결 같다."고 한다.

잘 디딘 반죽은 틀이나 그릇에서 빼내어 띄우는데, 조씨에 따르면 "찬바람이 날 때 쯤이나 봄에는 볏짚을 깔고 나란히 놓고 위를 덮어서 띄워도 좋다. 그리고 한 여름에는 대바구니에 서너 개씩 서로 닿지 않게 담아서 방에 두고 띄운다"면서, "약 한 달

정도 걸려야 누룩이 만들어지는데, 더울 때는 빨리 뜨는만큼 자주 손이 가고, 선선할 때는 일주일에 한두 번씩 뒤집어줘야 한다."고 말한다.

누룩이 완성되면 가루로 빻아 2일 정도 밖에 내놓고 햇볕에 말려서, 공내(곰팡이 냄새)를 제거한 뒤 사용한다.

이어 본격적인 술빚기에 들어가는데 동방주는 두 번 담그는 술이다.

첫 번째 담그는 밑술은, 앞서와 같이 띄운 누룩 1개에 멥쌀 3되(大升), 쌀로 빚은 막걸리 6되(12 *l*)가 들어간다.

먼저, 누룩가루를 쌀막걸리에 담가 충분히 불려지도록 두고, 깨끗이 씻은 멥쌀을 물에 한나절(12시간) 가량 담갔다가 건져서 술밥(고두밥)을 짓는다. 술밥이 완성되면 돗자리나 멍석 위에 고루 펴서 차게 식힌다.

이어 누룩을 불려 놓은 막걸리를 누룩 찌꺼기까지 자루(술자루, 전대)에 담는데, 이때 누룩은 말랑 말랑 할 정도로 충분히 막걸리를 빨아들인 상태라야 술맛이 좋다고 한다.

불린 누룩을 담은 자루는 주둥이를 묶은 다음, 동이나 술항아리에 넣은 뒤 차게 식혀 둔 술밥을 넣는데, 이때 자루에 담고 남은 누룩 불린 막걸리도 함께 넣는다.

그리고 술항아리 안에 담아 둔 술자루를 손으로 눌러서 편편하게 고른 다음, 그 위에 손을 얹어 보면 솥에 밥을 안칠 때 밥물처럼 손등까지 막걸리가 올라 올 정도가 된다.

조말심 씨는 "동방주를 맛있게 하려면, 여름에는 술을 되게 담고, 봄·가을에는 무르게 담는다. 또 술을 앉힐 때는 차지도 뜨겁도 않는 실내나 방이라야 하고, 이불 호청 같은 천으로 항아리 주둥이를 씌우고 뚜껑을 살짝 덮어 놓아야 술이 상하지 않는다."면서, "술을 안친지 5~6일이면 잘 익은 동방주가 얻어지므로, 둥둥 떠오른 밥알 채 떠서 마신다. 술을 못 마시는 사람은 찬물을 타서 순하게 하여 마시는데 꼭 사탕가루를 탄 것처럼 달디 달다."고 한다.

막걸리에 누룩 불려 술빚는 방법 특이

우리는 여기서 동방주의 두 가지 특징을 발견하기에 이른다.

앞서의 술빚기 과정에서도 알 수 있듯 동방주는 첫째, 누룩을 막걸리에 불려서 사용한다는 점이고, 둘째는 여늬 술과는 다르게 양조용수 대신 막걸리를 사용하고 있다는 사실이다.

누룩을 막걸리에 불려서 사용함으로써 얻는 효과는, 지금까지 어떤 연구결과나 따로이 실험한 결과도 밝혀진 내용이 없어 정확히 알 수 없으나, 아마도 누룩 곰팡이의 활성이 충분히 이뤄지게 하기 위한 방법이 아닐까 생각된다.

조말심 씨의 술빚기에서 보았듯, 다른 종류의 술빚기에서와 같이 재료들을 섞어 혼합하는 과정 즉, 누룩과 막걸리, 술밥을 함께 섞어 버무리거나 치대지 않는 대신에 물이 아닌 막걸리에 누룩을 충분히 불려 사용하고, 누룩은 자루에 담아서 막걸리와 술밥은 각각 술 항아리에 안침으로써, 똑 같은 효과를 얻을 수 있기 때문이 아닐까 하는 생각이다.

다시 말해서 여러 술빚기 기능보유자들이 하는 말과 같이 '누룩과 물·고두밥이 잘 섞여 충분히 친화력(親和力)이 생겼을 때, 이상발효나 산패(酸敗)가 일어나지 않고 술맛 또한 좋다'는 경험론이 그 비유이다.

그리고 동방주와 같은 예는 서울의 문배주의 경

우, 수곡(水)이라 하여 물과 누룩을 섞어 항아리에 안쳐 4~5일 지낸 뒤, 메조로 지은 고두밥을 넣어 밑술을 빚고 있으며, 한산 소곡주는 끓여서 식힌 탕수에 누룩가루를 넣고 하룻밤 지낸 뒤, 찌꺼기 없이 하여 찹쌀로 지은 흰무리를 넣어 밑술을 만들고 있음을 볼 수 있다.

또 양조용수 대신 막걸리를 사용하고 있는 술빚기는 약주류 중 동방주가 유일한데, 아마도 일제 강점기 이후 일반에서 술빚기가 여의치 못하자, 속성주를 만들기 위한 방편으로 밑술을 빚는 대신 시중의 막걸리를 사용, 바로 본술을 빚었던 것이 아녔을까 하는 추측이다.

후주 제조방법 특이, 취향따라 구기자 넣기도

사실 여부야 어떻든 조말심 씨의 진도 동방주는 유일한 방법으로 그 특징을 지을 수 있다.

그런데 조말심 씨의 다음 얘기에서, 우리 조상들의 알뜰한 살림살이와 다양한 술빚기를 엿보게 된다.

조말심 씨는 "술을 다 마시고 나면 자루를 꺼내서 자배기 위에 쳇다리를 걸치고 그 위에 올려 놓은 다음, 묶었던 자루 주둥이를 풀고 그 안에 물을 두세 됫박 붓고 눌러 짠 다음, 누룩 찌꺼기는 버리고 걸러낸 물을 다시 술독에 안치고, 2차 숙성시켜 후주(後酒)로 마신다. 양을 늘리려면 누룩을 조금 더 넣는다."고 하여, 색다른 후주 제조방법을 볼 수 있다.

지금까지 알려진 후주 제조방법은, 본주(本酒) 또는 원주(原酒)를 떠서 마시고 남은 술찌꺼기(재강 · 지게미)에 끓여서 식힌 탕수를 붓고, 일정기간 숙성시킨 뒤 여과시켜 마시는 것으로, 경주의 교동법주와 고흥지방의 백일주, 고령지방의 스무주 등의 술빚기에서 볼 수 있으며, 또 다르게는 술지게미에 물과 엿기름, 또는 물과 약재들을 넣고 끓여서 만든 감주(甘酒) 또는 모주(母酒)라고 하는 술이 있을 뿐이다.

그리고 더러 동방주에 진도의 특산품인 구기자를 넣어 마시는 사람들이 있는데, 조말심 씨는 "동방주 본래의 단맛과 진미를 느끼기 위해서는, 구기자를 안 넣는 것이 좋다."면서, 자신은 본디의 방법대로만 술을 빚는다."고 한다.

지금도 일부 계층에서 구기자를 넣은 동방주를 빚는지 잘 알지 못한다.

또 동방주에 구기자를 넣은 술을 구기자주로 잘못 알고 있는 지는 모르겠으나, 구기자를 사용하려면 추석이 지나고 빨갛게 잘 익은 구기자를 따서 햇볕에 꼬들꼬들하게 잘 말린 것으로, 술을 빚어 항아리에 안쳐서 한동안 발효가 진행되고 있을 때 넣는다고 한다.

한편, 구기자를 넣은 동방주라고 해서 진도의 명물 홍주(紅酒)처럼 술 빛깔이 붉다고 말하는 이도 있으나, 이는 잘못 알려진 것으로, 누룩을 사용하여 빚은 그 어떤 약주도 발효과정에서 붉은 색의 약재(예, 구기자, 홍화 등)가 들어간다고 해서 붉은 색의 약주가 되는 것은 아니다. 또 아무리 많은 약재가 들어가는 술이라도 정상적인 발효가 이뤄진 술은, 처음에는 담황색(淡黃色)을 띠다가 점차 숙성되면서 색깔이 진해져, 종내는 보리차를 진하게 끓여 놓은 것과 같은 빛깔을 띠게 마련이어서, 밝은 곳에서 보면 마치 붉은 색을 띤 것처럼 보인다.

아무튼 술은 마시는 사람의 취향에 따르는 것으로 어떤 방법이 좋다고 말할 수는 없겠으나, 조말심 씨와 같이 예의 전통과 가문의 풍속을 지키려는 노력이 술맛을 더욱 좋게 하는 지도 모를 일이다. 酒

조선시대 가장 일반화되었던 고급 청주

상주 백일주

우리나라 전통주나 토속주 중 약주류의 시장성·경제성에 대한 문제 제기는 어제, 오늘의 얘기가 아니다.

대다수의 전통 약주류가 유통 중 재발효로 인한 산패로 반품처리되거나, 유통기간이 짧아 경제성이 떨어진다는 이유로 생산설비만 갖춰 놓고 생산을 중단하고 있는 경우가 허다하다.

일례로 '1년에 두 번만 빚는다'는 얘기가 공공연하게 나돌고 있는 상태다.

평소에는 찾는 이가 없고, 추석과 설 명절에 그것도 선물용으로 찾을 뿐이어서, 1년에 두 차례 명절을 기해서 술을 빚는다는 것이다.

그리하여 부득이 약주제조면허 외에 증류주 제조면허를 허가 받아 약주를 증류주로 만들어 시판 중에 있는 경우가 한둘이 아니고, 증류주 제조면허를 신청 중에 있는 사람도 여럿 있는 것으로 알려지고 있다.

약주류의 유통·저장 가능성 일깨워 준 전통적인 방법의 술빚기

그런데 우리의 전통주·토속주도 술빚기에 따라서는 보존성이 높은 약주 제조가 얼마든지 가능하다는 사실을 알게 되었다.

일찍이 김포 동동주의 한순금 씨를 비롯 진도 박문주의 조말심 씨, 밀양 방문주의 이문숙 씨, 자곡동 못골 쑥술의 김복인 씨 등 여러 토속주 기능보유자들의 술빚기에서 그 방법과 과정을 목격하였는바, 이번에 찾은 상주 백일주(尙州 百日酒)의 경우에서도 우리 전통 약주의 저장·유통 가능성 및 상품화 가능성을 발견할 수 있었다.

상주 백일주는 상주시 낙동면에 사는 김점남(78세) 씨가 그 기능을 보유하고 있는데, 현재는 김씨의 나이가 많아 거의 술을 빚기 못하고 있는 데다, 대를 잇겠다는 자손들이 없어 그 맥이 끊길 처지에 놓여 있다.

"작년까지는 그래도 명절 때 한 두 번씩 만들곤 했는데, 지금은 이래 허리도 아프고 몸도 말을 안들어서 거의 못하고 있지요. 그래, 사위들이며 아들들 와서는 '인제 술 다 먹었습니다.' 그럽니다."

김점남 씨가 인사 대신 내던진 첫마디였다.

김씨의 말 끝에는 안타까움이 배여있었다. 김씨는 오래 전에 낙상하여 몸을 다친 뒤로는, 지팡이를 의지하지 않고는 문밖 출입이 어려울 정도였는데, "지금도 몸만 자유로우면 손수 백일주를 빚어 기제사와 차례상에 올리고, 자식들이며 사위들이 오면 즐겁게 마시게 하고 싶다."고 말한다.

그러나 같이 사는 며느리도 술빚는 일이 힘들고 귀찮아서인지 배우려고 들지 않는데, 도시로 나가 사는 젊은 사람들이 배우려 들겠나 싶어, 자신이 죽고 나면 영영 그 맥이 끊기고 말겠구나 하는 생각 뿐이지, 달리 방법이 없으니 마냥 안타깝다는 표정이 역력했다.

옛법 고스란히 지켜도 100일간 숙성 · 저장 가능한 술

김점남 씨가 "불편한 몸을 마다하고 필자의 면담에 응한 것도 백일주의 맥이 끊기는 것이 안타까워서 였다."고 말한다.

기록으로나마 남겨 놓으면, 혹시라도 뜻있는 사람이 있어 백일주의 명맥이 이어질지도 모른다는 기대 때문이었다.

씨는 먼저 "하찮은 술이지만 다른 데서도 이런 식으로 빚는 술이 있는지 모르겠다."면서 들려 준 백일주의 술빚기는, 조선시대에 접어들어 가장 일반화 되었던 고급 약주(청주) 제조방법으로, 고스란히 옛법을 고수하고 있다는 사실에 적잖히 놀랐다.

그런데 '왜 술 이름이 백일주(百日酒)인가' 하는 의문이 앞섰다.

백일주라고 하면, 양조기간이 백일(百日)이 소요되든지, 아니면 술이 익어서 백일 동안 뜰 수(採酒) 있다는 뜻이 담긴 술로서, 현존하는 전통 · 토속주 가운데는 전남 지방의 고흥 백일주, 충남 지방의 공주 계룡백일주, 전북 완주의 송화백일주 등이 이름을 떨치고 있는 터요, 조선시대 음식 관련 문헌인 《술 빚는 법》과 《규곤요람》, 《주정(酒政)》 등 여러 문헌에도 소개되어 있는 술이 아니던가. 여기서 먼저 《규곤요람》의 백일주 빚는 법을 살펴 봄으로써, 상주 백일주의 특징을 찾아보기로 한다.

《규곤요람》의 기록을 보면, "정월 첫 해일(亥日)에 찹쌀 3되를 곱게 도정하여 깨끗이 씻고 가루를 내어, 물 한 병에 누룩가루와 밀가루를 각 3되씩 혼합하여 항아리에 넣고 마루에 두었다가, 2월 초승에 백미 4되를 가루로 하여 쪄서 식힌 뒤, 물 15병과 함께 항아리에 넣으며 4월이 되거든 쓴다."고 소개되어 있다.

한편, 동서(同書)에 일반 가정에서 빚어 만든 "좋은 약주를 술독에 담아 대문 사이 땅 속에 100일 동안 묻어 두었다가 파내서 마시는데 이러한 술도 백일주라고 한다."고 기록되어 있음을 볼 수 있다.

김점남 씨로부터 상주 백일주의 유래에 대해 물었더니, "정확한 것은 알 수 없다. 다만, 내가 친정에서 시조모님(순천 박씨) 한테서 주로 술 빚는 법을 배웠는데, 어려서(17살) 백일주라고 하니까 그저 배웠을 뿐이다. 조모님께서 술 하시는 것 보고 따라서 만들었다. 보통 때는 농주로 사용하고 제사가 있거나 명절이 닥치면, 농주 만든 것에 덧술해서 술독을 땅에 묻어 두었다가 백일 만에 떠서 썼다."면서, "백일이 되서 술독을 파 보면 찹쌀이 삭아서 동동 떠 있다. 매우 독한 편이어서 점잖은 사람들은 조금만 마셨다."고 말한다.

조모에게서 배운 친정집 가양주, 일휴당 금응협 선생 가문에 전해

상주 백일주의 유래를 좀 더 구체적으로 소개하면, 상주 외남면 형평리에 사는 상산 김씨 원철(65세, 45년전 졸)의 2남 7녀 중 셋째 딸 점남 씨가, 19살 되던 해 낙동면 성곡리 사는 봉화 금씨 정석(78세)에게 출가하면서, 친정의 조모로부터 누대에 걸쳐 내림 솜씨를 이어 온 백일주 빚는 법을 배워 시가에 전해, 이곳 봉화 금씨 가문의 가양주가 되었다 한다.

안동 금씨 정석의 가문은 조선조 중기(중종 21년~선조 29년)의 효자로 소문난, 예안 출신의 금응협(琴應夾, 1526~1596)을 중시조(中始祖)로, 그의 11대손이 된다고 하며, 5대조 할아버지 때 봉화에서 이곳 낙동면으로 이거, 현재에 이르고 있다고 한다.

금정석 씨의 중시조 되는 금응협은 호가 일휴당(日休堂)으로, 평생 후학을 가르치는 일을 천직으로 알고 살아 온 부모를 모시고 살았는데, 조선조 명종 10년인 1555년 사마시에 합격하였다. 1574년(선조 7) 그의 행의(行義)가 조정에 알려져 집경전참봉(集慶典參奉)을 제수 받았으며 다시 경릉(敬陵)·창릉(昌陵)의 참봉, 왕자 사부(王子 師傅)에 제수되었으나, 모두 취임하지 않았다고 한다. 이후 1527년 조정에서 그를 유일(遺逸)로 뽑아서 6품직을 초수(超授)하고 하양현감(河陽縣監)을 제수하였으나, 얼마 되지 않아서 부모 봉양을 이유로 사직하였다. 1595년 익찬(翊贊)에 제수하였으나, 나가지 않고, 이황(李滉)의 문하에서 수학하였으며, 충신독경(忠信篤敬)과 궁행실천(躬行實踐)에 힘썼고, 특히 심경《心經》과 《근사록(近思錄)》의 공부를 중시하였다고 전해 온다.

따라서 이 일대에서는 명문(名門)으로 알려져 선비들의 출입이 잦았던 바, 농주는 물론이고 백일주를 상비해 두고 손님접대며 집안의 대소사에 이용해 왔다고 한다.

씨는 "친정의 가양주를 시댁에 전하기 위해서 일부러 백일주를 빚게 된 것은 아니었다."면서, "시집와서 보니, 길쌈하랴, 농사지으랴, 애 낳고 키우랴 백사(百事)로 바빠서 시가의 술을 배울 시간이 없었고, 또 일정 말엽이라 밀주를 해 먹을 때여서, 백일주 만들어 땅에 묻어두면 많이 안심이 되었다."고 말한다.

"무엇보다 누룩이 좋아야" 수곡으로 막걸리 빚고 덧술 안쳐 백일간 숙성

따라서 봉화 금씨 가문의 가양주가 된 백일주는, 본디가 외남면 사는 상산 김씨 가문의 가양주라는 사실을 알 수 있다.

김점남 씨로부터 전해 들은 상주 백일주 만드는 법은 비교적 까다로웠다.

김씨는 "무엇보다 누룩이 좋아야 하는데, 밀가루 빻아다 가마니 깔고 풀 덮어서 띄운다. 누룩이 나쁘면 술이 시고 떫고 맛이 그렇다. 아까운 쌀만 버린다. 그때는 밀이고 쌀이고 왜놈들한테 군량미로 다 빼앗기고 1년 식량할만큼만 있어서 쌀이 매우 귀했다. 그래서 술 빚는 일은 무섭고 힘이 들었다."고 말한다.

씨의 설명에 따른 누룩 만드는 법은, "한여름에 띄워야 하므로 밀을 갈아다 물로 반죽해서 메주 디디는 틀에다 디뎌서, 마당 한구석이나 헛간 같은 데에서 가마니 한 장 깔고, 머슴들이 소 먹이용으로 베어 온 풀을 켜켜이 깔고 덮어서 한달 가량 띄우는데, 서너 차례 뒤집어주고 옆으로 세워 놓기도 하면서 고루 잘 띄워야 된다고 한다. 누룩은 겉과 속이 노르스름한 곰팡이가 피었으면 틀림없이 잘 된 것이다."라고 한다.

누룩이 다 되면 단속에 들키지 않게 빻아서 가루로 만들어 종이 봉투에 담아 놓고 쓰는데, 술빚기 하루 전에 멥쌀 1말에 대하여 누룩가루 9되를 물 4말에 담가 불린다.

멥쌀도 깨끗이 씻은 뒤 12시간 가량 불렸다가 다음날 건져서 고두밥을 짓고, 고루 펼쳐서 식히는 사이 물에 불린 누룩을 빤다. 누룩을 빠는 방법은 체를 이용 비벼가면서 찌꺼기를 걸러내는 것인데, 찌꺼기는 버리고 말갛게 가라앉으면 그 물을 고두밥과 함께 섞어 술독에 담고 베보자기를 씌워 놓는다.

한여름이면 바람이 닿지 않고 그늘진 실내에 두고, 다른 계절에는 뚜껑을 덮어 이불로 술독 몸을 싸매서 보온시켜 주어야 한다.

여느 백일주와 다른 독특한 방법의 고급 약주

술을 안친지 3일이면 바탕이 괴어 오르기 시작하므로, 지켜보다가 한창 괴기 시작하면 베보자기를 살짝 벗겨 가스가 빠져나오도록 해주고, 품온이 더 이상 올라가지 않도록 주의를 기울여야 한다.

4일째가 되어 술바탕이 끓어오르던 것이 멎고 품온이 내려가면 체를 이용 술을 거르는데, 이때 끓여서 식힌 물을 4되 정도 준비해 두었다가, 조금씩 쳐가면서 걸러야 술이 잘 걸러진다.

김점남 씨는 "그냥 거르면 힘도 들고 찌꺼기가 많이 나오므로 물을 적당량 쳐가면서 걸러야 알뜰히 걸러진다."면서, "일정 때는 '막걸리 1말 담그면 한 섬 빨아낸다.' 고 하였을 정도로 물을 많이 쳐서 양을 늘렸다."고 말한다.

정상적인 술 거르기는 술 1말에 막걸리 5말을 걸러낸다고 한다.

이렇게 하여 만든 막걸리를 밑술로 삼고 덧술을 하여 넣는데, 막걸리 1말에 대해 찹쌀 4되의 비율로 고두밥을 짓고 차게 식혀서 넣고, 앞서와 같은 방법으로 만든 누룩물 2되 정도를 더 넣는다. 덧술을 안친 술독은 베보자기를 씌우고 뚜껑을 덮은 뒤 땅을 파고 묻는데, 뚜껑이 흙에 닿지 않을 정도의 깊이로 묻는다.

덧술을 안친지 100일째 되는 날 뚜껑을 열면, 말갛게 삭은 밥알이 둥둥 떠올라 있으며, 적황색의 맑은 백일주를 얻게 된다.

이렇게 해서 완성된 상주 백일주는 누룩 찌꺼기가 없으므로 밥알 째 떠서 마시는데, 김씨는 "틀림없이 맛이 좋다."고 말한다.

따라서 상주 봉화 금씨 가문의 가양주 상주 백일주는, 《규곤요람》 등의 기록에서 소개하고 있는 백일주와는 재료나 만드는 과정에서 많은 차이를 보여주고 있으며, 같은 이름인 완주의 송화백일주, 전남의 고흥백일주, 공주의 계룡백일주와도 제조과정에서 상당한 차이를 나타내고 있음을 알 수 있다.

이러한 백일주는 예로부터 사대부와 부잣집에서 상비해 두고 마셨던, 전통적인 방법의 고급 약주의 제조과정을 답습하고 있다는 점에서 그 특징과 가치를 발견할 수 있다. 酒

명산 '지리산의 기'를 마신다

지리산 송화주

전라도와 경상도, 충청도를 경계로 하는 꼭지점에 위치한 큰 산이 지리산이다.

이 지리산의 명소 가운데 뱀사골은 단풍으로 유명한데, 바로 뱀사골 초입에 귀에 익은 토속주가 있어, 애주가들의 발목을 잡곤 한다.

그러니까 남원에서 지리산을 가자면 뱀사골과 고찰 실상사로 가는 길목에 삼거리가 나온다.

여기서 왼쪽으로 빠지면 실상사로 가는 길이고, 직진을 하면 뱀사골에 이르게 되는데, 이 삼거리에서 뱀사골 가는 방향으로 승용차로 5~7분 거리에 제법 큰 마을이 우측에 나타나고, 맞은 편에 몇 채의 농가가 논과 밭을 경계로 들어앉아 있다.

국화·송순·감초 등 가향·약재 넣어 맛·향기 뛰어나

바로 이 마을에 그 이름도 친숙한, 향토적인 풍미를 자랑하고 있는 술이 지리산 송화주이다.

송화주는 순창 출신 이동희(42세)씨가 빚는 술로, 전주 이씨 집안의 가양주에 국화를 비롯 감초, 송순 등의 약재를 넣어 송화주라는 이름으로, 지난 1995년 7월부터 시판에 들어가면서, 그 독특한 맛에 사로 잡힌 주당들에 의해 널리 회자되고 있는 술이다.

이씨는 일찍이 전통주를 비롯 토속주 도매업을 업으로 일해 왔는데, 지난 1993년부터 어머니 남원 윤씨(순자, 63세)가 가양주로 빚어 온 토속주(농주)의 맛이 뛰어나다는 것을 알고, "이를 토대로 특별한 술을 개발하면 도매업보다는 낫겠다는 생각에 직접 술 제조에 뛰어들게 되었다."고 한다.

이동희 씨의 어머니 남원 윤씨는 순창군 유등면 내이리 출신으로, 순창군 금과면 방축리에 사는 고(故) 전주 이씨 명철(1986년 52세로 작고)에게 출가하여 시댁의 가양주를 빚어 왔는데, 그 술은 전형적인 막걸리로서 명절과 기제사 등의 가정주로 사용해 왔으며, 윤씨는 술 빚는 솜씨가 뛰어났다고 한다.

따라서 아들 이동희 씨가 다른 직업도 아닌 술 도매업을 하면서, 집안의 가양주에 관심을 갖게 된 것은 당연한 일이었다.

특히 여러 종류의 전통 · 토속주들을 취급하면서 그 맛과 향, 만드는 방법에 대한 관심이 깊어 '내가 직접 만든 술로 승부를 걸어야 겠다'는 생각을 하게 되었던 것이고, 그러한 생각과 꿈을 실행으로 옮기게 되었다고 한다.

이동희 씨는 "특히 선친께서 약주를 좋아하셔서 어머니께서 늘 술을 빚곤 하셨다."면서, "전통적인 막걸리를 빚는 과정에서 이 지역에서 생산되는 야생 국화며 감초 · 솔잎 · 갈근 등의 약재와 가향재를 넣어 발효 · 숙성시킨 술인데, 약재의 종류를 달리하여 송화주 외에 춘향주(春香酒)라는 약용약주도 함께 생산하고 있다."고 말한다.

송화(松花)가루 아닌 솔잎 · 국화로 빚는 가향약주

송화주와 춘향주 중 어떤 술이 세인들의 입에 더 많이 회자되느냐고 묻자, "전라도와 기타 지방에서 서로 다르게 나타나고 있다."는 것이 이동희씨의 설명이다.

씨에 따르면, "이곳 사람들은 호감도 때문인지 춘향주를 선호하고 있으나, 경상남도와 전라남도에서는 송화주를 더 찾고 있다."면서, "이러한 송화주는 인근의 함양 국화주와 함께 '옛부터 이 일대에서 많이 산출되는 감국과 솔잎을 넣어 술을 빚어 즐겼다'고 구전해 오는 바, 가능한 옛법대로의 송화주를 빚으려 애쓰고 있다."고 말한다.

그러나 송화주에 대한 기록이 없고, 특히 이 지역에서 이러한 방법의 송화주를 빚고 있는지, 그 유래와 사실 여부를 정확히 알 수가 없었다.

막걸리에 약재 추출물 넣는, 또 다른 양조법 자랑

다만, 같은 이름의 술로 현재 경북 안동에 사는 전주 류씨(승호, 50세)의 집안에 내려오는 가양주이자, 경북 도지정 무형문화재 제 20호가 된 안동 송화주가 있고, 송화백일주(松花百日酒)라 하여 전북 완주군 구이면 소재 수왕사를 창건한 것으로 알려지고 있는 조선시대 고승 진묵대사에 의해 개발되어, 현재 수왕사 주지 스님(조영귀, 47세)이 그 비법을 간직하고 있다.

여기서 안동 송화주와 송화백일주의 제조과정을 간

단히 살펴 봄으로써, 지리산 송화주의 특징과 술 빚는 법에 대한 이해를 돕고자 한다.

먼저, 안동 송화주의 재료는 누룩 3되, 찹쌀·멥쌀 각 5되, 용수 8되, 솔잎 1kg, 황국 20g이 사용된다. 이 술은 두 번 담그는데, 고두밥과 누룩·물을 섞어 밑술을 안친지 3일 후에 솔잎을 섞어 찐 고두밥과 황국만을 밑술과 섞어 덧술을 안친다.

그리고, 완주의 조영귀 스님이 빚는 송화백일주는 멥쌀과 찹쌀, 조, 누룩, 물 외에 부재료로 송화, 감초, 당귀, 하수오, 구기자, 오미자, 국화 등이 부재료로 쓰인다.

술 담그는 법은 고두밥과 누룩, 물을 섞어 밑술을 만들고, 7일 후에 찹쌀과 조를 섞어 찐 고두밥에 누룩, 부재료를 달여 만든 추출 물을 용수로 하여 밑술과 섞어 덧술을 안친 다음, 술독을 소나무 밑에 파묻고, 100일 동안 발효시켜 만든 술로 향이 뛰어나다.

이에 비해 남원의 이동희씨가 빚고 있는 지리산 송화주는 또 다른 제조과정을 보여주고 있다.

보다 정확히 말하면 완주의 송화백일주와 비슷한 과정을 밟고 있으면서, 재료의 종류나 처리방법, 그리고 발효과정에서 다소의 차이를 보여주고 있는 토속주다.

주지할 것은, 앞서 소개한 바 있는 송화주가 안동 지역에서 빚어지고 있는데, 이는 지금으로부터 200여 년 전부터 빚어져 온 술이라는 사실을 감안할 때, 시기적으로 상당히 대중화되었던 술이 아닌가 생각된다. 또한, 그 유래가 송화가루가 아닌, 생활 가까이에서 쉽게 구할 수 있는 야생 국화(감국)와 솔잎을 부재료로 사용하고 있는 점에서, 반상(班常)의 구분없이 빚어 마셨을 것으로 생각된다.

따라서 송화주는 솔잎과 국화를 넣어 빚은 술이라는 데서 그 이름을 얻게 된 것이다.

한편, 1670년경의 《음식디미방》과 1700년대 말의 《술 만드는 법》, 1827년의 《임원십육지》, 1830년의 《농정회요》, 1924년의 《조선무쌍신식요리제법》 등의 문헌에 송화주란 술 이름과 만드는 법이 수록되어 있는데, 기록을 보면 송화(松花)를 이용하여 빚은 약용주(藥用酒)인 동시에 가향주(加香酒)로 소개하면서, 그 재료로 "밑술에 송화 닷되, 물 서말, 찹쌀 닷말, 누룩가루 일곱되가 들어가고, 덧술에 백미 서말, 송화 한 말, 술 닷말, 누룩가루 서되를 이용 술을 빚는다."고 적고 있다.

따라서 소나무의 꽃인 '송화(松花)'를 이용하여 빚는, 다시 말해서 기록에서 볼 수 있는 송화주와는 전혀 다른 방법의 술임을 알 수 있다.

이동희씨에게 지리산 송화주 빚는 법을 물으니, "일반적인 술 빚는 방법과 크게 다를 것이 없으나, 원료의 선택과 위생적인 처리에 보다 세심한 주의를 기울이고 있다."면서, "송화주에 사용되는 원료는 현지에서 유기농법으로 재배한 쌀과 지리산 주변에서 생산·채취한 부재료, 그리고 뱀사골 계곡에서 흘러내린 물을 지하에서 뽑아올린 맑고 깨끗한 지하수를 이용한다. 또 송화주는 여늬 술들에 해 솔잎, 국화 등 부재료를 많이 넣는데, 이들 재료는 추출물로 만들어 술을 빚고 있다."고 말한다.

결론부터 말하자면 전형적인 막걸리에 약재 달인 물을 양조용수로 사입, 숙성시킨 술이라는 것이다.

여기서 이씨의 설명에 따른 송화주 빚는 법과 그 과정을 자세히 살펴보기로 한다.

"먼저 주원료가 되는 멥쌀은 이곳에 사는 사람들이 유기농법으로 생산한 것을 구입하여 사용하며, 부재료로 들어가는 송순을 비롯 국화, 감초, 갈근은 우리 농민들이 현지 재배 또는 채취한 것을 사다 쓴다."

이동희 씨의 송화주에 대한 남다른 관심과 열정을 엿보게 하는 대목이었다.

타지 사람들은 춘향주에 마음 더 빼앗겨

지리산 송화주는 두 번 담그는데, 밑술은 여늬 지방에서나 흔히 빚어 마시는 막걸리 만드는 법과 같다.

따라서 지리산 송화주는 잘 익은 탁주, 곧 걸러내지 않은 상태의 탁주를 밑술로 삼는다는 것이다.

그 과정은 멥쌀 12kg으로 고두밥을 지어 차게 식으면, 여기에 누룩 2,4kg, 물 48 l 를 섞어 주모를 만든다.

2~3일 후에 주모가 완성되면 초단 사입할 입국에 들어가 민드는데, 쌀 108 kg을 고두밥 짓고 차게 식

힌 뒤, 보쌈하여 30℃ 이내에서 온도를 유지해 주면서 2일간 띄운다. 이어 용수 162 l 를 섞고, 앞서 만들어 둔 주모 36 l 를 섞어 초단 사입을 마친 다음, 2~3일간 숙성시킨다. 2단 사입은 하루 전날, 그러니까 초단사입을 한 다음 날 쌀 252kg을 세척하여 12시간 침미한 뒤, 고두밥을 지어 차게 식힌다.

또 용수 중 그 일부는 약재 추출물을 사용한다. 2단사입용 주원료인 쌀의 252kg에 대하여 국화 5kg, 감초 1kg, 갈근 3kg, 송순 또는 솔잎 7kg을 준비하는데, 이들 재료를 물 360~400 l 에 넣고 은근한 불로 하룻동안 삶아서 250~300 l 가 되게 만들어 차게 식혀 둔다.

이튿날이 되면 식혀 둔 고두밥과 누룩 15kg, 용수 400 l 약재 추출물 250 l 를 섞어 술독에 안친다.

이로써 2단 사입이 끝나는데, 10일간 발효 숙성시키면 알코올분 14%~13.5% 정도 되는 술덧 900 l 가량이 만들어진다. 이를 압착 여과하면 예의 송화주가 만들어지는데, 유통과정에서 재발효와 산패를 막기 위해 용기에 담아 끓는 물에서 멸균처리한 후 주정 13%로 맞추어 출고한다.

한편, 남원 지역 사람들이 더 선호한다는 "춘향주(春香酒)는 어떻게 빚는가"고 물었더니, 이동희씨는 "술 빚는 방법은 거의 동일한데 술에 들어가는 부재료, 즉 가향·약재의 사용에서 약간 차이가 있다. 송화주의 경우 국화·감초·솔잎·갈근이 사용되는데 비해, 춘향주는 국화·감초·정향이 들어간다."고 말해, 부재료의 종류와 그 처리를 달리하여 만든 약주임을 엿볼 수 있었다. 酒

단맛 · 시원한 맛이 뛰어난 약용약주

의성 약초주

"술이야 우리 나이쯤 되면 다들 한두 번 해봤을텐데 뭐 대단한 것이라고 이렇게 먼 길을 오셨습니까. 정말로 오실 줄 몰랐는데요."

칼바람을 맞으며 달리길 5시간 39분. 도착을 알리는 전화를 통해 들려 온 서성애(49세)씨의 목소리였다.

경북 의성군 금성면 소재지 큰길가에 위치한 서성애씨의 집으로 들어서자, 한약 냄새가 코 끝을 간지럽힌다.

누군가 아파서 한약을 달이는가 싶어 무슨 냄새냐고 묻자, 서성애씨의 대답이 재미있었다.

"오신다고 하기에, 반신반의 하면서도 이렇게 술 빚을 준비를 다 해놓고 기다리고 있었지 않았겠습니까. 술에 들어갈 약재들을 달이다 보니 그런 생각을 하셨겠습니다. 도착하시면 하려다 시간이 너무 걸려 돌아가시는 길이 저물겠기에 이렇게 약 달인 물을 만들어 놓았지요."

그랬다. 서씨의 말대로 모든 준비가 끝나 있었다.

누룩이며 생약재, 고두밥까지 모든 재료가 알뜰히 갖춰져 있었다.

일견하기로는 한두 번 취재에 응한 것이 아니라는 생각이 들어서, 그간 몇 군데 취재 섭외에 응했느냐고 묻자, 서씨는 "이런 촌구석까지 누가 오겠습니까? 첨입니다. 참, 3년 전에 의성문화제 때 전시회에 출품해 달라고 해서 그때 군 공보실에서 와서 술 빚는 과정을 한 번 사진 찍어 간 일은 있지요."라고 말해, 서씨의 지혜를 가늠해 볼 수가 있었다.

친정의 가양주 남편 건강 위해 정성껏 빚어

사실, 그간 백 가지가 훨씬 넘는 전통주 · 토속주들을 취재해 보았지만, 서성애씨의 경우처럼, 상대방에 대한 배려와 사리 분별이 뛰어난 사람은 그리 많지가 않았었다.

여담이긴 하지만, 더러는 요령부득으로 하루에 일을 다 끝내지 못하고 이틀, 또는 한 차례 더 취재를 해야 하는 경우가 발생하기도 하고, 도무지 술이 어떻게 해서 만들어지고, 왜 그렇게 해야하는 지를 모

르는 무형문화재와 명인도 있었던 것이 사실이다.

그래서 도대체 배울 것이라고는 없어 '이름값이 아깝다'는 생각이 드는 사람을 만나는 날이면, 나 역시도 '이 짓을 계속해야 하는가'고 자문해 보기도 했다.

그런 의미에서 이번에 만난 서성애씨는 반가운 느낌이었다는 것이 솔직한 고백이다.

서성애씨의 얘기를 통해서 술 이름이 '약초주(藥草酒)'가 된 유래와, 역사는 일천하지만 매우 독특한 방법으로 빚어지는 술임을 알 수 있었다.

서성애씨의 의성 약초주는, 경북 의성군 금성면 대리에 사는 달성 서씨(원덕, 72세 1978년 졸) 집안의 가양주로, 서성애 씨의 할머니(진주 강씨, 94세, 1989년졸) 때 부터 빚어왔던 것이라고 한다.

서씨가 친정 어머니 경주 이씨(경선, 82세)에게서 술 빚는 법을 배웠던 것은, 어린 나이인 열 여덟살 되던 해부터 였다고 한다. 서성애 씨는 "친정이 정미소를 운영 생계를 꾸렸으므로, 여느 집보다 쌀이 많고, 정미소 일꾼들이며 딸린 식구가 많았습니다. 그래서 할머니께서 일꾼들의 참으로 줄 농주(農酒)를 빚곤 하셨는데, 명절이나 기제사용 술에는 술 빚을 때 대추를 비롯 당귀·감초 등의 약재를 넣어 약초주를 빚었습니다."하면서, "아주 어려서 국민학교 다닐 때에는 관심이 없었고, 본격적으로 배운 것은 나이가 차서 시집갈 준비를 하면서부터였습니다. 음식과 술을 배우기 시작한지 2년만에 한 동네에 사는 경주 이씨 성을 가진 종해(54세)씨에게 출가했으나, 남편이 사진을 업으로 하고 있어서 영덕 강구에서 살게 되어 한동안 술을 잊고 있었습니다. 새댁인데다 객지에 살면서 친정이나 시가에서처럼 술 빚을 여건이 되질 않았습니다. 그러다가 14년전, 다시 이곳으로 이사를 오게 되었습니다. 술을 빚게 된 것도 그때부터입니다. 바깥 어른이 애주가여서 직접 빚어드시게 했습니다. 그런데, 바깥 어른의 친구들이며

원근의 친척들이 '술맛 좋다', '머리 안아프고 깨끗하다' 시면서 술 빚어달라고 조르면, 하는 수 없이 조금씩 나눠 주게 된 것이 소문이 나게 된 것입니다."고 약초주의 전승과정에 대해 들려주었다.

충분히 숙성·발효시킨 누룩이 술맛 좌우

서성애 씨로부터 의성 약초주의 제조과정을 듣자니, 의성 약초주는 찹쌀과 누룩, 대추와 당귀 등 약달인 물을 양조용수로, 한 번 빚는 단양주(單釀酒)이자 약용약주(藥用藥酒)임을 알 수 있었다.

서성애 씨의 설명에 따른 약초주는 재료로 찹쌀 2되, 누룩 4kg, 종국 5g, 물 1 l, 인삼 300g, 더덕 200g, 대추 1되, 솔잎 200g, 당귀 200g, 감초 200g, 산수유 200g, 늙은 호박(중) 1개가 들어간다.

술빚기의 첫 순서로, 찹쌀의 당화·발효제로 사용되는 누룩은 통밀을 가루로 빻아다 물과 섞어 되게 반죽을 하여, 조그마한 양푼이나 큰 대접 같은 그릇에 베보자기를 깔고 그 안에 반죽을 담은 뒤, 베보자기로 싸서 발로 단단히 디딘 다음 베보자기를 풀어 해치고 그릇에서 빼낸다. 이를 구석진 방 바닥에 짚을 깔고 서로 닿지 않게 놓고, 그 위에 짚이나 가마니를 덮고 다시 이불을 덮어 띄우는데, 방 바닥이 따뜻할 정도의 온도(약 30℃)가 적당하다.

이렇게 하여 대략 6~7일 정도가 되면 누룩의 발효가 끝난다. 발효가 끝난 누룩은 건조시켜 사용하는데, 공기가 잘 통하는 마루나 창고 같은 곳에 층층이 쌓아서 이불을 씌운 채로 방치한다고 한다.

누룩이 완성되면 이제부터 본격적인 술빚기에 들어가는데, 찹쌀은 물로 깨끗이 씻은 후 10시간 가량 담가두었다가, 건져서 고두밥을 짓고 고루 펴서 차게 식힌 다음, 덩어리진 것 없이하여 종국을 넣고 고루 섞는다.

약달인 물로 누룩 빨아내고 인삼 · 더덕 넣어

누룩은 절구를 이용 곱게 가루로 빻아 햇볕에 말려서 약 2kg을 준비한다.

이어 양조용수를 준비하는데, 날물 20되에 준비한 대추 · 당귀 · 감초 · 솔잎 · 산수유 각 200g, 늙은 호박은 2~3조각을 내어 함께 넣고 한약을 달이듯 중간 정도의 불로 오랜 시간 삶는다. 처음에 넣었던 20되의 물이 약 14되 정도가 되면 삶는 것을 멈추고, 체로 걸러서 건데기는 버리고 추출물 만을 취한다.

이어 준비된 누룩을 베로 만든 자루에 담고 주둥이를 묶어 약 달인 물에 넣고 자루를 주물러서 누룩물을 빨아낸 다음, 자루는 그대로 술항아리에 담는다. 이어 고두밥을 약달인 물에 넣고 고두밥이 충분히 수분을 빨아들이도록 고루 버무린 뒤, 술항아리에 쏟아 붓는다. 이때 인삼(수삼)과 더덕을 넣는다.

술을 안친 술항아리는 뚜껑을 덮고 이불을 씌워서 25~30℃ 정도되는 방 안에서 5일 정도 발효시키면 술이 익는다.

서성애 씨는 "5일이 지나면 씌워두었던 이불을 벗기고 2일 정도 더 두어야 술이 맛있게 됩니다."면서, "잘 익은 술은 밥알과 인삼, 더덕이 충분히 삭아서 위로 동동 떠오릅니다. 누룩 자루는 건져내고 밥알째 떠서 마십니다. 또 술을 못하는 사람을 위해

달게 만드려면 대추와 호박을 더 넣으면 좋습니다." 고 말한다.

이상의 과정에서 보듯 의성 약초주의 술빚기는 몇 가지 특징을 지을 수 있다. 즉, 양조용수는 약 달인 물 외에는 날물이 전혀 들어가지 않는다는 것과, 누룩을 자루에 담아 약 달인 물로 빨아내서 수곡(水穀)상태로 하여 고두밥과 버무려서 술을 안친다는 점이다.

특히 수곡 상태의 술빚기는 문배주 외 몇 종의 술빚기에서 목격할 수 있는데, 영남지방의 전통 · 토속주 가운데서는 유일한 것이 아닌가 생각된다.

그리고 약용약주류 가운데서는 유일하게 단양주라는 사실도 빼 놓을 수 없다.

청혈 · 제독 효과 뛰어난 보신주

이러한 특징을 지닌 의성 약초주는 부재료로 인삼을 비롯 당귀 · 더덕 · 산수유 등의 자양 · 강정 효과를 지닌 약재류와 솔잎 등 청혈 · 제독효과가 뛰어난 약재가 들어가, 술의 효능과 함께 보신주(補身酒)로서의 역할을 유감없이 발휘한다.

또한 점성이 큰 찹쌀을 주원료로 한 데다가 대추와 호박을 많이 넣음으로써 술이면서도 끈기와 감미가 뛰어나다.

"술을 못하는 사람들이라도 단맛이 있어, 자신도 모르게 술잔을 입에 갖다 대게 되어 자칫 취하기 심상입니다. 바깥 어른이 집에 술이 없으면 다른 술을 마시지 않는 까닭도 바로 그 때문입니다."

서성애 씨의 술맛 자랑이었다. 서성애 씨의 술맛 자랑에 절로 침이 넘어갔다. 기왕에 나온 얘기니 '술맛 한번 보자' 고 하자, "술이 떨어져서 이렇게 술 빚는 것을 보면서도 그렇게 무안을 줍니까? 그렇잖아도 이레 후면 술이 익으므로 그때 한두 병 보내드릴려고 생각 중이니, 댁에 가셔서 맛 보시고, 내 얘기가 틀리면 전화 하세요."하는 바람에 의성 약초주의 술맛에 대한 기대가 더했다.

우리의 전통 · 토속주는 이렇듯 다양한 재료와 과정을 거쳐 빚어져, 그 맛 또한 말 한 마디로는 평할 수가 없다.

그래서 옛부터 술맛을 감정하는 여러 가지 표현들이 생겨났는지도 모른다.

단맛, 감칠맛, 감기는 맛, 시원한 맛, 화한 맛, 얼얼한 맛, 오미, 칠미, 상쾌한 맛, 호쾌한 맛 등등 정말 다양하다.

의성 약초주는 또 어떠한 표현이 어울릴지 자못 기대가 된다. 酒

묵힐수록 맛과 향이 깊은 건강 약주

못골 쑥술

서울 강남구 자곡동, 속칭 못골마을로 불리우는 이곳에, 5대째 뿌리를 박고 살아가고 있는 경주 김씨(홍식, 66세) 가문에 색다른 가양주가 있어, 나그네 발길을 붙잡는다.

김홍식 씨의 부인 김복인(59세) 씨의 얘기는 이러하였다.

"남편이 하도 술을 좋아하니까 독한 술(소주) 못 마시게 하려고 직접 만들어 주게 된 것인데, 어떻게 소문이 나게 되었다. 글쎄, 이 양반이 너무나 술을 좋아해서 술 안마시고는 못 사는데, 나이가 들어가니까 독한 소주를 마신 다음 날은 일어나질 못하더라. 그래서 옛날부터 집안에서 빚어오던 약주 쑥술을 만들어 드시게 했다. 그랬더니 아무리 과음해도 다음 날 '골 패는 것 없고 뒤끝이 깨끗해 좋다.' 면서 마냥 술 만들라는 바람에 어떤 때는 하루에 닷말 씩 해서 술 만들어 저장해 두고 마시게 했는데, 술 인심이 좋아가지고 오는 사람 가는 사람 다 붙들어다 나눠 마시는 지라 감당을 못할 지경이었다. 어떤 해는 쌀 서른 다섯 가마까지 술로 없앴다."

한 번 맛본 사람이면 '술 해달라' 조르기 일쑤

김복인 씨가 쑥술과 인연을 맺게 된 것은 경주 김씨 집안에 시집 와서부터였다고 한다.

씨는 "아들이 술 좋아하는 것을 못마땅하게 여겨, 술 빚는 일을 그만두었다는 시어머니(영인 이씨, 순임, 83세)를 졸라서 쑥술 빚는 법을 배워, 손수 남편이 마실 술을 빚고 있다."면서,"이곳 자곡동 못골 마을이 서울 성동구에 편입되었다가, 다시 행정구역이 강남구로 바뀌면서, 서울시 농촌지도소의 생활개선계 회원으로 활동하게 되었는데, 지도소에서 우리 집의 환경이 생활개선계 소속 부녀회원들의 실습·체험장으로 활용하기에 편리하다는 것을 이유로, 메주 만드는 일이며 두부 만드는 과정, 그리고 텃밭 가꾸기 등 회원들의 산교육장으로 선정되었다. 회원들을 상대로 교류가 잦다보니 집에 있는 술을 접대하게 되었다. 그런데 농촌지도소 회원들이 한 번 맛을 보고는 자꾸 달라고 해서, 술 빚는 일을 계속해 오게 되었다. 결국에는 술빚

기 현장실습도 여기서 세 차례나 하게 되었다."고 말한다.

그러니까 김복인 씨의 얘긴 즉, 돈 주고 몸에도 맞지 않은 독한 술 사다 마시느니 농사 지은 쌀과 주변에 지천으로 널려 있는 쑥 뜯어다가 제대로 빚은 술을 마시게 하면, 건강은 덜 해칠 것이라는 생각에 직접 술을 빚기로 했다는 것이다.

자곡동 사는 경주 김씨 집안의 쑥술이 가양주로 그 뿌리를 지켜온 것은 5대째로, 고조부 때부터 였다고 한다. 그리고 시할머니(남양 홍씨)께서 옆 마을인 옹곡마을서 내곡동 사는 조부(교학)에게 시집 오면서 집안의 가양주를 시어머니께 전수해주었던 것인데, 시어머니 되는 영인 이씨는 쑥이 건강에 좋다는 것을 알고 술을 안칠 때 항아리 밑에 쑥을 넣어 빚었는데, 그 맛이 좋았다고 한다.

그리하여 김복인 씨는 시어머니로부터 배운 비법 그대로 술을 빚고 있다고 한다.

"저장성 뛰어나 상품화 해도 시장성 있다." 사업 제의 해 올 정도

그런데 하루는 김복인 씨의 술빚기는 솜씨가 어떠한지를 가늠할 수 있는 한 가지 사건이 발생했다고 한다.

"하루는 누게에게서 소문을 들었는지 모 기업체의 사장이란 사람이 찾아와서는, '술 한 잔 마시자'고 해서 박대할 수도 없고 해서 마지못해 한 잔 권했더니, '판매는 내가 책임지고 할테니 계속해서 만들어 줄 수 있겠냐?'고 해서, '내가 농사 짓는 농사꾼이지 장삿꾼이냐, 또 손수 농사 짓는 쌀로 이렇게 조금씩 빚어서 생각날 때 한 잔씩 마시고, 오는 사람 가는 사람과 마주 앉아 권커니 잣커니 하는 것

6.5말, 황곡 100g, 누룩 6.5말, 건조한 쑥 5kg, 엿물 8.5말이 전부였다.

이 멋이고 낙이제 그 술로 장사할 수 있겠냐'고 쫓아버렸다."

김복인 씨의 남편 김홍식 씨의 얘기였다.

그런데 김홍식 씨의 얘기에서 한 가지 궁금한 것이 있었다.

우리나라의 전통 약주나 토속주들의 기반이 빈약하기 이를데 없는 실정에서, 무형문화재나 명인 지정도 되지 않은, 무명의 농부가 빚고 있는 토속주를 그것도 기업인이 상품화 하겠다는 데에는, 뭔가 이유가 있었을 것이라는, 여느 약주와는 다른 특별함이 있을 것이라는 생각에, 김복인 씨에게 술 빚는 과정과 방법에 대해 물었다.

술에 쑥 많이 넣어 향기 좋고 질병 예방효과 커

먼저 쑥술 빚기에 따른 재료가 궁금했다.

김복인 씨에게서 들은 쑥술의 재료로는 멥쌀

우선 이상의 재료를 통해서 알 수 있는 사실은, 그 재료에서 보듯 자연에서 채취한 쑥을 이용함으로써, 치네올이라는 쑥 특유의 정유(精油) 성분으로 인한 향기를 간직하게 됨과 동시에, 쑥에는 아데닌(adenin ; 6-aminopurine)이라고 하여 핵산(nucleic acid)을 구성하는 무기염류와 나이신, 비타민 A, B, 그리고 인, 칼슘, 철분 등의 영양소가 풍부하다는 것이다.

예로부터 쑥은 질병에 대한 저항력을 길러주고 해열과 진통, 혈압강하 및 소염작용 등에 이용해 왔다는 사실을 감안할 때, 쑥술은 건강에는 좋은 약주임을 알 수 있다는 것이다.

김복인 씨의 술빚기는 이렇게 이루어진다. 그 첫 순서로 누룩을 띄우는데, 봄에 한창 자란 쑥을 뜯어다 볕에 말려 두었다가, 여름이 되면 통밀을 물에 씻고 불려 방앗간에 가져가서 가루로 빻아 온다. 다음에 밀가루에 물을 끓여서 식기 전에 뿌려가면서 질지 않게 반죽해서 보자기로 싸고, 넓은 대접이나 그릇에 담고 꼭꼭 밟아서 형태를 만든 다음, 실내에서 쑥 한 켜 누룩 한 켜씩 켜켜로 쌓고, 포대로 덮어 일정 온도를 유지해 주면서 띄운다.

김복인 씨는 "쑥은 있는대로 누룩과 함께 켜켜로 쌓아 띄우되, 중간에 뒤집어주지 않아도 된다. 한창 열이 나다가 다시 가라앉으면 대략 15일 정도가 된다. 그러면 햇볕 좋은 날 밖에 내놓고 바짝 말려야 보관했을 때 벌레가 생기지 않는다."면서, "덜 마르거나 보관을 잘못하면 좀이 나서 누룩을 버리게 된다."고 말한다.

이어 술 빚을 고두밥을 만드는데, 멥쌀 5말을 물로 깨끗이 씻은 뒤, 5시간 정도 불렸다가 건져서 시루에 안쳐 고두밥을 짓는다.

김복인 씨는 "고두밥을 찔 적에 한 김 푹 올라오면 물 한 바가지를 골고루 뿌려준 뒤, 다시 한 김 올라오게 쪄야 술이 잘 된다."면서 고두밥을 잘 지어야 한다고 강조한다.

고두밥은 돗자리나 방바닥에 얇고 고르게 펼쳐서 식히다가, 손으로 만져서 따뜻하다 싶으면 황곡 100g을 넣는데, 황곡과 고두밥이 잘 섞이도록 고루 버무리고, 큰 자배기나 통에 담아 방 안에 들여놓고 이불을 씌워 놓는다.

입국 만든 뒤 엿물 넣어 빚는 개량식 제조과정 거쳐

이상의 과정은 입국(入麴)과정으로, 입국을 거친 다음 본격적인 술빚기가 이뤄진다. 따라서 못골의 쑥술은 개량식 양조과정, 즉 일본에 의해 양조장 제도가 도입되면서 시행된 양조방법이라고 할 수 있다.

결국, 김복인 씨의 얘기를 통해서도 들을 수 있었듯 못골의 쑥술은 씨의 고조부 때에는 전통적인 방법으로 약주를 빚어오다가 일제 강점기 때 도입된 양조방법을 이용, 덧술을 생략함으로써 술을 빨리

만들어 마실 수 있다는 편의성과 함께 누룩만으로 빚는 전통적인 방법에서처럼 산패나 이상발효를 예방할 수 있는 잇점을 살리고 있음을 알 수 있다.

김복인 씨는 "이렇게 통에 담아 놓은지 이틀째 되는 날부터 열이 나면서 하얗게(곰팡이) 핀다. 3일이나 4일째 되는 날 차게 식혀서 누룩가루 2.5말과 엿물을 섞고 항아리에 안치는데, 이때 봄에 말려두었던 쑥을 항아리 맨 밑에 넣는다."고 한다.

엿물은 멥쌀 1.5말을 가루로 빻아서 묽은 죽을 쑨 뒤, 엿기름 1말 2되에 물 10말을 섞어 식혜를 만들 때와 같이 하여 만든다. 이렇게 만든 엿물 8말 5되와 고두밥, 누룩가루가 고루 잘 섞이도록 재차 버무린 다음 술독에 안친다.

김복인 씨는 "항아리 밑에 넣는 쑥은 많이 넣을수록 향기가 좋아진다."면서, "술독은 반드시 짚불 연기를 씌워 소독을 해서 써야 잡균으로 인한 변질이 안된다."고 말한다.

이렇게 해서 술 안치기가 끝나면, 베보자기로 항아리 주둥이를 덮고 뚜껑을 덮어 불을 넣지 않은 방안 한 구석에 자리를 잡고 발효에 들어가는데, 항아리 밑 바닥에 나무 판자나 스티로폴 같은 것을 두껍게 괴서 술독 밑 바닥에 찬 기운이 직접 닿지 않도록 한다.

김복인 씨는 "아침 나절에 술 해서 넣으면 저녁때부터 술이 괴기 시작하여 2일~3일째가 되어 한창 끓기 시작하는데 매우 요란스럽다. 이때 가스가 밖으로 나갈 수 있게 술독 뚜껑을 살짝 열어주어야 한다. 겨울철에는 60일 정도 발효·숙성시키면 마침내 술이 익는데, 위에 고인 맑은 본주(本酒)만 떠 내고 술덧은 베로 만든 자루에 담아서 눌러 짠 뒤, 앙금을 가라앉혀 맑은 술만을 받아 술단지나 병에 담아 가지고 땅 속에 묻어 두거나, 그늘지고 찬 곳에 저장해 두면 5년이 지나도 그대로 있다."고 말한다.

이상의 쑥술 빚기를 통해서 알 수 있는 몇 가지 사실은, 김복인 씨의 쑥술은 첫째, 재료로 쑥을 많이 넣는다는 데서 술이름을 붙이게 되었으며, 둘째는 쌀죽과 엿길금으로 만든 엿물을 넣는다는 점에서 차이가 있다.

약주로선 국내 최고의 저장기간, 5년 두고 마셔도 맛 변하지 않아

이와 같이 술에 엿물을 넣는 경우는 양평의 호랭이술과 강릉 청주에서도 볼 수 있으나 역시 차이가 있다.

또한 여느 약주·청주류의 경우, 저장·유통기간이 7일~15일 정도로 매우 짧은데 비해, 쑥술은 저장기간이 짧게는 3년에서 5년까지 매우 길다는 사실이다.

따라서 쑥술의 상품화 제안은 아마도 저장성에 있었지 않았을까 하는 생각을 하게 된다.

더욱이 김씨는 "통에 담아 땅 속에 묻어 둔 것을 5년 후에 파 봤더니 절반 정도가 남았는데, 향과 맛이 그지 없었다."고 말한다.

쑥술의 저장기간이 그토록 길다는 것은 상식적으로 이해되지 않는 면이 없지 않은데, 김복인 씨를 추적하는 과정에서 알게 된 최순자씨나 이경자 씨의 주장이 한결 같고 보면 믿을 수 밖에 없었다. 또한 김복인 씨가 "내일 모레 있을 시아버지 제사 때 쓸 목적으로 감춰 두었던 술로 3년묵은 것이다."면서 권하는 술 한 잔을 마시고 난 터였다. 그리고 그 맛은 "한잔을 마시는 동안에도 혀 끝에 닿는 횟수가 잦을수록 감촉이 부드럽고 맛이 달게 느껴진다."는 것이었다.

최순자 씨 등 쑥술의 진한 향과 부드러운 단맛을 기억하는 사람들에 따르면, "김복인 씨로부터 세 차례나 술 빚는 법을 배웠음에도, 집에 가서 만들어 보면 그 마시 안난다."면서, "우리에게 다 가르쳐주지 않은, 뭔가 다른 비법이 있는 것 같기도 하다."고 말하는 가운데서 떠오른 생각 한 가지는, 술이란 것은 누룩에 존재하는 곰팡이균 외에 김씨 집 주변이나 생활환경에 자연 상태의 또 다른 효모에 의한 적잖은 작용이 있었을 것이라는 것이다. 그렇지 않고서는 별다른 이유가 없다는 것이 그간의 취재를 통해서 깨닫게 된 기자의 결론이었다.

어찌하였던 김복인 씨의 쑥술 제조과정과 그 방법을 통해서도, 우리의 전통·토속주, 특히 약주·청주류의 맹점이라고까지 지적되는, 저장 및 유통상의 문제를 해결할 수 있다는 것을 거듭 확인하는 계기가 되었다.

증류식 소주편

名家銘酒

임금이 마시던 '어주(御酒)'
서울 향온주

대동강물로 빚었던 평양의 술
서울 문배주

조선시대 상류층의 대표적인 술
전주 이강주

대청마루에 술독끼고 앉아
즐기던 알싸한 맛
서울 삼해주

술을 깨기 위해 마시는 술
김제 송순주

전통 증류식 소주의 대명사
안동 소주

술 빛깔에 반하고 마는 아름다운 청량제
진도 전통홍주

종양 제거와 피부에 좋다는
'진상품' 소주
당정 옥로주

원만한 인간관계, 장수 누릴 수 있는
청원 신선주

사육신 김문기 가문의 비주
금산 인삼백주

'작은 서울' 남한산성 고을의 명물
광주 산성소주

강원도 효자와 '옥촉서 약소주'
홍천 옥선주

'회춘하여 신선된다'는 제세팔선주
담양 추성주

향수를 머금은 듯한 술
송화 백일주

구곡구천 맑은 물로 빚은 남도의 술
해남 녹향주

녹차보다 강한 맛과 향취로
오감을 자극하는 술

보성 과하주

강하고 센 제주도의 술

제주 강술

시인 묵객의 접대용으로 빚는
장수 집안의 비주(秘酒)

해남 좁쌀소주

치매 예방과 회춘효과 높은 효도주

파주 홍경천불로주

올곧은 사람들의 고향 청죽골의 전통주

청죽골 죽엽청주

전주배와 쌀의 절묘한 조화

전주 이미주

곡주 특유의 감칠맛이 좋은 신선들의 술

청학동 신선주

혼을 불어 넣는다는 정신으로
빚는 곶감술

화순 추시주

'다섯가지 기(氣)' 모은 술

소백산 오정주

보양효과 큰 궁중법의 가향주

양평 산수유화주

자연과 건강을 생각하는 삼남의 토속주

화순 의이인주

홍문관 관원들 영광수령되기
자원할만큼 유명했던 술

옥당골 강하주

다섯 수레의 옥(玉)보다 낫다는 술

봉화 선주

달고 부드러움에 반하는 이바지용 약주

화성 약소주

혈관 관계 질환에 효과 좋은

가지산 송엽주

은근하게 취하고 순하게 깨는

남원 신선주

'갖추지 못한 것이 없다'는 이름의 술

장성 진고색주

10년 앞을 보고 정성껏 만드는
옛날 오정주

함양 옛날증류주

'술은 곧 삶' 서민들의 애환을 담은 술

영광 토종주

두통 없고 소화 잘 되게
하는 보신주(補身酒)

예천 예선주

임금이 마시던 '어주(御酒)'

서울 향온주

향온주(香醞酒)를 일컬어 '내국법온(內局法溫)'이라고 하는데, 이는 조선조 정부 관청의 하나인 내의원(內醫院)의 양온서(良醞署)에서 법제(法制)하여 제조한 술이란 뜻이다.

당시 궁중에서는 사옹원에서 모든 음식을 만드는 일과 상과림을 담당 했으나, 임금이 마시는 술은 특별히 내의원 양온서에서 어의(御醫)들의 감독 아래 직접 빚었으며, 그 술을 향온주라 하고, 임금이 잡수시고 신하들에게 하사하기도 하였다고 전한다.

따라서 향온주는 임금이 마시는 술, 곧 어주(御酒)이고, 향온주의 일종인 '법주', 또는 '청법주'라 하여 단맛이 나는 술은, 왕족들의 대내외 행사와 내명부에서 많이 음용한 술이다.

이를 증류한 소주는 궁에서도 귀하게 여겨 국가의 큰 행사에 사용하거나 외국 사신들의 접대에 사용하였다고 한다.

중국 사신들에 대한 소주 대접은, 그들이 발효주에 대한 면역기능이 없어 법주를 마시면 설사하는 일이 많았기 때문이라고 한다.

어의들이 직접 빚는 어주 '향온주'

어쨌든 당시 궁중에서는 술에도 등급을 두었음을 알 수 있으며, 세간의 전통주들은 궁에 드나들던 세도가들이 궁의 술맛이 각별하여, 이를 본따서 가양주로 빚거나, 제향주(祭享酒)로 울금같은 약재를 넣어 빚은, 은은한 황금빛깔의 청법주와, 계절에 따라 약재와 과일을 이용한 여러 가지 약주들이 전통주로서 뿌리를 내렸을 것으로 짐작된다.

이밖에도 향온주의 또 다른 특징으로, 그 제조 과정을 들 수 있다.

"양온서에서는 술을 안친 술독에 항상 임금을 상징하는 황금색 보자기를 씌워 두었으며, 용도에 따라 술을 다르게 빚었다고 합니다. 향온주를 제향주로 쓰기 위해서는 울금같은 약재를 넣은 '울금주'나 '울창주'를 빚었으며, 평상시에도 이 향온주를 빚었다고 합니다. 지금도 종묘제례 때는 울금주를 쓰기도 합니다."

향온주 기능보유자 정해중(鄭海中, 72세) 옹의 설명이었다.

여기서 또 한 가지 간과할 수 없는 사실로, 향온주가 궁중의 술이자, 임금이 마시는 술이라는 점을 여실하게 드러내는 대목이다.

"당시 대궐에서는 각 지방의 특산물을 진상 받았으나, 술만은 진상품의 물목(物目)에 없다는 사실입니다."

사실, 궁중의 진상품목을 수록한 어떤 문헌에도 술의 이름이 보이지 않고 있는 것으로 보아, 정해중옹의 얘기는 사실로 확인된다.

이로써 술은 진상품이 아니라 궁에서 직접 빚었다는 사실을 알 수 있으며, 세간에서 진상되었다고 알려진 술은, 왕이 능행(陵行)이나 야행(夜行) 등에서 직접 맛본 술이 사사로이 궁으로 들어갔던 것으로 추측된다는 것이 정해중 옹의 설명이다.

향온주의 가전 내력과 정해중 씨의 술빚기

그러면 여기서 궁중의 향온주가 어떻게 사가인 하동정씨 집안에 전해지게 되었는 지, 그 까닭을 알아보기로 한다.

정해중 옹은 하동정씨의 17대손으로, 그 17대 손인 정해중 씨에게 전승된 내력은 여간 복잡하지 않다.

"어린 시절 선친(封鉉, '74년작고)으로부터 전해들은 얘깁니다만, 저의 8대조 덕필(德弼) 공께서는 통정대부이시자 인현왕후의 외조부이셨는데, 인현왕후가 후궁 장씨의 모함으로 친정에 유폐되어 있는 동안, 궁중의 술인 향온주를 사가에서 빚게 되었으며, 이것이 외가인 저희 집안에 전래된 유래입니다."

그리고 다수의 전통주들이 일제 강점기를 맞으면서 그 맥이 끊겼거나 사장되었음에도 불구하고, 향온주만은 끊임없이 가양주로 전승되었음을 알 수 있는 얘기

가 있다.

"선친께서는 일제시대 때 목포(木浦)로 끌려가셔서 2년 동안 향온주 담그기를 강요당했다고 합니다. 일본까지 향온주의 명성이 알려지게 된 것이지요. 선친께서 술을 담그실 때는 목욕제계하고, 선친 외에는 아무도 주방(酒房) 출입을 못하게 하셨어요. 1년에 한 두 차례씩 제주(祭酒)로만 빚었기에, 그 기술을 배우기도 쉽지 않았지요. 선친께서 연로해지시자 제가 술빚는 것을 배우게 되었으나, 당시만 해도 그것이 향온주라는 사실을 몰랐어요. 향온주라는 사실을 알게 된 것은, 지난 '88년의 일입니다. 제가 시조창(時調唱)을 좋아하여 당시 성균관장으로 계시던 박중훈 씨와 알게 되었는데, 그 분께 술 한 병을 선물하였습니다. 은은한 녹두향과 부드러운 술맛이 예사 술이 아닌 것을 안 박중훈 씨가 양조방법을 캐묻고는, 이미 명맥이 끊겨 문헌상으로만 전하는 궁중의 향온주라는 사실을 밝혀 낸 것입니다."

어의들의 감독 아래 빚는 술 녹두 넣어 제독 효과 뛰어나

향온주는 유일하게 궁중에서만 빚어지는 술이면서도 정부당국의 무관심으로 말미암아 국가지정 중요무형

문화재가 되지 못하고, 서울특별시 무형문화재 제 9호로 지정되어 오늘에 이르고 있는데, 그 양조과정이 까다롭고 복잡하기 이를 데 없다.

당시 양온서에서는 내의원의 어의들이 한눈을 팔지 못했다고 하니, 궁중에서의 술빚기가 얼마나 중요하였는가를 알 수 있다.

정해중 옹의 설명에 따른 향온주 만드는 법은, 먼저 누룩을 만드는 데 있어 밀 1말과 겉보리 1되를 각기 맷돌에 성글게 갈되, 체로 쳐서 하얀 가루는 빼버린다.

녹두 1되 5홉을 물에 불렸다가 맷돌에 갈고, 이 녹두물로 밀가루와 보리가루를 부슬부슬하게 반죽하여 누룩틀에 넣고 다져서 성형을 한다.

이를 20~25℃ 되는 방안에서 약쑥을 깔고 위를 덮은 다음, 다시 포대기를 덮어 15일 가량 발효시킨다. 그리고 2~3일에 한 번씩 누룩을 뒤집어 주어 고루 잘 뜨게 한다.

발효가 다 끝난 누룩은 짚으로 만든 가마니에 담아 두고 술빚기 닷새 전에 법제(法制)를 하는데, 누룩을 가루로 빻아 5일 동안 낮에는 햇볕에 말리고, 밤에는 이슬을 맞혀 곰팡이의 뜬냄새를 없애야 깨끗한 술맛과 향기를 맛볼 수 있다.

12회까지 덧술 안칠 수 있는 국내 유일의 전통주

다른 술과는 다르게 누룩에 겉보리와 녹두를 넣는 까닭은, 보리는 술맛을 부드럽게 하고 위장과 간장을 보호하며, 녹두는 제독작용과 함께 술향기를 좋게 하기 때문이다.

두 번째 순서로 밑술을 잡는데, 자흑색이나 자홍색의 찹쌀(당시 대궐 찹쌀을 '대궐창'이라 했음) 8kg을 고두밥 쪄서 식혔다가, 법제를 마친 누룩 8kg을 넣고 싹싹 비빈 다음, 소독을 한 항아리에 담고 자박자박할 정도로 물 11 l를 붓는다.

정옹은 이때의 용수(用水)로 "옛날에는 북한산 줄기에서 나오는 석간수(石間水)를 하룻밤 침수시켜 웃물만 살짝 따라낸 '숫물'을 썼는데, 이는 '숫물'이 증류주의 용수(用水)로서는 가장 적당한 때문입니다."고 말한다.

지금은 공해로 해서 수질이 나빠 강원도 홍천 등지에서 직접 길어 온 약수를 양조용수로 쓰고 있으며, 혹여 패하는것을 방지하기 위하여 날콩을 넣기도 한다. 고 한다.

밑술 안치기가 끝나면 20~23℃ 되는 실내에서 5~7일 정도 발효시킨 뒤 덧술을 안친다.

덧술 역시 밑술과 같은 비율, 같은 방법으로 술을 안치되, 현미찹쌀로 고두밥을 짓고 식혀, 3~5일 간격으로 12회까지도 계속 덧술을 안칠 수 있다. 이때의 발효온도는 밑술의 발효시보다 다소 낮은 15℃가 적정온도이며, 술빚기에 따르는 소요기간은 총 90일 정도 된다.

이상과 같은 방법으로 계속해서 덧술을 안칠 수 있는데, 우리나라 전통주 가운데 덧술을 12회까지 안칠 수 있는 술은 오직 향온주 하나 뿐이다.

술이 다 익으면 용수를 박아서 걸러낸 술을 솥에 붓고, 소줏고리를 얹어 증류시킨다.

증류시 첫 술을 한 컵 정도 받아서 버린 다음 술을 얻는다. 소줏고리를 통해 흘러나온 첫 술은 누룩 특유의 곰팡이 냄새가 나기 때문에 이를 받아서 버리고, 맑고 깨끗한 본술을 받아 낸 다음, 10~15℃ 정도 되는 곳에 180일 정도 후숙시켜 마셔야 제맛이 난다.

녹두누룩 넣어 산패 방지,
부드럽고 진한 향기 으뜸

이로써 궁중의 술빚기가 어느 정도까지 발달했는지, 또 그 정성이 어떠했는지를 가히 짐작할 수 있다.

정해중 옹은 "이 과정에서 주의할 점은 덧술을 안칠 때 지나치게 물을 많이 보태지 말아야 하고, 술이 시어지지 않게 하여야 합니다."고 하면서, "때로 술이 시어지는 것을 방지하기 위해 녹두만으로 만든 누룩과 콩을 덧술을 안칠 때 넣어줍니다."고 말한다.

그런데 여기서 옛법과의 차이점을 발견하기에 이른다.

향온주는 '내국향온법(內局香醞法)'이라 하여 ≪산림경제≫, ≪치생요람≫, ≪군학회등≫에 기록된 것을 비롯 ≪고사십이집≫, ≪임원경제지≫, ≪요록≫, ≪영접도감미면잡록의궤≫, ≪고사촬요≫와 ≪규곤시의

방≫에 그 제조법을 기록하고 있는데, ≪규곤시의방≫에는 "밀을 갈아 체 치지 않은 것 1말에 녹두 빻은 것 1홉씩을 섞어 누룩을 디딘다. 술은 맵쌀 10말, 찹쌀 1말로 술밥을 쪄 더운 술 15병을 섞어 그 물이 밥에 다 스며들면 삿자리에 널어 식힌 뒤, 누룩가루 1말 5되와 밑술 1병을 섞어서 항아리에 담는다."고 하였으며,"한 번만 담그므로 다른 많은 술보다는 제조기간이 짧다."고 언급하고 있다.

따라서 재료와 제조과정에 있어 상당한 차이가 있음을 알 수 있다.

외국의 유명한 위스키나 꼬냑, 포도주들이 한결같이 그 맛이 부드럽고 향이 강한 것도 오랜 시간 숙성을 거친 때문인데, 우리의 전통주 향온주도 여러 차례의 덧술과 오랜 시간의 숙성과정을 거침으로 해서, 알코올 함량 40%의 독한 술이면서도 그 맛이 부드럽고 향이 강할 뿐만 아니라, 여느 술에 비해 건강을 해치지 않는다는 것이 특징이다.

향온주는 최근 경기도 광주군 곤지암에 현대식 양조시설을 갖추고 본격적인 생산이 이뤄지게 되었다.

정해중 옹과 더불어 향온주 제조에 피땀어린 노력을 기울이고 있는 박현숙 씨(향온주 기능보유자 후보)는,"향온주는 대량생산에서 탈피, 소량이나마 정말로 술맛을 아는 사람들 위주로 주문생산할 계획"이라며, "누구라도 마시고 싶어 하는 술을 만들고 싶다."고 말한다.

향온주의 맛과 향기 등 궁중술의 옛 명성을 되살리기 위해 동분서주하고 있는 정해중 옹의 '땀'은 일상적인 가치기준으로는 설명되지 않는 '한국인의 혼'이 아닐까 싶다. 酒

대동강물로 빚었던 평양의 술

서울 문배주

우리나라의 화주(火酒) 가운데 유일하게 '86년 향토술 담그기 부문 중요무형문화재 지정을 받은 전통주가 있다.

서울의 '문배주'라는 이름의 증류식 소주가 그것으로, 현재 중요무형문화재 제 86호이다.

문배주의 양조기능보유자는 이경찬 고(故李景燦,78세) 옹인데, 옹은 해방이전 평양에서 5대째 양조업을 하는 집안의 장손으로 태어나, 스물두서너 살 무렵부터 양조장을 떠맡아 꾸려나갈 정도로 술빚는 일에 적극적이었다. 그러다가 6.25가 일어나자 월남하게 되었으며, 젊어서 조모(박씨)와 부친 이병일 씨에 이어 문배주 빚는 기술을 익혀 왔던 까닭에 이 경찬 옹은 월남 이후, 양곡관리법에 의한 곡주 생산금지 조치 때(1954년)까지 양조업에 종사해 왔었다.

"우리나라처럼 다양한 술과 음주문화를 꽃 피워온 나라도 드뭅니다. 기록에 올라 있지 않은 토속주까지 합하면 수 백 종류의 술이 있습니다. 문배주와 같이 '국주(國酒)' 지정을 받은 술이 교동법주, 면천 두견주 등 3종이 있고, 부의주를 비롯 지방마다 각기 특성과 향토색을 살린 여러 전통주들이 있지 않습니까? 그런데 어두웠던 시절에는 일제에 의해서, 그리고 해방이 되어서는 1965년부터는 양곡관리법에 묶여 전통의 곡주 제조가 금지되면서, 사라진 전통주들이 한 둘이 아닙니다. 다행히도 문화재위원회가 '전통・토속주 찾기' 운동을 펼쳐 맥이 끊길 위기에 처했던 술들이 빛을 보게 되었지요. 얼마나 다행스런 일인지 모릅니다. 문배주도 자칫했으면 문화재 지정은 커녕 밀주단속에 걸려 사라질 뻔했으니까요."

청와대에 문배주 제조 청원
'86년 중요문화재로 지정된 국주

사실, 그간 문배주의 재현을 위한 이 옹의 열정과 고생은 말로 설명키 어려울 정도였다. 이 옹은 1・4

후퇴 때 월남, 미아리에서 양조장을 차려 '거북선' 이란 상표로 문배주의 맥을 이었으나, 1965년 양곡 관리법에 따라 곡주 제조가 일체 금지되고, 주정에 물을 섞는 희석주만 허용되자, 문배주의 명맥을 잇기가 곤란하다고 판단, 양조장 문을 닫고는 제주(祭

酒)로만 조금씩 빚어왔다고 한다. 문배주의 순곡 제조방식을 고집하고 있는 이옹과는 달리, 다른 사람들은 희석주 생산으로 전환하여 부자가 되었는데, 곡주 생산을 위한 제조허가는 그 기미가 보이지 않았기 때문이라고 한다.

이에 이 옹은 70년대에 접어들면서 전통 · 토속주 찾기 운동에 자극을 받아, 청와대에 문배주 제조 청원서를 제출하는가 하면, '82년 문화재위원회의 '전통 · 토속주 찾기' 결정에 힘입어 몰래 빚은 문배주를 들고 찾아갔다. 문화재위원회는 4년간의 정밀 검사 끝에 이를 인정, '86년 중요무형문화재 제 86호로 지정했다. 그리고 다시 4년 후인 '90년 6월에 이르러서야 문배주 시험제조허가를 얻어 35년만에 하루 평균 50병(450㎖)씩을 제조하고 있다.

대동강 유역 지하수를 사용, '문배 향 난다'는 술 문배주는 그 독특한 맛이 널리 알려지면서 주문이 쇄도, 그 수요가 가히 폭발적이다.

이 옹은 "내년쯤 대량생산 체제를 갖춰 물량을 늘려나갈 계획"이라고 한다.

그러나 고려 · 조선시대의 그 어떤 문헌에도 이 술에 대해 특징을 지을만한 기록이 없다. 다만, 이규보(李奎報, 1168~1241)의 글에 '소주'가 언급되고 있는 사실로 비추어, 고려시대 중엽 중국으로부터 도입된 소주가 조선시대에 유행되면서 생겨난 것이 아닌가 추측할 뿐이다.

이옹에 따르면 "해방 전에는 평양 대동강 유역의 석회암층에서 솟아나오는 지하수를 사용하였다."는 얘기만 전하고 있다.

이 술이 문배주라는 이름을 얻게 된 것은, '밀 누룩과 좁쌀, 수수, 물을 주원료로 하여 빚은 술임에도 불구, 그 향기가 문배나무의 열매인 문배(돌배)에서 나는 향기를 낸다.'는 데서 붙여진 것으로, 이 술의 특징이기도 하다.

남북회담 및 한 · 소 정상회담,
대통령의 유엔 방문시 '건배주'로

이러한 문배주가 재차 부각되기 시작한 것은 최근의 일이다. 북한의 연형묵 총리와의 남북회담을 비롯, '91년 구 소련의 공산당 서기장 고르바초프의 방한시 제주도에서 있었던 한 · 소 정상회담의 만찬장에서, 그리고 대통령의 유엔 방문 기념 파티석상에서 '건배'용으로 애용되면서부터이다.

따라서 문배주는 이른바 '국주'로서의 위상을 보다 확실히 하는 동시에, 우리 전통주의 개발 가능성을 보여주었다. 지금의 문배주는 제주도 생수로 빚고 있는데, 본래의 문배주 맛을 되살리기 위해, 이 옹은 문배주의 고향인 대동강변 주암산 근처 석회암층에서 흘러나오는 지하수의 수입을 결정, 당국의 승인을 얻어 놓고 있다.

이 옹의 대를 이어 문배주를 빚고 있는 아들 기춘 씨는 "질 좋은 술을 빚기 위해 제주도 생수와 충북 제천의 메조·수수를 확보해 놓고 술을 빚고 있지만, 옛날의 문배주 맛만 못하다."면서, "어서 빨리 통일이 되었으면 좋겠다. 아버님 생전에 고향에서 술을 빚고 싶다."고 말한다.

이경찬 옹은 술빚기에 대해 세 가지 조건을 강조한다. 즉 '맛있는 술', '좋은 술'이라고 하면, 첫째, 입에 맞아야 한다. 둘째, 한 잔 마셔서 두 잔, 세 잔이 되도록 계속 마시고 싶어져야 한다. 셋째는 술을 마시고 난 뒤에 숙취가 없이 뒤끝이 깨끗해야 한다는 것으로, 이를 위해서는 '맑고 깨끗한 용수(用水)'를 사용하고 '좋은 원료(메조와 찰수수, 누룩)'의 선정, 그리고 '술빚는 이의 땀이 배인 정성'을 강조한다.

문배꽃 향기가 나는, 문배주 기능보유자 이경찬 옹, 그의 손끝을 좇아가 보았다.

수곡으로 빚는 덧담근 술 오래 숙성시켜야 제맛

문배주를 만들기 위해서는 먼저 통밀 2말을 5되의 물에 5시간 담갔다가 물기를 빼서 거칠게 빻는다. 물과 섞어 반죽한 뒤 성형하여 25℃ 되는 실내에서 포대기로 싸서 10일 가량 띄웠다가 거칠게 빻아 법제하여 사용한다.

문배주는 밑술에 들어가는 누룩을 수곡(水곡)상태로 하여 빚는데, 누룩 2되에 물 3홉을 부어 수곡을 만든 뒤, 4~5일 발효시켰다가, 메조 1말 5되로 고두밥을 짓고 식혀서, 물누룩을 담은 항아리에 물 1말 5되와 함께 붓는다. 발효가 잘 되도록 저어준 뒤, 5일 후에 덧술을 안친다. 덧술은 수수 1말로 재차 고두밥을 짓고 식혀서 넣는다. 이때 물 1말 5되를 함께 붓고 잘 저어 준 뒤, 다음 날 2차 덧술을 안친다.

2차 덧술은 덧술과 같은 양의 수수밥과 물을 같은 방법으로 하여 덧술 항아리에 넣는다. 역시 술독 주변의 온도를 25℃로 일정하게 유지해 주는 것이 중요하다.

2차 덧술을 안친 뒤, 10일만에 술을 증류하여 문배주를 얻는다.그 방법은 솥에 술덧을 쏟아 붓고 소줏고리를 얹어 소나무 장작불을 모으되, 약한 불로 서서히 증류시킨다.

문배주는 원료의 30~35% 수율에 그치는데, 지하실과 같은 어두운 곳에서 6~12개월 이상 숙성시켜야 제맛이 난다.

문배주는 지난 '93년 이경찬 옹의 타계로 그의 큰아들 기춘 씨가 경기도 김포에 대량생산 체제를 갖춘 현대식 공장을 설립, 대를 이은 술빚기와 전통보존에 힘쓰고 있다.

지금에도 그렇지만 특히 과거, 속된 말로 목구멍이 포도청이었던 시절, 입에 풀칠하기도 어려웠던 때를 경험한 사람들에게 있어 문배주와 같은 증류식 소주는 고급 술, 아니 자칫 '사치스런 술'로 비쳐지기 쉽다.

그러나 다시 생각해 보면, 외국의 고급 브랜디가 우리의 주류시장을 잠식해 가고 있는 처지이기도 하거니와, 문배주와 같은 '국주'가 있다는 사실은, 향후 국내 주류시장에서의 경쟁력 확보, 나아가서는 세계 주류시장 공략의 가능성을 암시해 주고 있다 할 것이다.

사실, 우리나라의 양조기술은 일찍이 백제시대에 일본에까지 전했다는 기록이 전하고 있거니와, 우리의 전통주들도 외국의 유명주와 비교해 결코 뒤지지 않는다는 자긍심을 갖게 해주는 술이 문배주라고 하겠다. 酒

조선시대 상류층의 대표적인 술

전주 이강주

은은하면서도 매운 맛, 그러나 부드럽게 넘어가는 술 전주 이강주(梨薑酒).

조선시대에는 '최고의 술'로 주가가 높았고, 지금은 '김제 송순주'와 더불어 전라북도 지방의 무형문화재 제 6호로 지정된 이강주가 조정형(53세)씨에 의해 지난 1992년 11월 세상에 다시 등장했다.

특히 이강주는 국가지정 및 시·도 지정 향토술 담그기 부문 무형문화재 가운데 유일하게 대학에서 농화학을 전공한 1급 양조기사에 의해 빚어진 전통주라는 점에서 더욱 이채를 띤다.

"대대로 집안 며느리들에 의해서 전수되어 오던 이강주를 제가 빚게 된 것은, 대학(전북대)에서 농화학을 전공하면서부터이지요. 어려서 제사나 집안 대소사 때 어머니께서 술 빚으시는 과정을 어깨너머로 익혔는데, 그것이 계기가 되어 농화학을 전공하게 되었어요. 그리고 졸업 후엔 전공을 살려 주류업체에 투신, 20년 넘게 종사하다가 가양주 제조에 뛰어들게 됐습니다."

전주 이강주 기능 보유자 조정 형씨의 설명이었다.

가람 이병기, 조병희 시인은 금주령 때도 '뒷풀이 술'로

'직업은 못 속인다'고 했던가?

씨는 또 "양조회사에서 새로운 술을 개발하던 중, 모든 술의 기본이 결국은, 우리 선조들이 빚어왔던 전통주로 귀착된다는 사실을 알게 됐지요. 그래서 문헌에 나오는 전통·토속주를 찾아 1972년부터 전국 여행을 시작했습니다. 20년 가까이 조사한 결과 확인된 것만 1백 50여 종으로, 〈다시 찾아야 할 우리 술〉이란 책을 내놓았지요. 지방마다의 술에 얽힌 유래며, 특이한 술과 그 양조과정, 그리고 가정주로 손쉽게 담글 수 있는 1백여 가지 양조법 등을 실었지요. 저희 집안 대대로 가양주로 빚어오던 이강주가 없었다면, 전통·토속주에 대한 저의 관심이 어땠을지……. 결국 우리나라 술의 진가는 향토색 짙은 전통·토속주에 있다는 것이 저의 생각입니다. 그리고 "저희 집안 식구들은 모두

이강주를 빚을 줄 알아요. 옛날 전주의 양반 가문에서는 모두 이강주를 빚었다고 합니다. 그런데 조선시대 때 금주령이 내리고, 다시 일제 강점기 때 주세법이 생기면서 밀주단속이 심해 이강주가 사라지기 시작했어요. 우리 집안도 마찬가지였지만, 선조들이 워낙 술을 좋아하셔서 쬐끔씩 몰래 빚어오곤 하던 것이 지금껏 끊기지 않고 맥을 이어오게 되었지요."

조 씨 집안 사람들이 얼마나 술을 좋아하는 지를 알 수 있는 일화로, 그의 부친(조병희, 81세 · 시인, 서예가)은 밖에서 술에 취해 들어와서도 이강주로 꼭 뒷풀이(?)를 하시는 까닭에, 집안 술독에는 언제나 술이 가득 채워져 있다는 것.

그리고 현대시조의 선구자로 유명한 가람 이병기 시인은 조정형 씨의 외숙부로 이강주의 맛을 잊지 못해 서울서 전주의 시우(詩友)이자 사돈인 조병희 시인댁을 빈번하게 드나들었을 정도였다는 것.

이강주는 그 유래를 확실히 알 수 없으나, 특히 호남지방의 특산주로 그 명성을 구가해 왔다. 한편, 문헌상의 기록으로는 조선조 중엽 이후로 추정되며,

문헌에 따라서는 '이강고(梨薑膏)' 라는 술 이름이 더 널리 알려져 왔다고 기록되어 있다.

울금재배 지역인 황해도, 전북지방에서만 빚어져

≪동국세시기≫에는 전라도 전주, 황해도 지방의 술로, ≪임원십육지≫, ≪증보산림경제≫, ≪균학회등≫, ≪조선무쌍신식요리제법≫, ≪조선고유색사전≫에서 술이름과 그 제법을 소개하고 있으며, 그 밖에 ≪경도잡지≫, 《한국의 명주》에도 실려 있다.

이강주 제법과 그 과정을 살펴보면, 먼저 누룩을 만드는 데 있어 토종 햇밀을 거칠게 빻고 2할 정도의 물로 반죽한 뒤, 보자기로 싸서 누룩틀에 담아 성형을 한다. 이를 실온 26℃ 정도의 시렁에 10일간 올려두어 발효시 온도가 서서히 내리게 한다. 다시 30℃ 실온에서 7일간 저장했다가 건조한 곳에 14일간 두어 발효를 끝낸다.

누룩이 완성되면 백미 2말을 씻어 고두밥을 지은 다음, 이를 식혀서 누룩 1.5말과 물 4말을 섞어 밑술을 잡는다. 22℃ 되는 실내에서 3일간 발효시킨다. 밑술의 발효가 끝나기를 기다려 보리쌀 5말로 고두밥 짓고 식혀서 누룩 1.5말에 물 6.5말을 밑술에 넣고 잘 저어준다.

밑술보다는 다소 높은 30℃ 실내에서 4일간 발효시킨 다음 증류시켜 소주를 얻는다.

일반 전통·토속주들의 술빚기는 이 단계에서 끝이 나거나, 증류과정을 한 번 더 거치는 것으로 술빚기가 끝나는데, 이강주는 좀 더 복잡하고 까다롭다.

조씨는 여기서 "1차 증류를 마친 소주는 이취(異臭)가 심해 재차 증류시킨 뒤, 여기에 배와 생강, 계피, 울금, 물을 넣어 다시 한 번 술을 빚어야만 제대로 된 이강주가 됩니다."고 말한다.

그 과정은 다음과 같이 요약된다. 술 이름에서 보듯 이강주는 껍질이 얇고 단맛이 뛰어나며 수분 함량이 많은 전주지방의 특산품인 '이서배'와 '봉동생강'을 강판에 갈아 이를 걸러낸 즙과 미세하게 간 계피, 그리고 울금, 꿀 1.8 l 를 증류한 소주와 함께 넣어 상온에서 3일간 숙성을 시킨 다음, 이를 여과하여 전통의 이강주를 얻는다.

조선시대 상류사회의 대표적인 술, '청량감'이 일품

이강주는 유일하게 리큐르주로 분류하는데, 그 빛깔은 아주 맑은 담황색을 띤다. 증류주이면서도 일반 소주와 같은 24%의 알코올 함량 때문에 마시기에도 전혀 부담이 없다.

고문헌의 기록에는 없는 울금이 이강주에 들어가게 된 이유에 대하여, 조정형 씨는 다음과 같이 설명한다.

"이강주는 조선조 중엽 이후부터 빚어졌던 술로, 문헌에 따라서는 '이강고'라고도 기록되어 있는데, 당시 조정에서는 황해도 지방과 전북지방에만 울금을 재배하도록 하여 진상품으로 바치게 했답니다. 그리고 전주의 생강과 황해도 봉산의 배가 다 같이 유명했답니다. 이강주에 울금을 넣게 된 시기는 정확히 알 수 없으나, 그것이 진상품이라는 데에서 술에 넣

게 됐던 것 같습니다. 왜냐 하면 이강주는 황해도 지방과 전북지방에서만 빚어졌던 토속주였다는 공통점이 있기 때문이지요. 또 우리의 전통·토속주들은 거의 대개가 집안에서 가양주로, 약주로 빚어져 왔다는 사실입니다. 이런 점에서 볼 때 저희 집안의 이강주 역시 울금의 약효를 얻고자 울금을 넣게 됐지 않았나 싶습니다. ≪임원십육지≫에 전하는 이강주 제법에는 울금이 보이지 않는데, 그보다 훨씬 후의 기록인 ≪조선주조사≫에는 울금을 기록하고 있어요."

대학시절부터 전국 술도가 찾아 전통주 150여종 발굴

이러한 이강주는 고종(高宗) 때 '한미통상회담'의 대표들이 마셨다는 기록이 있으며, 예로부터 '주향(酒香)과 그 맛이 신선(神仙)들과 어울린다'는 칭송과 함께 '품위와 격이 있는 술'로 옛날 상류사회를 대표하는 전통주였다.

생강의 매콤한 맛과 계피향, 특히 사글사글한 단맛의 배가 한데 어울려 더욱 청량감을 자아내는 이강주를, 언제 어디서고 맛볼 수 있게 됐다는 것은 여간 즐거운 일이 아니다.

특히 술에 배가 들어감으로 해서 술의 청량감과 색도를 맑게 해주어 자꾸 마시고 싶어지는 것이라거나, 서서히 취하게 하여 술맛을 더욱 좋게 하면서도 위에 자극을 주지 않게 해주는 생강의 건위작용, 피로회복은 물론 중화작용으로 신체의 기능 조절에 도움을 주는 울금 등 주재료부터 뭔가 다름을 알 수 있다.

대학시절부터 술이 있는 곳이라면 전국 방방곡곡을 다 찾아다녔다는 조정형 씨. 이제 그에게 남은 소망은 이강주를 바탕으로 더 좋은 술을 개발, 우리 전통주의 위상을 확립하는 것과 그간 조상들이 사용했던 술 도구, 그릇 등을 한데 모아 개관한 '향토주 민속전시관'을 보다 내실있게 꾸미는 것이라고 한다.

한 인간이 오로지 한 가지에 미쳐 살기는 힘든 법이다.

하물며 술을 마시는 일도 아닌, 술빚기와 그 연구에 한 평생을 바치고 있다는 사실은, 바로 한국인의 '은근'과 '끈기' 그것이 아닐까.

유난히 작은 키의 조정형 씨, 그의 인간됨이 더욱 커보였다. 酒

대청마루에 술독끼고 앉아 즐기던 알싸한 맛

서울 삼해주

술은 우리나라를 비롯 세계의 거의 모든 인류의 기호음료 가운데 하나로, 고유한 음식문화와 함께 빼놓을 수 없는 역할을 하여왔다.

우리나라는 산(山)과 물(水)의 경치가 아름답고 눈부시도록 맑은 풍토(風土)를 자랑해 왔었다.

특히 수질이 좋아서 술을 빚기에 적합하였고, 그 맛 또한 뛰어났다.

우리나라의 술은 그 주류가 쌀을 비롯 찹쌀, 수수, 보리, 조 등을 이용한 곡주(穀酒)로서, 상고시대부터 동맹·영고·무천과 같은 제천의식을 통해 주야로 춤을 추고 노래하면서 이를 즐겼다.

하늘과 땅의 자연신(自然神)과 조상신에게 제사를 지내거나, 가례(嘉禮)나 일반 연회, 접객 등에 반드시 술이 따랐다.

또한 여러 고조리서에 다양한 술 이름과 함께 술 만드는 법이 소개되어 있는 것으로 미루어, 우리나라의 술은 오랜 역사와 함께 고유한 음식문화를 형성, 발달하여 왔음을 알 수 있다.

버들개지가 날릴 때 쯤 마시는 낭만적인 이름의 춘주

한편, 우리나라 술의 발달과정을 얘기할 때, 대개 삼국시대 이전을 우리나라 전통주 발아기 또는 등장시기라고 하고, 삼국시대 이후 통일신라 시대까지를 전통주의 형성기로, 고려시대를 전통주의 발달기(정착기)로, 조선시대 중기까지를 전성기로 구분하고 있다. 전통주 전성기의 대표적인 술로 삼야주(三夜酒)·백로주(白露酒)·방문주(方文酒), 이화주(梨花酒), 청감주(清甘酒), 부의주(浮蟻酒), 향온주(香溫酒), 백자주(白子酒), 하향주(荷香酒), 춘주(春酒), 국화주(菊花酒)등이 소위 명주(銘酒)로서 일찍이 그 주품(酒品)을 자랑했다.

특히 춘주(春酒)라고도 하는 술 가운데 삼해주(三亥酒)가 있는데, '음력 정월 첫 해일(亥日)에 담기 시작해서 버들강아지가 날릴 때 쯤 먹는다' 해서 유서주(柳絮酒)라는 이름을 갖기도 했다.

삼해주라는 것은 삼양주(三釀酒), 곧 세 번에 걸쳐 담그는 양조방식의 술을 가리키는데, 이 삼해주

를 호산춘 · 약산춘 · 여산춘 등과 같이 '춘'자를 붙이지 않는 것은, 정월의 첫 해일(亥日;돼지날)을 택해 처음 술을 담근 뒤, 12일 또는 36일 간격으로 다음 해일에 세 번에 걸쳐 술을 빚는다는 데서 삼해주가 된 것이다.

삼해주는 고려시대부터 빚어져 온 것으로 여러 가지 방법이 전해오는데, 조선조 중엽 이후에는 소주의 술덧으로 쓰이는 예가 많아지면서 그 후 소주의 대명사가 되기도 했다고 한다.

현재 삼해주(소주)의 기능 보유자는 충남 한산 출신의 이동복(72세) 씨로, 17세 되던 해 충남 보령군 남포에 사는 김영옥(永玉, 23년전 56세로 작고)에게 출가하여 시가(始家) 가양주였던 삼해주와 반가의 음식 만드는 법을 배우게 되었다고 한다.

'참판댁의 술은 맛이 좋다'
1년에 한번 빚는 가양주로 뿌리 내려

이동복 씨의 시가는 시증조부 되는 김영홍(金榮洪) 공이 고을 현감을 지냈고, 시조부되는 이가 김윤환 공으로 호조참판을 지내어 댁호를 '참판댁'이라고 했던 바, 평시에도 찾아오는 객들이 빈번하여 항시 술을 담갔으며, 이동복 씨는 이런 연유로 시증조부때부터 빚어 온 것으로 알려진 삼해주를 시할머니와 시어머니로부터 전수 받게 된 것"이라 한다.

당시 참판댁으로 불렸던 김영옥 가문의 삼해주는 술맛 좋기로 원근에 평이 자자했다고 하는데, 서울의 삼해주가 보령에서 빚어지게 된 연유를 이동복 씨에게 물으니, "당시 참판 김윤환 공이 구한말 을사보호조약 이후에 벼슬을 버리고 낙향하여, 보령의 남포에 터를 잡았기 때문이다."면서, "이후 남편도 가업으로 오랫동안 충남 광천에서 양조장을 경영 1971년까지 이어 왔으며, 가양주 삼해주도 6.25 이전까지 계속해서 빚어 오다, 그 후로는 1년에 한 번씩 정월 해일에 빚어와 오늘에 이르게 되었다."고 말한다.

삼해주(소주)는 이동복씨가 44세 되던 해 남편을 좇아 상경하게 됨에 따라 서울시 지정 무형문화재 제 8호가 되었다.

그러나 삼해주가 이렇듯 널리 알려진, 특히 조선시대 대중주였다는 사실에도 불구하고, 그 어떤 문헌이나 기록에서도 그 유래나 발생 배경에 대해 정확하게 밝혀진 것이 없다. 다만, 삼해주라는 술 이름이 처음 등장한 것은 ≪동국총감≫의 저자 서거정의 작품으로, 조선조 초기(1420~1488년)에 간행된 ≪태평한화골지전≫에 수록되어 있는 것으로 미루어, 이미 고려시대 때부터 널리 성행했던 술로 추측하고 있다.

모든 계층에서 즐겼던 조선조 대중주의 상징이 된 고급 약주 삼해주가 수록되어 있는 문헌으로는 ≪노계집≫(1600代), ≪음식디미방≫(1670년경), ≪요록≫(1680년경), ≪주방문≫(1680년대), ≪역주방문≫(1700~1800년대), ≪음식보≫(1700년대), ≪산림경제≫(1715), ≪민천집설≫(1822~1852), ≪산림경제보≫(1700년대 중엽), ≪감리종식법≫(1766), ≪증보산림경제≫(1766), ≪고사십이집≫(1787), ≪고려대규곤요람≫(1800代), ≪임원십육지≫(1827), ≪산림경제섭요≫(1880), ≪양주방≫(1837), ≪동국세시기≫(1847), ≪시의전서≫(1800말엽), ≪계음잡록≫(1800말엽), ≪조선명주≫(1904), ≪조선세시기≫(1916), ≪조선무쌍신식요리제법≫(1924) 등이 있다.

한편, 삼해주는 조선시대에 이르러 지방보다 서울에서 널리 성행했는데, 그 이유는 당시 귀하게 여겼던 쌀을 3차까지 덧술을 하여 만든, 값이 비싼 고급주여서 권력과 상권의 중심지였던 서울의 사대부와 반가에서 애음하였기 때문으로 추측된다.

그러다가 후에 이르러 삼해주는 일반인들에게까지 애음되었는데, 삼해주로 인한 양곡의 소비가 심해 금주령을 내려야 한다고 하는 상소가 빗발쳤다고 한다.

실례로, 영조 9년의 문헌인 ≪추관지≫에 형조판서 김동필이 "세수에 매주가에서 삼해주를 많이 만들어 내니, 서울에 들어오는 미곡이 죄다 이리로 쏠려들어가니, 미곡 정책상 이를 금함이 옳다."고 하는 내용의 상소문이 수록되어 있다.

당시 서울에서 일반인들의 삼해주 수요가 어떠했는지, 정월에 빚어야 하는 계절적인 제한으로 그 공급이 한정되자, 서울 근교의 마포 '옹막이'를 삼해주의 대량 제조공장으로 사용하였다 한다.

겨울에는 옹기를 굽지 않는 까닭에 옹기 굽는 가마를 이용하면 대량의 삼해주를 빚을 수 있었던 것이다.

이에 대한 기록으로 ≪동국세시기≫〈3월령(三月令)〉에, "燒酒則孔甕幕之間三亥酒甕釀千百最有名稱……"라고 하여, 지금의 마포구 공덕동 소재 옹기 굽는 옹막에서 삼해주를 소주로 고아 냈음을 알 수 있다.

또 조선조 헌종 7년의 ≪일성록(日省錄)≫을 보면, "정월에만 담그던 삼해주가 아무 해일에나 담그던 술이 되었고, 또 이것을 청주보다 소주의 원료로 쓰게 되고, 그리하여 전 년에 가을, "겨울부터 담는 소주의 밑술까지도 삼해주라 일컫는 풍이 생겨서, 근래에는 삼해주 하면 도리어 소주의 밑술 이름으로 생각하게 되었다."는 문구가 나온다.

집안 형편, 계층마다 술 빚는 법 달라져

이러한 사실은 삼해주(소주) 기능보유자 이동복씨에게서도 들을 수 있었는데, "여름이나 가을에도 삼해주를 아무 해일에나 빚었고, 술이 실패했을 때에는 소주로 고아내렸다."는 것이다. 씨는 또 "그러나 여름이나 가을에 담그던 삼해주에는 밀가루를 넣지 않았다."고 말해, 밀가루는 제때(정월)에 술을 빚을 때 넣는 것임을 알 수 있다.

어떻든 이러한 여러 가지 사실로 미루어 볼 때 삼해주는 권력층과 부유층 뿐 아니라, 일반 서민들 사이에서도 널리 유행했던 술임을 짐작할 수 있다. 그리고 일반에서는 가정 형편에 따라 약식(略式)으로, 또는 재료의 가감과 처리 방법에 변화를 주는 등 술 빚는 방법의 변화가 이뤄졌을 것으로 생각된다.

그 이유로 ≪주방문≫과 ≪음식디미방≫에 4종류가, ≪산림경제≫에 '삼해주법'으로, ≪임원십육지≫에 '삼해주방'으로, ≪고려대 규곤요람≫을 비롯 ≪시의전서≫ · ≪증보산림경제≫ · ≪고사십이집≫ · ≪양주방≫ · ≪요록≫ · ≪음식보≫ · ≪역주방문≫ · ≪조선무쌍신식요리제법≫에 2종류가 기록되어 있기 때문이다.

이동복 씨로부터 삼해주 빚는 방법을 듣자니 여간 정성이 들어가는 것이 아니었다. 씨의 설명에 따른 삼해주(소주) 제조과정을 요약하면 대략 다음과 같이 정리된다.

삼해주(소주)는 총 세 번에 걸쳐 술을 담그는데, 이에 따른 발효제로 누룩은 한여름에 밀을 곱게 빻아서 밀기울과 함께 되게 반죽해서 누룩틀 안쪽에 삼잎을 깔고 그 위에 반죽을 넣고 단단히 디딘 다음, 20여일 띄우면 은근하게 노르스름한 빛깔을 띤, 이른 바 뇌명누룩이 완성된다. 통밀 2되를 빻으면 지름 20~22cm×높이 5cm 정도의 누룩 한 장이 만들어진다고 한다.

누룩은 다음 해 정월 첫 해일에 가루로 빻아서 사용하는데, 밑술 빚을 재료는 멥쌀 1말을 가루내어 백설기를 만들고, 차게 식혀서 준비한 누룩과 탕수를 섞어 술독에 안치고 발효에 들어간다. 하루 지나면 단맛이 나는데, 이동복 씨는 "술이 깐작깐작하게 단맛나는 것이 특징이다."면서, "이렇게 해서 겨울철 상온에서 12일 정도면 술이 익는다."고 말한다.

유과 · 산자 · 볶음 고추장을 안주로 한 잔, 두 잔

이어 덧술을 담그는데, 멥쌀 5말을 고두밥 지어 차게 식으면 누룩가루 2되, 탕수 6말을 밑술과 함께 섞고 새 술독에 안쳐서 36일이 지나면 2차 덧술을 한다. 그 준비로 먼저 발효가 끝난 덧술을 용수나 체, 술자루를 이용, 걸러서 막걸리를 만든다. 막걸리 양은 대략 5말 정도이다. 찹쌀 5말로 고두밥을 짓고 차게 식으면 누룩 2되, 탕수 5말을 함께 섞어 역시 새 술독에 안쳐서 발효시킨다.

이때 유의사항은 덧술을 걸러서 만든 막걸리의 양에 따라 덧술에 들어가는 탕수의 양이 달라진다는 것이다. 즉, 덧술로 만든 막걸리의 양이 5말이면 탕수의 양도 5말이 들어간다는 것이 이동복씨의 설명이다.

이어 2차 덧술을 담그는데, 찹쌀 3말을 고두밥 지어 차게 식혔다가 덧술과 섞는데, 이때 들어가는 탕수의 양 역시 발효가 끝난 술의 양과 같다. 이때 덧술의 양은 대개 8말에서 10말 정도이다. 2차 덧술 때는 누룩을 넣지 않는다. 2차 덧술 역시 새로 마련한 술독에 안쳐서 잘 봉하여 1개월 이상 발효 · 숙성시키면 약주 삼해주가 된다.

완성된 삼해주는 소주고리를 이용 증류하는데, 술바탕 체로 걸러서 소주를 내린다고 한다.

이동복 씨는 "옛날에는 냉장고가 없었지 약주를 만들어 놓아도 변질이 없었다."면서, "그러니까 옛날에 부잣집이나 양반 계층에서 빚어 마셨던 것 같다. 옛날엔 다들 먹고 살기 힘들었는데, 쌀이나 찹쌀로 그것도 세 번에 걸쳐 술을 빚어 마실 수 있었겠는가."고 말한다.

삼해주의 술안주로 어떤 것이 좋은가 하고 물으니, "찹쌀로 만든 유과나 산자, 또는 찹쌀 고추장에 고기 썰어 넣고 볶은 볶음 고추장이 적격이다."는 것이 이동복 씨의 설명이다.

봄부터 여름 내내 대청마루에 술독을 앉혀 놓고 두고두고 마셔댔을 삼해주라니. 그리고 "어쩌다가 변질될 것 같으면 소주로 내려 약으로 마셨다."고 하니 그 알싸한 맛이 어찌 잊혀지겠는가. 酒

술을 깨기 위해 마시는 술

김제 송순주

위장병과 신경통 치료의 비주(秘酒)
비구니가 알려준 비방 4백년
지켜와

조선조 선조 때 병조정랑(兵曹正郞)의 직책에 몸 담고 있었던 김택이란 사람이 있었다. 김택은 임진난 당시 조중봉, 고제봉 등과 금산전투에서 순사한 인물로, 생존 당시의 그는 평소 위장병과 신경통으로 고통을 겪고 있었는데, 어느 날 비구 한 분이 찾아와 그의 부인(완산 이씨)에게 한가지 비방을 알려주었다한다.

이에 김택은 비구의 비방대로 하여 병을 고치게 되었는데, 그 후 경주 김씨 가문의 며느리들에 의해 400여년 동안 전해져 오고 있다.

그 비방은 다름 아닌 송순주(松筍酒)란 이름의 가양주(家釀酒)로서, 송순(松筍)을 주원료로 하여 빚은 술이라는 데서 그 이름을 따왔다.

지난 '87년 전라북도 무형문화재 제6호로 지정되기도 한 송순주는, ≪규합총서≫를 비롯하여 ≪임원십육지≫, ≪동국세시기≫, ≪술빚는 법≫, ≪시의전서≫, ≪술방문≫, ≪조선무쌍신식요리제법≫, ≪조선고유색사전≫, ≪치생요람≫, ≪양주방≫, ≪음식디미방≫, ≪지봉유설≫, ≪신간구황촬요≫, ≪조선주조사≫, ≪한국의 명주≫ 등 여러 문헌에 수록되어 있고, ≪임원십육지≫와 ≪규합총서≫에서는 그 제조방법을 매우 상세하게 기록하고 있다.

송순주는 김택의 27대손 김창선 씨의 부인이자, 종가의 맏며느리인 김복순 씨에 의해 그 맥이 이어져 오고 있는데, 그 제조과정에 있어서 "송순주 이상으로 복잡하고 까다로운 술이 없다." 할 정도이며, 정성 또한 이를 데 없다.

이 때문에 "송순주는 신비한 맛과 향에서 신선주에 버금간다."고 하며, 한국적 정취와 함께 맑은 향기, 독특한 술 빛깔로 애주가들을 사로잡는다.

김복순 씨는, "현재 34년째 송순주를 빚어오고 있다."면서, "술 한 번 빚고 나면 다시는 안 빚고 싶을 정도로 넌더리가 난다."고 말한다.

얼만큼 송순주의 양조과정이 까다롭고 복잡한 지를 짐작케 하고도 남는 얘기이다.

김 씨는 "송순주 빚는 방법을 시어머니(배음숙씨, '93년 작고)로부터 배워 전승해오고 있는데, 34년이란 세월이 지난 지금에도 아직도 술빚기만큼은 시어머니를 따라가지 못한다."고 겸손해 한다.

밑술과 덧술용 누룩 따로 사용
이른 봄 어린 송순 따다 빚어

송순주는 주원료인 누룩과 송순을 마련하는 일부터 시작된다.

누룩은 밀을 깨끗이 씻어 2일 정도 볕에 말렸다가 빻아 체로 쳐서, 하얀 밀가루로는 밑술용 누룩(백곡)을 만들고, 빻기만 하고 체로 치지 않은 밀로는 덧술용 황곡을 만든다. 누룩은 일반 술들에서 사용하는 방법과 같이 만들며, 25~30℃에서 30일 가량 띄워 법제하여 쓴다.

다음엔 송순을 준비하는데 4월 하순부터 5월 중순 사이, 소나무 곁가지에 새로 자란 송순을 10~15㎝ 길이로 채취하여 시루에 넣고 찐 뒤, 모엽(어린 솔잎)을 제거하여 그늘에서 하루 정도 말려서 사용한다.

충분히 건조시키면 저장성이 좋아 1년 내내 두고 쓸 수 있다.

누룩과 송순 준비에 이어 소주를 만들어야 하는데, 소주는 멥쌀 21㎏을 고두밥 쪄서 누룩(황곡) 9㎏, 물 40ℓ를 붓고 20~25℃에서 6~7일간 발효시킨다. 이를 소줏고리를 이용하며 증류하면 20ℓ의 소주(알코올 함량 39%)를 얻는다.

이때 주의할 일은 불의 세기, 곧 화력(火力)을 잘 조절해야 술이 독하지 않고 탄내가 나지 않는다.

소주가 만들어졌으면 이제부터 송순주 빚기에 들어가는데 먼저 밑술을 잘 만들어야 한다.

밑술은 멥쌀 9㎏을 물에 15시간 불렸다가 건져 빻은 뒤, 백설기를 만들고 식혀서 사용한다.

여기에 백곡 8㎏, 물 13ℓ를 섞어 술독에 안친 뒤, 18~20℃의 실내에서 5~6일 발효시키면 밑술이 익으므로 덧술을 안친다.

덧술은 찹쌀, 또는 멥쌀 36㎏을 깨끗이 씻어 하룻밤 물에 불렸다가 고두밥을 쪄서 식힌 후, 누룩(황곡)가루 12㎏, 쪄서 말려두었던 송순 3㎏(생송순이면6㎏)을 함께 5시간 가량 물에 불렸다가 건져서 함께 버무려 밑술에 넣은 다음 밀봉한다.

발효에 적당한 온도 10~15℃를 유지해 주기 위해 땅 속 50㎝ 깊이로 술독을 반쯤 묻는다. 12~13일 후 발효가 끝나면 준비해 둔 소주 20ℓ를 붓고 용수를 박은 뒤, 다시 밀봉하여 뚜껑을 덮어 80여일 숙성시킨다.

숙성이 끝나 채주하면 송순주를 얻는다.

송순주는 술 빛깔이 황갈색을 띠며, 알코올 함량 30%의 알싸한 맛을 자랑한다.

옛법과는 다른 독특한 술빚기

우리나라 전통 토속주 중 소나무에서 채취한 것들을 사용해 빚는 술을 오송주(五松酒)라 하여 송순주, 송실주, 송엽주, 송근주, 송화주가 있는데, 그 중 색과 맛, 향이 가장 뛰어날 뿐만 아니라, 약효 또한 으뜸인 술이 송순주라는 것은 예로부터 잘 알려진 사실이다.

그런데 여기서 한 가지 짚고 넘어가야 할 것은, 김복순 씨에 의해 빚어지고 있는 송순주 제조방법은 옛 법식, 즉 조선시대 음식 관련 기록인 ≪임원십육지≫와 ≪규합총서≫의 송순주 제조방법과는 다소 차이점을 보이고 있다는 것이다.

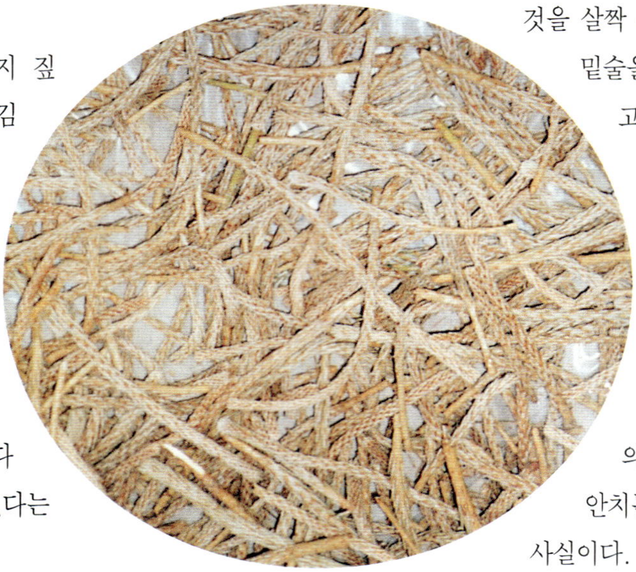

《임원십육지》에서는 "…밑술을 만든 후 3~4일 뒤에 모엽(毛葉, 송순에 붙은 작은 솔잎)을 제거하여 끓는 물에 넣는다. 조금 있다가 꺼내면 쓴맛이 없어진다. 서늘한 곳에 헤쳐 놓는다. 또 먼저 마련해 둔 찹쌀 4되 5홉을 물에 담갔다 밥을 해서 식힌다. 다음에 먼저 만들어 놓은 밑술을 걸러서 찌꺼기를 제거하고, 송순과 찹쌀밥을 함께 섞어 술을 만들되, 누룩을 더 넣지 않는다…."하여 김복순 씨의 송순주 제조과정에서 밑술의 처리방법에 다소 차이가 있다.

또≪규합총서≫에서도 "…송순 1말 수염없이 한 것을 살짝 삶아 역시 차게 식힌 후, 밑술을 가는 체에 걸러 밥을 고루고루 섞어 알맞은 항아리에 한 층씩 밥과 송순을 떡 안치듯 차례로 넣고, 차지도 덥지도 않은 곳에 두었다가…"라고 하여, 역시 송순의 준비과정과 밑술의 처리과정, 그리고 술 안치는 법에서 차이가 있다는 사실이다.

그러나 이는 우리의 전통주를 비롯, 토속주 거의 대개가 가양주로 빚어져 오면서, 또 집안 내력이나 환경에 따라 전승과정에서 각기 재료의 가감과 제조 방법의 변화를 가져왔던 것이 통례인만큼, 전혀 문제가 되지는 않는다고 보겠다.

다만, 옛법에 의한 술빚기와 현재의 술빚기에서 나타나고 있는 차이점이 술맛의 차이로 나타나지는 않는지 궁금할 뿐이다.

'술은 술로서 다스린다'
술독 푸는 데 그만인 송순주

달면서도 톡 쏘는 듯한 매운 맛, 그리고 은은한 솔향기를 풍기는 송순주는 채주하여 창호지를 이용, 10여 차례 걸러 60일 이상 숙성시켜 마셔야 제맛을 더한다.

한편, 송순주는 '술은 술로서 다스린다'는 내력으로 유명한 술이기도 하다.

송순주가 경주 김씨 가문의 가양주로 전해지게 된 것은 조선조 중엽이지만, 그 역사는 고려시대로 거슬러 올라간다.

그러니까 고려 말엽 원나라와의 교역이 잦아지면서 소주(증류주)가 들어오게 되었는데, 독한 술로 인한 폐해와 병들어 죽는 사람들이 늘어나자, 조정에서는 금주령까지 내렸으나 소용이 없었다 한다.

이에 독한 술을 중화시키면서 주독을 방지하고자 만들어진 술이 바로 송순주라는 것이다.

그래서 '술은 술로서 다스린다'고 하는 말이 생기게 되었다 한다.

그래서인지 '송순주는 술을 깨기 위해 마시는 술'로 더욱 유명해졌다.

"송순주는 위장병과 신경통 치료 외에도 풍치 예방과 강장제로도 좋은 술입니다. 그리고 송순주를 마셔 본 사람들이 그러는데, '다른 술에 비해 잔뜩 취하게 마셔도 정신을 잃는 법이 없다'고들 합니다. 또한 다른 술을 많이 마셔서 취했다가도 송순주를 마시면 속이 풀리면서 금방 술을 깬다고 합니다. 술독을 푸는 데 그만이라는 것이지요."

송순주의 약효에 대한 김창신 씨의 설명이었다. 송순주는 1993까지만 해도 3대에 걸쳐 빚어 왔는데, 배음숙 씨가 노환으로 타계함에 따라 지금은 27대 맏며느리인 김복순 씨, 그리고 김 씨의 셋째딸 김진숙(29세)씨가 어머니를 도와가며, 전통의 뿌리 지키기에 구슬땀을 흘리고 있다. 酒

전통 증류식 소주의 대명사

안동 소주

개성, 안동, 제주지방 소주 유명
집집마다 독특한 비법 전해

예로부터 웬만큼 이름있는 가문에서는 집집마다 독특한 비법으로 빚어 마셨다는 소주(燒酒).

"소주 가운데서도 특히 안동 소주는 그 이름을 전국에 떨쳤는데, 안동 소주의 명성이 차차 세간(世間)에 퍼지자, 심지어는 평민들까지도 약식(略式)으로 빚어 즐겼다고 합니더."

안동 소주 양조기능보유자 조옥화(72세, 경상북도 지정 무형문화재 제12호) 씨의 말이다.

안동 소주는 우리의 옛 문헌인 ≪고려사≫에서 그 유래를 찾을 수 있다.

조옥화 씨의 애기와 기록에 따르면, "고려 때의 무장(武將) 김진(金鎭)이 왜군을 막기 위해 이 고을에 부임했는데, 밤낮으로 술에 취해 있고, 그로 인해 부하를 심하게 다뤄 문제가 되었다"는 것.

당시 '김진이 소주를 늘상 취하도록 마셨다' 하여 그와 막료들을 가리켜 '소주도(燒酒徒)'라고 했으며, 그가 마신 술이 바로 안동 소주라는 것이다.

이를 뒷받침하는 또 다른 이야기로, 몽고가 일본 침공의 근거지로 삼았던 지역이 개성, 안동, 제주도로 이 지역에는 각기 이름난 소주가 있었는데, 그 중 안동 소주를 으뜸으로 쳤다고 한다.

안동 방언으로 '아락주', '아랑주'라는 술 이름을 쓰고 있는 것과, '술 핑계'라는 말을 '아랑이 핑계'로 쓰고 있다는 점이 이를 뒷받침한다.

'아락', '아랑'은 '아리끼'라는 아랍어로 소주를 가르키는 말인데, 이 증류식 소주가 페르시아에서 몽고를 통해 국내에 전래되면서 변화한 것이 아니냐 하는 추측이다.

이로써 미흡하지만, 안동 소주의 유래는 미흡하지만, 어느 정도 밝혀진 셈이라고 하겠다.

향토야시장 동동주에서 힌트,
'86년부터 소주 재현에 매달려

소주에 대한 기록으로 《주방문》, 《음식디미방》, 《지봉유설》, 《고려대규곤요람》, 《규합총서》, 《김승지댁 주방문》, 《조선무쌍신식요리제법》, 《부상록문견별록》, 《북관지》, 《역주방문》, 《고사십이집》 등을 들 수 있다.

"다른 나라들은 각기 제 나라 술이 있는데, 우리 나라엔 아직 이렇다 할 술이 없습니더. 그래서 우리 고장의 토속주인 안동 소주를 되살려야겠다고 시작한 거 아닙니꺼."

조옥화 씨가 안동 소주 재현에 뜻을 두게 된 것은 1986년으로 그리 오래지 않다.

당시 조씨는 새마을운동본부 안동지부 부녀회원으로 활동하고 있었는데, 그때 기금조성을 목적으로 '향토 야시장'에 지역 특산물을 출품했으나, 수익금이 그리 많지 않아 매번 1등을 놓쳤다고 한다. 그래 각 지방별 코너를 두루 살폈더니 동동주가 인기 있어, 즉시 내려와 동동주를 빚어다 팔았는데, 꽤 큰

돈을 모았다는 것이다.

그때 안동시 공보실장이 '동동주도 좋지만 소주가 좋지 않겠느냐'고 하여 안동 소주와 인연을 맺게 되었다는 조옥화 씨.

그러나 막무가내로 소주 빚기에 매달린 것은 아니었다. 조씨 자신이 13살이었을 때부터 가양주를 빚고 계시던 친청 할머니 곁에서, 또 모친(김또희)에게서 잔심부름을 하면서 출가할 때까지 술빚는 법을 익히 익혀왔던 터여서, 안동 소주의 재현은 그리 어렵지 않았다고 한다.

조옥화씨는 "어렸을 적 집안의 어른들이 술빚는 일을 시키기 위해 '옥화가 빚은 술이 맛있다'는 칭찬에, 정말 그런 줄 알고 열심히 술을 빚지 않았는교." 하면서 멋적은듯 수줍게 웃었다.

불땀 조절이 술맛 결정한다

그러나 사실, 수 십년 동안 잊고 살았던 일을 다시 시작하는 데에는 적잖은 고민과 어려움이 따랐다고 한다.

"처음엔 서툴러서 수 차례 실패했습니더. 계속하

다 보니 두서도 잡히고, '불땀(불기운의 세고 약한 정도)' 조절이 술맛을 결정한다는 사실을 터득하게 되었지예."

조옥화 씨의 설명에 따른 안동 소주 빚는 법은, 먼저 통밀을 깨끗이 씻어서 맷돌이나 방앗간에서 갈아서 쓰는데, 가루가 날리지 않을 정도로 잘게 빻는다. 이것을 물과 섞어 반죽을 한 다음, 20여일 띄워서 누룩을 만든다. 그리고 술밥을 지어 누룩, 물과 함께 항아리에 담고 10~12일 정도 발효시킨다.

이를 다시 솥에 담고 중간 불로 오랜 시간 고아서 소줏고리를 통해 소주를 내리는데, 증류된 술은 알코올 함량 80% 정도나 되는 독한 술이어서 마시기 어려우므로, 혀 끝으로 맛을 봐서 적정 도수인 40~45°로 낮춘다. 물은 질 좋은 지하수를 사용한다.

아주 간단한 설명이었다. 누구라도 쉽게 빚을 수 있겠다 싶을 만큼.

안동 소주 빚는 법을 구체적으로 살펴 보면, 앞서의 방법으로 누룩을 띄우는 한편, 멥쌀을 물에 담가 하룻동안 불린다. 쌀을 체에 밭쳐서 건져낸 다음, 시루에 담고 1시간 넘게 쪄서 식힌 후에 물반죽한 누룩과 물을 함께 섞어 고루 버무린다.

이때 재료의 비율을 보면, 누룩 1:고두밥 3:물 2배(누룩+고두밥 비율)로, 이들 재료를 항아리에 넣고 실내온도 25~30℃에서 10~12일 가량 발효시킨다.

발효가 끝난 술을 소줏고리에 넣고 증류를 시킴으로써, 안동 소주가 만들어진다.

순곡 증류주 특유의 방향과 입안에 퍼지는 알알한 맛

조 씨는 "안동 소주의 비결은 누룩 빚기와 불땀의 조절에 있다."는 것을 거듭 강조한다.

"옛날에는 안동포를 짤 때 쓰이는 삼나무 잎을 누룩 사이에 넣고 초취(焦臭)를 냈는데, 요즘은 '대마초'라 하여 쓸 수가 없게 되었지예. 그래서 가을에 나는 국화꽃잎이나 줄기를 섞어 초취를 내고 있습니더. 또 소주를 내릴 때 가장 힘든 일이 '불땀'의 조

절인데, 아무리 술이 잘 빚어졌더라도 소주를 내릴 때 불이 너무 세거나 약하게 되면 제대로 된 술맛을 낼 수가 없습니더."

그러니 '세상 일 치고 어느 것 하나 거저 얻어지는 것이 없는 법'이라는 말은 결코 허언이 아니라고 하겠다.

이렇게 해서 빚어진 안동 소주는 뒤끝이 깨끗하고 그윽한 향기 때문에 즐겨 찾는다.

산수가 좋기로 이름난 안동지방이거니와 순곡과 질 좋은 수질이 토질과 어울려 내는 술맛인 것이다.

그러기에 안동 소주를 마셔 본 사람이면 그 술맛을 절대 잊지 못한다고 한다.

얘기인 즉, "마시기 전엔 고량주와 같은 향취를 느끼는데, 술이 입 안에 들어가면 목젖이 알알할 정도로 화끈한 술이다. 독한 술이기는 하나 마신 뒤에는 전혀 뒤끝이 없고, 은은한 술 향기가 오래도록 입안에 퍼진다."는 것이 공통적인 의견이다.

그래서일까. 조씨는 안동 소주를 찾는 수가 날로 늘어나자, 전통 제조법을 지양 현대식 시설 양산 체

제를 갖춰 하루 1,370병을 생산하고 있다.

그 인기를 단적으로 설명하면 안동 소주는 1993년 현재 안동시(市)의 소득 순위 3위를 차지할 만큼 급성장을 이루고 있다는 것이다.

안동 소주는 한때 '제비원'이란 상표로 장안의 주가(酒價)를 올렸던 때가 있었다.

그러나 1975년 (주)금복주로 합병되면서 '제비원 소주'로 그 맥을 이어가는가 싶었지만 곧 사라졌던 것인데 조옥화 씨로 말미암아 다시금 세상에 빛을 보게 된 것이다.

이는 전통의 계승, 우리 '술 문화'의 발전을 위해서도 다행한 일이 아닐 수 없다. 酒

술 빛깔에 반하고 마는 아름다운 청량제

진도 전통홍주

'진도(珍島)' 하면 상징처럼 떠오르는 게 천연기념물인 '진도개'와 '구기자', '홍주(紅酒)'이다. 그 가운데 구기자는 귀한 약재이면서 한방에서는 가장 흔하게 쓰는 나무열매이고, 홍주는 우리의 전통·토속주 가운데 고려 말엽부터 빚어져 온, 또 다른 명주 방문주(方文酒)와 더불어 매우 오랜 역사와 전통을 간직해 온 증류주로, 어느 사이 진도의 대명사격 특산품으로 자리잡아 오고 있다.

그래서 구기자로 빚은 술이 홍주인 것으로 착각하고 있는 사람들이 적지 않다.

삼별초난 때 유입된 소주,
홍주 마시고 죽음을 면한 허종

진도 전통 홍주는 어떻게 빚어지는 술인지, 진도읍에서 50년 넘게 홍주를 빚고 있는 허화자(65세)씨를 찾아가 보았다.

허화자 씨는 전남 도 지정 무형문화제 제 26호이다.

진도 전통 홍주의 유래는 두 가지 설이 전한다

증류식 소주의 기원은 페르시아에서 시작된 것으로, 이를 몽고에서 받아들였는데 고려 말엽 몽고인들이 '삼별초의 난'을 평정하려 진도에 들어왔을 때, 그들이 빚어마셨던 증류주가 지금의 홍주를 낳게 되었을 것으로 미루어 짐작하는 것이 한 가지 설이다.

또 다른 설은 조선조 세조 때의 경상도 절도사 허종(許宗, 1434~1494)의 부인이 홍주 만드는 비결을 알고 있어, 후손에 전했다 한다.

허종은 성종 때 윤비(尹妃) 폐출을 위한 어전회의가 있던 날, 부인이 권한 독한 홍주를 많이 마신 탓에 사직교(社稷橋)에서 낙마하여 입궐하지 못하였는데, 그 후 윤비의 소생 연산군이 보위에 오르면서 윤비의 폐출에 가담한 신하들을 잡아 죽이는 갑자사화 때, 허종만은 화를 면하였다는 일화가 전해지고 있다. 그 후 허종의 5대손으로, 광해군 즉위 원년 1608년, 광해군 형 임해군의 처조카인 허대(許岱,1586~1662)가 지금의 진도군 고군면으로 낙향하여 선대로부터 물려받은 소줏고리로 가양주인 홍주를 빚어왔다는 설이 그것이다.

홍주에 대한 기록으로는 《조선고유색사전》 등 여러 문헌이 있는데, 재료와 술 빚는 법에 대한 기록은 없고, '붉은 색이 나는 술'로 소개하고 있다.

한여름 새벽부터 빚는 홍주
청량감 뛰어나 더위도 식힌다

"아이고! 주지스님! 나 못살게 할라고 이 한여름에 웬 손님이라우? 오시겠다는 말씀은 들었어도 참말로 오실 줄은 몰랐는디. 오늘 한종일 해놔서 내일은 좀 쉬어야겄는디. 허리가 끊어지게 생겼당께요. 거그 서 계시지 말고 이리로 좀 올라 앉으시쇼오!"

그랬다. 샘가에 널려져 있는 소쿠리며 솥, 떡시루를 씻고 있는 중이었다.

허화자 씨가 몹시 당황한듯 잽싸게 마루를 훔쳐내고는 우리 일행에게 앉기를 청했다.

남도 아낙의 독특하면서도 쉰 목소리가 나이와 잘 어울린다 싶었다. 투박하면서도 가식없이 늘어 놓는 말투와 행동이 묘한 조화를 이루어 절로 웃음 짓게 만든다.

안내를 맡은 이곳 진도의 쌍계사 주지 법령 스님은 난처하다는 듯 자꾸 고개를 돌리셨고, 그 곁에 서서 지친 심신에도 연신 웃음을 참지 못하고 있는, 또 다른 얼굴을 힐끔힐끔 훔쳐보던 허씨가 욕설처럼 한마디를 내뱉었다.

"아이고, 징상스러어. 내가 어쩌다 이걸 다 배워서……."

허씨의 말 끝에서 '됐다' 하는 직감을 느끼곤 안도의 한숨을 내쉬었다.

허씨는 부엌으로 들어가더니 커다란 그릇 하나를 내왔다. 홍주였다.

진홍색 술빛이 백열등 불빛을 받아 더욱 뜨거운 빛

을 발하고 있었다.

"스님! 이것이여요오, 한 잔 해보실라우."

'허허' 너털웃음을 짓던 스님이 뒷일을 부탁한다시며 총총걸음으로 떠나신 뒤, 풋고추와 마늘 한 쪽을 안주로 거푸 두 잔을 마셨다. 목젖이 타들어가는 듯한, 그러면서도 홍주 특유의 청량한 맛을 함께 형용할 수 없는 향기를 느낄 수가 있었다.

그것은 땀이 다 씻기는 시원한 맛이었다.

어느 사이 해는 떨어지고, 저녁을 준비하러 부엌으로 들어가던 허씨가, "내가 아적 때(아침나절) 온 일본 기자들도 쫓아보냈는데, 박선생님한테는 웬일로 후덕해지는가 모르겠네이. 아까 주지스님 모시고 온 덕분인 줄 그리 알어요 오. 얼른 가셔서 잠 한숨 붙이고 새벽 4시에 오시쇼."

뒤도 돌아보지 않고 부엌으로 들어가는 허씨. 이어서 '홍' 코푸는 소리가 들린다.

친정 집안의 가양주 전승
'누룩 띄우기'에 술맛 달렸다.

채 어둠이 걷히기도 전인 새벽 4시. 허씨의 집 대문은 벌써부터 열려 있었다.

멥쌀을 씻느라 사람이 들어서는 줄도 모르던 허씨가 깜짝 놀라며, '잘 잤느냐' 고 먼저 말을 건낸다. 전형적인 전라도 사투리였다.

"친정 할아버지께서 이 홍주를 빚어 시아버지께 올렸었제. 소위 '가정주' 였어. 그런디 숙모께서 내게 가르쳐 주신 것이여. 이 짓이 워낙 힘든 일인 데다가 당신이 나이가 드시니 좀 편히 지내시자는 것이였제, 그땐 처녀적이였응께 힘든 줄 몰랐는디, 뙤약볕에서 하루 왼종일 쭈구리고 앉아서 장작불을 땐다고 생각해 봐, 힘이 안들것는가."

사실이 그랬다. '7월 염천' 이라고 한여름 뙤약볕 아래서 술밥 찌랴, 술 내리랴 진종일 불을 지펴야 하는 일은 자칫 탈진하기 십상이다.

"이 술이 잘 될라면 누룩을 얼마나 잘 띄우느냐에 달렸지라우. 누룩은 밀과 보리를 잘 골라서 반반씩 (1 : 1) 섞어서 맷돌에다 갈아 쓰는데, 요새는 방앗간에서 갈아다 써요. 너무 곱지 않게 갈아서 촉촉할 정도로 물을 뿌리고(20~25%), 누룩상자(양이 많으므로 누룩고리 대신 고기상자처럼 만들었다)에 담고 꼭꼭 눌러 방이나 창고에 두면 되는데, 하얗게 된 것이 잘 뜬 것이요."

충분한 발효와 숙성된 누룩, 지초뿌리가 맛의 비결

허씨의 누룩 발효방법과 저장방법에 대해 좀 더 구체적인 설명을 곁들이자면, 밀과 보리를 함께 갈아서 수분이 20% 정도 되도록 살수(물뿌림)를 한다. 이는 발효를 돕기 위한 것이며, 계절에 따라 약간씩 발효기간이 달라지는데, 누룩고리에 담아 봄, 여름에는 상온(28~30℃)에서 10일 정도가 소요된다. 발효가 된 누룩은 다시 건조실로 옮겨져 상온에서 14일 정도 건조시킨 다음, 한 달에서 두 달 정도를 실온 상태에서 저장했다가 쓴다.

이때의 누룩, 즉 곡자는 곰팡이균이 충분히 번식된 상태로 속까지 하얗게 된다. 이를 콩알이나 도토리 크기 정도로 잘게 부수어 쓰는데, 이는 효모균이

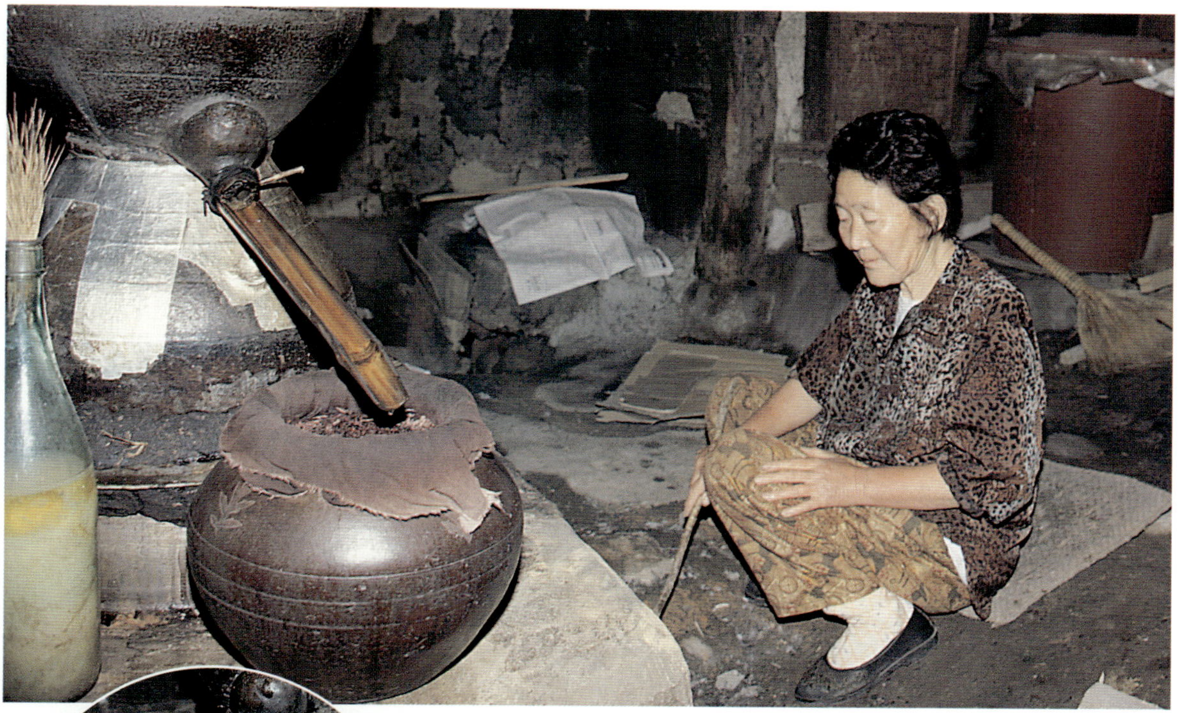

빨리 발효작용을 할 수 있도록 하기 위한 것이다.

다음은 술밥(지에밥)을 짓는 일로, 술밥은 멥쌀과 보리쌀을 3 :1의 비율로 섞어 1말을 만든 다음 깨끗이 씻어 시루에 안쳐 찐다. 다 찐 술밥은 광목보나 키에 고루 펴서 식힌 다음, 잘게 부순 누룩가루 1말과 땅 속 150자 깊이에서 퍼올린 물 3말5되를 섞어 밑술을 잡는다.

밑술은 술독을 깨끗이 씻어 놓고,그 안에다 누룩 섞은 술밥과 물을 넣고 잘 저어서 뚜껑을 덮어 놓는다.

여기까지가 발효 과정인데, 씨에 따르면 "누룩이 좋을 때는 쌀을 1말까지도 넣어도 돼요."하면서, "옛날에는 어른들이 '멥쌀 중심에 차좁쌀 1되와 보리쌀 1되씩을 넣어 빚어야 좋다'고 하셨는디, 인자는 차좁쌀이 워낙 비싸다 본께 보리쌀만 넣는디오."라고 말하고 있어, 재료에는 다소 변화가 있음을 알 수 있다.

밑술은 술독에서 30일에서 최고 50일 정도의 시일을 거쳐 만들어지는데, 충분한 발효과정을 거쳐야 한다. 곧 밑술의 발효기간이 길다는 것이다. 오랜 시일을 거쳐야만 술을 마셔도 뒤가 깨끗한 술맛을 낼 수 있기 때문이다.

만일 10일 내지 20일 정도로 기간을 단축하여 증류를 시키게 되면, 두통과 구토 등 술의 피해가 남을 뿐만 아니라 깨끗한 술맛을 낼 수 없게 된다.

마지막 과정으로 술독의 술을 떠서 가마솥에 붓는데, 이때 주의할 일은 술이 끓어서 넘치지 않을 정도로 담고, 소줏고리를 얹어 공기가 새지 않게 시루번을 붙인다. 이어 불을 때면 솥 안의 술바탕이 끓으면서 기화한 액체가 소줏고리 위의 냉각수를 담은 부분에 닿아 식으면서 귀때로 흘러 내려온다.

끝으로 소줏고리의 귀때 끝에서 떨어져 내린 증류주는 맑디 맑은 단순 소주이지만, 단지 위에 놓인 지추를 통과하면서 착색이 되어 홍옥과 같은 붉은 색을 띠게 되므로 홍주(紅酒)라 한다.

빨리빨리, 편의성이 능사 아니다 전통적인 술빚기 고집하는 허씨

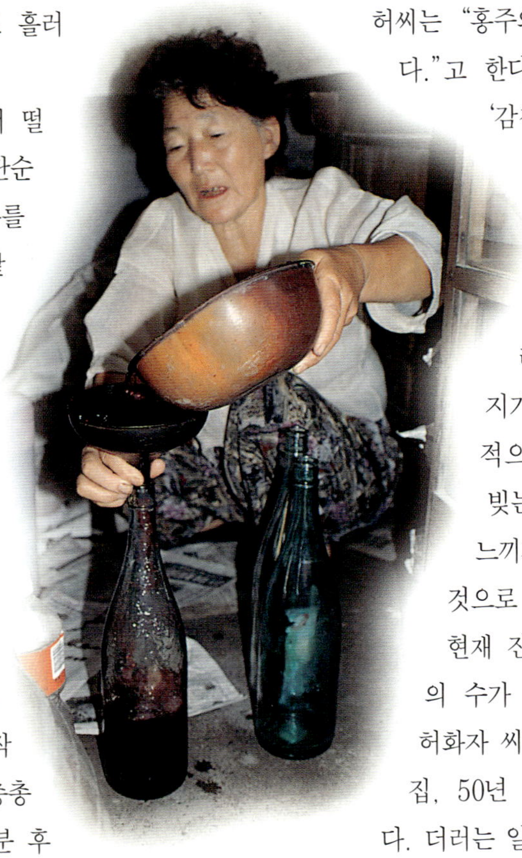

허씨는 이내 장작을 날라다 놓더니 솔가지를 꺾어서 아궁이에 넣고 불을 지피기 시작했다. 장작에 불이 붙기 시작하자, 허씨는 총총걸음으로 부엌을 나가더니, 십여분 후에 작은 단지 하나와 종이 봉투를 들고 돌아왔다.

작은 단지는 소줏고리의 귀때 밑에 얌전하게 놓았고, 단지 위에 빨갛게 물든 무명베 조각을 펴서 놓더니, 다시 그 위에 종이봉투에서 꺼낸 나무 뿌리 한웅큼을 올려 놓는다.

"이것은 '지추'라고 한약재로 쓰는 약초뿌리인디, 이것이 글쎄 홍주를 만드는 비결이요. 요게 이렇게 생겼어도 옛날에는 귀한 약(가정상비약)으로 쓰인 것이요. 어린 아이들이 열이 나거나 체했을 때, 또 고기를 곁들여 술을 많이 마시고 열이 날 때, 이것만 있으면 거뜬하게 열을 내릴 수 있어라우."

지추뿌리는 '지초', '자초', '자근'이라는 여러 이름을 얻고 있으며, 옛부터 한약재 외에 염료 원료용으로도 널리 이용되었다 한다.

허씨는 "홍주의 맛은 칠미(七味)가 있다."고 한다. 이른 바 오미(五味)에 '감칠맛'과 '청량감'이 더해진 것이다.

홍주는 술밑의 양을 어느 정도 섞느냐에 따라 알코올 농도가 달라지는데, 45°에서 90°까지가 가능하다. 그러나 일반적으로 45°에서 48°의 술을 빚는데, 과음을 해도 숙취를 느끼지 못할 만큼 뒤가 깨끗한 것으로 이름난 술이다.

현재 진도에는 홍주를 빚는 사람의 수가 17명 정도로 추정되는데, 허화자 씨는 유독 전통 비법만을 고집, 50년 넘게 홍주를 빚어오고 있다. 더러는 일손을 덜고 증류에 따른 시간을 벌기 위해 가스렌지나 양은그릇의 솥과 양은 소줏고리를 쓰는 사람들이 있는데 반해, 허씨만은 재래식 무쇠솥과 장작불, 오지로 된 소줏고리를 비롯, 옛날 방식 그대로 술을 빚어 오고 있는 것이다.

"소위 편의성과 '빨리 빨리', '더 많이'를 능사로 여기는 사람들에게서 어떻게 제대로 된 홍주가 빚어질 것이요. 남들 말하자는 게 아니라, 옛날 방식을 고집하는 지 자신에 대한 푸념이자 위로의 말이지라우."

연신 치마 끝을 걷어올려 얼굴의 구슬땀을 씻어내리기에 바쁜 허씨. 그의 얼굴은 어느새 발갛게 달아올라 있었다. 무더위와 장작불의 열기 속에 빚어져 한 방울 두 방울 떨어져 내리는 홍주처럼. 酒

종양 제거와 피부에 좋다는 '진상품' 소주

당정 옥로주

우리나라의 주당이 세계 위스키 시장의 판도를 좌우한다고 한다. 어느 일간신문의 보도에 의하면, 영국의 스카치위스키 제조업체들은 한국을 '황금알을 낳는 거위'로 지칭, 한국에서 얼마만큼을 판매하느냐에 따라 세계 위스키 시장의 점유율이 결정된다는 판단 아래, 판매력 제고에 열을 올리고 있다는 것이다.

돈 벌려는 생각은 이미 버린 지 오래이다

이렇듯 막강한 자금력과 기발한 마케팅 전략으로 국내 시장을 점령해 가고 있는 상황에도 불구, 존망이 위태로운 고유의 전통·토속주를 되살리는 한편으로, 그 위상을 드높여 국내시장을 지켜보겠다는 당찬 여인이 있다.

경기도 용인시 외사면 박곡리의 유민자 씨(54세, 유천양조원 대표)가 그다.

"돈 벌려는 생각이었다면 진즉에 그만 두었다. 당정(當井)옥로주(玉露酎) 생산을 조상 대대로 빚어온 가양주로, 그 속에 깃든 조상들의 혼과 맥을 잇고자 하는 마음에서 뛰어들게 되었는데, 그만 이렇듯 큰일을 저지르고 말았다. 아버님 생전에 옥로주 가 대중화되는 것을 보여 드리고 싶었고, 좋은 우리 술이 얼마나 많은데 비싼 수입 양주에 길들여지고 있는 현실들이 안타까워 좀 더 깊은 맛의 우리 술을 살리고, 국내 시장을 지키는 한편으로, 오히려 외국 시장에 내다 파는 등 우리의 술을 대내외에 알리고 싶은 욕망에서 이 일을 시작했다."

유민자 씨의 첫 인사는 그렇게 시작됐다.

당정 옥로주가 세상에 선을 보이게 된 배경설명이었다.

1974년부터 대중주로
화개장터서 '명성' 날려

유민자 씨에 따르면 당정 옥로주는 지난 해 10월 국내 시장에 첫선을 보이면서, 짧은 기간에도 불구하고 해외 수출에도 적극 나서고 있다 한다. 이미 대만

에 7,000만원(7,000병) 상당을 수출한 바 있으며, 일본 니키타 주류판매상 월성주류와 수출계약을 체결하고, 해외시장 개척에 박차를 가하고 있다는 것.

유민자 씨는 이를 위해 "웬만큼 성공을 거두었다고 하는 무역업을 과감히 버리고 비법을 전수받는 한편, 물맛이 좋으면서도 공해가 없고 마르지 않는 수맥을 찾아다녔다."고 한다.

지금 정착하게 된 박곡리가 대덕산 계곡의 지하 125미터에서 솟아나오는 천연 암반수를 찾은 곳이라는 설명이다.

유민자 씨는 "옥로주의 양조용수로 쓰이는 이곳 박곡리의 수질은 전혀 오염이 안된 데다, 단맛이 나 술을 빚기에는 더할 나위가 없다. 수질이 술맛을 결정하는만큼 10년 세월 고생한 보람을 찾았다."면서, 당정 옥로주의 유래 및 전승과정을 들려 주었다.

씨는 또 "당정 옥로주는 조선조 순조 때 빚어져 경남 하동의 화개장터에서 그 명성을 떨쳤다. 그 이전부터 빚어지긴 했으나 옥로주가 진상품이었던 관계로, 민간제조와 유통이 금지되었던 것으로 안다. 1860년 경 조부(유행룡, 1852~1932)님께서 쌀과 율무를 원료로 한 곡주 소주를 빚어 하동의 화개장터에 내다 팔게 되었는데, 술을 마셔 본 사람이면 한결같이 '술의 향기가 독특하고 맛이 부드러워 마시기에 전혀 부담이 없고, 아무리 많이 마셔도 숙취가 없다'고 하여 전국에 이름을 떨치게 되었다."

4대째 전승돼 온 가양주에 부미용에 좋다는율무 넣고 빚어

여기서 유민자 씨의 옥로주 전승과정을 간략하게 설명하자면 다음과 같이 정리된다.

그러니까 1860년경 유민자 씨의 조부 유행룡은 본래 전북 남원군 산동면 출생으로, 그곳에 살면서 가양주로 전해 오던 술에 율무를 가미해 증류주를 만들어 왔으며, 이후 1918년 경남 하동군 화개면으로 이주, 계속해서 화개장터에 내다 팔면서 가계를 꾸려왔던 것이다.

유행룡은 장남 유양기(1911~1994)에게 그 제조비법을 전수, 대를 이어 가양주를 계속 빚게 된다. 그러나 우리 술의 암흑기랄 수 있는 일제 강점기를 맞게 되는데, 자신의 유업으로 양조장 설립을 아들(양기)에게 명하게 된다.

유행룡의 사후 4년만에 유양기 씨는 단포양조장을 설립, 옥로주의 대중화를 시도하게 되나 일본인에게 강제 매도되는 등 양조에 대한 제재가 심하여, 숨어서 집안 애경사와 명절에 조금씩 빚어 겨우 그 명맥을 이어오다, 해방을 맞으면서 그 해 옥천 양조장으로 상호를 변경, 1947년부터 다시 대중주로서 시장을 확보하게 된다.

그러나 오래지 않아 정부의 곡류를 원료로 한 주류 제조 금지 조치가 내린다. 이후 유양기는 경기도 군포시 당정동으로 이주, 한동안 술을 빚지 못하다가 '88년 서울올림픽 개최를 앞두고, 정부의 전통주 개발정책에 힘입어, 다시금 옥로주가 세상의 빛을 보게 된 것이라고 한다.

당정 옥로주라는 술 이름도 유씨가 사는 동리 이름을 따 얻게 된 것인데, '93년에 이르러서는 경기도 지정 무형문화재 제 12호가 되었다.

유양기 옹은 양조 허가와 함께 양조시설 등 터닦기 과정에서 지난 '94년 83세를 일기로 세상을 등졌고, 유양기 씨의 큰딸 민자 씨가 아버지의 대를 이은 옥로주 제조 기능보유자가 된 것이라고 한다.

이러한 옥로주는 유민자 씨의 조부 때는 뚜렷한 이름 없이 약소주로 불리워지다가, 이름을 갖게 된 것은 1918년 화개장터에서 시판되면서부터가 아닌가 하고 추측된다.

그러니까 '술의 증류시 소줏고리(토고리)의 귀때로 타고 흘러내려 온 술이 방울방울 떨어지는데, 그 모습이 마치 아침 이슬이 풀잎에 맺혔다가 '또르르' 굴러 떨어지는 것 같다'고 한 데서 '옥로주(玉露酎)'라 칭하게 되었을 것이라는 생각이다.

그러나 술의 재료로 율무를 사용하고 있음에도 '의이인주'나 '율무술'이 아닌 것으로 미루어, 술 이름에 대한 궁금증이 남는다.

우리나라 전통주 중 율무를 그 주재료로 사용하고 있는 술로는, 당정 옥로주 외에 강원도의 약주 '횡성 의이인주'가 있고, 전남에

증류주 '광주 의이인주'가 있는 정도이다.

이슬방울처럼 떨어지는 술방울에서 이름 얻어

여기서 옥로주의 제조과정을 간략하나마 소개하자면, 그 특징으로 우선 누룩의 제조방법이 매우 특이

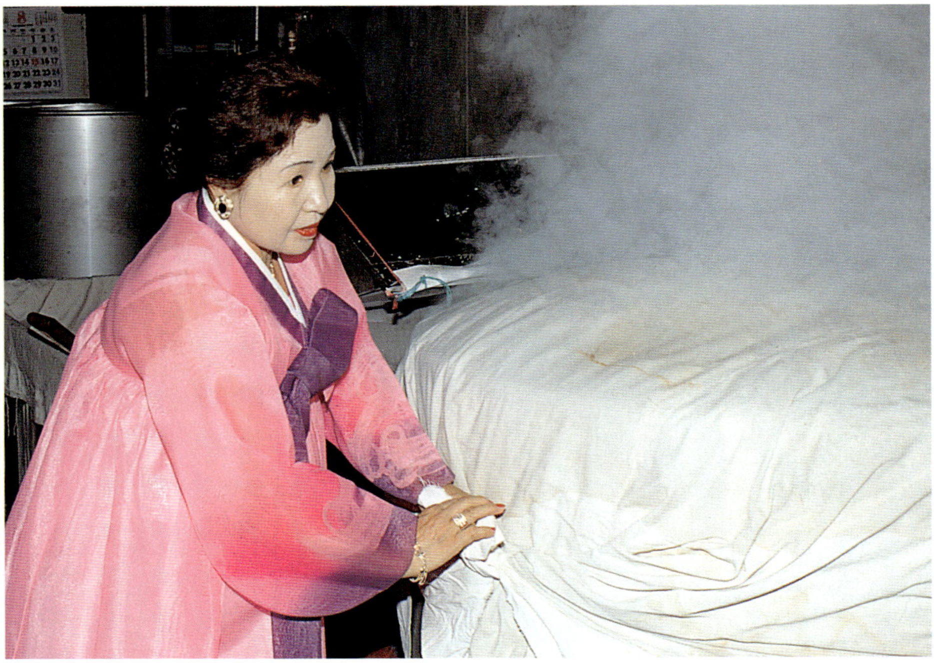

함을 깨닫게 된다.

좋은 술의 조건은 용수를 꼽고, 다음이 질 좋은 누룩이라고 보면, 유민자 씨가 누룩에 쏟는 정성이 어느 정도인가를 짐작하게 된다.

먼저, 밀 2말과 율무 7되를 깨끗이 씻은 뒤 맷돌을 이용해 갈거나, 방앗간에 가져가 너무 곱지도 거칠지도 않게 갈아서, 끓여서 식힌 물로 반죽을 한다. 반죽은 3~5시간 가량 방치하여 밀가루가 어느 정도 수분을 흡수했다 싶으면 약쑥을 적당량 넣어 다시 반죽하여 깨끗한 광목으로 된 보자기에 1되 분량씩 나눠 담아 보쌈한 후, 직경 8치 · 두께 1치 5푼 되는 누룩틀에 담고 힘껏 발로 디뎌서 굳힌다.

이를 따뜻한 아랫목에 약쑥이나 짚, 가마니 따위를 깔고 그 위에 놓아 20일 가량 띄우면 원반형 누룩이 완성되는데, 누런 빛깔을 띠면서 냄새가 좋다. 누룩은 술을 빚기 2~3일 전 예의 방법대로 법제하여 사용한다.

누룩에 이어 본격적인 술빚기에 들어가는데, 당정 옥로주는 두 번 담근 술을 증류하여 45도의 술(소주)을 얻는다.

그러나 불행히도 당정 옥로주의 술빚기에 따른 재료 배합 비율은 알아 낼 수 없었다.

따라서 재료배합 비율은 화순 의이인주를 참조하면 좋을 듯 싶다. 다만 그 방법은 다음과 같다.

밑술은 7분도로 찧은 백미로 고두밥을 짓고 차게 식힌 뒤 법제하여 둔 누룩가루 와 섞고, 다시 양조용수를 부어 골고루 섞이도록 잘 치대서 오지로 된 항아리에 안쳐서 30~25℃ 되는 실내에서 6~7일간 발효시킨다.

덧술 역시 밑술과 같은 방법으로 담그는데, 고두밥을 지을 때 율무를 섞는다. 고두밥과 누룩가루, 양조용수를 고루 섞이도록 하여 새 항아리에 담은 뒤, 밑술을 쏟아 붓고 잘 저어 준다.

처음 2~3일간은 그대로 방치하였다가, 베보자기를 씌워서 10~12일 가량 더 발효시키면 덧술이 완성된다.

옥로주는 발효가 끝난 술덧을 가마솥에 쏟아 붓고 그 위에 장구처럼 생긴 소줏고리를 얹은 뒤 가열하면, 솥 안의 술이 끓으면서 발생한 수증기가 소줏고리 윗 면의 냉각수가 담긴 그릇에 와 닿으면서 액화하여 소주가 되는데, 이 술이 소줏고리의 귀때로 방울방울 떨어지므로 이를 술단지에 받아내면 된다.

피부미용과 강정제로 효과, 재료선택이 제일 중요

유민자 씨는 술병 하나를 소줏고리의 귀때 아래에 받쳐 놓으면서, "옥로주는 양조용수를 비롯, 재료의 선택을 무엇보다도 중요시 한다. 쌀은 이곳 용인과 이천 지방의 특미를 사용하고, 율무는 명산지로 알려진 연천지방에서 직접 수매하여 사용하고 있다. 또 율무를 사용하는 여느 술과는 다르게, 율무의 사용 비율을 70대 30으로 높게 하고 있다."고 설명한다.

이러한 옥로주는 증류 후 3개월 이상 저온 숙성시켜 내보냄으로써, 45%나 되는 비교적 높은 알코올 함량에도 불구하고, 다른 증류주와는 달리 맛이 부드러워 부담이 없다.

또한 율무의 성분이 술 속에 녹아 들어 특유의 향미 뿐만 아니라(율무에는 코익세라노라는 약용 성분이 다량 함유되어 있음), 강장제 역할과 함께 종양 증식 억제 및 제거작용 등의 약리작용과 피부미용 효과를 얻을 수 있다.

"옥로주는 그 옛날 배 아픈 데, 체증, 가슴앓이, 토사곽란이 일어났을 때 마시면 금새 가라앉는 특성이 있어 약으로도 쓰였다. 그러나 옥로주를 빚는 일은 수 십 번의 손길이 닿아야 하고, 하루도 방심할 수 없이 까다로워 무척 후회하기도 했지만, 그 맛에 스스로 반해 오늘까지 오게 되었다. 앞으로의 목표는 우리의 모든 전통주가 그렇듯 옥로주를 통해 우리 술을 보다 널리 보급 · 대중화시킴으로써, 세계적인 술로 자리매김 하는 데 두고 있다."

당정 옥료주는 제품의 종류를 다양화하여 종래의 전통 · 토속주 이미지에서 과감히 탈피, 위기에 처해 있는 주류 시장에서의 경쟁력을 제고시키려는 노력을 계속하고 있다.

알코올 함량 45%의 전통주 당정 옥로주 외에 20%, 25%, 30% 등 주류의 다양화를 꾀했다. 酒

원만한 인간관계, 장수 누릴 수 있는

청원 신선주

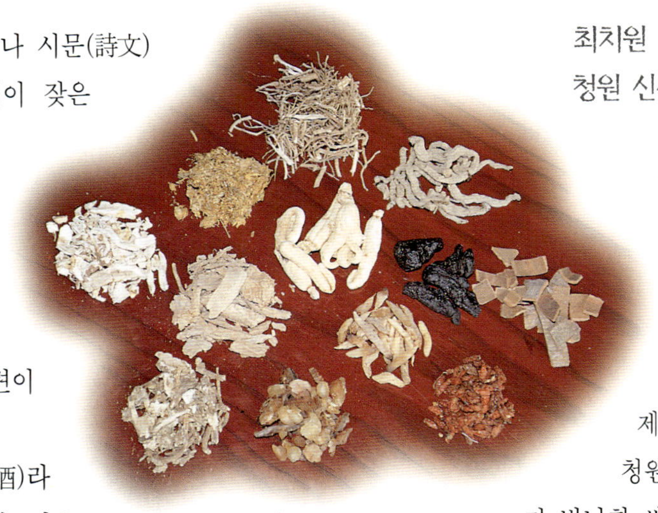

옛부터 글을 잘 하거나 시문(詩文)에 능하여 문 밖 출입이 잦은 선비들과, 제법 살림살이가 넉넉하여 손님 청하기를 낙으로 알았던 양반 가문에는, 거의가 그 집만의 독특한 약주가 있게 마련이었다.

이른 바 가양주(家釀酒)라는 것으로, 시중의 단순 발효주나 민자소주와는 성격이 다른 보신·보양주요, 자양·강정제로서의 술이었다.

옛 사람들은 안주인들이 누룩에 쌀(고두밥)과 생약재를 함께 발효시켜 직접 빚은 약주를 즐김으로써, '건강을 도모하고 상하(上下)의 결속과 횡적 신뢰의 원만한 인간관계를 유지해 수명을 누릴 수 있다'고 믿었다.

이른 바 자연사상이었다.

그 대표적인 예의 전통주 가운데 하나가 충남 청원군 미원면 계원리의 함양 박씨 가문의 비주(秘酒)로, 3대째 그 맥을 이어오고 있는 '신선주(神仙酒)'이다.

최치원 선생이 즐겼다는 청원 신선주의 유래

청원 신선주는 지난 '94년 7월 1일 충주 청명주에 이어, 향토술 담그기 부문 충북도 지정 무형문화재 제 4호가 되었다.

청원 신선주 제조 기능보유자 박남희 씨는 "신선주가 빚어지기 시작한 정확한 연대는 알 수 없으나, 문헌과 구전(口傳)하는 내용으로 미루어, 고려조 이전부터 빚어져 온 술로 추정됩니다. 신선주는 보신·강장을 위해 각종 생약재를 찹쌀·누룩과 함께 발효시켜 빚은 술로, 그 이름은 '상복(常腹)하면 연년수명(連年壽命)한다'고 하는 이야기가 전해지는데, '능히 백발을 검게 하고 얼굴의 주름살이 펴져 동안(童顔)이 되며, 장기간 복용하면 수명을 연장, 장수한다'는 옛 글과 함께 재료에 사용된 약재의 효과가 높아 신선주라 했다고 전합니다."라며, 그 유래를 설명한다.

그런 때문인지 신선주는 옛부터 이 지방의 선비집

과 부유층에서 보약주로 빚어 즐겼으며, 귀한 손님을 맞이하여서는 접대용으로 이용해 온 명주로 평가받아 온 것으로 알려져 있다.

구전되는 설화의 내용은, "신라 초기에 최치원 선생이 이 지역의 주산(主山)인 해발 800m의 고남산 신선봉에 올라, 20리 거리의 속리산 문장대를 바라보며 신선주를 빚어 즐겨 마셨다." 하며, "최고운 선생이 신선주를 마시며 즐겼다는 자리에 후운정이란 정자가 있었다."는 것이다.

보신용 생약재 넣어 빚은 순곡 명약주

이 신선주가 함양 박씨 가문의 가양주로 전해지게 된 배경에 대해, 박남희 씨는, "저의 18대조께서 보은·어은 지사로 부임하면서 이곳 계원리에 터를 닦아 일가를 이루게 되었는데, 그 때부터 집안 대소사에 쓸 목적으로 조금씩 술을 빚어 왔습니다. 증조부(박익진)대에 이르러 천석꾼 집으로 가문이 번창하였는데, 자연히 손님들의 출입이 잦았지요. 이에 집안에서는 가정 비주인 신선주를 빚어 손님을 접대해 왔으며, 조부(박래순)께서는 한평생 학문을 좋아하여 오서(五書)에 능했는데, 특히 시인 묵객들과의 교류가 빈번했습니다. 조부께서 원근에서 찾아오는 빈객들의 접대용으로 내놓았던 신선주의 맛과 향이 특별하여, 이 때부터 세인들의 입에서 입으로 전해져 세간에 회자되었지요."라고 말한다.

이 술은 다시 박남희 씨의 선친 박기동에게 전수되었고, 박익진으로 부터 4대째인 박남희 씨에 의해서 다시 세상에 그 빛을 보게 된 것이다.

박 씨는 중학교 2학년 때부터 집안 어른들이 술 빚는 것을 어깨 너머로 보고 배웠다고 한다.

청원 신선주에 대한 근거는 박남희 씨 집안의 가

전 비망록인 현암 박래순의 《시문합집(詩文合集)》 말미에 신선주에 관한 내력이 기술되어 있으며, 기타의 문헌으로 《동의보감(감기록)》에 신선고본주에 대한 기록이 전해지고 있다.

신선주는 보신용 생약재를 넣어 빚은 순곡주인 만큼, "마셔서 절대 후유증이 없고 머리가 상쾌해지는 등 숙취가 없다."는 것이 세인들의 평이다.

12가지 향약재 넣고 잘 띄운 누룩이 가장 중요해

청원 신선주는 신선 약주(18~20%)와 신선 소주(30~45%)로 구분 제조되는데, 박남희 씨는 "우리 선조들은 약주의 경우 맛도 좋고 향기도 좋으나 장기간 보존이 어려운 점을 감안, 증류식 소주로 빚어 냄으로써 귀한 음식으로, 또 약으로 사용했던 지혜를 보였습니다."고 하면서, "신선주를 빚는 과정의 첫 순서는 우수한 품질의 누룩을 만드는 것이며, 그

다음이 직접적인 술빚기 과정이랄 수 있습니다. 술빚기에 따른 좋은 원료의 선택은 그 다음이지요."라며 누룩의 중요성을 강조한다.

박씨의 설명에 의하면 "누룩의 제조는 연중 가장 더울 때인 7~8월 중이 적기로, 이 때 만들면 가장 잘 뜨고 품질도 좋다."고 한다.

누룩을 만들려면 통밀과 깨끗한 볏단을 준비한다. 통밀은 가루가 나지 않게 거칠게 갈아서 질지 않고 퍼슬퍼슬하게 물로 반죽하여 누룩틀에다 무명 베보자기를 깔고, 그 안에 반죽을 넣고 싸서 발로 힘있게 디뎌서 굳힌 다음, 누룩틀과 베보자기를 벗겨서 30℃ 정도 되는 방안에 볏짚을 깔고, 그 위에 서로 닿지 않게 놓는다. 누룩의 발효를 돕기 위하여 3~4일 간격으로 뒤집어 준다.

누룩은 20일~25일 정도면 발효가 끝나므로 술빚기 2~3일 전 낮에는 햇볕에 말리고, 밤에는 이슬을 맞히길 서너 차례 하여 법제를 마친다. 절구나 나무방망이를 이용, 너무 크거나 고운 가루도 아닌, 콩알 크기 정도의 가루를 만들어 사용한다.

신선주는 덧술을 하지 않는 관계로 그 제조과정이 단순할 것 같으나, 의외로 복잡다단함을 알 수 있다.

술빚기의 첫 순서로 찹쌀 2말을 깨끗이 씻어 10시간 가량 물에 담갔다가 건져 둔다. 부재료인 생약재로는 우슬 300g, 하수오 225g, 구기자 150g, 천문동·맥문동·생지황·숙지황·인삼·당귀 각 75g, 육계 137.5g을 함께 섞고 가루로 빻아서, 체에 받쳐 둔 찹쌀과 섞어 함께 고두밥을 짓는다. 고두밥은 넓게 펴서 고루 식힌다.

고두밥이 식는 사이 감국 225g, 지골피 225g을 함께 섞어 72l의 물에 넣고 달이는데, 36l가 되면 달이기를 멈추고 약재 달인 물의 온도가 15℃ 정도 되었을 때, 고두밥과 누룩 20kg를 함께 섞어 술항아리의 80% 정도만 채워 술을 안친다.

청원 신선주에 사용되는 용수(用水)는 지하수다. 지하 100자 깊이에서 퍼 올린 것으로, '술빚기에 가장 적합한 수온 18℃ 정도'를 유지하고 있다고 한다.

술독은 무명 보자기로 봉하여 실내 온도 25℃ 정도 되는 곳에 자리를 잡고 1주일간 1차 발효시킨 뒤, 실내 온도를 20℃로 낮추어 15일간 2차 발효시킨다. 이 때쯤 술독의 가장자리에 술이 괴기 시작하므로, 용수를 박아 하루나 이틀 뒤에 본술을 뜬 다음, 주박은 미세한 천으로 된 자루에 담아 압착하여 술(후주)을 짜낸 다음 본술과 합한다.

이를 여과 후 정제하여 그대로 마시면 신선 약주가 되고, 소줏고리나 증류기에 담아 98~100℃ 이내의 열로 증류를 하면 신선 소주가 된다. 신선 소주의 경우, 술맛과 향을 좋게 하기 위해 15~18℃의 온도에서 30일간 숙성시킨다.

옥화9경 벗 삼아 마시는 신선주는 곧 '자연관'

이상의 방법으로 빚은 청원 신선주는 약주의 경우 45%, 소주의 경우 20~36%의 비교적 낮은 채주율을 보여, "술맛이 진하고 향이 강하며, 밝고 투명한 것이 한 번 맛을 들이면 절대 잊지 못한다."는 것이 오히려 흠이라면 흠이랄 수 있다.

청원 신선주의 이러한 제조과정과 독특한 맛은 최고운의 설화에서 비롯돼, 지금까지도 그 신비의 맛을 잘 간직하고 있다는 평을 얻고 있긴 하나, 이러한 신선주도 옥화 9경(玉花九景)이 아니고서는 그 맛이 반감되고 만다.

"옥화 9경"은 청원군과 청주시 사이에 걸쳐 있는 유원지로, 한결같이 비경을 자랑한다. 즉 고남산의 신선봉(神仙峯)을 으뜸으로 청석굴, 용소, 선경대, 옥화대, 금봉, 박대소, 금관숲, 가마소뿔 등이 여기에 속한다.

옛 사람들이 이와 같이 자연과 가까이 하기를 원했던 것은, '자연관(自然觀)'에 기인한다. 즉, '천인합일(天人合一)'의 사상을 최고의 이상으로 삼는 자연숭배 사상에 뿌리를 두고 있기 때문이란 것이다.

하늘은 우주 전체를 총괄하는 최고·최선의 영적 존재인만큼, 사람이 하늘에 조화되는 이상을 추구했

던 것이다. 그래서 개국 신화도 하늘과 가장 가까운 태백산 정상의 신단수 아래서 시작된다.

이러한 자연숭배사상은 후에 신선사상과 불교의 정토사상, 음양오행의 풍수사상, 유학의 은둔사상으로 이어진다.

우리의 고전 시가인 《고려가요(청산별곡)》의 '청산'도 삶에 대한 괴로움에서 벗어날 수 있는 은둔처로서의 자연인 산이었고, 이상향이었다. 혼탁한 현실 세계와는 대조적으로 야인정신, 선비정신을 고결하게 지킬 수 있는 지상의 또 다른 세계로 인식하였던 것이다.

우리 민족에게 자연(절기)의 변화에 맞추어 산과 바다, 강을 찾는 습성이 깃들어 있는 것도 자연숭배사상을 반영하는 것에 다름 아니다.

그러니 풍류를 마다하지 않는 시인 묵객들임에야 오죽하였으랴. 꽃을 보면 봄이 온 것을 알고, 창창한 나무들의 잎으로 여름을 느끼고, 단풍이 들면 가을이 찾아 든 것을 깨닫고, 눈이 내리면 겨울로 바뀐 것을 아는 일월순천(日月順天)의 자연이요,그 자연과 더불어 누리는 선인들의 낙낙한 삶을 엿볼 수 있지 않은가.

시(詩)로서 한적한 가운데 삼라만상을 정관하는 심회를 노래하고, 한 폭의 그림으로 정적미와 선미(禪味)에 빠져드는 가운데 누릴 수 있는 즐거움을 함박 누리며, 자신을 가꾸는 즐거움을 자연에서 찾았던 옛 선비들이었다. 여기에 술이 없을 수 없었다. 酒

사육신 김문기 가문의 비주

금산 인삼백주

우리나라의 문헌에 인삼주(人蔘酒)가 처음 등장한 것은, ≪임원십육지(林園十六誌)≫다.

가장 특별한 술로서 약용주(藥用酒)의 으뜸을 차지한다고 할 수 있는 인삼주는, 중국의 의학처방서인 ≪천금방(千金方)≫과 ≪천금익(千金翼)≫에 '이주(荑酒)', '신선연수주(神仙延壽酒)', '고본하령주(固本遐齡酒), '장춘주(長春酒)', '저여주(著預酒)', '삼주(蔘酒)' 등 여러 다른 이름으로 등장한다.

고려 인삼주를 중국 의서에는 '약'으로 취급

한편, 1578년 명나라 이시진(李時珍)이 지은 ≪본초강목(本草綱目)≫에는 ≪천금방≫의 처방, 곧 술 빚는 법을 소개하고 있는데 "인삼 분말을 지에밥과 함께 섞어서 빚거나, 분말을 자루에 넣어 술에 담가서 그 성분을 침출시킨 뒤, 그 술을 끓여서 마신다."고 소개하고 있고, 우리나라 사람 서유구가 쓴 ≪임원십육지≫제 5권 〈정조지〉에도 "찹쌀, 누룩, 물, 인삼으로 빚은 약술. 인삼을 가루내어 누룩, 찹쌀과 함께 일반적인 방법에 따라 빚거나, 인삼가루를 주머니에 담아 술독에 담갔다가 끓여서 마신다."고 기록하고 있다.

이로 보아 당시의 양조기술, 특히 인삼주 제조방법이 어느 수준이었는가를 알 수 있다.

따라서 우리나라에서는 이미 16세기 말엽 이전부터 인삼주를 빚어 마셨다는 얘기가 되거니와, 그 제조방법도 요즘과 같은 발효인삼주(醱酵人蔘酒)—알코올 발효 초기부터 인삼을 넣는 양조법—와 가공인삼주(加工人蔘酒)—이미 발효가 끝난 술에 인삼이나 그 추출물을 넣는 양조법—가 있었음을 알 수 있다.

다만, 인삼 자체가 고급 약재였던 점을 감안하면, 당시 사회의 특권 계층이나 일부 부유층에서 약용주(藥用酒)로 빚어 마셨을 뿐, 일반화되지 못했을 것이라는 짐작이 틀림없다.

사육신 김문기가 처음 빚어
5백년 동안 가양주로 내려와

어쨌든 인삼주는 우리나라에서만이 생산되는 고

유의 전통주로, 또 우리나라 특산품의 대명사인 '고려인삼'의 역사와 함께 오랜 세월에 걸쳐 뿌리를 내려왔던 것인데, 일제의 주세법 제정과 그에 따른 밀주 단속에 의해 그 명맥이 끊기고 말았다.

그러나 다행스럽게도 인삼주의 재현과 함께 전통의 맥 잇기에 동분서주하고 있는 사람이 있다.

충남 금산군 금산읍에 사는 김창수(51세) 씨가 집안 대대로 전해 내려오던 가양주를 현대적인 방법으로 재현, 본격적인 생산을 하고 있기 때문이다.

증류주 인삼주가 김창수 씨 집안의 가양주로 이어져 내려온 배경을 추적하기란, 우리의 전통주에 얽힌 역사만큼이나 복잡하고 우여곡절이 많다.

김씨에 따르면, "사육신의 한 사람인 김문기(金文起 : ?~1455) 공이 저의 18대조로, 현재의 금산군 금산읍 상옥리 자택에서 처음 인삼주를 빚어, 대대로 집안 제사와 결혼 등 잔치에 가양주로 사용해 왔다. 그러나 6.25때 집안의 족보며, 모든 문건이 소실돼 이에 대한 기록을 찾을 길이 없어, 가양주로 전승되어 온 내력을 밝힐 수가 없게 되었다. 더욱이 선친께서 일찍 돌아신 (1951년)뒤로 한동안 잊고 지냈는데, 우연한 기회에 숙모님(이석순, 71세)으로부터 인삼주에 대한 얘길 듣고 나서 가양주인 인삼주를 재현해야겠다는 생각이 들었다."고 말한다.

한편, 김씨의 숙모 이석순 씨에 따르면, "18세 되던 해 김령 김씨 가문으로 시집을 와보니, 시가에서 인삼주를 빚어 명절이나 집안 제사에 사용하고 있었다."고 하며, 김창수 씨는 1972년 현재의 양조장을 인수하고는 수 십 차례 인삼주 제조와 시험에 임했으나, 실패를 거듭하다가 8년만에야 금산 인삼주 재현에 성공을 거두었다.

김씨는 "그간의 연구와 실험 끝에 체계화 된 양조비법을 바탕으로 빚은 전통의 명주 인삼주를 생산, 금산지방의 '칠백의총 추향제(七百義塚 秋香祭)'와 '금산 인삼제(錦山 人蔘祭)' 등의 각종 행사

에 제공하고 있다."고 말한다.

김씨는 이 술을 '금산 인삼백주'로 명명하고, 지난 '96년 2월 충남도 무형문화제(제19호) 지정과 함께 농림부 지정(전통식품) 명인 제 2호가 되었으며, '97년 양조면허를 획득해 본격적인 술빚기에 들어갔다.

옛 제조법과도 일치하는 전통주 누룩·덧술에 인삼 넣고 빚어

김씨에 따른 금산 인삼백주 제조과정을 구체적으로 살펴 보면, 누룩과 본술에 인삼을 넣고 있는 것이 일반 약용주와는 다른 특징임을 알 수 있다.

우선, 누룩을 만듦에 있어 통밀 9kg과 건조한 미삼 1kg을 빻아 가루를 낸 다음, 끓였다 식힌 4~5홉 정도의 물을 부어 '부슬부슬'하게 반죽한다. 이를 명주베로 싸고 누룩고리를 이용, 성형하여 그늘에서 약간 건조시켜 약쑥을 깔고 위를 덮어서, 20~25℃ 정도 되는 방 안에 두고 3개월 정도 띄운다. 하얗고 노란 곰팡이가 피면 발효가 다 끝난 것으로, 가마니에 담아서 서늘한 곳에 두었다가, 술빚기 4~5일 전에 이를 가루로 빻아 법제하여 쓴다.

밑술은 현미 고두밥 9kg에 대하여 미삼(생것) 1kg의 비율로 섞고, 누룩가루 3kg, 양조용수 5ℓ를 함께 술독에 안친 뒤 잘 저어주고, 명주베 보자기를 덮어 3일간 발효시킨다.

덧술은 현미찹쌀 90kg을 세미하여 시루에 안치되, 솔잎 1kg을 시루떡 안치듯 켜켜로 하여 고두밥을 지어 식혔다가, 여기에 생미삼 5kg(파쇄한 것)과 약쑥을 약간 섞어 밑술과 혼합한 뒤, 새 술독에 안쳐 양조용수 40ℓ를 붓고, 밑술보다는 다소 낮은 18~22℃의 실내에서 15~20일간 1차 발효시키는데, 이때는 삼베보자기로 덮어 둔다. 1차 발효기간이 끝나면 항아리를 밀봉하여 다시 40일 가량 2차 발효를 시킨다.

다 익은 술은 항아리 안쪽으로 골이 지면서 테가

생기는데, 이때 용수를 박아 채주를 한다. 수율 35%에 그쳐 매우 끈기가 있으며, 푸르스름하면서도 노란 빛깔의 진한 약주를 얻게 되는데, 체로 다시 걸러 저온에서 30일 정도 숙성시켜 약주로 마시기도 한다.

증류주를 얻기 위해서는 용수를 박아 떠낸 술을 가마솥에 죄다 쏟아 붓고, 소줏고리를 얹고 장작불을 지펴 술을 내리되, 술밑이 끓기 시작하면 불을 줄여 오랜 시간 술을 내린다.

불을 얼마만큼 잘 지피느냐에 따라 술맛이 좌우되는 것은 물론이고, 채주량도 달라진다.

처음 내린 술은 70~80% 정도의 높은 알코올 함량을 보이다가, 나중에는 18% 정도로 떨어진다.

이를 적당히 섞어 주정도를 40% 정도로 조절한다. 이렇게 해서 얻어진 금산 인삼백주는 맑은 죽엽색의 술 빛깔로 향취가 좋아 더욱 미각을 자극하는데, 약주처럼 저온에서 30~50일 정도 숙성시켜야 인삼주 본래의 맛과 향취를 즐길 수 있다.

물 좋기로 소문난 금성면 두곡리 소재 속칭 '물탕골' 생수로 빚어

증류시킨 인삼백주는 본술 4말을 기준으로 알코올 함량 40%의 소주 1.6말, 즉 수율 40%에 그치는 까닭에 더욱 귀한 술이다.

인삼과 솔잎 특유의 향취와 함께 부드럽고 담백하며, 장복할 경우 인삼의 자양·강장효과는 물론 유기산, 무기질, 비타민 등이 다량 함유되어 있어, 건강에도 좋은 것으로 알려져 있다.

특히 젖산의 일종인 유기산이 다른 약주에 비해 3배가량 함유되어 있음이 비교 분석 결과 밝혀졌다.

금산 인삼백주는 주원료인 쌀을 비롯해 인삼, 양조용수, 누룩의 선택에 있어서도 각별한 신경을 쓰고 있다.

쌀은 현미에 가까운 9분도 쌀로 가능한 한 영양소의 손실을 줄이고자 했으며, 인삼은 약효가 가장 뛰어난 5년근 이상의 미삼을 사용하고 있다. 여기에 금산군에서도 물 좋기로 소문난 금성면 두곡리 소재 속칭 '물탕골'의 생수를 양조용수로, 또 일반 전통·토속주와는 특이하게 누룩과 밑술, 덧술에도 미삼을 넣어 인삼의 약효를 높였다.

특히 인삼은 한 종류의 식물성 약재로서, 이 지구상에서 가장 뛰어난 효능·효과를 나타내는 것으로도 유명하다. 위암·직장암에도 효과 외에도 식욕증진, 체중상승, 혈액상 변화, 면역기능 호전, 암세포의 성장 억제 효과와 더불어 공해산물에 대한 대응력을 강화시켜 주는 등 약효 면에서도 대단한 효능과 효과를 나타낸다.

이러한 까닭에 인삼주를 장복할 경우 건강에 이롭다는 것은 두말 할 나위가 없겠다.

'작은 서울' 남한산성 고을의 명물

광주 산성소주

우리나라 전통·토속주의 조사과정에서 깨닫게 된 사실로, 그 가운데 한 가지는, 그 옛날 전쟁을 대비해 축조한 성(城)을 배경으로 들어앉은 고을에는 꼭 명주(銘酒)가 있었다는 것이다.

멀리는 제주도 북제주군 성읍(城邑) 민속마을의 오메기술을 비롯 부산 금정산성의 산성막걸리, 전라도 순천의 낙안 민속마을의 사삼주, 충청도 청주 상당산성마을의 대추술 등이 그것이다.

조선시대 남한산성 고을의 명물로 이름 떨쳐

경기도에는 광주군 중부면에 남한산성(南漢山城)이 위치해 있는데, 이곳 역시 산성소주(山城燒酒)라는 명주가 아주 오랜 옛날부터 주당들의 입맛을 사로잡았다고 하여, 그 기능보유자를 만났다.

1994년 12월 경기도 지정 무형문화제 제 13호로 지정된 광주 산성소주의 기능보유자는 강석필(63세) 씨로, 경기도 광주군 실촌면 중열미리 출생이다. 강석필 씨는 진주 강씨 신만(信萬, 1979년 71세로 졸) 씨의 4남 3녀 중 둘째로, 23세 되던 해 영천 이씨(주현, 63세)와 결혼하여 오늘에 이르고 있는데, 광주군 실촌면에 살고 있는 강석필 씨가 중부면 소재 남한산성 마을에서 전래된 것으로 알려지고 있는 산성소주의 기능보유자가 된 배경에 대해, 그의 설명을 들을 수 있었다.

강씨의 설명을 요약하면 대략 이렇게 정리된다.

광주 산성소주의 유래는 명확히 밝혀진 문헌이 없다.

다만, 조선조 16대 선조 재위(1568~1608) 때 왕명에 의해 《세종실록》 〈지리지〉의 기록을 근거로 축성된 것이 현재의 남한산성인데, 이때부터 남한산성 내에서 빚어졌던 토속주로 전해오고 있다. 이 성은 전쟁에 대비해 왕의 피난처로 쓸 목적으로 조성된 것으로, 행궁(行宮)과 유수도(流水道)가 있어, 옛날부터 성내에 1천여호가 소도시를 이루었으므로 '작은 서울'이라고 불렸으며, 산수가 수려하고 물이 맑아 부자들이 많이 살아 일상생활이 풍요롭고 수준 높은 문화생활을 누렸다. 또 여러 가지 궁중음식을

본 따 만든 독특한 음식들이 많아 다른 지방으로 널리 퍼져 나갔는데, 그 가운데 부잣집에서 건강주로 빚어 마셨던 가양주인 막걸리와 소주는 산성의 명물로, 조상신에 대한 제주와 귀한 손님 접대와 선물로 쓰였는데, 그 맛과 뛰어난 향취로 전국에 이름을 날렸다는 것.

일제 강점기에도 명맥이어 온 전통 토속주

그러나 일제 침략과 그들의 전략적 정책으로 산성 안의 모든 시설과 군의 행정기관이 광주로 이전되면서 1차 쇠퇴하였고, 이후 6.25 동란때 산성이 폐허로 변함에 따라 산성 동문 밖 불광리까지 풍겨나오던 산성소주는 맥이 끊길 위기에 처하게 되었는데, 이곳에 조상 대대로 터전을 이루고 살아오던 이종숙(李宗肅)이란 사람이 일제로부터 허가를 얻어 산성소주를 빚어오다, 송파구 송파동으로 주거를 옮겨 송파양조장을 경영하면서 '백제소주'라는 이름으로 그 맥을 이어왔다.

이종숙은 80살이 넘도록 양조업을 계속해 왔는데, 이때 광주군 실촌면 출신의 강신만이라는 이가 이종숙으로부터 예의 산성소주 제조비법을 전수받아 그 기능을 터득하고 있었으나, 해방 후 1965년 정부에 의해 양곡관리법이 발표되면서 쌀을 이용한 양조가 불가능해졌다. 이후 강신만은 그의 아들에게 산성소주의 비법을 전수하게 되었으며, 강신만의 아들은 다름아닌 현 산성소주의 기능보유자 강석필 씨로, 지난 1994년 경기도로부터 무형문화재로 지정을 받게 된 것이다.

따라서 산성소주는 일제 강점기 때에도 그 명맥을 이어 온, 몇 안되는 전통·토속주 가운데 하나임을 알 수 있다.

강석필 씨는 "선친께서는 산성소주만을 고집하신 반면, 모친께서는 막걸리며 약주를 잘 빚으셨다. 특히 남들이 10일 걸릴 술을 모친께서는 3일이면 만들어 내셨는 데도, 술맛이 좋아 원근에 소문이 자자

했다."면서, "한동안 약주로 대신해 오던 제주며 손님접대주를 이제는 산성소주로 대신하고 있다. 하루 빨리 여건이 마련되어 상품화할 수 있었으면 좋겠다."고 말한다.

옛날의 그 명성을 되살리고 싶다는 강 씨로부터 산성소주를 만드는 방법을 물었다.

누룩과 밑술에 재래식으로 빚은 엿물 넣는 유일한 방법의 술빚기

광주 산성소주의 술빚기에 따른 첫 순서로 누룩을 만드는데 그 방법이 매우 이채롭다.

누룩의 원료인 밀은 여느 술에서와 같이 토종 통밀을 사용하는데, 깨끗이 씻은 밀은 가루로 빻은 뒤 하얀 밀가루를 3할 가량 제거 한다음, 이어 끓여서 식힌 당수(湯水)와 재래식으로 곤 엿물을 밀가루 100%에 대하여 25~20%비율로 섞어 밀가루와 반죽하여 누룩을 만들기 때문이다.

이러한 방법의 누룩은 광주 산성소주가 유일한 것으로, 더러 밀가루에 쌀죽이나 율무, 인삼, 술, 보리 등을 섞어 만들기도 하나, 엿물을 섞어 만드는 술은 아직 목격하지 못했다.

반죽은 3~5시간 정도 방치했다가 광목보에 싸서 쳇바퀴로 만든 둥근 형태의 누룩틀에 담고 발로 밟아서 성형한 후, 약 1~2시간 보쌈한 뒤 따뜻한 방에 밀짚이나 보릿집, 쑥을 깔고 그 위에 성형한 누룩을 놓고 다시 짚은 덮어 1주일간 1차 띄웠다가, 선반 위에 얹어둔다.

이때의 실내 온도는 20℃ 정도를 유지하면서 15~20일 정도 2차 띄우기를 계속한다. 이때 주의할 것은 실내가 너무 건조하면 누룩의 발효가 제대로 이뤄지지 않으므로, 밀폐시켜 실내습도를 일정하게 유지해주어야 한다. 잘 뜬 누룩은 엷은 노란 색을 띠며 누룩 특유의 향기가 나는데, 바람이 잘 통하는 곳에서 10일간 건조시킨 뒤 저장하여 두고 술 빚기 하루 전에 분쇄하여 사용한다.

강석필 씨에 따르면, "누룩 제조는 한여름을 제외하고는 연중 제조가 가능하다."고 말하고 있어, 이 또한 광주산성소주의 경우가 유일하다.

전통적으로는 누룩 제조 시기가 한여름(삼복 전후)이고, 대다수의 전통·토속주의 누룩 제조시기와 상반된다는 사실을 감안하면, 이채롭다 아니할 수 없기 때문이다.

덧술 빚어 넣는 시기 맞추는 것이 중요

이렇게 하여 완성된 누룩은 직경이 25~30cm, 두께가 14~15cm 정도의 원반형으로, 잘게 빻아

사용하는데, 여느 술에 쓰이는 누룩에 비해 천연 효모와 함께 누룩곰팡이를 비롯한 여러 가지 사상균 등 발효 효소제를 풍부하게 함유하고 있는 것으로 알려져 있다.

이어 술빚을 재료를 준비하는데, 멥쌀은 깨끗이 씻은 후 하룻밤 동안 담궜다가 다음 날 흐르는 물로 재차 씻어내어, 물기가 빠지면 시루에 담아 고두밥을 짓고 퍼서 싸늘하게 식힌다. 그리고 멥쌀가루와 엿기름 가루를 넣어 전통적인 방법으로 곤 물엿을 만들어 차게 식혀 둔다.

재료가 준비되면 첫 술빚기로 밑술(주모·酒母)을 만드는데, 고두밥 1말을 기준으로 할 때 누룩가루 3되, 물엿 1되, 양조용수 4되가 들어간다. 고두밥은 뭉친 것 없이 낱알이 되도록 잘 비벼서 풀어 놓고, 엿물은 양조용수에 풀어 잘 섞은 뒤 고두밥에 조금

씩 떠 부어가면서 버무린다. 고루 버무린 재료를 술독에 안치고 뚜껑을 덮은 뒤, 담요나 이불로 술독의 몸 전체를 싸서 온도나 바람 등 외부의 영향으로부터 일정한 상태를 유지하도록 보온에 힘쓴다.

강석필 씨는 "밑술은 발효가 끝난 즉시 제때에 사용하는 것이 중요하므로, 덧술 담글 시기를 잘 맞추어야 한다."면서, "밑술에 엿물을 사용함으로써 주정발효(酒精醱酵)에 따른 효모의 번식이 왕성해지고, 더불어 잡균의 증식을 효과적으로 억제할 수가 있다. 그렇게 되면 덧술 발효시 산패 등 이상발효(異常醱酵)를 막을 수 있다."고 말한다.

그리고 밑술 발효가 끝나는 시기에 맞춰 덧술 재료를 준비하는데, 밑술에서와 같이 전처리한 고두밥 2말, 엿물 섞어 만든 용수 2말을 준비한다. 여기에 발효가 끝난 밑술 7되를 넣고 고루 잘 섞어 새 술독에 안치고 망사나 삼베로 항아리 주둥이를 씌운 뒤, 뚜껑을 덮어 20~25℃ 정도 되는 방안 또는 통풍이 잘 되면서 습기가 차지 않는 서늘한 곳에서 10일 정도 발효시킨다.

강석필 씨는 "이때 덧술을 안친지 4~5일이면 탄산가스가 발생하면서 뽀글뽀글 끓기 시작한다. 이때가 발효가 가장 왕성할 때다. 다시 하루나 이틀 뒤에는 거품의 크기가 구슬만하게 커지다가 항아리 품온이 조금씩 내려가는데, 술 담근 지 10일째가 되면 끓어오르던 바탕이 완전히 가라앉고 술바탕의 표면이 딱지처럼 앉는다."면서, "이렇게 되려면 술을 안칠 때 쓰는 양조용수를 조금 남겨 술독 주둥이나 안쪽 벽면에 묻은 술덧 찌꺼기까지 깨끗이 내려 술덧에 넣어주고, 술독은 짚불을 피워 그 연기가 술독 안에 들어가게 하여 소독을 한 후, 마른 수건으로 그을음을 씻어서 바람이 잘 통하는 곳에 내놓았다가 사용해야 한다. 또 술을 안칠 독은 술덧의 양을 감안하여 준비하되, 술덧을 안쳤을 때 술독 깊이의 8할 정도만 채워야 술이 괴어 오를 때 넘치지 않고, 뚜껑이나 주둥이 부분을 깨끗이 닦아 내야, 이 괴어 오를 때 주변으로부터 잡균이 침입하지 않아 변패를 막을 수 있다. 특히 술독의 품온이 40℃가 넘지 않도록 하는 것이 중요하다."고 말한다.

장기 저온숙성시켜 주질이 부드럽고 향기 일품

발효가 끝난 술독은 몸에 씌웠던 이불을 벗겨 그늘지고 서늘한 곳에 옮겨 두었다가 증류하여 소주를 만드는데, 강석필 씨의 설명에 따른 증류 방법은, "재래식 소줏고리를 이용한다. 증류하는 방법은 여느 술에서 볼 수 있는 방법과는 달리, 술덧의 양에 대하여 용수를 1 : 1의 비율로 혼합하여 가마솥에 나눠 담고, 그 위에 소줏고리를 얹어 시룻번을 붙인 뒤 장작불을 지펴 예의 산성소주를 얻는다."고 말한다.

이를 좀 더 부연설명 하자면, 장작불을 지핀 지 30분 정도가 되면 소줏고리의 귀때를 통해 이슬같은 말간 술방울이 떨어지기 시작하는데, 처음에는 주정도가 70~80%에 이른다고 한다. 또 시간이 지남에 따라 소줏고리의 몸이 더워지므로, 소줏고리 위의 오목한 부분에 담은 냉각수가 더워지지 않도록 찬 물을 자주 갈아주어야, 증류에 따른 술의 수율이 높아진다고 한다. 그렇지 않으면 소줏고리의 몸이 더워져 가마솥에서 기화한 술이 냉각되지 않고 바로 수증기로 빠져나가게 됨으로써, 주정도도 낮아질 뿐 아니라 양이 적어지게 된다.

대개 이와 같은 재래식의 증류법은 65~60%의 손실이 따르는데, 더워진 냉각수를 그대로 방치하면 술덧 대비 소주의 양이 30%에도 못 미치는 수가 있다.

씨는 또 "처음에는 주정도가 매우 높지만 차차로 떨어져 나중에는 밍밍한 맹물이 나오는데, 처음에 얻은 술과 나중의 것을 적당 비율로 섞어 주정도(알코올 함량) 40%를 만들어 소주 저장용 술독에 담아 밀봉하여 15~20℃ 이하의 온도에서 4~5개월간 저장 · 숙성시킨 후 마신다."고 말한다.

광주 산성소주의 독특한 양조법과 술맛에 대하여, 동국대 식품가공학과 노완섭 교수는 "산성소주는 다른 술에서는 찾아 볼 수 없는 양조용 재료로서, 재래식으로 곤 물엿을 누룩과 밑술 제조에 넣어 술을 빚는다는 것이 특징으로, 산성소주의 독특한 맛을 낸다. 증류하기 전의 곡주, 곧 청주로 마시더라도 죽엽색(竹葉色)의 아름다운 술 빛깔과 함께 그윽한 향기가 뛰어난 술이며, 소줏고리로 증류한 산성소주는 무색 투명한데, 주정도 40%에도 불구하고 담백하며 맛이 부드럽고 향기가 대단히 좋다. 특히 술을 마시고 난 후 숙취가 전혀 없다는 것이 산성소주의 자랑이다."면서, "산성소주는 밀봉만 잘 해 놓으면, 얼마든지 장기 저장이 가능하고, 오래 저장할수록 술맛이 무르익어 주질은 더욱 부드럽고 좋은 향기가 일품이다."고 말한다. 酒

강원도 효자와 '옥촉서 약소주'

홍천 옥선주

세상살이가 힘들수록 마음 한 구석이라도 비워 두는 여유를 가질 필요가 있다. 그래야 한 번 더 생각해 볼 여지가 있고, 급히 서두른 나머지 실수를 저지르는 일도 적어진다.

오랫동안 그런 여유를 찾지 못했는데, 이번 강원도 홍천길에서는 한나절 쉬었다 올 수가 있었다.

진상주 빚었던 사람의 이름에서 따 온 술 이름

바로 홍천 옥선주(玉鮮酎) 제조기능 보유자 이한영(43세) 씨로부터 가슴 뭉클한 옛날 이야기를 듣게 되었던 것이다.

애기인즉, 조선조 말엽 고종 38년, 강원도 인제군 내면 미사리의 전주 이씨 가문에 이용필이란 사람이 살았는데, 그의 부모가 괴질에 걸렸다. 백방으로 약을 써 봤으나 백약이 무효여서, 그의 부모는 죽을 날만을 기다리던 중, 궁여지책으로 자신의 손가락을 절단하여 손가락에서 흘러나온 피를 부모에게 먹이길 수 차례. 그러나 그의 부모는 차도를 보이지 않았다. 마침내 그는 자신의 허벅지 살을 도려내어 국을 끓여 봉양하니 병이 씻은 듯이 낫게 되어 장수하였으며, 고을 안팎으로 소문이 나 결국에는 나랏님의 귀에까지 들어가게 되었다.

이에 고종은 효자포상 하사와 함께 칙명(勅命)으로 정3품 통정대부 벼슬을 내렸다. 효자 포상과 벼슬을 봉칙(奉勅)하게 된 그는 가양주로 빚어오던 '옥촉서 약소주'를 정성껏 빚어 진상(進上)하게 되었다는 이야기다.

실로 가슴 뭉클한, 오늘날에 와서는 감히 꿈도 꾸어보지 못할 효자상이요, 부자자효(父慈子孝)의 모습이 아닐 수 없다.

"집안 자랑 같습니다만, 이 이야기가 옥선주의 유래입니다. '옥촉서 약소주(玉蜀黍 藥燒酒)'가 옥선주로 이름이 바뀌게 된 것은, 당시 진상할 술을 빚었던 이가 저희 4대조(이용필) 조모님으로 김해 김씨였는데, 그 분의 이름을 따서 옥선주(玉鮮酎)라고 부르게 된 것입니다."

이한영 씨의 얘기였다.

'전통식품 명인'으로 가양주 맥 잇는다

나무가 크면 그 그늘도 넓고 시원한 법이어서, 이한영 씨는 그렇듯 훌륭한 조상을 둔 덕택으로, 지난 1996년 농림부 지정 전통식품 '명인(名人)'이 되었다.

전통식품의 명인제도는 우리 고유의 전통식품을 보존·전승하여 더욱 발전시키기 위한 제도로, 그 분야의 달인(達人) 경지에 이른 사람에게 부여하는 호칭이다. 그 조건으로 뚜렷한 전승과정과, 100년 이상의 전수내력이 분명하게 드러나야 한다는 전제조건이 따른다.

이씨에 따르면, 씨의 증조부 이용필(李容弼)은 현재는 강원도 홍천군이 된 인제군 내면 미사리에서 무인년에 태어나 홍천군 서석면 수하리에서 살았으며, 김해 김씨를 부인으로 맞았는데, 김씨의 술 빚는 솜씨가 뛰어났다고 한다. 이때부터 전주 이씨 가문의 가양주인 옥수수술 '옥촉서 약소주'가 가문 비주로 자리잡게 되며, 조부 범재(갑오생 정유년 졸)와 조모 평해 황씨에게 전수되었다. 이한영 씨의 조부모는 한때 경기도 양평으로 이사, 20년 가까이 살다 한영 씨가 고등학교를 졸업하던 해, 다시 현 거주지로 옮겨 살게 되었다고 한다. 씨의 조부와 조모 사후에는 다시 부친 종철(갑자생 임술년 졸)과 모친 전주 김씨가 그 비법을 이어오다가, 부친(종철)과 모친(전주 김씨)이 지난 1982년에 이어 1984년에 각각 세상을 떠나자, 4대째가 되는 독자 이한영 씨와 씨의 부인 임용순(39세) 이 그 맥을 잇기에 이르렀다 한다.

그러나 이한영씨가 처음부터 가양주 전승과 보존에 관심을 가졌던 것은 아니었다.

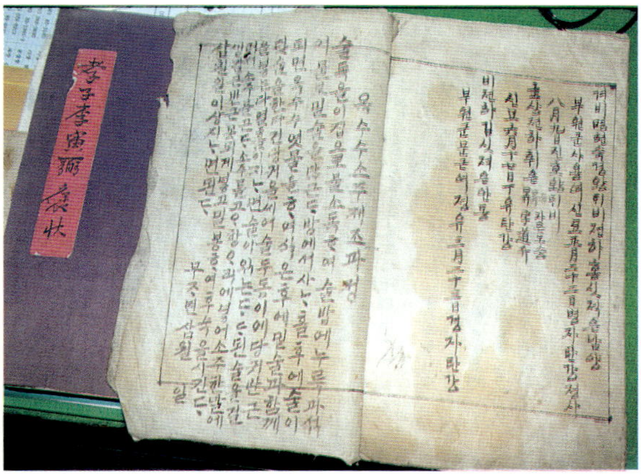

씨는 학교를 마친 뒤 '78년부터 농촌운동(4H)에 투신, '농촌에서 우리 것 찾자'는 운동을 펼쳐 강원도 연합회장까지 지냈다.

"당시 특히 농산물 가공분야에 관심을 가졌는데, 그것이 가양주 옥선주를 상품화할 생각을 가지게 되었다고 해야 옳을 것입니다. 지역 특산물인 옥수수를 이용한 술을 대량 생산함으로써, 지역 소득증대는 물론이고 옥수수 생산 농가들의 안정적 소득 향상에도 이바지할 수 있겠다는 판단에서였습니다. 이를 위해 1984년부터 전국의 술 제조장은 다 찾아다니면서 본격적인 연구와 실험제조에 뛰어 들었습니다. 결국 저와 함께 이곳에서 농촌운동을 했던 농민 4명이 뜻을 같이 해 다섯 명이서 공동출자 형식으로 '옥선민속주조'를 설립, 1996년 4월 공장준공을 보게 되었습니다."

현재 홍천 옥선주는 1996년 강원도 '유망 창업 중소기업' 지정과 '홍천군 특산품' 지정을 받았다.

'세상 없어도 보존해라' 유언
술빚기 까다로운 혼양주

이한영 씨의 얘기는 계속된다.

"사실 어렸을 때야 이런 일에 관심 가질 사람이

몇이나 되겠어요? 특히 저는 독자였던 관계로 어려서부터 어머니께서 집안 제사와 명절, 잔치 때 계속해서 술 만드시는 걸 도우면서 보고 자랐고, '대대로 내려 온 가양주이니까, 너도 나중에 이대로 해야 된다' 고 하셔서 그런 줄로만 알았지요."

씨는 특히 부친이 운명하기 전, 족보와 함께 가승(家乘)을 넘겨주면서 '이것은 세상 없어도 꼭 보존해야 한다' 는 유언을 남겼는데, 부친의 사후 2년 뒤에야 그 까닭을 알게 되었다고 한다.

"가승과 족보에 '옥촉서 약소주 빚는 법' 을 비롯하여 4대조의 효자포상과 관련한 봉칙 내용, 그리고 가양주를 임금께 진상했다는 기록까지가 고스란히 수록되어 있었어요. 제가 농림부로부터 전통식품 명인 지정을 받게 된 결정적인 문헌들이었습니다."

이씨 집안의 가승에 수록된 '옥촉서 약소주(옥수수 소주) 제조과정' 을 그대로 옮기면 다음과 같다.

술독을 이집으로 소독하여 술밥에 누룩과 섞어 물로 밑술을 담근다. 방에서 사흘 후에 술이 되면 옥수수 엿물을 끓여 식은 후에 밑술과 함께 덧술을 한다. 건당귀를 씻어 술 두 동이에 당귀 반 근을 넣는다. 열흘이 지나면 술이 익는다. 된 술을 걸러서 소주를 곤다. 소주를 고항리에 넣어 소주 한 말에 생갈근 반 근 못되게 넣고 밀봉 여 후숙을 시킨다. 삼칠일 이상 지면 된다.

기록대로라면 홍천 옥선주의 제조과정은 그리 까다롭거나 어렵지도 않게 여겨진다.

그러나 그것은 오해였다. 이한영 씨로부터 구체적인 옥선주 제조과정을 듣고 보니, 저 멀리 남도 땅의 영광 강하주나 담양 추성주, 김제 송순주 등과 같이 술빚기 과정이 까다롭고 복잡하기는 마찬가지라는 생각이 들었던 것이다.

"술 제조과정이 매우 까다롭다 보니 양조설비를 갖추는 데 적잖은 돈이 들어 갔습니다. 대략적인 제조과정을 설명하자면, 먼저 쌀로 빚은 약주를 밑술로 삼고 여기에 옥수수로 만든 엿물과 건당귀를 넣고 부어 발효시킨 뒤, 용수로 걸러서 본술을 얻습니다. 다음에 가마솥에 본술을 담고 소줏고리를 얹어 장작불을 지펴서 증류시킨 소주에 향과 술맛을 좋게 하기 위해 재차 약재를 넣는데, 건당귀와 갈근을 넣은 후 제성시켜 옥선주를 얻습니다. 이렇듯 술빚기가 까다롭고 복잡하다 보니 투자를 많이 해야 했지요."

이한영 씨의 설명이었다.

옥수수 엿물에 누룩 담그고
엿기름 넣어 단맛 나게 빚는다

옥선주는 멥쌀을 비롯 옥수수, 누룩, 양조용수 등 주원료 외에 향약재로 당귀와 갈근, 그리고 엿기름이 들어간다. 옥선주는 덧담근 술을 증류시킨 뒤, 다시 약재를 넣는, 소위 혼양주(混釀酒)라고 할 수 있다.

밑술을 만듦에 있어, 멥쌀 1말을 물로 깨끗이 씻은 뒤 10시간 이상 불렸다가 건져서 물기가 빠지면 고두밥을 찐다. 고두밥은 돗자리 위에 고루 펴서 차게 식힌다. 고두밥이 식는 사이 누룩을 준비한다. 누룩은 통밀을 갈아 물과 반죽하여 띄운 것으로서, 그 제법은 여느 것과 크게 다를 바가 없다. 잘게 부숴서 잡내가 없도록 볕에 바짝 말린 것으로, 멥쌀의 3할이 되는 양을 준비한다.

양조용수는 물이 아닌 옥수수엿물을 넣는데 물 1말에 옥수수 1말을 갈아 넣고 끓여서 당화시킨다. 당화제는 엿기름으로 2홉 가량이 들어간다.

준비한 고두밥과 옥수수엿물, 누룩, 엿기름을 고루 섞어 독에 담는다.

밑술 안치기가 끝난 술독은 천으로 덮고 실내 온도가 25℃~ 35℃가 되면 발효 최고조에 달한다.

이후 점차 온도가 떨어지면서 끓어오르던 술바탕이 가라앉으면 밑술이 완성된 것이다.

덧술은 옥수수 2말을 깨끗하게 씻은 후 2일간 침지한 다음 건져서 믹서기를 이용하여 곱게 간다. 여기에 엿기름 21홉과 용수(用水) 40 l 를 첨가하여 만든 죽을 끓여서 당화시킨 뒤, 냉각시켜서 착즙한다.

착즙한 농축액을 오랜 시간 다시 가열하면 당도가 높아지면서 물엿이 되는데, 이를 재차 냉각시켜 밑술과 섞는다. 덧술의 사입과정(仕入過程)에서 말린 당귀를 넣는데, 술의 양에 따라 당귀를 넣는 양도 달라진다.

덧술의 양이 약 40 l 라고 할 때 당귀는 1 근(600g)이 약간 못되게 넣는다. 당귀를 넣는 까닭은 술의 향기를 좋게 하기 위한 것이라고 한다.

덧술은 밑술에서와 같은 온도에서 발효시키는데 발효 진행 중 술바탕 위로 기름이 뜨게 되므로, 이

로, 처음 받아낸 술과 나중의 것을 섞어 알코올분 40%로 맞춘 뒤, 지하 저장고나 토굴에서 1개월에서 3개월 가량 숙성시키는데, 숙성에 들어가기 전에 건당귀와 갈근(각 300g)을 가공하지 않은 상태 그대로 넣는다. 한 달에서 석 달 후면 약재의 성분이 충분히 우러나는데, 드디어 엷은 황갈색의 옥선주가 완성된다.

부인병 치료와 보혈작용
뛰어난 약재 사용

홍천 옥선주의 가장 큰 특징은 혼양주, 곧 약용 증류주(藥用蒸溜酒)라는 데 있다. 즉, 대부분의 증류주들이 밑술이나 덧술에 부재료로 가향·약재를 넣음으로써, 증류과정에서 그 약리적 성분과 향기가 소실되어 버리는 데 비해, 홍천 옥선주는 증류 후 다시 약재를 넣음으로써, 당귀와 갈근이 함유하고 있는 맛과 향, 약리적 작용을 그대로 받아들일 수 있다는 것이다.

를 제거하여 주어야 술맛이 깨끗하고 이상발효를 막을 수 있다.

덧술은 안친지 10일 정도면 발효가 끝나 술이 익는다. 이어 증류를 하는데 본술을 가마솥에 담고 그 위에 소줏고리를 얹은 뒤, 불의 세기 조절이 술맛을 좌우하게 되므로 너무 세거나 약하지 않게 고르게 하여 불을 지펴야 한다.

이렇게 해서 솥 안의 술바탕이 끓어 오르면서 기화한 술은 소줏고리 위의 냉각수에 닿아 액체상태로 소줏고리의 귀때로 방울방울 흘러내리게 된다.

이때 처음에 받아 낸 술은 알코올분 70% 이상을 나타내다가 점차 떨어져 나중에는 거의 맹물이 되므

특히 당귀는 특유한 방향(芳香)을 가진 약용식물로서, 여러 가지 한약재 중 대표적인 보혈제(補血濟)이자 청혈제(淸血濟)이다. 혈액순환을 좋게 하여 빈혈이나 혈행지연에서 오는 동통증(疼痛症)을 비롯 장(腸)의 연동운동을 활발하게 해주며, 체내의 가스배출을 원활하게 해주는 작용으로 충분한 영양섭취를 돕는 생약으로 알려져 있다.

또한 여성들의 불임증과 관련하여 임신과 출산, 출산 후의 체력보강을 위한 주약(主藥)이며, 고질적 빈혈과 두통에 천마(天麻)와 함께 사용하면 완전

치유되는 부인병의 영약이기도 하다.

당귀와 함께 쓰이는 갈근은 칡을 건조시킨 것으로, 흉년에는 구황식품으로 많이 이용하여 왔는데, 칡은 전분을 다량 함유하고 있어 묵 · 죽 · 응이 등의 음식을 만들어 병인식 · 노인식으로 먹기도 한다.

한방에서 여러 가지 질병치료에 갈근을 이용하고 있음을 볼 수 있는데, 대표적인 예로 발한(發汗)이라고 하여 병을 다스리기 위하여 땀을 낼 때, 그리고 열이 났을 때 갈근을 이용, 몸의 열을 내리는가 하면 진경(鎭痙)이라는 경련을 가라앉힐 때, 양기(陽氣)를 고르게 하는 데에도 갈근을 사용한다.

입안이 얼얼하도록 '화'한 맛과 시원한 청량감 일품

이 외에도 감기 증세가 있거나 어깨가 결릴 때, 변비를 다스리는 완하제로도 이용되는 등 그 효능만큼이나 이용 범위가 넓은 약이다.

홍천 옥선주의 또 다른 특징은 마셔서 독특한 향기도 잊지 못하거니와 뒷맛이 깨끗하고 만취하도록 마셔도 전혀 숙취가 없으며, 혀 끝에 닿는 순간 입안이 얼얼하면서도 시원한 느낌, 곧 '화'한 맛과 함께 청량감을 준다는 것이다.

이러한 '화'한 맛은 현존하는 강원도 지방의 어떤 술에서도 느낄 수 없는 유일한 맛이거니와, 강원도 지방의 특산품 중 하나인 옥수수를 주원료로 하여 만든 전통주라는 데 그 가치가 큰 것이다.

물론 강원도 지방에는 홍천 옥선주만이 아닌, 춘천의 '한옥로'를 비롯, 원주지방의 '엿술'이 다같이 이 지역 특산물인 옥수수를 주원료로 술을 빚고 있으며, 평창의 '감자술(서주, 薯酒)' 또한 제 고장의 특산물을 이용한 술이라는 점에서 인식을 같이 할 수 있겠으나, 옥선주를 제외하고는 모두가 약주이거나 탁주라는 사실에서 격을 달리하고 있다. 酒

'회춘하여 신선된다'는 제세팔선주

담양 추성주

회춘(回春)하고 신선(神仙)이 된다?

인간의 감흥을 대변해 주는 기호식품 가운데, 그 으뜸은 단연코 술일 것이다.

동서고금을 막론하고 술을 노래하지 않은 민족, 나라는 일찍이 없었다.

그리고 술은 인류 출현 이래로 끊이지 않고 애용되어 온 전통을 지니고 있다.

하여, 술을 좋아하는 사람들은 이를 '약'이라 하였고, "과음하지만 않으면 장수할 수 있다."고 하였다.

술에 대한 예찬의 극치를 표현한 수식어로 곧잘 '신선주'가 등장하는 것을 보더라도, 인간은 술과 뗄래야 뗄 수 없는 밀접한 관계를 유지하고 있는 셈이다.

국내의 전통·토속주 가운데에도 신선주라 불리워졌던 술이 여러 종 있는데, 전남 담양의 추성주(秋城酒)라는 술이 그 가운데 으뜸의 자리를 차지한다.

추성주는 또 현존하는 전통·토속주 가운데 가장 많은 약재(藥材)를 사용하는 술로 알려지고 있으며, '제세팔선주'라고 불리우는 술이다.

추성주의 제조기능보유자 양대수(40세)씨와 그의 부인에 따르면, "제세팔선주의 명칭은 그 신비함에서 얻어 온 것으로, '팔'은 '팔보회춘(八寶回春)'의 뜻이고, '선'은 '신선(神仙)'과 같다는 데에서 유래한 것입니다. 그러던 것이 추성주(秋城酒)라는 이름으로 바뀌게 되었습니다. 이는 담양의 옛 명칭이 '추성('秋城)'이고, 또 군지(郡誌)이자, 1756년 이 고을 부사로 부임한 이석희(李錫禧)가 쓴 ≪추성지(秋城誌)≫에 이 술이 기록되어 있어, 추성주라는 이름으로 첫 선을 보이게 되었습니다."고 말한다.

선친 '꼭 보전해라' 유언, 오래 전 특허받아 간직했던 술

≪추성지≫에 의하면, "이 지역에서 자생하는 약초 등을 캐다 술을 빚어 마셨는데, 이 술은 신선주로 허약한 사람들과 애주가들이 애음했으며, 그 비법은 구전하고 있다."고 기록되어 있다.

구전하는 바 "추성주는, 특수한 향취와 은은한 맛

이 있어, 보양효과가 높으면서 해열 · 진정 · 구충 · 혈압강하 · 소염 · 고혈압 · 당뇨 · 신경통 · 방광염 · 동맥경화의 예방과 중이염 · 노화 · 간염 · 피부염 · 신장염 · 심장병에 그 효과가 탁월하다."고 한다.

양대수 씨는 "추성주는 저희 집안 대대로 가양주로 내려온 술입니다. 조모님(표씨)께서 이 술을 빚어 어른들과 손님들에게 접대하면서 '신비한 술'로 세인들의 입에 오르내리게 되었지요. 그리하여 이 술의 신비함을 깨달으신 부친께서는 '애주가들을 위해서라도 이 술을 꼭 보전(保全)해야 한다'는 생각으로 제게 유언을 하셨는데, 당신께서는 일찍이 추성주 제조에 따른 특허를 내서 지니고 계셨어요. 그러나 그간 쌀을 이용한 양조금지령과 밀주 단속으로 말미암아 빛을 보지 못하다가, 정부의 전통 · 토속주 개발정책에 힘입어 오늘에 이르러 옛법 그대로 빛을 보게 된 것입니다."

양대수 씨의 설명을 통해 추성주의 양조과정을 간추려 보면 다음과 같이 정리가 되는데, 매우 복잡한 과정도 과정이거니와 양씨의 추성주에 대한 애정을 가히 짐작할 수 있다.

덧술 등에 21가지 향약재 넣어 보양 · 강장효과 뛰어난 술

추성주는 정선한 토종 보리 8kg을 거칠게 빻아다가 2.8 l 의 물과 섞어 반죽을 한 다음, 명주베 보자기로 싸서 누룩틀에 담고 발로 디뎌서 누룩을 만든다. 완성된 누룩은 짚이나 가마니를 깔고 서로 닿지 않게 쌓아, 약 40℃ 정도의 온도를 유지해 주면서 실내에서 20일간 발효시킨다. 이때 2~3일에 한 번씩 뒤집어 주고 환풍도 시켜주어 누룩이 고루 뜨도록 한다.

발효가 끝난 누룩은 다시 약 2주간 건조, 숙성시켜 가루를 내어 쓴다.

밑술을 만듦에 있어 찹쌀 10kg과 멥쌀 30kg을 섞어 물에 씻은 후, 12시간 가량 침미한다. 다음에 이를 건져서 물기가 빠지면 시루에 쪄서 고두밥을 만든다.

고두밥은 완전히 식혀서 항아리에 엿기름 2kg, 물 64 l 를 함께 붓고 25~30℃ 되는 실내에서 1차당화시켰다가, 다시 30~35℃에서 2차 당화 시킨다. 그 기간은 각각 3일, 2일간으로 하고, 당화가 끝날 때쯤 해서 실내의 온도를 다시 25℃ 정도로 낮춰 준 다음 덧술을 안친다.

덧술은 누룩 8kg과 분쇄한 한약재(두충, 창출, 육계, 우슬, 산약, 차전자, 의이인, 독활, 강활, 사인, 원지, 연자육, 하수오 각 1kg) 13kg과 물 116 l 를 버무려 밑술과 섞어 저어주되, 20~25℃ 되는 실내

(품온 33℃)에서 약 10~12일간 발효시키면 알코올 성분 15%의 술이 만들어지는데, 이를 증류기에 넣고 서서히 가열하면 한약재로부터 분리된 특유한 향미를 지닌 알코올 함량 40%의 증류식 소주 31 l 가 만들어진다.

증류한 술에 다시 9가지 한약재 넣어 약효 돋워

"대부분의 술은 증류를 마치는 단계에서 완성되어지는데, 추성주의 경우 한 번의 과정이 더 이뤄집니다. 그것도 약재를 달인 침출액을 넣음으로써, 이들 약재의 약효를 높여 명실상부한 약주를 만들어 내는 것입니다."

양대수 씨의 설명이었다.

다음에 홍화 1kg과 구기자, 음양곽, 갈근, 하수오, 오미자, 상심자, 용안육 각 1.5kg을 분쇄하여 달인 추출물을 증류하여 얻은 31 l 의 술과 재차 섞고, 이들 약재의 성분이 충분히 숙성되도록 30일을 지낸 후, 여과하면 알코올분 39%의 술 28 l 를 얻는다. 여기에 끓여서 식힌 물 15 l 를 후수하고, 2차 여과하여 20℃의 실내에서 30일 가량 숙성시키면 알코올 함량 25%의 완성된 추성주 43 l 를 얻는 것이다.

이러한 양조과정은 어느 전통·토속주에서도 살펴볼 수 없는 추성주만의 비법이라 할 수 있으며, 술에 사입되는 약재의 수에 있어서도 가장 많은 종류의 약재가 사용되고 있음을 알 수 있다.

이상의 복잡한 양조과정을 통하여 빚어진 만큼, 일반 전통·토속주와는 특별한, 몇 가지 차이점을 발견하게 된다.

즉, 추성주는 흔치 않게 밑술에 누룩을 넣지 않는

대신 엿기름을 넣는다는 사실과, 덧술에는 주원료로 멥쌀이나 찹쌀이 아닌 한약재와 누룩, 물만을 넣고 있는 점. 그리고 2차 덧술에는 덧술과는 또 다르게 한약재를 침출한 액을 넣는다는 점이다.

국내 전통주 중 가장 많은 약재 사용
황금 빛깔로 구미 자극

그리고 증류식 소주이면서도 그 술 빛깔이 황금색을 띠어 구미(口味)를 자극하기에 충분하다. 이는 약재 가운데 홍화, 오미자 등의 성분이 우러나와 붉은 색을 띠게 된 것으로 생각된다.

또한 증류과정을 거친 소주에 다시 약재를 넣고 있는가 하면, 후수를 하여 알코올함량을 떨어뜨리고 있다는 점도 특징이랄 수 있다.

술은 일단 마시기에 부담이 없어야 하고 마셔서

또 증류주이면서도 독하지 않아 마시기에도 좋다. 특히 붉으스름한 빛깔을 띠어 은근한 향기와 함께 입맛을 다시게 한다. 한 번 마셔보면 결코 그 맛을 잊지 못한다."고 한다.

이처럼 담양 추성주가 세인들의 입에 오르게 된 것은, 담양호가 건설된 이후 이 지역에 국민관광지를 조성, 관광객들의 발길이 잦아지면서부터다.

담양 추성주는 농림부로부터 전통식품업체 지정과 함께, 건설교통부의 전신인 교통부로부터 '관광·토속주'로 지정된 전통주로 오늘에 이르고 있다.

양대수 씨는 "앞으로 재래식 생산방법에 현대식 생산 설비를 보완하여 보다 많은 양을 보급할 생각"이라며, "담양 지방에는 소쇄원을 비롯, 송강정, 식영정, 면앙정, 환벽당 등 문화유적들이 줄지어 들어서 있다. 국민관광지로서 손색이 없는만큼, 담양을 찾는 손님들에게 인상에 남을만한 인상적인 전통주를 제공할 생각입니다."고 말한다. 酒

은근한 향기와 함께 부드럽게 넘어가야 좋은 술이랄 수 있다. 또 취하게 마시더라도 숙취가 없고 깨어나서도 뒤끝이 깨끗해야 한다.

추성주는 이 모든 조건에 거슬림이 없는 술이다.

추성주를 마셔 본 사람이면 한결같이 "그 빛깔부터가 입맛을 다시게 만들며, 아무리 마셔도 뒤끝이 깨끗해 자주 찾게 된다."고 한다.

더러는 "추성주처럼 많은 약재가 들어가는 술이 없으니, 마치 보약을 함께 먹는 것이나 다름 없고,

향수를 머금은 듯한 술

송화 백일주

우리는 본의 아니게 고정관념과 편견에 사로잡히기 쉽다.

고정관념과 편견은 자신을 둘러싼 환경이 그 원인이 되기도 하는데, 어려서부터의 교육, 주변인과의 인간관계, 그리고 심지어는 성장 환경에 이르기까지 모든 여건에 의해 자신도 모르는 사이 고정관념과 편견을 가지게 된다.

스님과 술, 그리고 전통주 명인 1호

실례로 '스님들은 육식을 해서는 안된다'든가, '스님들은 술을 마시지 않는다'라는 식의 고정관념이 그것이고, 승려들이 자칫 자그마한 실수를 하게 되면, '중이 타락했다'든가, '저 중은 파계승'이라는 식으로 백안시하는 편견을 들 수 있다.

그런데 이러한 고정관념과 편견을 여지없이 깨뜨리는 한 사람의 실존 인물이 우리의 관심을 집중시키고 있다.

그것은 다름 아닌, 한 사찰의 스님에 의해서 350여 년의 세월을 이어오고 있는 비주(秘酒) '송화백일주(松花百日酒)'라는 술과 최근 전통주 '명인'으로 지정된 한 스님이다.

화제의 주인공은 전라북도 완주군 소재 모악산 국립공원 내 수왕사(水旺寺) 주지 벽암(碧岩) 조영귀(46세) 스님이다.

12살에 출가하여 이곳 수왕사의 전 주지스님(이석우)에게서 송화백일주와 송죽오곡주 제조비법을 전수받아 온 지 15년이나 되었다고 한다.

조영귀 스님이 빚고 있는 송화백일주가 농림수산부의 '우리것 찾기'와 지역 전래의 전통식품의 활성화를 위해 마련한 제도의 명인 제 1호(1994년 8월)가 된 것.

한 번도 끊기지 않고 이어 온 비주 문화재급 유물 5점도 간직

조영귀 스님이 빚고 있는 송화백일주는 조선조의

고승이었던 진묵대사의 사후, 대대로 수왕사 주지스님들에게 전승되어져 한 번도 그 맥이 끊기기 않고 빚어져 왔다는 점에서, 다른 전통주나 토속주에 비해 그 유래와 전승과정이 분명한 술이라고 할 수 있다.

"일제가 우리의 발효문화를 뿌리뽑기 위해 '양조금지' 정책을 폈는데, 그 결과 숱한 전통주들이 사라지거나 맥이 끊겼고, 다시는 재현하기조차 어렵게 된 술이 많습니다. 그런데 현재 일본에는 우리의 청주(淸酒)를 개발해 만든 정종공장이 6백여 개에 이릅니다. 저들의 기록에도 있거니와 백제의 술이 일본에 전래되었다는 사실, 그리고 지금 일본 술인 정종의 뿌리가 우리의 청주라는 점을 감안한다면, 한탄이 절로 나옵니다. 그런데 중요한 사실은, 사찰은 일제치하에서도, 또 1954년 정부의 밀주생산 금지조치 이후에도 국가적 정책이나 법의 저촉을 받지 않은 성역(聖域)으로, 이 곳에서 한 번도 그 맥을 끊지 않고 이어 온 전통의 비주(秘酒)가 바로 '송화백일주'와 '송죽오곡주'입니다. 따라서 유일하게 맥을 이어 온 술이기도 합니다."

조영귀 스님의 설명이었다.

이상과 같은 조영귀 스님의 설명, 즉 술에 얽힌 유래와 관련한 진묵대사의 유품, 그리고 양조과정이 지면을 통해서나마 그 고정관념과 편견을 떨칠 수 있었으면 좋겠다.

향수 머금은 듯한 천하제일의 향기, 오미를 한꺼번에 느낄 수 있어

지금도 완주군 구이면 해곡리 수왕사에는, 조선조 인조(仁祖) 때의 고승 진묵대사(1562~1633)가 모악산 정상 절벽 아래 절을 짓고 수행하던 중, 송죽오곡주를 개발했을 당시에 사용했던 누룩틀과 저울, 소줏고리, 호리병 등 문화재급 양조기구 유품 5점이

보관되어 있어, 그와 같은 사실을 뒷받침해 주고 있다.

송화백일주 역시 송죽오곡주와 마찬가지로, 진묵대사가 참선하던 중 고산병 예방과 편식에서 오는 양결핍 등 질병치료와 예방을 위해, 모악산 주위의 자생 약초를 채취하여 수왕사 석간수로 빚은 술이라 전한다.

발효가 끝났을 때의 약주 송화백일주는 송죽오곡주보다 다소 진한 자주빛깔을 내는 술로, 예로부터 이곳 수왕사를 찾는 사람들에게는 잘 알려진 약주이자 '곡차'이다.

"송화백일주는 음력 2월 춘분 때만 빚는 술로, 신경통과 원기회복에 특별한 효험이 있는 것으로 전해지고 있습니다. 그리고 겨울철 등 약초 준비가 어려울 때 빚는 술로 '송하주'가 있는데, 일반적인 방법으로 술을 빚되, 그늘진 소나

무 아래 흙을 파고 100일동안 묻었다가 가을에 파서 마십니다."

따라서 산사에서의 수행에서 오는 고산병과 채식 위주의 편식으로 말미암은 영양결핍 등 신체의 손상을 예방하기 위한 수단으로 술을 빚어 마셨다는 것이 그 유래라고 한다면, 그것은 분명 술이 아닌 '약'이요, 곧 '곡차'라고 해야 옳을 것이라는 생각이 든다.

기온차가 심한 산중에서의 참선 과정에서 오는 신경계통의 질병, 그리고 채식 위주의 편식에서 오는 영양부족 등이 산중 생활을 하는 스님들의 속사정이고 보면, 자구책이자 방편으로서의 '곡차'였을 것이기 때문이다.

"송화백일주는 찹쌀과 조, 누룩에 약재를 삶아 우려 낸 물과 생솔잎 3근을 섞은 술독을 소나무 아래 땅을 파고 묻었다가 100일 후에 증류하여 마십니다."

춘분 때만 빚는 절기주
산중 생활의 방편, 약으로 마셔

이 술은 향이 천하제일이라고 한다. 주도 38~42% 정도인 이 송화백일주를 따라 놓으면 그 향에 벌과 나비가 모여들었다는 얘기가 옛부터 전해지고 있다는 것이다.

"실제로 연세대에서 이 술의 향기 성분을 분석, 평가한 결과 '한국 최고의 명주'라는 사실을 인정하였습니다. 송화백일주를 한 모금 입에 담고 혀 끝을 굴리면 저절로 탄성이 흘러나옵니다. '마치 향수를 머금은 것 같다'고 다들 찬사를 아끼지 않습니다."

송화백일주의 맛은 단맛, 신맛, 쓴맛, 떫은 맛, 매운 맛의 오미(五味)를 한꺼번에 느낄 수 있다는 것이 독특함이라 하겠다.

여기서 송화 백일주는 어떻게 빚어지는지에 대해서 좀 더 구체적으로 살펴 본다.

먼저, 멥쌀 1되로 고두밥을 짓고 누룩 1되, 물 1되로 밑술을 잡은 뒤, 실내온도 25℃ 정도에서 7일간 발효시켰다가, 찹쌀과 조 각 5되로 고두밥을 지어

누룩 5되와 혼합한다. 1말 2되의 물에 송화, 감초, 당귀, 하수오, 산수유, 구기자, 오미자, 국화 각25.5g씩을 넣고 달여 물이 1말이 되면 항아리의 밑술과 함께 버무려서 안치되, 이때 항아리 밑 바닥에 솔잎 3근 중 절반을 깔고 나머지 솔잎은 술을 안치고 나서 맨 위에 덮는다.

술독은 보자기나 창호지로 밀봉하고 뚜껑을 덮어 그늘진 소나무 밑 땅 속에 묻어 둔다(실온 10℃정도). 100일 동안 발효시켰다가 꺼내서 용수를 박아 채주한 뒤, 소주고리를 이용 증류하면 38~42%의 송화백일주를 얻는다.

신체의 기를 돌려주고 피의 흐름을 돕는다

증류주로서의 송화백일주는 무색 투명하지만 향기만큼은 가히 신비롭다 할 만하다.

이러한 술, 아니 '선방의 곡차' 송화백일주는 스님들이 8부 능선에서의 참선으로 인한 관절과 신경계 이상, 뼈 속의 병에 기(氣)를 돌려주는 등 신경계통의 치료에 탁월한 효과를 나타낸다.

"술에 들어가는 약재들이 장수비결을 간직하고 있는만큼, 정기가 모아져 그런 효과를 나타낸 것으로 생각됩니다. 다시 말해서 모든 식물의 정기는 뿌리나 열매 등 그 끝 부분에 모아지므로, 이들 약재에 모아져 있는 정기를 섭취함으로써, 신체의 기를 돌려주고, 피의 흐름을 원활히 하여, 신경계통의 질병을 치료하게 되는 것입니다. 술이란 그래서 마시는 것 아니겠습니까?"

선문답이랄까.

'술이란 이렇게 마시는 것 아니냐'는 반문에 가장 어렵게 찾고자 했던 해답을 가장 쉽게 찾은 셈이었다.

스님의 말처럼 우리가 고정관념과 편견을 버릴 수만 있다면, 그것이 술이든 곡차이든 상관없이 참된 나, 진짜 우리 것을 되찾는 일에 노력해야 할 것이요, 그 책임이 오늘을 사는 우리에게 있음을 다시금 생각케 된다. 酒

구곡구천 맑은 물로 빚은 남도의 술

해남 녹향주

전라남도에서도 '땅끝'이라는 해남군의 해남 대흥사 초입에 제법 큰 마을이 있는데, 행정구역상으로는 삼산면(三山面)나법리, 옛이름으로는 녹산면(鹿山面) 사슴골로 불린다.

이러한 지명 유래로 이 마을에는 전통의 곡주 녹향주(鹿鄕酎)가 전해오고 있다.

그 기능보유자 조현화(趙賢華, 62세) 씨 부부를 만나 보았다.

귀한 손님 대접 할 때 빚는 황해도의 술, 부부가 함께 빚어

조 씨는 이북 출신으로, 황해도 장연군 신화면 군산리에서 태어나, 증조부(조봉수) 때 월남하여 이곳 나법리에 정착한 실향민이다.

"녹향주는 고향에서 귀한 손님이 오시면 대접하던 가양주입니다. 제가 어렸을 때 보면, 할머니께서 주로 술을 빚곤 하셨는데, 술을 안치고 하는 것은 여자들이 하고, 내리는 것(증류)은 남자들 몫이었어요. 그래서 우리는 지금도 내외가 하는 몫이 다르다고 믿고, 또 그렇게 하고 있지요. 선친께서는 여자들은 술 내리는 일을 못하게 하셨다니까요."

아내의 눈치를 살피는 듯, 조 씨의 목소리가 갑자기 조심스러워졌다.

요즘 같으면 남녀 차별이니, 봉건주의적 낡은 생각이니 하는 비난을 면치 못할 얘기였음에도 불구하고, 그 곁에서 다과(茶果)를 준비하는 김순옥(59세) 씨는 듣는지 마는지.

이내 김씨가 사과를 깍다 말고 한 마디 거든다.

"술을 빚는 일도 중하지만 술을 내리는 일이 더 중요하다고 생각하셨던 것이지요. 옛날 북쪽에서는 곡식이 귀했기 때문에 가급적이면 많은 술을 얻어야 했거든요. 요즘처럼 술로 장사를 하는 것도 아니고, 어느 때고 빚을 수 있는 것은 더더욱 아니었던 까닭에 귀한 음식이었지 않았겠어요. 그러다 보니 옛날 어른들은 술 내리는 일을 중요시 하게 되었지요."

조 씨가 들려 준 녹향주의 비법과 제조과정은 누룩빚기부터가 '정성' 그것이었다.

"조부님께서는 옛날에 밀주 만들다가 만주 장춘으로 붙잡혀 가셔서 6개월이나 징역을 사셨어요. 그러면서도 술빚기를 그만두지 못한 것은, 조상 대대로 집안의 잔치와 제사 때 쓸 목적으로 빚는 가양주였기 때문이지요. 참말로 정성을 다 했어요. 누룩 만드는 일에서부터."

조현화 씨의 얘기였다.

'부창부수'라 했던가.

그러나 세상이 바뀌어도 많이 바뀌었고, 나이를 먹다 보니 아내의 눈치를 살피게 되는 법인지, 조 씨는 자꾸 아내의 의견을 묻는 일이 많아졌다고 한다.

아내의 손을 더 필요로 하게 되는 나이가 되었기 때문일까. 늙어가면서 닮는 게 부부라고 하던가.

"참말로 정성을 다한다" 재래식 제조법으로 옛맛 지켜 당귀 넣어 향기·부드러운 맛 일품

괄괄하던 성격도 닳고 닳아서 둥글둥글해진 조씨와 남편의 귀가 부드러워지기까지 그 오랜 세월을 감내해 온 김순옥 씨.

이들 부부가 함께 빚는 녹향주는 그래서 더욱 맛이 있는지도 모른다.

조현화 씨의 설명에 따른 술빚는 방법으로, 누룩은 한여름에 밀을 맷돌에 갈아서 밀기울을 제거한 밀가루만으로 빚는다.

밀가루가 1말이면 2되 가량의 물을 부어 되직하게 반죽을 한 다음, 5덩어리로 나누어 미영베로 싸고 누룩틀에 담아 발로 디딘다.

성형을 끝낸 누룩은 베보자기를 풀어서 25~30℃ 정도 되는 따뜻한 아랫목에 짚을 깔고 위를 덮어, 서로 닿지 않게 두어 15일 가량 띄운다. 하얗고 노르스름한 곰팡이가 고루 피어야 제대로 된 누룩을 얻을 수 있고, 좋은 술빚기가 가능하다.

누룩은 거칠게 빻아 법제를 하여 쓴다.

다음에 밑술을 안치는데 멥쌀 1말을 씻어, 한나절 침미하였다가 건져서 물기가 빠지면 고두밥을 짓는다. 이를 돗자리나 키 위에 널어서 식힌다.

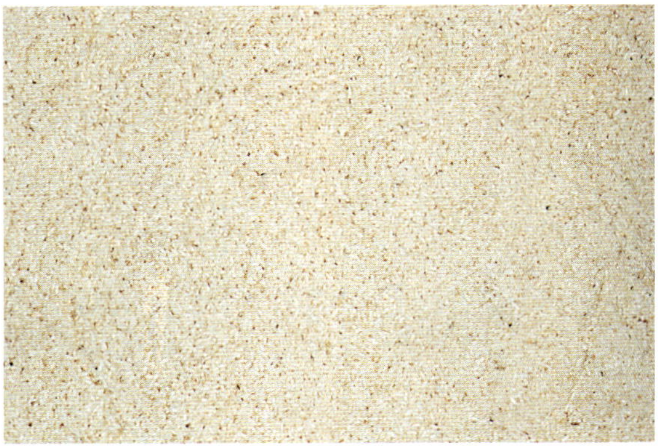

여기에 준비해 두었던 백곡누룩가루 3되와 물 1말을 함께 섞어 소독을 한 항아리에 담는다. 술항아리를 안방 아랫목에 자리잡아 베보자기로 싸고 이불을 덮어 여름에는 7일, 겨울에는 10~15일 가량 발효시킨다.

밑술의 발효에 필요한 적정 실내 온도는 25~30℃다.

소화 안될 때 반주로 마시면 효과

녹향주의 덧술은 밑술과 같은 방법, 같은 비율로 고두밥을 지은 뒤 식혀서 밑술과 혼합하고, 누룩을 넣지 않는 대신 당귀를 넣는다.

이를 4일간 발효시키면 술이 익으므로 증류에 들어간다.

조현화 씨 부부는 최근 정식으로 양조허가를 받고부터는 재래식 증류방법을 탈피, 삼투압식 증류기를 사용하여 증류식 순곡 소주를 만들고 있다.

조현화 씨는 "옛날에는 가마솥에 술덧을 쏟아부은 뒤, 그 위에 시루를 얹고 다시 솥뚜껑을 뒤집어 얹고, 공기가 새지 않도록 솥과 시루, 시루와 솥뚜껑 사이에 시루번을 붙인 다음, 솥뚜껑의 오목한 곳에 찬물을 부어 증류해 만들었다. 증류시 사용되는 시루는 옆구리에 구멍을 뚫고 대나무를 쪼개서 끼워 넣어 귀때 역할을 하게 만들었다."고 말한다.

이렇게 하여 장작불을 모아 놓고 기다리길 10여 분, 끓어오른 술이 기화(氣化) 하면서 솥뚜껑에 닿아 냉각되어 댓가지 속으로 흘러 내린다.

흘러 내린 술은 이슬처럼 '똑똑' 방울져 흘러 내리는데, 이를 병이나 단지에 받아 최소한 1개월 이상 서늘한 곳에서 숙성시켜 마신다.

이렇게 해서 얻어진 녹향주는 맑고 투명하며, 곡주에서만 느낄 수 있는 특유의 향취와 당귀의 그윽한 향으로 후각을 사로 잡는다.

"다들 숙취가 없어 좋다고 합니다. 지난 번 올림픽 때는 올림픽 선수촌에서 40말을 주문해 가 외국인들 사이에 그 인기가 대단했습니다. 술이 없어서 대질 못했으니까요. 또 재작년에는 서울에서 열린 '해남 장터'에 출품해서도 '인기 있는 술'이 되어, 최근에야 서울 등 여러 대도시로 널리 알려졌습니다."

구곡구천 맑은 물과 넉넉한 햇볕의 땅, 지극히 자연적인 환경에서 빚어낸 술

조씨에 따르면 "녹향주는 뒤끝이 깨끗하며, 옛부터 '소화가 안될 때 반주로 한두 잔 하면 좋은 효과를 본다고' 했는데, 확실한 것 같습니다."고 말한다.

녹향주의 또 다른 특징이자 가장 큰 장점은, 조씨 부부가 직접 농사지어 수확한 쌀과 공해나 환경오염이 전혀 안된 샘물을 사용하고 있다는 사실이다.

특히 양조용수의 경우, 대흥사가 있는 두륜산(頭輪山) 깊은 계곡에서 흘러내려 온 물줄기를 150자(尺) 깊이에서 퍼올린 광천수를 사용한다.

"좋은 술을 얻기 위한 필수조건으로 좋은 물을 첫 손가락 꼽는데, 녹향주의 양조용수는 남도의 넉넉한 햇볕과 부드러운 바람을 머금은 질 좋은 황토에서 용출하는 샘물로서, 대흥사가 있는 두륜산의 깊은 계곡에서 흘러내려 온 물줄기를 땅속 150m깊이에서 퍼올려 사용하고 있습니다. 대흥사는 임진왜란 등 3대 재란을 면했을 정도로 지리적 여건이 좋은 곳에 위치한 명찰로서, 자연적인 환경이 고스란히 보존되고 있습니다. 그래서 두륜산의 9곡9천(九谷九川)을 흘러 내려오는 물은 그냥 마셔도 아무 탈이 없지요. 일설에 우리 마을(나법리)을 녹산(鹿山)이

아닌,녹산(綠山)으로 불렸다고 합니다. 이곳의 지리적 배경이 그만큼 자연적이다는 뜻이지요."

지역특산품으로 개발,
날로수요 늘어나는 해남의 토속주

이렇게 얻어진 녹향주는 남도인들 사이에 서 "입안에 확 퍼지는 독특한 향과 맛이 뛰어나고 전통적인 옛맛이 고스란히 살아있다. 45도의 높은 도수에도 불구하고 넘어가는 맛이 아주 부드럽고, 뒤끝이 깨끗하여 숙취가 전혀 없다. 또한 소화가 안 되어 속이 답답할 때, 한두 잔 마시면 좋은 효과가 있다."고 회자되고 있다.

해남 녹향주는 최근 해남 지역의 특산품으로 부상하면서 그 주가를 올리고 있는데, 날로 수요가 늘어 공급이 달릴 정도라고 한다.

녹향주는 알코올 성분 45%의 비교적 독한 술로, 채주율은 쌀 2말에 술 1말에서 1.5말에 그치고 있다. 현재 700ml들이 1병에 2만 3천원씩에 내보내고 있다.

봄, 여름,가을로 남도의 축복받은 땅 해남 대흥사에 들리는 사람치고, 구경 다 하고 귀가길에 '녹향주 한 잔' 꼭 하는 것으로 여정의 노독을 푼다고 하니, 술맛에 한해서는 상등신이지만 그 맛을 가늠할 수 있을 것 같다. 酒

녹차보다 강한 맛과 향취로 오감을 자극하는 술

보성 과하주

차(茶)라고 하면 으레 녹차를 지칭하는데, 국내에서도 오랜 재배 역사와 함께 명산지로 알려져 있는 곳이 전남 보성군이다.

그런데 이곳에 차보다도 더 강한 맛과 향취로 오감을 자극하는 토속주가 있어, 애주가들을 손짓한다.

과하주 또는 강하주라는 이름의 술이 그것이다.

한여름에도 변하지 않는 맛의 보양주, 우연한 기회 비법 얻어

보성 과하주는 보성읍에 사는 문현순 씨(47세)가 기능보유자인데, 그 자세한 유래나 기록은 알 수가 없다.

다만, 문현순 씨가 과하주 빚는 법을 배우게 된 과정을 밝힘으로써, 그 내력을 유추해 볼 수 있다.

"아주 우연한 기회에 배우게 됐어요. 남편(김상표·51세)이 지난 '79년 회천면 율포에 근무하고 있을 때였는데, 이웃에 사는 고인이 된 김영래 씨(당시 75세) 부인의 부탁으로 술 빚는 일을 돕게 되었습니다. 일을 도와주다 보니 자연스럽게 술빚는 법을 터득하게 되었고, 후일 보성읍으로 이사오고 나서는 집안 대소사와 명절 때 손님 접대용으로 계속해서 술을 빚게 되었습니다."

문현순 씨가 김영래 씨로부터 들은 과하주의 내력은 다음과 같다.

이 지방의 과하주는 "조선 후기 한양에서 벼슬살이하던 어떤 사람이 전남 강진군 병영면으로 낙향, 노후를 보내면서 궁중에서 빚었던 것으로 알려진 술을 그 비법대로 만들어 즐기면서 손님을 접대해 왔다."는 유래와, "그의 며느리가 친정인 보성군 회천면 벽교리에 와서 시집의 술 빚는 법을 시댁에 전한 것으로서, 이후 여러 집안에서 가양주로 빚어 이 지방의 토속주로 뿌리를 내려오고 있다."는 것이다.

보성 과하주는 부재료로 대추와 생강, 곶감이 들어가는 약주에 소주를 넣어 숙성시킨 술이다. 그리고 '한여름에도 그 맛이 변하지 않는다' 하여 술 이름을 과하주라 하였으며, 더러는 강하주로 부르기도 한다.

쌀로 빚는 약주에 생강, 대추, 곶감, 소주 넣어 숙성

보성 과하주에 들어가는 재료는 누룩 20kg, 찹쌀 10되, 대추 3되, 생강 3kg, 곶감20~30개, 생수 15되(30 *l*), 소주 20되(40 *l*)가 쓰인다.

술빚기의 첫 순서로, 한여름에 누룩을 띄우는데 누룩은 통밀을 맷돌이나 절구통에 넣고 거칠게 빻아 하얀 밀가루는 제거하고, 20% 정도의 물과 섞어 부슬부슬하게 반죽한 뒤, 누룩틀에 베보자기를 펴 깔고 그 안에 반죽한 밀반죽을 담아 보자기로 싸서 발로 힘껏 디딘다.

발로 디뎌서 굳힌 누룩은 누룩틀과 보자기를 벗겨서 방 아랫목이나 따뜻한 곳에 짚이나 야생 국화를 깔고, 그 위에 서로 닿지 않게 놓은 뒤 위를 덮어서 15일에서 20일 가량(한겨울에는 30일) 띄운다.

중간중간에 누룩이 고르게 뜨도록 뒤집어 준다. 잘 뜬 누룩은 겉 표면이 노르스름하면서도 하얗게 곰팡이가 피어 있다고 한다.

문현순 씨는 "누룩은 법제를 해서 사용해야 술맛이 좋아지므로, 절구통에 넣어 토종 쥐밤알 크기나 콩알 크기 정도로 잘게 부숴, 낮에는 햇볕에 말리고 밤에는 이슬에 맞히길 2~3일간 반복한다."면서, 누룩의 법제에 대해 그 필요성을 강조했다.

누룩이 잘 돼야 술맛이 좋아진다는 것이다.

또 사용하고 남은 누룩은 한지와 같은 종이에 싸서 공기가 잘 통하는 곳에 보관해 두어야 변질되거나 썩지 않는다고 한다. 누룩이 준비되면 이제 본격적으로 술을 빚는데, 찹쌀은 깨끗이 씻어 10~20시간 정도 물에 담갔다가 건져서 고두밥을 짓는다. 고두밥은 그늘에 돗자리를 펴고 널어서 차게 식힌다. 고두밥이 식는 사이 생강은 깨끗이 씻어서 찧거나 강판에다 갈아 둔다. 다음에 술을 마시고 난 뒤 배탈이 나지 않게 하기 위해 넣는 대추는 두 쪽으로 나눈다.

법제해 둔 누룩과 대추, 생강, 곶감을 함께 섞는다. 이를 소독한 술 항아리에 담은 뒤, 고두밥이 차게 식었으면 손으로 비벼서 덩어리 것이 없게 하여 생수와 함께 술항아리에 담고, 고루 섞이도록 잘 저어 준 다음, 손으로 꼭꼭 다져 놓는다.

손으로 다져서 눌렀을 때 손가락 마디 사이에 물기가 배어 올라올 정도가 가장 알맞은 상태이다.

물이 적다 싶으면 더 넣어서 맞춰 준다. 술 안치기를 끝낸 항아리는 삼베나 무명 베보자기로 봉하여 섭씨 26~32도 되는 따뜻한 방안에 자리를 잡고 발효에 들어간다.

'오감'으로 빚고 '오감'으로 마신다

술을 안친 지 하루가 지나면 술이 끓으면서 발효가 진행된다. 이튿날 고두밥을 입에 넣어 보아 미끄러운 맛이 없을 때 소주를 붓는다. 이 때 사용되는 소주는 멥쌀로 지은 고두밥과 누룩, 생수를 섞어 발효시킨 뒤 소주고리나 증류기를 이용해 증류한 민자

소주로, 알코올 함량 30%가 가장 적당하다. 소주는 미지근하게 데워서 넣는다. 술을 독하게 즐기려면 주도 40~50%가 가장 적당하다.

문현순 씨는 "발효 · 숙성 상태를 알아 볼 수 있는 방법으로, 술을 안친 지 하루가 지나면 발효가 진행되는데, 2일 정도 지난 후 손으로 고두밥을 집어서 입에 넣었을 때 미끄러운 맛이 없으면 소주를 부어 줄 때이고, 이로부터 7일 정도 지나면 발효가 끝나가므로 술독 안에 용수를 박는다."고 설명한다.

문씨는 또 "용수를 박은 다음 날 그 안에 고인 말간 술을 떠내는데, 술이 잘 되었는지의 여부는 성냥에 불을 켜서 술독 안으로 밀어 넣어 보면 알 수 있지만, 코와 귀 등 오감의 자극으로도 그냥 알 수 있다."고 말한다.

실로 오랜 경험이 아니고서는 불가능한 감별법이라고 하겠다.

이러한 과정을 거쳐 만들어지는 보성 과하주의 채주율은 70%로 밝은 담황색을 띤다.

비교적 짧은 기간에 만들어진 술임에도 불구하고 찹쌀과 대추, 생강, 곶감이 들어가 부드러운 감칠맛과 함께 생강의 매운 맛으로 하여 자꾸 마시게 된다.

옥당골 강하주와의 차이, 발효과정 현저히 달라

과하주이면서 강하주로 불리우는 술이 또 있는데, 전남 영광읍의 조희자 씨에 의해 빚어지고 있다.

여기서 보성 과하주와 옥당골 강하주의 차이점을 발견하게 된다. 같은 이름의 술이면서도 재료와 발효과정의 현저한 차이점이 그것이다.

즉, 보성 과하주는 앞서의 방법으로 빚어지는데

반해, 옥당골 강하주는 부재료에 있어 생강·계피·구기자·대추·용안육·강활 등으로 곶감을 사용하지 않는 대신 대추, 생강, 곶감이 들어가는가 하면, 약재의 사용법도 다름을 알 수 있다.

그리고 보성 강하주가 한 번 담근 술인데 비해 옥당골 강하주는 덧담근 술이며, 부재료인 약재도 덧술에 넣는다는 점에서 각각 다르다.

이로써 우리나라의 전통·토속주가 얼마만큼 다양한지를 알 수 있으며, 집집마다 독특한 비법으로, 내림솜씨로 이어져 온 가양주라는 사실을 확인케 된다.

같은 이름의 같은 지방의 술이면서도 술 빚는 이의 솜씨에 따라, 또는 술 빚는 집안의 가풍과 용도에 따라 술에 넣는 재료와 담금법이 각각 다름을 알 수 있기 때문이다.

그러나 무엇보다 중요한 사실은, 술이 백약의 으뜸이긴 하지만 '잘못 마시면 망주(忘酒)가 되는 법'이니, 옛 사람들처럼 약으로 알고 적당히 즐기는 지혜가 필요하다.

우리가 술을 지나치게 많이 마시면 몸을 망친다고 하는 까닭은, 술로 인해 간 조직이 손상·파괴되기 때문이다. 알코올이 체내에 들어오면 간세포는 지방이나 결합조직과 매체되고 붉은 갈색인 간은 누르스름해진다. 소위 '알코올성 간경변'이라는 것이다.

알코올 섭취의 급격한 증가로 말미암은 알코올 중독을 막으려면, 얼마만큼의 술을 마시는 것이 좋은가.

우선, 자신의 몸무게와 비교해 60kg인 사람의 알코올 처리 능력은, 1시간당 6~12g(1일 70~240g)이므로, 날마다 청주 3홉 정도, 맥주는 중병 3병 이상을 마시게 되면 확실히 간경변이 된다고 한다.

술을 마시는데 있어 '예'를 지켜야 '향음주례' 미속은 오늘에도 귀감

술을 좋아하는 사람들 사이에 아침술, 소위 해장술을 즐기는 경향이 있는데, 이는 큰 화를 초래한다. 우리 인체의 알코올 처리능력은 아침에 약하기 때문에 더욱 위험하며, 특히 빈 속에 단숨에 마시면 가장 해롭다는 것도 알아야 한다.

알코올로 인한 간경변을 막으려면, 첫째로 양질의 단백질 식품이나 채소가 좋으며, 음주 전에 지방식품을 먹어두면 좋다.

그러나 이런 방법도 계속 반복하면 췌장이 상하고 통풍이 될 수 있으니 유의해야 한다.

둘째로 1주일에 최소한 2일 이상은 술을 거르도록 하는 것이다. 술로 인한 간장의 장해는 1주일쯤 지나면 낫는다. 따라서 오늘 만취되도록 마셨다고 하면, 최소한 1주일 정도는 술을 거르는 것이 좋다는 것을 알아야 한다.

믿어지지 않는다면 몸소 실천해 보면 증명이 될 것이다.

왜, 약주랍시고 마신 술이 망주가 되고 독주가 되는 것인지.

또한 술을 마시는 데 있어, 예를 잊지 말 일이다.

오늘날에는 그러한 미속(美俗)이 사라지고 말았지만, 우리네에게도 향음주례(鄕飮酒禮)라고 하는 풍속이 있었다.

온 고을의 유생들이 모여 향약을 읽고 술을 마시며 잔치하는 풍속이 그것이요. 술을 많이 권하는 것을 예로 알았으니, 그 습속은 지금까지도 남아 집안의 애경사나 귀한 손님을 대하여 술을 많이 권하는 것으로, 손님 접대에 정성을 다하는 것이라 여기는 예이다.

특히 보성은 아직까지도 전통을 수호하는 남도인들의 기질이 끈끈하게 배어 있는 지방이다. 그 끈끈한 기질로 지나치게 많은 술을 권하고, 그로 인해 몸을 망치지 않을까 하는 염려를 떨칠 수가 없다.

반면, 그런 까닭으로 과하주와 같은 전통·토속주가 그 맥을 뿌리내려 왔는지도 모른다는 생각을 하게 된다. 酒

강하고 센 제주도의 술

제주 강술

우리나라에서도 특히 제주지방 사람들은, 오랜 세월 술을 독자적이고 특이한 방법으로 빚어왔다.

일례로 타 지방에서와 같이 술 빚기에 따른 주재료를 쌀이나 찹쌀 등 논 작물이 아닌, 조와 보리 등 잡곡 위주의 밭작물과 특이한 초근목피를 부재료로 해서 빚는 술이 많고, 또 그 방법도 다양하기 때문이다.

제주도 지방의 전통주와 토속주로는 오메기술을 비롯, 한주(汗酒), 탁베기(좁쌀약주), 모주(母酒), 강술, 선인장열매술, 우슬주, 소엥이(엉겅퀴)술, 굿간달기(귓남용매)술, 생이족발(何鶴)술, 오합주(五合酒), 깅이술, 쉰다리술(단술) 등 재료와 방법, 술 이름에서 육지와 사뭇 다름을 알 수 있다.

술 빚어 팔아서 어린 애들 먹이고 입혔다

이들 주종 가운데 강술이라는 이름의 술은 제주도에서도 여느 술들이 차조나 메조를 주재료로 하고 있는데 비해, 강술은 보리쌀을 주재료로 빚는 점에서 이채롭다.

수 차례 현지 답사와 수소문 끝에 지난 해 여름, 제주 강술을 만들 줄 안다는 사람을 만나 볼 수 있었다.

유난히도 뜨겁게 내리쬐는 햇볕을 받아가며 찾아간 곳은, 뜰이 작으면서도 잘 가꾸어진 노란 대문집이었다.

그러나 정작 약속 당일의 방문 결과, 당사자가 집을 비워 8시간의 기다림에도 불구하고 만남은 이뤄지지 못했다. 어쩐지 '제주 강술은 그 맛을 보기가 어렵지 않겠는가' 하는 불길한(?) 생각이 들었다.

부득이 인근 여관에 들러 하룻밤을 묶고, 다음 날 일찍 그 집을 찾아가서야 당사자를 만날 수가 있었다.

북제주군 한림읍에 사는 강유선(68세) 씨가 그 기능을 보유하고 있는데, 안타깝게도 "현재는 일체 술을 빚지 않고 있다." 말해, 불길한 예감은 적중했다.

오랜 설득 끝에, 강유선 씨는 "술을 한지가 30대 때 해 봤으니까, 40년 가까이 돼간다. 그러니 다 잊어버렸다."면서 자꾸 눈길을 피했다.

강씨에게 그 이유를 물으니, '"당시에는 전쟁 직후라 다들 어려웠다. 그래서 먹고 살라고 어렵게 어렵게 술 만들어서 팔고, 남은 돈으로 어린 애들 먹이고 입혔다. 또 그때는 어찌나 밀주 단속이 심했든지, 술 만들어 놓은 다음부터는 낮에는 집에 있질 않았다. 단속 나오면 집을 비워 단속을 피했는데, 낮에는 밭에 일 나가거나 이웃집에 놀러 가 있고, 밤에만 집에 들어갔다. 너무도 수시로 단속을 나오기 때문에 적발되면 세무서에 불려가서 혼나고, 벌금도 많이 물었다."면서, "그때 생각하면 지금도 몸서리쳐지고 한숨 밖에 안나온다. 그리고 지금도 밀주는 단속하는것 아니냐?"는 것이었다.

출가 앞둔 딸 위해 친정어머니가 술 빚는 법 가르쳐

강씨는 북제주군 한림읍 상대리에서 진주 강씨 하규 (88세, '92년 졸)와 남양 홍씨 (65세,'83년 졸) 사이에서 4남 1녀 중 맏이로 출생, 23세 되던 해 3살 연하인 이종영(42세,' 74년 졸)에게 출가했다.

강씨의 남편 이종영 씨는 직업군인(하사관)으로, 둘 사이에서 아들 형제를 낳았으나 42세 되던 해 남편이 과로사함으로써 줄곧 혼자 살아왔다.

씨가 술 만드는 일이 불법인줄 알면서도 밀주를 담그는 일을 그만둘 수 없었다는 것도 가용(家用)과 육아비용을 충당키 위해 였다고 한다.

강씨는 "술 만드는 법을 배우게 된 것은 20세 되던 해, 과년한 딸의 출가를 염두에 둔 친정 어머니(남양홍 씨)가 막걸리 만드는 법을 가르쳐주면서부터 였다."면서, "친정 어머니께서 친정 아버지를 위해 집에서 주로 막걸리를 조금씩 빚어 드시게 했는데, 다 마시지 못하고 남아서 변하게 될 것 같으면 소주로 닦아서(증류하여) 두고두고 마셨다. 그때 소주 닦는 걸 봐 두었던 것인데, 그 일이 시집와서 강술을 만드는 계기가 되었다."고 말한다.

당시 제주도의 일반 민가에서는 거의가 오메기술, 단술 등 약주를 밀주로 빚어 마셨고, 소주는 여유있는 집안이 아니고는 맛보기 힘든 귀한 술이었다고 한다. 술에 들어가는 재료에 비해 얻어지는 술의 양이 적었기 때문이었다는 것이 강씨의 설명이었다.

보리누룩에 보리쌀로 빚는 유일한 방법의 '보리소주'

여기서 강유선 씨로부터 강술 빚기에 따른 누룩 제조과정에 대한 설명을 들었다.

강씨에 따르면 "강술을 빚을 누룩은 보리누룩이다." 면서, "통보리 2말을 맷돌에 갈아서 물로 버무린 다음, 판대기로 짠 틀(누룩틀)에 담아서 발로 디뎌서 띄우는데, 음력으로 한여름인 7월경에는 5일이면 절로 뜬다. 누룩이 완성되면 볕에 말리고 이슬을 맞혀서 잡냄새를 제거해서 쓰기까지 총 15일 정도 걸린다."면서, "통보리 1말을 가지고 누룩을 만들 경우 높이 9cm, 지름 27cm 또는 높이 10cm, 지름 26cm 되는 원판형의 누룩 4장이 만들어진다."

고 한다.

누룩이 완성되면 본격적인 술 빚기에 들어가는데, 다음의 제조과정에서 보듯 제주 강술은 덧담근 뒤, 소줏고리로 증류한 민자소주의 일종임을 알 수 있다.

술빚기에 사용되는 재료로 보리쌀 4말, 누룩 8장(가루로 2말), 물 4말이 사용된다.

여기서 전제할 것은, 제주 지방에서는 본래가 차조쌀을 주원료로 누룩과 물을 섞어서 만드는데, 강유선 씨는 "원래는 오메기술 만들듯이 차조쌀로 한다고 하는데, 당시에는 집안 형편에 따라 차조쌀이나 메조, 보리쌀, 멥쌀 등 집집마다 어느 것이나 똑같이 사용해서 술을 빚었다. 그러나 보리쌀로 만든 술이 차조쌀로 만든 술보다 맛이 더 있고, 많이 만들 수 있어 주로 보리쌀로 만들었다."고 말한다.

강유선 씨의 술빚기는 다음과 같이 요약된다.

먼저, 밑술은 보리쌀 2말을 깨끗이 씻어 10시간쯤 물에 불렸다가, 건져서 시루를 이용하여 고두밥을 짓는데, 보리쌀은 익으면 쌀로 지은 고두밥보다 부피가 늘어나므로 3회에 나누어서 하고, 돗자리나 멍석에 펼쳐 차게 식힌 다음, 앞서와 같은 방법으로 만든 누룩 4장을 아이들 주먹 크기로 대충 부숴서 고두밥과 섞고, 술독에 안친 다음 물 3~4말 정도를 부으면 잘박하게 된다. 고두밥과 누룩, 물이 고루 잘 섞이도록 저어 준 뒤, 베보자기를 덮어 방 한 구석에 자리를 잡아 앉히고 발효에 들어간다.

한여름에는 술을 안친지 5일 정도면 끓어오르던 술이 갈아앉으므로, 이 때 덧술을 만들어 넣는다.

덧술은 밑술과 같은 양의 재료를 동일한 방법으로 만들어 넣고, 고루 섞어 재차 15일 정도 발효시키면 청주를 얻을 수 있다.

강유선 씨는 "술을 안칠 때 독하게 만들려면 넣는 물을 3말 정도 붓고, 순하게 만들려면 4말을 넣는다. 술이 익으면 고소리를 이용, 술을 닦으면 강술을 얻게 된다."고 말한다.

여기서 '술을 닦는다'는 말은 제주도 방언으로, 소줏고리를 이용 증류하기 위하여 익은 술을 가마솥에 넣고 소주고리를 얹어서 소주가 되기까지의 증류식 소주 제조과정을 뜻한다.

한주(汗酒)와 같은 방법의 술 빚기, 재료는 달라

그런데 여기까지의 술빚기 과정을 살펴보면, 재료로 보리쌀을 사용하며, 다 익은 술은 약간 걸쭉한 상태로 된술이 된다는 것 외에는 일반 청주(약주) 빚는 방법이나 별반 차이가 없다.

그런데 취재를 마치고 나서 확인할 수 있었던 한가지 사실은, 조정형 저 《다시 찾아야 할 우리의 술》에 소개된 강술은 "청주나 탁배기의 제조과정과 비슷한데, 술을 독하게 빚어낸 후 물을 타서 마시는 술"로 소개하면서, "밀과 차조를 이용하여 만드는데, 반드시 서리가 오기 시작하는 10월 28일(양력)께 상강(霜降)이 지나서 차좁쌀로 빚는다."고 기록되어 있다.

또한 "술을 빚은 지 넉달이 지나면 마실 수 있다. 주로 야외용으로 쓰였으며, 들일 나갈 때 강술을 양화잎파리 등에 싸서 점심 도시락에 넣어 갔다가 맑은 물을 타마셨다."고 소개하고 있으나, 현지 답사 결과, 강유선 씨의 술빚기는 앞서 보았듯 위의 기록과 달랐다.

한편, 동서(同書)에서 보듯 메좁쌀과 밀 또는 보리누룩으로 빚는 술인 한주(汗酒)와는 주재료에 있어 각각 메좁쌀과 보리쌀로, 주재료에서의 차이가 있을 뿐 술 빚는 방법은 거의 같았다.

따라서 제주지방에서는 모든 술빚기가 조를 주원료로 하고 있는데 반해, 강유선 씨의 강술은 보리누룩과 보리쌀을 주원료로 하여 만든 유일한 술임과 동시에, 본래의 강술은 만들기가 까다롭고 실용적 가치가 없어, 그 방법에서 한주의 술빚기를 접목시킨 것이 아닌가 생각된다.

그럼에도 이 술의 이름이 '강술'이라 부르게 된 데에는 분명한 까닭이 있다.

강유선 씨의 표현대로 덧술이 완성되면 술을 닦는데, 술을 안치는 과정에서 물을 적게(3말) 넣어 만든 경우, 물을 반 말 정도 섞어 증류한다고 한다.

강유선 씨는 "술 닦을 때 물을 약간 섞어주면 솥에 눋지 않고 탄 냄새가 나지 않는다. 이렇게 해서 닦은 술은 알코올기가 많아 '독한 술', 또는 '센 술'이라 하여 '강술'이라고 하고, 부드러운 술을 만들기 위해 물을 탄(後水 또는 加水) 술을 '보리술'이라고 부른다."고 말해, 강술의 이름에 얽힌 배경을 대략 살필 수 있었다.

강유선 씨에게 보리술을 만들기 위해 희석하는 물의 양을 물으니, "바로 닦은 술은 뜨거운데, 이때 소주 1되에 끓여서 식힌 맹물(탕수) 반되(0.5되)의 비율로 섞는다."면서, "이렇게 희석시킨 보리술은 그 맛이 매우 보드래진다."고 말한다.

부유층에서 즐기던 고급 술, 술 닦는 법 독특

이러한 강술에 대해 강씨는 말하기를, "당시에는 고급 술로 여유있는 집안에서 직접 빚어 마시기도 했지만, 사정이 여의치 않은 집안에서는 나 같이 용돈벌이로 술 만드는 사람들한테서 받아다가 마셨다." 면서, "강술이 고급 술이라는 것을 알게 된 것은, 한동안 남편의 직장을 따라 부산으로 옮겨 가 살게 되었는데, 부산 사람들이 '고급 술이다'면서 좋아해서 알았다. 그리고 제주에서는 진짜로 부자나 고급스런(?) 사람들이 아니면 못마셨다."고 말한다.

제주 강술이 당시 고급 술로 부유층과 고위층에서 애용되었다는 것은, 강 씨의 다음과 같은 설명에서 알 수가 있다.

강 씨는 "제주 강술은 본래는 보리술(소주)이다. 그런데 제조과정에서 독한 술을 만들기 위해 물을 적게 넣고 빚어, 술이 다 되면 고소리에 닦아서 소주를 내리는데, 앞서와 같은 재료를 사용하여 얻은 소주의 경우, 말가웃(1말 1되 5홉)을 못 얻는다. 당시 소주 1되 가격이 50원인데 반해, 제주도 여자들이 김치공장에서 한달 일한 품삯은 1천원으로, 멥쌀 1말을 못 샀다."고 말해, 강술이 얼마나 비싼 고급 술이었는 지를 알 수 있다.

여기서 강 씨가 말한 1말은 육지에서의 계량 단위 대두(大斗) 1말로서, 제주도에서는 소두(小斗) 2말이 된다.

취재를 마치고 강씨의 집을 나오기에 앞서, 강술 빚는 법을 자식들에게 가르쳐주어, 그 맥을 잇게 하고 싶진 않느냐는 질문에 강 씨의 대답은 의외였다.

강유선 씨는, "강술이 옛날에는 고급이고 비싼 술이었지만, 지금은 좋은 술이 얼마나 많은데 누가 이런 술을 찾겠는가. 그리고 그때도 그랬지만 요새 젊은 사람들이 그렇게 까다롭고 힘든 일을, 특히 별 소득이 없는 일을 하려고 들겠는가? 아들 둘 다 성혼해서 나름대로 잘 살고 있는데, 힘들게 이짓 배우라고 강요하고 싶지도 않고, 하려고 드는 아들도 며느리도 없다."고 말해, 우리의 전통주가 이렇게 해서 사라지고 단절되는 구나 하는 아쉬음을 떨칠 수가 없었다. 酒

시인 묵객의 접대용으로 빚는 장수 집안의 비주(秘酒)

해남 좁쌀소주

“등잔 밑이 어둡다.”이런 속담이 있긴 하지만, 그 말이 자신을 가리키게 되고 보면 황당해지기 마련이다.

한 달이 멀다 하고 고향을 찾아갔음에도 불구하고, 바로 고향 마을 한 집안에 매우 색다른 방법으로 빚어지고 있는 토속주가 있다는 사실을 이제야 알게 되었으니 말이다.

술을 찾아 전국을 뛰어다녔던 것이 벌써 10년째를 맞고 보면, 등잔 밑이 어두워도 너무했다 싶다.

무안 박씨(務安朴氏)가문의 가양주 ‘좁쌀소주(粟米酒)’가 그것으로, 박근하(60세) 씨의 모친 보은 이씨(괘신, 83세)가 그 기능을 보유하고 있다.

5대째 이어 온 무안 박씨 가문 비주 시인묵객 접대용으로 빚어

해남 좁쌀소주의 본당은 해남군 마산면 연구리 514번지로, 박근하 씨의 고조부 되는 박상룡(朴相龍, 1821~1904년) 때부터 빚어져 고조부의 기일과 명절의 제주, 집안 대소사와 손님 접대용으로 쓰였던 술이라 한다.

박상룡은 조선조 헌종 때 통정대부(通政大夫)를 지냈는 바, 내외로 손님의 출입이 많았다고 한다. 이에 그의 비(妃) 창령 조씨께서 친정 집안의 가양주를 시가에 전하게 되었던 것으로, 사후에는 조 씨의 자부(子婦) 장흥 임씨와 손부(孫婦) 여흥 민씨가 그 맥을 잇게 되었으며, 이괘신 씨는 시어머니 되는 여흥 민씨에게서 그 기능을 전수받아 오늘에 이르게 되었다 한다.

따라서 해남 좁쌀소주는 적어도 150여 년의 내력을 지닌 술임을 알 수가 있다.

“시집 와서 보니 술 빚는 일이 다반사여서 빨리 배우게 되었다. 열 여섯 살 되던 해 시집 와서 층층시하 어른들 모시느라 고생이 많았다. 특히 시아버님(삼희당 박양욱:三希堂 朴良旭)께서는 시인(詩人)으로, 열 두 살 되던 해부터 서당 훈장을 하는 등 일찍이 후학양성에 뜻을 두고 계셔서 글짓는 분들과

교류가 잦았고, 제자들이며 강진·영암·무안 등지에서까지 문인들이 찾아와 며칠이고 묵고 가셨으므로, 술 대접하는 일이 끊이질 않았다. 더구나 시어머니께서도 애주가여서 술 빚는 일이 잦아질 수 밖에 없었는데, 그 덕분에 바깥 어른(대석:大錫 ,1989년 74세로 졸)의 고생이 많았다."

이패신 씨의 얘기였다. 씨에 따르면 "시아버지 삼희당(三希堂)은 특히 시주풍류(詩酒風流)를 즐겨, 집 뒤뜰에 초막의 정자를 짓고 당호(當號)를 우상각(友相閣)이라고 했다."고 말한다.

'멋은 약간의 파격에서 온다'
취하매 탈선의 경지에 이른다

그러고 보니 그는 어쩌면 이곳에서 저 멀리 조선조 면앙정(仰亭) 송순(宋純, 1493~1583)과 같이 살고 싶어했는 지도 모른다.

송순이 과거에 급제한 지 60년이 되는 회방연(回榜宴)에서의 일이다.

송순이 자신의 호를 딴 면앙정(仰亭)에서 회방연을 갖는다는 소식을 들은 왕은, 술과 꽃을 하사하여 이 잔치를 축하했는데, 이 잔치에는 정송강(鄭松江)을 비롯, 기고봉(奇高峰), 임백호(任白虎) 같은 당대의 풍류객들이 시를 지어 읊으며 한바탕 놀았다.

만좌(滿座)의 손님과 주인이 만취하였다.

갓은 이미 비뚤어졌고 걸음걸이도 흐트러졌으며, 얼굴엔 웃음이 가득하다. 허리의 긴 띠는 약간 풀어져 아슬아슬한데 도포자락은 바람에 나부낀다.

다들 이런 몸가짐이다.

이때 정송강이 "공(公)의 남여(가마)를 우리가 메고 가자."고 제안한다. 그리하여 거기에 모인 사람들이 친히 송순의 가마를 메고 선생을 처소까지 모시고 갔다고 한다.

"멋은 약간의 파격(破格)에서 온다."고 하였으니, 왕이 신하의 회방연에 술과 꽃을 하사하면서 축하를 했던 일도 그렇고, 당시 시조시단의 제일인자였던 정송강이 스승의 남여(藍輿)를 친히 메겠다고 제안한 일이나, 여류계 최고의 멋쟁이요 대시인이었던 황진이와 어울리며 시회(詩會)를 즐겼던 일도 파격이 아닐 수 없다.

또 황진이를 만나고 싶어하다 그 소원을 못 이루고 무덤 앞에 술 한 잔을 따르면서, '잔 잡아 권할이 없으니 그를 슬허하노라'고 읊은 시조 한 수(首) 때문에 벼슬이 깎였다고 해서 억울해 할 임백호는

아니었다 하니, 진정한 풍류와 멋은 고금을 통해서 얻기 힘든 것이거니와 문학(文學), 곧 시(詩)를 알지 못하고서는 누릴 수 없는 일이다 할 것이다.

그러나 이들의 시주풍류는 파격이되, 탈선의 경지에 이르른 것이어서 보는 이로 하여금 아슬아슬한 위기를 느끼게 하였을 것이나, 점잖으면서 품위가 있었고 절제가 있었다 한다.

그러니 평생을 후학양성에 몸바쳐 온 삼희당으로서도 좁쌀소주를 벗삼아 한번쯤은 그럴듯한 시주풍류를 꿈꾸었을 법하다.

'부모가 좋아하시는 것' 밀주 단속 피해 한여름 밤 대밭에서 술 내려

한편, 예나 이제나 풍류를 즐기는 사람치고 집안의 사정을 속속들이 알고 있는 사람이 없고, 집안의 살림을 맡아하는 여인네들의 마음 고생을 따뜻히 어루만져주는 이도 드문 법이어서, 삼희당의 비 여흥 민씨와 자부 이괘신 씨, 그리고 손부 민경님 씨의 마음고생이 어떠했으리라는 것은 짐작하고도 남음이 있다.

또 이괘신 씨는 "술 빚는 일은 여인네들의 몫인 반면, 소주를 내리는 일은 바깥 사람들의 일로서, 당시만 하더라도 술 빚는 일이 불법이어서 뒷곁 대밭에 솥을 앉히고 소줏고리를 얹어 밤을 틈타 술을 내렸다."면서, "한여름 밤에 뒷곁에 있는 대밭에 들어가면 새벽에야 술 내리는 일이 끝나는데, 밤새 장작불 가까이 있으니 얼마나 힘들었겠는가. 또 그 때에는 새벽밥 먹고 일터로 나가야 했으므로 잠 못 자고 땀 흘리다 보면 매우 지치게 마련이었다."라며 옛 일을 회상하더니, 이윽고 눈가에 이슬이 맺혀 있었다.

하필이면 바람도 통하지 않는 대밭에서 작업을 하느냐고 했더니, "집 뒷뜰에 6백년 넘은 거목의 느티나무가 있고, 그 옆으로 자그마한 우상각(友相閣)이란 정자가 있어, 대밭을 가려주는 데다 대밭은 빽빽하여 그 안에 들어가 있으면 밖에서 보이질 않기 때문이었다."고 설명한다.

따라서 이렇듯 술 빚는 일이 잦아지다 보니 밀주 단속이라도 오는 날이면 온 집안이 발칵 뒤집히는 것은 예삿일이었다고 한다.

"하루는 밭일하다 때가 지나서야 점심을 차리려고 집으로 갔는데, 세무서원들이 들이닥쳤다. 갑자기 당한 일이라서 그냥 도망치듯 몸만 숨겼는데, 술독을 들키고 말았다. 나중에 벌금이 나왔기에 보니, 큰 돼지 두 마리를 팔아도 부족할 정도로 큰 돈이었다. 그 돈을 물고나서도 계속해서 술을 빚었다. 바깥 어른이 효심이 깊어서 '부모께서 술 좋아하시는 걸 알면서도 단속이 무서워 그냥 말 수는 없다'고 하여 돌아가시는 날까지 계속해서 술을 빚어 드시게 했다."

이 씨의 대를 이어 그 맥을 잇고 있는 큰며느리 민경님 씨도 그 때의 기억이 새삼스럽다는 듯 한마

디 거들었다.

"언젠가는 조부님 기일에 쓰려고 담가 둔 술이 있었는데, 단속반원이 마을에 왔다고 하여 온 마을이 벌집 쑤셔놓은 듯 야단법석이었다. 집 안에 그냥 두어서는 안되겠다 싶어 술독을 이고 샘가로 와서 빨래하는 척 하고 있는데, 그 사람들이 샘가로 걸어오는 것이었다. 가만히 보니 논둑가에 묻어 둔 술독이 있는가 하고 찾아다니다 빠져서, 바짓가랑이가 젖어 씻으러 오는 중이었다. 소쿠리를 술독 위에 엎어놓고 몸으로 가리고 섰는데, 들킬까 봐 얼마나 가슴 졸였는지 모른다. 애간장 다 녹는다는 말이 새삼스러웠다. 시집온 지 얼마 되지 않아서 들키는 날에는 시어른들한테 야단 맞을 일이 더 겁났다."

민씨의 말 끝에는 긴 한숨이 배어 있었다.

우리의 전통주와 지방마다의 특색을 띤 토속주들이 어떻게 해서 그 명맥을 이어올 수 있었고, 더러는 어떤 연유로 단절되고 사장되었는지를 가히 추측할 수 있는 대목이었다.

이렇게 해서 무안 박씨 가문의 가전비주로 그 명맥을 이어오고 있는 좁쌀소주는, 150년 이상의 내력을 지니게 되었는데, 그 제조과정을 듣자니 문배주를 제외하고는 유일하게 차좁쌀로 밑술을 빚는, 매우 특이한 방법의 술임을 알 수 있었다.

분곡 누룩과 차조쌀로 빚고,
용도따라 탁주 · 약주 · 소주로

술 빚는 방법으로 발효제인 누룩을 만드는데 있어, 통밀을 방앗간에 가져가서 가루로 빻거나 맷돌로 가는데, 한두 차례 거칠게 가루를 낸 다음 밀기울을 제거하고 하얀 밀가루만을 취하는데 밀가루 양의 20%정도의 물을 뿌려가면서 되게 반죽해서 누룩틀에 담고 밟아 성형을 하는데, 급할땐 개떡처럼 만든다. 반죽은 단단히 치대야 띄웠을 때 부스러지지 않고 형태 그대로 유지된다. 이를 각각 짚으로 묶어서 한여름에 1~2주일 띄우면 발효가 끝난다.

민경님 씨에 따르면 "잘 뜬 누룩은 노르스름한 황(곰팡이)을 피운다."고 한다.

이러한 누룩은 분곡(粉麴)으로 뇌명가루라고도 하는데, 민씨는 이를 '제명가루'라고 불렀다.

누룩이 잘 띄워졌으면 이를 절구에 넣고 절굿공이로 찧어서 콩알 크기 정도가 되면 볕에 말리고, 밤이슬을 맞혀 뜬내와 잡냄새를 제거한다.

이어 밑술을 담그는데, 그 방법은 손수 가꾼 차조쌀 5되를 깨끗이 씻어 반나절 가량 침미하였다가 건져서, 물기가 어느 정도 빠지면 고두밥을 짓고 차게 식혀서 준비해 둔 누룩가루 1되와 함께 섞어 술독에 안친다.

다음에 양조용수는 샘물 2말을 길어다 술독에 붓고 고루 저어 준 뒤, 짚덮개로 술독을 덮어 방 아랫목에 앉힌다. 여름철에는 뚜껑만 덮은 채로 두고 날씨가 춥거나 겨울철에는 이불로 몸을 싸매준다.

술을 안친 지 이틀째가 되면 술바탕이 끓어오르기 시작하여 3일째 되는 날 최고조에 달하고, 점차 열이 내리면서 4일째가 되면 끓어오르는 것이 멈춘다. 밑술의 발효가 끝나면 얼레미(체)를 이용, 주박을 걸러내고 술은 다른 그릇에 담아 둔다.

이러한 술빚기는 여느 술에서는 살필 수 없는 좁쌀소주만의 특징이다.

이어 덧술을 담그는데, 찹쌀 2되를 깨끗이 씻어 고두밥을 짓고 차게 식혀서 덩어리진 것 없이하여, 누룩가루 반 되를 밑술 2~3홉 정도와 함께 섞어 주먹 크기로 뭉친 뒤 새 술독에 담고, 나머지 밑술을 떠 담근다.

덧술을 안친 술독 역시 베보자기로 씌우고 짚덮개로 덮어 방 아랫목에 앉힌다.

이불로 술독을 싸맨 다음 4일간 발효시키면 술이 괸다. 덧술 발효에 따른 적정 실내 온도는 28~30℃로서 비교적 높은 편으로, 발효 기간이 짧은 까닭도 그 때문이다.

특히 덧술에 양조용수(물)을 넣지 않기 때문에 술의 발효가 빨리 진행된다. 덧술을 안친 지 3일째가 되면 최고조에 달하므로 이때 뚜껑을 열어 한김 나가게 두었다가 베보자기로 덮어준다. 4일째는 술바탕이 가라앉는다. 술이 다 익은 것이다.

이렇게 해서 해남 좁쌀소주의 술빚기가 끝이 나는데, 완성된 술은 사용 목적에 따라 채주 방법이 달라진다. 즉, 집안의 기제사나 명절, 잔치 때 쓸 목적이면 하루 전날 용수를 박아 두었다가, 그 안에 고인 맑은 술(淸酒)만을 떠내서 약주로 사용하고, 들일을 할 때라든가, 평상시의 가용(家用)이 그 목적이면 막걸리로 걸러서 쓴다는 것이다.

"좁쌀 술은 청주의 경우 16~18%의 알코올 함량을 나타내는데, 술 못하는 사람은 석 잔을 못 넘길 정도로 빨리 취하는 대신 빨리 깨고, 아무리 많이 마셔도 머리 아프거나 숙취가 없다. 그리고 만들어서 다 먹지 못하고 남았거나, 술을 쓸 일이 없다 싶으면 소주로 내려서 시어른들 약으로 드시게 한다." 민경님 씨의 설명이다.

씨에 의하면 "또 약주(淸酒)나 막걸리의 경우, 날씨가 더워지면 금방 상하게 되므로 소주로 내려서 보관하면, 오래 둘수록 맛이 부드러워질 뿐만 아니라, 특히 더운 여름철에 들에서 일을 하다 더위를 먹거나 입맛 없어 할 때, 소주 한두 잔 쭉 들이키고 나면 기운을 되찾고, 입맛이 돌아 한여름을 거뜬히 날 수 있다."고 한다.

'귀한 음식은 나눠 먹어야' 장수 집안의 '약소주'

민씨는 "옛날에는 소주가 입맛 없고 더위 탈 때, 또는 소화제로 마시는 술로 약이나 다를 바가 없었다. 다들 먹고 살기 힘든 때여서, 어지간해서는 소주 내려 마실 엄두를 못냈다. 술 한 말 만들면 소주는 3되 밖에 못 얻었기 때문에 더욱 귀하게 여겼다. 그런데 시어른들, 특히 시할머니께서는 60이 넘은 나이에도 소주를 즐기셔서 소주만은 항상 준비해 두곤 했다."고 말한다.

35년이 훨씬 지난 옛날을 회상하며 당시의 힘들었던 시집살이를 잊지 못한다는 듯, 민경님 씨는 "그런데 그 귀한 술을 시할머니께서는 집 앞을 지나가는 사람이면 다 불러서 한두 잔씩 먹여서 보내셨다. '귀한 음식이니까 나눠 먹어야 한다' 시면서. 그 핑계로 당신은 늘상 취하도록 마셨다. 그러다 보니 동네 잔치라도 있는 날은, 이 사람 저 사람 권하는 이가 많아서 당신 주량을 넘기고는 쓰러져 주무시기 일쑤여서 시아버님께서 업고 오시곤 했는데, 장수 집안이어선지, 소주가 약이어서 그랬는지, 대대로 80세 넘도록 오래 사셨다."고 말한다.

이상의 술빚기 과정에서 보았듯 해남 좁쌀소주의 또 다른 특징은 남부지방, 특히 호남지방의 토속주로서는 유일하게 밑술에 차조쌀을 넣는다는 점이다. 현재 남부지방의 술로서는 제주도 오메기술(좁쌀약주)을 제외하고는 해남 좁쌀소주가 유일한 것이라 할 수 있으며, 여느 토속주와는 다르게 밑술을 걸러서 덧술을 안친다는 사실이 주목된다. 즉 대부분의 술은 밑술을 거르지 않고 그대로 덧술과 섞어 발효에 들어가는데 비해, 해남 좁쌀소주는 밑술을 체로 거른 뒤, 주박은 버리고 탁주를 만들어 덧술을 안친다는 점이 특이한 것이다.

해남 좁쌀소주는 또 춘주로 알려진 문경지방의 호산춘과 고령지방 스므주에서 볼 수 있는 방법으로서, 덧술용 고두밥과 누룩가루를 섞어 덩어리를 만들어 술을 안친다는 점 또한 특징이랄 수 있다.

이렇듯 독특한 방법의 술빚기 과정은 처음 목격하는 것으로서, 남부지방의 다양하면서도 독특한 술빚기와 그 문화를 발견하기에 이른다 하겠다. 酒

치매 예방과 회춘효과 높은 효도주

파주 홍경천 불로주

경기도 파주시 법원읍 직천 2리는 경기도에서 오지(奧地)라고 할 수 있다.

이곳에 백향식품이라는 양조장이 있는데, 그 주인은 차원종(78세) 옹으로, “물이 맑고 깨끗해 이곳에 술도가를 앉히게 되었다.”고 말한다.

필자의 “한국 전통·토속주의 종류와 특성연구”에 의하면, ‘우리나라의 전통주와 토속주 중 69.25%가 가향 약용주(加香·藥用酒)이다.’고 하는 사실에서도 알 수 있듯, 차원종 옹이 빚고 있는 토속주 역시 혼성 약주류로, ‘홍경천(紅景千)’이라고 하는 약재를 사용한다고 하여 ‘홍경천 불로주’로 명명되어, 최근 파주지방의 명물로 자리잡고 있다.

장복하면 ‘백수(百壽)누린다’ 노부모 위한 효도의 술로 각광

차원종 옹은 15년 전부터 ‘백향식품’이라고 하여 수출·판매업을 생업으로 해오다, 뜻한 바 있어 4년 전부터 ‘홍경천 불로주’라는 혼성약주를 생산·판매 해오고 있는데, 이 술은 최근 건강을 염려하는 현대인들 사이에서 강정·강장약주로 인식되면서 토속주의 주가를 끌어올리고 있다.

이는 술에 들어가는 약재인 홍경천이 강장·강정 효과가 뛰어난 데에서 기인한 것으로, 기억력 상승과 당뇨 및 고혈압 등의 치료제로 이용되는가 하면, 특히 노인들의 치매예방에 뛰어난 효과를 인정받고 있어, 소위 “장복하면 백수(百壽)를 누릴 수 있다.”고 하는 까닭에서다.

차옹은 “때문에 나이든 부모들에게 이 술을 드시게 하면 백수를 누릴 수 있으며, 치매를 예방하는 등 부모에게 효도를 다 할 수 있다.”고 말한다.

홍경천 불로주는 이 때문에 ‘효도주’로도 불리우고 있다.

차원종 옹은 홍경천 불로주의 생산에 대해, “소위 전통주나 다른 토속주들은 누대에 걸쳐 집안에서 빚어 온 가양주로, 또 옛부터 빚어져 오던 약주를 오늘에 되살린 것인데, 홍경천 불로주는 역사가 짧다.

굳이 공통점을 찾는다면, 옛법으로 덧담근 일반 약주를 증류시켜 소주를 만든 다음, 여기에 홍경천을 침출시켜 만든다는 것인데, 어떤 문헌이나 기록에도 없는 술이다. 이 술을 개발하게 된 것은 너무나 우연하게 이루어졌다."고 하면서 그 배경에 대해 들려주었다.

홍경천은 우리 같은 늙은이들한테는 '왔다' 다

그러니까 차원종 옹은 20년전 서울서 한 때 사업을 했는데, 뭐가 잘못 되었는지 왕창 망했다고 한다.

차 옹에 따르면 그때 돈으로 3억원을 날려보냈으니 꽤 큰 돈을 잃은 셈이었다.

그래서 세상일 모두 잊고 마음도 씻을 겸, 산골에 들어가 묻혀 살자고 오게 된 곳이 파주의 직천리였다. 차 옹이 이곳에 정착하여 생계유지를 목적으로 시작한 것이 벌을 치는 일이었다. 벌통을 차에 싣고 계절이 바뀔 때마다 이곳 저곳으로 옮겨 다니곤 했는데, 그때 잘못해서 다리를 다치게 되어 고생이 심했다고 한다.

그런데 하루는 중국에서 사는 친척이 찾아왔길래, '중국에는 좋은 약재가 많다고 하는데, 내게 좋은 약이 뭐 없겠느냐' 고 물었고, 그 친척은 '있다' 면서, '중국 가면 보내줄테니 술에 담궈서 마시라' 고 하여, 그가 시킨대로 보내준 약을 술에 담가 마셨더니, 다리도 낫고 몸이 훨씬 건강해졌다고 한다. 나중에야 안 사실이지만 친척이 보내준 약재가 바로 홍경천으로, 차옹은 "홍경천은 우리 같은 늙은이들한테는 '왔다' 다."면서, "그 후로 홍경천에 대한 자료와 서식지 조사를 비롯 채취 · 재배법을 연구했고, 성분분석까지도 마쳤으며, 홍경천이 중국에서만이 아닌 우리나라 고산간지대의 응달지고 낙엽관목 밑에서 자생하는 약초라는 사실까지도 알아내게 되었다."고 한다.

《본초강목》에 홍경천이 신체의 기능을 활성화 시키는 한편, 회춘제로서의 기능도 함께 발휘한다는 사실을 알게 되었다고 한다.

차옹은 홍경천이 신체의 기능을 활성화시키며, 양기회복 등 회춘제로서의 효능이 있다고 하는 반증으로 자신의 손을 보여주었다.

차옹의 손을 보니 과연, 여든을 바라보는 노인의 손이라고 하기에는, 손 뿐 아니라 팔뚝과 낯의 살집이며 너무나 혈색이 좋은 것이 도저히 믿기지가 않았다.

피부의 주름살을 제외하고는 어쩌면 20대의 혈기 왕성한 젊은이 다운 혈색과 기운을 느낄 수가 있었다면 과장이요, 지나친 편견이라고 할까?

구 소련, 중국에서는 이미 강장 · 강정제로 널리 이용

그렇다면 홍경천은 어떠한 약재로, 무슨 성분이 신체의 기능을 활성화시키는가.

'양기를 회복시켜준다' 고 하면, 백만장자도 꿈뻑 죽는 세상에 홍경천에 과연 그런 효능이 있는가?

차옹의 설명을 들어보았다.

"홍경천은 흔한 약재이면서도 널리 알려지지 않아 일반인들이 잘 알지 못한다. 또한 고산간지대 응달진 곳의 낙엽관목 밑에서 서식하기 때문에 채취가 어렵다. 홍경천의 약효가 밝혀지면서 전국 고산간지대의 농가에서 재배가 늘고 있다. 홍경천은 마치 자초(紫草) 뿌리처럼 검붉은 자줏빛을 띠는 구근초로, 자초는 표피가 매끄러운 편인데 반해, 홍경천은 잔뿌리가 많고 돌기가 많이 나 있으며, 뿌리의 길이 또한 짧은 편이다. 홍경천을 '신비의 약초' 또는 '불로초'라고 하는데, 그 까닭은 이미 신비의 영약으로 알려져 있는 인삼(人蔘)보다 그 주성분인 사포닌의 함유량이 3~4배나 높으며, 구 소련과 중국에서는 이미 오래전부터 강정 · 강장제로 널리 이용해 왔던 약초라는 사실에 기인한다."

최근에 와서 밝혀진 홍경천의 효능으로서, 러시아에서는 우주 비행사와 심해 잠수부들의 적응제로 활용되고 있는데, 한 연구 · 시험결과에 의하면, "홍경천의 성분 중에는 정력증강, 기억력 상승은 물론이고 당뇨와 고혈압의 치료에 탁월한 효과가 있으며,

특히 노인들의 치매를 예방하는 효능이 뛰어난 것으로 밝혀졌다."고 한다.

이에 따라 국내에서도 홍경천에 대한 일반인들의 인식이 새롭게 고조되고 있으며, 더불어 홍경천 불로주의 주가도 상승하고 있는 것으로 알려졌다.

차원종 옹의 뒤를 이어 홍경천 불로주의 생산 및 홍보에 주력하고 있는 장남 차영우(38세)씨는, "부친께서 여든을 바라보는 고령이신지라, 이제 불로주 제조비법이며 판매 등 전반적인 업무를 맡아보고 있다."면서, "홍경천에 대한 소비자들의 인식이 새롭게 고조되고 있어, 연일 문의전화가 빗발친다. 홍경천이 강정·강장제로, 또 기억력 감퇴와 노인들의 치매를 예방하고 각종 성인병에 뛰어난 약효를 발휘한다는 사실에 매료된 것 같다. 따라서 홍경천 불로주에 대한 관심은 필연적인 것 같다. 아직 규모도 작고 홍보 단계에 있어 이렇다 할 실적을 말할 순 없지만, 지난 '97년 농림부로부터 전통식품(토속주 부문) 생산업체로 지정되면서 소비자들의 반응이 고조되고 있다."고 말한다.

사실, 홍경천 불로주는 이미 부산을 비롯 서울, 마산 등지에까지 대리점 형태의 판매망과 유통망을 구축해가고 있다.

증류식 소주에 홍경천·영지 추출물을 넣고 장기 숙성

이어 차원종 옹으로부터 홍경천 불로주의 제조과정에 대해 설명을 들었다.

차옹은 "멥쌀 1말을 기준으로 할 때 고두밥과 누룩, 종국을 섞어 누룩실에서 띄운 뒤, 물을 섞어 술밑을 만들고, 여기에 다시 고두밥과 누룩을 섞어 덧술을 해 넣는다. 이렇게 해서 탁주가 만들어지면 증류시켜 알코올 함량이 43%인 소주를 만든다. 그리고 이 소주에 건조시킨 홍경천과 영지를 적정 비율로 넣어 고형분 15%의 홍경천 원액을 추출하여 넣고, 2개월 이상 숙성시킨다. 이어 술맛을 부드럽게 하기 위하여 토종꿀을 넣는데, 이때의 술은 알코올 함량 40%가 되며, 숙성기간이 지나면 1차 여과한다. 여과시킨 술은 4℃로 냉각시키고, 2차 여과시켜 병에 담는다."고 말한다.

차원종 옹에 따르면, 이렇게 해서 만들어진 홍경천 불로주는 알코올 함량 40%에도 불구하고, 여늬 토속주와는 다르게 맛이 부드러워 마시기에 부담이 없으며, 꿀이 들어가 단맛을 준다. 이 술은 빨리 취하고 빨리 깨는 것이 특징으로, 전혀 숙취가 없어 술을 못하는 사람이 과음해도 탈이 나지 않는다고 한다.

차원종 옹의 술빚기는 좀 더 구체적인 설명이 필요했다.

왜냐 하면, 술빚기 과정을 찬찬히 자세히 살핌으로써, 우리의 전통주나 토속주가 시중의 희석식 소주 및 기타 제제주와 어떻게 다른지 그 차이

와 우리 전통·토속주의 다양성을 엿볼 수 있기 때문이다.

또한 홍경천 불로주의 제조과정을 보다 상세히 알려 줌으로써, 주정(酒精)에 물과 각종 첨가물을 섞어 숙성시켜 만든 희석식(稀釋式) 소주 또는 기타 제제주와, 곡물에 누룩을 넣고 자연발효시켜 만든 곡주(청주, 탁주, 증류식 소주)에 신체의 생리기능을 돕는 각종 약재를 넣어 숙성시킨 전통·토속주 중 어떤 종류의 술이 우리의 건강을 덜 해칠까 하는 궁금증을 풀 수가 있기 때문이다.

자줏빛 술 빛깔, 부드럽고 단맛 자랑

홍경천 불로주의 제조방법은, 먼저 멥쌀 80kg을 깨끗하게 씻어 고두밥을 짓고 약 15℃ 정도 되게 식혀서 종국(효모) 150g과 섞어 버무린 뒤 보쌈을 한다. 이를 35℃ 정도 되는 곡자실에서 20시간 가량 두었다가, 입국이 완성되면 다시 25℃ 정도 되는 곳으로 자리를 옮겨 물 200*l* 와 누룩 1.5kg을 섞어 술밑(주모)을 만든다.

술밑은 실내온도 25℃를 유지해주면서 20일 가량 발효시켜 탁주를 얻는다.

탁주가 얻어지면 이를 증류기에 넣고, 알코올 함량 43%의 순곡 소주를 만드는데, 여기에 홍경천과 영지를 2 : 1의 비율로 섞고 삶아서, 고형분 15%의 홍경천 원액을 만들어 토종꿀과 함께 만들어 둔 순곡 소주에 넣고 2개월 가량 상온에서 숙성시킨다.

이로써 홍경천 불로주가 탄생되는데, 소주와 홍경천 원액, 토종꿀의 배합 비율은 10:1:1이다.

숙성기간 2개월이 지나 완성된 술은 1차 여과한 뒤, 4℃로 차게 냉각시키고 재차 여과하여 병입과정을 거친다.

따라서 홍경천 불로주는 오랜 기간 숙성시킴과 동시에, 토종꿀을 넣어 매우 부드럽고 단맛을 주는 한편으로, 홍경천과 영지에서 우러나온 고유의 엷은 황갈색을 띠며, 꿀이 들어가 부드러운 맛으로 애주가들의 구미를 더욱 자극한다. 酒

올곧은 사람들의 고향 청죽골의 전통주

청죽골 죽엽 청주

우리나라 전통·토속주의 절대 다수는 청주(淸酒)이자, 약주(藥酒)이다. 그런데 전남 담양지방에 가면 청주(淸酒)가 아닌 증류주로서 청주(靑酒)가 있다.

죽엽 청주(竹葉靑酒)가 그것이다.

담양(潭陽)지방은 이름과는 다르게 대나무가 많아 '청죽골(靑竹)'이라고도 불리워지고 있는데, 이 푸른 대(靑竹)를 이용해 만든 술로, 이름 그대로 푸른 빛이 도는데 한동안 인기를 끌었던 중국제 죽엽청주보다 맛과 향에서 단연 뛰어난 술로 평가 받고 있다.

지역 특산품 이용한 고유 전통주 조선시대땐 진상품으로 '명성'

죽엽청주는 담양읍에 사는 양승남 씨(51세)와 양씨의 조카 노오섭 씨(47세)가 3년여에 걸친 실험과 연구 끝에 전통적인 제조방법을 재현하는데 성공, 농림수산부장관의 추천과 국세청으로부터 주류제조면허를 얻어 제품의 판로확보에 박차를 가하고 있다.

죽엽청주는 현재 담양군 월산면 광암리에 소재한 죽현실업에서 지난 '96년 9월 9일 주류제조공장 준공과 함께 연간 500ml들이 94만병(100억원)의 판매고를 목표로 국내 시판에 들어갔다.

죽현실업의 공동대표 양승남 씨는 "전래비법으로 가전(家傳)되어 온 술로서, 담양 특산품인 대나무를 원료로 해서 빚은 술이라고 하는 뜻과, 담양의 별칭인 '청죽(靑竹)골'의 푸를 청(靑)자를 따서 죽엽청주로 명명하게 되었다." 면서, "조선시대에는 진상품으로 그 명성을 떨치기도 했던 술인데, 일제 강점기 주세령과 해방 후 밀주금지정책에 의해 그 맥이 끊겼던 것을, 선친(양동근, 1990년 82세로 작고)의 가업을 잇는다는 뜻으로 재현하고 제품화했다. 그리고 고향 담양에 지역특산품을 이용한 전통가공식품 죽엽청주가 있음을 대내외에 알리고, 지역 경제와 향토식품을 살릴 때가 되었다는 생각에서 고향의 어른들과 학계의 자문을 구하고, 수 십 차례에 걸친 실험제조를 거친 끝에 옛맛을 재현하는데 성공했다."고 말한다.

양승남 씨는 또 "최근 주류시장 개방과 더불어 중

국과 대만으로부터 수입된 죽엽청주가 국내 주류시장을 잠식해가고 있는 한편, 옛맛을 잊지 못하는 사람들을 중심으로 꾸준한 인기를 누리고 있고, 설·추석과 같은 고유 명절에 선물용으로 그 수요가 확산되고 있는 실정이다."면서, "우리에게도 수입산 죽엽청주 못지 않은, 우리 고장 담양의 특산품인 대나무를 이용해 만든 전통주 죽엽청주가 있다는 걸 알려서, 외래주에 잠식 당하는 주류시장은 물론, 음주문화와 전통주의 위상을 되찾아야 할 시기가 됐다고 생각돼, 죽엽청주의 생산과 판매를 서두르게 되었다. 그리고 청죽골 담양을 찾는 외국인과 방문객들에게 죽물시장과 그 제품 외 전통주 죽엽청주의 제조공정 및 생산시설 등 색다른 볼거리를 제공한다는 차원에서, 앞으로 저희 죽현실업을 담양 관광명소화할 계획으로, 현대화된 시설과 규모를 갖추게 되었다."고 죽현실업의 설립배경을 밝혔다.

옛 조상들이 즐겨 마셨던 술을 재현하는 일도 전통문화의 전승과 보급이라는 차원에서 환영받을 일인데, 양승남 씨의 애향심이 더 뜨거워 보였다.

현대인의 구미 · 취향 맞춰 새롭게 탄생시킨 술과 그 맛

죽엽청주의 제조과정에 대해 양승남 씨는 "사실은 전통적인 제조방법도 좋지만 시대감각에 뒤떨어져서는, 특히 외래주와의 경쟁에서 살아남을 수 없다. 술맛은 현대인들의 구미(口味)나 취향에 맞아야 하는만큼, 전통적인 양조기법과 현대적 기법을 병행하는 방법을 택하고 있다. 또 전 전남대 농학과 정지흔 교수의 자문과 수 차례에 걸친 실험제조, 성분분석, 맛과 향 등을 개선시켜 새롭게 탄생시킨 술인만큼 술맛은 자신하고 있다."고 말한다.

양승남 씨의 당찬 얘기에 죽엽청주는 과연 어떤 술인가를 알아보았다.

우선, 술의 이름을 결정짓는 대나무잎의 성분 및 약리작용을 살펴 볼 필요가 있다.

《동의보감》에 "대나무잎은 상한증이나 고열, 갈증의 해소와 더불어 정신안정에 탁월한 효과가 있다." 고 기록하고 있으며, 전남대 식품공학과 정희종 교수의 〈대나무의 건강효능성분연구〉란 논문에 의하면, "죽엽에는 고단백질과 지방, 탄수화물, 회분, 비타민 C가 풍부하여 대장암의 방지를 비롯, 당뇨병·심장병 등 성인병 예방과 치료에 효과가 있다." 고 밝히고 있다.

우리나라 전통주 가운데 대나무를 이용한 술로 '죽력고(竹瀝膏)'를 비롯 '죽엽주(竹葉酒)', '죽엽술', '죽통주(竹筒酒)'가 있고, 죽엽주에 관한 옛 기록으로는 조선시대 문헌 《요록(要錄)》을 비롯 《역주방문(曆酒方文)》, 《임원경제지》, 《규곤시의방》, 《양주방》 등 여럿이 있다.

그러나 《규곤시의방》과 《양주방》에는 "일명 댓잎술로 멥쌀, 찹쌀, 누룩, 밀가루, 물로 빚은 술인데 술빛이 댓잎과 같아서 죽엽주라 한다."고 언급하면서, 〈제 1법〉과 〈제 2법〉을 소개하고 있다. 즉, 술의 재료에 댓잎(죽엽)이 들어가지 않고 술 빛깔이 댓잎같다고 했다는 점이다.

또한 《규곤시의방》과 《요록》에는 "백미 4말을 여러 번 씻어 물에 담가 두었다가, 다음 날 잘 쪄서 익힌 뒤에 식기를 기다려 끓인 물 9사발에 누룩가루 7되를 섞어서 모두 항아리에 넣고 서늘한 곳에 놓아 두어, 20일이 지난 뒤에 백미 5되를 밥 지어 식힌 뒤, 밀가루 1되와 섞어서 항아리에 섞어 넣는다. 7

일이 경과한 뒤 그 빛깔이 대나무잎 같고 그 맛이 달고 향기로우면 그대로 마신다." 했다.

반면, 《임원경제》에서만이 "대나무잎 60근을 잘게 썰어 물 4말에 넣고 삶아 맑은 즙을 취한 것과 백미 5되를 무르게 쪄 낸 것에 누룩가루를 적당히 넣고 술을 빚어 맑은 술을 떠내어 마시는데, 풍증이나 열병 치료에 유효하다."고 적고 있음을 볼 수 있다.

따라서 일반 약주로 마시던 술과 댓잎을 넣어 빚은 죽엽주가 같이 죽엽주로 불리워졌음을 알 수 있으며, 죽엽주보다 그냥 청주로 마시던 죽엽주에 관한 기록이 많이 보인다.

삼양주법의 혼, 1개월 숙성시켜 부드럽고 향 좋아

한편, 양승남 씨는 "죽엽청주는 옛부터 이 지방 명문가에서 전래비법으로 가전되어 오던 술로, 대나무잎과 두충·갈근·산작약·우슬·음양곽·감초 등 여섯 가지 한약재를 부재료로 제조되어, 독특한 향과 맛으로 선비들과 애주가들 사이에 사랑을 받아 왔다."고 주장한다.

죽엽청주는 국내 전통주·토속주로서는 몇 안되는 삼양주법(三釀酒法), 다시 말해서 세 번 담그는 술이다.

먼저, 밑술은 멥쌀을 하룻동안 침미하였다가 건져서 물기가 빠지면 고두밥을 지어 차게 식힌 다음, 입국과정을 거쳐 주모를 만든 뒤 물을 섞어 술통에 안친다. 최고 온도 25℃에서 최저온도 22℃ 사이에서 4일간 발효시키면 밑술이 익는다. 여기에 덧술을 안치는데 밑술과 같은 방법으로 하되, 원료의 양이 2배로 늘어난다. 2차 덧술 역시도 마찬가지이다.

덧술의 경우 실내온도 26℃~23℃ 사이에서 24시간 발효시킨 뒤 2차 덧술을 안치며, 이에 따른 온도는 28℃~23℃ 사이이고 발효기간은 10일~13일 정도이다.

술이 익으면 증류기를 이용, 소주를 내리는데, 처음에는 78% 이상 높은 알코올 함량을 보이다가, 맨 나중에는 거의 알코올분이 없는 술이 된다.

따라서 처음 증류된 소주와 나중의 것을 섞어 45%로 희석시킨 뒤, 죽엽을 비롯 두충, 갈근, 산작약, 우슬, 음양곽, 감초 등 여섯 가지 약재를 술에 넣어 그 성분을 침출시킨다.

약재 침출법은 약성의 용출이 쉽고 충분히 우러나도록 하기 위해 건조상태서 분말로 만들어 술에 넣

고, 약 1개월 정도 숙성시킨다.

이상이 죽엽청주의 제조과정이다.

동양인 대상 수출시장 개척 전념, 지역경제 활성화에 큰 몫

양승남 씨는 "이 상태로도 마실 수는 있으나 맛이 부드럽고 향을 좋게 하기 위하여, 최소 2개월 이상 저온에서 숙성시킨 후 여과하여 마신다. 이 때의 알코올 함량은 40%가 된다. 죽엽 및 약재가 들어가 소주이면서도 곡주 특유의 술빛깔을 띠며, 장기 저온 숙성시킨 까닭에 술맛이 부드럽고 깨끗하다. 또한 수입 죽엽청주에서와 같은 강한 죽엽냄새가 나지 않아 거부감이 없다. 술이 순하면서도 마시고 나면 은근하게 취하고, 빨리 깨는 것이 여느 술과는 다른 독특한 맛이다."면서 죽엽청주에 대한 자신감을 피력했다.

죽현실업은 이와 같은 죽엽청주를 1일 2500 l 를 생산할 수 있는 시설을 확보, 앞으로 국내시장은 물론 중국인 등 동양인을 대상으로 한 해외 수출시장도 개척할 계획으로 있다는 것이다.

한편, 담양군에서는 죽엽청주를 담양의 얼굴상품으로 육성하기 위하여, 건강효능 성분에 대한 홍보와 판로개척을 위한 행·재정적 지원대책을 적극 강구하고 있는 것으로 알려지고 있다.

따라서 소비자들의 반응이 좋을 경우, 청죽골 담양의 이미지와 부합되어 지역 홍보는 물론이고, 죽세품을 비롯 사장 위기에 처해 있는 청죽골 담양 대나무의 다양한 활용이 기대돼, 새로운 주민소득원으로 지역경제에도 크게 기여할 것으로 전망하고 있다. 酒

전주배와 쌀의 절묘한 조화

전주 이미주

호남고속도로를 타고 내려가다 전주 인터체인지를 막 빠져나오면 T자형의 삼거리를 만나게 되는데, 여기서 우회전하여 약 1km 정도 달리다 보면 좌측에 '이미주(梨米酒)' 간판이 보인다.

전주지역에서는 '배박사'로 통할 정도로 배 재배에 관한 한 일가견을 갖고 있는 최준영 씨(52세)가 운영하는 양조장이다.

'배박사'가 빚는 전주 이미주

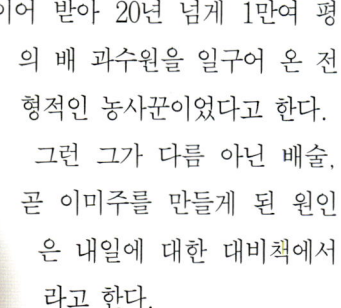

이미주가 만들어진 것은 '95년으로 불과 3년 밖에 안됐지만, 이미 예향 전주의 명물로 자리잡고 있다고 하여 그 주인공 최준영 씨를 찾았다.

그러나 최씨는 외국 출장중이었고, 실질적으로 이미주를 빚고 있는 최씨의 부인 황광선(43세) 씨가 제조현장을 지키고 있었다. 황씨는 남원읍 왕정리 출생으로 '79년 최씨와 결혼, 오늘에 이르고 있다고 한다.

황씨에 따르면 남편 최준영 씨는 선대의 가업을 이어 받아 20년 넘게 1만여 평의 배 과수원을 일구어 온 전형적인 농사꾼이었다고 한다.

그런 그가 다름 아닌 배술, 곧 이미주를 만들게 된 원인은 내일에 대한 대비책에서라고 한다.

"남편이 3년여에 걸친 각고의 노력 끝에 새로운 맛의 이미주를 탄생시키게 되었지요. 그 배경은 개방화 시대의 파고를 능동적으로 대처해 나가야만 한다는 시대적 흐름과, 앞으로 전주배 생산량이 대폭 늘어날 것에 대비해, 다각적으로 배 소비량을 늘려나가야 한다는 위기 상황에서 비롯됐습니다."

황씨의 설명이다.

'선친의 습관'에서 힌트, 예향 전주 명물로 자리매김

사실, 현대사회는 농사도 과거와는 달리 무한 경쟁의 시대이면서, 국제적으로는 완전 자유무역으로 시장개방이 더욱 확대될 전망이다.

따라서 아무리 질 좋은 상품이라도 수확해서 내다 파는 것만으로는 치열한 시장경쟁시대에서 낙오를 면할 수 없게 된다는 시대적 당위론과 함께, 전주 지역의 농민이 생산한 배를 이용함으로써 지역 농가의 소득을 향상시키고, 몇 년 후에는 과잉생산이 예견돼 가격폭락에 대비한다는 것이 최준영 씨의 계획이다.

전주배는 신고배를 주품종으로 하고 있어서 뛰어난 품질과 맛으로, 이제까지는 비교적 안정적인 소득을 올리고 있다.

그러나 이 때문에 최근 몇 년간 놀라운 폭으로 식부면적이 확대돼 4~5년 후에는 과잉생산으로 가격폭락이 예상되고 있어, 최준영 · 황광선 씨의 이미주 제조는 모험적인 사례로 손꼽히고 있다.

또한 "배를 가공한 상품을 외국으로 수출함으로써 전주배의 이미지 제고와 함께, 배와 쌀을 이용한 이미주로 국제무대에 당당히 서겠습니다." 고 말하는 이들 부부의 야심찬 계획이 어떻게 자리매김 될지는 지켜보아야 할 일이다.

최씨가 배를 가공하여 술을 만들 생각을 하게 된 또 다른 배경은 '선친의 습관'이라고 한다.

그러니까, 어떻게 생각하면 아주 우연한 일이고, 또 어떻게 생각하면 아주 당연한 일이기도 한 것이, "문득 평소에 술을 드시고 나면 으레 어머님(양 별례)으로 하여금 배를 강판에 갈아오게 하시어 그 즙을 드시던 선친의 모습과, 예의 버릇이랄까, 습관을 떠올리게 되었다."는 것이다.

황씨는 또 "시아버님께서는 그 즙을 드시고 나면 '취기도 없고 속쓰림이 없다'고 하시면서 즐겨 드셨지요. 그래서 시어머니께서는 시아버님이 술 마시고 오시는 날이 아니라도 매일 배를 갈아 즙을 내서 드시게 하셨어요. 20년 전만 해도 5월까지는 창고에 저장해 둔 배가 있어, 술 마시고 나면 깎아 드시기도 하고 즙을 내서 드시는 것으로 숙취를 다스리고 건강을 도모했습니다. 시집 온지 20년째 되는데, 시아버님을 닮아서 그런지 남편도 술을 즐기시는 편이지만, 아직까지 술국으로 콩나물국이나 해장국을 끓여 본 적이 없습니다."고 말한다.

술 빚는 일, 너무 힘들어 지금도 후회하고 있다

그러고 보면 여기서 이미주의 탄생 배경이랄까, 그 내력이 거의 밝혀진 셈이다.

술, 곧 기호성 알코올 음료와 그로 인한 숙취해소를 위한 배즙의 약리작용이 조화를 이룸으로써, 술을 즐기는 한편으로 건강을 도모하려는 노력인 것이다.

이에 황씨의 남편은 어떻게 하면 배의 시원한 맛과 단맛을 최대한 살릴 수 있는 술을 만들 수 있을까' 하고 궁리하던 끝에 술 제조현장을 직접 답사하기로 마음을 다지고, 국내 유명 술도가는 물론이고 주류 전문가, 주류기술연구소 등을 찾아다녔다고 한다. 그러나 최씨는 확신이 서질 않아서 외국의 주조기술을 배워야겠다고 생각하고, 과일주 제조현장을 찾아 몇 차례에 걸쳐 영국 · 프랑스 등 선진국의 포도주 제조현장을 견학하는 등 이미주 실험제조에 심혈을 쏟았다고 한다.

사실, 이미주가 탄생하기까지 최씨가 쏟아부은 열정이나 정성 등 그 과정은 이루 다 표현하지 못할 정도라고 한다.

황씨는 "전주가 농업진흥지역이 아닌 데다, 특히 주세법이 까다로워 처음부터 고난을 예견했습니다. 특히 남편이 술 제조에 관한 한 문외한인 데다가 주세법이 까다로워 처음부터 벽에 부딪쳤고, 처음에는 의욕을 갖고 뛰어들었던 사람들이 다 떨어져 나가고 결국 남편 혼자 남았지요. 남편 혼자서 술 만들기를 계속하다 보니 경제적 지출도 커서 그 많던 과수원도 상당 부분 팔아서 투자해야만 했습니다. 국내 술도가는 물론이고 주류 전문가와 주류 기술연구소,

외국에까지 나가 주조기술을 배우러 다녔지요. 그러니 내가 반대를 안할 수 있겠어요."하면서, "지금도 후회하고 있어요. 술 만드는 일도 힘들고, 소비자들이 이미 비싼 양주에 입맛이 길들여져 생각보다 판매량도 부진합니다."고 말한다.

전통식품 지정, 배와 쌀의 절묘한 조화 '맛 최고'

전주 이미주는 이제 한지와 함께 전주 지방의 특산품으로, 개방화 시대의 파고를 헤쳐 나가는데 앞장서고 있다.

그간의 노력이 결코 헛되지 않아서 전주 이미주는 지난 '95년 3월 주류제조면허와 함께 농림부의 전통식품 지정으로 주가를 끌어올리고 있다.

특히 최근 배즙 음료가 국내 음료시장을 석권하면

서, 그 영향은 이미주의 소비증가로 이어지고 있다.

이미주를 즐겨 찾는 사람들은 "이미주는 상큼하고 달디 단 배 특유의 맛에 쌀의 배합이 절묘한 조화를 이루어 낸 맛"이라고 입을 모으고 있다.

씨로부터 이미주 제조과정을 듣자니, 우선 떠오른 것 중에 하나가 '이래가지고 장사가 되겠나' 하는 생각이었다.

까닭인 즉, 이미주 제조과정이 220일이나 소요된다는 사실로서, 적어도 400여일간은 계속적인 투자를 해야만 된다는 계산이 앞섰기 때문이다.

절대다수의 국내 전통주를 비롯한 토속주들이 술을 빚기 시작해서 빠르게는 20일에서 길어야 3개월 정도면 제품화할 수 있어, 술 제조에 따른 자금압박으로부터 벗어날 수 있다고 하는 얘기를 누차 들어왔던 터였다.

그런데 7개월간이라는 술 제조기간은 정말이지 너무나 오랜 시간이 아닐 수 없다.

이제 여기서 이미주 제조방법과 그 과정을 황씨의 설명을 통해 살펴보기로 하겠다.

"배맛이 달고 시원하기로 유명한 전주 신고배와 쌀을 3:5의 황금비율로 배합하고, 제조과정에서 일체의 화학첨가물을 넣지 않는 전통주 제법 그대로 발효시킵니다. 또한 쌀을 발효시킨 원료에 배즙을 섞어 7개월 이상 농익혀야 비로소 제맛이 나는 까닭에, 깔끔한 맛과 향은 물론이고 배에 넉넉하게 들어있는 아스파라긴산의 해독작용으로, 술을 마시고 나면 뒤끝이 깨끗합니다."

황씨의 말맞다나 전통의 제법 그대로 만들어진다는 이미주의 제조과정을 찬찬히 살펴볼 필요가 있다.

왜냐 하면, 같은 지역에 이미 전통주로 오랜 역사를 자랑하고 있는 '이강주'라는 술이 있어, 이들 술이 다 같이 배(梨)를 부원료로 만들어지고 있고, 또 주종 구분에 있어서도 리큐류주, 곧 혼성약주(混成藥酒)라는 사실에서다.

부드럽게 넘어가며 뒤끝도 깨끗하다

씨는 먼저 "이렇듯 이미주 제조과정이 오랜 시간을 필요로 하다 보니 누룩은 기존 제품화된 것을 사다 쓰고 있습니다."고 하면서, "멥쌀 9말 5되를 깨끗이 씻은 뒤 3시간 가량 침미하여 증미기(蒸米機)를 이용, 고두밥을 짓고 차게 식힌 뒤, 여기에 누룩 5되를 섞고 쌀의 1.7배되는 양의 물을 양조용수로 붓는다. 고두밥과 누룩, 양조용수를 잘 섞은 다음 발효탱크에 담고 10일간 발효시키면 전통의 탁주, 곧 막걸리가 만들어집니다."고 설명한다.

앞서 발효가 끝난 막걸리를 증류기에 담고 가열하면 증류주, 곧 소주가 만들어지는데 이 소주에 배를 갈아 정해진 비율의 배즙을 섞고 7개월 가량 숙성시킨 다음 여과하여 마신다.

이로써 이미주는 먼저 막걸리를 빚어 이를 증류한 다음 배즙을 넣고 숙성발효시키는 술임을 알 수 있다.

씨의 설명에 부연을 하자면, 막걸리는 알코올 함량 11% 정도로서, 이를 증류하면 알코올 함량 70~80%의 증류식 전통 소주가 만들어진다.

여기에 증류수를 더하여 알코올 함량 35~40%의 소주를 만든다. 다음에 숙성에 들어갈 소주량을 90 l로 잡을 경우, 배를 간 즙액은 60 l가 쓰인다. 이를 합하여 실내 온도 10~15℃에서 7개월간 숙성·발효시킨 뒤 여과하면 드디어 이미주가 탄생되는 것이다.

이러한 이미주는 보기에도 투명한 맑은 갈색으로서, 혀 끝에 느껴지는 맛이 여느 소주와는 다른 맛이다.

"증류주이면서도 오랜 시간 숙성시켜 배의 단맛과 향기성분이 술의 독한 맛을 감싸 부드럽고 깨끗하게 넘어가며, 아무리 만취하도록 마셨더라도 다음날 일어나면 머리가 아프다거나 하는 숙취가 없이 뒤끝이 깨끗하다."는 것이 이미주 애호가들의 얘기다. 酒

곡주 특유의 감칠맛이 좋은 신선들의 술

청학동 신선주

경남 하동군 청암면 청학동은, 소위 '하늘 아래 첫 동네'로 불리는 곳인데, 이 마을에 가면 신선주(神仙酒)라는 이름의 술이 옛맛을 고스란히 간직하고 있어, 주당들의 호기심을 자극하고 있다.

청학동에 사는 서윤심 씨(74세)가 그 신선주의 기능 보유자로, 아들 윤용현 씨(40세)와 함께 그 술의 맥을 잇고 있으며, 최근 관광객들 사이에 인기가 높아가고 있는 술이다.

서윤심 씨는 충청남도 논산군 별교리 전동 1구에서 출생, 23세 되던 해 파평 윤씨의 성을 가진 승화씨('85년 66세로 작고)에게 출가하여 시할머니와 시어머니에게서 신선주 빚는 법을 배웠다고 한다.

서씨는 이 신선주를 "남편의 증조모님 때부터 빚기 시작했던 술"이라고 설명한 뒤, "일제 때와 해방 직후에는 밀주 단속이 심해 술을 빚지 못하다가, 청학동이 세상에 알려지기 시작하면서 죽기 전에 술빚는 법이라도 아들에게 물려 줄 작정으로, 지난 '82년부터 다시 빚게 되었다."고 말을 덧붙였다.

서씨에 따르면 일제 강점기와 해방 직후에는 쌀 등 식량 부족으로 밀주 단속이 심해 도저히 술을 빚을 수가 없었단다.

"그때 마음 고생은 말로 다 못합니다. 그때 생각만 하면 지금도 가슴이 콩닥거려요. '밀주 단속반원들이 왔다'고 하면 술독을 감추느라 온 동네가 난리법석이었죠. 잔뜩 급하면 술독을 깨서 냇가로 흘려 보내기 일쑤였고, 땅에 파묻어서 위기를 모면하곤 했는데, 나중에는 어떻게 알았는지 허드레로 쓰기 위해 걸어 둔 솥자리 밑에 파묻어 둔 술독까지 찾아 내서 파가지고 갔어요."

서씨의 이런 얘기는 우리 전통·토속주의 역사를 이해할 수 있는 대목이었다.

해방 직후 밀주단속의 시련 거쳐, '물 맑아 술맛도 좋다'

산이 깊은 곳은 물도 깊고 맑은 법이다. 그래서인지 청학동 신선주를 맛 본 사람들은, "물이 좋아서 그런지 술맛도 좋다." 고들 한다.

청학동을 찾은 때는 마침 늦가을이어서 단풍도 거의 시들하고 날씨도 제법 쌀쌀한 느낌을 주었다. 주말이 아니었음에도 똑바로 걷기가 힘들 정도로 오고 가는 사람들과 차량으로 동리는 북새통을 이루고 있었다.

고즈넉한 채로 잠들어 있어야 할 마을이 호기심을 충족시키려는 도시인들로 시달리고 있는 중이었다. 언제부턴지 모르겠지만 대형 주차장과 식당, 현대식 찻집도 들어선 것으로 미루어, 마을 이름에서 오는 신선함이라거나 '하늘 아래 첫 동네' 라는 수식어가 암시하는 것처럼 이상 세계는 이미 아니라는 느낌을 주었다.

또 어쩐 일인지 '도인' 들도 보이지 않았다. 상투를 틀고 갓에 하얀 도포자락을 휘날리며 죽장은 아니라도 팔자(八字)걸음을 걷고 있으리란 '양반네' 또한 목격할 수가 없었다. 외지에서 찾아드는 사람들에 밀려나 청학동을 버렸을까. 아니면 그들도 도시구경을 떠났음일까.

여기서 잠시 청학동이란 마을에 대해 먼저 이해할 필요가 있다. 왜냐 하면 소위 '하늘 아래 첫 동네' 라는 청학동의 상징적 이미지가 암시하듯, 우리나라에 단 하나 밖에 없는 이런 명소가 끝내 사라지고 말지도 모른다는 우려에서다.

청학동(青鶴洞)의 유래는 예로부터 전해 오던 '도인(道人)들의 이상향' 이란 뜻으로, 전국의 여러 명산에는 청학동에 관한 전설이 남아 있다. 원래의 청학동은 지리산에 위치해 있으며, 천석(泉石)이 아름답고 청학이 서식하는 승경의 하나였다고 한다. 지금의 청학동도 지리산 청학동의 유래가 존재해 오던 위치에 자리잡고 있으며, 지리산 중턱에 있는 작은 마을로 주민 모두가 '갱정유도(更正儒道)' 라는 신흥

종교를 믿고 있는 데서 특징을 찾을 수 있다.

일명 '일심교' 라고도 하며, 집단생활을 한다는 것 외에 신도는 한복에 푸른 조끼를 입고 남녀 모두가 머리카락을 자르지 않고 길게 늘어뜨리다가, 성인이 되면 상투를 틀고 큰 갓을 쓰며 도포를 입는다. 아이들도 학교 대신 서당에서 공부하며 현대문명에 대해 비판적이라는 점을 큰 특징으로 들 수 있다.

그런데 소위 '관광자원의 개발' 이란 허울 좋은 명분 아래 말 그대로 '초토화' 가 진행 중이라는 표현이 사실적이 아닐까 싶다.

있는 그대로 두고는 못 배기는 우리네의 조급함이 여기서도 여실이 증명되고 있다고 해도 과언은 아닌 것이다.

"그러니까 이 마을이 세상에 알려지기 시작한 것은 15~16년 전의 일이 아닌가 싶습니다. 소위 금역처럼 세상 사람들의 범접이 없었던 이곳에 '금줄' 이 내려진 것이죠."

윤용현 씨의 설명이었다.

'금줄'이란 집 둘레에 왼손으로 꼰 새끼줄에 '육자대명진언'이라 하여, 28수(宿)의 별 이름을 한지에 써서 똑 같은 간격으로 끼워 넣어 줄을 치는 것인데, 동쪽에서부터 시작하여 북쪽, 남쪽, 서쪽 방향으로 角·亢·低·房·心·尾·箕·斗·牛·女·虛·危·室…로 이어지는 별자리 이름을 한 글자씩 끼워 넣는다고 한다.

"그 때만 해도 집집마다 이 금줄을 치고 살았습니다. 집 둘레에 이 금줄을 쳐 놓으면 잡귀가 들어오질 못한다고 했지요. 그 이유는 보통 새끼줄은 바른쪽으로 꼬는 법이라, 귀신도 왼쪽으로 꼰 새끼줄을 풀지 못한다고 여겼던 것이라고 어른들에게서 들었어요. 이 금줄 안에서는 특히 담배를 금했는데, 담배를 금줄 안에서 피우면 담배연기가 신령의 시야를 가린다는 이유에서였습니다. 정성을 들이면 하늘님이 감읍(感泣)을 하는데, 담배연기가 오르면 3일 동안은 신령이 내려오질 못한다는 것입니다. 또 이 금줄을 친 집은 성역으로 여겨서 병역 기피자도 집으로 들어오질 못했다고 해요. 그만큼 이 금줄의 위력은 대단했습니다."

한편, 이 마을이 얼마만큼 속세와 멀리 있었던 마을인지를 설명해 주는 재미있는 얘기가 전해져 온다.

옛날에 이곳에서 소를 팔러 가려면 하동읍으로 나가야 했다. 하동읍에서 소를 팔고 나면 해가 저물어 하룻밤을 묵고, 다음 날에야 청학동으로 돌아갈 수가 있었다. 그런데 이곳 사람들의 괴이한 행장(行裝)은 물론이고, 행동이 수상해서 한 사람이 뒤를 밟게 되었는데, 아무리 따라가도 어디로 가는지를 모르겠기에 그만 포기하고 돌아와서는 "그곳 사람들은 도사이거나 신선이다."라고 했다는 얘기다.

계절별 발효기간 현격한 차이 보여

다시 술 얘기로 돌아와, 청학동 신선주 제조과정을 서윤심 씨로부터 들을 수 있었으나, 고령에다 치아가 빠져 말이 새는 어머니의 설명이 어눌하다 싶었는지 다시 아들 윤용현 씨가 거들고 나섰다.

윤용현 씨의 설명에 따른 누룩 만드는 법은, 밀을 절구통이나 맷돌에다 갈아서 하얀 밀가루를 빼고 물을 뿌려 가면서 버실버실하게 반죽을 한 뒤, 명주 베 보자기로 싸서 누룩고리에 담아 발로 사정없이 디뎌서 굳힌다.

다음에 누룩고리에서 빼내고 보자기를 벗겨 낸다. 이를 방 아랫목이나 따뜻한 곳에 짚을 깔고 서로 닿지 않게 놓고 덮어서 20~30일 정도 띄우면 누룩이 완성된다. 발효가 끝난 누룩은 잘게 부숴서 햇볕에 말리고 밤이슬을 맞혀 법제(法製)하여 쓰는데, 밀가루와 물의 비율은 8대 2의 비율이 적당하다고 한다.

이어 밑술을 담그는데, 먼저 멥쌀 2말을 씻어 12시간 정도 물에 침미(沈米)하였다가 건져서 고두밥을 짓는다. 고두밥은 차게 식혔다가 낱알이 되게 잘 비벼서 물 2말과 누룩 2말을 함께 섞어 잘 버무린 뒤 술독에 안친다. 방 아랫목에 술독자리를 잡아 앉힌다. 술독은 발효를 돕기 위해 항아리 뚜껑을 살짝 열어 놓는다.

윤 씨는 "만약 항아리 뚜껑을 완전히 덮어 버리면, 술이 발효되는 과정에서 발생한 가스가 빠져 나오지 못하게 되어, 항아리 안의 온도가 높아져 술이 상할 염려가 높을 뿐만 아니라, 자칫 술항아리가 깨질 우려가 있다."고 설명한다.

술항아리의 발효 온도와 기간은 계절에 따라 다르지만, 30도에서 겨울에는 30일, 여름에는 7~8일 정도가 가장 적당하다고 한다.

계절별 발효기간이 현저한 차이를 나타내는 까닭은, '청학동이 고산간지역이라 밤낮의 온도 차이가 크기 때문'이라는 것이다. 때문에 추울 때는 이불로 싸매주고 날씨가 더울 때는 벗겨 놓는다고 한다.

밑술의 발효가 끝나기 하루 전날, 앞서와 같은 방법으로 고두밥을 지어 차게 식으면 밑술과 섞어 술독에 담는다. 덧술의 원료 비율은 밑술과 같은 양으로 하되, 물 즉, 양조용수는 구기자 등 아홉 가지 생약재를 달인 물만을 사용한다. 그러니까 덧술에 들어가는 용수(用水)는 날물 1말에 약재 달인 물 1말로 합계 2말이 되는 셈이다. 덧술 역시 발효가 잘 되도록 고루 저어 주어야 한다.

생약재료는 구기자 · 당귀 · 오미자 · 천궁 · 방풍 · 생강 · 갈근 · 파극 · 음양곽 각 200g으로, 2말의 물에 넣어 푹 달인 뒤, 건더기도 버리지 않고 함께 넣는다는 점에 유의한다.

덧술의 발효에 따른 온도는 30도이고, 그 기간은 봄철 9일, 여름철 8일, 가을철 10일, 겨울철 15일 정도가 소요된다. 덧술의 발효가 끝나면 술 뜨기 하루 전날 용수를 박아 채주한다.

향이 좋고 부드러운 게 특징

이렇게 해서 청학동 신선주의 모든 술빚기 과정이 끝나는데, 청학동 신선주는 오래 묵힐수록 술맛이 감미로울 뿐만 아니라, 아무리 술을 못하는 사람이라도 석잔을 거뜬히 넘길 정도로 향이 좋고 부드러운 게 특징이다.

윤용현 씨는 "알코올 함량은 17~19% 정도인데 채주 후에는 엷은 담황색을 띠다가 시간이 지나면 점차 황갈색으로 변하는 흠이 있지만 술맛은 오히려 좋아진다."고 말한다.

그러나 날씨가 더운 여름철이나 상온에서는 재발효의 우려가 있다. 또한 여타의 전통·토속주들과는 달리 멸균처리과정이나 특수 여과과정을 거치지 않아, 곡주 특유의 감칠맛은 뛰어나지만 장기 보관이 어렵다는 것이 문제이다.

"자칫 술이 변할 우려가 있거나 상했다 싶으면 소줏고리를 이용, 증류해서 마신다. 장기 보관이 가능할 뿐만 아니라, 40~50일 가량 서늘한 곳(15℃의 온도)에 보관해 두면 숙성이 되어 또 다른 소주의 맛을 즐길 수가 있다."

그러나 신선주는 아직 상품화가 되어 있지 않다. 세속을 떠나 사는 도인(?)들답게 세상 명리에는 밝은지 모르겠지만, 장삿 속에는 어두운 까닭이다. 또한 청학동이라는 마을의 성격상 양조 허가가 어려운 것인지도 모른다. 그러나 윤용현 씨는 앞으로 신선주를 소주로 만들어서 청학동을 방문하는 관광객들에게 그 맛을 즐기도록 할 예정이라고 한다. 酒

혼을 불어 넣는다는 정신으로 빚는 곶감술

화순 추시주

술을 마시고 난 뒤 감으로 입가심을 하면, 취기가 없고 건강에도 좋다는 것은 이미 알려진 사실이다. 또한 일본인들이 술을 마시고 난 뒤에 감을 후식으로 즐기는 것도 그와 같은 이유에서이다.

그런데 우리의 전통주 가운데 감을 이용한 술이 있다는 것을 알고 있는 사람은 드물다.

옛 조상들이 어떻게 감을 이용한 술을 빚고자 했고, 또 마심으로써 무슨 효용을 얻고자 했는지는 알 수 없지만, 500년 동안 집성촌을 이루며 살고 있는 전남 화순군 동면 무포리 문화용 씨(49세) 댁의 가양주 화순 추시주(和順 秋柿酒)가 바로 감을 이용한 유일한 술이다.

문화용 씨는 조선조 초엽 이곳에 터를 닦고 집성촌을 이루며 살아 온 남평 문씨 집안의 종손으로, "정확히 언제부터 감을 이용한 술을 빚어 왔는지는 알 수 없다. 다만, 조부님께서 증조부 그때부터 '조상 대대로 집안의 대소사, 명절과 제사, 애경사에 가양주로 빚어 사용해 왔다'고 하시는 말씀을 들었다."면서, "예전에는 명절이나 기제사에 쓸 요량으로 조금씩 빚어왔던 것인데, 감식초의 우수성을 알고서부터 1991년부터 계속해서 시험제조해 옛맛을 살리기 위해 노력해 왔다. 집안 일가며 친척, 그리고 동리 고령의 노인들께서도 '옛날에 맛보았던 맛 그대로다. 맛있다'고 하시어, 이미 상표등록과 함께 오는 12월 본격적인 생산에 들어갈 목적으로 준비 중에 있다."고 말한다.

가문 전통도 지키고 농촌도 살리고 '일거양득'

이 마을의 문씨 일가에서 감을 이용한 술을 빚어 만들게 된 배경은, 주변에 자생 감나무가 많았기 때문으로 추측된다.

문화용 씨에 따르면, "우리 마을에는 언제부터던지 모르지만 밭두렁이며 산비탈, 그리고 집집마다 담장 안팎에 감나무가 많이 자라, 배고픈 시절에는 간식으로 많이들 먹었다."면서, "그러나 세월이 흐르면서 단감이 많이 재배되었고, 입맛이 서구화하면서

토종의 떫은 맛이 강한 감을 먹는 사람이 줄어들었으며, 지금은 거의 방치된 상태이다. 내가 감식초를 만들게 된 배경도 그와 같은 이유에서다."고 한다.

씨는 지난 1991년 감식초를 주 품목으로 하는 '동양내츄럴'이라고 하는 법인회사를 설립, 주변에서 쉽게 구할 수 있는 감을 가공, 농가의 소득향상은 물론 '자연 먹거리'를 생산, '서구화하는 우리네의 식탁지키기'에도 일익을 담당하고 있다.

씨는 "감식초 한 가지 만으로는 지천으로 널려 있는 감의 소비를 다 할 수 없을 뿐 아니라, 농가 소득향상에 큰 보탬이 되지 못한다고 판단, 가전의 비주인 추시주 생산을 계획하게 되었다."고 밝혔다.

이미 국내 감식초 생산업계에서는 문화용 씨의 자문을 받지 않은 사람이 없다 할 정도로, 이 분야에서 그는 타의 추종을 불허한다.

가야·고산·김제 감식초 등 국내 전통 감식초 생산업체들이 모두 문화용 씨로부터 감식초 생산에 따른 자문과 기술을 이전해 간 상태이기 때문이다.

문화용 씨의 추시주 빚는 법은 한마디로 색다르다고 밖에 더할 말이 없다.

"술 이름이 암시하고 있듯 술의 주재료로 감이 들어가는데, 옛날부터 우리 집안에서 할아버지의 증조부 때부터 빚어드셨던 비주(秘酒)라서 외부에 알리지도, 그렇다고 가족이라도 누구 한 사람에게 특별히 전수시켜 주어야 할 필요성도 못 느꼈던 것 같

루로 만든 뒤, 물뿌림하여 오랫동안 손으로 버무리고 이를 베보자기로 싸거나 누룩틀에 담고 발로 단단히 밟아서 성형을 한다.

누룩의 성형이 끝나면 방바닥이나 실내에 짚을 깔고 그 위에서 한 달 가량 띄우는데, 고루 발효가 되도록 일주일에 한 번씩 뒤집어 준다. 누룩의 겉 표면과 속에 노랗고 불그스름한 곰팡이가 피었으면 발

다."면서, "비법을 다 알려 줄 수는 없고, 다만 대략적인 술 제조과정만 알려주겠다."고 한다.

고두밥에 누룩, 곶감 썰어 빚는 유일한 감술

먼저, 화순 추시주는 약용 증류주라고 할 수 있는데, 술을 두 번 담근다. 밑술과 덧술에 곶감을 넣고, 술이 익으면 증류시켜 알코올 함량 30%의 소주를 만든 다음, 장기간 숙성시키는데 이때 감잎이 들어간다.

화순 추시주의 양조과정을 좀 더 구체적으로 설명하자면 대략 다음과 같이 정리된다.

술빚기에 따른 재료로 멥쌀 40kg, 누룩 12kg, 양조용수 6말, 곶감 8kg, 감잎 추출물(향 · 탄닌성분)이 들어간다.

재료의 준비로, 누룩은 한여름에 통밀을 빻아 가

효가 끝난 것으로, 곰팡이를 씻어내고 밖에 내놓아 하루 정도 햇볕을 쪼인 뒤 가루로 빻는다.

누룩가루는 도토리알 크기 정도가 적당하므로 너무 잘게 빻지 않도록 하며, 낮에는 햇볕을 쪼이고 밤에는 이슬을 맞히길 2~3일 반복하여 곰팡이 냄새가 없어지면 술빚기에 들어간다.

다음에 술 이름을 결정 짓는 감, 곧 곶감은 가을에 빨갛게 익은 감을 따서 깨끗이 씻은 뒤, 껍질을

벗기고 대나무 꼬챙이에 끼워 마루의 시청에 매달아서 자연 상태에서 건조시켜 만든 것으로, 씨를 제거한 후 사용한다.

누룩과 곶감이 마련되었으면, 멥쌀 20㎏을 깨끗이 씻은 뒤 약 10시간 가량 물에 담갔다가 건져서 시루에 넣고 고두밥을 짓는다.

고두밥은 돗자리나 베보자기를 펼치고 그 위에 고루 펴서 식힌다. 고두밥이 식는 사이 준비한 분량의 곶감을 잘게 썰어서 섞는다. 여기에 누룩가루 6kg을 섞어 소독을 한 술독에 담고, 용수 3말을 부어 고두밥과 누룩, 곶감, 물이 잘 섞이도록 저어준 뒤 술독 주둥이를 베보자기로 씌우고 뚜껑을 덮어 아랫목에 자리를 잡아 앉혀 둔다.

밑술의 발효에 따른 적정 온도는 20~25℃ 정도로 5~7일이면 발효가 끝난다.

밑술이 익었으면 덧술을 담그는데, 밑술을 담글 때와 똑 같은 방법으로 멥쌀 20kg으로 지은 고두밥과 곶감 4kg, 누룩 6kg, 양조용수 3말을 섞어 새로 마련한 술독에 담고 밑술을 쏟아 붓는다.

덧술을 안친 술독 역시 밑술을 발효시킬 때와 같은 방법으로 하여, 7일 정도 발효시키면 발효가 끝나 술이 익는다. 술이 다 익은 상태는 술바탕이 가라앉고 맑은 술이 위로 괴는데, 밥알이 동동 떠올라 있으며, 그 빛깔은 담황색으로 곶주 특유의 향기와 함께 냄새가 난다.

이어 증류에 들어가는데, 가마솥에 불을 지피고 발효가 끝난 술바탕을 담은 뒤, 소줏고리를 얹고 소줏고리 위에 아가리 크기보다 약간 큰 양푼이나 솥뚜껑을 얹는다. 솥과 소줏고리, 소줏고리와 소줏고리 위에 얹은 그릇 사이에 시루번을 붙여 증기가 밖으로 새어 나오지 않게 한다. 다음에 소줏고리 위에 얹은 냉각사관에 찬물을 담는다.

증류주는 불의 세기 조절이 술맛을 좌우한다.

불을 지피면 솥 안의 술바탕이 끓어오르면서 수증기가 상승하게 되고, 상승한 수증기는 소줏고리 위의 찬물이 담긴 그릇에 닿으면서 냉각되어, 소줏고

리 위쪽 옆구리에 달린 귀때를 통하여 방울방울 떨어지면서 술, 곧 소주가 만들어진다.

이때 유의할 일은 소줏고리 위의 냉각수가 데워지지 않도록 자주 찬물로 갈아주어야 하며, 불은 그 세기를 어떻게 조절하느냐에 따라 술의 맛과 질, 그리고 채주량이 달라진다.

다시 말해서 소줏고리 위의 찬물이 솥 안에서 기화된 수증기로 인해서 뜨거워지게 되면, 술의 채주율이 떨어지며 그 양도 줄어들게 된다. 또 불이 너무 세면 채주량은 많아지지만 탄내가 나게 되며, 화력이 너무 약하면 탄내는 없지만 채주량이 적어지기 때문에 화력의 조절에 유의해야 한다.

따라서 물을 자주 갈아주면서 불의 세기를 잘 조절해야 채주량도 많아지고, 탄내가 없는 질 좋은 소주를 얻을 수 있다고 하겠다.

또 증류를 할 때 맨 처음 받아낸 술 2홉 가량은 탄내가 많이 나므로 받아서 버리고, 본격적으로 술을 받기 시작하는데, 소줏고리의 귀때 밑에 병이나 술단지를 놓아 둔다.

술은 사람이 마시는 것, 정직하게 만들어야

이 때의 술은 알코올분이 최고 80%에 가까운 독한 술이 되며, 점차 알코올 분은 떨어져 맨 나중의 술은 알코올분이 거의 없는 맹물에 가까우므로, 먼저 받아낸 술과 맨 나중에 받아낸 술을 적절히 섞어서 알코올분 30%의 소주를 만든다. 그리고 소주내리기 다음 과정으로 앞서 마련해 두었던 감잎 추출물을 알코올분 30%로 맞춘 소주에 넣어 잘 섞은 뒤, 실내온도 10~15℃ 되는 그늘지고 서늘한 곳에서 6개월 이상 장기 숙성시키면, 비로소 화순 추시주가 만들어지는 것이다.

이렇게 해서 탄생되는 화순 추시주는 감잎 추출물의 성분으로 인하여 엷은 감색의 술빛깔을 띠는데, 약간의 삽미와 함께 약용증류주 특유의 독한 듯하면서도 매우 상쾌한 맛을 준다.

문화용 씨는 "화순 추시주는 아무리 정신없이 취하도록 마셔도 술이 깬 뒤에는 아무런 부담을 느끼지 않는다."면서, "음식은 자기 혼을 불어 넣는다는 생각으로 정성을 다해야 하고, 누구 앞에서고 떳떳하게 내놓을 수 있어야 한다. 특히 음식은 사람이 먹고 마셔서 건강과 생명을 유지하는 것이므로, 음식만큼은 배운 그대로, 그리고 정직하게 만들어야 한다."고 강조한다.

문화용 씨는 추시주를 화순 동면의 술에서 화순을 상징하는 대표적 특산품으로 만들 계획이라고 한다.

기존의 전통 주류 제품과 비교해서 술맛은 물론이고, 포장비 등을 절약해서 어떤 소비자라도 부담없이 마실 수 있는 술로 만들겠다는 것이다. 그 결과가 주목된다. 酒

‘다섯가지 기(氣)’ 모은 술

소백산 오정주

경북 영주 지방에 가면 반남 박씨 집성촌이 있다.

조선조 중종 때 대사간을 지냈던 소고(嘯皐) 박승임(朴丞任)의 자손들이 일촌(一村)을 이루고 있는 마을로, 행정구역상으로는 영주시 고현동이다.

그런 연유로 이 마을에는 소고 선생의 위패를 모신 사당 ‘소고정’이 반듯하게 서 있는데, 소고 선생 사당의 지척의 거리에 있는 한 집에서 예로부터 유명한 술이 빚어져 오고 있다기에 문을 두드렸다.

오정주(五精酒) 또는 오선주(五仙酒)라고 불리우는 술이 바로 그 것이다.

현재는 소고 선생의 15대손(소파 종손)인 박찬정 씨(43세)가 그 비법과 기능을 보유하고 있다.

“우리 마을은 조선조 중종 때 대사간을 지냈던 소고 선생을 중시조로, 대대로 자자일촌을 이루고 있습니다. 세상이 많이 변해서 이 마을을 떠난 사람들도 적지 않습니다만, 아직까지는 말 그대로 집성촌입니다. 40여 가구가 서로 협업으로 농사도 지으며, 고향을 지키고 있습니다.”

박찬정 씨의 얘기였다. 그는 오정주의 유래와 전승 과정에 대해 말해 달라고 하자, 먼저 눈물부터 지었다.

남자가 무슨 눈물이냐고 하겠지만, 저간의 사정을 듣자니 필자까지도 가슴이 미어지는 느낌을 감출 수가 없었다.

박찬정 씨의 눈물 어린 비법 계승 과정

박씨의 눈물은, 조상들이 가문의 비주(秘酒)인 오정주를 지키기 위해 갖은 고생을 감내해야만 했던 그 까닭을 뒤늦게야 이해한 때문이었고, 또 부모님이 오래도록 살지 못한 때문이었으며, 자신의 대에 와서 그 맥을 끊을 수 없어 이를 지키려다 보니 닥쳐오는 생활고에 몸부림쳐야만 했던 데서, 박찬정 씨가 흘리는 눈물의 의미를 어렴풋이 짐작할 수 있었다.

“제가 따져 보니 450여 년의 내력을 지닌 전통주로 우리 집안의 가양주로 뿌리를 내려왔는데, 보통 술이 아니다 싶었어요. 그래서 어머니에게서 배운 그대로 술을 빚어 이곳 저곳으로 뛰어다녔습니다. '이런 술이 있는데 전통주 지정이나 제조허가가 안 되겠는가' 하구요. 그랬더니 사람들이 아무도 이해를 못 하더군요. '미친 놈 다 되었다'느니, '저 놈이 사업하다 실패를 하더니 완전히 돌았다'는 식의 빈정거림이었지요."

그는 그때를 생각하면 지금도 기가 막힌다고 한다.

그도 그럴 것이 박 씨가 처음부터 오정주의 맥을 잇기 위해 고향을 지켰던 것도 아니요, 부모에게서 정식으로 그 비법을 전수받았던 것도 아니었다.

특히 법대 출신인 그가 직장생활도 집어치우고 낙향, 축산과 두충나무 등 나무재배를 시작했으나, 어느 것 하나 시원한 구석이 없이 모두 실패로 돌아갔던 뒤였다.

자포자기 상태에서 그가 다시 몰입하게 된 것이 가양주의 맥 잇기였으니, 가족들은 물론 주변 사람들의 시선이 고울 리 만무했다.

"그런 곡절 끝에 오정주를 시작하게 되었어요. 아시다시피 술 만드는 일이 얼마나 돈이 많이 들어갑니까. 자칫 실패라도 하는 날이면 죄다 버리게 될 뿐만 아니라, 농산물이나 일반 상품처럼 시장에 내다 팔 수도 없는 일 아녜요? 밀주였으니까요. 벌써 다섯 해나 되었군요. 천만 다행으로 영주전문대 김광수 교수께서 아시고, 여러 가지 도움을 주셨어요. 제가 딱해 보였던지 '미생물에 대해 그렇게 무지한 채 무슨 술을 만들겠다고 그러느냐'는 거였지요. 오정주는 다섯 가지 정기(精氣)가 모아져 있는 재료로 빚은 술이라는 뜻의 이름입니다. 각각의 재료마다 약효는 물론이고 뿌리의 정기, 새순의 정기, 뿌리 껍질의 정기를 담은 술이라 해서 오정주(五精酒) 또는 오선주(五仙酒)라고 합니다."

박천정 씨의 심정을 이해할 수 있었다.

현대인의 구미에 맞는 맛 재현 성공

그런데 한 가지 간과할 수 없는 사실은 박 씨의 다음 얘기였다.

"김 교수의 도움으로 오정주의 재현에 성공을 거두게 되었는데, 문제는 그렇게 해서 만든 술은 어머니께서 만들었던 술이라는 것이지요. 그래서 어떻게 하면 내가 만든 술, '내 술을 만들 것이냐' 하는 것이었어요. 그리고 지금은 주변 상황이나 제반 여건이 어머니, 할머니께서 술을 빚던 때와는 전혀 달라졌기 때문이지요. 그래서 좀 더 위생적이고 합리적인 제조과정, 특히 현대인들의 구미에 맞는 술을 어떻게 만들어 낼 것인가 하는 연구와 시험제조에 뛰어들었어요. 그 결과 쌀만도 80여 가마는 족히 버렸

을 것입니다. 결국 쌉쌀한 맛을 줄이는 대신, 단맛을 높인 '내 술'을 만들었습니다."

박 씨가 자신의 것으로 만들었다는 오정주는 자신만이 아는 비법이 있을 것이라는 생각에 그 제조과정을 물어 보았다.

박 씨는 김광수 교수의 도움으로, 첫번째 난관이었던 누룩과 술의 발효과정을 통해 그 비밀(?)을 확실하게 풀 수 있었다고 한다.

그는 '술은 미생물, 곧 누룩곰팡이의 역할에 달려 있으므로, 이를 잘 조절해 줌으로써 좋은 술을 만들 수 있다'는 결론을 내리게 되었다는 것이다.

먼저, 누룩의 발효과정에 있어, 한 가지 특이한 점을 발견할 수가 있었다.

"옛날 어머니나 할머니께서 누룩 만드시는 법은, 밀을 빻아다가 누룩고리에 담아 성형을 해서 발효, 곧 누룩을 띄우는데, 이 때 수확이 끝난 밀짚단을 논 한가운데 세워두고, 그 안에다 누룩을 두어서 띄웠지요. 일일이 뒤집어 줄 필요도 없고, 특별하게 신경을 쓰지 않아도 적정 기한이 되면 노랗고 뽀얀 누룩이 만들어집니다. 한여름의 뜨거운 열기와 바람, 밀짚단의 균주가 누룩의 발효를 촉진시켜 주기 때문입니다. 이 원리를 도입해서 누룩을 만들고 있습니다. 옛날 사람들이 참 지혜로웠죠."

따라서 오정주의 누룩 발효 방법은 실내에서 짚 위에 놓아 발효시키는 여느 술과는 다름을 알 수 있다.

독특한 발효기법의 약용약주

오정주는 세 번 담그는 술로 그 제조과정이 여간 복잡한 게 아니다.

밑술은 멥쌀 7.5되를 가루내어 흰무리를 쪄서 버실버실하게 해친 다음 차게 식혀 둔다. 흰무리가 식는 사이 황정·창출·지골피·송엽(또는 잣나무 잎)·천문동 등 다섯 가지 약재를 적당량 섞어 물 1

말에 넣고 끓여서 달인 물 5~6되를 얻는다.

"오정주의 전체 재료 배합비율은 물 100 : 흰무리 75 : 누룩 6~8(%)로서, 물은 약재 달인 물을 차게 식혀서 씁니다. 배합비율대로 함께 섞어서 술독에 안친 다음, 여름에는 7일, 다른 계절에는 10일 정도면 밑술이 익습니다."

박씨는 이때 잊지 말아야 할 것으로, "밑술에 생댓잎을 넣었다가, 술이 괴기(끓기)시작하면 건져 내는 일입니다. 이는 죽엽 성분을 이용, 밑술의 변질이나 상하는 것을 방지하는 한편, 발효를 촉진시키는 효모균이 댓잎에 기생하기 때문이지요."라고 말한다.

이어 덧술을 빚어 넣는데 밑술과 같은 분량의 흰무리와 누룩을 넣고, 용수는 끓여서 식힌 물을 붓는다.

바쁠 때는 흰무리 대신 고두밥을 사용해도 무방하다고 한다.

덧술은 밑술과 섞으면 양이 많아지므로 큰 독에 옮겨 담고, 1자 반 깊이의 땅 속에 묻는다. 술을 안친 지 14일(여름)~18일(겨울)이면 덧술이 익는다.

2차 덧술은 고두밥과 약재 달인 물을 섞어 덧술에 붓고 잘 저어 준 뒤, 밑술에서와 같이 생죽엽을 넣어 주는데, 중간에 들어내지 않고 끝까지 담가 둔다. 그리고 술바탕 위에 누룩가루 한 줌을 골고루 뿌려 준다.

이렇게 해서 영주 오정주의 술빚기가 모두 끝이 나는데, 술독은 한지나 베보자기를 이용해서 덮어 주고, 25℃ 가량 되는 따뜻한 아랫목이나 실내에서 대략 20~24일 가량 발효시키면 술이 익는다고 한다.

이상의 과정에서 알 수 있듯이 영주 오정주의 술빚기에 따른 또 다른 특징을 발견하기에 이른다.

달리 말해서 양조기법을 말하는 것으로, 형편에 따라 술빚기가 달라진다는 점이다.

"덧술을 빚어 넣을 때 급하면 고두밥 대신 백설기를 지어 넣으면 술의 발효기간을 4분의 1로 앞당길 수 있고, 여름에는 누룩을 써야 하지만, 다른 계절

에는 누룩을 써도 되고 안 써도 됩니다. 옛날 어머니께서는 '여름에는 누룩을 써야 한다'고 하셨거든요. 그리고 또 '백설기를 찔 때 새하얗게 파랗게 쪄라. 술밥을 잘 쪄야 한다. 그래야 술맛이 찐득찐득하니 맛이 좋다'고 하셨어요. 그러고 나서 어머니는 술독에다 절을 하셨어요. 그만한 정성도 부족했다 싶었던지, 탈 없이 잘 되게 해달라는, 주신(酒神)께 올리는 기도였던 것이지요."

그러니까 술을 필요로 하는 시기에 맞춰 채주가 가능하도록 술밥을 고두밥으로 할 것이냐, 백설기로 할 것이냐를 결정했다는 얘기이다. 또 술밥의 상태에 따라서 술맛이 달라진다는 경험적 사실은, 우리네 조상들이 얼마나 정성을 다 했는지, 그리고 양조기법이 얼마나 훌륭했는지를 간접적으로 엿볼 수 있게 해준다고 하겠다.

그는 또 "어머니께서 술을 빚으실 때 강조한 또 한 가지는, '덧술 할수록 누룩은 적게 써라. 술맛 내려면 덧술을 만든 뒤, 술을 더할수록 찬 곳으로 옮겨 질질 끌어야 좋다'고 하셨는데, 이제야 그 뜻을 알게 됐습니다. 찬 곳으로 옮겨 질질 끈다는 것은 곧 '저온·장기 발효시켜야 술맛이 좋아진다'는 체험에서 얻은 방법을 말씀하신 것이지요." 라면서 조상들의 뛰어난 양조기술에 감탄해 했다.

대량 생산체제 갖춰 최근 시판

오정주는 2차에 걸친 덧술을 하여 빚는 술(약주)이면서 증류주라는 점이 특이할 만하다. 절대 다수의 전통 증류주들이 한 번 담근 술덧을 바로 증류시킨 민자소주이거나, 덧담그되 오정주처럼 여러 가지 약재가 아닌, 한 두 가지 가향재들을 넣어 빚은 뒤 증류시킨 술이라는 점에서, 오정주의 또 다른 특징을 발견하기에 이른다.

"발효가 끝난 술은 술바탕과 함께 가마솥에 담고 소줏고리를 얹어 증류에 들어가는데, 오정주 역시 가열(加熱)시 불의 세기를 어떻게 조절하느냐에 따라 술맛은 물론 채주량도 달라집니다. 자칫하면 탄내가 나거나 쓴맛이 돌기 십상인 데다, 불이 너무 세면 채주량은 높아지는 반면 주질이 떨어집니다."

이는 여러 전통 증류주와 같이 증류에 따른 기술의 중요성을 강조하는 얘기이다.

전통적인 증류주 만드는 법은 소줏고리를 앉힐 가마솥에 물 두 사발에 술 세 사발의 비율로 섞어 끓이다가, 술을 타서 고루 저어 준 다음 소줏고리를 얹어 증류한다.

증류주는 특히 불의 세기에 따라 소주의 질이 결정되는데, 불이 성(盛)하면 소주가 많이 나오는 반면 냇내(탄내)가 나고, '불이 약하면 소주가 덜 난다'고 하여 불의 세기(화력)를 조절하는 일을 중요시했다.

따라서 좋은 술이란 술빚는 사람의 정성 못지 않게 기술에도 달려 있음을 알 수 있게 해준다.

영주 오정주는 지난 '95년 6월, 농림수산부가 선정하는 전통식품업체로 지정되었으며, 현재 대량 생산을 위한 설비를 갖추고 최근 시판에 들어갔다. 酒

보양효과 큰 궁중법의 가향주

양평 산수유화주

양평군은 특히 가을철 드라이브 코스로 적격인 데다 원근에 벽계구곡, 수회구곡, 다산 정약용 묘와 마현마을, 중원계곡 등 명승·명소가 있고, 계곡마다에는 기암괴석과 옥류(玉流)가 불타는 단풍과 어우러져 그야말로 신경(神景)이라 아니할 수 없는 곳이다.

옛날부터 '산자수명(山紫水明)'이라 했거니와, 양평군은 무엇보다 가을 단풍이 아름답고 또 신라의 마지막 왕이었던 경순왕의 세자 마의태자가 망국의 한을 품고 금강산으로 가던 중 심었다는 은행나무(천연기념물 제 30호)가 있는 용문사가 있다.

이 용문사를 품에 안고 있는 양평군은 맑고 깨끗하면서도 풍부한 물과 높고 낮은 산들로, 경기도 내 어느 지역보다 관광객들의 발길이 잦은 곳이다.

남양주에서 6번 국도와 308번 지방도 사이를 흐르고 있는 북한강 강변은, 낭만이 넘치는 드라이브 코스이거니와 카페와 토속음식점들이 저마다 독특한 메뉴와 맛으로 손님을 끌고 있다.

이러한 곳에 또 다른 별미가 있으니, 이 지방에 널리 분포하고 있는 산수유꽃을 이용해서 만든 산수유화주가 그것이다.

궁중의 상궁나인이 빚어 후손에 전해

산수유화는 개나리에 앞서 피는 꽃으로, 작고 샛노란 꽃송이들이 수 십개씩 어우러져, 멀리서 보면 마치 서너 개의 꽃송이가 서로 어우러져 피어 있는 듯하다.

그 열매를 산수유라 하며, 한방에서 강장·강정제로 널리 이용하고 있다.

흔히 가정에서 이 산수유를 이용, 약용 목적의 산수유주를 담가 마시는 것을 볼 수 있는데, 알코올 함량 30% 정도의 희석식 소주에 산수유 열매를 넣고 오랫동안 숙성시켜 그 약용성분을 우려내서 마시게 된다.

그러나 이는 전통적인 방법의 양조주(釀造酒)라고 할 수가 없거니와, 곡주(穀酒)는 더더욱 아니어서 발효양조주로서의 산수유화주가 있다는 소식은 큰 기쁨이 아닐 수 없었다.

그도 그럴 것이 그 주인공이 고유 전통음식의 하

나인 육포와 함께 술빚는 법을, 그 옛날 궁중의 상궁나인으로 있었던 사람의 후손으로부터 사사(私師)받은 방법이라는 이유에서였다.

과문(寡聞)한 탓인지는 모르지만, 궁중의 술이란 것이 여염집의 술빚는 방법이나 재료에서 차이가 있거니와, 사사로이 반가에 전해졌다고 하는 전통주에서도 아직까지 부재료로 사용되는 약재의 이름을 딴 궁중 술은 보지도 듣지도 못했던 터였다.

산수유화주가 언제부터 어떻게 빚어져 왔는지, 그 유래와 전승과정을 추적한 끝에 용문면 마룡2리에 사는 정정광(55세) 씨를 찾게 되었고, 그로부터 그 일단을 듣게 되었다.

산수유화주 기능보유자 정정광 씨는, "잘 아는 사람이 조선조 말기 궁중의 상궁나인의 후손으로, 그 사람에게서 육포 만드는 법과 함께 배웠다."고 말해 전혀 근거가 없는 술은 아닌 듯 싶었다.

약주에 산수유화 넣어 보양효과 커

따라서 추측컨대, 정정광 씨가 사사를 받았다고 하는 사람의 윗대가 되는 상궁나인은, 조선 왕조가 무너지면서 궁에서 폐출되어 생계를 이어 갈 목적으로 육포와 술을 빚어 팔게 되었을 것이고, 이 두 가지 음식이 그 후손에게 전수되었을 것인 바, 그간 가전비법으로만 전해져 오다가 최근 우리 문화의 뿌

리찾기 운동 등 전통음식에 대한 일반의 관심이 고조되자, 세간에 회자된 술이 아닐까 하는 것이다.

정정광 씨는 "본래 서울 살던 '85년경 그에게서 일반 약주 빚는 법을 배워 가용목적으로 빚어 왔는데, 바깥 어른께서 너무나 약주를 좋아하셔서 몸을 보(補)할 수 있는 약재를 넣어 빚으면 좋겠다 싶었고, 산수유가 양평군의 특산물인 관계로 부존 자원의 활용과 함께, 지역 특산품 개발 차원에서 전통 곡주에 산수유화를 넣어 빚게 되었다."고 말하고 있어, 그 유래와 역사는 매우 일천한 것으로 생각된다.

이유야 어떻든 정정광 씨가 위안을 삼고 있는 부분은 자신에게 가르쳐 준 사람이 '궁에서 공주가 시집갈 때 육포와 술을 빚어 가지고 갔다'고 하는 사실에 착안, 전문가의 확인을 받기에 이르렀다고 한다.

씨는 "사실, 그 사람에 대해서는 자세히 알지 못하지만, 후일 이 분야에 관심이 많았던 이길표 교수에게 자문한 결과, '궁중법이다'고 하는 확인을 받았다. 그래서 육포를 비롯,예의 방법대로 만들고 있다."고 말해, 그 과정을 살피기로 했다.

발효온도 낮춰 장기 숙성으로 맛 뛰어나

정정광 씨에게서 산수유화주 담그는 방법을 듣자니, 중양법의 증류주임을 알 수 있었다. 정씨의 설명에 따른 산수유화주 제조과정은 다음과 같다.

술빚기의 첫 순서로 누룩을 만드는데, 밀을 거칠게 빻아 밀의 2할(20%) 가량의 물을 뿌려가면서 버무리되, 손으로 꼭 쥐어서 뭉쳐질 정도면 된다. 이를 지름 20cm, 높이(두께) 7cm 정도 되게 둥근 원반 형태로 덩어리를 지어 단단하게 굳힌다(본래는 쳇바퀴로 만든 누룩틀에 담고 발로 사정없이 디뎌서 성형을 한다). 누룩이 만들어지면 바람이 잘 통하는 곳이나 방 아랫목에 짚을 깔고 그 위에서 약 1개월 가량 띄워서 가루로 만들어 쓴다.

이어 밑술을 만드는데, 주재료로 찹쌀 8kg, 멥쌀

1.5kg, 누룩 3kg, 산수유꽃 2kg(또는 산수유 1kg), 엿기름가루 1kg, 물 20 l 가 들어간다.

정씨는 "그 방법은, 이들 재료를 섞어 밑술을 만들고 7일 후에 덧술을 하여 넣는데, 산수유 꽃이 없을 때는 산수유 열매로 담근다."면서, "맛이나 향은 꽃으로 만들 때가 더 좋고, 건강주로서는 열매로 담근 것이 더 좋다."고 말한다.

밑술 만드는 법은 찹쌀을 물로 깨끗이 씻은 뒤, 반나절 가량 침미하였다가 건져서 시루에 찐다. 고두밥이 완성되면 약간의 온기(15℃)가 느껴질 정도로 식혀서 덩어리진 것이 없게 손으로 비벼서 누룩 3kg과 함께 섞어 버무린다. 이어 소독을 마친 항아리에 안치고 물 20 l 을 붓는다. 다음에 술독을 25℃ 정도의 따뜻한 장소에 놓아 두고, 주둥이를 베보자기로 뚜껑을 덮은 채로 3일 정도 두면 술이 괴기 시작하는데, 이 때 술독을 밖으로 내놓는다. 밖에 내놓은 지 7일째면 발효가 끝나 밑술이 완성된다. 여기에 멥쌀로 지은 고두밥과 엿기름 1kg, 산수유꽃 2kg(또는 산수유 1kg)을 섞어 버무려서 감주(식혜)만들 듯하여 부어준다. 식혜는 밥알이 뜨게 하기 위한 것으로, 밑술 발효시와 동일 장소와 동일 온도에서 1주일이면 예의 산수유화주(약주)가 만들어진다.

밝은 담황색 빛깔로 구미 자극, 남성들에 인기

대개의 전통주는 밑술의 발효기간이 4일에서 7일 사이로 비교적 짧은데 비해, 산수유화주는 밑술 발효기간이 10일에 이르는 것을 볼 수 있다. 이는 밑술의 발효온도가 3일째에 이르러 최고조에 달했을 때 서늘한 곳으로 자리를 옮겨, 술독의 품온을 떨어뜨림으로써 발효기간이 길어진 것이라고 하겠다.

그리고 이러한 방법은 경주 교동법주를 비롯, 서울의 삼해주 등의 술에서 찾아 볼 수 있는데, 이는 장기·저온발효를 거친 술이 맛과 품질에서 뛰어나다고 하는 전통적인 술 담금법의 기본에 충실하고 있다는 이야기이기도 하다.

정정광 씨는 "봄·가을에 주로 담그는데, 봄에는 꽃으로, 가을에는 산수유 열매로 담근다."면서, "술 빚기가 어려운 여름철에는 술항아리를 땅속에 묻어서 발효시킨다. 땅속에 묻은지 1주일이면 술이 괴는데, 이 때부터 떠서 마실 수 있다. 증류주 산수유화주를 만들려면 덧술의 채주 과정을 생략하고 곧바로 소줏고리를 이용, 증류하여 감초를 약간 넣고 1개월 가량 숙성시켜 마신다."고 설명한다.

이러한 산수유화주는 밝은 담황색의 술 빛깔을 자랑하며, 오묘한 맛으로 구미를 자극하여 특히 남성들 사이에서 주가를 자랑하고 있다.

바로 산수유의 효능 때문이다. 예로부터 산수유나무는 '대학나무'로 알려질 정도로 수익성이 좋은 나무로서, 그 열매인 산수유는 정력 강장제, 또는 보제(補劑)로서 널리 이용해 왔다.

한방에서는 지한·해열·혈증·부허·자양강장·

음위·월경과다·신경쇠약 외에 식은 땀 흘릴 때, 오줌을 자주 누는 증상에 효과를 인정하고 있다.

궁중법의 육포를 안주로

한편, 산수유화주에는 어떤 안주가 어울릴까 했더니, 정정광 씨가 내놓는 것이 있었다.

육포, 술도 고급이거니와 안주 또한 최고급이 아닐 수 없다.

더욱이 정정광 씨의 육포는 조선시대 궁중법의 과정을 거쳐 만들어진 것이라는 사실에서, 그 품격을 따지지 않을 수가 없었다.

참고로 정씨의 설명에 따른 육포 만드는 과정은 다음과 같다.

우선, 그 재료로 쇠고기 5kg, 우유 2000cc, 청주 2컵, 마늘 150g, 생강 2Ts, 양파·파 각 100g, 설탕 2컵, 진간장 3컵, 청장 $\frac{1}{2}$컵, 참기름 $\frac{1}{2}$컵, 유자(레몬) $\frac{1}{2}$개, 소금 약간, 통후추 1큰술, 월계수잎 4~6장, 물 8컵, 배 1개가 들어간다.

만드는 법은 지방과 힘줄이 없는 쇠고기(홍두깨살, 우둔살)를 3~4mm 두께로 포를 뜬 다음, 우유와 청주를 섞은 그릇에 담가서 3~4시간 핏물을 뺀다. 고기를 건져 물로 깨끗이 헹군 후 물기를 제거한다. 다진 마늘과 생강, 양파를 참기름에 볶은 다음, 월계수잎을 넣고 볶다가 여기에 설탕, 진간장, 청장, 통후추를 넣고 다시 충분히 끓인 뒤, 체에 밭쳐 건더기는 버리고 국물만을 취해서 이를 소스로 이용한다. 이 소스에 꿀과 유자를 넣고 한소큼 끓이면서 소금으로 간을 맞추고 식혀서, 건져 놓은 쇠고기를 한 조각씩 펴서 골고루 소스를 바른 뒤, 8시간 이상 재워 둔다. 8시간이 지난 고기는 고르게 펴서 채반에 얹어 그늘에서 말리는데, 이때 배를 갈아 만든 즙을 나머지 소스에 넣고 섞은 뒤, 고기가 마르는 중간 중간 4~5회 솔로 발라준다.

고기가 건조(70~80%)되면 차곡차곡 쌓고 무거운 나무 판자와 맷돌로 눌러서 반듯하게 편다.

길 안내를 맡았던 경기도 양평군 농촌지도소 생활개선계 정지영 씨는, "핏물을 뺄 때 우유를 사용하여 고소한 맛과 단백질·칼슘의 보충효과가 있고, 술안주 외에 특히 혼례에 따르는 폐백음식으로 중요한 자리를 차지하고 있어, 주문이 쇄도하고 있다." 면서, "산수유화주는 머지 않아 양평의 명물로 자리잡게 될 것"이라고 말한다. 酒

자연과 건강을 생각하는 삼남의 토속주

화순 의이인주

모든 일은 자연환경보호
관점에서
출발해야 오래 산다

화순 의이인주는 그 재료부터가 무공해 원료를 사용하고 있다는 점에서 단연 돋보인다.

"아직 주조면허가 나오지 않아 본격적인 생산을 못하고 있는 실정이지만, 쌀과 율무, 누룩의 원료인 밀을 직접 무공해 재배한 것을 사용하고 있습니다. 이 지역의 지리적 여건이 광주 시민의 상수도 상류에 위치한 관계로, 농약을 사용하게 되면 식수 오염을 초래하게 되므로 일체의 농약을 쓰지 않고 있습니다."

화순 의이인주의 기능보유자 황용철(48세) 씨의 말이다.

실제로 황씨는 농약에 중독되어 사경을 헤맸던 경력(?)의 소유자. 그 이후 뜻있는 지역 주민과 학계, 정계 인사들이 참여하는 '광록회'란 친목단체에 가입, 자연환경 되살리기 운동을 비롯 환경보호 활동을 적극 전개하고 있어, 이 분야에서 주목을 받고 있는 인물이다.

이를테면 '청정 미나리' 재배라든가, '민물새우(토하)' 양식 등으로, 이 지역의 특산품을 개발·정착시키는 등 황씨는 이 분야에서 둘째 가라면 서러운(?) 인물이다.

그는 농약 중독 이후로 벼농사를 비롯한 율무 등 일체의 농작물에 농약을 사용하지 않는 사람으로 돌아선 것이다.

"농약을 사용하면 수확량이 늘어서 돈이야 더 벌겠지만, 농약 먹고 빨리 죽거나 건강을 해치면 무슨 소용이겠습니까?"

황씨의 말에서 실로 촌부(村夫)답지 않은 생활 철학을 엿들을 수 있었다.

어느 누구보다도 농약의 피해를 절실하게 체험한 사람이기도 하거니와, 또 다른 이유는 황씨가 살고 있는 동리(洞里)가 광주광역시의 상수도 수원지(동복호)의 상류에 위치해 있어, 농약 살포로 인한 식수원 오염과 환경이 파괴된다는 데서도 그 이유를 찾을 수 있다. 그래서 황씨는 '동복호 지키기 운동'을 전개하고 있는데, 지난 '87년 국립광주박물관장

을 지낸 이을호(85세) 박사를 중심으로, 지역 각계의 뜻있는 인사 150명으로 구성된 '광록회(光綠會)' 회원으로서 자연환경보호 활동에 밤낮이 없다.

그러기에 더러 주위에서는 황씨를 '자연환경과 인간의 건강을 생각하는 사람' 가운데, 첫 손가락 꼽기를 주저하지 않는다.

전형적인 토속주 화순 의이인주, 누룩에 율무 넣어 약효 높여

때문에 화순 의이인주는 술빚기 이전에, 그리고 농사를 짓기 이전에 우리의 자연환경과 건강을 걱정하고, 이를 지키려는 사람이 빚는 가장 양심적인(?) 술이라는 생각이 든다.

무색 투명한 화순 의이인주는 알코올성분이 45~55%나 되는 비교적 독한 술이면서도, 과음해도 숙취가 없고 뒤끝이 깨끗한 보양주라 할 수 있다.

특히 여느 술과는 특이하게 누룩에도 율무가 들어가는만큼 율무의 효능과 약효가 뛰어난 술이랄 수 있다.

황씨에 따르면, "조상 대대로 내려온 가양주의 끊긴 맥을 다시 살리게 되었으나, 마음 놓고 빚을 수 없는 현실입니다. 그렇다고 손을 놓게 되면 안되겠기에 틈틈히 조금씩 빚어보곤 합니다. 이제 자신이 생기다 보니, 율무를 넣은 술인만큼 율무를 더 많이 넣어 약효와 술맛을 더 좋게 할 수는 없을까 하는 연구와 고민에 빠져 있습니다. 그래서 궁리 끝에 생각해낸 것이 바로 '율무누룩'입니다. 이 율무누룩은 발효가 끝나면 이렇듯 하얗게 곰팡이가 피면서 냄새 또한 좋습니다."

황씨가 개발해냈다는 율무누룩은 원반형의 두께 6~7㎝, 지름 22~23㎝정도의 크기로 윗 표면에 깊은 홈이 패여 있다.

덧술없이 한 번 빚는 단양주

먼저 술빚기의 시작인 누룩 만들기부터 황 씨의 설명을 들어가면서 살펴 본다.

앞서의 설명처럼 율무누룩의 비법은 밀과 율무의 비율을 2 : 1로 한다.

밀(20㎏)은 거칠게 빻고 율무(10㎏)는 곱게 가루

낸 다음, 서로 섞어서 물 6l 정도를 부어 반죽을 한다.

일반 누룩만들기와 같이 삼베보자기나 무명베에 반죽한 것을 싸서 누룩틀에 넣고 발로 디딘다. 단단히 디뎌서 성형을 하되, 성형이 끝난 누룩은 발효가 잘 되게 하기 위하여 누룩 위 가운데 부분을 팽이를 박았을 때의 자국처럼 깊게 파주어야 한다고 한다.

이렇게 해서 성형이 끝난 누룩은 30~32℃ 되는 실내에서 12~20일 가량 발효시킨다. 발효가 끝난 누룩은 하얗게 곰팡이가 핀다. 완성된 누룩을 가마니에 담아 두고, 필요시 콩알 크기 정도로 잘게 부숴서 사흘 밤낮으로 이슬과 햇볕을 쬐는 등 법제하여 사용한다.

화순 의이인주는 덧술없이 한 번만으로 술빚기가 끝나는 단양주(單釀酒)다.

멥쌀 50kg에 대해 16~18kg의 율무쌀을 같이 섞어 깨끗이 씻고, 물에 9~11시간 침미하여 시루에서 고두밥을 짓는데, 이때 원재료의 3%, 즉 2kg 정도 되는 솔잎을 켜켜로 넣는다.

술밥이 다 익었으면 고루 펴서 식혔다가 24kg 정도의 누룩과, 1.5~2배(고두밥+누룩) 되는 물을 함께

섞어 10~20℃ 되는 온도에서 6~7일간 발효시킨다.

발효가 끝난 술은 중탕기 속에 넣고 120~130℃의 온도로 가열, 9~11시간 증류시킨다.

이때 얻어지는 술은 처음에는 65%의 높은 알코올분이 함유한 증류주가 얻어지나, 나중에는 15% 정도로 알코올분이 떨어져 평균 알코올분 45~55%를 함유한 화순 의이인주가 얻어진다.

삼남지방에서 주로 빚었던 술, 해방 전후 밀주 단속으로 자취 감춰

이 술은 조선시대 중엽부터 주로 삼남지방에서 빚어 토속주로 마셨으나, 해방을 전후한 밀주 단속으로 그 자취를 감췄고, 현재는 겨우 몇몇 집안에서 가양주 형태로 명맥만을 유지하고 있는 것으로 구전해 온다.

문헌상의 유일한 기록으로 조선시대의 ≪임원경제지≫에 의이인주가 등장한다.

'화순 의이인주'는 전남 화순군 북면에서 뿌리를 내려온 황용철 씨의 부친 황순관(黃純官,'72년 작고) 씨가 가전비법으로 빚어 왔었다.

화순 의이인주의 유일한 기능보유자였던 황순관 씨가 세상을 떠나자, 그 독특한 제조방법의 맥이 완전히 끊겨버렸다.

그런데 이 술이 재현되어 다시 그 명맥을 잇게 된 것은 우연의 일치였다.

그러니까 10여년 전, 황용철 씨가 대단위 율무농사를 시작하면서 판로가 부진한 율무를 소비할 수 있는 방법을 궁리하던 끝에, 집안의 가양주로 내려오던 율무술을 생각하게 된 것.

"가양주로서의 의이인주를 되살리고 잃어버린 '우리 것'을 되찾아야겠다고 하는 일념으로, 가전비법을 찾는 일에 매달렸습니다. 전국을 누비며 술에 관한 고문헌을 들추었고, 대학 교수들을 찾아 자문을 구했으나, 그 비법을 찾지는 못했습니다. 또 마을의 노인들로부터 들은 방법 역시 본래의 술맛을 느낄 수 없어, 결국 다양한 방법으로 시험제조에 매달릴 수 밖에 없었습니다."고 말해, 당시 황씨의 고생이 어떠했는지를 짐작할 수 있었다.

"결국 10여 년만인 '92년에 이르러서야 비로소 은은하면서도 향긋한 옛 맛을 재현하는데 성공, '92년 11월에는 특청 출원과 함께 전남도에 전통주 지정 신청까지 끝마치고 그 소식을 기다리고 있으나, 술 취한 뒤의 갈증처럼 목마름만 더합니다."

숨소리가 깊어지는 황씨의 표정에서 술 깬 뒤의 갈증이 어떠한가를 짐작할 수 있었다. 酒

홍문관 관원들 영광수령되기 자원할만큼 유명했던 술

옥당골 강하주

우리나라의 토속주로 전라남도의 '옥당골 강하주'만큼 주가가 높았던 술로 드물다.

전하기로는 그 맛이 특별하여 임금에게까지 진상되었다는 술인데, '신청주'로도 널리 알려져 있으며, 불볕 더위 속에서도 무사히 여름을 지낼 수 있다 하여 '과하주(過夏酒)', 또는 '강활주'로도 전국에 이름을 떨쳤던 술이라 한다.

옥당골 수령들을 위한 술 홍문관 관원들 영광 수령 '자청'

'산천은 의구한데 인걸은 간 데 없다'라는 싯구(詩句)가 있긴 하지만, 옛 영화(榮華)도 아랑곳 없이 옥당골 강하주는 일제의 밀주 금지와 그들에 의해 만들어진 주세법에 묶여 차츰 자취를 감추고 말았는데, 그나마 유일하게 가양주로 맥을 이어오던 이복희 씨마저 지난 '90년 92세를 일기(一期)로 세상을 등졌고, 지금은 이 씨의 딸인 조희자 씨가 영광읍 도동리에 살면서 그 맥을 잇고 있다.

옥당골 강하주의 주가가 어떠했는지를 짐작케 하는 기록이 영광 읍지(邑誌)에 전하는데, 옥당골 강하주 제조기능보유자 조희자(60세) 씨에게서 그에 따른 얘기를 들을 수 있었다.

"강하주는 조선시대에 영광의 '수령(守令)'들을 위한 술이었다 해도 과언이 아닙니다. 영광을 옛날에는 '옥당골'이라 하였는데, 이는 영광 굴비를 비롯한 산해진미와 강하주의 명성이 대단하여 홍문관 관원들이 영광의 수령이 되기를 원하였을 정도였으므로, 당시 홍문관의 별칭인 '옥당'이 그대로 영광을 지칭하는 말이 되었다는 것이지요."

조희자 씨는 영광군 군서면 가사리 정정균 씨에게 출가하였으나, 정씨가 10여년 전 40세의 아까운 나이로 세상을 뜨자, 현 거주지로 이사하여 영광종합고등학교 구내식당을 운영하면서 생계를 유지하고 있다.

옥당골 강하주는 '덧담근 술'로, 주재료인 찹쌀 1말 8되와 누룩(백곡)4되, 물 1말 4되, 생강, 계피, 구기자, 대추, 용안육, 강활 각 1근, 알코올 함량 30~40%의 재래식 소주 2말~2말 5되가 사용된다.

옥당골 강하주의 물(양조용수)은 이 지방의 지하수를 사용하고 있는데, 맑고 깨끗하기가 이를 데 없어 '청수(淸水)'라고 한다.

'수질이 술맛을 결정한다'할 정도로 술빚기에 있어 물의 중요성을 강조한 말이 있고 보면, 강하주의 명성은 바로 이 물맛에서 기인한 것이 아닌가 생각된다.

덧술에 고급 약재 넣고
재래식 소주 부어 숙성시키는 전통주

옥당골 강하주 역시 술빚기의 첫 순서는 누룩을 만드는 일이다.

누룩은 밀을 물에 깨끗하게 씻은 후 물기를 빼고, 절구나 맷돌에 거칠게 갈아서 밀기울을 제거하고 하얀 밀가루만을 사용하는데, 밀가루의 2할 정도 되는 물과 함께 보슬보슬해지도록 반죽을 한다.

반죽이 끝나면 여느 술에서와 같이 누룩틀을 이용, 성형을 한다. 이를 볏짚이나 멍석 위에 약쑥을 깔고 서로 닿지 않게 놓고 다시 약쑥이나 짚으로 위를 덮어서 10일 가량 띄운다.

이렇게 하여 발효가 끝난 누룩은 '백곡'이라 하며, 표면에 고르게 노르스름하면서도 하얀 곰팡이가 피며 냄새도 좋다. 이를 2~3일 동안 낮에는 햇볕에 말리고 밤에는 이슬을 맞혀서 법제하여 굵은 콩알 크기로 빻아서 준비한다.

이어서 밑술용 고두밥을 짓는데, 찹쌀 3되를 깨끗이 씻어 물에 한나절 동안 담갔다가, 건져서 물기를

빼고, 시루에 쪄서 식힌다. 고두밥은 조금이라도 더운 김이 없이 차갑게 식혀서 누룩 3되와 버무려서 소독을 마친 술항아리에 담고, 잘박잘박할 정도로 적은 양의 물(3되)를 붓는다. 밑술을 안친 항아리는 30~35℃ 가량 되는 방 아랫목에 자리를 잡아 베보자기를 씌우고 항아리 뚜껑을 덮은 뒤, 다시 이불로 싸서 3~5일 정도 발효시키면 밑술이 익는다.

밑술의 발효가 끝나면 덧술 안치기에 들어가는데, 덧술 안치기 하루 전에 덧술에 넣을 약재와 재래식 소주를 준비한다. 소주는 앞서의 밑술을 빚을 때와 같은 방법으로 하여 발효시킨 술을 소줏고리를 통해 내린 증류주라야 하며, 약재는 그 이용 방법이 각각 다르다.

약재를 넣는 요령으로서 강활과 용안육, 계피는 깨끗이 씻어 물기를 없애고 그대로 사용하는 반면, 생강은 즙이 나도록 강판에다 갈아서 사용한다. 대추는 찜통에다 찐 것이라야 한다.

구기자는 두꺼운 솥이나 프라이팬에다 타지 않을 정도로 볶아서 식혔다가, 삼베나 무명보자기에 다른 약재와 함께 싸서 넣는다.

덧술 역시 찹쌀 1말 5되를 물로 깨끗이 씻은 뒤 고두밥을 지어 차갑게 식혔다가 물 6되를 붓고 잘 섞이도록 손으로 버무리는데, 이때 준비해 둔 약재를 넣는 것이다.

"이 술이 몇도나 되느냐"
감미에 빠져 취한 줄 모르고 마셔

덧술을 안칠 술항아리는 소독을 하여 미리 정해 둔 자리에 놓은 뒤, 발효가 끝난 밑술과 덧술을 함께 쏟아 붓고 잘 저어준다. 덧술 역시 밑술을 발효시킬 때와 같은 요령으로 술항아리를 덮고 이불로 싸서, 25℃ 정도 되는 따뜻한 실내에서 3일간 1차 발효시켰다가, 이불을 벗겨서 증류한 재래식 소주 2~2.5말을 붓고 술항아리 한가운데에 용수를 박아 둔다. 이를 다시 같은 온도에서 12~15일간 2차 발효시키면 비로소 강하주를 얻게 된다.

"다 익은 술은, 독한 소주냄새는 다 없어지고 감미(甘味)가 뛰어난 부드러운 술로, 알코올 함량도 30% 정도 밖에 되지 않아 마시기에도 전혀 부담이 없습니다. 강하주를 마셔 본 사람이면 한결같이 '술이 순하다'고 합니다. 취기가 오르면 그때서야 '이 술이 몇 도나 되느냐'고 물을 정도니까요."

조희자 씨의 설명이었다.

우리가 과하주에 대하여 알고 있기로는 두 가지 뜻이 있는데, 그 첫째가 술 이름의 풀이 그대로 '마심으로써 한여름을 무사히 지낼 수 있다'거나, '여름을 지내도록 술맛이 변하지 않는다' 하는 얘기이다.

옥당골 강하주(과하주)의 경우, 봄에 술을 담갔다가 9~10월까지 두어도 변하지 않아, 여름을 지낼 수 있다는 두번째의 뜻에서 붙인 이름이 아닌가 생각된다.

옛법에 없는 강활 등 약재 넣어 보양효과 높인 술

그런데 여기서 한 가지 눈여겨 살펴 볼 필요가 있는 것은, 강하주를 과하주(過夏酒)로도 불렀다는 사실과 관련하여, 옛법 즉, 문헌이나 기록상의 술빚는 방법과 지금의 조희자 씨에 의한 술 빚기는 차이가 있다는 점이다.

옛 기록인 ≪규합총서≫를 비롯한 여러 고서에 각기 다른 과하주 빚는 법이 소개되고 있는데, 강하주와 가장 비슷한 방법을 소개하고 있는 기록으로는 ≪양주방≫이 있다.

≪양주방≫에는 "찹쌀 1말로 지에밥을 쪄서 차게 식힌 것에 누룩 3홉을 고르게 치대는데, 이때 찹쌀

강하주는 '톡' 쏘는 듯한 맛이 특징, 이전 명맥 잇기도 어려울 정도

이상의 술빚기 과정에서 보았듯 옥당골 강하주도 밑술을 빚기 시작한 지 18~21일만에야 채주에 들어가는데, 1차 용수로 걸러내고 체를 이용 재차 걸러서 마신다고 한다.

이는 술을 마시고 난 뒤의 청량감을 주기 위한 것으로, 그만큼 술을 빚는 이의 정성이 배가(倍加)됨을 엿보게 한다.

"옥당골 강하주는 노르스름한 암갈색을 띠면서도 '톡 쏘는듯한 맛'이 특징입니다. 소주를 넣어 오랜 기간 두어도 변질되지 않을 뿐만 아니라, 강활·대추·용안육 등 여러 가지 향약재를 넣어 보양효과도 뛰어납니다."

그러나 옥당골 강하주는 현재 문화재 지정이나 양조면허 등 어떤 지원도 이루어지지 않은 실정이어서, 명맥을 잇기 위해 남의 눈을 피해 1년에 한 두 번 빚고 있는 정도이다.

'가치'라고 하는 것이 보고 생각하는 사람에 따라 달라지게 마련이지만, 옥당골 강하주와 같은 전통·토속주는 우리의 전통 음식문화를 가늠하는 척도임과 동시에, 우리의 정신을 되찾는 일이라는 측면에서도 관계 당국이 앞장서서 이를 보전, 발전시켜야 할 것으로 생각된다. 酒

을 찔 때 물을 섞으면서 찌어 하룻밤 재운 다음, 소주 20대야(술 되는 그릇으로 5잔들이)에 누룩 7홉 정도의 비율로 부어, 20~30일간 삭힌다. 이때 누룩이 많아지면 색깔이 붉어지고 맛이 좋지 않다."라고 한 것으로 보아, 약재의 사용 등 술빚기 과정에 상당한 차이를 보이고 있음을 알 수 있다.

그러나 이는 큰 문제가 될 수 없다고 본다.

우리 전통·토속주의 대다수가 말 그대로 조상 대대로 며느리들에 의해 계승되어 온 가양주(家釀酒)라는 사실과 함께 술을 즐기는 한편, 보양효과(補陽效果)를 얻기 위한 목적으로, 또 필요에 의해 여러 가지 향약재를 가감하였음은, 이미 여러 전통·토속주에서도 살펴 볼 수 있었기 때문이다.

특히 술이라는 것은 시대와 사회변화, 그리고 그때 그때 술빚는 이의 형편에 따라 술 빚는 방법이 다양해지기 마련이고, 해를 거듭할수록 양조기술 또한 발달해 왔다는 점에서 이해되어야 할 부분이라고 생각된다.

다섯 수레의 옥(玉)보다 낫다는 술

봉화 선주

국내 첩첩 산간 내륙지방 가운데 봉화군처럼 문화유적지가 많은 지방도 드물다.

군내 어느 곳을 가도 경관이 아름다울 뿐 아니라, 인심 또한 순후하여 다시 찾게 된다. 특히 명호면은 신라시대 고승 원효대사가 지었다는 북곡리의 청량사를 비롯, 공민왕이 홍건적의 난을 피했던 청량산성, 이황의 문하생들이 창건한 오산당, 그리고 공민왕을 경모하여 세운 공민왕당과 공자의 영정을 봉안한 풍호리의 구미당, 삼동리의 백파정 등 군내 1읍 9면 가운데 가장 많은 문화유적지를 자랑하며, 황우산·문명산·청량산 등 3산(三山)과 낙동강의 발원이 되는 강줄기와 춘양천이 만나 2수(二水)를 이루는 곳이다.

이러한 까닭에선지 자연경관과 문화유적 못지 않은 명주가 그 풍미를 자랑하고 있는데, 다름 아닌 도천리의 봉화선주(奉化仙酒)가 그것이다.

봉화선주는 일명 오가피주로 더 유명한데, 도천리에서 누대로 터를 닦고 사는 안동 김씨 가문의 비주(秘酒)로, 김의동(70세) 옹이 그 기능을 보유하고 있다.

봉화선주는 명호면 도천리에 소재하고 있는데, 면소재지에서 김의동 씨 댁을 찾기란 그리 어렵지 않다.

동리 앞을 가로질러 흐르는 맑은 냇물을 건너 바라다 보이는, 고색창연한 와가가 한눈에 들어오기 때문이다.

김의동 옹의 집터는 '흑두재상이 셋이나 난다'고 하는 길지로, 가장 아늑하면서 옛스러운 분위기를 자랑하고 있다. 또 이 와가 바로 옆에 '봉화선주'란 간판이 바로 김옹의 집임을 알려주는 길잡이 노릇을 하기도 한다.

이수삼산교역의 집터, 손님 출입 많아
접대용 약주 빚어 4대째 전승

대문을 밀치고 들어서면 사랑채를 지나서 안채에 닿게 되는, 제법 규모가 큰 것으로 미루어 예사 양반가문이 아니었음을 짐작할 수 있게 된다.

김의동 옹에 따르면, "옛부터 저희 집터를 두고 '이수삼산교역(二水三山交域)'이라고 했습니다. 낙

동강 발원지에서 흘러내려 온 물과 춘양천이 만나는 합수(合水)머리이면서, 황우산 · 문명산 · 청량산을 중심으로 한 높은 산지를 이루는데, 이들 강과 산이 서로 어우러져 자연적인 풍광을 자랑하는 곳이라는 것이지요. 그런데 이곳이 예전에는 안동에서 봉화로 가는 길목이라서 사람들의 통행이 많았답니다. 그래서 저희 집에는 하루도 손님이 끊이질 않았답니다." 하고 말한다.

실례로 경북 봉화군 명호면 소재 소천초등학교 일대는, 낙동강 700리의 발원지로 널리 알려진 곳으로 유명하다.

씨는 또 "제가 열 여섯 살 때 증조부(石圭)님께서 돌아가셨는데, 그 때까지만 해도 매일같이 찾아드는 손님들로 인해 사랑채는 늘 북적댔어요. 집안이 제법 넉넉한 탓도 있었지만 증조부님께서 내외로 출입을 많이 하셨고, 사람 만나는 것을 낙으로 여기셨던 때문이지요. 그러니 매일같이 손님 접대를 위한 주안상을 마련해야 했는데, 그때마다 인근의 산에서 채취한 오갈피나무 껍질을 이용해 만든 술을

상에 올렸답니다. 물론 고조부(병집) 때 처음 빚기 시작한 가양주(오가피주)였지요."라고 말한다.

따라서 어떻게 해서 오가피주가 김의동 옹의 집안의 가양주로 자리를 잡게 되었는지를 살필 수 있으며, 또 김의동 옹에 이르러 4대째에 이르는, 대략 120여 년의 내력을 지난 술임을 알 수 있다.

이렇게 해서 전통발효주 오가피주가 봉화지방의 토속주로 뿌리를 내리게 되었는데, 일제에 의해 가양주 제조 금지 정책과 식량(쌀) 부족에 따른 정부의 밀주단속으로 한동안 맥이 끊기고 말았다.

특히 김의동 옹이 고향을 떠나 서울에서 직장생활이며, 사업을 하게 되면서 김의동 옹에게 가양주 오가피주는 관심 밖의 것이었기 때문이었다.

모든 질병에 오가피의 약효가 미치지 않는 곳이 없다

그러다가 옹의 선친이 세상을 등지게 되자, 김 옹은 서울 생활을 청산하고 낙향하게 되었는데, 김 옹이 가양주를 재현해야겠다고 생각한 것은 정말 우연이었다.

"나이도 있고 늙어가면서 소일거리로 할만한 일이 뭐가 있을까 하고 있는데, 어떤 분이 봉화에서 오가피나무를 재배, 판매전략으로 오가피의 효능을 홍보하고 있었어요. 그래서 저도 다시 오가피 나무에 대해 효능이며 재배법을 공부하게 되었고, 우리 집안의 가양주를 재현해야겠다고 마음 먹게 되었지요. 그래서 제일 먼저 시작한 일이 10년 넘게 오가피나무를 심는 것이었습니다. 지금은 4,000여 평에 오가피나무를 식재, 손수 가꾼 오가피나무 껍질과 열매를이용 가양주를 재현하게 된 것입니다. 물론 술 빚는 일은 어렵지 않았습니다. 저희 모친께서 술빚는 법을 자세히 일러주셨기 때문이지요."

실제로 김의동 옹의 모친은 고령으로 귀가 어두울 뿐 아직 정정하였으며, 18년 전 당시의 김의동 옹으로서는 모친이 건강하다는 것이 여간 다행한 일이 아닐 수 없었다고 말한다.

그렇다면 여기서 안동 김씨 김의동 옹의 가문에 내려오는 오가피주는 어떻게 빚어지는 술이며,그 효능은 어떠한지, 또 옛법에 의한 오가피주와 지금의 김의동 옹이 빚고 있는 오가피주는 어떻게 다른지, 그 일단을 볼 필요가 있다.

먼저, 오가피의 효능에 대해 살펴보면, 오가피는 '오갈피'라고도 하는데, 오가피 나무와 그 뿌리의 껍질을 말린 생약재를 가리킨다. 이 오가피는 보정 · 강장, 간장보호와 해독작용 및 근육의 힘을 키우는 데 탁월한 효과가 있는 것으로 알려져 있다. 때문에 민간에서는 오랜 옛날부터 약용 목적으로 오가피를 술에 담가 그 약효를 이용해 왔다.

오가피주에 대한 문헌과 기록으로는 《고려가요(한림별곡)》을 시작으로 《음식디미방》, 《산림경제》, 《증보산림경제》, 《역주방문》, 《규합총서》, 《임원십육지》, 《양주방》 등이 있는데, 《규합총서》에 그 약효에 대해 비교적 자세하게 적고 있음을 볼 수 있으나, 술 만드는 법에 대해서는 기록되어 있지 않다.

《규합총서》에 의하면, "이 술은 일명 금염(金鹽)

오가피 재료 준비에 정성 세 번 담그는 명약주

《음식디미방》에 수록된 오가피주 제조방법을 살펴보면, "오가피를 껍질을 많이 벗겨 버리고 가위로 썰어 볕에 말린다. 오가피 썰어 말린 것 한 말을 주머니에 넣어 독 밑에 깔고, 백미 닷말을 백세 작말하여 죽 쑤어 식혀서 누룩 닷되를 섞어서 독에 넣었다 괴거든 공복에 마시면 중풍을 고칠 수 있다."고 적고 있다.

이요, 일명은 문장초(文章草)다. 위로 오차성(五車星)의 정기를 응했기 때문에 잎이 다섯이 나왔으니, 옛 사람이 이르기를 만일 한줌의 오가피를 얻으면 옥이 다섯 수레에 가득한 것보다 낫다."고 하였다. 또 이르기를 "문장초로 술을 빚으면 금을 귀하다고 이르지 못하리라."하여, 오가피의 효능과 그 가치를 언급하고 있으며, 《임원십육지》에서도 오가피주에 대하여, "이 술이 풍습을 없애주고 골수를 보한다."고 적고 있다.

또한 한방에서는 오가피를 넣고 술을 빚어 마시면 풍증(風症)과 요통(腰痛)이 그친다고 하여 예로부터 귀하게 여겼다.

이러한 까닭에선지 중국에는 유명한 고담(古談)이 전해오고 있다.

얘기인 즉, 중국의 맹작이라는 사람이 '평생을 두고 오가피술을 장복하였더니, 나이 삼백을 살고 아들을 서른 명이나 낳았으니, 지금 사람은 병이 있고, 그 수가 단명하므로 모름지기 백사(百事) 다 버리고 이 술을 마실지어다.' 고 했다는 것이다.

한편, 김의동 옹은 "오가피는 물이 오를 즈음 껍질을 벗겨 웃껍질을 벗겨 버리고 협도(鋏刀)로 썰어 볕에 말렸다가, 술 빚을 때 필요한 양만큼 꺼내어 쓴다."면서, 오가피나무 껍질의 처리법이 매우 중요하다며 재료준비의 정성과 중요성을 강조한다.

먼저, 오가피주의 주재료로, 멥쌀 130kg과 누룩 50kg, 양조용수 890 *l*, 오가피 15kg, 꿀 5kg, 계피 2kg, 오가피 열매 50kg, 솔잎 15kg이 들어간다.

오가피주를 만들기 위한 첫단계는 밑술(酒母)을 만들어야 하는데, 주모는 멥쌀 5.5kg으로 고두밥을 짓고 차게 식혀서 누룩 3kg, 양조용수 20 *l* 를 고루 섞어 술독에 안친다. 주모를 안친 술독은 실내온도 25~28℃ 정도 되는 실내에서 2~3일간 발효시키고 이어 덧술을 만들어 넣는다.

덧술은 멥쌀 45.5kg을 깨끗이 씻은 뒤 한나절 물에 담갔다가, 건져서 고두밥을 짓고 차게 식혀서 누룩 14kg, 양조용수 70 *l* 를 고루 섞고 다시 발효가 끝난 밑술과 섞어 소독을 마친 밥 술독에 안친 다음 발효에 들어간다. 덧술 역시 주모의 발효시와 같은 장소 · 동일 온도에서 발효시키는데, 발효가 끝나기까지는 2~3일(겨울철에는 3~4일)이 소용된다.

김의동 옹의 오가피주는 세 번 담그는 술로 발효가 끝난 덧술에 2차 덧술을 해서 넣어야 한다.

2차덧술은 나머지 분량의 멥쌀 80kg과 누룩 35kg, 양조용수 200 l 가 들어가며, 술을 안치는 과정은 덧술 만들기와 같다. 다만, 술에 들어갈 오가피를 삶았던 물을 양조용수의 일부로 사용한다는 점이 여느 술빚기와는 다른 점이다.

2차덧술은 안친 지 20일 정도면 발효가 끝나 약주 오가피주가 완성되는데, 이를 증류하여 만든 소주에 준비한 분량의 계피, 솔잎, 오가피 열매, 꿀 등을 넣어 3일 가량 숙성시킨 술이 봉화선주(奉化仙酒)이다.

장복할 경우 3백살을 산다?
술이라기보다 보약으로 마셔

오가피주를 '선주(仙酒)' 라고 명명하게 된 배경에 대해, 김 옹은 "처음에는 이 지역의 명산 청량산의 산 이름을 따서 청량선주라고 했는데, 군(郡)에서 군 이름을 딴 봉화선주가 좋겠다고 하여 이름을 바꾸게 되었습니다. 선주(仙酒)라는 뜻은 오가피의 효능이 미치지 않는 질병이 없을 만큼 뛰어날 뿐 아니라, '오가피주를 장복할 경우 300살을 족히 살 수 있어 신선이 된다' 고 하는 옛 문헌의 기록을 토대로 술 이름을 선주라고 부르게 되었습니다."고 말해, 비로소 술 이름에 깃든 깊은 뜻을 헤아릴 수 있었다.

이러한 선주는 비교적 높은 알코올분 40%를 함유하고 있으나, 장기 숙성과정을 거치면서 오가피 열매는 물론이고, 꿀을 비롯한 계피와 솔잎향이 우러나면서 복합적인 맛을 준다. 따라서 여느 리큐르

주보다 훨씬 부드러운 맛과 은근한 향취로 애주가들의 입맛을 사로잡는다.

"이러한 오가피주는 예로부터 그 효능을 인정받아 술이라기보다 보약으로 즐겨 왔습니다. 오가피가 근육에 힘이 없어 잘 걷지 못하거나, 발육이 떨어져 성장이 늦은 아이들의 기력을 높여주는 명약으로, 또 성인들의 뼈를 강화시키고 근육에 탄력을 주어 골다공증의 예방과 치료 및 근육무력감, 경련발작 등에 효과가 뛰어나다는 것은 이미 잘 알려져 있습니다."

김 옹의 설명이다.

최근 학계의 연구결과에 의하면, 오가피는 요즘 많은 젊은이들이 고생하고 있는 허리디스크를 비롯한 관절염과, 특히 노령기의 퇴행성 관절염의 치료는 물론 노화지연, 당뇨병 환자들에 대한 인슐린 분비조절 작용이 있는 것으로 나타났다.

이 때문에 봉화선주의 주가는 계속해서 올라가고 있으며, 여느 전통 · 토속주에 비해 비교적 높은 가격에도 불구, 주문이 꾸준히 늘고 있다고 한다.

김의동 옹은 "앞으로 품질을 보다 향상시키고 생산량을 늘려 수입양주를 대체할 수 있는, 명실공히 대한민국의 명주로 만들고 싶습니다."고 말해 김 옹의 당찬 각오를 엿볼 수 있었다. 酒

달고 부드러움에 반하는 이바지용 약주

화성 약소주

언제부터인지 모르게 갈증을 씻어주는 술이 맥주라는 인식을 갖게 되었다.

이는 싹 틔워 만든 맥아(麥芽)로 맥아즙을 만들고 여과한 뒤, 홉(hop)을 첨가하여 맥주 효모균을 발효시켜 만든 음료로, 맥주는 순백색의 거품과 산미(酸味)·고미(苦味)·감미(甘味), 그밖의 여러 가지 맛이 서로 조화되어 농순한 맛을 주고, 마신 후 충실감과 신선미가 있어서 상쾌한 느낌을 주기 때문이 아닌가 생각된다.

또한 맥주는 알코올분은 낮으나 홉의 고미(苦味)성분을 함유, 소화를 촉진하고 이뇨작용(利尿作用)을 돕는 효능이 맥주 소비를 촉진시키고 있기도 하다.

이러한 맥주가 우리나라에 들어온 것은 1930년대로, 일제 강점기 때 일본인들에 의해서였다.

일본의 맥주회사들이 들어와 공장을 세움으로써, 맥주생산과 보급이 이루어졌던 것이다. 해방 후에는 조선맥주(주)와 동양맥주(주)로 이어졌으니, 맥주가 특히 여름철 갈증과 더위를 씻는 술로 자리매김 해 온지는 기껏해야 60년도 안되었다.

더운 여름날의 갈증 씻고 시원함을 주는 과하주와 약소주

그렇다면, 유럽의 발효주인 맥주가 이 땅에 들어오기 전에는 우리 조상들은 어떤 술로 더위를 씻고 갈증을 풀었을까?

이 땅에도 맥주처럼 더위를 씻고 갈증을 해소시킬 수 있는 술이 과연 있었을까.

《주방문》, 《규곤시의방》, 《치생요람》, 《역주방문》, 《음식보》, 《산림경제》, 《규합총서》, 《임원십육지》 등 여러 음식 관련 문헌에 '과하주(過夏酒)'라고 하여, "봄·여름 사이에 빚어 마시는 술로 갈증을 씻어 주어 한 여름에도 거뜬히 날 수 있다", "3월에 빚어 여름에 마심으로써 한여름 건강을 도왔다."고 기록되어 있음을 볼 수 있다.

따라서 이 땅에 맥주가 들어오기 이전부터 우리 고유의 전통주가 엄연히 존재했음을 알 수가 있다.

우리의 전통주인 과하주는 《주방문》에 최초로 소개되어 있는데, 《주방문》의 저작연대가 1600년대 말엽인 것으로 미루어, 이미 1600년대에 일반에서 널

리 즐겨 마셨던 술이었음을 알 수 있다.

이러한 과하주는 약주와 증류주(혼성주) 두 가지가 있다.

약주 과하주는 과하천(過夏泉) 샘물에 누룩가루를 풀고, 이를 걸러낸 물에 찹쌀로 지은 고두밥을 섞은 뒤, 떡메로 쳐서 만든 반죽(무른 떡)을 다시 누룩물과 섞어 발효시킨, 달짝지근 하면서도 약간 신맛이 나는 황갈색의 약주이다.

그리고 혼성주의 과하주는 백곡(白麴)과 찹쌀로 지은 고두밥, 청수(淸水)를 섞어 밑술을 만든 다음, 같은 방법으로 만든 덧술과 재래식 소주, 대추, 강활, 용안육, 계피, 생강, 구기자를 법제하여 함께 넣어 발효시킨 소주로서, 더러 강하주 · 강활주 · 신청주라고도 부른다. 이 과하주의 술맛이 어떠하였는지, 조선시대 총문관 관원들이 굴비와 함께 이 술맛을 즐기려 전남 영광의 수령이 되기를 자원(自願)했을 정도였다고 전한다.

혼성주 과하주를 닮은 화성지방의 토속주

그런데 이 과하주와 같은 방법으로 빚는 술이 있으니, 전통의 약용소주(藥用燒酒)로 화성지방의 약소주(藥燒酒)가 그것이다.

화성 약소주는 정말 우연하게 발굴하게 된 경기도 화성지방의 광산 김씨 가문의 비주(秘酒)로서, 경기도 농촌진흥원 지정 향토음식(전통 혼례음식 부문) 기능보유자 김명자(56세) 씨가 그 기능을 보유하고 있다.

김명자 씨는 화성군 양감면의 토속주로 알려지고 있는 양감 약주의 기능보유자이기도 하다.

그러나 일반적으로 약소주(藥燒酒)라고 하는 것은 멥쌀과 찹쌀, 누룩, 물에 홍곡, 계피, 사향, 지효 등을 넣고 빚어내린 소주를 말한다.

약소주를 빚는 과정은 멥쌀과 찹쌀을 가루내어 구멍떡을 만든 다음, 삶아서 건져내어 끓여서 식힌 탕수(湯水)에 누룩가루를 타서 삶은 떡과 함께 합하여 밑술을 만든다.

비슷하다.

김명자 씨로부터 예의 화성 약소주 빚기에 따른 방법에 대해, 시연과 함께 자세한 설명을 들을 수 있었다.

삼복에 빚어 마시는 광산 김씨가의 보신주이자 세시주

김명자 씨는 "이 약소주는 삼복(三伏)에 빚어 마시면 더위를 못 느끼는 보신주(補身酒)이자, 세시주(歲時酒)의 하나였다."면서, "이 약소주가 언제부터 빚어졌는지, 또 어떻게 해서 저희 집의 가양주로 내려오게 되었는지는 잘 알지 못한다. 이 약소주가 특이한 방법의 술로, 보존가치가 있는 것인 줄 알았으면 친정아버님이 계셨을 때 알아두는 것인데, 아버님께서 안계시니 안타깝다."고 말한다.

김씨의 선친은 광산 김씨 용찬(68세,'81년 졸)으로, 경기도 화성군 양감면에서 양조장을 운영해 왔는데, 집안 대소사와 명절 때에 이 술을 빚어 손님 접대에 이용해 왔다고 한다.

김명자 씨는 김용찬의 1남 4녀 중 막내딸로 출생, 30세 되던 해 화성 남양에 사는 문화 류씨에게 출가해 오늘에 이르고 있다.

김씨는 약소주를 배우게 된 배경에 대해, "막내딸이라 어려서 아버지의 사랑을 독차지하곤 했다. 아버지께서 양조장에서 일하실 때면, 술빚는 날만큼은 아무도 들어오질 못하게 하였으나 나는 예외였다. 그래서 술이 익었는 지 술 맛을 감정하는 아버지 뒤

밑술의 발효가 끝나면 여기에 찹쌀로 고두밥을 짓고 차게 식혀 넣어 7일 후에 술을 떠서 증류한다.

증류를 할 때 소줏고리의 고리(귀때) 밑에 홍곡·계피·사향·지효 등을 받쳐 놓음으로써, 증류되어 뜨거운 소주가 이슬방울처럼 떨어지는데, 이때 이 약의 성분이 용해되어 술과 섞이게 하여 만든 약용 목적의 혼성주이다.

그런데 김명자 씨가 빚고 있는 화성 약소주는 본디의 약소주와는 재료나 소주를 고는 방법에서 많은 차이를 보이고 있다.

김명자 씨의 약소주는 앞서의 과하주 제조과정과

를 따라다니며, 막걸리는 물론이고 양감약주며, 약소주 만드는 과정을 보고 배우고 익히게 되었다."고 말한다.

약소주를 만드는 데 있어, 준비할 재료는 찹쌀 20kg,누룩 10kg, 엿기름 1.6kg,재래식 소주(30%)40 *l* , 용안육 30g, 대추 150g, 인삼 200g, 계피 60g이다.

술을 빚음에 있어, 먼저 잘 띄운 누룩을 가루내어 햇볕에 2~3일 말려 잡내를 없이하여 미리 준비하여 둔다. 찹쌀도 술빚기 하루 전에 물로 깨끗이 씻어 쌀뜨물이 안나올 때까지 씻어, 한나절(12시간) 가량 물에 담가 두었다가 건져서 물기를 뺀다.

이어 시루에 안쳐 고두밥을 짓고 이내 차게 식힌 다음, 여기에 누룩가루와 준비한 분량의 엿기름가루를 함께 넣고 1차 고루 섞고, 다시 마련해 둔 분량의 소주를 붓는다.

누룩과 엿기름, 고두밥이 소주를 충분히 흡수할 수 있도록 잘 버무린 뒤, 소독을 마친 항아리에 안쳐서 발효에 들어간다. 이때 술을 거르는 번거로움을 피하기 위해 무명베로 만든 술자루에 버무린 원료를 담고, 주둥이를 꽁꽁 묶어 항아리에 담은 뒤 술자루 밖으로 흘러나온 주액은 마저 술독에 쏟아 붓는다.

찹쌀에 법제한 약재 넣어 달고 부드러운 맛 일품

김씨는 "이렇게 하여 술빚기가 끝나는데, 술독은 실내온도 20~25℃ 정도 되는 곳에서 일주일 가량 발효시킨 뒤, 준비된 약재들을 넣는다."면서, "각 약재마다 '전처리'를 해서 넣어 주어야 약재 사용에 따른 폐해를 막을 수 있다."고 말해, 술빚기에 따른 정성을 엿볼 수 있다.

여기서 김씨가 말하는 '전처리'는 한방에서 처방약을 지을 때 실시하는 방법으로, 법제(法製) 또는

포재(袍材)라고 하여, 약의 성질을 좀 달리할 때 정해진 방법대로 가공하는 일을 가리킨다.

그 예로 화성 약소주에 사용되는 약재들의 법제 방법을 보면 다음과 같다.

술에 넣을 재료 중 용안육은 그대로 사용하는 반면, 인삼은 깨끗이 씻어 볕에 건조시켜 만든 건삼을, 대추는 깨끗이 씻어 씨를 제거한 후 프라이팬에 살짝 볶아서, 생강은 껍질을 벗겨 즙이 나도록 강판에 갈아서, 계피는 깨끗이 씻어 적당한 크기로 쪼갠다.

이와 같이 말리고 갈고 찌고 씻는 과정을 '법제한다'고 하며, 이렇게 법제한 재료는 1차 발효가 끝난 술독 안의 술자루에 깊이 쑤셔 넣고, 다시 15일 정도 숙성시키면 예의 화성 약소주가 만들어진다.

채주(採酒)는 술독 안의 술자루를 가만히 들어 낸 뒤, 맑은 술만을 떠서 깨끗한 병에 나누어 담고 2~3일간 가라앉힌 후 맑은 상등액만을 취하여 마신다.

약소주는 그 빛깔이 마치 오랜 세월 숙성시킨 브랜디와 같아, 시각적인 자극과 함께 그 어떤 혼성주에 비해 달고 부드러운 맛을 으뜸으로 친다.

약소주의 이러한 맛은 주재료로 점성이 큰 찹쌀을 사용한 데다가, 용안육 · 대추 · 계피 · 생강 · 인삼 등 감미와 방향성이 강한 약재가 들어가기 때문으로, 달고 부드러운 맛에 한 번 빠지면 취하는 줄 모르고 거푸 마시게 된다.

출가시키는 딸 위한 이바지 음식으로 큰 인기

김명자 씨의 화성 약소주는 최근 딸을 출가시키는 친정어머니들이, 시가에 이바지음식에 곁들여 보내는 술로서 주가를 올리고 있는데, 이는 화성 약소주가 여느 술들과는 달리 제대로 법제하여 빚기 때문에 술의 폐해를 최대한 줄일 수 있을 뿐만 아니라, 달고 부드러운 맛을 자랑하기 때문이다.

아무리 술을 못마시는 사람도 한두 잔 마시고 나면, 더 마시고 싶은 충동을 느낄 정도로 맛과 향이 좋다는 데에 있다. 또 취하게 마셔도 결코 뒤탈이 없는 술로, 딸을 시집보내는 친정어머니의 조심스런 마음과 정성으로 빚는 만큼, 진정으로 사돈 어른들을 아끼고 위하는 마음을 담고 있기 때문이라고 할 것이다.

김명자 씨는 지금도 술빚는 일 외에 전통 혼례에 따른 폐백음식과 이바지음식 만드는 일로 동분서주하고 있다.

사회가 개방화, 현대화를 서두르고 있는 가운데에서도 전통의 술빚기와 혼례와 관련, 고유의 풍습인 폐백 · 이바지 음식을 만들고, 그 방법과 기능, 전통의 예를 지키고 보급하는 일에 여생을 바치고 있는 김명자 씨의 외곬스런 삶과 끈기, 그리고 뜻을 세운 삶에 경외스러운 마음을 갖게 된다. 酒

혈관 관계 질환에 효과 좋은

가지산 송엽주

예나 이제나 건강하고 싶지 않은 사람은 단 한 사람도 없다.

특히 무병장수는 인간이 지구상에 존재한 이래로 끊임없이 추구해왔던 최고의 선(善)이요, 목표였다고 할 수 있다.

물질문명이 발달하면 할수록 인간에 대한 질병은 점점 더 고질적인 것으로 발전하여, 오늘날에 와서는 소위 불치병으로 인식되는 각종 암과 에이즈를 비롯, 성인병에 시달리게 되었다.

특히 요즘과 같이 더운 여름철에는 스트레스와 혈관관계 질환인 고혈압, 중풍, 심근경색증, 동맥경화, 심장병 등에 시달리기 쉬워 더욱 건강이 문제가 된다.

이러한 때에 건강을 도모할 수 있는 전통주가 있다.

송엽주(松葉酒)라는 이름의 이 명주는 찹쌀과 멥쌀, 솔잎, 누룩, 물이 재료의 전부인데, 최근 한국식품개발연구원에서 송엽주의 재료로 사용되는 솔잎의 효능을 연구·분석한 결과, "테르겐과 수지산을 함유하고 있어, 이들 성분은 체내 지방을 없애는 한편, 소화불량과 고혈압·신경통 등에 탁월한 약성을 발휘한다."고 밝혔으며, "솔잎 중의 비타민 A의 위 점막을 튼튼하게 하고, 비타민 C는 혈관강화와 스트레스 해소에 도움을 준다. 또 클로로필과 철분·아피에틴산도 함유하고 있어, 각각 체내에 축적되어 있는 콜레스테롤 감소, 빈혈 치료 및 조혈작용, 니코틴 해독작용을 한다."고 밝혔다.

실제로 최근의 솔잎에 대한 연구·보고들을 보면, 솔잎이 종기에도 좋고 머리칼을 새로 나게 하는데 좋다고 하였고, 솔잎 달인 물로 양치질을 하면 잇몸이 들떠서 고생하는 사람들에게 효과가 있으며, 푸른 솔잎에 청주를 부어 끓인 것을 마시면 중풍 때문에 생긴 반신불수에 좋다고 한다.

9대째 이어오는 동래정씨 가문 비주

한편, 《동의보감》〈잡병편〉에 수록된 송엽주에 대한 내용을 보면, "송엽주는 중풍으로 안면마비가 되어 입이 돌아간 것을 고친다. 푸른 솔잎 한 근을 찧어서 즙을 내어 청주 한 병에 담아 불 옆에 하룻밤

놓아 두었다가 걸러서 마신다. 처음에는 반 종지를 마시고 차츰 늘려서 한 홉을 마셔 땀을 내면 삐뚫어진 것이 바로 잡히게 된다."고 하였다.

이러한 송엽주는 울산광역시 울주군 상북면 지내리에 사는 동래 정씨(인조, 60세) 가문의 가양주(家釀酒)로, 예의 독특한 향취와 그윽한 맛, 그리고 여러 가지 성인병에 대한 약효를 인정받으면서 세간에 회자되고 있다.

송엽주는 지금으로부터 약 300년 전부터 울주군 상북면에서 집성촌을 이루고 살던 동래 정씨 가문의 가양주로 전승되어, 집안의 경사스런 날과 기제사 등에 소량씩 빚어 왔던 술이었다.

이후 정인조 씨의 9대조(九代祖)되는 대업(大業)이 무과에 급제하여 정5품(正五品)인 병조좌랑(兵曹佐郎)을 지냈는 바, 공(公)의 무과 급제를 축하하러 왔던 사람들에게 접대주로 가양주 송엽주를 빚어 대접하였다. 이에 많은 사람들이 송엽주의 독특한 맛과 향취에 젖어 칭찬이 자자하였다고 한다.

정대업 공의 생존시 내외로 많은 사람들의 발길이 잦았고, 차차로 송엽주에 대한 소문이 나게 됨에 송엽주를 많이 담그게 되면서, 그 제조기술이 거듭 발전하여 8대손인 정춘돈(1985년 86세로 졸)에 이어, 현재의 송엽주 기능보유자인 9대손인 정인조 씨가 그 맥을 잇고 있다.

따라서 송엽주는 대략 270년의 오랜 세월동안 한 번도 맥이 끊기지 않고, 가문 대대로 여인네들에 의해 그 맥을 이어 온 비주(秘酒)이자 명주(名酒)이다.

밀주단속반원들이 단골로 즐겼던 술

이러한 가지산 송엽주의 실질적인 기능보유자는 정인조 씨의 부인 이윤락(63세) 씨이다.

이윤락 씨는 언양군 대곡리에 사는 경주 이씨 진계의 맏딸로, "21세 된던 해 시집을 오게 되었다." 면서. "친정에서도 술을 배워 기제사게 빚곤 했으나, 시집와서 시어미니로부터 다시 시댁의 가양주 만드는 법을 배우게 되었다."고 말한다.

이씨에 따르면 시어머니 되시는 분의 함자는 김분내(金分乃, 84세로 '83년 졸)인데, 상북면 상전리 김필규(78세로 작고)의 2녀로 21세 되던 해 정씨 가문에 시집을 왔는데, 특히 술 빚는 솜씨가 좋아 당시 세무서원들이 그냥 지나치는 법이 없었다고 한다.

"시어머니께서는 기제사와 집안 대소사에 손님 접대용의 약주(약소주)를 빚으셨는데, 시어머니께서 빚는 약주는 특히 맛이 좋아 세무서의 밀주단속반들도 그 맛을 보려 으레 들리곤 했다. 때문에 약주는 '세무서원들과 지역 유지들을 위한 술'이라고 할만큼 단골로 즐겨 찾았다. 그러니 이래저래 1년 열두달 술빚는 일로 고달팠다."

이윤락 씨의 사투리에 곤혹스러워하는 필자가 안됐다 싶어선지 정씨가 거들었다.

"옛날 사는 일이 농사 밖에 더 있었겠는가. 살림 규모가 제법 큰 편이어서 머슴을 둘씩 데리고 농사를 지었는데, 당시만 해도 농사를 잘 짓고 못짓고는 특히 일꾼들 손에 달려 있어서, 이들을 잘 대접해야

했다. 그런데 밀주 단속이 심해지면 하는 수 없이 술 대신 떡을 만들어 새참으로 내가곤 했는데, 떡을 보는 일꾼들의 표정은 사뭇 달랐다. 밥도 잘 안먹고 일도 하는 둥 마는 둥 애타게 만드는지라, 부득불 밀주를 담가 내놓아야만 했다. '술 한 잔 해야 힘이 난다'고 하고, 주전자째로 벌컥벌컥 마셔댔다. 일꾼들이 술을 마신 날이면 능률이 높으니 단속이 무섭다고 외면할 순 없었다."

'95년 농림부 전통식품 가공생산업체 지정, '가지산 송엽주'로 풍미 자랑

농삿일에 목숨이 달려있던 당시의 환경으로서는, 어떻게든 농사를 잘 지어야 사는 일이 고달프지 않았고 생계를 유지할 수 있었으니, 한편에서는 일꾼들 비위를 맞추기 위해 술을 빚고, 또 다른 한편에서는

밀주단속반원들을 위한 술을 담가야 했던 것이다.

이윤락 씨에 따르면, "특히 세무서원 등 밀주단속 반원들을 위한 술은 입막음용이었으므로, 무엇보다 맛이 좋아야만 했다. 그래서 재료도 고급을 쓰고 맛이 진하고 달게 만들어서 내놓곤 했다. 그렇지 못한 경우에는 마을 사람들과 십시일반으로 돈을 거둬서 쥐어주어 보내곤 했다. 그렇지 않으면 온 동네에 난리가 났다. 단속에 걸려 들키기라도 하는 날이면, 술은 술대로 뺏기고 벌금을 무는데, 그 벌금이 황소 한 마리 값에 버금갔다. 그러니 그들이 순사보다 더 무서웠다."면서, 말꼬리를 흐리는 이씨였다.

울주의 동래 정씨 가문 비주 송엽주가 세상에 알려지게 된 것은 오래이지 않다.

지난 1985년 문화재관리국이 1986아시안게임과 1988서울올림픽 개최를 앞두고 우리의 전통주를 발굴·양성하는 한편, 우리도 외국의 경우처럼 세계인들이 찾는 명주를 만들어 보자는 취지에서 전통주에 대한 무형문화재 지정을 추진하게 된 데에서 비롯된다.

이에 문화재관리국은 조사계획에 따라 전통·토속주에 대한 현지 조사를 실시하였는데, 그 과정에서 발굴된 전통주가 송엽주이다.

이에 힘입은 정인조 씨는 지난 '95년 15년간 몸담고 있던 교직을 떠나 영농조합법인 송엽주조를 설립하고, 대표이사로서 송엽주 생산에 박차를 가했다.

송엽주는 1995년 농림부로터 전통식품가공 생산업체로 지정된 되어 1997년 8월 6일, 인근의 도립공원 이름을 빌어 '가지산 송엽주(加智山 松葉酒)'란 이름의 술을 세상에 내놓게 된 것이다.

전국 주류 품평회서 은상 수상, 제대로 빚고 장기 숙성이 인기 비결

정인조 씨가 송엽주를 명주(銘酒)라고 하는 까닭은 다음의 사실에서 여실히 증명된다.

그러니까 송엽주가 '가지산 송엽주'란 상표를 달고 세상에 선을 보인지, 꼭 1년만인 1997년 10월

25일, "제2회 농업인의 날"에 있는 농림부 주최 전국 주류품평회 전통·토속주 부문에서 은상을 수상하게 된 것이다.

여기서 정인조 씨로부터 송엽주 제조과정에 대해 들을 수 있었는데, 옛 문헌의 기록과는 사뭇 달랐다.

정인조 씨의 설명에 따른 송엽주는, 밑술로 찹쌀과 멥쌀을 2:8되와 함께 섞어서 버무린 다음, 술독에 안쳐서 두면 2일(겨울에는 3일) 후면 밑술이 익는다. 이때 사용하는 누룩은 밀을 고운 가루로 갈아다 죽을 쒀서 반죽을 한다.

오랫동안 치대면 껌같이 찐득찐득해지므로 이때 힘껏 밟아서 더울 때 방이나 창고에 밀짚을 깔고 그 위에 놓아서 띄우는데, 7일 후에 세워서 다시 7일을 띄운다.

이렇게 하여 30일 가량 지나면 밖에 내놓아 밤낮으로 25일 가량 재차 띄우고, 1개월 가량 말려서 쓴다.

덧술은 끓여서 식힌 탕수 1말과 멥살 3되, 솔잎 1소쿠리(고두밥 분량)를 섞어 지은 고두밥을 차게 식힌 뒤, 누룩없이 밑술과 섞어 술독에서 발효시키면 7일(겨울에는 15일) 후면 알코올분 12% 정도의 약주 송엽주가 완성된다. 이어서 발효가 끝난 약주 송엽주를 가마솥에 담고 한가운데에 주발이나 합을 놓은 다음, 솥뚜껑을 뒤집어 손잡이가 받친 그릇의 중앙을 향하도록 한 뒤, 시루번을 붙인다.

술이라기보다 '만병을 다스리는 약'으로 마신다

아궁이에 불을 지펴 솥이 뜨거워지면 솥뚜껑 오목한 부분에 찬물을 번갈아주면서 소주를 내려 6개월간 장기 숙성시키는데, 솔잎 향기와 톡 쏘는 듯하면서도 부드러운 맛을 자랑한다."고 한다.

반면, 옛 문헌인 1711년의 《동의보감》을 비롯, 《요록》, 《치생요람》, 《역주방문》, 《양주방》, 《술 만드는 법》, 《김승지댁 주방문》, 《오주연문장전산고》, 《음식법》, 《규합총서》 등에 송엽주에 관한 기록이 있는데, 《음식법》에서 보듯 양조용수의 처리방법과 누룩의 사용량, 발효기간에서 다소의 차이가 있을 뿐이었다.

따라서 가지산 송엽주는 앞의 기록과는 별반 차이가 없는, 옛법으로 빚어지고 있는 순곡 증류주라는 것을 알 수 있다.

다만, 현대식 생산설비를 갖춰 대량생산과 높은 수율을 얻을 수 있게 되었으며, 탕수 대신 지하 200m에서 끌어올린 광천수와 누룩에 종국(효모)을 섞어 사용한다는 점이 차이라고 할 수 있다.

가지산 송엽주는 음주 후의 두통이나 갈증·속쓰림이 없고 약효가 뛰어나, 술이라기 보다는 약으로 마시는 사람이 늘고 있다. 또한 25%, 35%, 40% 등 다양한 제품이 비교적 싼 값에 출하되고 있어, 애주가는 물론 술을 못하는 사람이라도 부담없이 즐길 수 있다.

우리의 전통과 풍미가 깃든 전통주로 차례를 올리고, 그간 소원했던 친지와 이웃간의 거리를 좁혀보자. 그 거리가 '마음' 이었다면 술은 무엇보다 뜻있는 음식이 될 것이다. 酒

은근하게 취하고 순하게 깨는

남원 신선주

서울을 비롯하여 경기도와 호남지방에서 유명했던 술로, 조선시대에 그 주가(酒價)를 드높였던 것이 삼해주(三亥酒)이다.

현재 알려지고 있는 삼해주는 서울의 권희자 씨와 이동복 씨, 고리고 나강형 씨 등 세 사람에 의해 그 전통의 맥을 잇고 있을 뿐이다. 그런 삼해주가 전라북도 남원 지방에서 가전비법으로 빚어지고 있다 하여, 수 차례의 수소문 끝에 남원시 보절면에 사는 김길임 씨(56세)가 그 주인공이라는 사실을 알게 되었다.

때는 추석을 며칠 앞두고서였다. 농사일을 생계의 수단으로 삼고 있는 전형적인 농촌 아낙이면서, 시·절식(時·節食)을 만드는 솜씨가 남다른지라 명절이 가까워지면 한과(韓菓)를 비롯, 대소 명절과 잔치에 쓰는 여러 가지 전통음식을 주문 받아 농외소득을 올리는 것도 김길임 씨의 생활방식 가운데 하나라고 했다.

그러나 취재의 본 목적이 전통음식이 아닌 '삼해주'에 있음을 밝히자, "술은 만들 줄 모른다. 누구에게서 무슨 이야기를 들었는 줄은 모르겠지만, 우리는 그런 것 그만둔지 이미 오래다. 옛날에 얼마나 당했는데…"하면서 말문을 닫는 김길임 씨였다.

누룩 만드는 법
교동 법주와 흡사

몇 년을 벼르고 벼르다가 불원천리 줄달음쳐 온 보람도 없이, '개코를 속이려느냐'는 반 협박 끝에 김씨의 남편 이재영 씨(58세)의 승낙을 얻어 낼 수 있었으나, 그것이 삼해주가 아닌 과하주(過夏酒)라는 사실에 한 번 더 놀랐다.

이재영 씨는 "이 지방 사람들 사이에서는 과하주라는 이름보다 신선주(神仙酒)로 더 잘 알려져 있다."면서, "자세한 얘기는 집사람한테서 들으라."며 담배를 물고 밖으로 나갔다.

유과를 만드느라 눈코 뜰새 없는 김씨에게 다가가 가전비주(家傳秘酒) 신선주의 전승과정과 제조방법을 들려 달라고 졸랐다.

김길임 씨는 "일손이 부족해서 사람까지 사서 일

하는 것을 보면서도 시간을 빼앗는 몰염치가 어디 있느냐?" 면서도 찾아 온 손님을 박대할 수 없었던지 차(茶)를 내 왔다.

김길임 씨는 전북 완주군 고산면 소양리가 친정으로, "스무살 되던 해 시집와서 그 해부터 시어머니 허증숙 씨(68세로 작고, 1969년)에게서 시댁의 가양주(家釀酒)로 빚어지고 있는 신선주 빚는 법을 배우게 되었다. 시집오기 전 친정에서도 소위 '약주'라고 하는 찹쌀로 만드는 청주(淸酒)를 빚었던 터여서, 시댁의 과하주 빚는 법을 어렵지 않게 익힐 수 있었고, 또 힘들고 귀찮지만 당연한 일로 여겼다."고 했다.

첫 대면에서의 거부감과는 달리 의외로 대화가 잘 풀리고 있다는 생각도 잠시, 김길임 씨는 "가전 내력에 관해서는 바깥 어른한테서 직접 들으라."면서 대답을 피했다. 잠시 후 술 빚는 방법이나 들려 달라고 하자, 김씨는 두서 없이 그 제조과정을 설명해 주었다.

여러 약재와 향약재 넣은 혼양주

김씨의 얘기를 듣고 나니, 남원 신선주의 제조과정이 다른 지역의 과하주와 비교해 매우 색다르면서도 또한 비슷하다는 사실을 발견할 수가 있었다.

술빚기의 첫 단계인 누룩 만드는 법이 우연하게도 경주 교동법주와 아주 흡사하였다.

김길임 씨는 "누룩은 찹쌀로 멀건 죽을 쑨 뒤 밀을 가루내어 함께 섞어서 된 반죽을 만든다. 이를 누룩틀에 담고 단단히 굳혀서 약 20일 정도 띄우는데, 따뜻한 방바닥에 베보자기를 깔고 다시 그 위에 짚을 한 켜 깐 뒤 누룩을 놓고 짚으로 덮어서 띄운다. 실내온도는 20~30℃가 적당하다. 가끔씩 뒤집

어 주어 누룩이 고루 뜨게 한다. 발효가 끝난 누룩은 법제한 뒤 밑술 빚기에 들어간다. 밑술 빚기는 재래식 소주를 만드는 것으로, 여기에 2차로 청주를 빚고 여러 가지 약재재를 넣어 발효 및 숙성시키면 신선주가 된다."고 설명한다.

이로써 남원 신선주가 혼양주라고 하는 사실을 알 수 있었다.

김길임 씨는 또 과하주를 빚는데 있어 주의할 점으로, "재래식 소주를 내릴 때 불의 세기에 따라 증류된 술의 양과 맛이 달라지므로 매우 유의해야 할 필요가 있으며, 완성된 소주 곧 증류주를 2차로 빚은 청주에 솔잎을 비롯한 약재와 함께 넣는데, 그 방법이 중요하다."고 말한다.

2차로 빚는 청주는 찹쌀과 누룩가루, 끓여서 식힌 물을 양조 용수로 하여 함께 고루 섞은 뒤 3일 가량 발효시켰다가, 술독 뚜껑 대신 덮어 두었던 보자기나 망사를 벗기고 솔잎 · 녹두 · 밤 · 인삼 · 백복령 ·

죽엽 등 부재료인 향약재를 넣는데, 이들 부재료를 넣는 요령으로, "밤·녹두·인삼·백복령은 각 1kg을 물 1말에 넣고 끓여서 5되가 되면 차게 식혀서 건더기와 함께 넣는다." 는 것이 김씨가 알려준 신선주 제조방법이었다.

또 "재래식 소주는 찹쌀과 누룩가루, 끓여서 차게 식힌 물을 양조 용수로 하여 빚은 술로, 증류과정에서 이취나 탄내가 없고 알코올분이 30~35% 정도 되게 희석시켜 사용한다."고 하여, 대략적인 신선주 제조 과정은 이해할 수 있었으나, 주재료며 향약재의 양에 대해서는 '비법' 임을 강조, 구체적인 언급을 피했다.

그러나 '가 보지 않은 길' 에도 언제나 그 길을 찾는 방법은 있게 마련이다.

'둘러치나 매 치나 한 가지' 라는 말이 있듯 갖은 방법으로 보완 설명과 확인을 구한 끝에 그 답을 얻을 수가 있었다.

따라서 김길임 씨의 설명을 종합한 결과, 남원 신선주는 찹쌀 10되와 누룩가루 2되, 끓여서 차게 식힌 양조 용수 10되를 섞어 발효시킨 뒤, 증류하여 만든 재래식 소주 5되를 준비한다.

소주가 만들어졌으면 이제부터 과하주 빚기에 들어간다.

채주율이 40%에 그치는 귀한 술

찹쌀 10되를 고두밥 지어 차게 식혀 덩어리진 것이 없게 손으로 비빈다. 여기에 누룩가루 3되를 섞어 소독을 마친 항아리(술독)에 안치고, 소주에서와 같은 방법으로 끓여서 식힌 물 10되를 붓고 고루 저어준다.

술을 안친 술독은 베보자기로 덮고 25~30℃ 정도되는 실내에서 3일간 발효시켰다가, 보자기를 벗

기고 솔잎을 비롯한 녹두 · 밤 · 인삼 · 백복령 · 죽엽 등의 향약재달인 물 5되, 앞서 준비해 둔 소주5되를 함께 넣는다.

약재를 넣는 요령은 밤 · 녹두 · 인삼 · 백복령은 각 1kg씩 물 1말에 넣고 끓여서 물이 5되가 되면 차게 식혀서 건더기와 함께 술독에 넣고, 소주는 알코올분 30~35%가 되게 하여 5되를 붓는다. 술독은 베보자기로 밀봉하여 20~25℃ 되는 실내에서 약 30일간 발효시킨 뒤 용수를 박아 채주한다.

그리고 술맛을 부드럽게 하고 소주 냄새가 나지 않게 하기 위해, 서늘한 곳에서 2개월간 병입 숙성시키면 예의 남원 신선주를 얻게 된다.

김길임 씨는 "이러한 신선주는 채주율이 40%에 그치는 귀한 술로, 오랫동안 숙성시킨 까닭에 전혀 소주 냄새가 나지 않으며, 찹쌀로 빚은 술이라 술잔에 따르면 기름이 떨어지는 것 같이 끈기가 있다." 면서, "옛날 시어머니께서는 '술을 맛있게 하려면 소주를 적당히 넣어야 한다'고 하셨다. 소주를 5되 이상 많이 넣게 되면 소주 냄새도 나고 독해진다. 이렇게 해서 완성된 신선주는 술을 잘 하는 사람이라도 석 잔 이상을 못 마셨다. 술이 독해서가 아니라 그만큼 귀한 술로 여겨 마음껏 마실 수가 없었다. 또 신선주를 마셔 본 사람들마다 '마시는 데 있어 전혀 부담이 없다. 아무리 많이 마셔도 탈이 없어 좋고 은근하게 취하고 순하게 깬다'고 한다. 그래서 만드는 우리도 귀하게 여긴다."고 신선주 자랑이다.

담배를 피우러 나갔다 들어 온 이재영 씨가 한마디 거들었다.

얘기인 즉, "옛날에 어디 먹을 게 흔했다고 술에다 귀한 향약재를 넣고 그랬겠냐? 있는 사람들이 가진 티 내느라 약재를 넣어 마시기도 하고, 그냥 소

주만 마시다 보면 독해서 주독(酒毒)을 제거하기 위해 약재들을 넣어 술을 빚었던 것 같다."는 말로 자신의 생각을 피력했다.

전주 장군주와 비슷한 제조과정

남원 신선주의 제조과정이 전주 장군주와 너무도 비슷하여 이재영 씨에게 전승과정을 물었다.

"선대 때부터 빚어 왔다. 언제부터라고는 딱 잘라 말할 수 없고, 3대조 때부터 빚어 왔다는 것만은 분명히 안다. 선친께서 그렇게 알려 주셨다. 옛날에는 집집마다 독특한 솜씨로 가정주를 빚어 즐겨 왔다. 우리 집안에서도 신선주를 빚어 기제사나 명절 등에 손님 접대를 위해 써 왔다. 각종 약재가 들어가고 여느 집들보다 우리 집 술맛이 좋다 보니, 술을 마셔 본 사람들마다 기분이 좋아져서 인사로 하는 말이, '신선이 된 것 같다' 고들 하여 과하주 하기 보다 신선주 하고 불려져 왔다."

이재영 씨는 여기서 입을 다물었다. 더 이상은 말해 줄 수 없다는 것이었다. 가전 내력을 밝혀 주길 기피하는 까닭을 알 수 없었는데, 이런저런 얘기 끝에 고향에 대해 말을 하다 보니, 이재영 씨의 고향이 현재의 남원이 아닌 전남 담양이란 사실을 알게 되었다.

고향 사람에 대한 인정을 저버릴 수 없다 싶었던지, 이씨는 마지못해 말을 이어갔다.

"내가 다섯 살 되던 해 선친을 따라 담양에서 이곳 남원군 보절면으로 이사 와 오늘날까지 한 곳에서 살고 있다. 당시 선친은 독립운동가의 후손으로 일본 사람들의 감시를 피해 이곳 저곳 전전하시다, 내가 다섯 살 때 이곳으로 피신해 왔다. 이곳이 산간지방이어서 몸을 숨기고 살기에 적당한 지리적 여건 때문이었던 것 같다. 처지가 그랬으니 술을 빚어 생계를 꾸리기도 했고, 일제 강점기 이전에는 제법 넉넉하게 살았던 가문이었던 만큼, 여느 집안에서는 좀처럼 맛보기가 힘든, 특별한 여러 가지 음식을 만들 줄 알았다. 신선주를 비롯, 여러 가지 명절 음식 등 아내가 여태껏 그 맥을 잇고 있는 것도, 어찌보면 우리 부모 때와 같이 생활의 방편이라고 할 수 있다."

그러나 이 씨는 기어코 선친의 이름이라거나 그 이상의 집안 내력을 들려 주지 않았다.

다만, 이 씨가 담양 지역 내 경주 이씨 집안의 후손이라는 것만 알 수 있었다.

어떻든 이재영 · 김길임 씨와 같이 어려운 환경 속에서도 우리 전통술의 맥을 이어가고 있음은 다행스런 일이 아닐 수 없다고 하겠다.

'갖추지 못한 것이 없다'는 이름의 술

장성 진고색주

전라남도 장성에 가면 이름부터가 특이한 약주가 있다.

'진고색주(眞古色酒)'라고 하는 약용소주인데, 장성군 황룡면 장삼리에 사는 기우경(79세) 옹이 그 기능보유자다.

진고색주에 대한 유래가 참 재미있다.

예로부터 전라도에서는 술에 여러 가지 약재를 넣어 빚는 양조법이 유행했는데, 진고색주 역시 그 가운데 하나로 여겨진다.

기우경 옹으로부터 진고색주에 대한 유래를 듣자니, "전라도 전주에는 53관(官)이 있어, 이 53관을 통솔하는 책임자가 감사(관찰사)인데, 그 밑에 현금 출납과 물품 등을 관장하는 벼슬아치로 '진고색(眞古色)'이 있었다고 합니다. 당시 감사의 직책에 따른 녹봉이 1,500냥이었는데 반해, 진고색은 녹봉이 전혀 없었다. 다만, 그 직책상의 권한은 감사와 비교해서도 결코 뒤지지 않았던 모양이다. 다시 말해 전주 53관의 모든 세금을 비롯한 각종 물품, 그리고 그 지역에서 생산되는 지역 특산품 등이 진고색의 손에서 결정되고 집행되었다고 해도 과언이 아닐만큼 진고색의 권한은 막강했다고 한다. 그런만큼 진고색에게는 '없는 것이 없다' 할 정도로, 모든 것을 다 가질 수 있었던 모양이다. 그리하여 '많이 갖춘 것', '없는 것이 없다'는 말을 빗대어서 '진고색'이라고 했다."고 말한다.

대원군이 '진고색주'라 명명, 술 1말을 비단 4백필과 맞바꿔

진고색주는 바로 그런 연유에서 붙여진 이름의 술이다. 그 구체적인 유래에 대해 기우경 옹은, "나의 조부님(奇騏鎭, 1830년생)께서 대원군 시절, 15세의 나이로 진사(進士)가 되셨는데 명필(名筆)이셨다. 그래서 난초를 잘 쳤다는 대원군과 절친하게 지내셨다. 조부모님께서는 그러한 인연으로 아까(앞서) 말했던 전주 53관의 진고색을 지내게 되셨는데, 조부님 직책상 갖가지 선사품이 많이 들어왔다고 한다.

요새 말로 '뇌물' 성격의 선물 중에 술이 들어왔다고 한다. 그런데 예로부터 전라도 지방에서는 여러 가지 한약재를 넣어 빚은 양조법이 유행했던지라, 그 술을 맛본 대원군이 '진고색이란 직책처럼 여러 가지 좋은 약재가 들어갔다'고 해서 진고색주라고 부르게 되었다."고 말하고 있어, 그 유래를 짐작할 수 있다.

이러한 얘기로 미루어 진고색주는, 그 이전부터 전주지방에서 빚어졌던 술이었음을 짐작할 수 있으며, 최소한 150년 정도의 역사를 지닌 술임을 알 수 있다.

기 옹의 얘기는 계속된다.

"그런데 이 술이 얼마나 귀한 것이었는지 아마 짐작도 못할 것이다. 당시에는 비단이 화폐 대신으로 통용되었던지, 이 진고색주 1말을 비단 4백필과 교환했다는 것이다. 사실 어디 술값이 그랬겠는가. 진고색이란 직책이 그만한 가치를 누렸다는 얘기겠지."

그러고 보니 예나 이제나 소위 '끗발' 좋고 가진 사람들은 누리고 싶거나, 갖고 싶었던 모든 것을 거의 다 취할 수 있었던 모양이다.

이유야 어쨌든 그러한 유래에서 비롯된 진고색주는 기우경 옹의 조부 때부터 가양주로 빚어져 오늘에 이르고 있는데, 덧담근 증류주이다.

밑술에 얼음 띄우고 증류한 술에 약재 넣는 유일무이한 술빚기

기우경 옹으로부터 전해 들은 진고색주의 양조법은 밑술 만드는 과정부터가 특기할만 하다.

"멥쌀 1말을 술밥 지어 누룩곰팡이(종국)와 섞어 상자에 담아 두었다가, 하루 뒤에 물 1되 반을 뿌리고 또 하루를 재운다. 이때 누룩 상자의 품온은

30~40℃로 상자를 섞어 쌓아 둔다. 밑술은 물 1말 2되에 상자의 고두밥을 붓고, 품온이 20℃ 이하가 되게 해준다. 온도가 올라가지 않도록 얼음조각을 띄워 하룻동안 발효시킨다. 다음 날 아침에 2말 정도의 멥쌀로 고두밥을 짓고 식혀서, 물 2말 2되와 섞어 밑술과 혼합한 뒤, 20~24℃ 정도 되는 실내에서 1주일 가량 발효시키면 술이 익는다. 주박과 함께 중탕기에 넣고 증류시키는데, 쌀이 3말이면 알코올 함량 40%의 술이 3말 조금 못되게 얻어진다. 이 술에 용안육 등 약재를 넣어 우려내면 진고색주가 된다. 술이 1말이면 약재는 1관반을 넣는다."

여기서 진고색주의 특징인 밑술을 만드는 과정과, 어떤 술에서도 볼 수 없는 약재의 사용법을 알 수 있다.

진고색주의 밑술 빚는 방법을 좀 더 구체적으로 살펴 볼 필요가 있겠기에 설명을 덧붙이기로 한다.

밑술은 멥쌀 1말로 고두밥을 지어 식힌 다음, 효모(누룩곰팡이) 2g을 섞어 나무상자에 나누어 담아 층층이 쌓는다.

고두밥은 여름에는 4㎝, 겨울에는 6~7㎝ 두께로 고루 펴서 담는다. 하루 지나서 물 1되 5홉을 섞고 다시 하루 더 지낸 뒤, 상자의 순서를 바꾸어 쌓아 2일 더 두었다가, 물 1말 2되를 붓고 얼음조각을 띄워 하룻동안 방치한다. 이때의 실내온도는 15℃ 정도가 좋고, 고두밥 상자의 품온은 40℃가 넘지 않도록 온도조절을 해주어야 한다. 얼음조각을 넣어주는 까닭도 품온이 40℃를 넘지 않도록 하기 위한 것이다.

밑술은 3일만에 발효가 끝나므로 이어 덧술을 안치는데, 멥쌀 2말을 고두밥 지어 식힌 뒤 물 2말 2되와 함께 밑술과 혼합한다. 실내에서 20~24℃ 정도의 온도를 유지해 주면서 1주일 가량 발효시키면 술이 다 익는다. 주박과 함께 중탕기에 넣고 증류를 시키는데, 알코올 함량 40~50%의 술로 3말에서 조금 빠지는 양을 얻을 수 있다.

이 술에 계피, 산수유, 당귀, 천궁, 강활, 육종영, 황부자, 백복령, 용안육 등 10가지의 한약재를 각각 560g씩을 넣고 밀봉하여, 30일 동안 우려내면 암갈색의 진고색주가 얻어진다.

발효 등 특이한 제조과정, 기우경 옹, '흑검정' 효모 발견

이러한 술빚기는 그 어떤 전통주나 토속주에서도 찾아 볼 수 없는 양조과정으로 생각되어지는데, 밑술과 덧술에 쌀과 물 외의 원료는 기우경 옹 자신이 개발한 효모 2g 뿐이라는 사실과, 밑술에 얼음조각을 띄운다는 점은 더욱 놀랄 일이다.

"내가 누룩곰팡이균 연구에 30년을 바친 사람입니다. 그러다 보니 '흑검정'이라고 하는 효모균을 만들어 낸 것이다. 이 '흑검정'은 종전의 효모균보다 당화율도 높고 주정 발효율이 높아 극히 적은 양을 사용해도 술이 되는 것이다."

기우경 옹은 1948년부터 술빚는 일을 시작, 올해로 46년 동안 술에 취해(?) 미쳐 살아 온 사람이다.

그러나 기 옹은 술 마시기를 좋아하지 않는다고 한다. 그러면서도 술이 좋아서 술 빚고, 술을 연구하는 일에 매달려 왔다는 것이다. 기 옹은 그저 단순히 술을 빚는 기능인으로 그치지 않고, 효모균 배양에도 전념했는데, 1만여회의 실험 끝에 발견, 성공해 낸 것이 '흑검정'이라고 한다.

이 흑검정은 곡주·발효주에 있어, 세계적으로 인정을 받고 있는 일본의 효모균인 '황금정' 보다도 더 우수하다는 것은 주지의 사실.

"빼앗긴 고유의 양조법 되찾아 일본 술 이기는 게 여생의 소원"

이제 기우경 옹의 여생에 있어 소원이자, 80을 바라보는 고령에도 끝까지 술빚기를 고집하는 목적은 '일본의 술을 이겨내는 것'이라고 한다.

"56년 동안 술빚는 일에 매달려 오면서 안 빚어 본 술이 없다 할 정도로, 많은 종류의 술을 빚어 봤고 또 재현해 봤다. 지금에 와서 재현되고 다시 빛을 보고 있는 전통주들이 있긴 하지만, 3백종이 넘는 우리 술들이 일본에 의해 사라지고 그 맥이 끊겨 버려 지금은 되살릴 수 없게 되고 말았다. 그들은 우리의 양조방법을 빼앗고 가져가서 자기들의 것으로 만들어 이제는 우리에게 되팔려 하고 있다. 그들은 스스로 우리의 양조술보다 30년이나 앞섰다고

자부하지만, 그들의 양조술은 별로 발전된 것이 없다. 따라서 이제라도 당국에서 양조허가만 해준다면 남은 여생동안 저들의 정종이나 그 밖의 술을 능가하는 세계적인 명주로서의 우리술 만들기에 온 힘을 쏟을 것이다. 이 일은 우리 모두가 나서야 한다. 제일 먼저 해야 할 일이 우리의 전통주,토속주를 찾는 일이다."

실로 당찬 얘기였다.

깡마르고 왜소해 보이기 이를 데 없는 노인의 가녀린 외침이었지만, 머리카락이 쭈뼛쭈뼛 서는 듯했다.

아니, 오로지 '일본 술을 앞서고 싶다'는 일념으로 살아 온 '한 노인의 고집'이라고만 하기에는 무엇인가 부족하다는 느낌이 든다.

그렇다. 그것은 우리 모두가 '운명'처럼 안고 살아온 '한(恨)'이라고 해야 옳았다.

기우경 옹의 건강과 장수를 바랄 뿐이었다. 酒

10년 앞을 보고 정성껏 만드는 옛날 오정주

함양 옛날증류주

광주광역시에서 대구광역시로 가는 88고속국도를 타고 가다 보면, 아니 대구에서 광주로 달리다 보면 꼭 절반쯤의 거리에서 함양에 닿게 된다.

함양은 지리적으로 원시림으로 뒤덮인 심산유곡이 산재해 있고, 특히 동해 삼신산(三神山) 중의 하나라는 지리산의 영봉인 천왕봉에 오르른 길목으로, 예로부터 연중 관광객의 발길이 끊이지 않는 곳이다.

특히 수 천 그루의 고사목으로 유명한 제석봉과 원시림 사이로 수 십개의 계곡이 즐비한 한신계곡을 경유하는 백무동-천왕봉 등산길은 지리산의 절경이다.

선대 때부터 빚어온 막걸리 양조장 이어 받아

이러한 배경에선지 최근 관광 토속주 국화주가 생산·판매돼, 지리산을 찾는 관광객들 사이에 회자되면서, 급기야 전국적인 주목을 받더니, 요즘에 와서는 이곳 함양 병곡면에 오정주(五精酒)라고 하는 토속주가 애주가들의 사랑을 받고 있다고 하여 적잖이 놀랐다.

그도 그럴 것이 오정주는 경북 영주지방의 반남 박씨 가문에서 누대에 걸쳐 빚어져 온 가양주로, 이미 몇 년전에 그 기능보유자 박찬정씨를 만나 오정주에 대한 유래와 전승과정, 그리고 술 빚는 법에 대해 지상을 통해 소개한 바 있기 때문이었다.

그리하여 술빚는 이에 대한 궁금증은 말할 것도 없고, 그 내력과 술빚는 법은 영주지방의 오정주와 어떠한 차이가 있는지, 조바심으로 나날이 나를 이끌었다.

그러나 함양 지방을 방문할 기회가 좀처럼 오지 않았다.

그렇게 애를 태우던 중 올 3월에 있은, 경주시 주최 "제 1회 한국 전통주와 떡 축제"의 추진위원으로 위촉되어, 전통주 부문의 시연과 전시 등을 위해 현황 조사에 임하면서 맨 먼저 들른 곳이 함양이었다.

그러나 현지에서 대하게 된 술은 오정주가 아닌 '옛날 증류주'란 토속주로, 그 기능을 보유하고 있는 이종근(57세) 씨로부터 오정주와 옛날 증류주의 상관관계에 대해 들을 수 있었다.

"특별한 내력이나 자랑거리는 없다. 그저 선대때부터 빚어 온 술이 약주 오정주였으며, 최근에 와서 내가 상품성을 높이기 위해 증류하여 상품화 한 소주가 옛날 증류주란 술이다."

백발이 검어지고 빠진 이도 다시 난다

이종근 씨의 설명에 따른 오정주는, 조선시대 문헌 《수운잡방》과 고려시대의 문헌인 《요록》에 수록되어 있는 전통주로, 경북 영주의 오정주와 비교해 볼 때, 재료와 술빚는 법에서 다소의 차이를 발견할 수 있었다.

영주 지방의 토속주 오정주는 그 재료에 있어 멥쌀과 누룩, 황정, 창포, 지골피, 송엽, 천문동이 들어간다.

멥쌀로 지은 백설기와 이들 약재 추출물로 밑술을 빚고, 덧술은 백설기와 누룩,탕수를 사용하며, 2차 덧술은 고두밥과 누룩, 약재 추출물로 만든 술로, 완성된 약주를 증류한 약소주이다.

반면, 이종근씨가 빚는 오정주, 곧 옛날 증류주는 《요록》에 수록되어 있는 방법 그대로이다.

《요록》을 보면 밑술의 재료로 황정 4근, 천문동 2근, 송엽 6근, 백출 4근, 구기자 5근, 물 30말, 백미 5말, 누룩가루 7되가 소용되며, 덧술로는 쌀 10말이 쓰인다고 되어 있다.

이들 문헌의 오정주 만드는 법은, 밑술로 "심을 제거한 황정 4근과 천문동 2근, 솔잎 6근, 백출 4근, 구기자 5근을 썰어 넣고 물 30말이 되게 끓인다. 백미 5말을 백 번 씻어 곱게 가루를 만들어서 죽을 쑤어 식은 후에 누룩가루 7되와 밀가루 1되를 합쳐서 술을 빚는다." 했고, "덧술은 3일후 쌀 10말을 백번 씻어 물에 담가 두었다가, 다음 날 시루에 쪄서 모두 합하여 술을 빚어 놓았다가, 익은 뒤에 맑은 것을 떠서 마시면 허기증을 치료하고 오래 장복하면 백발이 검어진다."고 하였다.

또 별법으로 《수은잡방》에 기록되어 있기를, "오정주는 만병을 다스리고 허한 것을 보하며, 오래 살고 백발도 검게 되며 빠진 이도 다시 난다" 했고, "황정 4근, 천문동 3근을 껍질을 벗기고, 솔잎 6근, 백출 4근, 구기 5근을 빻아 한 섬이 되도록 줄이고, 쌀 5말을 씻어 곱게 가루내어 죽을 쑤어 차게 식으면 누룩 7되 5홉, 밀가루 1되 5홉을 갈아 섞어 넣고 술을 빚는다. 여름에는 서늘한 곳에 두며, 겨울에는 따뜻한 곳에 둔다. 3일 후 백미 10말을 씻어 하룻밤 시루로 쪄서 앞의 술독에 갈아 넣는다. 익으면 쓴다." 고 만드는 법이 기록되어 있다.

그렇다면, '어찌하여 오정주가 옛날 증류주란 이름으로 바뀌게 되었는가' 하는 의문이 남게 된다.

이러한 오정주를 옛날 증류주란 이름으로 이종근 씨가 빚게 된 것은 다름 아니었다.

이종근 씨에 따르면, "6.25사변 후에 선친께서 현재 이곳에서 양조장을 운영하셨다. 그때부터 이곳 영남지방의 토속주인 오정주를 빚어오곤 하셨는데, 30년전 돌아가시고 말았다. 이에 하는 수 없이 가업인 이 양조장을 맡아 운영해 오게 되었다. 그때가 66년도로 군에서 막 제대하고서 였다." 면서, "약주와 탁주를 빚어오다보니 소비량이 전과 같지 않아서 소비방법을 모색하게 되었다. 그 결과 한편으로는 유통과정에서의 변질이나 산패를 막고, 다른 한편으로는 소비자의 기호가 탁주에서 소주나 양주 등 '고품질 소량'으로 바뀌고 있어, 소비자의 기호충족을 목적으로 증류주를 만들게 되었다. 또 술 이름을 '옛날 증류주'라고 명명하게 된 까닭은, 먼저 영주 지방에서 다섯 가지 약재를 이용해 만든 오정주라는 이름의 증류식 소주가 생산 · 판매되고 있어, 상표등록을 할 수가 없었다. 그래서 옛날식으로 만든 술이라고 해서 옛날 증류주

라는 이름을 붙이게 되었다."고 말한다.

이로써 옛날 증류주는 오정주의 다른 이름임을 알 수 있었다.

1본4근(一本四根)의 다섯 가지 '기'를 간직한 술빚기

여기서 오정주라는 술 이름의 유래에 대해 잠깐 언급하면, 오정주(五精酒)는 곧, 다섯 가지 정기(精氣)가 모인 약재를 이용하여 빚은 술이라는 뜻이다.

오정주의 재료를 놓고 볼 때, 소나무의 정기가 모여있는 솔잎을 비롯 구기자나무의 정기인 구기자열매, 백합과의 다년초로 그 정기가 모인 뿌리인 천문동(天門冬)과 삽주나무의 정기가 모인 덩이뿌리인 백출(白朮), 백합과의 다년초인 죽대의 뿌리로 그 정기를 품고 있는 황정(黃精) 등 '1본 4근(一本四根)'의 다섯 가지 정기를 간직하고 있는 술을 가리키는 말이다.

옛날 증류주의 제조과정을 이종근 씨로부터 들을 수 있었는데, "기본적인 것은 일반 약주를 만드는 과정과 같으며, 술이 완성되면 증류기로 소주를 내리고 도수를 40%로 맞춰 출하하고 있다."면서, "약주를 만들기 위하여는 주모 6 *l* 에 대하여 초단사입은 쌀 36kg, 물 54 *l* 가 쓰이고, 2일 가량 숙성시킨 뒤 2단 사입에 들어간다.

원료로는 쌀 84kg과 곡자, 물, 그리고 구기자를 비롯한 5가지 약재가 들어가며, 5일가량 숙성시켜 알코올 성분 15.5%의 숙성덧 300여 *l* 를 얻을 수 있는데, 이를 증류시키면 옛날 증류주가 된다."고 말한다.

여기서 이종근 씨의 술빚기 과정을 좀 더 찬찬히 살펴보면, 옛날 증류주는 전형적인 양조장 제도의 술빚기로 이뤄지고 있음을 알 수 있다.

술빚기의 첫 단계로 먼저 주모(酒母)를 만드는데, 멥쌀 2kg을 깨끗하게 씻은 뒤, 10시간 이상 침미하였다가 건져서 시루에다 고두밥을 짓는다. 고두밥은 온기(5~10℃)가 남게 식혀서 누룩 400g, 물 8 *l* 를 섞어 25~28℃ 정도 되는 실내에서 2~3일간 발효시키면 주모가 완성되는데, 이를 발효제로 1단 사입에 들어간다.

1단사입은 멥쌀 36kg을 깨끗이 씻은 뒤 10시간 이상 침미하여 고두밥을 지어 차게 냉각시킨 다음, 종국 50g과 섞어 보쌈하여 30℃ 이내의 온도에서 보온하여 2일 가량 띄워 입국제조에 들어가는데, 이 과정에서 고르게 잘 발효하기 위하여 5회 가량 적채를 시킨 다음, 2일이 지나면 앞서 준비해 둔 주모 6 *l* 와 물 54 *l* 를 섞어 발효탱크에서 2일 가량 발효·숙성시킨다.

이어 2단 사입에 들어가는데, 멥쌀 84kg을 앞서와 같은 방법으로 고두밥을 지어 차게 식혀서 누룩 5kg, 물 126 *l* ,약재 1kg(구기자 0.2kg, 천문동 0.2kg, 황정 0.2kg, 백출 0.1kg, 송엽 0.3kg)을 섞어 발효조에 넣어 5일간 발효·숙성시킨다.

발효가 끝난 술은 알코올분 15~16%의 숙성 덧술 310 *l* 가 만들어진다. 이 덧술을 증류기를 이용, 1차 증류한 다음 침전시켜 여과하면, 알코올분 42%의 옛날 증류주 98~99 *l* 가 만들어지고, 알코올분 30%로 희석할 경우 138 *l* 의 옛날 증류주를 얻을 수 있다.

이씨는 "오정주를 증류주로 만들어보니, 아무리 많이 마셔도 머리가 아프지 않아 옛날 증류주로 출하하게 되었는데, 생각했던 것과는 달리 판로에서 많은 애로를 겪고 있는 것이 사실이다."면서, "그러나 천만다행인 것은 최근 가짜 양주의 범람

과 함께 농산물에 대한 시장개방압력이 가중되자, 우리 농촌경제와 농산물 시장을 지켜야 한다는 목소리가 높아지면서, 우리 농산물을 이용한 전통음식에 대한 관심이 점차 고조되고 있고, 더불어 옛날 증류주도 우리 농산물을 이용한 전통음식의 한가지로, 특히 오랜 역사를 가진 토속주라는 사실과 함께 농림부 지정 전통식품 생산업체라는 이미지 때문에 소비자의 인식이 달라지면서, 꾸준히 그 소비가 늘고 있다."고 말한다.

지역 특산물 '석위 생채' 곁들이면 '더할 나위 없다'

사실, 옛날 증류주는 그 어느 전통 · 토속주보다 저렴한 가격에 공급하고 있어, 이 지역 사람들을 중심으로 꾸준한 사랑을 받고 있는 게 사실이다.

또한 옛날 증류주는 이씨가 1년 이상 숙성시킨 술을 출고시키고 있으며, 양주와 같이 10년 이상 숙성시키기 위해 일체의 향료나 조미료, 색소를 넣지 않고 옛날에 증류했던 술 그대로의 술맛을 간직하고 있는 것으로 잘 알려져 있기도 하다.

그러나 씨는 "같은 재료를 이용해 만든 술인 데도 제조방법에서 다소 차이가 있다고 해서 세율(稅率)을 달리 적용하고 있는 현행 주세법에는 문제가 적지 않다. 특히 전통 · 토속주는 고유한 우리 식문화의 중요한 자리를 점하고 있는 데도, 특혜는 못줄망정 높은 세율을 적용하다는 것은, 우리 스스로 우리의 전통음식과 고유한 문화를 말살시키는 결과나 마찬가지다."면서, "가업을 잇고자 30년 넘게 고생해 왔지만, 날이 갈수록 회의감만 쌓인다. 특히 요새는 IMF라고 해서 경제적 고통이 배가되고 있다. 언제나 정말 내 스스로 '보람있는 일을 하고 있다'는 생각을 갖게 될러는지… 모르겠다." 며 한숨을 지었다.

이씨에게 옛날 증류주는 어떠한 안주가 어울리는가고 물으니, "예로부터 이 지방에서 산출되는 석위(石葦)가 맛이 향기롭고 담백하여 향료나 화채로도 즐기는데, 이를 안주 삼아 즐기면 더할 나위가 없다."고 말한다.

함양 석위는 향기가 뛰어난 것으로 유명하다. 이곳 주민들은 이 석위를 생채로 만들어 기호식으로 이용하기도 하는데, 이 석위 생채를 곁들여 옛날 증류주 한잔을 쭉 들이키면 그 맛이 더하기가 이를 데 없다는 것이다.

이곳 석위는 고사리과에 속하는 다년생 상록양치식물로 암벽이나 나무줄기에 붙어 균생하는데, 석이(石耳) 버섯의 방언으로, 한방에서는 이뇨제로 이용한다. 酒

'술은 곧 삶' 서민들의 애환을 담은 술

영광 토종주

우리 인간 생활 속에 술이란 것이 존재하지 않았다면 어떠했을까?

아마도 '삭막하기 이를 데 없었을 것'이라든가, '지금처럼 퇴폐적인 사회는 되지 않았을 것'이라는 상투적인 얘기도 나올 법하다. 그리고 더러는 '술을 대체하는 그 이상의 매개체가 생겨났을 것'이라는 주장을 내세울지도 모른다.

영광 사람들의 '싸움'

우리나라 토속주 가운데 '영광 토종주'에 얽힌 얘기는, '애환'이라고 하기에는 뭔가 속이 풀리지 않는다. 차라리 처절한 '싸움' 그것이라고 해야 옳을 듯하다.

영광 사람들에게 있어 '술은 곧 삶'이었기 때문이다. 그리고 보다 분명한 것은 다름 아닌, 술을 찾는 사람들이 그만큼 많았다는 사실의 반증이기도 하다.

"아따, 그것이 불법이고 밀주라는 사실을 몰라서 그랬다요. 먹고 살라고 그랬제. 일제시대 때에도 그랬고, 해방 후에는 특히 밀주단속이 심했는디, 세무서원들 눈 피해 산속으로 들어가서 숨어 살면서도 술을 맨글었응께요. '가난으로 굶어 죽으나 단속반에 잡혀가서 죽으나 마찬가지'라는 생각들을 했지요이."

이른 바 '밀주'에 얽힌 증언(?)이다.

영광군 법성면 법성리(외호리)에 사는 은춘영(59세) 씨의 얘기는 계속되었다.

"그랑께, 그때 밀주하던 사람들은 다들 심장병이 생겼을 것이요. 밀주하다 잽혀가면 당장에 징역을 살아야 했응께요."

사연인즉, 당시만 해도 세무서원들이 불시에 밀주단속을 나오는 터라 '단속반 나타났다' 싶으면 '죽어라'고 산속으로 피하곤 했는데, 혹여 붙들리기라도 하면 집안이 발칵 뒤집혔다는 것이었다.

몇 달씩 징역을 살다 간신히 살아나오기도 하고, 그러다 보면 생계가 막막해져 연명하기조차 힘든 세상을 그곳 사람들은 살았다는 것.

영광 토종주를 빚어오던 사람들의 그 처절한 '싸움'이 어떠했는지를 단적으로 설명해 주는 일화였다.

"오죽했으면 칙간(화장실)에다 술독을 다 감췄겄소. 무슨 얘긴고 하면, 단속은 갈수록 심해지고, 먹고는 살아야겠고, 그러다 본께 꾀를 낸 것이 칙간에다 술항아리를 묻어서 감췄지요. 그란디 재수가 없으려니 장마가 져서 칙간물(?)이 넘쳐서 술을 베레부렸당께요. 그라니 심장병 안 생긴 사람이 어디 한 사람이나 있었겄소?"

죽기 살기로 지켜 온 토속주 이젠 명맥유지도 어렵게 됐다

은춘영 씨의 얘기를 듣는 동안 웃어야 할지, 울어야 할지 난감했다.

다행히도 아내의 다소 격양된, 그러나 지나간 얘기를 곁에서 듣고만 있던 남편 김경섭(64세)씨가 나서서 다른 얘기로 분위기를 가라앉혔다.

그러나 김경섭 씨의 얘기에서도 어쩐 일인지 가슴 한 켠이 답답해짐을 느꼈다.

"그란디, 그렇게 죽기 살기로 매달려서 술을 빚어 온 사람들인디… 그렇게 해서 맥을 살려 온 술인디, 인자 술 맹글 줄 아는 우리들 세대가 다 가고 나면 어느 누구 한 사람 남아서 술을 맨글랑가 모르겄소. 요새 젊은 사람들은 돈 안된다고, 힘들다고 다들 팽개친다니까요. 그라고 요새는 문화재다 뭐다 해서 나라에서 이런 술을 되살릴라고 한답디다마는 아직까지 그런 기미는 안보이고, 기관 사람들은 아예 귓구멍을 막아버렸는지 원, 큰일이여라우. 뭣이 소중한 것인 줄 모른다니께요."

그랬다. 영광 토종주는 이곳 법성면 법성리를 중심으로 몇몇 사람들에 의해 그 비법이 전해지고 있으나, 아직까지 밀주인 까닭에 드러내 놓고 빚을 수 없는 처지라는 것이 김경섭 씨의 설명이다.

은씨는 "지금도 불법이란 것을 알면서도 이곳 법성면 사람들은 집안 제사나, 크고 작은 애경사에 쓸 목적으로 소량으로 빚어 마시고 있는 정도"라며, 토종주의 제조과정을 들려주었다.

소위 '영광 사람들은 다 빚을 줄 안다' 하는 영광 토종주.

은씨는 친정언니가 이곳 법성리로 출가해 생계수단으로 술을 빚곤 했는데, 어려서 언니집으로 놀러 갔다가 술빚기를 익혔으며, 운명이었던지 자신도 이곳으로 출가하게 되었다고 한다.

"영광 사람들은 다 빚을 줄 안다" 어려서부터 보고 배운 술빚기

영광 토종주의 제조과정은 주원료인 멥쌀 60㎏을 깨끗이 씻어 한나절 가량 침미하였다가 고두밥 지어 식힌 뒤, 황곡(효모) 300g과 버무려서 여름에는 3일간, 겨울철에는 4일간을 발효시키는데, 먼저 명주베로 된 자루에 담아 보쌈을 하여 따뜻하게 하룻동안 1차 발효시켰다가, 상자에 나눠 담고 층층히 쌓아 다시 하룻동안 발효시킨다. 이때의 실내 온도는 20~25℃ 정도이고, 상자 속의 고두밥의 품온은 40℃ 정도가 된다.

발효를 고르게 하기 위해 12시간이 지났을 때 상자를 바꿔 쌓는다. 발효가 끝나면 상자 속의 고두밥은 비누처럼 딱딱하게 굳어진다. 이때 이불을 살짝 걷어주어 훈김이 빠져나가면 완전히 벗긴다.

이어 술을 안치기 시작하는데, 항아리 두 개에 반반씩 나눠 담고 역시 같은 방법으로 멥쌀 90㎏을 고두밥 지어 식혔다가, 물과 함께 술독에 넣는다.

고두밥은 여름철에는 완전히 식혀서 사용하고, 겨울철에는 5~10℃ 정도의 온기를 남겨 찬 물 200ℓ를 부은 다음 잘 섞이도록 저어준다.

술을 안친 술독은 이불로 싸서 20~25℃ 정도 되는 실내에서 7~8일간 발효시키는 것으로 술빚기가 끝이 난다.

이상과 같은 방법으로 밀가루를 이용하기도 한다. 밀가루로 빚을 경우는 20㎏들이 밀가루 2포대를 물 반죽한 뒤, 쪄서 효모와 섞고 술독에 담아 주모를 만든다. 항아리를 얇은 이불로 덮어서 10시간쯤 지나면 하얀 곰팡이가 생긴다. 이때 물 60ℓ를 붓고 12시간 발효시켜 밑술을 얻는다.

밑술의 발효가 끝나면 앞서의 덧술과 같은 방법으로 밀가루 3포대를 더 넣고 물 100ℓ를 붓는다. 7~8일 후에 덧술의 발효가 끝나므로 증류에 들어간다.

술을 안친지 사나흘이 되면 소리가 요란하다. 술바탕이 끓어오르는 소리다.

이 술바탕이 다시 갈아앉으면서 맑은 술이 고이기 시작한다. 술이 다 익었다 싶으면, '통'(증탕기)에 담고 불을 때서 토종주를 얻는다.

'술을 담그기 위한 술' '톡' 쏘는 듯한 쌉쌀한 맛 자랑

"요것이 볼품없게 생겼어도 술이 타지도 않고 잘 내려진당께요."

은씨가 가리키는 '통'은 이른 바 중탕기로, 집에서 손수 만든 것이다. 커다란 드럼통을 이용, 다량의 술을 증류시키기 용이하게 만든, 그러나 중탕기란 이름조차도 어울리지 않을 정도로 볼품 없는 것이지만, 은씨는 '요것이 젤로 중한 것'이라고 강조한다.

환언하면, 먹고 살기에 급급했던 시절, 소위 생계를가능케 했던 '돈줄'이었기 때문이다.

영광 토종주는 그 역사가 오랜 것이긴 하지만, 정작 역사적 기록이나 문헌 없이 이곳 영광군 법성면 일대에서 가전으로 빚어져 오고 있다.

"이 술은 그냥 마시기도 하지만 '술을 담그기 위한 술'로도 유명하지요이. 시중에서 팔고 있는 희석식 소주보다는 직접 내린 술이라 맛도 좋고, 건강을 덜 해치기 때문이지요. 멀리는 전라북도에서까지 이 술을 받아다 약주를 담그는디요. 매실주, 구기자주, 복분자주, 모과주, 진달래술 등 못담글 술이 없어라우."

앞서 은씨의 언급이 있었거니와 토종주로 생계를

잇는 사람들이 많았던 까닭은, 이 지역 법성포가 그 유명한 영광 굴비의 주산지로, 봄조기가 나오는 2월에서 5월 사이와 가을 조기가 나오는 9월에서 12월이 되면, 조기를 사고 파는 사람들로 포구는 북새통을 이루는데, 특히 만선의 깃발을 올리며 귀항하는 뱃사람들과 중매인들, 그리고 조기를 사러 포구에 들렀다가 내친김에 '조기매운탕에 소주 한 잔'이 생각난 사람들에 의해 그 수요가 이루어졌다고 한다.

영광 토종주의 그 특별한 맛의 비결은, 특히 양조용수(用水) 즉, 물에서 오는 것으로 이 지역 법성포의 지하암반수를 사용한다.

법성포의 암반수는 대덕산과 안의산 사이로 흘러내려 온 지하수로, 옛부터 그 질과 맛이 뛰어난 것으로 유명하다고 한다.

토종주는 알코올 함량 45~60%까지 자유롭게 조절할 수 있는데, 톡 쏘는 맛과 함께 쌉쌉한 맛, 곡주 특유의 향기로 지금도 남도지방의 애주가들로부터 아낌을 받아오고 있다.

취기가 진득하면서도 뒷맛이 깨끗해 그 맛을 절대 잊지 못한다. 酒

두통 없고 소화 잘 되게 하는 보신주(補身酒)

예천 예선주

문배향 나는 무색투명한 전형적 증류주

지금도 경북 예천군 용문면 선동리에 가면 조상 대대로 대물림해 온 전통주를 빚어오고 있는, 전형적인 조선사람이 있다. 문봉수(文鳳壽, 81세) 씨가 바로 그다.

"증조부(碩勳) 때부터 가양주로 빚어왔다고 합니다. 풍기 진씨였던 증조모님이 이 마을의 물이 좋다는 것을 알고 술을 빚어왔다고 하는데, 그 전에는 이곳 선동(仙洞)이 아닌 유천면 화지동 윤씨 집성촌에서 살다 일제 때에 이곳으로 와 정착했다고 합니다. 물을 찾아 산골인 이곳까지 온 셈이지요."

문봉수 씨는 조부(致學)와 조모(경주 정씨)에게서 16세 되던 해부터 술 빚는 법을 익혔는데, 집안이 전업농의 부자였던 관계로 원근에서 손님들의 출입이 잦아, 어려서부터 조모와 모친(남원 양씨, 금곡)을 돕다 보니 자연스럽게 술 빚는 법을 배우게 되었다고 한다. 예선주는 무색투명한 전형적인 증류주(소주)이면서 덜 익은 배에서 나는 은근한 문배향을 풍기며, 맛은 담백하나 약간의 감미를 느낄 수 있다는 것이 예선주 애호가들의 평이다.

특히 곡물을 발효시켜 빚은 양조주라는 점에서 높은 알코올 함량에도 불구하고 독성이 없어, 아무리 많이 마셔도 두통이나 숙취가 없으며, 장복하면 몸이 가뿐해지고 정신이 맑아지는 것을 느낀다는 것이다.

"예선주는 예로부터 보신주(補身酒)로 더 잘 알려져 왔습니다. 적정량을 마시면 혈액순환에도 좋고 소화가 잘 돼 건강에 좋지요. 이런 연유로 장수주라고 불리기도 합니다."

그러면 이 예선주의 술 이름, 그 이름에 따른 유래와 전승과정은 어떤가.

우선 이 술 이름과 지명이 서로 관련을 맺고 있어 주목된다.

《정감록》의 10승지 중 3승지에 "자고(自古)로 선동(仙洞)은 산이 높고 계곡이 깊어 지영천열(地靈泉烈)하며, 무화지불입야(無火之不入也)요, 유한처사(幽閑處士)가 심거(尋居)하니…"라고 기록하고 있어서, 이 지역의 경치와 자연적 배경을 짐작할 수 있게 해 준다.

옛 선비들의 훌륭한 벗, 신선마을의 술

그러기에 조선시대에는 많은 선비들이 관직을 버리고 이곳에 와 자연을 벗삼아 은거하면서 예선주를 즐겼던가 보다.

"예선주라는 술 이름도 예천(醴泉)과 선동(仙洞)의 첫 글자만을 따서 예선주라 이름한 것입니다. 그만큼 이곳 선동이 속세와는 거리가 먼, 승경과 풍치를 자랑했습니다. 신선들이 즐겨 찾을만한 동네라는 것이지요."

문봉수 씨의 이 얘기는 실제로 이 지방에 구전해 오는 것이나, 예선주라는 술이 있어 선동의 명성이 더욱 널리 알려지게 된 것이라고 한다. 예선주의 맛과 향이 진해서 즐겨 찾기도 했거니와, 마시고 나면 소화도 잘 되고 맛이 담백하며, 정·신(精身)이 맑아져 초야에 묻혀 사는 선비들에게는 더 없이 좋은 벗이었다는 것이다.

글 하는 선비가 모였던 곳이니 시인과 묵객들의 출입이 잦았을 터이고, 그러다 보면 예선주를 마시고 난 뒤의 취흥이나 찬양시 한 편 정도는 나왔음직해 문씨에게 물었더니, 과연 예선주 찬양시 한 편을 가보처럼 보관하고 있다고 한다.

그 찬양시의 작자(作者)는 파평(坡平)사람으로 윤치영(尹致英)이었다.

1909년 추석날에 쓴 이 시를 번역하면 다음과 같다.

'예주 신선마을의 예선주.
이적(의적) 이후 천 년에 다시 이름을 얻었네.
배맛과 같은 짙은 향기가
나그네의 손을 잡아끄네.
머리가 맑아지고 피를 순환시키니
붉은 입술을 벌어지게 하는도다.
전술(본술)의 맑음에 경쾌함을 느끼고
청주의 깨끗함이 숙취를 새롭게 하는도다.
입으로 받고 마음으로 전하여 선조의 아름다움을 이어
전통으로 후손에 전하고 이웃에 넓히리.'

이 시에는 예선주의 내력은 물론이고 맛과 향기, 그 효능까지도 언급하고 있음을 볼 수 있다. 또 이를 후손에 길이 전하여 전통으로 보존해야 한다는 이유를 설명하고 있음도 주목할 만하다.

140여 년 내력 가진 전통 가양주

문봉수 씨는 예선주의 가전 내력을 "1840년대 증조부 때부터 술을 빚어왔습니다. 증조모(풍기 진씨)님의 솜씨가 얼마나 좋았던지 그 명성이 세간에 회자되었고, 차차로 집안 며느리들에게 전수되었는

데, 한일합방 이후 국권 상실로 주세법 제정과 함께 술빚는 일이 금지되었지만, 은밀하게 제주와 가용으로 빚어 오다가 60년대 들어서 양조 주조 금지 조치가 발표되면서, 더 이상 술 빚는 일을 계속할 수 없게 되었지요. 다시 시작하게 된 것은 '80년대 초입니다. 정부에서 쌀막걸리 제조를 허락하면서부터입니다."라고 말해, 예선주가 대략 140년 정도 된 술임을 알 수 있다.

"먼저 잘 뜬 누룩을 잘게 부숴 준비하고 멥쌀로 고두밥을 지어 차게 식으면 물과 함께 섞고, 술독에 안쳐서 7~8일간 띄우면 술이 익어요. 발효된 술덧을 증류기에 넣고 장시간 장작불을 피워 증류시킵니다. 그 다음에 증류주로는 유일하게 증류주 원액을 새 술독에 담아 48시간 동안 여과시키지요."

다른 술보다 제조기간 길어

예선주 빚기의 첫 순서로 누룩을 만드는데, 예의 전통·토속주에서와 같은 방법으로 빚어지고 있어 특기할 것은 없다.

다만, 발효 기간이 40일 정도로 다른 술의 누룩 제조기간보다는 다소 길었다.

"누룩은 밀을 껍질째 맷돌에다 갈아 물을 섞어 반죽한 다음, 방 아랫목에서 40일 정도 띄웁니다."

문 씨의 설명에 의하면, 추수한 밀을 물에 씻어 불순물을 제거한 뒤, 절구통에다 담아 찧거나 맷

돌에다 갈아서 쓰며, 그도 여의치 않으면 방앗간에 가져가 2~3회 갈아다 버실버실해질 때까지 물을 뿌려가며 반죽을 한다. 이를 누룩틀에다 담아 단단히 디뎌서 성형을 한 다음, 방 아랫목에 짚을 깔고 그 위에 놓아 3~4일에 한 번씩 뒤집어 주면서 40일 정도 발효시키면, 겉에 누렇고 뽀얗게 곰팡이가 피면서 누룩이 완성되는데, 지름이 20cm · 두께 13cm의 원반형이며, 누룩 발효에 적정한 실내 온도는 25~30℃가 좋다고 한다.

이어, 멥쌀 16kg을 물에 씻은 뒤 하루 동안 불렸다가 건져서 고두밥을 짓는다. 고두밥이 다 지어졌으면 퍼서 멍석이나 돗자리 위에 고루 펴 차게 식힌 다음, 낱알갱이가 되도록 손으로 비벼서 누룩과 섞는다. 누룩은 절구통에 넣고 찧어서 잘게 부순 것을 하룻동안 햇볕에 말려서 뜬내(곰팡이 냄새)를 제거하여 사용한다.

누룩가루는 멥쌀 16kg에 13kg의 비율로 섞고 물 50ℓ를 붓는다. 물은 지하수를 사용하며, 술독에 술을 안친 다음 항아리는 그대로 방치한다.

주로 한여름에 빚기 때문에 주둥이를 봉하거나 항아리 몸을 싸맬 필요가 없다고 한다.

항온항습장치 설치로 적정 발효온도 유지

방 아랫목에 술독을 앉혀 7~10일간 발효시키는데, 적정 실내 온도는 누룩 발효시와 같은 온도인 25~30℃가 좋다. 술 발효에 따른 적정온도의 유지를 위해 특별히 고안된 항온항습장치를 설치하여 계절변화에 관계없이 일정 온도, 일정 기간을 유지할 수 있다는 게 문봉수 씨의 설명이다.

항온항습장치 설치의 아이디어는 문봉수 씨의 아들 정식(36세) 씨가 아버지의 일을 돕기 시작하면서 낸 것으로, 그 이전에는 일기가 고르지 못하거나 계절의 변화 또는 술독관리에 소홀했을 때, 술이 변하거나 시어지는 등 실패하는 일이 자주 발생했다고 한다. 문봉수 씨의 나이가 벌써 여든을 넘어 선 때문이었다는 것.

문봉수 씨는 "술독을 안친 지 7~10일이면 술이 다 익으므로 증류에 들어가는데, 채주율을 높이기 위해선 불을 잘 조절해야 합니다. 술의 맛 · 향기까지도 불을 조절하는 일에 달렸습니다."고 말한다.

가마솥에 술덧을 넣고 소줏고리를 얹어서 증류를 시작하는데, 200℃ 이상의 온도에서 7~8시간 가열하면 비로소 예선주를 얻게 된다.

처음 채주된 술은 알코올분이 70% 이상이 되고, 점차로 떨어져 맨 나중에는 거의 맹물에 가까운 술이 얻어지므로, 이를 희석시켜 알코올분 45%의 예선주를 만든다.

예선주는 "다른 증류주와는 달리 증류주이면서도 여과 · 숙성기간을 거칩니다. 그래야 술맛이 부드럽고 누룩냄새 등 이취가 없어 향기가 좋아지기 때문입니다".

증류주로는 특별하게 여과과정을 거치고 있는 예선주. 예선주의 여과과정은 망사와 세척된 모래, 참나무숯, 자작나무숯을 켜켜이 담은 용기에 술을 통과시켜 곡주 특유의 이취나 잡내를 없앤 후, 1개월 가량 그늘지고 시원한 곳에서 저장, 숙성시켜 마신다는 것이다.

행정 편의주의에 막힌 예선주 개발사업

예선주는 현재 가양주로만 빛어져 그 명맥만을 유지하고 있는 실정이다.

문봉수 씨를 비롯한 이 마을에 사는 19명은 "예선주 개발사업 추진을 위해 연명으로 주류제조 면허 추천 신청서를 제출한 지 이미 5년이 다 되어가는데, '대표자 고령으로 사업추진 곤란' 과 '참여 농가 출자 확인 법인 또는 개인사업 여부 불명확' 을 이유로 관계서류를 반려해 왔습니다."면서, "이는 농촌 부대사업 실정을 외면한 행정 편의주의의 발상"이라고 반발하고 있다.

오늘날 우리 사회의 음주문화가 우려할만한 사태에 처해 있는 까닭과, 아직까지 세계에 내놓을 만한 이렇다 할 전통주 한 가지 없는 실정도, 알고 보면 관계 당국의 행정 편의주의와 무관심에 기인한 결과는 아니었는지 다시금 생각해 보아야 할 일이다. 酒

탁주편

名家銘酒

탁주편

중원 대륙을 누비던
고구려인들의 잔치술
경기 계명주

"못 먹는 탁배기 권하지나 맙서예"
제주 오메기술

이름 들었어도 술맛 아는 이 드물어
안동 이화주

화전민촌 사람들의 술
강원 한옥로

마시고 나면 상쾌함을 주는
정읍 약주

'땅 속의 사과' 지키기와 '전래농주'
평창 감자술

유일하게 남자들이 빚어 온 술
선산 약주

우리 술의 암울했던 역사를 상징하는
양평 호랭이술

뒤끝이 깨끗하고 걸쭉한
맛의 대중 건강주
포천 이동막걸리

충북지방의 4대 명약주 중 하나
덕산 약주

사돈집 '인사음식'이었던 고급 탁주
영덕 가루술

깔보다가는 큰 코 다친다는 단맛의 엿술
봉화 옥수수술

삼천리 금수강산에 우리나라 술
부산 산성막걸리

인목대비모친이 귀양지
제주서 빚었던 술
구의 모주

한여름 땀을 씻어주고
배고픔을 채워주는 술
울릉도 엿탁주

술 이름에 반하고 맛에도 반하는
청산별곡주

불로초 구기자로 빚는 청양지방 토속주
청양 방문주

주막 역사 다시 쓰는 죽령주막의 술
죽령주막 인삼동동주

평상시 일이 된 엿, 엿술 만들기
원주 엿술

"모름지기 옛 법식대로 빚어야"
문화 류씨 집안의 가양주
김포 동동주

중원 대륙을 누비던 고구려인들의 잔치술

경기 계명주

우리나라의 술은 누룩을 발효제로 하는 순곡 발효주이다.

누룩이 만들어지기 이전의 술로는 미인주(美人酒)라는 술이 있었지만, 누룩 제조 이후의 최고(最古)의 술을 들라면 역시 '법주'와 '계명주(鷄鳴酒)'라 할 것이다. 그러나 법주가 신라인들의 술이면서 양반네들의 술이었다면, 계명주는 중원을 누비던 호쾌한 기상의 고구려인들의 술이요, 가장 서민적인 술이랄 수 있다. 또한 어떤 의미에서는 교동법주보다 훨씬 오래전에 만들어졌던 술일 수도 있다.

계명주의 유래는 지금으로부터 1500여년 전의 중국 문헌인 《제민요술》에서 찾을 수 있는데, 거기에 '하계명주(夏鷄鳴酒)'라는 이름과 함께, '여름철 황혼녘에 빚어 새벽 닭이 울면 마신다.'고 적고 있어, 계명주의 유래가 지금까지 알려졌던 고려시대보다 훨씬 이전인 고구려시대 때부터 이미 존재했음을 시사하고 있다.

특히 계명주에 대한 이러한 기록은, 동양문화권에서는 처음으로 맥아문화를 싹틔웠다는 사실을 입증하고 있는 것이다.

마셔도 취하지 않는 고구려인들의 잔치술

한양대학교 식품영양학과 교수였던 고(故) 이성우 박사는, 그의 저서 《고려 이전의 한국 식생활사 연구》에서 《고려도경》〈연음조〉라는 1000여년 전의 문헌의 기록을 인용, '고려인들의 잔치술은 빛깔이 짙으며 마시면 취하지 않는다'고 표현하고 있는 것과 관련하여, "이 '잔치술 빛깔'은 계명주의 다른 이름인 '엿탁주'의 색깔을 가리키고 있으며, '마시면 취하지 않는다'고 하는 것은, 중국인들은 주로 독한 술을 마셨던 까닭에 알코올 함량 11%의 계명주로는 취기를 못 느꼈을 것으로 추측된다. 따라서 고려시대의 잔치술은 계명주와 관련이 있다."고 주장한 바 있다.

그는 또 800년 전의 중국 문헌인 《거가필용》이나 우리나라의 《동의보감》에 나오는 계명주가 현존하는 이당주, 엿탁주와 재료나 양조비법에 있어, 거의 똑같이 기록되어 있다.

따라서 엿탁주 또는 이당주가 고려시대 이전부터 평남지방에서 전래되어 온 토속주 계명주라는 사실을 밝히면서, "지금으로부터 1500년 전의 《제민요술》에 '하계명주'로 기록되어 있는 것을 비롯, 4개의 고문헌상에는 계명주라는 술이름의 맥이 이어졌으나, 재료에 있어 조청, 즉 '엿'이 들어가다 보니 계명주의 옛 이름은 잊어버리고, 평안남도 지방을 중심으로 '엿술감주', '이당주', '엿탁주'라고 불렀던 것으로 추측된다."는 주장을 싣고 있다.

죽을 쑤어 술을 만든 최초의 민족

이성우 교수는 또 "우리나라는 아시아 속의 '맥아문화권'에 속한다. 그 이유로 우리 민족은 죽을 쑤어 술을 만든 최초의 민족임과 동시에 맥아(엿기름) 문화를 싹틔웠다."고 주장했다.

환언하면, 계명주가 고두밥이 아닌 죽을 쑤어 빚은 최초의 술이며, 또 양조기법에 맥아인 엿기름을 처음 사용한 사실이 계명주를 통해서 밝혀졌다는 주장이다.

이로 그간 의견이 분분했던 '계명주는 예주·감주의 흔적일 것이다.'라든가, 중국인들이 '주조 추냥의 흔적일 것이다'는 추론에서 결국 계명주는 실존한 술로서, 고구려시대부터 이미 널리 애용되었던 서민의 술이요, 우리 고유의 술이었음을 알 수 있게 해준다.

이러한 계명주는 '80년 87세를 일기로 작고한 박채형 씨가 평남 강동군 삼등면 송가리에서 일정치하 및 1·4후퇴 때까지 술을 빚어오다 월남하여, 자부이자 11대 종손며느리인 최옥근(54) 씨에게 전수해 준 것으로, 평남지방에서는 제사와 명절 잔치 때 주민들이 엿탁주를 만들어 애용했다고 전한다.

최씨는 지난 '65년 결성 장씨 기항(59)에게 출가, '66년부터 시어머니로부터 전수받은 비법으로 계명주를 빚어오면서도 관련 문헌과 학술적 입증이 되기 전(1986년)까지는 사실 무슨 술인지도 모른 채, 시

집의 가습을 따른다는 생각으로 술을 만들어 왔다고 한다.

그러다가 장기항 씨가 관련 고증자료를 찾고, 월남 이전 평남지방에 거주했던 고령의 노인들과 이성우 교수 등 학계의 자문을 구한 끝에 고구려시대부터 빚어졌던, 국내에서는 가장 오랜 역사를 지닌 계명주임을 밝히게 된 것이다.

그러니까 장기항 씨의 그러한 노력이 없었다면 1500년 역사를 가진,탁주류로서는 최고의 술인 계명주는 맥이 끊기고 말았을지도 모를 일이다.

단맛나는 감주의 맛, 탈모방지 · 혈액순환 도와

따라서 계명주에 대한 이와 같은 기록사적 사실 입증은, 그동안 구전(口傳)에만 그쳤던 우리 고유의 술을 되찾았다는 사실 외에, 전통문화의 계승 · 보존의 중요성을 재삼 상기시켜 주고 있다는 점에서도 경기 계명주의 진가를 찾게 된다.

최씨는 "시어머니께서 계명주를 빚으실 때는 소량씩 빚어서 숙성이 된 술을 광목으로 만든 술자루에 퍼담은 뒤, 맷돌이나 다듬잇돌로 눌러서 제성 항아리에 담아 앙금이 갈앉으면 웃물만 떠서 마시게 했는데, 술 빛깔이 짙은 황색으로 보기에도 좋았다. 제사나 잔치 때 쓸 술은 정성을 더해 재차 삼베자루에 창호지를 넣고 걸러서 사용했습니다. 이만 저만한 정성이 아니었지요." 하고 말한다.

이러한 내력과 과정을 거쳐 결성 장씨 집안의 가양주로 이어져 오던 경기 계명주는, 지난 '87년 3월 경기도 지정 무형문화재 제 1호가 된데 이어, 10년만에 다시 농림부가 지정하는 전통식품 부문 '명인'이 되었다.

이는 경기 계명주가 '여느 술처럼 누룩 냄새가 거의 없고, 유일하게 단맛이 나는 감주의 맛이 돈다.' 고 하는 특징적 사실에 근거한다.

최씨는 "같은 탁주류이면서도 막걸리보다는 맛에서 순하고 독성이 전혀 없어, 마시기에 절대 부담이 없습니다."고 하면서,"이는 밀주(密酒 · 꿀술)에서 연유한 맛으로, 마시면 단맛이 돌며 은은하게 취합니다. 또 취기가 늦게 오르면서 빨리 깨는데, 전혀 후유증이 없고 장복할 경우 소화작용을 도우며, 피로회복과 양기를 북돋아 줍니다. 특히 탈모방지와 혈액순환, 위와 폐를 보호하는 등 원기를 북돋우는데 효과가 있어, 술을 통해서도 우리 조상들의 지혜와 슬기, 그리고 뛰어난 양조기술을 엿보게 됩니다."고 말한다.

앞서 계명주의 특징을 언급했는데 그러한 술맛은 어떻게 해서 나오게 되는지, 계명주 제조에 따른 재료며 제조방법이 여느 술과는 어떻게 다른지, 최씨의 설명을 들어가면서 그 제조과정을 살펴보았다.

옥수수 · 수수죽 · 엿에 누룩 불려 빚는 특이한 제법

우선, 재료 면에서 계명주는 멥쌀이나 찹쌀이 아닌 옥수수와 수수, 조청(엿), 엿기름(엿길금), 솔잎, 물을 쓴다는 점이 주목된다. 또한 고두밥이 아닌 옥수수 · 수수죽을 사용한다는 점이 특이함을 알 수 있다.

최옥근 씨의 계명주 빚는 법을 보면, 먼저 누룩을 만드는 데 있어 그 방법은 다른 술들의 누룩제법과 별반 다를 것이 없다.

다만, 법제를 한 누룩(8근 3냥)을 가루내어 조청(6근 6냥)에 담가 불려내는데 보통 6~7일이면 좋다. 이어 옥수수와 수수를 8:2의 비율로 12시간 가량 물에 담가서 충분히 불린 다음, 맷돌에 갈아 이들 재료의 3배 가량의 물을 붓고 엿기름을 넣어 묽은 죽을 만든다. 주재료의 구체적인 양을 보면 옥수수 8되, 수수 2되, 엿기름 2되로서, 묽은 죽을 가마솥에 넣고 엿을 고는 과정처럼 푹 삭을 때까지 은근한 불에서 끓인다. 죽이 되직하게 끓으면 삼베로 만든 술자루에 담고, 압착, 제성기를 이용 압착하여 엿밥은 버리고, 엿물만 다시 끓여서 차게 식힌다.

엿물은 조청에 불린 누룩과 솔잎(생것)을 적당량 넣고 고루 섞은 뒤, 항아리에 안치는데 술독은 실내 온도가 25~28℃ 정도 유지되게 하여 8일 가량 발효시킨다.

황혼녘에 빚어 새벽 닭 울 때 마신다

그런데 여기서 간과해서는 안될 것이 한 가지가 있다.

다름이 아니라, 《제민요술》이나 그 이후 조선시대의 음식 관련 여러 문헌에서 보듯, 계명주는 '황혼

녘에 빚어서 새벽 닭이 울 때 마신다'고 하는 데서 술 이름을 따왔고, 또 그만큼 빠른 시간에 만들어 마실 수 있는 술이라는 데서 계명주를 특징 지을 수 있다.

현재 최옥근 씨에 의해 빚어지고 있는 계명주는 일반 탁주와 거의 같은 제조기간이 소용된다.

따라서 어떻게 해서 그 제조기간이 하루에서 8일간으로 늘어났는가 하는 의구심인 것이다.

최옥근 씨로부터는 뚜렷한 이유라거나 만족할만한 답변을 기대할 수 없었지만, 《거가필용》에 "춘 · 추절에는 3일, 하절기에는 2일, 동절기에는 5일이 소요된다."고 하는 기록과 함께, 주재료의 하나인 옥수수의 처리과정에 기인한 것으로 생각된다. 즉 최 씨의 말맞다나 "옛날에 시어머니와 함께 술을 빚을 때 급히 죽을 쑤어야 할 필요가 있을 때는, 밭에서 수확한 생옥수를 그대로 수수와 함께 죽을 쑤고 좀

함량 11%의 비교적 낮은 주도로, 마시기에 전혀 부담이 없고 부드러운 단맛을 자랑하여, 어느 사이 취하는 줄 모르게 취하고 만다.

특히 은은한 술향기와 함께 밝은 담황색이 주는 자극과 유혹을 떨치지 못해, "한 번 마셔 본 사람이면 결국 다시 찾게 된다."는 술이다.

계명주의 연한듯 하면서도 맑은 담황색의 술빛깔이 주는 시각적 자극과 함께 코 끝을 후벼드는 솔잎 향기, 그리고 마시고 난 뒤의 혀 끝에 감도는 은은한 단맛은 계명주에서만이 느낄 수 있는 술맛이라고 하겠다.

이 외에도 다른 막걸리나 탁주류와 같이 마시고 난 뒤의 복부 팽만감이나 트림, 두통 등 숙취가 없는 점도 계명주의 특징이다.

숙취는 술을 많이 마셨을 때 몸 속에 들어간 알코올이 아세트알데히드란 중간 산물을 만들어 일으키는 증상인데, 이튿날 아침 머리가 패고 뱃속이 메슥거리고 목이 타며, 심한 경우에는 출근 후에도 피곤하고 권태감이 심하며, 뱃속이 편하지 않고, 현기증이 나서 정상적인 근무가 어려울 정도가 된다.

이는 저질의 합성주나 싸구려 술 속에 포함된 알코올 외의 휴렐유 같은 불순물이 들어있기 때문이다. 그리고 자신의 신체상태가 소화능력이 떨어지고 전신상태가 나쁠 때, 음주 속도가 빨랐 때, 약한 술을 마신 뒤에 알코올 함량이 높은 술을 마셨을 때 숙취를 느끼게 된다.

따라서 몸의 상태가 나쁠 때는 술자리를 피하거나 음주량을 줄여야 하고, 술 마시는 속방하고 건강을 유지하는 방법이다. 酒

더 시간이 있을 때는 옥수수를 맷돌에 갈아서 죽을 쒔다. 그리고 시간이 넉넉할 때는 옥수수를 엿기름처럼 순을 내서 맷돌에다 갈아서 사용했습니다."고 말한 것이 그 이유이다.

따라서 《제민요술》의 "황혼녘에 빚어서 새벽닭이 울 때 마신다"고 하는 기록은, 그만큼 빨리 빚어 마실 수 있다는 것으로 해석해야 옳지 않을까 싶다.

그리고 최옥근 씨의 제조방법은 옥수수를 건조시켜 놓은 상태에서 맷돌에 갈아 죽을 쑤는 방법인만큼, 죽을 쑤는 데도 햇옥수수를 이용하여 죽을 쑤는 것보다 시간적으로도 오래 걸릴 것은 자명하다.

우리 것 되찾기 위한 '깨어있는 정신'

어떻든 이러한 방법을 거쳐 술빚기가 끝나는데, 8일째가 되면 마지막 과정으로 술거르기를 한다. 술거르기는 베로 만든 술자루에 술을 퍼 담은 뒤, 자배기나 옹자배기 같은 그릇 위에 쳇다리를 걸친 다음, 그 위에 술자루를 올려 놓고 맷돌이나 다듬잇돌로 눌러서 술을 짜낸다. 이른 바 압착여과를 하는 것이다.

이렇게 해서 계명주의 술빚기가 끝나는데, 알코올

"못 먹는 탁배기 권하지나 맙서예"

제주 오메기술

우리나라 제일의 관광낙원이자 국제적 관문으로서 손색이 없는 제주도. 그리고 제주도 속의 제주도라 불리우는 성읍 민속촌에 전통의 탁주가 있어, 이곳을 찾는 외래 관광객들에게 제주도 고유의 풍미를 자랑하고 있다.

'탁배기', '오메기술'로 불리우는 제주도 전통주는 제주도 남제주군 표선면 성읍리 소재 성읍 민속촌에서 빚어지고 있는데, 그 기능보유자는 김을정(70세) 씨이다.

더는 갈곳이 없는 제주 사람들의 애환과 땀을 씻어 주는 술

김을정 씨는 "20세에 이곳 강진보(康秦輔) 씨 집안으로 시집 와, 평소 시댁에서 손님 접대와 제주(祭酒)용으로 담던 오매기술 제조법을 시어머니로 배웠다."면서, "세월이 좋아지다 보니 지난 '90년 5월 향토 술담그기 부문 제주도 지정 무형문화재 제3호가 돼 다소 보람을 느낀다."고 한다.

제주 오메기술은 남제주군 표선면 성읍리 일대에서 주로 빚어졌으나, 제주도의 현존하는 전통·토주 가운데 가장 널리 알려진 전통주이다.

오메기술은 청주를 함께 얻는다. 술을 안쳐 술이 익으면 채주하는 과정에서 술독에 말갛게 고인 웃국을 살짝 떠 내면 청주가 되고, 청주를 떠낸 뒤 주박과 함께 밑국에 적당량의 물을 타서 마시기 좋은 상태로 주도(酒度)를 낮춘 술이 탁배기, 곧 오메기술이다.

'못 먹는 탁배기 권하지나 맙서예. 달이 동동 밝거들랑 날 만나러 옵서예.'

못 먹는 오메기술은 권하지 마시고 휘영청 밝은 달이 떠오르면 나를 만나러 오시라는 이 노래는 남제주군 표선면 지역 아낙네들의 애틋한 속삭임을 담고 있는 제주민요의 한 대목이다.

이렇듯 오메기술은 남제주군 사람들의 생활 내면 깊숙히 자리를 잡고 있는 대중적인 농주의 하나였다.

오메기술은 한 독에서 청주와 막걸리를 함께 얻는

데, 청주는 그 양이 극히 적거니와, 예로부터 귀하게 여겨 제주(祭酒)와 귀한 손님을 맞아 내놓는 접대용의 술이었다. 그리고 청주를 뜨고 난 뒤에 얻는 막걸리, 곧 오메기술이 대중적인 술로 자리매김을 해 왔는데, 사면이 바다로 둘러싸여 있어서 배가 아니면 더는 갈 곳이 없는 이 지역 사람들의 땀과 한숨과 서러움을 함께 달래주는 서민의 술이었다.

따라서 오메기술은 논밭을 일구고 수확을 하면서, 이마에 맺힌 구슬땀을 훔치면서 일터에서 마시던 술이었고, 힘든 노동에서 오는 신세타령으로서의 한숨과 설움을 씻느라 곧잘 마셨던 술이었던 것이다.

걸쭉하면서도 부드러운 맛, 오메기떡 빚는 데서 술 이름 얻어

제주 오메기술은 줄보리로 만든 누룩과 차조쌀로 만든 오메기떡을 주원료로 하여 술빚기가 이루어진다.

누룩은 줄보리(맥주보리)를 맷돌에 거칠게 갈아 적당량의 물로 되게 반죽한 뒤, 삼베보자기로 싸서 발로 단단히 디뎌 굳힌 다음, 짚 위에 띄운다. 누룩은 직경 10㎝ 내외이며, 두께 2.3~3㎝ 정도의 보리개떡 형태로, 멱서리나 항아리에 짚 한 켜, 성형한 누룩 한 켜씩 교대로 담아 따뜻한 아랫목이나 볕이 잘 드는 실내에서 15일간 띄운다. 잘 뜬 누룩은 노르스름하면서도 포르스름한 곰팡이가 고루 피는데, 누룩을 잘 뜨게 하기 위해서는 2~3일에 한 번씩 맨 위에 있는 누룩을 맨 아래로 자리를 바꾸어 준다. 1주일이 지나면 후끈후끈

한 열이 오르면서 누룩이 뜨기 시작하고, 15일이 지나면 열이 내리면서 발효가 끝난다. 술빚기 2~3일 전 햇볕에 바짝 말렸다가 가루로 빻아 쓴다.

이어 본격적인 술빚기에 들어간다.

거피한 차좁쌀을 곱게 갈아 적당량의 물로 반죽한 뒤, 오메기떡을 만든다. 오메기떡은 차조 1말을 물에 12시간 침지하여 충분히 불린 뒤, 물기를 빼서 가루로 곱게 빻고 끓여서 식힌 물로 되게 반죽하여 만든다. 이 오메기떡을 물솥에 넣고 삶아 내는데, 눋지 않도록 가끔 주걱으로 잘 저어준다. 다 익은 떡은 물위로 떠오르므로 이를 건져서 식기 전에 덩어리진 것 없이 물을 쳐가면서 손으로 잘 치대서 죽을 만든다.

여기에 누룩가루 2되를 섞고 반죽하여 술독에 안친 다음, 물 40 *l* 를 부어 술 안치기를 마친다.

술독은 공기가 잘 통하면서 20~30℃ 되는 어두운 곳에 이불로 싸매서, 일정한 온도유지가 이뤄질 수 있도록 하여 7~10일 가량 발효시킨다.

잊지 말아야 할 것은, 항아리 밑바닥에 생대잎(죽엽)을 한 켜 깐다는 것이다. 이는 죽엽의 성분이 술의 변질을 막아주기 때문이다.

다 익으면 항아리 속의 술 표면에 검은 색 기름이 떠 오르며, 곡주 특유의 향기와 함께 약간 새콤하면서도 감칠맛을 주는 오메기술이 된다.

타지방에선 맛 볼 수 없어 아쉬움 "옛법 지켜 토속성 살리는 게 중요"

오메기술 역시 탁주인 까닭에 그 느낌이 걸쭉하면서도 부드러워 안주 없이도 마실 수가 있다.

지금도 제주도 지방에서는 오메기떡을 만들어 먹는데, 도우넛처럼 한가운데 구멍을 내고 삶아서 팥이나 콩고물을 입히거나 설탕시럽에 담구어 먹는다.

한편, 육지에서는 형태는 다르지만 '좁쌀떡'이라 하여 서민들 사이에서 즐겨 먹었다.

오메기떡이 서민적인 떡이었던 만큼 오메기술이라는 이름을 얻게 되었으며, 여느 지방의 전통·토속주와는 사뭇 다른, 토속성을 충분히 살리고 있는 술이라 할 것이다.

이러한 오메기술은 성읍 민속촌 내에서 관광객을 상대로 제조·판매하고 있을 뿐, 외지에서는 그 맛을 즐길 수가 없어 아쉽기 그지 없다.

요즘 제주도에서는 토속주라 하여 좁쌀로 만든 가짜 오메기술이 횡행하고 있는데, 제대로 된 오메기술을 맛보려면 '심팡음식점'을 찾아야 한다.

심팡음식점은 김을정 씨의 딸(강경순, 성읍리 673)이 운영하고 있는 향토음식점으로, 어머니가 직접 빚은 오메기술만을 취급하고 있기 때문이다.

"여느 전통·토속주 같으면 유통과정에서의 재발효를 지연시키기 위해, 고온 살균처리를 하는 등의 방법으로라도 널리 알리고 더불어 돈도 벌 수 있겠지만, 옛법에 의한 전통을 지키고 이를 계승하려는 데 보다 큰 의의를 두고 있다."

제주 특유의 사투리에 곤혹스러워 하는 것을 눈치챈 김은정씨의 딸 강경순 씨가 대신한 설명이었다.

이 시대의 '살아있는 정신'
전통은 전통으로 지켜야

김 씨는 또 "오메기술 역시 곡주이자 탁주인 관계로 유통과정에서의 온도변화에 따른 재발효, 곧 술이 쉬어지는 것을 피할 수는 없기 때문에 굳이 외부로 내보내지도 않을 뿐만 아니라, 그 날 그 날 빚고 걸러서 이곳에서만 팔고 있다."고말했다.

김을정 씨처럼 차츰 잊혀져 가는 고유의 향토식을 살리고, 그러한 가운데서 이를 더욱 발전·계승시키려는 노력이야말로 더 없이 소중한 이 시대의 우리의 정신이 아닐까 하는 생각을 갖게 된다.

김을정 씨의 그러한 노력은 오늘을 사는 현대인들의 정신적인 뿌리, 곧 민족적 자긍심을 일깨워주는 산교육이라고 믿기 때문이다.

현대라는 것이 전통이라는 것을 바탕으로 변화와 발전을 계속해 왔음에도 불구하고, 우리 모두는 곧잘 전통과 현대는 대립적이고, 각기 독립된 성격의 것으로 규정하려는 잘못된 노력을 계속해 왔다.

더욱이 옛것은 구태의연한 것이고, 옛 습속은 구습이라 하여 무조건적으로 타파하고 멀리하는 잘못을 서슴없이 저질러 왔다.

편의와 실리, 합리적인 것만을 추구하는 외래사상에 길들여졌던 우리였던 것이다. 酒

이름 들었어도 술맛 아는 이 드물어

안동 이화주

많은 전통주 가운데 '가장 특색있는 술을 들라' 하면 단연코 이화주(梨花酒)를 그 으뜸의 자리에 놓고 싶다.

고려 때부터 빚어졌던 것으로 알려지고 있는 이화주는 '배꽃이 필 때 술을 빚는다' 하여 이화주란 이름을 얻었으나, 후세에 와서는 아무 때나 누룩을 만들게 되자, 이름조차도 차츰 사라져 버렸던 술이다.

이화주를 기억하는 사람이 얼마나 될지 의심스러울 정도로 그 흔적을 찾기가 어렵지만, 이화주를 처음 대하는 사람들은 '이것도 과연 술인가' 하는 의구심에 사로잡히게 된다.

술은 술이되 술이 아닌, 흡사 농축시킨 야쿠르트와 같기 때문이다.

그동안 맥이 끊겨 기록으로만 전해지는 것으로 알았던 이화주를 맛보게 된 것은, 경북 안동군 임동면 수곡리 거주의 안동 송화주 기능보유자 이숙경(75세 1997년졸) 씨를 뵙고서 였다.

"옛날 우리 마을에서는 해마다 5월 중순 이맘 때가 되면 동네사람들이 줄을 서는 모습을 볼 수 있었습니다. 방앗간으로 멥쌀 빻으러 가는 풍경이지요. 배꽃이 필락말락 할 때 빚어야 오래 두어도 변하지 않고, 본래의 하얀 색깔 그대로 유지할 수 있어 보기도 좋지요. 이화주는 술 빚는 시기를 잘 맞춰야 하기 때문입니다."

아이들에게 먹여도 좋을만큼 훌륭한 영양의 이화주

이숙경 씨는 또 "누가 뭐래도 옛 방식 그대로 술을 빚을 겁니다. 양조허가를 안내주면 말지요. 술맛이 달라지고 품질이 떨어지는대도 굳이 요즘 법에

맞출 필요는 없다는 것이 내 고집입니다. 옛 법식을 중요하게 생각하지 않았다면 왜 굳이 전통을 강조하는지…"라며 '한심스럽다'는 표정을 지었다.

이숙경 씨의 '고집'을 통해서 그러한 굳은 다짐이 우리의 전통과 풍속을 만들어 냈다고 생각하니, 전통이나 풍속이란 것이 그저 생기고 만들어지는 것이 아닌, 그 무엇인가를 꼭 지켜야 할 필요성 같은 것이 있음을 거듭 깨닫게 된다.

이숙경 씨를 통해서, 아니 이 씨의 외경스런 고집을 통해서 그 필요성을 찾아보기로 했다.

"옛 방식대로 빚어진 이화주를 맛 본 사람들은 '술은 술인데 아이들한테 먹여도 좋겠다'고 하고, '쌀로만 빚은 것이라서 그런지 영양가도 높고, 꼭 농축시킨 야쿠르트 같아서 아이들 간식으로 훌륭하다'고들 합니다. 글쎄, 요즘 나오는 야쿠르트가 어떤지는 잘 모르겠지만, 이화주의 맛이나 성분은 학자들에 의해서 밝혀진 것이어서 우리 조상들의 지혜에 새삼 놀라게 됩니다."

유일하게 쌀 누룩 사용, 백설기떡에 엿기름 넣어 빚는다.

이숙경 씨가 '오늘 집에 가서 꼭 만들어 보라'면서 가르쳐 준 이화주는 이렇게 빚어진다.

이화주는 쌀만으로 빚어지는 것이 여느 술과 다른 점이다.

다른 술은 쌀을 주원료로 하여 밀누룩으로 빚는데 반해, 이화주는 쌀누룩을 사용하기 때문이다.

약 1되의 멥쌀을 씻어 5~7일간 침수시켜 두면 쌀이 불어 약간 부식상태가 되면서 쌀 표면에 노랗게 곰팡이가 핀다. 이 씨는 쌀이 부식되면서 곰팡이가 생기는 것을 '꽃이 핀다'고 했다.

씨의 말처럼 꽃이 핀 상태의 쌀을 깨끗히 씻은 뒤, 건져서 물기가 빠지면 방앗간으로 가져가 가루로 빻은 다음, 이 멥쌀가루로 반죽을 하는데, 일절

물을 치지 않고 빻아 온 그 상태에서 반죽을 한다.

두 주먹크기가 되게 잘 뭉쳐서 덩어리가 지면 큰 바구니에 솔잎을 도톰하게 깐 뒤, 다시 솔잎으로 덮어서 따뜻한 방안에 둔다.

이때의 실내온도는 20~25℃ 정도로 15일 가량 발효시키면 누룩이 된다. 잘 뜬 누룩은 노란 곰팡이가 골고루 피어 있다. 밖에 내다가 바람을 쐬어 건조시킨 다음, 곰팡이는 털어내고 다시 솔잎 속에 15일 정도 묻어 두었다가 절구나 방망이로 찧어 가루로 만든다.

누룩이 다 만들어 졌으면 술빚기에 들어가는데 멥쌀 4되와 찹쌀 1되를 섞어 깨끗히 씻은 다음, 가루로 빻아서 시루에 담아 백설기떡을 찐다. 백설기떡이 설익거나 고루 쪄지지 않으면 술이 제대로 되지 않으므로 잘 쪄야 한다. 이화주는 찐 떡을 다시 떡메로 쳐서 인절미처럼 반죽을 해서 손으로 만져보아 견딜만한 온도가 되었을 때 술을 안치게 되므로, 뜨거운 훈기가 빠져 나갈 동안을 이용, 체로 걸러 낸 엿기름가루 1되와 곱게 빻은 누룩가루 1되를 준비한다.

백설기는 손으로 만져서 결딜 수 있게 따뜻할 때 (약 35~38℃ 정도) 누룩과 엿기름을 서로 섞어 반죽을 하는데, 떡의 따뜻한 온도 때문에 엿기름이 녹아 들어 물렁물렁 해진다.

여기에 25~30% 정도의 재래식 소주 1.5 *l* 와 마련해 두었던 누룩 1되를 함께 붓고, 다시 반죽하여 항아리에 안친 뒤, 그 위에 다시 0.5 *l* 의 소주를 붓고 밀봉하여 발효에 들어간다.

반죽이 잘 되게 하려면 방앗간에 가져가 떡 빼는 기계로 두 번 정도 뽑아 내면 좋다.

다음은 이숙경 씨가 "요새 사람들을 위한 보다 손쉬운 방법"이라며 가르쳐 준 한 가지 요령이다. 즉 백설기떡과 누룩, 엿기름을 서로 비빈 다음, 방앗간에 가져가 가래떡 빼는 기계로 두 번 정도 뽑아 내면 일일이 떡메로 치거나 힘들이지 않아도 반죽이 고루 섞여 술빚기가 용이해진다는 것. 또 이때 재래식 소주를 조금씩 발라주면 떡이 물러지면서 반죽이 쉬어진다는 것이었다.

수저로 떠 먹는 술, 1년 내내 두고 먹어도 변하지 않아

그런데 이화주는 옛법과 다소 다름을 알수 있다. 옛법에 의한 술빚기가 일체의 물을 넣지 않고 인절미를 만들듯 떡메로 쳐서 술을 안치는데 비해, 소주를 넣는 점, 그리고 구멍떡을 만들어 끓는 물에 삶아서 술을 빚음으로써 수분을 충분히 해주고 있는 방법인데, 이와는 달리 백설기떡을 그대로 사용함으로써 부족한 수분을 소주를 이용, 조절해 준다는 점이 다소의 차이인 셈이다.

그러나 분명한 것은 오늘날과 같은 시대에 안반과 떡메로 쳐 내기도 수월치 않거니와, 떡을 만들고 끓는 물에 삶아내는 번거로움을 덜 수 있다는 점에서 이 씨의 방법은 환영할만 하다고 생각된다.

한 가지 중요한 것은, 술을 안칠 때 넣는 소주는 멥쌀 1말에 2l의 비율로 하여 반죽할 때와 술을 안치고 나서 밀봉하기 바로 전에 반반씩 나누어 넣는다고 한다(재래식 소주가 없으면 25%의 화학소주를 사용해도 무방하다).

술독은 햇볕이 안 닿는 서늘한 곳에 두어 30일, 또는 45일 정도 발효시키는데, 다 익은 술은 마치 고추장처럼 되직한 죽상태로 하얀 빛깔을 띤다.

"전국의 술을 다 맛 봤다니 하는 말입니다만, 이렇게 생긴 술은 처음 봤을 것입니다. 옛날에 이런

일이 있었어요. 세무서 밀주단속원이 '이 집에 술 있는 줄 알고 왔다' 면서 집을 뒤지더니, 이화주 단지를 발견하고는 고개를 갸우뚱거리더군요. 분명 술 같은데 '이상하다' 싶었던 거지요. 돌아가서 이걸 술이라고 설명할 자신이 없었던지 '술이나 한 잔 달라' 해서 마시고는 '예이, 술맛 한 번 좋다' 고 하면서 그냥 가더군요. 이 술은 안동지방의 선비들 사이에서 즐겨 마셨는데, 여름에 밥맛이 없을 때 한 대접 떠서 수저로 떠 먹어도 되고, 시원하게 물에 타서 마시곤 했지요. 이 술 한 잔 마시고 나면 밥을 먹지 않아도 뱃속이 든든하고 도수가 4~5% 밖에 되지 않아 취하지도 않지요."

이 씨에 따르면 이화주는 1년이 넘도록 두고 두고 먹을 수 있으며, 한여름에도 그 맛이 변하지 않는다고 한다.

'전통'에 뿌리두지 않은 '현대'는 없다

이러한 이화주는 《규합총서》를 비롯 여러 문헌에 빈번하게 오르내리는데, 이숙경 씨의 이화주 제조법은 《규합총서》에 명시된 제법과 일치한다.

《규합총서》에 "정월 첫 해일 3일 전에 백미를 백세하여 담갔다가 빻아 곱게 쳐, 다른 물 들이지 말고, 추진 김에 계란만치 손으로 쥐어서 그릇에다 솔잎과 켜켜 넣어 방에 덥지 않는데 두어라. 이레만에 내어 볕에 반나절 말려, 또 솔잎 속에 전처럼 묻었다가, 내어서 꽤 말려 종이 주머니에 넣어 걸어두었다가 배꽃이 핀 뒤, 또 백미를 전같이 빻아서 구멍떡을 만들어 삶아서 식힌 후 그 누룩을 빻아서 곱게 쳐 섞어 익은 후 쓰되, 일체 날물을 들이지 말아라. 달게 하려면 쌀 한 말에 누룩가루 일곱되고, 맑고 맵게 하려면 서너 되를 넣되 삶은 떡이 얼음같이 식은 후에 섞어라. 누룩만들 때 덜 쥐면 단단하지 못하고 너무 꼭꼭 쥐면 가운데에 푸른 곰팡이가 박히기 쉽다." 고 기록되어 있다.

따라서 《규합총서》의 제법과 이숙경 씨의 제법에 있어 차이가 있다면, '백설기'와 '구멍떡', 그리고 누룩의 양 차이가 있을 뿐 임을 알 수 있다.

이렇듯 옛법을 중요시 여기는 이 씨의 술빚기에서 다시 한 번 생각하게 되는 것은, 옛 조상들의 양조기술과 그에 따른 지혜이다. 또 현대라는 것이 전통에 그 뿌리를 두지 않는 것이 없다고 하는 근본적인 사고에의 귀착이라 하겠다.

한편, 영주 전문대학 식품영양학과 김정옥 교수가 이화주의 주질 및 성분분석을 한 결과, '일체의 잡균이 없고 쌀 누룩에 곰팡이균만 남아 있었으며, 그 맛이 특이하다'는 논문을 발표, 화제가 되기도 했다.

이렇듯 이화주는 우리 선조들의 지혜와 슬기, 땀과 정성이 깃든 전통문화의 한 가지로 자랑했던 것임에도 불구, 주세법에 밀려나고 우리 것을 천시 여기는 못된 사조(思潮)에 밀려 그 설자리를 잃어간다는 것이 슬플 뿐이다. 酒

화전민촌 사람들의 애환을 담은 술

강원 한옥로

우리나라 8도의 특산물 가운데 강원도 지방의 옥수수를 빼 놓을 수 없다. 과거에는 갈곳이 없어 산간벽지로 내몰린 사람들이 척박한 땅, 산구릉을 일구고 살면서 정착하게 된 곳이 강원도 일대의 화전민촌인데, 옥수수는 바로 화전민촌의 주요 생산 곡물이자, 그들 주식의 하나이기도 했다.

일례로 강원도 사람들은 해방 전까지만 하더라도 배가 아프거나, 특별한 날에만 쌀을 먹을 정도로 옥수수와 감자로 끼니를 때웠다.

특히 강원도 옥수수는 타지방의 것에 비해 알멩이가 크고 양이 많아 주요 소득원이 되었는데, 이는 강원도의 토질이 옥수수 재배에 가장 적합하기 때문이다.

따라서 옥수수를 이용한 여러 가지 가공식품들이 개발되었다. 특히 화전민들의 애닯고 고달픈 생활과 목마름을 달래주던 토속주로 속칭 '강냉이 술'이 있다.

그러나 한말에 이르러 밀주단속과 60년대초 정부의 화전 정리에 밀려 그 맥이 끊기고 말았으나, 이를 안타깝게 여긴 한 젊은이가 강냉이 술의 재현에 도전, 20년 만인 '90년에야 옛맛 그대로의 옥수수술을 '강원 한옥로'란 고유상표로 재현해 냄으로써, 다시 맛볼 수 있게 되었다.

'강원한옥로'는 개발 당시 '강원 옥로주' 였으나 '94년에 '한옥로'란 이름으로 상표를 바꾼 뒤, 우리술에 대한 인식을 새롭게 해주고 있다.

군 복무시절 마셔 본 옥수술에 반해 비법찾는 데 20년 매달려

한옥로의 기능보유자 김형철(48세) 씨는 "젊은 시절 군복무 중 농촌 일손 돕기의 하나로, 추수를 도와주고 얻어 마신 옥수수 술맛을 잊을 수가 없었다. 그래서 제대 후에 그때 술을 주었던 농가를 찾아갔

다. 그때부터 줄곧 옥수수술 제조비법을 찾기 시작했고, 급기야 거주지까지도 천리타향인 이곳(춘천군 산북면 천전리)로 옮기고 정착하게 되었다."고 한다.

김 씨에 따르면 "당시 옥수수술은 밀주였던 관계로 당국의 단속이 심할 뿐만 아니라, 양조기술을 가르쳐 줄 수 없다고 하여 저으기 실망했으나, 인근의 평창, 정선, 인제, 홍천군 등지의 옥수수 주산단지를 돌며 구전과 가전(口傳·家傳)에 의한 제조비법을 모으고 조사하는 데만 15년이라는 세월을 보냈다."고 한다.

김 씨가 옥수수술 연구와 실험제조에 임한 때는 '85년, 한 번도 술을 빚어 본 적이 없는 김 씨는 실패를 거듭할 수 밖에 없었고, 가족과 주위로부터 '미친 사람', '정신 나간 사람' 등으로 불리우는 수모를 겪으면서도 '전통의 맛을 내 손으로 잇겠다'는 신념을 버리지 않았다고 한다.

그 결과 김씨는 술빚기 5년만인 '90년, 해가 바뀔 무렵에야 전래의 취향과 맛을 살리는 데 성공, 양조허가를 받기에 이르렀다고 한다.

김씨는 "옛날부터 구전되어 온 방법에 의한 술은 그 맛이 씁쓸하고 빨리 취해, 곡주로서의 술맛을 반감시키기 때문에 쌀을 이용한 곡주제조법에 고유의 옥수수술 제조방법을 가미하여, 은근한 곡주맛인 옥수수술의 참맛을 살리고 있다."고 한다.

옥수수로 정성들여 곤 엿에
엿기름 넣어 빚는다

강원 한옥로의 제조과정을 보자니 여느 전통·토속주들의 경우 발효에 따른 시간이 많이 소요되는 데 비해, 한옥로는 밑술과 덧술 등 술을 안치기까지 재료준비에 많은 시간과 정성이 요구됨을 알 수 있었다.

여느 전통·토속주들이 쌀이나 기타의 곡류를 이용, 지에밥을 짓거나 죽을 쑤어 사용하고 있는데, 한옥로는 옥수수로 연한 조청(엿)을 만든 뒤,

술을 안쳐야 하기 때문에 이에 따른 시간과 정성이 특별하다는 것이다.

한옥로는 찹쌀 2kg을 물로 깨끗히 씻은 뒤, 고두밥을 지어 차갑게 식혀 누룩 400g, 물 2.4*l*, 효모 10g, 젖산 12*ml*와 한 데 섞어 항아리에 안쳐서 밑술을 잡는다.

25℃ 정도의 실내에 밑술을 안친 술독을 5~6일 동안 두면 발효가 끝난다.

이어 1차 덧술을 안치는데 1차 덧술은 밑술의 발효가 끝나기 이틀 전쯤 덧술을 안칠 준비를 한다. 옥수수 20kg을 하루동안 물에 불린 다음 옥수수를 맷돌이나 분쇄기를 이용, 너무 거칠지 않게 갈아서 물 41말, 엿기름 2kg 정도의 비율로 섞어 죽을 만든다. 이를 큰 솥에다 담고 죽이 팔팔 끓을 때까지 끓이되, 솥 밑바닥에 눋거나 타지 않도록 계속해서 나무주걱으로 저어주어야만 한다.

죽이 팔팔 끓으면 넓은 큰 그릇에 퍼서 식히는데, 2시간 정도 지나서 엿기름(250g)을 한 번 더 섞어준다.

'술이 잘되고 안되고는 여기에 달렸다' 할 만큼 엿기름을 섞을 때 죽의 온도를 잘 맞춰야 한다.

엿기름을 섞은 뒤엔 다시 솥에 넣고 5시간 정도 끓이면 옥수수가루가 완전히 삭게 되므로, 자루에 퍼 담아서 세게 눌러 짠다. 찌꺼기는 버리고 노랗게 우러난 국물을 다시 솥에 담고 2~3시간 졸이면 비로소 당화액인 물엿 53kg이 얻어진다.

덧술은 이렇게 해서 만든 옥수수 당화액 8kg과 누룩 0.4kg을 섞어 밑술에다 쏟아 붓고 잘 저어 준 뒤, 25℃ 정도의 실내에서 6일 정도 발효시키면 덧술이 익는다.

영양 풍부하고 감칠맛 뛰어나 배고픔을 잊는 술

강원 한옥로는 곡주로서는 보기 드물게 2차 덧담근 술이다. 2차 덧술 역시 1차 덧술과 같은 양의 재료를 사용하며, 발효에 따른 온도와 기간이 같다. 다 익은 술은 압축, 여과하여 마신다.

이렇게 해서 얻어진 한옥로는 곡주 특유의 담황색을 간직하면서도 약간 푸른 빛을 띠는데, 알코올함량이 16% 밖에 되지 않아 술을 못하는 사람이라도 마시기에 전혀 부담이 없고, 또한 많이 마시더라도 숙취를 느끼지 못한다고 한다.

양이 풍부하고 감칠맛이 뛰어나 자꾸 마시게 된 것이었다.

김 씨는, "우리의 전통과 역사가 살아 숨쉬고 있는 전통 · 토속주는, 값 비싼 양주나 희석식 소주와는 달리 건강을 해치지 않는다는 데 그 가치를 두어야

이와 같은 옥수수술은 《조선 무쌍신식요리제법》에 그 제법이 소개될 만큼, 오랜 역사와 전통을 간직하고 있기도 하거니와, 옛부터 속을 편하게 하고 위의 기능을 돕는다고 전해지고 있다.

특히 최근에는 옥수수술이 신장염과 방광염, 방광결석을 비롯 당뇨병, 고혈압, 토혈, 위염, 설사, 자궁암, 알코올중독, 진통 등에 효과가 있는 것으로 알려지면서 연일 주가가 오르고 있는 술이다.

한옥로는 옥수수 특유의 고소한 냄새와 함께 기름기가 도는 것이, 일견하기에도 예사 술이 아니라는 것을 알 수 있다. 곡주에서만 느낄 수 있는 누룩냄새가 거의 없고 담백함과 은은한 취향이 코 끝을 간지럽힌다.

거듭 권하는 술잔을 물리칠 수 없어 평생 처음으로 아침부터 취하도록 마셨는데, 배고픔을 못느껴 그만 아침도 걸르고 말았다.

쌀과 옥수수, 누룩만을 이용하여 빚은 까닭에 영할 것이다. 한옥로는 이제 가업으로 대물림하여 우리 고유의 음주문화를 정착시키는 데 이바지할 생각이다. 혹시 내일이라도 통일이 될런지 모르겠지만, 그렇게만 되면 금강산에 가서 옥수수술, 아니 한옥로를 빚어 마시고 싶은 것이 내 소원이다."고 한다.

그러고 보면 자신의 그 소원을 하루라도 빨리 이루고 싶은 생각에 천리타향 강원도 춘천까지 미리 와 있는지도 모른다는 생각이 들었다. 酒

마시고 나면 상쾌함을 주는

정읍 약주

물 좋고 인심 좋은 고장, 정읍에 가면 정읍 약주라는 좋은 술을 맛볼 수 있다.

정읍 약주는 구전(口傳)해 오길, 시대와 성씨 불명의 '약봉'이란 사람이 술빚기에 능했는데, 이곳 정읍의 샘물 맛이 좋다는 사실을 알고 술독을 안친 것이 정읍 약주의 유래라고 한다.

그런데 약봉이 빚은 술맛이 기가 막힌지라 소문이 꼬리를 물었고, 그때부터 정읍 약주가 세간에 널리 알려지게 되었다는 것이다.

폐업위기의 양조장 통폐합 후
내장산 맑은 물로 빚은 '단풍주'로 재기에 성공

정읍 약주 합동공사 대표 신영길(53세) 씨는 "일제 때에는 정읍 약주가 진남포까지 올라갔고, 평양의 유명 요리집에서 단골 메뉴로 삼았던 술로 유명했다."며, 대부분의 사람들이 자신의 직업을 비하하고 있는 것과는 사뭇 다르게 술 빚는 일에 남다른 자긍심을 느끼는 듯 호탕하게 웃어 보였다.

한동안 맥이 끊겼던 정읍 약주가 토속주로서 다시 등장하게 된 것은, 신 씨가 폐업위기의 인근 6개 양조장을 통폐합하여 '정읍합동양조공사'로 출범하면서부터이다. 신 씨는 정읍약주의 옛명성을 되살리기에 부심하던 중 쌀막걸리 생산과 더불어 옛맛을 살린 '정읍 단풍주'를 내놓음으로써 재기에 성공한, 극히 드문 경우이다.

신영길 씨는 "문헌이나 기록상의 고증은 어려운 실정이지만, 순곡으로 빚은 정읍 약주(단풍주)는 옛날의 술맛을 그대로 재현한 까닭에 향취가 뛰어나며, 아무리 많이 마시더라도 전혀 뒤끝이 없다. 때문에 매년 애용자가 늘어나고 있어, '우리의 술'로서 정읍 약주는 옛날의 명성 그대로, 보다 많은 사람들에게 사랑을 받게 될 것을 자신한다."고 말한다.

정읍 약주는 어떻게 빚은 술이며, 여느 술과는 무엇이 다른가.

신영길 씨가 자신있게 말하는 술맛의 비결을 찾아

보기로 했다.

"누구 밥줄 끊어 놓을라고 왔소?"
'맛'은 '정성'에 있다

정읍약주합동공사가 생기기 이전부터 40여년 동안 술빚는 일에만 열중해 왔다는 최태윤(63세, 공장장) 씨를 붙들고 그 요결을 물었다.

"오늘부터 여기 와서 나 대신 공장장 하시오. 세상에 비법을 알려주는 사람이 어딨답디까? 밥줄 끊어 놓을라고 작정하고 왔소? 술은 '정성'을 으뜸으로 하는 음식인 만큼, 거짓이나 꾸밈이 없어야 할 것이고, 정성이 깃들어 있지 않은 술에서 '맛'을 느낄 수는 없는 일 아닌가."

퉁명스럽게 내뱉는 어투였지만, 최 씨의 말 끝에서 꾸밈없는 성격을 읽을 수 있었다.

'바쁘다'는 최 씨를 붙들고 늘어지자, "젊은 사람이 당돌하면서도 붙임성이 있어 좋다."면서, 손을 잡아 끈 곳은 '외인출입금지'의 사입실(仕入室)이었다.

후끈후끈한 열기와 함께 술이 끓어오르면서 내뿜는 숨소리와 술 향기가 금새 취해서 곯아 떨어진다 해도 싫을 것 같지 않았다.

정읍 약주를 빚기 위해서는 먼저, 멥쌀 22㎏을 깨끗하게 씻고 12시간 침미하였다가, 건져서 물기가 빠지면 고두밥을 짓는다.

고두밥을 차게 식혀서 효모 50g과 함께 고루 섞고, 누룩상자에 5㎝ 정도의 두께로 담아 40℃ 되는 실내에서 이틀간 띄운다. 이를 입국(入麴)이라고 하는데, 다음으로 누룩 50g, 물 40 l 와 섞어 술독에 안치고 다시 4~5일간 발효시킨다.

이때의 실내온도는 25~30℃를 유지해 준다.

밑술의 발효가 끝나면 멥쌀 90㎏을 고두밥을 지

어 차게 식힌 다음, 누룩 1.2kg 양조용수 160 l 를 밑술과 섞어 새 술독에 옮겨 담고, 25~30℃의 온도를 유지해 주면서 5~6일간 발효시킨다.

다 익은 술은 명주베로 만든 술자루에 담아 쌓은 상태에서 낙차를 이용,두 차례에 걸쳐 자연스럽게 거른다. 처음에는 막걸리처럼 탁한 술이 흘러나오다가 차츰 맑아지면서 제대로 된 술이 걸러진다.

이상과 같은 과정을 거쳐 빚어진 정읍 약주는 감미로운 향기는 물론이고, 주곡인 쌀을 주원료로 하기 때문에 영양이 풍부하여 서너 잔을 들이키고 나면 배고픔을 잊는다.

알코올 함량 또한 막걸리보다는 약간 높은 11%의 술로, 순하고 부드러우며 마시고 나면 상쾌한 기분을 주는 것이 정읍 약주의 자랑이다.

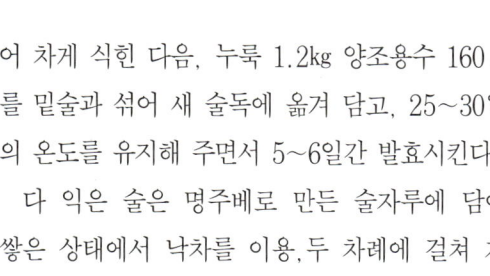

물 좋기로 소문난 내장산
약수와 정읍의 지명

다시 신영길 씨는 "이러한 술맛은 다른 데 있는 것이 아니라, 바로 술빚기에 따르는 양조용수, 즉 내장산 깊은 계곡을 타고 내려온 물이 암반지석의 사이사이를 돌고 돌아 정읍까지 흘러오는 동안 자연스럽게 여과되고 순화되어져 술빚기에 알맞게 되기 때문이다." 라면서, "냉장고에 넣고 차게 해서 마시면 한여름에 깊은 계곡에서 흘러내리는 물맛 그대로 시원함과 상쾌함을 느낄 수 있다."고 말한다.

이제 신영길 씨가 바라는 것은, "보다 많은 사람들이 우리의 전통·토속주를 즐기는 풍토가 조성되어, 외래주에 빼앗긴 우리 고유의 음주문화를 되살리는 것" 이라고 한다.

정읍 약주는 대중주로서의 위치를 어느 정도 확보하고 있는 만큼, 부담없는 가격인 1 l 들이 20병에 1만 8천원 밖에 안받는다.

"현재는 전남·북 지방에 국한된 판매 구역 때문에 그 수효가 만족스럽지 못하지만, 머지 않아 확대될 전망이어서 앞으로는 좀 더 나아지기 않겠느냐." 며 은근한 기대에 차 있다.

정읍 약주는 특히 관광철을 맞아 내장산을 찾는 사람들의 단골 인기상품으로, 최근 인근의 대둔산을 비롯 백양사, 지리산 뱀사골 등지로 판로망을 넓혀 나가고 있음도 그 인기를 반영하는 실례다.

사실, 요즘같이 '물' 문제로 인한 갈등과 걱정이 심화되고 있는 때에, 물 좋기로 소문난 내장산의 약수로 빚은 정읍 약주는 지명(地名)까지 우물(井) 고을(邑)이어서 더욱 술맛을 좋게 하는지도 모르겠다.

예로부터 '수질(水質)이 주질(酒質)을 좌우한다' 고 했고, 최근 주류회사들이 '물 싸움'을 벌이고 있는 것은, 결코 간과할 수 없는 일이라고 하겠다. 酒

'땅 속의 사과' 지키기와 '전래농주'

평창 감자술

요즘 우리 소비자들의 의식은 " 다른 것은 몰라도 농산물 만큼은 우리 것을 먹겠다."는 생각인데 반해, "어떤 식품이 진짜 우리 농산물로 만든 것인지 분간을 할 수 없다." 는 엇갈린 반응이다.

UR 협상의 '최후의 보루'라 여겼던 쌀 시장 개방이 기정사실로 확정되면서, 한편에서는 "이제는 어느 것 하나 들어오지 않는 것이 없게 된 마당에, 알고도 속고 몰라서 속고 이래 저래 소비자만 골탕 먹는 세상이 아니냐?"고 항변하고, 또 한편에서는 "아무리 값이 싸다지만, 우리 농산물을 외면하고 있는 도시 소비자들의 의식이 문제다. 이제 농민은 물론이고 농업의 기반 자체가 무너지지 않는다고 누가 장담할 것인가?"고 걱정한다.

자연·건강식이 된 구황식 감자, 배고픔 달래주던 감자술

농촌출신이라면 밭머리 산비탈에 줄지어 심어 놓은 감자와 옥수수를 떠올릴 수 있을 것이다. 이들 감자와 옥수수는 강원도가 주산지로, 과거 화전민들이 밭작물로는 소출이 많고 비교적 재배방법이 손쉬운 데다, 이 지역이 토질상 최적지라는 점에서 현재도 강원도의 주요 생산 농작물의 수위를 점하고 있다.

한해와 가뭄으로 흉년이 들 때에는 구황식으로, 지금은 자연식이자 건강식으로 그 이용가치가 높은 감자와 조, 옥수수가 언제부턴지 외래 수입 농산물에 밀려 경작지를 잃고 있으며, 농가의 생계마저 위협하고 있는 것이다.

그런데 이러한 불평·불만과 항변에도 불구, 우리의 영원한 고향, 농촌을 살리고 농가의 소득증대를 위해, 아니 우리 농산물인 감자를 지키고 있는 사람들이 있다.

강원도 평창군 진부면 하진부리의 홍성일(54세, 오대양조 대표)씨는 "감자의 경우 강원도가 전국 생산량의 70~80%, 평창군이 강원도의 70~80%를 점유하고 있는데, 점차 판로를 잃어가고 있어 감자 생산 농가들의 한숨이 밭고랑을 적시고 있다."면서 서주, 곧 '감자술'을 빚게 된 배경에 대해, "우리 조상들은 밭작물로 소출이 많고 영양가도 높은 감자

를 재배하면서 각종 조리법을 개발해 왔다. 가뭄과 흉년이 든 해에는 감자와 조, 옥수수를 구황식으로, 배고픔을 잊는 술로 빚어 즐겨 이를 마셨고, 지금에 와서는 감자를 '땅 속의 사과'로 비유하고 있다. 이

곳이 고향이라서가 아니라, 최근의 농산물 수입 개방화 이후, 미국과 중국으로부터 값싼 감자가 들어오면서 소비를 못해 썩어가고 있는 감자와 폐서(廢薯)가 너무나 아까웠다." 고 말한다.

사실, 그간 감자는 부침에서 감자떡까지 10여종의 가공식품들이 개발 시판되고 있지만, 감자의 소비량을 늘리는 데는 크게 기여하지 못하고 있는 게 사실이다.

"감자 소비량을 늘려 농가 소득을 높일 수 있는 다른 가공식품이 없을까 연구하던 끝에, 과거 전분공장을 운영했던 경험을 토대로 감자술 재현에 착수했다. 그 결과 지난 '86년, 전래의 맛을 살리는 데 성공을 거뒀다. 감자술은 평민과 화전민들이 즐겼던 농주로서 이 지방사람들에게 구전으로만 전해오던 것이었는데, 어른들로부터 그 제조방법을 전해들을 수 있었다. '90년 국세청으로부터 제조허가를 받아 감자술 생산에 들어갔는데, 이에 따른 감자 소비량이 연간 6백톤에 이른다."

홍성일씨의 설명 이었다.

산성화된 체액을 알칼리성으로, 성인병 예방에 유용한 감자술

감자술, 곧 '서주(薯酒)'는 일반 전통주나 토속주와 같이 백미로 고두밥을 짓고, 누룩과 물을 섞어 실내온도 15℃ 정도에서 약 3일간 발효시켰다가 덧술을 안친다. 밑술의 재료가 백미 30㎏, 누룩 600g,

종국(효모)50g, 물 4.5ℓ인데 비해, 덧술은 백미 27kg, 누룩 6kg, 물 40kl를 같은 방법으로 하여 밑술과 섞어 실내온도 15℃되는 곳에서 5일 정도 발효시킨다.

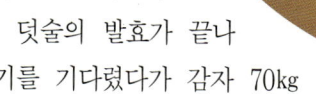

덧술의 발효가 끝나기를 기다렸다가 감자 70kg을 껍질 벗겨 으깬 후, 엿기름 20kg을 식혜 만들때와 같은 방법으로 만든 엿길금물 20ℓ와 함께 가마솥에 넣고 엿을 곤다. 조청처럼 된 감자엿이 108ℓ정도가 되면 고는 것을 멈추고, 차게 식혀서 누룩 16kg과 물 10kl를 붓고, 실내온도를 20℃로 올려서 1주일간 숙성시킨 다음 채주하는데, 채주과정에서 다시 80ℓ의 물을 후수한 다음 압축, 여과한다.

이렇게 해서 술빚기가 끝난 감자술은 맑고 노란 빛깔의 은은한 파라다이스 맛을 느끼게 한다.

홍성일씨는 "감자술은 땅 속의 사과인 감자를 주원료로 하여 빚은 토속주인 만큼, 산성화된 사람들의 체액을 알칼리성으로 바꿔주는 효능이 있어, 각종 성인병 예방에 유용하다."는 설명이다.

지극한 효성과 애향심으로 술 빚으며 농촌 지킨다

홍 씨는 앞으로 감자술 생산 외에, 감자 수제비를 생산, 감자 소비량을 더욱 늘려 갈 계획인데, 모든 연구와 설계를 마쳤고, 현재 기계를 주문해 놓고 있다.

홍 씨는 "현재 유통 중인 감자 수제비는 그 함량이 20~30% 수준의 낮은 편인데, 머지 않아 감자 함량 70~80% 정도로 질 높은 감자 수제비를 맛보게 될 것이다."라고 한다.

고려대 정외과를 졸업, 서울에서 정치야망을 키워 왔던 홍 씨가 이렇듯 감자를 이용한 가공식품 개발에 열을 올리고 있는 배경에는, 홍씨의 지극한 효성과 애향심에서 기인한 것이라 할 수 있다.

"지난 '70년, '가난한 고향 이웃에게 배운 지식과 경험을 돌려 주라'는 선친의 간곡한 유언 때문이었다."면서, "우리 모두가 고향 사람들(감자 생산농가)을 보호하기 위해서라도 도시 소비자들로 하여금, 자신의 먹거리를 사랑하는 마음과 의식이 뿌리 내려야만 한다."고 강조한다.

따라서 이러한 생각을 불러 일으키게 하기 위한 작은 노력이자, 자신의 이러한 희생이, 감자씨가 되어 보다 많은 사람들이 고향과 농민, 우리의 농촌을 지킬 수 있는 힘을 모을 수 있게 되길 바란다는 것이 홍성일 씨의 소망이었다. 酒

유일하게 남자들이 빚어 온 술

선산 약주

전국의 토속 약주 가운데 가장 대중화 된 토속 약주(土俗 藥酒)를 든다면 아마도 경북 선산의 '선산 약주'를 꼽을 것이다.

왜냐 하면 '선산 약주'는 대중화 된 양조장에서 제조되는 술이면서도 유일하게 전통토속주의 반열에 올라 있는 술이기 때문이다.

"여느 민속주들이 주로 가양주이면서 여인네들에 의해 내림솜씨로 빚어진 술인데 반해, 선산 약주는 집안 대대로 남자들에 의해 그 맥을 이어왔다는 사실과 함께, 국내 22개 양조장 제조의 술 가운데 유일하게 전통토속주의 반열에 올라있다는 것이 자랑입니다."

선산 약주의 기능보유자 김재봉(67세) 씨의 말이었다.

"젊어서는 도정업을 했었는데 양조장 일을 하시던 선친께서 갑자기 돌아가시는 바람에 하던 일을 버리고 양조장을 하게 되었습니다. 장남이다 보니 마땅히 가업이자 선친의 유업을 이어받아야 했었으니까요."

경북 선산군 선산읍 완전리에서 3대째 가업으로 술을 빚어오고 있다는 김재봉 씨. 김씨에 따르면 "선산 약주가 일반에 널리 알려지면서 대중적인 전통 토속주로서의 위치를 차지하게 된 배경은, 처음으로 '주세법'이 만들어지고 난 후 얼마 되지 않아 주세령이 선포되고 난 후부터 가업으로 양조장을 하기 시작, 오늘에 이르게 되었습니다. 그 전에는 전래비법으로 문중에서만 빚어왔던 약주입니다."

김종직이 직접 빚어 마셨다는 술, 방랑시인 김삿갓도 반해 '술주정'

그러나 선산 약주는 문헌상이나 관련 기록이 전혀 없어 그 유래를 찾아 보기가 어렵다.

다만, 선산지방의 사람들에 의해 구전(口傳)된 얘기로는, 조선조 초기의 성리학자로 유명했던 영남학파의 종조(宗祖)인 김종직에 의해 개발된 술이라고 한다.

김종직은 밀양에서 태어났으나, 선친(김숙자)의

랑시인 김삿갓도 선산 약주의 맛에 반해 결국 술주정까지 했다"고 한다.

이러한 연유로 선산 약주는 유명세를 얻었고, 종내는 전통토속주로서의 상당한 자리를 차지하게 된 것 같다.

대물림하는 것이 여생의 소원
술에 미쳐 사는 '나는 행복한 사람'

김재봉 씨의 선산 약주에 대한 열정은 남다르다. 김씨 자신의 인생철학이랄까, 술에 대한 관심이 어느 정도인지를 다음의 몇 마디로 가늠할 수 있다.

"사람이 일생을 통해 한 가지 일에 미칠 정도로 빠질 수 있는 일이 있다면, 그는 성공한 사람이라고 생각합니다. 저의 일생을 돌이켜 보건데 저는 한치의 후회스러움이 없습니다. 그 만큼 이 '선산 약주'에 빠져 있었고, 지금도 그렇습니다만 이제 한 가지 여망이 있다면, 조상 대대로 장남에게만 이어져 내려온 가업이기에 큰 아들이 이 일을 이어받아 대대로 이어

고향인 경북 선산에서 성장하였다. 후일 관직을 버리고 낙향하여 선산의 금오산 서원에서 많은 제자들을 가르쳤다. 이때 그가 햅쌀인 찹쌀과 누룩, 단계천 물로 술을 빚어 선비들과 즐겨 마셨다고 하는 것이 선산 약주의 유래라 한다.

선산 약주는 다른 이름으로도 불리워지는데, 별칭 '송로주(松露酒)'라고 하는 것으로, 고두밥을 지을 때 솔잎을 가미한 데에서 비롯된 이름이다. 거기에다 선산 약주는 경북 선산의 영산(靈山)인 비봉산 기슭의 단계천에서 흘러내리는 맑은 물로 술을 빚는까닭에, 옛부터 "한 번 입에 대면 아무리 점잖은 선비라도 끝장을 보고 말았다." 할 정도로 그 맛이 일품이라고 한다.

역시 구전하는 말로 "부유천하 방

솔잎의 독특한 향기와 달콤한 맛의 비결은 '수질'에 있다

주었으면 합니다."

현재 둘째 아들인 김상호(35세) 씨가 자신의 양조장 일을 돕고 있음에도 불구, 한편으로는 큰 아들에 대한 서운한 마음이 역력한 표정의 김 씨였다.

선산 약주는 대략 한 달 정도면 술빚기가 끝나는데, 김 씨와 둘째 아들 김상호 씨를 비롯 28년 동안 이 술을 빚어 온 경력을 지닌, 자천타천 '술박사' 서호용(52세, 공장장)씨 등 5명이 함께 일을 하고 있다.

공장장 서호용 씨는 "28년 동안 하루도 빠짐없이 이 일을 해오고 있다." 면서, "선산약주는 쌀을 씻어서 고두밥을 쪄 내고 식혀서 다시 그것을 누룩과 버무려 술을 안치는 등 일련의 작업을 반복하다 보면, 너나 할 것 없이 눈코뜰새 없이 바쁘기 때문에 어느 사이 하루 해가 저문다."고 말한다.

선산 약주를 빚어내는 일련의 양조과정은 다음과 같다.

먼저, 멥쌀 1말을 적당히 씻어 하루 정도 물에 불려서 건진 다음, 체에 받쳐서 두 시간 정도 두면 물이 빠진다. 솥(증기를 사용하는 찜통)에 불린 쌀을 안치는데, 이때 시루떡을 찌듯 솔잎 3kg을 켜켜로 넣고 완전히 익힌다.

차갑게 식힌 고두밥이 꼬들꼬들 해지면 하루 밤을 이슬을 맞혀서 온도가 25℃ 정도 되는 실내에 3일 정도 두었다가, 다시 명주베로 싸고 이불을 덮어서

하루를 지내고 다음날에는 턱이 10㎝ 정도되는 나무상자에 담아서 2일 동안 둔다. 이는 밑술의 발효를 용이하게 위한 것으로 생각된다.

밑술의 배합비율은 고두밥 1말에 누룩 1.4말, 물은 고두밥과 누룩을 합한 양의 1.5배로 한다. 이렇게 해서 밑술 안치기가 끝나면 실내의 온도를 적정온도인 22~25℃ 정도를 유지해 주면서 1주일을 지낸다.

덧술은 밑술을 만들 때와 같은 방법으로 고두밥을 지어서 식혔다가, 누룩과 함께 버무려서 밑술에다 붓는다. 덧술의 고두밥과 누룩의 비율은 8 : 1이다. 발효가 잘 되도록 잘 저어준다.

이렇게 해서 덧술안치기를 마치는데, 역시 실내 온도 22~25℃의 상태로 25일이 지나면 발효가 끝나 술을 마실 수 있다.

따라서 술이 완전히 익으면 용수를 박아 그 안에 괸 술을 떠낸다.

선산 약주의 별칭이 송로주인 것으로도 알 수 있듯이, 솔잎의 독특한 향기와 함께 순 찹쌀로 빚은 약주인 까닭에 달콤하면서도 약간 끈끈한 맛이 있다. 술의 빛깔은 엷는 황갈색을 띠며 알코올 함량이 11% 밖에 안되므로, 남녀를 막론하고 마시기에 전혀 부담이 없는 곡주이다.

진짜 좋은 술은 항상 가까이에 있다

선산 약주의 맛에 대한 비결을 묻자, 김 씨는 한마디로 '수질에 있다'고 했다.

"술맛은 뭐니 뭐니 해도 역시 물을 쓰는데 그맛이 좋아야 합니다. 이 술을 빚는 비봉산 기슭의 물을 쓰는데 그 맛은 특이하기도 하거니와, 그동안 숱한 가뭄이 들었지만 이곳 단계천의 물만은 단 한 번도 마른 적이 없었습니다. 그리고 제가 만들어서가 아니라 순수한 찹쌀로만 만든 곡주인만큼 순한 데다, 영양가도 좋고 취하도록 마셔도 뒤탈이 없습니다. 그런데 요즘 사람들은 허영심과 사치에 빠져서 외제 수입품과 독한 술만 찾고 있으니 한심스러워요."

김 씨의 말에서 굳이 '외제주인 양주와 비싼 술을 멀리하고 우리의 전통·민속주를 애용하자'는 거창한 주장만은 아닌, 우리가 '진짜 좋은 술을 찾지 못하고 있다'고 하는 단순한 생각으로만 받아들여도 얼굴이 뜨거워진다. 酒

우리 술의 암울했던 역사를 상징하는

양평 호랭이술

사시사철 관광객들의 발길이 끊이지 않는 관광지 가운데 서울에서 가장 가까운 곳이 경기도 양평이다.

양평군은 1200만 서울 시민의 젖줄인 한강의 원류인 남한강과 북한강의 물줄기가 합쳐지는 합수머리로, 산수가 수려한 고장이다.

팔당호반과 도일봉·백운봉·중원산·통방산·칠읍산 등의 절경과 남한강에서 나는 민물고기와 여러 깊은 산에서 나는 산채류는 특히 관광객의 발길을 묶으며,계곡의 깊은 물과 기암괴석,그리고 가을의 오색단풍은 장관이라 하지 않을 수 없다.

양평읍을 기점으로 용문역·용문사·상원사·윤필암으로 가는 길이며, 주변의 구사곡약수(九寺谷藥水), 노산팔경(蘆山八景), 벽계구곡(蘗溪九谷), 운룡담(雲龍潭), 정배팔경(鼎排八景), 중원폭포(中元瀑布) 등이 산재해 있어 봄 가을로 서울 등지서 찾아드는 관광객이 연간 30만을 넘는다고 한다.

옛부터 산자수명(山紫水明)이라 했거니와 풍치(風致) 좋고 물 맑은 이곳에 술이 없다면, 무슨 재미가 있으랴 싶어서였던지, 우리나라 전통주의 암울했던 역사를 상징하는 토속주를 만날 수 있었다.

> 강릉 최씨 집안의 가양주가
> 남평 문씨 집안의 가양주로

호랭이술이 그것이다. 호랭이술은 호랑이술의 방언으로, 양평읍 오빈리에 사는 문범식(40세)씨 가문의 가양주로 문씨의 부인 최옥화 씨(38세)가 그 기능을 보유하고 있다.

최옥화 씨는 '아우라지' 라고 하는 토속 음식점을 운영하고 있는데, 고향마을 정선을 상징하는 지명 아우라지를 상호로 따왔다고 한다.

최옥화 씨는 강원도 정선군 정선읍 봉양5리가 친정이자 고향으로, "친정 어머니(이귀녀 74세,평창이씨)로부터 술 빚는 법을 배웠다."고 한다.

씨에 따르면 호랭이술은 정선에서 누대에 걸쳐 터를 닦고 살아 온 강릉 최씨 집안의 가양주로서, 부친(남수,85세)은 강릉 최씨의 36세손이라고 한다.

따라서 강릉 최씨 집안의 가양주가 양평의 남평 문씨(중시조:문익점)의 23세손 되는 범식 씨 집안에 전해지게 된 것은, 최옥화 씨가 이곳으로 시집오면서부터라는 것을 알 수 있다.

그러니까 호랑이술은, 그 유래가 최옥화 씨의 할머니에게서 어머니 이귀녀씨에게 전수되었고, 다시 최옥화씨에게 전수되어 현재에 이르고 있음을 말해 준다.

씨는 "내가 어렸을 때 친정어머니께서 술 빚는 것을 보면서 자랐는데, 가끔 세무서원과 경찰들이 들이닥치는 날이면 집안이 발칵 뒤집히곤 했다. 그 때마다 어머니와 할머니는 술독을 감추느라, 밭으로 논으로 냅다 달리기 일쑤였다. 세무서원과 경찰들은 집에 들어와 옷장까지 다 뒤지고도 못 찾으면, 쇠꼬챙이로 마당 구석구석을 들쑤시고 다녔다. 그래서 세무서원과 경찰들을 호랑이보다 더 무섭게 여겼다. 한 번 들통이 나는 날이면 집안이 망하는 거나 다름없었기 때문이다."면서, "그런 연유로 이 술을 '호랭이술'이라고 부르게 되었는데, 어려서는 '저렇게 위험하고 고생스러운 일을 무엇 때문에 계속 하시는 걸까'하고 부모님들의 생각을 이해하지 못했는데, 이제 내가 옛날 생각에 술을 직접 빚어보고, 그 술을 맛본 사람들이 한결같이 '맛있고 건강을 해치지 않아 좋다'고 하는 말을 듣고 보니, 조금은 이해할 수 있게 됐다."고 말한다.

그런데 여기서 간과할 수 없는 한 가지 사실은, 앞서 언급하였듯이 우리나라 전통주나 토속주의 역사를 어느 정도 알고 있다면, 양평의 '호랭이술'이라는 술 이름에 담긴 뜻을 이해할 수 있게 된다는 점이다.

밀주 단속 이후 '술 있느냐'는 음어에서 유래한 술 이름

그러니까 우리나라에 〈주세법(酒稅法)〉이 제정된 것은 1909년의 일로, 이 때부터 일제에 의해 그간 가양주(家釀酒) 형태로 전승되어 빚어왔던 모든 술 빚기가 금지되고, 양조장(釀造場) 제조 제도로 바뀌게 되었다. 이 주세법은 주세 징수에 주안을 두고 있었던만큼, 술의 품질개선에는 소홀하게 되었다.

이어 1914년 1월 제정된 〈주세령〉에 의하면, "면

허를 받지 아니하고 술을 제조한 자는 이천원 이하의 벌금에 처한다', '면허를 받지 아니하고 술 빚기, 혹은 술 재료를 제조하거나 또는 판매하기 위하여 일본 누룩이나 조선 누룩을 제조한 자는 오백원 이하의 벌금에 처한다." 고 하여, 주류제조 단속이 표면화되었는데, 이 때부터 각 지방, 집안 마다의 독특한 술빚기와 주류제조 비법이 사라지게 되었던 것이다.

그러나 당시만 해도 집집마다 술 빚는 일이 집안 대사(大事)의 하나였고, 또 조상 대대로 대물림해 온 전통의 습속이었던만큼, 어떻게든 가양주의 맥을 이어야겠다는 전통계승의식으로서 밀주제조가 성행하게 되었다. 이에 밀주 단속반원들의 눈과 귀를 속이기 위한 음어(陰語)들이 하나 둘 생겨나게 되었으며, '술 있느냐'는 말을 '호랭이 있느냐', '벽 있느냐'는 음어로 대신하게 되었다고 하는 사실이다.

앞서 최옥화 씨의 얘기에서와 같이 당시 밀주를 하다가 단속반원들에게 적발이 되면 엄청난 벌금을 물게 되었는데, 1914년 1월에 제정된 '주세령'에 의하면 벌금이 '이천원 이하'로 되어 있으며, "이 때의 이천원은 어미 돼지 2마리를 팔아도 부족했다."는 여러 전통주 기능보유자들의 설명이 있고 보면, 사실 서민들의 입장에서는 밀주단속반원들이 호랑이보다 무서웠을 법하다.

최옥화 씨로부터 호랭이술 담그는 법을 듣자니, 호랭이술 역시 집안 형편이나 사용 목적에 따라 달라짐을 알 수 있었다.

호랭이술을 만들기 위해서는 생솔잎 10kg, 멥쌀 20kg, 찹쌀 20kg, 누룩 20kg, 엿기름가루 10kg, 양조용수 154*l*가 쓰인다.

먼저 밑술을 담그는데 있어, 멥쌀 20kg을 깨끗이 씻어 10시간 이상 불렸다가 고두밥을 짓는데, 이때 깨끗이 씻은 생솔잎 10kg을 시루떡을 안치듯 켜켜히 안친다. 불을 지펴서 고두밥이 다 지어졌으면 돗자리나 멍석 위에 덩어리진 것 없이 고루 펴서 얼음같이 차게 식힌다.

이어 누룩을 콩알 크기로 잘게 부숴서 식혀 두었던 고두밥과 양조용수 54*l*를 함께 섞어 고루 치댄 뒤, 소독을 마친 술독에 안친다. 술독은 베보자기로 주둥이를 덮어 실내온도 25℃ 정도 되는 곳에서 여름철이면 4~5일, 겨울철이면 7~15일 정도 지나야 발효가 끝나 술이 익는다.

필요에 따라 소주로, 청주로, 농주로 빚어

씨에 따르면, "여름철의 경우, 술을 안친 지 하루가 지나면 술이 끓기 시작하고, 3일째가 되면 발효 최고조에 달한다."고 한다.

씨는 또 "평상시나 농삿일을 하면서 가용으로 쓰려면 바로 용수를 박고 떠서 마시고, 체를 이용해 걸러서 탁주로 이용한다. 집안 대사나 봉제사에 또는 귀한 손님 접대에 특별하게 쓰려면 덧술을 하여 약주를 만들기도 하고, 술이 남았거나 날씨가 뜨거워져 쉬이 상할 염려가 있으면, 오랫동안 저장이 가능하도록 증류시켜 소주로 마시기도 하는데, 소주보다는 탁주(막걸리)가 마시기에도 좋고 맛도 좋아 주로 체로 걸러서 마신다."고 설명한다.

봉제사나 대사에 쓸 약주를 빚을 때에는 앞서의 발효가 끝난 술덧에 덧술을 해서 넣는데, 그 방법은 다음과 같다.

덧술은 찹쌀 20kg을 물에 깨끗이 씻은 뒤 고두밥을 짓고, 엿기름 가루 10kg을 100 l 의 물에 풀어서 식혜를 만들 듯 끓여서 엿물을 만드는데 그 양이 54 l 가 되면 차게 식으면 고두밥과 함께 밑술에 쏟아 붓는다.

덧술은 밑술과 잘 섞이도록 고루 저어 준 뒤, 베보자기로 술독 주둥이를 덮고 밑술 발효에서와 같은 장소, 같은 온도에서 5~6일 지내면 술이 익는다. 발효가 끝난 술은 밥알이 동동 뜨고 맑은 솔향기와 함께 밝은 담황색의 술빛깔을 자랑하는데, '가히 아름답다' 는 탄성이 절로 나온다.

이렇게 해서 완성된 호랭이술은 용수를 박아 그 안에 고인 맑은 술만을 떠내서 마시기도 하고, 1차 체로 거른 뒤 창호지나 한지를 이용하여 여과시켜서 마시는데, "호랭이술은 '아무리 많이 취하도록 마셔도 머리가 아프다거나 숙취를 전혀 못 느낀다' 는 것이 호랭이술을 맛 본 사람들의 한결 같은 얘기다. 그래서 양평군 농촌지도소 차원에서 양평군 향토음식 기능보유자 지정 등, 이를 위한 지원 · 육성 사업을 계획하고 있다."는 것이 양평군 농촌지도소 정지영 씨의 설명이었다.

장떡 안주 삼아 마시면 설움도 씻기는 서민의 술

이러한 때문인지 최씨는 요즘 술이 떨어지기 무섭게 술 빚는 일로 눈코뜰새 없다는 후문이다.

최옥화 씨는 "아마도 솔잎이 많이 들어가고 좋은 누룩과 좋은 쌀, 양평의 깨끗한 물로 빚기 때문이 아닌가 생각된다."면서 호랭이술 자랑이다.

호랭이술은 탁주류로서는 비교적 높은 알코올 함량 16% 정도를 나타낸다. 이는 일반 탁주류가 제성시 후수(後水)를 하는데 비해, 호랭이술은 후수를 하지 않고 바로 걸러내는가 하면, 누룩은 많이 넣는 대신 용수를 적게 사용하기 때문으로 생각된다.

이러한 호랭이술은 장떡을 안주 삼아 마시면 더욱 흥취를 느끼게 되고 설움도 씻긴다고 한다.

장떡은 밀가루에 쇠고기 다진 것과 고추장, 된장, 풋고추를 넣고 반대기를 만들어 쪄서 말렸다가, 시원한 곳에 보관해 두고 반찬으로 사용하는 전통음식의 하나이다. 장떡은 밀가루 대신 더러 찹쌀가루를 쓰기도 하는데, 이렇게 하면 한결 부드럽고 연해서 맛도 좋아진다.

그런데 여기서 호랭이술에 또 다른 의미를 부여하게 되는 것은, 호랭이술이 강원도 정선 지방에서 전래된 술이라는 사실로서, 현재까지 조사된 바로는 강원도 지방의 전통주나 토속주들이 감자나 옥수수를 주재료로 하여 빚어지고 있는데 비하여, 호랭이술은 찹쌀과 멥쌀을 사용하고 있는 것으로 미루어, 최옥화 씨의 친정 강릉 최씨 가문은 비교적 집안 형편이 넉넉했던 살림이었음을 추측할 수 있게 해 준다.

호랭이술과 같이 쌀만을 주원료로 하는 강원도 지방의 전통주는 강릉시의 진순남 씨가 빚고 있는 '강릉 청주' 한 가지 뿐이라는 사실도 앞서의 얘기와 맥을 같이 한다고 하겠다.

뒤끝이 깨끗하고 걸쭉한 맛의 대중 건강주

포천 이동막걸리

우리나라 토속주 가운데 막걸리 이상으로 서민들의 사랑을 받아 온 술도 드물다. 막걸리는 옛부터 농사일을 하는 농군들이 즐겨 마셨다 하여 '농주(農酒)'라고도 불리워 졌으며, 아직까지도 가장 서민적인 사람들 사이에 가장 사랑받는 전통주로 확고한 자리를 지키고 있다. 이 막걸리는, 탁주와 약주가 구분되기 시작했던 삼국시대 이전부터 빚어져, 농부들의 허기와 삶의 애환을 함께 달래 주었던 것으로 생각된다.

그런데 술을 좋아하는 사람 치고, 경기도 포천의 이동막걸리를 모르는 사람은 결코 없을 것이다. 그만큼 이동막걸리는 우리나라 막걸리의 대명사가 되었다.또한 이동막걸리는 경기도 포천군 이동면 도평리 일대 '국민관광지 백운계곡'을 비롯 '이동갈비'와 더불어 이동면의 3대 명물로 손꼽히고 있기도 하다.

이동막걸리가 유명하게 된 배경은, 이곳 백운동 깊은 계곡의 자연수로 술을 빚어낸 때문이라고 한다. 그래서 이동막걸리를 마셔 본 사람이면 한결같이 "타지방의 막걸리에 비해 뒤끝이 깨끗하고 시원하며,걸쭉한 맛이 특별하다."고 한다.

80세의 고령에도 전통잇기에 전념하고 있는 하유천 옹

'막걸리'라는 술 이름이 처음 등장한 것은 옛 문헌인《양주방(釀酒方)》으로, 여기에는 막걸리를 '혼돈주(混沌酒)'라고 적고 있다.

기록에 전하는 막걸리 제조방법은 "쌀과 누룩으로 술을 빚고 숙성되면 밑술을 체에 밭아 버무려 걸러낸 것이다. 그러면 쌀알이 부서져 뿌옇게 흐린 술이 된다."고 했다.

그러나 지금의 막걸리는 이러한 전통적인 방법과는 다소 다른 방법으로 빚어지고 있다. 현행 주세법에 의해 술 빚는 방법이 규격화 되어 있기 때문이다.

포천 이동막걸리는 전통주 반열에는 올라 있지 않지만 국내에선 가장 대표적인 탁주의 하나로, 현재 하유천(河有千, 80세)옹이 그 기능보유자로 있다.

하유천 옹은 포천군 이동면 소재 한일탁주합동제

그리고 종국의 사용 비율이 나 발효 기간, 온도는 계절에 따라 약간씩 달라진다. 이를 무명 베보자기에 싸서 하룻밤을 재워두면 열이 오르면서 발효가 진행되는데, 38℃ 정도가 되었을 때 제국기(製麴機)에 옮겨 담아, 더 이상 온도가 오르지도 내리지도 않도록 고른 온도(38℃)를 유지해 준다. 다시 24시간이 지나면 술을 빚을 수 있는 입국(粒麴) 상태가 되는데, 물을 섞어 밑술을 안친다. 이때의 물은 49.5~50 l 가 사용되며, 35~30℃ 되는 실내에서 2일간 발효시켰다가, 다시 멥쌀 77㎏을 세미하여 술밥을 쪄서 식힌 뒤, 물 115 l 를 섞어 누룩 없이 덧술을 안친다. 덧술과 밑

조장의 대표로, 80세의 고령에도 불구, 고유 막걸리의 전통 잇기에 여념이 없다.

하 옹으로부터 전해 들은 이동막걸리의 술빚기 과정은, 의외로 까다롭고 정성이 요구되는 일임을 알 수 있었다.

조선조 때 진상했다는 술도가 자리에 술독 앉히고 술빚기 40년

이동막걸리를 만들기 위해서는 먼저 멥쌀 33㎏을 씻은 뒤, 한나절 물에 불렸다가 건져서 물기를 뺀 후, 거칠게 빻아서 술밥(지에밥)을 지어 차게 식힌다. 술밥은 손으로 비벼서 덩어리진 것이 없이하여 종국(種麴)40~50g을 섞어 보쌈한다. 이는 밑술을 만들기 위한 과정으로서 온도관리가 가장 중요하다.

술이 잘 섞이도록 고루 저어서 3~4일간 발효시켜 술이 익으면, 이 술바탕을 여과하여 이동막걸리를 얻는데, 여과과정에서 후수(後水)하여 마시기 좋게 주도를 맞춘다.

'포천이동동동주' 고유상표 달고 해외시장 첫 진출

이렇게 해서 완성된 이동막걸리는 영상 10℃에서 20일 동안 맛의 변질없이 저장할 수 있다고 한다. 여느 막걸리의 경우, 온도와 유통 지연에 따른 재발효로 인해 산패하여 오래 보존할 수 없는 문제를 안고 있으나, 이러한 문제를 보완하기 위해 하유천 옹은 자동화설비에 의한 진공포장 시설을 갖추는 한편, 지난 '93년 7월부터 4억원을 들어 공장부지를 6천여평으로 늘리고, 모든 생산시설을 현대화 했다. 하 옹의 이러한 노력은 우리 전통술인 막걸리의 수출전략에 기인한 것이라 할 수 있다.

'93년 1월 11일, 일본 북해도 삿포로 소재 주류판매회사인 (주)마루부시 社에 750ml들이 막걸리 6천병을 '포천 이동동동주'라는 고유의 상표로 수출하게 된 것이다. 우리나라 전통술이 세계 주류시장에 당당하게 나서고 있는 것이다.

황해도 해주가 고향인 하 옹은 해방되기 6년 전 월남하여 마포구 염리동에서 살았는데, 당시 하 옹의 나이 29세 였다고 한다.

당시에는 일본 사람만이 가능했던 간장 공장을 해보겠다고 용기를 냈으나, 그들에 의해 판로가 막혀 결국은 실패하고 말았는데, 재차 덤벼 든 일이 재래식 증류주인 소주를 만드는 일이었다고 한다.

"그때만 해도 일본인들의 '명성소주' 한 가지 뿐이어서 경쟁할만 했습니다. '44년 마포에서 였어요. '공작소주'란 상표로 도전장을 냈었는데, 명성소주보다 많이 나갔습니다. 술이 많이 나가다 보니 생산시설을 늘릴 수 밖에 없게 되어 한수 이북(漢水以北)에서는 처음으로 주정공장까지 세우게 되었습니다. 그런데 결과는 생산 측면에서는 성공이었으나, 경쟁에서는 실패였습니다. 주정공장 설립이 무리였던 것이지요. '제일주정' 설립 2년만에 문을 닫고 떠돌이 신세가 되었습니다."

그러나 하 옹은 양조에 대한 꿈을 잃지 않았다고 한다. "이곳 이동으로 온지 40년이나 됐어요. 제가 술독을 앉힐 부지를 찾아다닌다는 말을 전해 들은, 당시 이 지역의 군부대 사단장으로 있던 분이 찾아와서는 현재의 이곳이 조선시대 때 진상했다는 술도가 자리라는 것이었어요."

이동막걸리 생산공장의 현 위치는 백운산 계곡을 타고 흘러 내려오는 물이 두 갈래로 갈라지는 곳에 위치해 있다. 이곳은 예로부터 '술의 도읍지'로 알려졌던 경남 마산의 수질과 견주곤 했는데, 지금의 마산은 각종 산업폐기물과 공해로 오염되어 술을 빚을수 없는 물이 되어, 현재로선 전국에서 제일 맑고 깨끗한 수질을 자랑한다는 것.

하 옹에 따르면 "양조란 것은 물이 좋아야 하는데, 전국 그 어떤 곳의 수질도 이곳 포천 이동면의 수질을 따라오기 힘들 것"이란다.

포천 이동막걸리의 용수로 사용되는 물은, 심산유곡인이곳 백운동 계곡(해발 9백 3m)의 지하 150m와 200m의 깊이에서 뽑아올린 물로, 일반 식수에 비해 2배의 특수 미네랄 성분이 들어있는 것으로 밝

혀졌다.

사실, 포천 이동막걸리 양조장은 현재 널리 알려져 있는 양조장 가운데 가장 북쪽에 위치해 있음도, 하 옹이 애써 좋은 수질을 자랑하는 이유와 절대 무관하지 않다고 할 수 있다.

탁주의 발전 막는 지역연고판매제도

현재 우리나라의 전통 · 토속주 판매정책은 소주와 약주류에 대해서는 전국 어디에서고 판매할 수 있도록 규제를 풀었으나, 탁주류에 대해서는 아직도 지역연고제로 묶어두고 있어, 타지역에서는 판매할 수 없다.

이동막걸리 역시 포천군 내 이동면과 영북면을 연고지로 40개소의 매장을 두고 있다.

그런데 문제는 과거 탁주제조에 따른 업계의 보호와 탁주 소비의 활성화를 위해 판매구역 제한 제도를 도입, 1업소당 5천~1만명 정도의 소비자를 확보한다는 차원에서 지역제도를 제정케 된 것이 사실이나, 지금은 인구의 절대다수가 서울 등 대도시에 집중되어 있는 만큼, 탁주에 대한 규제도 풀어야 한다는 여론이 높다.

그럼에도 불구, 대도시의 탁주제조업계에서 반발하고 있어, '97년까지는 판매구역제한 규제를 받게 되어 있다. 실제로 지난 정기국회에서는 농림부와 경제기획원이 주축이 되어 이 규제를 풀어 줄 것을 요구하고 나섰으나, 국회에서 부결 무위로 돌아가고 말았다.

"그 무슨 '국제 경쟁력을 높인다'는 그런 거창한 논리보다는 '전통을 잇는다'는 자부심의 술빚기 40년 세월에도 '빛'을 드리워 줄 수 있는 용기를 가진 사람이 없음이 안타까울 뿐이다."

하 옹의 이 작별인사가 내내 머리 속을 어지럽혔다. 酒

충북지방의 4대 명약주 중 하나

덕산 약주

누대에 걸쳐 가업으로 이어져

'중원 청명주'와 '청원 신선주,' '보은 송로주,' '청주 대추술'에 이은 충북 지방의 토속주로 '진천 덕산 약주'가 있다.

진천 덕산 약주는 현재의 기능보유자 이재철(61세) 씨의 선조 때부터 2백년 동안 이어져 내려 온 가양주이자, 대대로 가업인 양조장을 꾸려오면서 한때 충북 지방의 명약주로 널리 알려져 왔다.

그러나 덕산 약주 역시 일제의 강점기를 맞으면서 그 맥이 끊겼다가, 해방 후 1974년 (주)세왕양조로 출발, 덕산 약주를 다시 시장에 내놓게 되었는데, 아직 옛 명성을 되찾지는 못하고 있다.

날로 도시화·산업화·국제화를 지향하는 시대적인 조류(潮流)와 함께 현대인들의 입맛이 이미 희석식 소주와 맥주에 길들여져 있어, 겨우 그 명맥만을 유지하고 있을 정도.

주식회사 세왕양조의 창립 당시부터 일해 왔다는 채효병(54세, 전무) 씨는 바로 덕산 약주의 산 증인이다.

"덕산 약주는 (주) 세왕양조 이재철 사장(61세)의 선대조 때부터 대를 이어 2백년 넘게 빚어 온 술입니다. 적자투성이인 덕산 약주를 지금껏 빚고 있는 까닭도, 덕산 약주가 바로 가양주이자 양조사업이 가업인 관계로, 이를 끝까지 지키고자 하는 이재철 사장 자신의 사명감 때문입니다. 그러나 지금까지도 술 빚는 일에 남다른 자부심을 가졌던 것은, 역대 대통령들이 우리 덕산 약주를 받아다 드셨다는 것 아닙니까."

언젠간 '우리술'에 관심 갖게 될 것, '그때'를 기다린다

이 씨에 따르면 제 3공화국 시절 박 대통령을 비롯해, 역대 대통령들이 농번기 때 충북 지방에 모내기와 벼베기차 내려오곤 했는데, 그 때마다 "저번에 마셨던 약주가 맛있더라."고 하여, 이 술을 받아다 마시곤 했다는 것이다.

심마저 무너뜨리는 지경에 이른 것이다.

그러나 사실 그렇게 비관적으로 생각할 것만은 아니다.

"덕산 약주는 아직도 월평균 3천㎏의 쌀을 소비하고 있어, 술 생산량에 있어서는 어느 전통·토속주에도 결코 뒤지지 않는, 아직은 여력이 있으며 그동안의 외래주에 쏟았던 애주가들의 관심이 언젠가는 우리술로 돌아 올 것이라고 믿고 있다."

이재철 사장은 '그때'를 기다리겠다는 듯 여유있는 웃음을 지어보였다.

그후로 덕산 약주는 소문처럼 무섭게 인기를 끌었으나 그것도 잠시, 경제성장과 함께 안정적인 생활기반을 닦은 현대인들의 취향은 고급주의 선호의식으로 나타났고, 이른 바 '브랜디'라고 하는 꼬냑과 위스키, 와인 등 외국 술이 속속들이 수입되면서 우리 음주문화의 일단을 차지하고 있어, 이재철 씨를 비롯 전통의 맥을 잇겠다는, 뜻있는 사람들의 자긍

발효 끝난 술에 후수하여 채주

술 빚는 법은 먼저 멥쌀 100㎏을 하룻동안 침미하여 고두밥을 짓고 차게 식힌다. 고두밥이 다 식었으면 덩어리진 것이 없게 손으로 비벼서 낱알갱이로 만든다. 다음에 효모(종국) 75g을 섞고 버무려서 누룩상자에 담아서 40℃ 정도 되는 곡자실에서 2일간 띄웠다가, 누룩 400g과 물 130 l를 섞어 밑술(주모)을 잡는다. 밑술을 안친 술독은 23~25℃ 되는 실내에서 10일간 발효시키는데, 술독의 품온이 30℃로 항상 일정하도록 온도조절을 해주어야 한다. 발효가 끝난 술에 다시 멥쌀로 200㎏을 침미하였다가 고두밥을 지어 누룩 20㎏, 양조용수 260 l

를 섞어서 덧술을 안친뒤, 5일 후면 술이 익으므로 여기에 40 *l* 의 끓여서 식힌 물로 후수를 하여 명주자루에 주박과 함께 담아 낙차를 이용, 자연스럽게 걸러낸 것이 덕산 약주이고, 막거른 술은 쌀 동동주로 일반 막걸리가 된다.

이상의 양조과정에서 알 수 있는 사실은, 알코올 함량 15~16%의 덕산 약주가 만들어지나, 후수를 함으로써 주도를 13%로 낮춤과 동시에 채주량을 늘리고 있다는 점이다.

우리 술 모른 채 로얄티 물고 있는 이 땅의 음주문화 '한심'

덕산 약주는 '전국 주류품평회'에서 수 차례에 걸쳐 최우수상을 수상, 가문(?)있는 토속주로 세인의 입에 오르고 있는데, 이는 술에 사용하는 양조용수에 기인한 결과라고 한다.

"덕산 약주의 양조용수는 지하 1백 50㎝에서 뽑아올린 양수(良水)로, 철분이 적고 세균에 대한 감염이 전혀 없기 때문에 2백년 동안 이 물을 사용하여 왔던 것입니다. 그리고 약간의 산미와 함께 곡주 특유의 담황색을 띠고 있어, 우선 시각적인 면에서 구미를 자극하고도 남습니다."

채효병 전무의 자랑이 아니라도 사입실의 뜨거운 열기 때문에 목이 몹시 컬컬하던 참에 한 잔을 쭉 들이켰더니, 금새 시원해지면서 상쾌한 기분이 든다.

이런 경우를 두고 '이열치열'이라 하던가.

덕산 약주는 하루 평균 252 *l* 의 술을 생산하고 있는데, 750*ml*들이 한 병에 1,100원에 출하하고 있다.

누가 뭐래도 '괜찮은 맛'의 덕산 약주 역시 설과 팔월 한가위 무렵에는 술이 없어서 못 팔 정도로 토속주로서의 확고한 자리를 잡아가고 있다.

다만, 전통의 문화유산을 지키고 아름답게 가꾸려는 노력은, 절대다수의 참여와 공동의 관심이 결집되었을 때 가능하다는 점에서, 우리의 토속주를 아끼고 사랑하는 손길이 요원의 불길처럼 타올랐으면 한다.

맛이나 영양, 건강적인 측면에서 보더라도, 결코 그 어떤 외래주에 뒤떨어지지 않는 우리 술을 모른 채 사치와 허영, 맹목적인 외제 선호의식에 사로잡혀 외화를 낭비하고, 비싼 로얄티를 물고 있는 이 땅의 음주문화, 그 풍토가 한심스럽기 그지 없기 때문이다. 酒

사돈집 '인사음식'이었던 고급 탁주

영덕 가루술

우리의 전통주 취재가 8년째로 접어들자, 특색있는 술을 더 찾기가 어려워지고, 또 취재과정도 까다로워진다는 느낌을 감출 수가 없다.

특색있는 술을 찾는 일에 대한 어려움은 이미 각오했던 바이나, 섭외과정이나 실제 취재에 있어서 상대방의 반응이 결코 달갑지 않다는 표정이었을 때 그만 기운이 빠지고 만다.

그 이유를 곰곰히 생각해 보니 지방자치제 이후, 동네에서 만든 신문이나 잡지까지 조건부적인 취재와 기사를 요구하는 데다, 한 번 다녀가면 그 뿐, '종무소식'이라는 것이다.

그러니 덩달아서 매도되는 기분이 들 수 밖에 없고, 그렇듯 약속과 질서가 무너지고 있는 사정이라면, 앞으로는 더욱 힘들어지지 않겠는가 하는 우려가 앞서는 것이다.

영덕지방 무안 박씨 가문의 가양주로 뿌리내려

그런데 이번 달에 만난 안동의 박인락(83세) 씨는 너무나 반가운 사람으로, 그리고 뜻밖의 사실에 놀라움을 감출 수가 없었다.

박인락 씨를 만나서 가졌던 반가움은, 개인적으로는 동성동본이라고 하는 혈연의식에서였고, 놀랐다는 것은 '정말로 특이한 이름의 술도 있다. 오늘 횡재를 하게 되었구나' 했던 것인데, 사실은 다름 아닌 조선시대 대표적인 탁주로 알려진 '이화주(梨花酒)'의 다른 이름이었다는 사실에서였다.

편의상 술 이름을 '안동 가루술'이라고 정하고 나서, 박인락 씨를 졸라 가루술에 얽힌 유래와 전승과정을 듣고 나니, 술 이름을 '영덕 가루술'로 고쳐야 하지 않을까 하는 생각도 하게 되었다.

그 뿌리가 경북 영덕지방에 있었기 때문이다.

박씨의 가루술은 경북 영덕군 축산면에서 집성촌을 이루고 사는 무안 박씨(務安 朴氏) 집안의 가양주로 빚어져, 대대로 안살림을 맡아 하는 여인네들에 의해 그 맥을 이어왔다고 한다.

그러던 것이 박인락 씨가 안동의 광산 김씨 안동파 택진(澤鎭)에게 18세 되던 해 출가함으로써, 광산 김문(光山 金門)의 가양주로 뿌리내리게 된 것이다.

시어른과 아이들 간식으로 빚어, 사돈집 인사음식으로 빚던 고급 탁주

박인락 씨는 "친정 영덕군 축산면 도곡리에서 문호(文豪)의 외동딸로 태어났다. 친정에서 어머니들이 만들어 집안 어른께서 즐겨 드셨던 것인데, 친정어머니를 도우면서 자연스럽게 배우게 되었다. 열여덟살 되던 해 이곳으로 시집와서 친정에서 배운 것을 시댁에 전하게 되었다."고 말한다.

박인락 씨의 얘기는 계속되었다.

"시집 와서 처음에는 안하다가, 시집살이도 어느 정도 몸에 배고 아이들도 하나 둘 생기자, 아이들 간식거리로 만들게 되었는데, 시할아버님께서 더 즐겨드셔서 매년 배꽃 필 무렵이면 가루술을 빚곤 했다. 그리고 오래지 않아서 6·25가 터졌고, 식량이 부족해지자 밀주 단속이 심해져 빚지 못하다가, 요즘 들어 옛날 생각도 나고 손주녀석들 간식거리로 먹일 겸 해서 한두 번씩 빚어보곤 한다."

박씨 더러 밀주단속이 심했던 당시의 얘기 좀 해달라고 졸랐더니, '참, 별걸다 묻는다.'는 표정이었다.

"그땐 우리만 술을 빚었던 것 아니고, 집집마다 다들 약주를 빚어서 세무서 단속반이 동네 어귀에 모습을 비쳤다 하면 온 동네가 야단법석이었다. 그럴 때면 소 먹이용 꾸정물(구정물)에 가져다 부었다. 술 한방울 남겨 둘 여지가 없이 막 갖다 부었는데, 허연 꾸정물에다 부어놓으니 귀신이라도 알 수가 없어서 위기를 모면하곤 했다. 분명 술 냄새는 나는데 아무리 살펴봐도 꾸정물이지 술이 아니거든."

씨에 따르면 가루술은 넉넉한 집안이라야 만들어 마실 수가 있었다고 한다.

여느 술과는 달리 누룩을 비롯한 모든 원료가 귀

한 쌀이기 때문이라는 것이다.

"옛부터 가루술은 넉넉한 집안에서나 빚어 마시는 술로, 또 출가한 딸이 친정에 오면 딸에게 주어 사돈집에 보내는 인사음식으로 쓰는 등 귀한 술이었다. 특히 쌀로만 만들기 때문에 영양식으로 남녀노소 불문하고 즐겨 마셨으며, 더울 때와 배고플 때 갈증해소와 허기를 달래주는 청량음료로 즐겼다. 술을 전혀 못하는 사람이나 여인네들도 취기를 조금 느낄 정도여서 다들 애음했다."

요쿠르트보다 훌륭한 전통 발효식품 '이화국'은 세계 유일

가루술은 특히 한여름에 더위를 탈 때 냉수나 얼음물에 풀어서 한 잔 들이키고 나면, 갈증이 말끔하게 씻기는 까닭에 집안 어른들이 즐긴 술인데 반하여, 젖을 뗀 어린 아이가 배고파 할 때는 젖 대신 간식으로 이 가루술을 떠먹였다고 한다.

그러고 보면 '팔자(?) 좋은, 귀한 집(?) 자식들은 젖 뗄 무렵부터 어머니에게서 술 마시는 일부터 배운 셈이구나' 하는 우스운 생각도 가져 보았다.

그도 그럴것이 가루술은 현대인들 사이에 장수를

위한 식품으로 알려진 요쿠르트 보다 훨씬 더 훌륭한 전통 발효식품이라는 사실이, 국내 학자들의 연구 결과 입증되고 있는 바다.

경북 영주전문대학 가정학과 김정옥 교수는 "전통 이화주의 주조와 그 품질에 관한 연구"란 박사학위 논문에서, '20일간 주조된 이화주의 수분 함량은 47.01%, 전당 28.07%, glucose가 29.09%였으며, 일년간 숙성된 이화주에도 glucose가 17.43% 함유되었다. 무기질 중 Ca, Mg, K 및 Na이 다량 함유되었고(0.7-33mg%) Mn · Fe · Zn · Cu · Cr및 Pb이 미량(0.12-35ppm) 함유되었다. 총 아미노산은 담금 직후가 4.23%, 담금 100일 후에는 4.55%이었고, aspartic acid 등 17종의 아미노산이 정량되었으며, 주조 중 methionine과 tyrosine이 현저하게 증가하였다.' 면서, '숙성 1년 된 이화주는 풍미와 전반적 기호성이 가장 높게 평가되었으며, 저장성에 있어서도 가열처리나 보존제의 첨가없이 장기 저장이 가능할 뿐 아니라, 저장 후에도 amylase의 활성도가 상당히 높아서 소화를 촉진할 수도 있는 저알코올성 전통주로서 개발 가치가 있다고 생각된다.' 고 발표, 학계의 주목을 받았다.

이러한 안동 가루술의 특징으로 다음의 두 가지를 들 수 있다.

첫째는 누룩이 쌀누룩이라는 점이고, 둘째는 술이 액체 상태가 아닌 반고형(半固形) 상태라는 점이다.

이제까지의 전통주 취재과정에서 색다르다고 느꼈던 누룩은, 향온주를 빚을 때 사용되는 녹두누룩이 있었을 뿐이다.

이화주와 제법 비슷, 가문 따라 방법 달리 '술 맛나게 만든다'

안동 가루술의 누룩은 '배꽃(梨花)이 필 때 만든다' 하여 '이화국(梨花麴)' 이라고도 하는데, 원료로 밀이 아닌 멥쌀을 사용한다.

멥쌀 1말을 깨끗이 씻어 하룻동안 침미하였다가, 건져서 물기가 빠지면 맷돌에 갈거나 방앗간에 가져가 곱게 가루로 빻은 뒤, 고운 체로 쳐서 촉촉할 때 주먹만한 크기로 단단히 뭉쳐서 자그마한 단지나 항아리에 솔잎 한 켜, 떡가루 뭉친 것 한 켜씩 켜켜로 안친 뒤, 항아리 주둥이를 천으로 덮고 고무줄로 동여 맨다. 이를 25~30℃ 정도 되는 따뜻한 방 아랫목에 7일 정도 두면 발효가 이루어져 이화국이 된다.

발효가 끝난 이화국은 약간 검은 빛깔과 붉은 빛깔, 더러는 푸르스름한 빛깔의 곰팡이가 피어 있는데, 이를 잘게 부숴서 밖에 내다 놓고 햇볕을 쪼여 바짝 말린다.

잡냄새 제거와 살균을 마친 이화국은 백지(白紙)의 봉투에 담아 공기가 잘 통하고 그늘진 시렁같은 곳에 걸어두고, 여름 들어서면서 술 빚을 때 사용한다.

"날씨가 더워져 술 빚기에 좋은 때가 되면 이화국을 다시 고운 가루로 만들어 엿기름가루와 섞는다. 이어 새로 멥쌀을 씻은 뒤 하룻밤 물에 불렸다가, 건져서 물기가 빠지면 방앗간에 가져가 2~3회 빻아다가 물을 쳐가면서 송편을 빚듯하여 구멍떡을 만든 뒤, 물을 부은 가마솥에 넣고 삶는다. 구멍떡이 물 위로 떠오르면 다 익은 상태이므로, 건져서 어느 정도 식기를 기다렸다가 손을 대어 보아 견딜 수 있을 만큼 식었을 때, 앞서 준비해 둔 이화국 가루와 엿기름가루 섞은 것을 섞어 고루 치대기 시작한다. 구멍떡은 짓이겨서 덩어리진 것 없이 한다. 떡이 아직 뜨거운 상태이므로 물을 치지 않아도 엿기름가루가 녹아 반죽이 물러지게 된다. 떡반죽이 되어서 고루 섞이지 않으면 다시 엿기름가루를 뿌려 넣고 재차 치댄다. 떡이 완전히 식기 전에 반죽을 치대는 일을 마쳐야 한다."

박인락씨의 가루술 빚기에 따른 설명이었다.

이러한 술담기 방법은 제주도에 사는 김을정 씨(무형문화재 제 3호 오메기술 기능보유자)의 오메기술 빚는 법과 같은 방법임을 알 수 있다.

또 안동 이화주를 빚고 있는 이숙경(경북 무형문화재 제 20호, 송화주 기능보유자) 씨의 방법과도 거의 흡사한데, 다만 재료의 사용에서 다소의 차이를 보여주고 있다.

즉, 안동 이화주는 멥쌀과 찹쌀을 4 : 1의 비율로 섞어 백설기를 만든 뒤, 이화국과 엿기름가루, 재래식 소식 소주를 넣는데 비하여, 박인락 씨의 가루술은 멥쌀만 주원료로 하여 백설기가 아닌 구멍떡을 만들고 있고, 재래식 소주를 넣지 않는다는 점에서 차이를 보여 주고 있다.

박인락 씨는 "떡반죽 치대기를 마치면 단지나 항아리에 안쳐서 방 아랫목에 자리를 잡고 가재베보자기를 이용, 항아리를 덮어 놓는다. 술을 익히는데 적당한 실내온도는 이화국을 띄울 때와 같은 온도가 적당하며, 술바탕의 윗 표면에 하얀 곰팡이가 피고, 맛을 보면 달착지근한 술맛이 나는 것으로 보아, 술이 다 익었음을 알 수 있다."고 한다.

씨는 또 "이화국과 떡은 정해진 양이 있는 것이 아니라, 구멍떡과 이화국가루를 섞어서 치대기 좋을 정도가 좋다. 엿기름가루도 떡반죽이 되어서 치대기 곤란할 때 조금씩 뿌려가면서 치대기 때문에, 딱히 어느 정도의 양을 넣는다고 말할 수 없다. 대략 이화국이 1되면 엿기름가루도 1되 정도가 들어간다. 이화국 양은 멥쌀을 얼마나 잡느냐에 따라 다르다. 대략 멥쌀 5되면 이화국이 한 되 조금 더 들어간다."고 설명한다.

박인락 씨는 가루술 빚기에 엿기름가루를 넣는 이유에 대해, "이화국만 넣으면 달기만 하고 술 하기가 힘들기 때문이다. 그리고 술맛을 더 좋게 하려면 누룩을 한 홉 정도 넣어주면 좋은데, 누룩을 넣지 않아야 술 빛깔이 곱고 걸쭉한 것이 없이 마시기도 좋다."고 말한다.

안주 없이도 마시는 술,
'집장 곁들이면 맛도 영양도 그만'

이렇게 해서 술빚기가 모두 끝이나는데 "영덕 가루술은 술을 안친지 30~45일이 지난 후면 마치 버터를 녹여 놓은것 같은 상대가 되어 있다."면서, "더울 때는 찬물에 풀어서 마시면 그맛이 매우 상쾌하다."고 말한다.

박인락 씨에게 가루술에 어울리는 토속음식이나 술안주로 어떤 것이 있는가고 여쭈었더니, "이 가루술은 안주없이 마시는 술인데, 집장을 곁들이면 좋다. 집장은 여느 방법과 같이 만들되 풀두엄 속에서 띄운 것이라야 제맛이 난다."고 대답한다.

두엄 만드는 법은 솔잎과 활엽수, 풀을 가져다 작두로 짚을 썰듯이 하여 마당가에 쌓아 두면 생풀이 뜨느라 속에서 열이 나는데, 이때 집장을 만들어 단지에 담고 밀봉해서 두엄 가운데 묻었다가 일주일만에 파낸다고 한다.

"옛날에 어른께서 '집장해라' 하면, 하인들 시켜서 두엄 만들게 하고, 집장 만드랴 가루술 빚으랴 정신이 다 빠져나갔다. '집장 만들어라' 하면 으레 가루술 만들란 얘기나 다름없을 만큼 가루술에 잘 어울리는 음식이다."

박씨의 표정에는 겹겹이 그 옛날의 지난했던 세월이 그림자처럼 드리워져 있는 듯 했다.

우리네 여인네들의 삶이 다 그러했듯 숱한 세월의 그림자는 지워지거나 잊혀지지 않는 법인지, 환하게 웃는 모습에서도 골 깊은 주름살을 다시금 볼 수가 있었다. 酒

깔보다가는 큰 코 다친다는 단맛의 엿술

봉화 옥수수술

우리 속담 가운데 '시기(時機)'와 관련한 말이 여럿 있다.

'떡 본 김에 제사지낸다'라든가, '고사리도 꺾을 때 꺾는다', '주인집 장 떨어지자 나그네 국 마다 한다', '가던 날이 장날이다' 등은 시기를 놓치지 말라는 뜻이거나, 무엇을 하고 싶었는데 뜻하지 않은 일이 공교롭게 잘 맞아떨어진 경우를 두고 하는 속담이다.

엿 만든 김에 술도 빚어 마셔, 1년 내내 안 떨어져

이번 경북 봉화의 옥수수술 취재는 아주 우연하게 이루어졌다.

봉화군 봉화읍 소재 닭실마을의 전통 한과 취재차 가던 길에 전화를 한번 해 본 것이었는데, 너무도 뜻밖에 쾌히 승낙을 받아냈던 것이었다.

그 주인공은 봉화군 소천면 현동리에 사는 임정자(55세) 씨로, 술 만드는 법을 친정어머니로부터 배워 오늘에 이르렀다고 한다.

임정자 씨는 경주가 친정으로, 풍천 임씨(임정순, 1991년 77세 작고) 집안에서 태어나 줄곧 경주에서 성장했다. 그리고 29세 되던 해 봉화에 사는 경주 김씨(한명, 56세)에게 출가했다고 한다.

씨에 따르면, "소싯적에는 어머니(이진희,1987년 69세로 작고)께서 집에서 맨날 술을 만들어 아버지께 드리는 것을 보고 자랐다. 대부분의 시골에서 그랬듯 우리도 집에서 직접 엿을 만들어 명절 때 떡을 찍어 먹기도 하고, 음식을 만들 때 조미료로 쓰기도 했는데, 그 과정에서 술도 만들었다. 원래는 쌀로 동동주를 만들었는데, 살기가 어렵던 때라 쌀이 귀해서 가장 흔한 곡식인 옥수수를 이용, 술도 만들어 마시고 엿도 만들어 먹었다. 엿 만드는 김에 술도 빚어 마셨던 것이다."면서, "옥수수술은 친정 아버지께서 특히 좋아하셔서 1년 내내 술이 떨어지지 않았다.

"선친께서 강원도 정선의 중곡에서 직장생활을 하실 때 옥수수술을 맛보시고는, 그 맛을 잊지 못해 맨날 술을 빚게 하셔서 어머니께서 고생이 심했다.

처음에는 술 만드는 법을 몰라 그 곳에서 술 잘 빚는 사람을 불러다 만들게 하실만큼, 옥수수술에 대한 애정과 관심이 많았는데, 어머니께서 술 만드는 법을 익힌 후로는, 아버지께서 '집안의 애경사에는 꼭 옥수수술을 만들어야 한다'시며, 어머니를 몹시도 괴롭혔다."는 것.

이렇게 해서 옥수수술은 경주에 살던 풍천 임씨 집안의 가양주가 되었고, 다시 임정자 씨에 의해 봉화에 사는 경주 김씨 집안의 가양주로 전해지게 되었는데, 임정자 씨는 지금도 친정어머니 이진희 씨가 알려준 비법 그대로를 고집하고 있다.

예를 들어, 옥수수죽을 끓일 때 미리 물을 끓여서 사용한다든가, 누룩에 찬밥을 넣는 점, 또 누룩을 불에 구웠다가 사용하는 점 등이 그 예이다.

임씨는 그 이유에 대해, "잘 알지는 못한다. 다만, 우리 어머니가 그렇게 하시니까 나도 따라서 하게 되었고, 또 그대로 하다보니 탈도 없고 해서 어머니가 일러준 방법대로 그렇게 만들고 있는데, 어머니께서는 그 이유를 이렇게 설명하셨다."고 말한다.

그 이유에 대해서는 다음의 술 빚는 과정 과정에서 설명을 곁들이기로 하고, 이제 임정자 씨로부터 옥수수술을 빚는 방법과 재료에 대해 설명을 들기로 한다.

산간벽지 화전민촌의 상용 약주
옥수수 엿물에 누룩 넣어 발효시켜

《한국민속종합보고서》〈경남편〉을 보면, 옥수수술을 소개하고 있다. 거기에 마천 화전민 부락에서 상용해 온 술로 소개하면서, "옥수수와 누룩으로 빚은 술로서, 옥수수를 말려 맷돌에 갈아서 끓여 보리질금이나 밀질금을 넣고 삭혀서 단맛이나게 되면, 다시 누룩을 넣고 술을 빚는다."고 기록하고 있다.

반면, 강원도 지방에 전해 오는 토속주로 옥수수 동동주와 한옥로주, 엿술이 있고, 전통주로는 최근 옥선주와 한옥로주가 저마다의 맛과 향을 자랑하고 있다. 이들 술의 제조과정을 간략히 살펴보면, 옥수수 동동주는 옥수수와 옥수수 양의 두배 되는 물을 넣고 죽을 끓인 뒤에 그늘진 곳에서 차게 식힌 후, 누룩 반되와 효모 1스푼, 죽 끓일 때와 같은 양의 물을 섞어 술독에 안친 뒤 2~3일 발효시키면 술이 익는데, 용수를 박아 떠낸다. 이 때 찹쌀로 만든 밥알을 띄워 동동주를 만들어 마신다.

이와는 달리 한옥로주는 찹쌀과 누룩, 양조용수를 섞어 밑술을 만든 뒤, 옥수수를 고아 만든 당화액(물엿)과 누룩을 섞어 7~10일간 발효·숙성시켜 만든 술로, 고소하면서도 담백한 맛으로 애주가들을 사로잡고 있다.

또한 치악산 부근에는 옛부터 진상품엿이라 하여 황골엿이 유명한데, 이 황골엿 제조과정에서 만들어진 엿술이 또한 옥수수를 고아 엿을 만드는 과정에서 얻어지는 엿물로 빚는 탁주이며, 최근 농림부 지정 전통식품 부문 명인이 된 이한영 씨의 홍천 옥선주 또한 옥수수를 주원료로 만드는 옥수수소주(옥촉서 약소주)라는 점에서, 강원도 지방에서 빚어지고 있는 전통 토속주의 특징을 발견하기에 이른다.

불에 누룩 굽고 밥알 섞어 빚어 술맛 부드럽고 주독을 제거한다

따라서 경북 봉화지방의 임정자 씨가 빚는 옥수수술은 강원도 지방의 술들과 어떻게 다른지, 그 차이를 살펴보고 전승과정과 특징에 대해서도 알아보기로 한다.

임정자 씨의 봉화 옥수수술 만드는 데 따른 주재료

는 찰옥수수가루 6되, 엿기름가루 6되, 누룩 2장(3kg), 이스트(효모)20g, 양조용수 54 l 를 준비한다.

재료가 준비되면 본격적인 술빚기에 들어가기에 앞서 엿물을 만들어야 한다.

임씨는 "엿물은 거피한 찰옥수수를 곱게 갈아 찬물 9 l 와 섞어서 개어 놓은 뒤, 가마솥에 물 27 l 를 붓고 장작불을 지펴 팔팔 끓이는데, 끓는 물로 죽을 끓이면 솥바닥에 잘 눌러붙지 않는다"면서, "이 때 사용하는 물은 찰옥수수가루 양의 3~3.5배 정도이다."고 말한다.

씨의 설명에 따른 옥수수죽 끓이기는 옥수수 가루를 물과 섞어 가마솥에서 묽은 죽을 만드는 것으로, 임씨는 "옥수수는 곱게(보드랍게) 갈아야 빨리 삭고 술 만들기가 수월하다."고 한다.

옥수수죽을 끓이기 위해서는 가마솥에 물을 붓고 물이 끓으면 각각 물에 개어 놓은 옥수수가루 반죽과 엿기름가루 400g을 넣고 다시 팔팔 끓인다.

죽이 끓기 시작하면 솥 바닥에 눋지 않도록 주걱으로 저어주고, 찰옥수수가루가 알맞게 익었으면 끓이는 것을 멈추는데, 아궁이의 불은 밖으로 꺼낸다. 약 5분 정도 있다가 솥 안의 죽을 퍼서 넓은 그릇에 담아 식히는데, 손을 넣어서 뜨겁지 않을 정도의 온도인 약 40℃ 정도가 되면 식히는 것을 멈추고, 여기에 엿기름가루 1.6kg, 물 18 l 를 섞어 가마솥 안에 다시 쏟아붓고 솥뚜껑을 덮은 다음, 물을 적신 이불이나 천으로 솥을 씌워 놓는다. 그리고 밖으로 꺼내 놓았던 불씨를 아궁이 속으로 밀어 넣는다.

불씨가 많이 사그라졌다 싶으면 자잘한 장작 한두 개를 불씨 속에 묻고, 아궁이는 덮개로 막아 불기운이 밖으로 새지 않게 한다. 이렇게 하여 대략 7~10시간 정도 옥수수죽을 삭히는데, 그 과정은 식혜를 만드는 원리와 같다.

시간이 지나 엿밥이 충분히 삭았으면 베로 만든 자루나 마대자루에 담고 눌러 짜서, 자루 안의 엿밥은 버리고 받아 낸 엿물을 다시 솥에 담아 졸이는데, 완성된 식혜와 같은 농도가 될 때까지 졸이기를 계속한다.

엿물 졸이는 정도에 따라
알코올 함량 달라진다

씨는 "엿물을 졸이는 정도는 처음의 엿물 양에서

60% 정도로 졸아들면 그 때가 적당한데, 육안으로 보아 엿물은 색깔이 노랗게 변하면서 약간 붉은 빛을 띨 때까지 졸여야 한다. 또 술을 독하게 만들고 싶으면 엿물을 더 많이 졸인다."고 말한다.

엿물 졸이기가 끝나면 재차 넓은 그릇에 펴서 차갑게 식힌다.

그러나 술을 빨리 만들고 싶으면 손을 넣어봐서 차갑지 않을 정도의 온도로 식혀서 쓴다.

엿물이 만들어졌으면 이제부터 술빚기에 들어가는데, 준비한 분량의 누룩을 밤알 크기나 어른의 손톱 크기 정도가 되게 잘게 부순 뒤, 이스트와 멥쌀로 지은 고두밥(먹고 남은 식은 밥)을 섞어 술자루나 베주머니에 담고 주둥이를 묶어서 술독에 넣고, 뚜껑을 덮은 뒤 이불로 몸을 싸서 실내온도 25~30℃ 정도 되는 곳에 자리를 잡아 발효시키는데, 대략 2~3일이면 술이 끓기 시작한다.

술이 끓는 소리가 점점 잦아들면 이때 술독을 찬 곳으로 옮겨 둔다.

임씨는 "술은 소독을 마친 술독에 담는다. 술독의 소독은 짚을 태워서 나오는 연기를 쐬이거나, 팔팔 끓는 물을 끼얹어서 잡내와 이물질을 제거하는 것으로서 소독을 마친다."면서, "이어 술독을 한데(찬 곳)로 옮겨 두면 술이 끓던 것이 가라앉으면서 이내 소리가 없어진다. 술은 이 때가 제일로 맛이 날 때이다. 시간이 지나면 술바탕이 점차 가라앉으면서 위로 맑은 술(탁주)이 고인다. 위에 맑게 고인 술을 떠서 마시는데, 옛날 선친은 '그 어떤 약주보다 맛있다. 독한 맛이 아닌, 단맛의 술로 배고픔을 잊을 수 있게 해준다'고 하시면서, 줄곧 이 술만을 빚게 하여 친정어머님의 고생이 많았다."고 말한다.

그런데 여기서 한 가지 궁금한 것은 옥수수술의 주재료에 없었던 밥을 왜 넣느냐는 것이었다.

이에 대해 임씨는 "옛날 어머님께서 '누룩에 고두밥이나 먹고 남은 식은 밥을 넣으면 술맛이 부드러워지고 주독을 해소할 수 있다' 시면서 밥을 넣곤 하셔서, 나도 따라서 할 뿐이지 정확한 이유는 알지 못한다.

그리고 그 양은 누룩의 3~4할 정도로 극히 적게 들어간다."고 말한다.

꿀 먹은 듯 쩍쩍 달라붙는 술
과정 힘들어 점차 사양길

이러한 옥수수술은 토속주로서는 보기 드물게 매우 높은 알코올분을 함유하여 멋모르고 마시다가는 혼쭐이 난다고 한다.

임정자 씨는 "옥수수술은 엿기름을 삭혀 만든 술인만큼 감미가 뛰어나며, 꿀을 먹은 것처럼 입술이 짝짝 달라붙을 정도이다. 진한 노랑색의 술빛깔이 미각을 자극하여, 단맛에 빠져 멋모르고 마시다가는

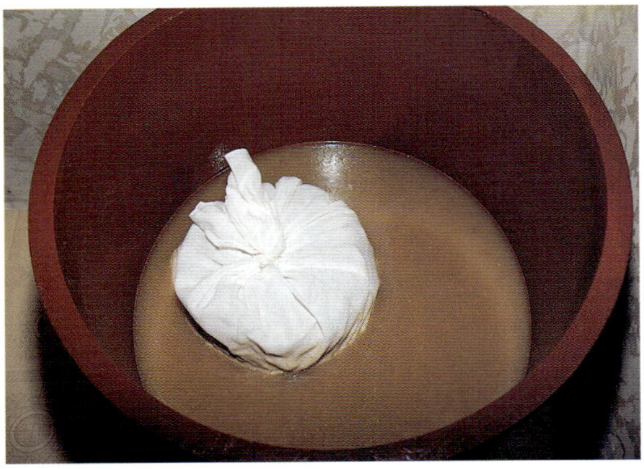

큰코 다친다. 그만큼 독하다. 술 잘하는 사람도 하루에 600cc 이상을 마시지 못한다고 할 정도이다." 라면서, "적당히 마시고 즐기는 것이 중요하다."며 주론(酒論)까지 폈다.

이상의 술빚기 과정에서 알 수 있듯 임정자 씨가 강원도 지방의 옥수수 이용 토속주들과 별반 차이가 없다.

특징이라면 술에 들어가는 누룩을 불에 구워 사용한다는 점과, 누룩에 찬밥을 소량 섞어 자루에 담아 넣는다는 점을 발견할 수 있다.

결국, 이러한 술의 제조와 전승과정은 지리적 여건과 환경에 따른 결과로 생각되어진다.

즉, 강원도와 경북 봉화지방은 태백산맥을 한줄기로 잇대고 있는 산간지방으로서, 벼 농사보다는 옥수수와 감자 등의 농작물이 근간을 이루고, 이를 바탕으로 생계를 꾸려 온 토착민들에 의해 개발된, 가장 토속적인 술이라는 사실이다.

그런데 무엇보다 중요한 것은 "이제는 노인들 아니고는 찾는 이가 별로 없고, 재료비가 예전같지 않게 비싼 데다, 만드는 과정이 워낙 복잡하고 힘들어서 다들 그만 둔지 오래이다."고 하는 임정자 씨의 말이었다.

따라서 이렇듯 다양한 우리의 고유한 술빚기와 향토적 특색을 살린 술들이 만들기가 힘들고, 찾는 이가 없어 사라지고 있다는 안타까운 현실을 어떻게 설명해야 할는지……. 酒

삼천리 금수강산에 우리나라 술

부산 산성막걸리

우리나라에서 가장 오래되고 가장 장수하고 있는 것으로 추측되는 술이 막걸리라고 한다.

양조의 발달과정을 미루어 짐작해 보면, 가장 원시적인 방법으로 양조된 술을 그대로 마셨을 것이기 때문이다.

우리나라 고유의 막걸리는 원래 고두밥에다 누룩을 넣어 빚은 술을 오지그릇 위에 우물정자(井) 모양의 쳇 다리를 걸치고, 그위에 체를 놓고 막걸러서 뿌옇고 텁텁하게 만든 술이라는 데서, 그 이름도 '막걸리'라 불렀던 것이다.

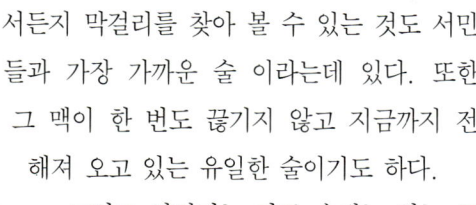

지방간 생성억제 효과와 성인병 예방, 건강유지에 도움

이러한 막걸리는 막 걸른 탓에 걸쭉해서 쉽게 변질되는 단점이 있긴 하나, 농부들이 식사대용으로 즐겨 마셨으며 갈증을 덜고 피로를 푸는데, 또 길흉상사의 즐겁고 슬픈 심정을 달래기에 그만인 서민의 술로, 그들과 애환을 함께 해 온 술이었다.

때문에 지금까지도 우리나라 방방곡곡 어느 곳에서든지 막걸리를 찾아 볼 수 있는 것도 서민들과 가장 가까운 술 이라는데 있다. 또한 그 맥이 한 번도 끊기지 않고 지금까지 전해져 오고 있는 유일한 술이기도 하다.

그리고 막걸리는 다른 술에는 없는 콜린, 메티오닌, 엽산, 비타민 $B_1 \cdot B_{12}$, 단백질이 들어 있으며, 이들 성분은 술을 마심으로 해서 생기는 지방간 생성을 억제하는 효과가 있다는 연구보고(고려대 한국영양문제연구소—탁주가 동물에 미치는 영향)가 있고, 탁주는 발효가 진행되는 동안 효모에 의해 항생물질이 만들어져, 성인병 예방과 건강유지에 도움을 준다는 사실도 밝혀졌다.

따라서 탁주를 즐겨마시는 사람에게 성인병이 적고 장수자가 많다는 것이다.

부산 금정 산성의 토산주

태백산맥의 최남단 금정산은 해발 4백m로, 등산로를 따라가다 보면 동래산성 동문 입구에서부터 그윽한 향취의 술내음이 풍긴다.

고 박정희 대통령의 애주 1호로 더 잘 알려진 서민 대중의 술

부산 산성 막걸리는 그 유래를 금정산 화전민촌에서 찾고 있다. 즉, 이곳 화전민들이 생계수단으로 누룩을 빚기 시작했다는 데서 찾고 있으며, 정확하지는 않지만 약 그 역사는 3백년 전으로 거슬러 올라간다.

그러니까 조선조 숙종 32년(1706), 왜구의 침략에 대비하기 위해 축성을 하면서 외지인들의 유입이 늘어나 널리 알려지게 됐다는 것이다. 성을 쌓기 위해 각지에서 징발된 인부들이 이 막걸리를 맛보고는 공사가 끝난 뒤, 고향에 돌아가서도 그 맛을 그리워했다고 하며, 그 이후 산성막걸리는 전국 방방곡곡으로 널리 보급되면서 전국에 그 이름을 펼쳤다. 또 산성 막걸리는 일제 강점기에도 위로는 만주지방, 아래로는 일본으로까지 수출 될

금정산의 산수(山水)와 '전국에서 으뜸'이라는 누룩으로 빚어, 막걸리로선 그 향과 맛이 천하일품이고 탁주로서 유일하게 전통·토속주의 반열에 올라있는 술이 '부산 산성 막걸리'이다.

산성 막걸리는 부산시 금정구 금성동 산성부락에 위치해 있으며, '토산주(土產酒)'란 고유상표로 판매되고 있다.

정도의 명성을 날렸다는 것.

특히 얼마전 고 박정희 대통령이 부산 군수사령관 시절 산성 막걸리를 즐겼는데, 대통령이 된 뒤에도 그 맛을 못잊어 청와대로 술을 들여가 주위사람들과 함께 즐겼다 하여 '박대통령의 애주 1호'로 화제에 올랐던 술이기도 하다.

부산 산성 막걸리는 주세법 제정 이후에도 이 지방사람들에 의해 밀주 형태로 빚어져 그 맥을 이어 왔으며, '80년 당시 정부의 전통 · 토속주 개발정책에 힘입어 관광 토속주 1호가 되었다.

지금은 산성마을에서 막걸리를 빚어오던 30여 농가가 힘을 합해 '유한회사(대표 신동출, 63세) 금정산성 토산주'를 설립, 1일 5400 l 의 대량생산 시설을 갖추고 있다.

전국 제일의 품질을 자랑하는 누룩 삼배자루에 따로 담아 넣어

누룩을 만드는 법에 있어, 그 제법은 일반 누룩과 같다. 다만 성형을 하되 누룩틀에 담아 성형을 하지 않고 일정한 크기의 베보자기로 싸서 발로 밟으면 둥근 쟁반 형태의 누룩이 만들어지는데 두께는 3.5~5㎝ 정도이다. 누룩은 메주를 띄우 듯 실내에 시렁(선반)을 만들어 짚을 깔고 그 위에 서로 닿지 않게 놓아 1주일 정도 띄우는데, 1차 발효에 적당한 실내온도는 35℃다. 이어 다시 1주일 가량 (28℃)정도 되는 곡자실에서 2차 발효를 시킨 다음, 거친 가루로 빻아 햇볕에 말려서 곰팡이 냄새를 제거하여 사용한다.

이 누룩은 옛부터 전국 제일의 품질을 자랑할 정도여서 토산주에 대한 이름을 더욱 널리 알렸다고 한다.

산성 막걸리는 멥쌀 120kg에 누룩 80kg, 물 192 l 의 비율로 섞고, 실내온도 22~28℃ 정도되는 곳에서 여름철에는 4~5일간, 겨울철에는 5~7일간 발효시켜 술을 얻는다.

누룩은 고두밥과 섞지 않고 삼베자루에 따로 담는다.

술이 다 익으면 채주에 들어가는데, 이때의 알코올도수는 13~11%로, 체로 걸러내는 여과과정에서 450 l 의 후수를 한다. 후수를 한 막걸리는 알코올 함량 8% 정도로 마시기에 부담이 없으며, 특유의 걸쭉한 맛과 은은한 향취로 애주가들의 미각을 사로잡는다.

금정산성 토산주 대표 신동출 씨의

얘기로는 "한여름에도 술이 없어 못판다."고 한다. 씨는 또 "지금은 다들 판매망을 확장시키기 위해 고온 순간 살균처리하여 유통기간을 늘리고 있는 것으로 안다. 그러나 이 술은 옛날의 방법을 그대로 지키려 노력하고 있다.

살균처리 자체가 술맛을 떨어뜨리기 때문이다. 따라서 유통기간이 짧아 요즘에는 타지방으로는 내보내질 못하고, 인근의 부산 지역과 이곳 산성마을 관광객을 상대로 한정

판매를 하고 있긴 하지만, 없어서 못 팔 정도로 인기가 높다."는 것.

토종 도토리묵과 상추초무침이 제격인 토산주

쌉쌀한 듯 하면서도 특히 감칠맛이 좋은 산성 막걸리를 즐기려면, 이곳의 토종 도토리묵과 파전을 곁들이는 것이 좋다.

보통 막걸리는 돼지고기에 김치를 곁들여 먹는 것이 제격인데, 산성 막걸리는 해발 4백m의 비교적 높은 지대에 위치해 있어, 예로부터 산성마을 내에서 생산되는 도토리묵과 상추초무침, 파전 등이 제격이라고 한다.

지금도 이곳 금정 산성마을에는 산성 막걸리를 비롯 도토리묵, 파

전, 도라지나물 등 자연식품을 안주거리로 내놓는 음식점들이 즐비하게 늘어서서 토산주로 관광객을 맞고 있으며, 특히 5월 상춘 나들이철이면 자리를 잡지 못할 정도로 문전성시를 이룬다고 한다. 酒

인목대비모친이 귀양지 제주서 빚었던 술

구의 모주

우리나라의 전통·토속주들은 그 술 이름에 있어, 주로 술빚는 시기나 방법, 그리고 재료에 따른 이름을 사용하고 있음을 볼 수 있는데, 예외의 술이 있다.

'모주(母酒)' 라는 술이다. 이름에서 보듯 술 이름에 어미모(母)자가 들어 있는데, 그 유래가 《대동야승》에 전한다.

기록에 의하면, 술지게미에 물을 타서 뿌옇게 걸러 낸 탁주를 '모주' 라고 하였는데, "인목대비의 어머니인 노씨 부인(盧氏夫人)이 광해군 때 제주도로 귀양가서 술지게미에 재탕한 막걸리를 만들어 섬 사람들에게 값싸게 팔았는데, 왕비의 어머니가 만든 술이라고 해서 '대비모주(大妃母酒)' 라고 부르다가, 나중에는 대비(大妃)자는 빼버리고 그냥 '모주(母酒)' 라고 불렀다."고 전한다.

그래서인지 지금도 제주도에서는 막걸리를 모주라고 부르고 있다.

한편, 고서인 《송남잡식(松南雜識)》, 《조선무쌍신식요리제법(朝鮮無雙新式料理製法)》 등에도 모주의 기록이 남아 있으며, 홍기문(洪起文)의 《조선문화총화(朝鮮文化叢話)》에도 이 모주가 소개되어 있다.

따라서 이 모주는 고려시대 때부터 빚어 마셨던 탁주라는 이름의 술을 그렇게 불렀던 것으로 짐작되며, 조선조 후기에 이르러 지금과 같이 끓여 낸 모주가 서민들의 애환을 달래주었을 것으로 추측한다.

옛날 거리의 주막에서 팔았던 모주, 전북지방에서는 독특하게 빚어

한 가지 실례로 조선 후기에 이르러 주막이 내외주점, 거리의 주막, 색주가, 선술집 등으로 변질되었는데, 생계가 막연해진 여염집 아낙네가 차린 술집으로, 문을 사이에 두고 술꾼과 거래하였던 곳이 내외주점이다.

내외주점은 '팔뚝집' 이라고도 하였다. 그 이유는 '당시만 하더라도 남녀 사이의 내외가 엄격했던 터라, 손님을 마주 대하지 못하고 문 사이로 팔뚝만 내밀어 술상을 건네 주었다' 하여 붙은 이름이다.

반면, 거리의 주막은 막벌이 노동자들을 위해 새벽녘에 거리에서 모주를 팔았던 곳이다.

술을 걸러 낸 찌꺼기에 물을 타서 우려 낸 술이어서 주도도 낮았고 맛이 없었으며, 술 안주도 비지찌개를 끓여 팔았다고 한다.

그러다가 일제 강점기를 맞으면서 가양주를 빚을 수 없게 되자, 이 땅의 전통·토속주들이 설자리를 잃게 됨에 따라 주막도 차츰 사라졌고 모주를 찾는 사람들도 없어졌다.

여기에 더하여 '64년 양곡의 절대 부족으로 '양곡관리법'이 제정되면서 쌀을 이용한 술빚기가 금지되자, 모주 역시도 맛보기 어렵게 되었던 것이다.

그런데 언제부터인지 정확히 알 수는 없지만, 전라북도 지방에서는 술지게미가 아닌, 막걸리에 한약재를 넣어 빚은 모주가, 평소 술을 못하는 사람들 사이에서 꾸준한 사랑을 받고 있다.

전북 완주군 구이면 모악산 등산로 초입에서 한 식당을 운영하면서 10년 넘게 모주를 만들어 팔고 있다는 김영자(55세) 씨를 만난 것은 정말 우연이었다.

김 씨에 따르면, "막걸리로 만들지요. 솥에다 술을 붓고 끓이다가 계피, 생강, 대추 등 한약재를 넣고 그 양이 절반으로 줄어 들 때까지 졸입니다. 맛을 봐서 술 냄새가 나지 않는다 싶으면 다 된 것이어요."라면서, 한 국자 떠주며 맛을 보라는 것이었다.

암갈색의 걸쭉한 모주가 완성된 것이다.

가마솥에서 오랜 시간 끓여내야 '개미'가 좋아진다

모주 만드는 법을 좀 더 구체적으로 살펴 볼 필요가 있겠다 싶어, 김 영자씨를 졸랐다.

아주 간단한 일로 생각되었던 모주 빚기가 의외로 까다롭고, 정성을 요구한다는 사실을 알게 되었다.

모주는 우선 막걸리 30 l 를 마련해야 하는데, 전통적인 막걸리 제조법에 의해 가정에서 쌀과 누룩으로 직접 빚어 낸 막걸리를 사용해야 제대로 된 맛을 낼 수 있다고 한다.

그러니까 모주는 막걸리 빚기부터 시작된다고 해야 할 것이다.

그러나 사정이 여의치 않으면 시중에 유통되는 쌀막걸리를 사다 써도 괜찮다.

다음에 부재료로 사용되는 계피, 대추 등의 한약재는 각기 사용법이 다르므로 유의할 필요가 있다.

그 방법으로, 생강은 날 것으로 깨끗하게 씻어 1근을 얇게 썰어서 준비하고, 대추는 씨를 발라 낸 것으로 300g, 감초는 건조한 것으로 300g을 잘게 썰어서 준비한다.

계피는 가루로 1근을 준비한다. 또 인삼과, 칡(갈근)은 맷돌이나 분쇄기를 이용 갈아서 각각 300g을 준비한다.

재료 준비가 끝났으면 모주를 만들기 시작하는데, 막걸리 30l를 가마솥에 붓고 끓이되, 술이 끓기 시작할 때 준비해 둔 약재들을 넣는다.

계피가루는 맨 나중에 넣어야 한다. 그리고 약재들을 넣고부터는 불을 중불로 하여 오랜 시간 끓인다.

술의 양이 절반 정도로 줄었다 싶으면 맛을 보아가면서 알코올분이 달아나 거의 없어졌다 싶을 때 계피가루를 넣는다.

그 이유는 계피향이 사라지지 않게 하기 위한 것으로서, 김영자씨는 "그렇게 해야 '개미(오묘한 맛)'가 좋아진다."고 말한다.

인삼, 대추 등 한약재 넣고 술로서 술을 빚는 탁주

이상의 술빚기 과정에서 살펴 보았듯, 전북 지방의 모주는 여느 술과는 사뭇 다른 제조과정을 거치고 있음을 알 수 있다.

여느 토속주처럼 주원료가 쌀과 누룩, 물이 아닌 술로 술을 빚는다는 점이다. 또한 막걸리를 거르고 난 찌꺼기, 즉 술지게미가 아니라는 점에서도 그렇고, 탁주류에서는 보기 드물게 계피, 생강, 갈근가루, 대추, 인삼가루, 감초 등 귀한 한약재를 부재료로 사용하고 있기 때문이다.

환언하면, 이러한 모주는 생활 수준이 향상되면서 술이라기 보다는 맛과 멋을 살리는 향토음식으로, 그리고 약재를 넣음으로써 술을 못하는 사람들도 마시고 즐기되, 약재의 효능까지를 얻고자 한 데에서 생겨 난 술이 아닌가 생각된다.

특히 따뜻할 때 마셔야 제 맛을 느낄 수 있는 모주는 그 빛깔이 조청과도 흡사하며, 단맛을 주기 때문에 지방에 따라서는 이를 '단술', '감주(甘酒)'라고도 부른다.

필자가 조사한 술 가운데 경기도 강화도와 경북 영주의 죽령 주막에서 빚어지고 있는 인삼 동동주라는 술이 발효과정에서 인삼가루를 사용하고 있을 뿐, 국내의 토속주 가운데 한약재를 넣어 빚는 술(탁주)은 전북지방의 모주가 유일한 술이 아닌가 생각된다. 酒

한여름 땀을 씻어주고 배고픔을 채워주는 술

울릉도 엿탁주

울릉도 지방에 전승되고 있는 "〈애정요〉 가운데 '날 오라네 날 오라네 산골 큰애기가 날 오라네'로 시작하는 민요가 있다.

이 민요는 사설의 화자를 남성으로 설정해 놓고 있는 것이 특징으로, 맛있는 여러 가지 음식을 해놓고 자기를 부른 여성을 생각하며, 흥겨워 하는 남성의 모습을 계속되는 소박한 어구의 반복으로 그려내고 있다.

이런 울릉도 민요가 떠오르는 것은 다름이 아니었다. 여러 지방에는 그 자방마다의 향토음식이 있지만, 한편으로는 울릉도 지방만큼 토속성을 간직한 향토음식도 드물 것이라는 생각과, 어쩌면 생경하기까지 할 울릉도의 토속음식에 대한 기대감 때문이었다. 특히 울릉도는 감자 · 옥수수 · 보리 · 콩 등이 주요 농작물이어서, 이들 농산물을 이용한 토속음식과 바다로부터 건져 올린 해산물, 그리고 전체 면적의 85%를 차지하고 있는 산에서 산출되는 자연물을 이용한 먹을 거리들이 적지 않을 것이라는 추측도 한 몫을 하게 되었다.

'3무5다'의 무공해 관광지, 자연 먹거리 풍부

사실, 울릉도는 약초재배가 활발하여 당귀는 수출까지 하고 있고, 특산물도 전호(前胡) · 명이고사리 · 땅두릅나물 등의 산채가 유명하지 않은가.

또한 울릉도는 '3무5다(三無五多)'를 자랑하는데, 해발 984m의 성인봉을 중심으로, 천혜절승(天惠絶勝)의 자연자원을 풍부하게 보유하고 있고 뱀과, 도둑, 공해가 없는 복지의 땅이다.

특히 향나무와 맑은 물, 미인, 그리고 바람과 돌이 많아 '3무5다'를 자랑으로 여긴다. 또한 오징어를 비롯한 공해없는 청정유역에서 생산되는 풍부한 해산물과 명이나물 등 향기가 강한 산나물, 토종약소(藥牛) 등 이 지역 특산물은 자랑거리 중의 자랑거리이다.

울릉군청 공보실의 한 관계자는 "이곳의 특산물을 이용하여 오징어회를 비롯한 약소불고기는 물론이고, 명이나물 · 고사리 · 땅두릅 등을 이용한 향토음식을 적극 개발 중에 있다. 전에는 여름 한철 관광객들로 붐비던 이곳이 최근에는 무공해 청정지역을 찾는 도시인들로, 사철 관광객들의 발길이 끊이지 않고 있다. 명실상부한 무공해 관광지로 가꾸고자 자연자원 보존과 함께 향토음식 개발에 힘쓰고 있다."고 말한다.

산채 · 해산물 이용 향토색 살린 음식맛 간직

울릉도 지방의 널리 알려져 있는 향토음식은 오징어회 · 오징어불고기 · 오징어볶음 · 오징어무침을 비롯하여, 방어 · 돌미역 · 해삼 · 전복 · 소라 등의 다양한 회가 있으며, 명이나물 · 땅두릅 · 취나물 · 참고비 · 모시나물 · 부지갱이나물 · 전호나물 · 참나물 등의 산채를 이용한 전과 무침나물이 유명하다.

또 성인봉을 중심으로 한 야생약초를 먹고 자란 약소는 맛이 담백하고 부드러워 불고기감으로 으뜸이다.

그리고 해녀들이 직접 잡아올린 심해(深海)의 홍합은 그 크기에 있어서 전국의 으뜸으로, 이를 이용한 홍합밥은 별미 중의 별미이다.

울릉도를 찾는 사람이면, 해발 984m의 성인봉 원시림을 뚫고 떨어지는 봉래폭포를 꼭 찾게 된다. 봉래폭포는 주변 풍경과 조화를 이루는 아름다운 폭포로서, 울릉도를 양쪽으로 가르는 분수령으로 3단 폭포이다. 이 봉래폭포 가는 길목의 좌측에는 '천연에어컨'이라고 하는 풍혈(風穴)이 하나 있다. 돌틈 사이를 뚫고 찬바람이 나오는데, 한여름에도 온몸이 오싹거릴 정도로 차갑다. 그리고 이 풍혈 바로 옆에 자그마한 매점 '천연에어컨집'이 한 채 자리잡고 있는데, 이종국 씨(50세)가 주인으로 18년이 됐다고 한다.

'천연에어컨집'의 자랑은 감자부침과 옥수수엿을 원료로 한 엿탁주이다.

이종국 씨의 '감자부침'과 토속주 '엿탁주'

이종국 씨에게 엿탁주 만드는 법을 물으니, "누룩을 잘 만들어야(띄워야) 합니다. 누룩은 토종밀을 거칠게 빻아서 적당량의 물을 뿌려가면서 반죽을 하는데, 너무 질지 않게 만드는 것이 중요합니다. 주먹으로 꼭 쥐었을 때 풀어지지 않고 뭉쳐질 정도면 적당합니다. 반죽이 되었으면 가제베나 무명천으로

만든 보자기에 밀반죽을 적당량 담고 보자기를 오므려서 발로 밟는데, 디뎌진 두께가 3~4cm 정도에 지름은 25cm 정도 되게 얇게 만들고, 한가운데를 구멍이 나도록 뚫습니다. 굳혀진 누룩은 방바닥이나 창고 같은 곳에 볏짚이나 보리짚을 깐 뒤, 서로 닿지 않게 놓고 위를 덮어 1주일 정도 띄웁니다."고 설명한다.

누룩이 완성되면 이제부터 술빚기에 들어가는데, 이종국 씨의 엿탁주는 두 번(덧) 담그는 술로, 밑술은 먼저 잘 뜬 누룩을 콩알 크기로 잘게 부숴 놓고 멥쌀 1말에 껍질 벗긴 생감자 3.6~4.0kg 정도를 섞어 고두밥을 짓는다. 고두밥을 지을 때 생감자가 잘 익도록 여러 조각으로 잘라서 넣으면 좋다. 고두밥이 익으면 이를 싸늘하게 식히고 덩어리진 것이 없이 한 뒤, 준비한 누룩 3~4kg과 섞는다. 또 양조용수는 이들 재료를 항아리에 담은 뒤 물에 잠길 정도로 잘박하게 붓는 것이 좋은 밑술을 만드는 요령이다.

밑술을 안친 술독은 뜨거운 방 안에 들여 놓고 베보자기로 주둥이를 살짝 덮어 2~3일 그대로 방치하면 밑술이 완성된다. 술이 끓어오르는 것이 멈추면 밑술이 완성된 상태이므로, 곧 이어 덧술을 담는다.

옥수수 엿물에 누룩 넣어 발효시키고 술 안친 다음 날이면 마실 수 있다

씨는 여기서 "덧술을 하지 않고 밑술이 완성되면, 체나 술자루를 이용하여 물을 부어(後水)가면서 걸러내면 막걸리가 되는데, 후수를 한 만큼 주도(酒度)가 낮고 재빨리 시어지는 등 재발효가 빨라지므로, 대개는 덧술을 하여 엿탁주를 만들어 마십니다."고 말해, 울릉도의 토속주 역시 용도에 따라 술 걸르기를 달리하고 있음을 엿볼 수 있었다.

엿탁주를 만들기 위해서 완성된 밑술에 만들어 넣는 덧술의 재료로는 옥수수가루 5말과 엿기름 6되, 양조용수 2말이 들어간다.

덧술은, 먼저 준비한 분량의 옥수수가루를 물 5말과 섞고, 여기에 다시 엿기름가루 2되를 섞어 가마솥에서 팔팔 끓였다가 그릇에 담아 차게 식힌 뒤, 다시 나머지 엿기름가루 4되, 양조용수 3말을 섞어 솥에 넣고 불을 지펴 엿물이 적당히 데워졌을 때, 아궁이의 불을 끄고 솥뚜껑을 덮어 식지 않게 보온을 해주면서 7~9시간 지내다가, 엿밥이 충분히 삭으면 재차 기포가 생길 때까지 불을 지펴 팔팔 끓인 뒤 베로 만든 자루에 담고 눌러 짜서, 엿밥은 제거하고 남은 엿물은 다시 솥에서 졸인다.

이종국 씨에 의하면, "엿물을 졸일 때 솥에 눋지 않도록 주걱으로 저어주면서, 약간 붉은 빛이 돌면서 끈기가 있어보일 때까지 졸이고, 이내 싸늘하게 식힌다. 또 엿물을 졸이는 정도는 그 양으로 보아서, 다시 말해서 술 재료의 총량(옥수수가루+엿기름+양조용수)의 절반이 되는 양이었을 때가 가장 적당하고 술맛도 가장 좋습니다."고 설명한다.

씨는 또 "덧술을 만들기 위해서는 엿물이 싸늘하게 식으면 여기에 발효가 끝난 밑술을 쏟아 붓고 고루 섞이도록 저어 준 뒤, 소독을 마친 항아리에 안쳐서 따뜻한 방안에 자리를 잡아, 예의 방법으로 술독을 보온시켜 주는데, 술을 안친 지 하루 반나절이면 술이 익습니다."고 말한다.

그러니까 술을 안친 지 다음 날이면 술을 걸러 마실 수 있다는 얘기가 된다.

육지의 쌀 이용한 탁주에서 발전한 술 녹말내어 만든 토속음식 감자부침이 최고의 안주

이로써 울릉도 엿탁주는 덧술의 발효가 매우 빠른, 국내 전통·토속주 가운데 가장 덧술의 발효기간이 짧은 술이라는 것을 알 수 있다.

완성된 울릉도 엿탁주는 체로 걸르되 후수를 하지

않아 여느 탁주와 같이 뿌연 빛깔을 자랑하며 주도(酒度)가 15%정도로 약간 높은 편이며 빨리 취하고 빨리 깬다.

이렇게 하여 완성된 울릉도 엿탁주는 체로 걸러서 마시는데, 현지인들 사이에서는 '최고의 맛'을 자랑, 엿탁주를 마시기 위해 해발 984m의 성인봉을 오르고, 또 오르는 길에 땀을 씻을 겸 풍혈을 찾는다고 한다.

이 때 엿탁주 한 잔에 감자부침 한 장이면, 땀과 피로가 씻기고 배고픔을 까맣게 잊게 된다고 한다.

이러한 엿탁주는 이종국 씨의 집안에서 누대에 걸쳐 빚어왔던 토속주로, 1882년 울릉도가 본격적으로 개척되면서 이 지역 특산물 중의 하나인 옥수수를 이용하여 약주를 빚게 되었다고 한다.

"울릉도의 인구가 늘어나기 시작한 것은 일제 강점기부터로, 점차 마을로서의 규모를 갖추게 되자, 육지에서 건너 온 사람들이 저마다의 술을 빚어 마시게 되었는데, 정확하지는 않지만 쌀이 절대 부족했던만큼 주식인 옥수수를 이용하게 되었다고 합니다. 저희 집안에서도 이 때부터 옥수수 엿술을 만들어 마시게 되었고, 제사 때며 집안의 애경사에 소량씩 빚어 왔습니다. 육지의 사정과 달리 옥수수 엿탁주는 일제 강점기 때에 생겨났고, 이곳이 오지였으므로 단속이 거의 없어 저마다 독특한 비법의 술을 만들어 볼 수 있었지요."

이종국 씨는 또 "엿탁주에 어울리는 안주로 감자부침이 최고"라며, "다들 '전국 다 다녀 봤지만, 이 집의 감자부침을 따를 곳은 없겠다'고 하면서 만드는 법을 배워가지만, 이 맛과 맛이 다르다고들 합니다. 처음에는 부침개 한장 시켜서 먹어보고는 맛있다고 서너개씩 먹고 끼니를 때웁니다."

씨에게 특별한 그 맛의 비결을 물으니 "녹말을 얻는 과정에서 간 감자즙을 얼만큼 잘 짜내느냐에 달려 있습니다. 그래야 맛이 나고 부쳐봐도 찰집니다. 또 오래 두어도 색이 변하지 않습니다."고 말한다.

감자를 갈아 두면 물이 붉은 색으로 변하므로 붉은 색이 없도록 꼭 짜야 감자의 독소성분을 없애 맛이 좋아진다는 것이다.

씨는 또 "엿탁주를 만들어 팔게 되면서 거기에 따른 안주로, 이곳 토속음식으로 어떤 것이 좋을까 하고 생각하던 끝에 감자부침을 떠올렸습니다."고 말한다.

"감자부침을 잘 만들기 위해서는 감자 녹말 80대 밀가루 10의 비율로 섞고, 부추·풋고추·당근 등 채소를 썰어 넣는다고 한다. 酒

술 이름에 반하고 맛에도 반하는

청산 별곡주

'살어리 살어리랏다.
청산에 살어리랏다.
멀위랑 다래랑 먹고
청산에 살어리랏다
얄리 얄리 얄랑성 얄라리
얄라……'

〈가시리〉,〈서경별곡〉과 함께 가장 뛰어난《고려가요》〈청산별곡〉의 일부이다.

〈청산별곡〉은 어떤 젊은이가 속세를 떠나 청산과 바닷가를 헤매면서 자신의 비애를 노래한 작품으로, 고려시대의 생활감정이 잘 나타나 있다고 알려져 있는데, 예나 이제나 청산(靑山)은 우리에게 동경의 대상으로 가슴 속에 자리잡고 있는 것 같다.

술 이름이 좋아 반하고 만 술

그 예로 지명(地名)을 비롯, 상호, 상품명으로까지 '청산'이란 이름이 널리 쓰여지고 있음을 볼 수 있는데, 여기 또 하나의 '청산'을 따 온 토속주가 있어 우리의 관심을 끈다.

이름하여 '청산별곡주(靑山別曲酒)'가 그것이다.

술맛이 어떠한지, 어떠한 방법으로 빚어지는 술인지, 또 어떻게 해서 그러한 술 이름을 얻게 되었는지, 모든 것이 궁금지경이 아닐 수 없었다.

청산별곡주는 강릉시 왕산면에 사는 권오선 씨(66세)가 그 기능을 보유하고 있다.

지금은 행정구역의 개편으로 강릉시에 편입된 곳이지만, 불과 5년 전만 해도 강원도 명주군에 속했던 전형적인 산골마을이다.

왕산면은 면의 경계를 따라서 제왕산·칠성대·옥녀봉·노추산·덕구산 등이 있는 데다, 면내에는 해발 1010m 높이의 대화실산까지 있어, 면의 대부분이 험준한 산악지대를 이루고 있다.

때문에 예로부터 고랭지 농업이 행해지고 있으며, 감자와 옥수수 외에 각종 약초재배가 성행한다. 특산물로 송이버섯과 토종꿀, 당근이 유명하며, 그 중 당근은 재배면적이 50만평에 이르러 내륙에서는 최대면적을 자랑한다.

청산별곡주의 권오선 씨를 만나게 된 것은 강릉 당근을 취재차 지나가던 길이었다.

영동고속도로를 타고가다 대관령을 막 넘으면 강릉시 못미쳐 태백과 정선으로 가는 35번 국도가 나온다.

여기서부터 오르막길로 조금 가다 왕산면으로 향하는 지방도로를 타고 다시 10여분 달리다 보면, '닭목령'이라는 제법 가파른 고개가 나오고 그 아래로 넓은 들이 펼쳐진다. 그곳이 대기리이다. 대기리로 들어서는 초입, 그러니까 닭목령 고개를 막 넘어서면 우측으로 자그마한 휴게소가 나오는데, 권오선 씨가 운영하는 '닭목령 휴게소'이다.

큰 고개 너머엔 주막 있게 마련
나그네 목 축이라는 뜻의 술 이름

쉬지 않고 달려온 길이라서 목도 축이고 허리도 펼 겸 해서 들어선 곳이 닭목령 휴게소 였다.

그런데 여기서 뜻밖에 청산별곡주를 만나게 된 것이다.

'닭목령'이란 간판 이름도 그렇거니와 창문에 붓글씨로 써 붙인 '청산별곡주'란 술 이름이 호기심으로 다가왔다.

주인인 듯한 촌로가 방문을 열고 나서며 "무엇을 찾느냐?"고 하매, "청산별곡주가 어떤 술입니까?"고 여쭙게 된 것이 권오선 씨와의 인연이었다.

이렇게 해서 시작된 얘기가 한동안 계속되었다. 씨는 이곳에서만 30년 넘게 살고 있으며, 술이라면 종류를 가리지 않고 무조건 좋아했는데, 결혼해서 아내가 술을 만들어 주면서부터는 희석식 소주 등 일체 시중의 술을 끊고 대신에 청산별곡주만 마시게 되었다고 한다.

그리고 '닭목령'이란 지명은 하늘에서 이곳을 내려다 보면, 마치 닭의 모가지 형상을 하고 있어 붙여진 이름이며, 소위 청산별곡주는 자신이 이름을 지어 붙인 것으로, "옛부터 큰 고개를 하나 넘으면 그 곳에는 반드시 주막이 있어, 나그네들로 하여금 목을 축이고 가게 했다. 그런 연유로 이곳에 터를 잡게 되었고, 지리적 여건에 맞는 술 이름을 떠올리게 된 것이 청산별곡주의 유래이다."고 설명한다.

기대가 크면 실망도 큰 법인가. 예상과는 달리 뜻밖의 얘기에 실망이 앞섰다.

하지만 밑져야 본전이고 예까지 온김에 술맛이라도 좀 보고가야겠다 싶어, 돌렸던 발걸음을 멈추고 "어떻게 빚는 술입니까?"고 물었더니, 자신이 작명하게 된 내력과 전승과정, 술 빚는 법을 조심스럽게 들려주었다.

토미와 청산 유곡의 깨끗한 물,
약재 처리가 비결

권씨는 먼저, 자신이 술을 빚게 된 지는 이태째(2년째)라면서, "본래는 자신의 처가인 연일 정씨 집

안의 가양주였던 것을, 부인(정복화, 59세)이 안동 권씨 집안으로 시집오면서 술빚는 법을 전해, 오늘에 이르게 된 것"이라고 했다.

씨는 "한동안 밀주단속이 심해 술을 빚지 못하다가, 나이 들면서 다시 옛 생각이 나서 다시 빚어 마시게 되었다."고 말한다.

씨에 따르면, 자신은 이곳 왕산면 대기리에서 태어나 고향을 떠나 본 적이 없는 토박이로, 늙으막에 소일거리로 휴게소를 운영하고 있으며, 장사를 하다 보니 막걸리를 찾는 사람들이 의외로 많다는 사실에 착안, 자신이 젊었을 때 아내가 빚어주던 막걸리를 떠올리게 되었고, 2년 전부터 아내를 설득, 옛맛을 재현하기에 이르렀다 한다.

권오선 씨는 "처가가 꽤 부자였다. 1만평 농사를 짓는 전업농으로 일꾼들이며, 집 안팎으로 찾아드는 손님 접대용의 탁주를 빚어 왔었다. 아내는 내가 술을 좋아한다는 사실을 알고 친정 어머니(손씨)에게서 술 빚는 법을 전수받아 시집을 왔다."면서, "그러나 지금의 청산별곡주는 처가집 연일 정씨 가문의 가양주가 아니라, 우리 집안(안동 권씨)의 가양주로 그 제조방법을 달리하고 있다."고 말한다.

씨는 또 "지금은 아내가 귀찮다 해서 손수 술을 빚고 있는데, 아내 솜씨보다는 못한 것 같다."면서, "청산별곡주와 비슷한 탁주는 현재 우리집을 비롯, 세 집에서 빚고 있는데, 집집마다 술 담그는 법도 다르고 맛도 다르다."고 한다.

씨가 청산별곡주는 '나만의 비법'이라며 '방법은 가르쳐 줄 수 없다'는 것을 통사정 끝에 알아 낸 것으로, 그 재료는 토미(土米, 멥쌀) 2말을 비롯, 솔잎 1.2kg, 물엿 12kg, 엿기름가루 1되(1.8 l), 누룩 5장(12kg), 이스트 10g, 양조용수 40 l 와 부재료로 마가목 등 생약재 6가지가 사용된다.

술 만드는 법은 토미 2말을 물로 깨끗이 씻어 한나절 (12시간) 가량 담갔다가 건져서 물기가 빠지면 시루에 안치는데, 이때 생솔잎 2근을 깨끗이 씻어 함께 섞어 넣고 불을 지펴서 고두밥을 짓는다.

고두밥은 서늘한 곳에 고루 펴서 식히고 덩어리진 것 없게 손으로 비벼서 낱알갱이를 만들어 놓는다.

다음에 직접 만든 조청이나 엿물(물엿) 12kg을 양조용수 40 l 에 넣고 끓여서 식으면 준비해 두었던 고두밥과 엿기름가루 1되, 누룩가루 12kg, 이스트 10g을 함께 넣고 잘 치댄 뒤, 소독을 마친 술항아리에 안쳐서 발효에 들어간다.

이때 잊지 말아야 할 것은, 물엿과 부재료로 사용되는 생약재의 처리를 어떻게 하느냐는 것이다.

토미(土米)와 청산유곡의 깨끗한 물 약재처리가 비결

권오선 씨로부터 그 방법을 듣자니, "청산별곡주의 비결은, 이 지방에서 생산되는 토미(토종 멥쌀)와 대화실산의 깊은 계곡에서 흘러내린 맑고 깨끗한 물을 끌어올린 샘물, 물엿 만드는 방법, 그리고 생약재를 처리하는 방법에 있다."면서, 예의 방법을 조심스레들려 주었다.

먼저 멥쌀 40kg을 하룻밤 물에 담가 충분히 불린 뒤, 맷돌을 이용 곱게 갈아서 물 120 l 와 엿기름 6kg을 섞어 가마솥에 담고 끓인다. 죽이 팔팔 끓으면 가마솥에서 퍼내어 식히는데, 두 세 시간 지나 손을 넣어 봐서 1분을 견디기 힘들 정도로 적당히 뜨거울 때 물 3.5되에 엿기름가루 1.2kg을 타서 찌꺼기만을 건져 낸 엿질금물과 마가목, 느릅나무, 감초, 엄나무, 주목나무잎, 오가피 각 600g~1kg을 섞어 준다.

이를 다시 가마솥에 담고 5시간 정도 끓이면 노란 빛을 띠면서 엿밥이며 약재가 완전히 삭는다. 이를 솥에서 퍼서 술자루에 담고 엿틀로 눌러 짜서, 엿밥(찌꺼기)은 버리고 엿물만 솥에 담아 다시 한 시간 정도 끓인다. 엿물이 팔팔 끓기 시작하면 불을 끈 상태에서 주걱으로 저어주면서 뜸들이듯 약 20분 가량 지나서, 그릇에 퍼서 식히면 물엿이 된다.

이렇게 해서 만들어진 물엿에 고두밥과 누룩가루, 양조용수 등을 섞어 발효시킨 술이 곧 청산별곡주로, 그 이름만큼 깊은 맛을 자랑한다.

"아까도 말했지만, 한 번 맛을 본 사람은 '아, 그 술, 맛 한번 좋더라' 면서 한 병도 아니고 두 세 병씩 받아 가지고 간다."

권오선 씨와 같은 마을에 살면서 당근 농사와 화훼를 주업으로 하고 있는 심화주 씨(39세)는 권오선 씨의 술 자랑이 전혀 허언은 아닌 것이, "나도 술을 꽤 즐기는 편인데, 청산별곡주를 마셔 본 사람들이 한결같이 하는 얘기가 있다. '첫째, 맛이 부드럽고 자꾸 당긴다. 둘째, 취하도록 마셔도 두통이나 골을 패는 일이 없다. 셋째, 다음 날 가뿐하게 일어난다' 고 말한다.

청산별곡주의 이러한 맛은 이곳의 전혀 오염이 안된 토양에서 자란 토미와, 깊은 산(靑山)에서 흘러내린 맑고 깨끗한 물을 지하에서 퍼올린 샘물을 사용한 데에서 오는 것으로, 이름 그대로 청산별곡주라는 생각이 들었다.

그도 그럴 것이 예로부터 우리 조상들은 술 빚을 때의 조건으로 6재(六材)를 들었는데, 그 가운데 '좋은 샘물을 골라야 한다'고 하였으며, 조선시대 조리서인 《규합총서》에서는 "물맛이 사나우면 술이 또한 아름답지 못한 법이다……"했고, 《증보산림경제》에서는 "샘물을 써야 술맛이 맑고 달다. 샘물의 맛이 좋지 아니하면 술맛 역시 아름답지 못하다……"고 하여 물의 선택에 주의할 것을 강조하고 있음을 볼 수 있다.

전승 가양주에 약재 첨가
통음 해도 숙취 못느껴

그런데 권오선 씨는 여기에 더하여 자신의 방법, 그러니까 기존의 탁주 만드는 법에 자신의 지식을 바탕으로 여러 가지 약재를 첨가, 술의 기호성과 약리적 효능을 얻고자 했음을 알 수 있다. 권씨는 이러한 사실에 대해, "특히 마가목 · 주목 · 엄나무 · 오가피 · 감초 · 느릅나무 등 귀한 약재를 넣어, 이들 약재의 약용

성분이 신체에 활기를 불어 넣어 준다."고 말한다.

사실, 씨는 어려서 집안 어른들을 따라 인근의 깊은 산에서 나는 약초며, 약재를 채취하러 다니면서 그 효능이며 용도를 익혀, 반 한의사가 되었다 할 정도로 이 분야에 밝은 눈을 갖고 있는 사람이다.

하지만 아쉽게도 권씨의 주장과 같이 청산별곡주에 대한 객관적, 합리적 평가나 과학적 분석, 또는 관능 평가 등 그 어떤 연구도 이뤄진 것이 없어 이를 입증하거나 확인할 수는 없었다.

다만, 필자의 저서 《한국의 전통민속주》 중 장성의 기우경 씨가 빚고 있는 '팔목주(八木酒)'를 참고하면 좋을 듯 싶다.

그런데 한 가지 분명한 사실은, 권오선 씨가 "맛이나 한 번 보라."고 건네 준 청산별곡주를 남녀 6명에게 시음케 해 필자 나름의 평가를 해 볼 요량으로 통음(痛飮)케 해 본 결과, 한결같이 '맛이 있고 전혀 숙취가 없다'는 애기를 들을 수 있었다는 애기다. 그러면서도 필자는 '혹여 술 이름이 너무 좋아서가 아니라면, 너무 기분 좋게 마시고 즐긴 때문이 아닐까' 하는 생각도 해 보았다.

참으로 오랫만에 특별한 이름의 술을 발견, '동가숙 서가식' 하는 노정에서도 그 술 맛만큼이나 기분 좋은 날이 되었다 酒

불로초 구기자로 빚는 청양지방 토속주

청양 방문주

콩밭 메는 아낙네야~' 로 시작되는 대중가요가 전국에 메아리치면서 충남 청양군의 칠갑산을 모르는 이가 없게 되었다. 특히 칠갑산은 '충남의 알프스' 라 불리울만큼 그 자연스런 비경을 찾아 세인들의 발길이 끊이지 않는 관광 명소가 되었거니와, 1920년대부터 칠갑산 기슭에서 재배되어 온 구기자는 칠갑산을 품에 안고 있는 청양군의 대표적 특산물로 자리잡게 되었다.

청양군의 구기자 재배면적은 '94년 기준 215ha로 연간 580여 톤을 생산하고 있는데, 이는 전국 제일의 생산량을 자랑하며, 기후와 토질이 구기자 재배에 가장 적합하여 국내 생산 구기자 중 가장 뛰어난 약효를 자랑하는 것으로 보고되고 있다.

또한 충남 보건환경연구원의 잔류농약 검사 결과, 유해물질 등이 전혀 검출되지 않은 것으로 보고돼, 농약 중독 등 유해물질에 대한 불안을 말끔히 씻어주고 있다.

이에 청양군에는 구기자를 이용한 가공식품이 여럿 등장하게 되었는데, 구기자 액상차 · 구기자 과립차 · 구기자 농축액을 비롯, 구기자 다림차 · 구기자 동동주 등이 그것이다.

특히 구기자 액상차 · 과립차 · 농축액 · 다림차 등이 최근에 이르러 개발된 가공식품인 반면, 구기자 동동주는 구기자 재배가 이뤄지기 훨씬 이전부터 민간에서 빚어 즐겨왔던 토속주이다.

이와 같은 예는 과거 구기자의 주산지로 알려진 진도군에서 볼 수 있는데, 진도 지방의 토속주로 전통의 홍주, 동방주, 방문주와 함께 구기자주가 진도 사람들에 의해 개발돼 오랜 옛날부터 그 명성을 떨쳐 왔다.

오랜 옛날 방문주 명산지로 손꼽혀
옛법의 방문주에 구기자 넣어 약효 얻는다

청양지방의 토속주 구기자주는 청양읍내(주) 청양방문양조주식회사(대표 서병훈)를 비롯, 운곡면 운곡양조장 등의 양조장 제조 구기자주와 운곡면 김영순 씨, 대치면 최영탁 씨 등 민간에서 제조되는 가양주 형태의 구기자주가 저마다의 맛과 특성으로 애주가들의 미각을 자극, 대중주로서 자리매김을 해오고 있다.

그런데 청양지방에는 같은 종류의 구기자주이면서 여느 술들과는 달리, 방문주라는 이름의 술이 있어 시선을 끈다.

방문주(方文酒)가 조선시대 대표적인 약주류의 한 가지라는 사실 때문이다.

방문주를 생산하고 있는 서병훈(85세), 옹을 찾은 때는 '97년 12월 초순으로 비가 내리는 아침이었다.

(주)청양방문양조의 방문주가 세상에 알려지게 된 것은, 1994년 탁주류의 지역연고판매제도에 의한 구역제한이 풀리면서부터로, "청양지방에서는 가장 오랜 역사를 갖고 있는 양조장의 술이라는 사실과 함께, 이곳이 옛날부터 전통의 곡주 방문주 생산지로 유명했다. 따라서 전통의 방문주에 이 지역 특산품인 구기자를 첨가해 만들고 있어, 옛 이름 그대로 방문주라고 명명하게 되었다."고 말하고 있다.

청양의 명주 방문주의 명성을 잇고자 하는 서병훈 옹의 소박한 바램이 술 이름에 담겨 있음을 엿볼 수 있었다.

방문주는 조선시대 대표적인 약주의 하나로, 《규합총서》를 비롯, 《술 만드는 법》, 《시의전서》, 《양주방》 등 여러 음식 관련 문헌에 그 이름과 만드는 법을 적고 있으며, 그 제조과정으로 미루어 비교적 살림살이가 넉넉한 집안에서나 빚어 마셨던 고급약주로 여겨진다.

노령으로 요즘은 건강이 여의치 못하다는 서병훈 옹은, "거의 모든 일을 공장장 전광진(59세) 씨에게 맡기고 있다."면서, "선친 때부터 운영해 오던 양조업을 가업으로 이어 받아 오늘에 이르렀는데, 지금도 가끔 '술이 시다.'는 애길 들을 때가 있다. 술이 시다고 하는 것은 발효가 제대로 이뤄지지 못해 잘

못 만들어졌다는 것을 뜻한다. 이는 그만큼 술빚기 년 넘게 방문양조(주)에 몸 담고 있다는 전광진(59세) 공장장의 설명을 들어가면서 그 과정을 살펴보기로 한다.

다양한 구기자주 제조방법 전해와

먼저, 《규합총서》에 소개하고 있는 방문주 제법을 보자면, "멥쌀 1말을 가루내어 물 1말 2되를 끓인 것에 풀어 죽을 끓인 후에 차게 식거든, 가루누룩 1되 3홉으로 버무린 다음 밑술로 한다. 7일 후에 멥쌀 2말로 지에밥을 쪄서 끓인 물 2말을 부어 덧술을 만드는데, 물이 밥에 배면 차게 식혀 밑술에 버무려 넣어 발효시킨다." 고 기록되어 있다.

한편, 예로부터 전해 내려오고 있는 구기주(枸杞酒) 또는 구기자주(枸杞子酒)는 청양 방문주와 어떻게 다른가. 그 제조방법을 알아보기로 한다. 전제할 것은 구기자주는 다음의 네 가지 방법이 전한다.

먼저 청양지방에 전해오는 구기자주는 운곡면 평암리에 사는 임영순 씨가 그 기능을 보유하고 있는 술로 임씨는 농림부 지정 전통식품 명인 제(11)호이다.

임씨에 의한 구기자주는 섭누룩과 멥쌀, 찹쌀, 솔

잎, 그리고 구기자를 비롯, 구기자나무 뿌리와 갈근을 적정 비율로 섞어 달인 물과 엿기름을 이용하여 덧담근 술로서, 용수를 박아 채주한다. 완성된 구기자주는 밝은 담황색의 불투명한 빛깔을 띤다. 이 술은 약간 새콤하면서도 구기자의 독특한 향과 함께 감미가 뛰어나다.

그리고 구기자의 약효를 얻고자 민간에서 빚어왔던 구기자주는 약용약주(藥用藥酒)로 분류할 수 있는데, 구기자를 삶아 찧어서 나온 액상에 누룩과 고두밥을 버무려 여느 방법으로 빚은 약주이다.

별법에 의한 구기자주는 구기자와 생지황을 베주머니에 넣고 민자 약주에 담가서 구기자와 생지황의 약성분을 우려낸 약용주이다.

이와는 달리 《동의보감》·《양주방》에 기록되어 있는 구기주 제법은 술에 구기를 가미한 약용주의 일종으로 소개하면서, "봄에는 구기초의 뿌리를, 여름에는 구기초의 잎을, 가을에는 구기초의 꽃을, 겨울에는 구기초의 열매를 각각 술에 넣어 빚는다."고 적고 있다.

덧술에 구기자 넣어
삽미·감미가 주는 느낌 특별

이상과 같이 여러 가지 방법으로 구기자주를 빚어왔음을 알 수 있는데, 서병훈 옹의 방문주, 곧 청양 구기자주 제조방법은 여간 복잡한 것이 아니었다.

그 제조과정을 살피건대, 우리나라에 주세법이 제정되면서 생겨난 술임을 알 수 있었다. 우리의 전통·토속주류는 이 때부터 탁주·약주·소주류로 분류되고 그 제조방법이 규격화되었는데, 이때 도입된 제조방법으로 빚어진 양조장 제조의 탁주류라는 사실을 알게 된 것이다.

그 이유로 주모를 만들고 입국과정을 거쳐 덧술을 2차례에 거쳐 넣고, 제성한 술이라는 사실이 이를 뒷받침해주고 있다.

청양 방문주의 제조과정을 전광진씨로부터 들을 수 있었다. 전광진 씨는 "주모 제조 후 2일 후에 입국제조에 들어간다.여기에 덧술을 안치는데 이때 구기자가 들어가고, 5일 뒤에 제성한 뒤 구기자 다림액을 넣어 완성주 구기자주를 만든다."고 말한다.

여기서 청양 방문주 제조과정을 좀 더 구체적으로 설명하자면 다음과 같이 정리된다.

먼저, 백미 100kg을 가지고 방문주를 만든다고 가정할 때, 제 1단계로 주모를 만드는데 백미 100kg 중 2kg을 24시간 물에 담갔다가 건져서 시루에 담고 쪄서 고두밥을 짓는다. 고두밥은 차게 식혔다가 실내온도 35℃ 되는 곳에서 효모와 섞어 종국배양에 들어가는데 40시간 포자배양한다. 그 방법은 용기에 효모 20g과 물 30ℓ를 혼합하여 넣고 48시간 발효시키면 된다.

주모가 완성되면 곧 이어 입국제조에 들어가는데, 입국은 백미 28kg을 고두밥 지어 주모 제조시와 같은 방법으로 40시간 포자배양한 뒤, 앞서 완성된 주모와 물 60 l 를 함께 섞어 술독에 담고, 실내온도 35℃를 유지해 주면서 발효시킨다. 이를 밑술이라고 한다. 5일이 지나 밑술이 완성되면 덧술을 만들어 넣는다.

덧술은 백미 70kg을 깨끗이 씻어서 24시간 물에 담갔다가, 건져서 시루를 이용,고두밥을 짓고 30℃ 정도 되게 식힌 다음, 물 160 l 와 볶은 구기자를 분말로 만든 것 5kg, 누룩 5kg을 함께 밑술과 섞어 새로 준비한 술독에 안친다. 덧술 안치기가 끝난 술독은 실내온도 25℃ 정도 되는 곳에서 120~168시간 발효시킨 후 제성한다.

이어서 구기자 다림액 10 l 를 섞어 압착 여과시키면 예의 청양 방문주가 완성된다.

이렇게 해서 완성된 청양 방문주는, 여느 술에 비해 약간의 삽미(澁味)와 함께 감미(甘味)가 주는 느낌이 좋아, 술을 못하는 여성들도 즐겨 마신다고 한다.

특히 피로회복과 체력증강은 물론이고, 노화방지에 뛰어난 약효를 자랑하는 구기자를 많이 넣은 까닭에, 술맛보다는 구기자의 약리적 효능을 얻고자 마신다고 하는 것이 보다 적합한 표현이 될 것 같다.

당뇨 · 중풍 · 강장효과 뛰어난 구기자 불로장수의 효능 입증

구전하는 바, 구기자가 '불로장수의 명약'이라는 전설은 이미 알려져 있거니와, 여러 고서에 구기자의 효능을 비교적 상세하게 적고 있음은, 그만큼 구기자의 효능이 뛰어나다는 데 기인한다.

참고로 중국의 고전인 《신농본초경》, 《본초강목》

과 우리의 전통 한의서인 《동의보감》, 《의학입문》, 《대한약전》에 구기자의 효능을 적고 있는데, 《산농본초경》에 "약은 상약 · 중약 · 하약으로 나누고 있는데, 구기자는 무독한 것으로 음허증에 쓰이는 인삼과는 달리, 음양허실 등 체질을 가리지 않는다."하였고, 《본초강목》에는 "해열 · 당뇨 · 중풍 · 강정에 효과가 있고, 폐나 신장의 기능을 촉진하고 시력을 좋게 한다"고 적고 있다.

우리의 의학 관련 문헌인 《동의보감》을 비롯, 《의학입문》 등의 기록에는 "보정, 근골보강, 피로회복, 자양강장, 간 세포 신생증진, 해열, 혈압강하, 항균, 불로장수의 효능이 있다."고 기록되어 있다.

한편, '92년 10월 일본의 요꼬하마 국립대학 환경과학센터의 보고에 의하면, "옛 의학서적에 기록된 구기자의 효능이 검증된 바 있다."고 하면서, "현대인의 성인병 및 고질적인 병에 대한 예방과 치료효과가 있다."고 발표, 화제가 되었다.

따라서 기왕에 마시는 술이라면 청양 방문주와 같은 약주를 이용함으로써, 건강도 보전하고 전통의 문화도 되살리는 것이 어떨까.

특히, 약이라는 것이 하루 아침에 만들어진 것이 아니듯, 전통주와 토속주도 오랜 세월 우리의 체질에 맞게 만들어진 음식임에야, 시중의 화학주나 희석식 소주와는 비교할 바가 아니지 않은가. 酒

주막 역사 다시 쓰는 죽령주막의 술

죽령주막 인삼동동주

영남과 기호를 넘나드는 영남 3대 관문 가운데 추풍령, 문경새재와 더불어 가장 유서깊은 관문으로 알려져 있는 곳이 영주시 풍기읍 소재 죽령(竹領)이다.

이곳 죽령의 유래는 "고려시대 때 '죽죽(竹竹)'이라고 하는사람이 길을 냈다." 고 하고, 더러는 "죽(竹)이 많았다고 하여 죽령이라고 부르게 되었다." 한다. 하지만 죽령 정상의 어느 곳에도 대나무(竹)는 커녕, 산죽(山竹)도 없어 전자의 유래를 확신하고 있다.

나그네들의 애환 서렸던 주막, 발길 잦은 명소로 살려야

행정구역으로는 경북 영주시 풍기읍에 위치해 있는데, 죽령 정상에 올라서서 북쪽으로 난 길을 따라가면 충북 단양군 대강면에 이르고, 남쪽은 영주시 풍기읍에 면해 있다. 그리고 정상에서 남쪽으로 50m도 안되는 지척의 거리에 아담한 형태의 초가(草家)가 한 채 들어 앉아 있는데, 이 집이 이름도 오랜 죽령 주막(酒幕)이다.

그 옛날에는 청운의 꿈을 안은 젊은 선비들이 과거시험을 보기 위해 이 죽령을 넘으면서 들렀던 곳이 죽령주막이며, 조선시대엔 온갖 문물을 어깨에 짊져 나르던 보부상들과, 과장(科場)은 아니라도 숱한 나그네들이 이 고개를 넘나들어 갖가지 애환이 서려있는 곳이 또한 죽령주막이었다.

그러나 죽령주막은 언제인지 모르게 그 자취도 없이 사라져 버렸고, 우물이 있었던 터만 남아 있었는데, 10년전 영주시가 문화유적지 재현과 관광객 유치를 목적으로 고증을 거쳐 옛 모습대로 복원, 오늘에 이르고 있다. 죽령주막의 복원 초기에는 세인들의 관심이 높았으나 현재는 발길이 뜸한 편이다.

죽령주막 바로 옆에 현대식 설비와 물품을 갖춘 휴게소가 위치하고 있는 데다, 목적을 갖고 찾지 않는 한 오래도록 머물고 싶지 않을 정도로 바람이 심하기 때문이다.

특히 죽령주막은 시 차원의 관광객 유치와 길 안내 등 봉사를 목적으로 설치된 곳임에도 불구하고,

안정자 씨가 오기 전에 있던 사람이 그 취지를 제대로 이해하지 못한 것도, 관광객들이 발길을 돌린 이유가 된다.

이에 영주시는 희생·봉사정신이 강한 사람을 이곳의 관리인으로 선임하는 형식을 빌어 찾아낸 사람이 안정자 (43세)씨 였다고 한다.

친정집 가양주에 인삼 넣어 '알싸한 맛' 특징

안정자 씨는 "이곳에 온지 2년 밖에 안됐다."면서, "돈 벌겠다는 욕심 버리고 봉사하는 곳이라는 생각을 갖고 나니, 오히려 단골 손님도 생기고 유명 인사들도 찾아와 좋은 사람들을 많이 사귀게 되었다. 그분들이 우리 주막의 인삼 동동주를 맛보고는 맛이 좋았던지, 돌아가서 한 사람 두 사람씩 데리고 와서 자꾸 소문이 나게 되었다."고 말한다.

안정자 씨는 영주시 부석사 밑 소천1리의 순흥 안씨(태형, 80세)와 김해 김씨(종순, 76세)의 6남매 중 둘째 딸로 출생, 이곳에 오기 전까지 풍기읍에서 살았다고 한다.

안정자 씨는 "친정 어머니가 청국장이며 여러 가지 음식을 잘 만드셨는데, 특히 술 빚는 솜씨가 좋았다."면서, "친정 어머니께서 명절 때와 제사 때 술 빚는 것을 보면서 자랐는데, 술을 빚을 때면 맛을 보라고 하셔서 맛을 보곤 하던 것이 좋았다. 그래서 어머니를 졸라 술 빚는 법을 배우게 되었다. 그때는 인삼이 귀하고 비싸서 대신 더덕과 대추 등을 조금씩 넣어 빚다가, 인삼 재배가 늘어나면서 가격이 싸지자, 풍기읍에서 인삼 소비 차원에서 홍보를 하게 되었다. 그래서 인삼을 갈아서 술에 넣었는데, 맛과 향이 좋았다. 이렇게 해서 우리 집안의 가양주가 되었다."고 말한다.

따라서 죽령주막의 인삼 동동주는 그 역사가 매우 일천하다는 것을 알 수 있다.

그러나 누구나 죽령주막의 인삼 동동주를 한 번 맛보게 되면, 특히 고추전을 안주로 곁들이면 "더할 나위가 없다. 인삼 특유의 쌉쌀한 맛과 더덕, 생강의 강한 향기는 동동주의 칼칼한 맛을 순하게 해준다. "고 입을 모은다.

씨의 말맞다나 인삼 동동주는 이들 재료의 강한 향기와 함께 얼큰하다 못해 눈물이 쏙 빠진다 할 정도로 짜릿(?)한 맛이 특징인 고추전을 곁들여, 뜻 맞는 사람과 함께라면 두 주전자도 부족하다.

죽령주막의 고추전은 부추에 채 썬 애호박과 몹시 매운 토종 고추를 어슷 썰고, 밀가루와 찹쌀가루를 섞어 만든 반죽을 기름에 지져낸 것으로, 경북 지방 특유의 향토음식이자, 얼큰한 그 맛으로 널리 알려져 왔다.

먼저, 완성된 밑술은 체로 걸러 내는데 이때 끓어서 식힌 물 1말을 준비했다가, 조금씩 뿌려가면서 막걸리로 걸러낸다. 막걸리가 만들어 졌으면, 다시 찹쌀 2되를 막걸리를 만들 때와 같은 방법으로 고두밥을 지어 식기를 기다렸다가, 식혜를 만들 때와 같이 하여 만든 엿기름물을 만들어 식혀 둔 고두밥과 함께 섞어 하룻밤 삭힌다.

고두밥이 충분히 삭았으면 체를 이용, 걸러서 둔 막걸리와 섞는다.

이때 다시 찹쌀 반되를 고두밥 지어서 누룩 1홉과 함께 섞고, 하룻밤 발효시키면 인삼 동동주에 필요한 본주(本酒)가 된다.

안정자 씨는 "이렇게 해서 실질적인 술빚기가 끝이 나는데, 술에 들어가는 임삼용 약재는 마시기 직전에 믹서에 재료를 갈아서 넣는다."면서, "약재 갈은 물을 섞은 술은 곧바로 마셔야 맛이나 향도 좋고, 영양가도 살아 있어 좋다."고 말한다.

안정자 씨는 또 "시중에 인삼동동주라고 하여 건삼을 갈아 만든 분말을 막걸리에 넣어서 파는 것을 볼 수 있는데, 그런 경우는 약효는 살아있다손치더라도 향을 느낄 수가 없고, 쓴 맛이 남아있어 거부감을 느끼기도 한다."면서, "우리 주막에 찾아오는 사람들의 입을 빌면, '우선 맛있다. 그리고 잘 넘어간다.'고 하고, 또 더러는 '많이 마셔도 머리가 아프거나 뒤탈이 없어 좋다.'고 한다."며 인삼 동동주 자랑이다.

막걸리 빚어 마시기 직전 인삼 · 더덕 갈아 넣어 맛 · 향기도 좋아

여기서 안정자 씨의 '인삼동동주' 빚는 법에 대한 설명을 듣자니, 일반 막걸리 빚는 방법과 특별하게 다른 점은 없으나, 인삼을 비롯 더덕 · 생강 등의 향약재가 들어가는 것을 알 수 있었다.

안정자 씨의 설명에 따른 인삼 동동주는 주재료로 멥쌀 2되, 찹쌀 1되, 누룩 1되, 양조용수 1말, 엿기름 5홉과 부재료로 인삼 400g, 더덕 200g, 생강 100g이 쓰인다.

재료 준비가 끝나면 밑술을 만드는데, 멥쌀 2되를 물에 깨끗이 씻어 하룻밤 담갔다가, 이튿날 건져서 시루에 안친 다음 불을 지펴 고두밥을 짓는다.

고두밥이 익으면 고루 펼쳐서 차게 식힌 다음 누룩 1되와 섞고, 물 1말과 함께 술독에 안친다. 고두밥과 누룩물이 충분히 섞이도록 고루 저어준 뒤, 뚜껑을 덮고 이불을 씌워 따뜻한 방 아랫목에 자리를 잡아 4~5일 발효시키면 밑술이 익는다. 밑술이 만들어졌으므로 덧술을 안치는데 그 요령은 다음과 같다.

그런데 안정자 씨가 "보다 쉬운 방법이다."면서 알려 준 인삼 동동주 빚는 방법은, 시중의 쌀 막걸리를 이용 밑술 만드는 과정을 생략한다는 것이다.

즉, 시중의 쌀 막걸리를 밑술로 삼아 덧술을 해서 넣으면 술이 실패할 위험이 그만큼 적어진다는 것이었다.

사실, 우리나라의 술 빚기는 자연발효로 만들어진 누룩이란 발효제를 이용하는 것으로서, 밑술이 매우 중요한 역할을 한다. 덧술은 밑술의 활성화된 발효력을 이용, 술의 양을 늘리는 것에 다름아니기 때문이다.

따라서 쌀 막걸리를 밑술로 할 경우, 덧술과 약재 넣는 방법은 전혀 다를 것이 없으므로, 안 씨의 말마따나 술빚기는 의외로 수월해진다고 하겠다.

세월의 무쌍한 변화 탓 만으로 돌리기엔 허전함이 남는 오늘의 죽령주막

한편, 안씨는 "옛날에는 이곳의 연화봉에서 흘러내린 물이 솟아 오른 우물이 있어, 그 물은 수질이 매우 뛰어났다고 한다. 같은 재료를 가지고 만들어도 그 물로 빚은 술은 맛이 뛰어났다고 알려지고 있는데, 지금은 우물의 흔적만 남아있다. 사회가 도시화되면서 산자락으로 사람들이 모이기 시작했고, 지하수가 무계획적으로 개발되면서 말라버렸다."고 말한다.

이러한 사실은, 그리 세월의 무쌍한 변화에 따른 어쩔 수 없는 일로 간과해 버리기에는 너무나 아쉬움이 남는다.

그도 그럴 것이 우리의 주변에 얼마나 많은 역사유적과 유형 · 무형의 문화재들이 개발과 편의성, 그리고 현대화라는 그럴듯한 명분 아래 흔적도 없이

사라졌으며, 그 가치를 잃어버렸는지는 굳이 더 이상의 설명이 필요없다.

가까운 예로, 죽령 주막 또한 최근에 와서야 고증에 의해 재현된, 어찌 보면 살아있는 문화유적이라고는 할 수 없지 않는가. 그렇긴 하지만, 설사 그렇다 치더라도, 이제부터라도 죽령주막을 우리 모두의 역사와 가슴에 살아 있는 문화유적으로 만들어가야 할 일이다. 그러한 의무가 우리 모두에게 있다.

그리하여 삶에 지치고 세상살이가 답답할 때 불현듯 떠오르는 곳으로, 그리고 모처럼 마음 먹고 찾아와 하룻밤 쉬어갈 수 있는 명소로, 그 옛날 과거를 보러 가기 위해 길을 걷다 지친 다리를 쉬고, 큰 돈을 벌지는 못했어도 모가지가 빠지게 기다리는 처자식을 만나러, 참으로 오랫만에 고향길을 밟는 보부상이 등짐을 부리고, 지글지글 끓는 구들방에서 등따숩게 하룻밤 묵어갔던, 정말이지 그런 곳이 되어야 하지 않겠는가.

그리고 내친 김에 인삼 동동주 한 됫박에 만사 시름을 다 씻어내릴 수 있는. 酒

평상시 일이 된 엿, 엿술 만들기

원주 엿술

원주군 소초면 흥양3리. 치악산 국립공원 입구의 농가, 가가호호에서는 옛부터 이 고을에 전해 내려오는 전통음식 '황골엿'과 '엿술'을 만드느라 연일 굴뚝의 연기가 끊이지 않고 있다.

그런데 정작 이곳 사람들은 전통의 맥을 잇는다는 자긍심이나 의무감, 명예심 보다는 우리네 조상들이 그래 왔듯이 '당연히 해야 하는 일', 또 기꺼이 찾아주는 사람들에 대한 농촌 사람들의 인사(도리)라고 여기고 있는 것 같다.

하기야 더불어 가용에 필요한 돈을 벌 수 있어 좋다는 생각도 깔려 있긴 하지만.

스물 한 살 때 시집와서 33년째 황골엿과 엿술을 만들고 있다는 신영자(54세)씨.

"시집 와서 보니 훨씬 그 이전부터 조상 대대로 엿과 술을 만들어 왔다고 합니다. 그 전에는 집안 일에 쓸 목적으로 만들어 오다가, 내다 팔게 된 것은 이곳 치악산이 국립공원으로 지정되면서부터입니다. 그동안 손을 놓았던 사람들도 한 집, 두 집 다시 만들게 되었고, 최근에야 다시 소문이 나기 시작했어요. 봄·가을에 가장 많이 팔려요. 관광철이니까요."

엿을 잘 고아야 술맛도 좋아 질금물 넣는 시기가 제일 중요

신영자 씨는 하루 종일 해도 엿 한 솥(28㎏) 밖에는 만들지 못한다고 한다.

한 솥분의 술을 만들기 위해서는 쌀 4말(32㎏), 옥수수 3㎏, 엿기름 5.5㎏, 물 5말이 소용되는데, 여기에 따른 시간이 꼬박 하루가 걸리는 데다가, 꼼짝없이 매달려야 하기 때문이라고 한다.

먼저, 멥쌀 32㎏을 하루 밤 물에 불렸다가 건져서 맷돌이나 믹서기를 이용, 너무 거칠지 않게 갈아서 물 5말과 엿기름 5.5㎏을 섞어 만든 죽을 솥에 담고 끓인다.

이를 '아이죽'이라 하는데, '아이죽'이라는 말은 첫번째 끓이는 죽이라는 뜻으로서, 이 아이죽이 팔팔 끓을 때까지 1차 끓인 다음, 다른 용기에 퍼서 식히는데, 이때 질금물을 한 번 준다.

아이죽이 팔팔 끓으면 펐다가 두 시간 정도 지났을 때 질금물을 한 번 더 주는데, 그 시기가 제일

중요하다.

어느 정도의 온도였을 때 질금물을 섞느냐에 따라 술의 원료인 엿이 잘 되고 못 되고가 결정된다.

엿질금물은 3되의 찬물에다 엿기름 1㎏을 섞은 것은 뒤 찌꺼기와 앙금을 제거한 물으로, 이 질금물을 넣는 시기는 찬물에 손을 담갔다가, 퍼 둔 아이죽에 손을 넣고 휘저어 보아 3번을 젓기 힘들 정도의 따뜻한 온도일 때가 가장 적당하다고 한다.

엿질금물을 붓고 다시 솥에 담아 5시간 정도 끓이면 비로소 담황색의 엿 빛깔을 띠면서 엿밥이 완전히 삭는데, 자루에 담아 눌러 짜서 엿밥(찌꺼기)은 버리고 다시 솥에다 끓인다.

엿밥을 걸러 낸 뒤 다시 한 시간 서서히 끓이다가, 이를 20분 정도 팔팔 끓여서 차갑게 식거든 슬독에 퍼 담고, 누룩 2덩이와 이스트 100g을 삼베자루에 담아 술독에 박아두고 20℃ 정도 되는 방안 윗목에서 7일 정도 발효시키면 감칠맛 좋은 엿술이 된다.

고려시대 이전부터 세찬음식에 널리 사용되어 온 '엿'

이렇게 해서 술빚기가 끝나면 술을 떠내는데, 그 빛깔이 막걸리 보다는 약간 붉은 색을 띠면서도 텁텁하며, '톡' 쏘는 맛이 특이하다.

여기서 전통의 '황골엿' 을 만들려면 엿밥을 걸러낸 뒤, 3시간 정도 졸이면 조청(물엿)이 되고 4시간 정도 더 졸여서 굳히면 강엿이 된다.

이렇게 해서 만들어진 엿은 단맛을 내는 감미료로 쓰임은 물론이고, 너무 달고 물에 쉽게 녹지 않는 설탕의 단점을 보완할 수 있어 요즘도 제과, 정과, 음료류 등에 널리 사용된다.

머지 않은 60년대만 하더라도 겨울철이 되면, 농가에서는 이 상비음식을 만드느라 아궁이가 들끓곤 했었다.

특히 엿은 산자,강정 등 세찬(歲饌)을 만드는데 필수적인 음식이었던 만큼, 농한기인 겨울철에 만들어 상비해 두어야만 했던 것이다.

그러나 언제부터 엿이 우리 전통음식의 한 가지로 중요한 자리를 차지하게 되었는지는 자세히 알 수 없다.

강원도 '황골엿' 비롯, 전라도 '고구마엿', 충청도 '무엿' 등이 전국적으로 유명

다만, 이규보의 《동국여지승람》에 '행당맥락(杏糖麥酪)'이라 하여 단단한 엿(당)과 감주의 무리에 속하는 낙(엿기름을 사용한 감미료)이 소개되어 있고, 고려시대의 여러 기록에, 곡류를 기름에 튀기고 꿀이나 엿을 이용하여 만든 과자류가 자주 등장하는 것으로 미루어, 고려시대 훨씬 그 이전부터 사용되었던 것으로 짐작된다.

이렇듯 전통적인 방법에 의해 개발된 지방별 향토엿으로는 강원도 지방의 황골엿을 비롯, 평창의 쌀엿, 충청도의 무엿, 전라도의 고구마엿, 제주도의 닭엿 · 꿩엿, 황해도의 태식이 유명했다.

이들 엿은 전분의 분해물인 당분 외에도 단백질, 지방질 등 원료인 곡류 특유의 성분과 영양이 풍부해 각각의 독특한 맛을 자랑한다.

그러나 요즘 들어 경제성, 편리성을 추구하다 보니 전통적인 조리법 보다는 값싼 옥수수, 고구마에서 얻은 전분과 엿기름 대신 미생물로부터 얻은 당화효소를 사용하고 있어, 맛이나 영양, 건강 측면에서도 전통조리법에 의한 엿을 따라가지 못하고 있는 것이 사실이다. 酒

"모름지기 옛 법식대로 빚어야" 문화 류씨 집안의 가양주

김포 동동주

"그러니까 좋은 술이라는 것 아닙니까. 여름 나도록 아무런 탈이 없어요. 안 변하니까요."

김포 동동주의 기능보유자 한순금(60세)씨의 첫 인사이자 동동주 자랑이었다.

김포군 월곡면 포내리 293번지 류병호(61세) 씨 댁에서 누대로 가양주로 이어져 오고 있는 김포 동동주는 명절이나 제사, 농번기 등 집 안팍의 큰 일을 치를 때 제주와 잔치용으로 이용되어 왔던 술이다.

예전에는 '이 지방의 어지간한 집안에서는 다 빚어 마셨다'는 김포 동동주는, 일제에 의한 주세정책과 밀주단속에 의해 그 맥이 끊겼으나, 다행히도 류병호 씨의 할머니가 가양주로 몰래 빚어오면서 실낱같은 명맥을 이어왔던, 엄밀히 말해 밀주로 빚어 온 토속주이다.

이 지방 문화 류씨(文化柳氏) 집안의 가문비주이기도 한 김포 동동주는, 대대로 집안의 며느리들에 의해 그 맥을 이어 왔는데, 현재는 류병호 씨의 처 한순금 씨가 술을 빚고 있다.

"스물 네살 때 강화군 양사면 북성리에서 이곳 문화 류씨 집안으로 출가했는데, 처녀 때부터 친정에서 집안 대소사에 제주로 빚어 왔었어요. 시집을 와 보니 시어머니(채규연, 78세)께서 맨 먼저 술빚기부터 가르치시더군요. 여든이 가까운 나이에도 불구, 술빚는 일만큼은 하나라도 흐트러짐 없이 옛법 그대로를 고집하고 계세요. 그래 제가 가끔 요령이라도 부릴라치면 대번에 불호령이 떨어지지요. 모름지기 '옛법은 지켜져야 하고, 술만큼은 법식대로 빚으면서 정성을 다 해야 한다'는 것이지요. 그래서 저도 곰짝(?)없이 그대로 따르고 있어요. 실제로 시어머니께서 지시하신대로 빚다 보면 아무 탈이 없거든요."

김포 동동주는 이곳 문수산에서 흘러내려 온 지하 광천수를 양조용수로 술을 빚는데, 한여름에도 변하지 않는다는 사실에 주목할 필요가 있다. 다시 말해서 재발효의 염려가 안되는 술이라는 것이다.

사실, 우리의 전통주, 토속주들이 안고 있는 가장

큰 문제가 재발효로 인한 술의 변질, 즉 초산화 하는 것인데, 김포 동동주는 살균처리를 하지 않은 술임에도 불구, 변질이 안돼 두고 두고 마실 수 있다고 한다.

"앞서도 얘기했지만 여름을 나도 변하지 않아요. 다만, 술을 떠서 용기에 담을 때 물이 들어가면 안됩니다. 물이 들어가지 않도록 보관만 잘 하면 되기 때문에 오래 묵힐수록 술 맛이 좋아집니다."

한 씨는 "이해가 안된다."고 재차 묻는 말에도, "그 이유는 잘 모르겠는데 변하지 않는 것은 확실합니다."고 말한다.

그렇다면 어떻게 해서 빚는 술이길래 변하지 않는 것인가. 또 여느 술의 제법이나 과정과는 어떤 차이가 있는지, 한 씨로부터 그 비법과 양조과정을 들어보았다.

1년 넘게 두어도 변하지 않는 술 김포 동동주의 술빚기

맨 먼저 누룩만들기는 일반적인 방법과 다를 바가 없었으나, 술 담금법에 있어 양조장 제도가 도입된 이후 생겨난 개량식 양조법임을 알 수 있었다.

우선, 멥쌀 10되를 하루동안 물에 불렸다가 건져서 물기를 뺀 다음, 고두밥을 지어 차게 식힌다. 여기에 누룩가루 대신 효모 70g을 섞고 버무려 2등분하여 따뜻한 아랫목(25~30)에다 이불을 씌워 2~3일 동안 둔다.

멥쌀 고두밥에 효모(한 씨는 효모를 '튀기는 약'이라고 했다)를 고루 섞고, 따뜻한 아랫목에 자리잡아 이불을 씌워두면 하루가 지나 열이 오르면서 쌀이 튀겨진다.

계절에 따라 다르긴 하지만 3일 정도면 다 튀겨지는데, 그때는 노랗게 곰팡이가 피는 상태로 다 튀겨졌음을 알 수 있다. 이를 밖에다 내놓고 열을 식힌다.

술을 안치되 밥물 붓듯하고 젓지 않는 게 특징

이어 멥쌀 고두밥의 열이 식는 시간을 이용해 찹쌀 10되로 고두밥을 짓는다. 찹쌀 고두밥이 식으면 누룩가루 8되와 버무려서 소독한 술독에 담은 뒤, 그 위에 튀겨서 식혀 두었던 멥쌀 고두밥을 넣

고 물 60l를 붓는데, 밥물 붓듯하고 젓지 않아야 한다(술을 젓게 되면 탈이 생겨 버리게 된다고 한다).

술 안치기가 끝난 술독은 통풍이 잘 되는 서늘한 곳에 자리를 잡아 50일 가량 발효시켜 용수를 박아 술을 뜬다. 발효에 적당한 온도는 15~18℃ 정도다.

1년 두고 마셔도 변하지 않아

"익은 술은 물만 들어가지 않고 건드리지만 않으면 한여름이 지나도록 변하지 않지요. 오히려 오래 묵힐수록 그 맛이 좋아져 1년이 넘도록 마실 수 있다는 게 장점이지요. 다른 술들은 그렇지 않잖아요."

김포 동동주 역시 곡주로는 가장 좋다는 담황색을 띠며 순하고 부드럽게 넘어간다.

약간의 산미와 함께 찹쌀을 많이 넣어 감칠맛이 있다. 특히 오래 묵힌 까닭에 마시기에 부드러워 술을 못하는 사람이나, 여성의 경우라도 전혀 부담이 없다.

김포 동동주는 화성의 '부의주', 수원의 '계명주'와 함께 가장 서민적이고 오랜 세월 동안 우리 민족의 희노애락을 담고 풀어 온 술이다.

김포 동동주는 최근에야 알려진, 아직은 상품화가안된 까닭에 김포 으뜸 농산물 판매장(0341-987-0384)을 통한 특별 주문에 의해서만 구입이 가능하다. 酒

제3부/양조기구 및 기명

누룩고리
메주틀

시루
약시루
시루밑
시루방석
가마솥
체
용수
술자루
체판
쳇다리
쳇도리
엿틀

약틀
술국자
소줏고리
소줏돌
독 · 항아리

술독
이중독
해주독
물두멍
드므
항아리 뚜껑
짚덮게
술병
자라병
호리병

주전자
술잔
막사기
마상배
뚝배기
주합
자배기
옹배기
방구리
물동이
수박동이
허벅

이형 귀때동이
술통 · 술춘
장군
단지

춧단지
함지박
이남박
소쿠리
바가지
표주박
푼주
소래기
동방구리
절구

남방애
떡판 · 안반

매통
맷돌
맷방석
돌확 · 확돌
귀때그릇
강판
교반기

조리
주걱
죽젓광이
말
홉 · 되
키
주정계 · 염도계
두레박 · 우물

누룩고리

누룩고리는 술의 주 원료인 누룩을 성형(成形)하기 위한 용기로 '누룩틀'이라고도 한다.

우리 조상들은 대부분의 생활 용기를 직접 만들어서 사용해 왔는데, 누룩고리도 예외는 아니었다. 또한 만드는 사람의 개성이나 재주, 환경에 따라 달랐으므로 그 형태나 재질상의 종류도 다양하다.

누룩고리는 나무와 짚을 이용하여 만든 것이 주류(主類)를 이루는데, 대리석을 깎아 만든 석물과 쇠를 녹여 만든 주물형태(鑄物形態)의 것도 눈에 띈다.

흔히 얇게 켠 송판을 이용, '체'를 만들 때와 같이 하여 칡덩쿨이나 삼끈으로 묶고, 새끼줄을 감아 만든 누룩고리가 있는가 하면, 괴목 등의 통나무에 한 두개의 구멍을 파서 만든 것도 있는데, 송판을 짜 맞춘 정방형의 누룩고리가 그 전형(典型)을 이룬다. 그 크기는 한 변의 길이는 25cm이고 높이는 15cm 정도이다.

서민층과 일반에서 짚과 나무로 만든 것을 주로 사용했던 데 반해, 사찰이나 빈가, 궁궐 등 특수 계층에서는 고급 나무 재질의 누룩고리를 사용했던 것으로 추측된다.

전면의 누룩고리는 사대부 계층에서 사용했던 것으로 짐작 되는데, 일반 누룩고리와 같은 전형에서 크게 벗어난 특이한 형태를 이루고 있다. 직사각형 형태를 띠면서도 안쪽 배가 완만하게 들어 간 타원을 이루고 있으며, 중심부를 가로 지르는 막대기를 꽂게끔 되어 있다. 외형상 성형된 누룩이 빠지지 않을 것으로 여겨지는데, 중심을 가로 지른 막대기를 빼면 두 곳의 구멍을 통해 공기가 유입되어 쉽게 빠지며, 막대기 자리의 구멍은 누룩의 발효를 촉진시킴과 동시에 고루 잘 뜨게 하는 역할을 한다.

이처럼 과학적이면서도 예술성이 뛰어난 누룩고리 하나에서도 옛 선인들의 지혜와 자취를 다시 엿보게 된다.

메주틀

장(醬)의 원료가 되는 메주를 만들 때, 메주의 형태와 크기를 일정하게 하기 위해 사용하는 기물로 메주틀이 있다.

일반 가정에서는 메주마다의 크기나 형태에 관계없이 손으로 빚기도 하고, 나름대로 만든 용기로 메주를 만들었지만, 옛날의 지방 행정관서나 사대부가에서는 같은 형태, 같은 크기의 메주덩이를 만들어 그 양을 측정하기도 하고, 외견상의 시각적인 미를 살리는 등 어느 정도의 격식을 차렸던 것으로 추측된다.

사진의 메주틀은 전면에 '官'이라는 글자와 함께 그 표식인 완찰(玩察)이 새겨져 있는 것으로 미루어, 관에서 사용했던 표준용기였음을 알 수 있다.

이 메주틀은 두께 2cm의 송판을 사용, 정방형으로 짜 맞춘 것이다. 각 변의 길이가 29cm(안쪽 25cm), 높이 12cm로서 대용으로 사용했던 누룩고리와는 크기나 형태에서 다소의 차이를 보여 준다.

메주틀 역시도 누룩고리처럼 쳇바퀴를 가는 새끼줄로 안팎을 촘촘하게 여러 겹 감아서 강도를 주어 부서지지 않게 만든 원형의 것을 볼 수 있는데, 안지름이 공히 25cm인 반면 높이는 9cm에서 15cm까지 여러 층이 있는 것으로 미루어 표준용기는 아니었던 것으로 생각된다.

흔히 하는 속된 말로 못생긴 여자를 '메주같다'고 하는데, 이는 정성스럽게 띄운 메주로 담근 장맛을 알지 못하거나, 메주틀을 이용하여 일정하고 반듯하게 만들어진 메주를 보지 못한 때문일 것이다. 또 '미인박명'이라거나 '얼굴 값'하는 여자들이 한 둘이 아니고 보면, 못생긴 얼굴 이면의 마음 속까지를 다 헤아릴 수 있는 눈뜸이 아쉽다.

시 루

쌀이나 떡 등을 찔 때 쓰는 고유의 '찜기'이다.

그릇 바닥에 여러 개의 크고 작은 구멍이 뚫려 있어 물솥에 올려 놓고 불을 때면 뜨거운 수증기가 시루의 구멍 속으로 들어가 시루 안의 내용물이 익게 되어 있다.

찌고자 하는 것을 시루에 안칠 때는 김이 잘 오르면서 솥으로 흘러 내리지 않도록 칡덩쿨 껍질이나 삼끈을 엮어 만든 시루밑을 시루바닥에 깐다.

시루는 만드는 재료에 따라 도제(陶製) 시루, 질그릇 시루, 동제(銅製)시루 등이 있고, 용도에 따라 떡시루·콩나물시루·약시루·봉치시루·치성시루 등 여러 종류가 있다.

중부지방에서는 질그릇 시루를 많이 쓰고, 남부지방에서는 도제 시루를 많이 사용한다.

무쇠솥의 구경(口徑)과 시루바닥의 크기가 대체로

같으며, 큰 시루는 큰 솥에, 중 시루는 중 솥에 걸고, 아주 작은 시루는 놋쇠옹에 적합하다.

시루는 쌀 두 말 들이에서 2홉 들이까지 크기가 다양하다. 큰 시루는 잔치를 하거나 고사를 지낼 때 사용하였다. 중 시루는 터주시루로 가장 많이 쓰였으며, 작은 시루는 백설기를 쪄서 다락에 놓았다고 한다.

시루가 처음 쓰이기 시작한 것은, 용산 문화유적과 요동반도에서의 '언(甗)'이란 찜기의 출토로 미루어 보아 신석기시대부터인 것으로 추측된다.

우리나라에서는 낙랑유적과 김해 응천 등의 조개무덤에서 발견된, 동(銅)으로 된 시루와 쇠뿔 모양의 손잡이가 달린 통토기(筒土器) 시루를 들 수 있다.

현재 사용되고 있는 시루는 솥 위에 시루를 걸어 놓고 무엇인가를 찌고 있는 모습을 그린 고구려 안악 고분벽화 속의 것과 같은 형태로, 오늘에 이르기까지 그 구조나 형태가 크게 달라지지 않은 채 집안의 대소사에 필수적인 부엌용기로 사용되고 있다.

우리 습속에 시루는 풍년을 기원하는 제의(祭儀), 가정 평안과 무사함을 비는 가택고사(家宅告祀), 어린이의 돌이나 생일치레 때, 혼례를 시행하기 위한 의식의 하나로, 신부집에서 부부간의 금슬이 좋고 부귀다남(富貴多男)하고, 사는 동안 무사태평하기를 비는 등의 가정의례시 음식을 마련하는 데 이용되고 있다.

약시루

시루는 아주 오래 전부터 이용하여 왔던 조리기구의 하나이다. 청동기 시대의 유적인 나진초도 패총을 비롯, 삼국시대의 고분에서 출토된 것으로 미루어, 농경 전개시기부터 시루를 이용한 찐 음식, 즉 떡이 만들어졌음을 짐작할 수 있다.

우리의 옹기는 질그릇과 오지그릇으로 나뉘는데, 오지는 진흙으로 빚어서 볕에 말린 뒤 잿물을 입혀 구운 그릇으로, 겉면이 거칠고 검붉은 데 비해, 질그릇은 잿물을 입히지 않고 구운 까닭에 겉면이 테석테석하고 잿빛이거나, 검은 빛깔을 띠며 윤기가 없는 것이 특징이다.

시루는 질그릇과 오지그릇으로 만들어진 것이 대부분인데, 이는 떡을 찔 때 올라오는 습기를 시루 자체가 빨아들여 서서히 열을 전달하므로, 떡을 찌는 동안 떡가루가 마르거나 물기가 흘러 배어서 질죽해질 염려가 없는 특성이 있다.

지금까지도 계속 이용되고 있으며, 보통 시루 밑바닥 한가운데 큰 구멍을 중심으로 7~8개의 구멍이 뚫려 있다.

시루는 형태나 색깔별로 쓰임새가 다른데, 집안에 고사를 지낼 때 쓰는 고사시루, 또는 혼례식을 앞두고 함(函)이 들어 올 때 봉치(封采,봉채) 위에 올려 놓는 봉치시루, 보통 시루에 비해 높이가 약간 높고 시루 바닥이 아닌, 밑 부분에 옆으로 작은 구멍이 나 있는 콩나물 시루가 있다. 또 무당이 산이나 절에 치성을 드리러 갈 때 뉘도 없고 싸라기도 없이 정갈한 쌀을 골라 하얀 백설기를 쪄서 시루째 신에게 제사드리는 치성시루가 있다.

사진의 시루는 약초를 넣고 찌는 데 사용하는 것으로, 일반 떡시루에 비해 그 크기가 작은 질시루로 높이도 낮다. 시루밑 전체에 매우 작은 구멍을 수 십개씩 뚫었다. 그 크기도 비교적 작은 높이인 17cm에 받침 6cm, 지름 30cm, 30구멍이다.

시루밑

떡이나 음식을 찔 때 시루 바닥에 깔아서 쌀가루나 음식의 내용물이 밑으로 빠지지 않도록 짚이나 끌영풀(그랑풀), 한지 등으로 새끼를 꼬거나 삼 껍질, 칡덩쿨 껍질을 서로 엮어 중심에 기본을 잡은 다음, 원을 그리듯이 밖으로 짜 나간다.

또 자연산 수세미의 위 아래를 잘라내고 씨를 발라내어 씻어서 말렸다가 동그란 것을 잘라 펼쳐서 쓰기도 한다.

시루밑은 시루의 밑 지름 크기에 맞추어서 만들며, 짜는 방식이나 두께에 있어 다양한데, 솥의 수증기가 잘 올라올 수 있도록 엉성하게 짠다.

대개의 시루밑은 짚이나 끌영풀, 한지, 삼껍질, 칡덩쿨 껍질 등 섬유질이 많고 질긴 재료 단독으로 만들어지는데, 보관할 때 벽에 걸어 두는 것이 일반적이다. 그런데 사용하지 않을 때 벽에 걸어 두면 제무게에 의해서 원형을 유지하지 못하고 뒤틀리기도 하고, 말아서 두면 쉽게 펴지지 않는 단점이 있다.

따라서 시루밑을 짤 때 가느다란 대오리를 몇 군대 둥그렇게 대어서 함께 엮기도 한다. 이렇게 하면, 사용하지 않을 때 벽에 걸어 두어도 원형의 형태를 그대로 유지할 수가 있으며 수명도 길어진다.

그러나 요즘에는 시루밑 등 옛날처럼 초고공예기법을 이용한 다양한 형태의 사루밑을 살수가 없다.

짚, 풀, 줄기식물의 껍질을 이용 초고공예기술을 간직한 사람들이 거의 사라졌기 때문이다.

대신, 요즘에는 시루에 떡을 찔 때 한지나 창호지를 오려 여러개의 작은 구멍을 내서 시루밑으로 시용하고 있음을 볼 수 있다.

시루방석

시루를 이용하여 떡이나 기타의 음식을 찔 때 시루 위에 얹는 짚방석이다. 시루밑보다는 두껍고 촘촘하게 엮으며, 시루의 아가리보다는 크게 만든다.

또 시루밑을 엮는데 따른 재료는 짚 외에 칡덩쿨 등 여러 가지가 있으나, 시루방석은 짚을 이용한다는 점이 다르다.

지방에 따라, 만드는 사람의 솜씨에 따라 기교를 부려 멋을 내기도 했다.

남부지방에서는 오지로 된 시루를 쓰기 때문에 수증기가 시루의 안쪽 벽을 타고 흘러내려 떡이 질어질 수 있으므로, 시루 위로 김이 약간씩 새어 나오도록 할 필요가 있다. 따라서 이때 기교를 부려 잘 엮은 시루방석을 따로 만들어 두었다가, 솥뚜껑 대용의 짚덮개로 사용하면 떡을 고르게 찔 수 있으며, 음식을 푹 쪄야 할 필요가 있을 때 사용한다. 더러 먼지나 짚풀 등이 떨어질 염려가 있을 때는 미영베나 삼베보자기를 씌운 뒤에 시루방석을 덮기도 한다.

이 시루방석은 시루 안의 음식물이 다 익으면 시루 덮개에서 마루 위에 시루를 올려 놓을 때 그 받침으로도 쓰인다.

항아리를 덮는 짚덮개와 만드는 방법이나 형태 면에서 거의 흡사하지만, 짚덮개는 손잡이용 고리가 있는 반면, 시루방석은 손잡이용 고리가 없고 다소 얇다는 것이 차이점이다. 또한 시루방석은 시루를 덮는 짚덮개보다 두께도 얇고 크기도 작다.

시루방석을 이용하여 음식을 찌면, 무쇠로 된 솥뚜껑이나 나무 뚜껑으로 덮었을 때보다도 훨씬 고실고실하게 잘 쪄지나, 재료가 짚이어서 빨리 닳고 보푸라기가 많이 일어나는 것이 단점이다.

가마솥

솥은 '정(鼎)' 또는 '부(釜)'라 하는 옛 이름이 있는데, 다리가 있는 것은 '정', 다리가 없는 것은 '부'라 하였다.

솥이 우리나라에서 사용된 시기는 낙랑 9호 고분에서 토기로 만든 솥이 발견되었고 고구려 고분벽화에 입식 주방에 솥이 걸리고 그 위에 시루가 얹혀있는 그림이 그려져 있으며, 삼국시대 후기의 고분인 경주 98호 고분과 가야고분 등에서는 무쇠로 만든 다리가 있는 솥이 나왔으며, ≪삼국유사≫에도 "다리가 부러진 노구솥 한 개가 있을 뿐이다."는 기록 등으로 미루어, 우리나라에서는 고삼국시대 이전부터 철복(鐵鍑)과 토기제품 솥을 써 오다가 정(鼎)을 사용했으며, 무쇠로 만든 솥의 보급은 삼국시대 후기에 이르러 시작되었을 것으로 추측한다.

솥의 형태는 크게 둘로 나눈다. 그 하나는 다리가 세 개이고 솥 바닥이 비교적 편편하며, 주변이 직선형이고 주둥이가 약간 넓게 퍼진 모양에 뚜껑이 솥전보다 약간 커서 잘 밀착된 형태의 것으로, 영·호남 지방에서 많이 썼다. 다른 하나는 다리가 없고 솥 바닥이 둥근 편이며, 주둥이가 좁고 솥전이 오므라든 것으로, 뚜껑인 소댕도 무쇠로 꼭지가 달린 것을 썼다.

대개 가족의 수에 따라 솥의 크기가 달라지며, 용도에 따라 밥솥·물솥·국솥·쇠죽솥으로도 부르며, 크기에 따라 큰 솥·중 솥·작은 솥으로 구분된다. 주로 큰 솥은 물을 데울 때, 중간 것은 밥을 지을 때, 작은 것은 국을 끓일 때 각각 쓰이는데, 무쇠솥은 맑은 소리가 나는 것이 상등품으로, 새로 사다 설치할 때는 깨끗하게 손질해서 닦고 말린 다음, 뭉근하게 불을 지피고 돼지기름을 녹여 솥 안에 고르게 입히고 기름에 녹아 흐르는 쇳물을 제거한 후 사용한다.

솥은 주방을 대표하는 용구이므로, 새로 집을 짓거나 이사할 때는 부뚜막에 솥부터 거는 풍속이 있으며, 솥을 거는 것은 살림을 차리는 상징적 행위로 인식되고 있다. 이러한 습속으로 한 가족이나 한 가정에서 오랫동안 함께 산 사람을 '한 솥밥 먹은 사이'라 하는 것이다.

체

곡물을 비롯, 모래 등의 알맹이를 거친 것과 미세한 것으로 선별하는 용구이다.

원형 및 사각형의 나무테에 바닥은 망을 친 것인데, 원형으로 된 체가 주류를 이룬다.

≪훈민정음≫ ≪해례본≫에는 '체'로, ≪사시찬요≫에는 '설(簛)'로 표기되어 있다.

체는 체의 몸이 되는 쳇바퀴, 아들바퀴, 쳇불로 이루어진다.

체를 만드는 방법은 소나무를 얇게 켜서 일정한 두께로 매끈하게 다듬고, 물에 불렸다가 둥그런 형태를 갖춘 다음, 칡덩쿨 줄기나 삼껍질, 소나무 속뿌리, 철사 등을 이용하여 쳇바퀴를 만든다. 다음에 아들바퀴를 만드는데 쳇바퀴 안쪽으로 들어가며 쳇불을 고정시키는, 높이도 쳇바퀴에 비해 훨씬 작은 바퀴이다. 이어서 말꼬리털·가는 철사·가는 대나무나 등나무 등으로 짜 엮은 망을 쓰거나, 삼베·명주 등의 포백(布帛)을 팽팽하게 쳐서 바닥이 되는 쳇불을 만든다.

체는 이 쳇불 구멍의 크기에 따라 어레미·도드미·중거리·가루체·고운 체 등으로 나눈다. '삼 또는 명주 등으로 되어 있는 고운 체는 미세한 가루나 술·간장 등을 거를 때 사용하며, 대나무·철사 등으로 바닥을 친다. 체 중 가장 쳇불구멍이 큰 어레미는 떡가루나 메밀가루 등을 내리는 데 사용한다. 도드미는 어레미보다는 쳇불구멍이 좁은 체로, 좁쌀이나 쌀의 뉘를 고르는 데 사용되며 비비면서 내린다. 그리고 가루체는 원래 말총을 썼으나, 요즘은 나일론 천을 쓰며 송편가루 등을 내릴 때 쓴다.

옛날 사람들은 농사를 주업으로 삼았던 만큼 체는 필수적인 생활용구로 직접 만들어서 사용했으나, 후에 와서는 마을을 돌아다니며 요구에 따라 만들어 주거나 수선해 주는 체쟁이들이 등장하기도 했다.

용 수

술을 거르는 데 사용하는 기구이다. 주로 대나무(竹)나 싸리를 이용, 둥글고 긴 원통형의 바구니처럼 만드는데, 한 쪽이 막히게 촘촘하게 엮는다.

버들가지나 칡넝쿨의 속대 등으로도 엮어 운두가 깊은 원통형이면서 기교를 부려 허리가 잘록하게 만들기도 하고, 배가 부르고 목이 가늘면서 아가리는 넓게 벌어지는 형태 등 다양하게 만들기도 한다. 또 키는 50cm에서 1m가 넘는 것까지 있는데, 용수의 크기에 따라서 재료의 살(예, 대오리)도 굵게 또는 가늘게 만들어 엮으며, 아가리의 테가 빠지는 것을 방지하기 위하여 세로로 지른 날의 끝을 가로 엮은 날에 되감아 마무리를 짓는데, 이렇게 하면 테가 잘 풀리지 않아서 오래 쓸 수가 있다.

이렇듯 용수는 지방에 따라, 또 만드는 사람의 솜씨에 따라 여러 가지로 형태가 다르며, 크기도 천차만별이다.

용수는 술독의 크기에 따라 길이는 짧고 속이 넓은 것이 있는가 하면, 길이는 길지만 속이 좁은 것, 또 허리가 잘룩한 형태의 것 등 용수의 크기도 달라지는 것이다. 이러한 용수는 바닥이 편평하지 않고 약간 불룩하게 튀어나온 것이 특징인데, 지방에 따라서는 용수를 세워 두고 술을 안치는 경우가 있는데, 이런 경우는 용수 바닥이 비교적 편평하게 만들어진 것을 사용한다.

술이 다 익으면 술 뜨기 하루 전에 술독 가운데에 용수를 박아 두었다가, 하루 이틀 후에 용수 안에 고인 술, 곧 '청주'를 떠낸다. 더러 장을 담근 뒤 간장을 거르는 데 이 용수를 사용하기도 한다.

술자루

술을 빚을 때, 또는 술을 걸러 낼 때 주원료인 술밥과 누룩, 술바탕을 담는 자루이다. 따라서 술자루는 술을 담는 자루라는 뜻이다.

주로 마포로 크게 만들어서 사용하는데, 더러' 전대(戰帶)' 라고도 하는데, 전대는 본디 조선시대 구군복 차림에서 전복(戰服) 위에, 혹은 광대(廣帶) 위에 매던 띠로서, 천을 바이어스(bias)로 너비 14~15cm, 길이 3.5~4m의 직사각형으로 마름질하여 나선형으로 박아, 좁고 긴 자루모양으로 만들어진 것이다.

이 전대는 대개 무명베나 남색 사(紗) 또는 동달이 안감과 같은 천으로 만들었다.

따라서 술자루를 전대라고 부르게 된 까닭은 여기에서 비록된다.

여기에 술밥(지에밥, 고두밥)과 잘게 부순 누룩가루를 버무려 담고, 주둥이가 풀어지지 않도록 잘 묶어 술독에 담고 물을 알맞게 부어 술을 안친다. 술을 안친 후에는 술자루가 떠오르지 않도록 깨끗하게 씻은 돌로 눌러 둔다. 또 술이 다 익은 뒤, 이 술자루에 술바탕(술밑)을 퍼 담고 주둥이를 묶은 뒤, 자배기나 양푼 등 아가리가 크고 넓은 그릇 위에 쳇다리를 올려 놓고, 그 위에 이 술자루를 얹어 돌이나 맷돌로 눌러서 압착할 때 사용된다. 이렇게 걸러 낸 술을 탁주라고 한다.

맑은 술을 얻기 위한 방법으로 술을 담은 술자루를 쳇다리 위에 그대로 올려 놓으면 압력(壓力)과 낙차(落差)에 의해서 술이 걸러지는데, 자연스럽게 걸러 가라앉혀 여과한 술이 청주(약주)이고, 술자루 속에 남아 있는 재강(술지게미)에 물을 부어가면서 눌러 짜면 탁주(막걸리)를 얻을 수 있다.

요즘도 지방마다의 양조장에서는 이 술자루를 이용한 압착에 의해서 탁주(막걸리)를 만들고 있다.

대개는 술 거르는 체를 이용하여 막걸리를 만들지만, 걸쭉해지는 단점을 보완하기 위하여 이 술자루를 이용하여 맑은 술을 얻고 있다.

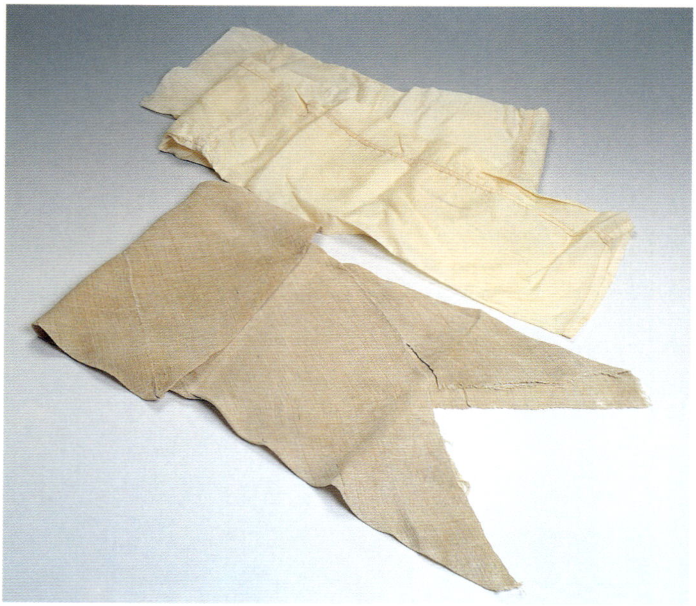

체 판

체판이라 함은 '체를 받치는 판'이라는 뜻이다. '술거르개'라고도 하며, 체를 이용하여 술이나 간장 등을 걸러서 아가리가 좁은 그릇에 곧바로 담고자 할 때 체와 그릇을 중간에 받치는 용구이다. 또는 기름, 약 등을 베나 헝겊을 이용하여 짤 때 밑에 받치는 거르개로도 이용된다.

그 원리는 쳇도리와 같은데, 병보다는 주둥이가 크고, 항아리나 자배기보다는 작은 그릇에 담고자 할 때 사용된다.

체판을 만드는 재질은 주로 굵은 통나무로서, 나무를 둥글게 두꺼운 널판지로 다듬은 다음, 한 가운데 부분으로 갈수록 우묵하게 깎아 완만한 경사를 이루게 만든다.

이러한 체판은 밑에 받치는 그릇의 크기에 따라 체판의 크기가 선택되어지며, 술을 거르는 체판은 술을 거를 때만 사용하는 것이 좋다.

기름이나 간장, 약 등을 걸렀던 체판으로 술을 거른다든가, 기름을 거를 때 사용하는 체판으로 간장이나 약을 거르는 것은 바람직하지 못하다. 재질이 나무여서 자체의 흡습성으로 기름이나 간장, 약을 흡습하고 있어서 고유의 맛과 향, 영양에 영향을 미치게 되며, 경우에 따라서는 변질과 이상 발효를 가져 올 수 있기 때문이다.

더러 오지그릇으로 된 체판도 있는데 술이나 간장, 약 등이 닿는 부분에는 반드시 유약을 발라서 용기 자체의 흡습성을 방지한다. 이 오지그릇 체판은 깨지기 쉬운 단점이 있다.

쳇다리

술이나 장, 기름을 비롯, 국물이 있는 것을 체로 거를 때, 받치는 그릇 위에 걸쳐서 체를 올려 놓을 수 있게 만든 용구이다.

주로 나무로 되어 있는데, 나무가 두 갈래로 갈라져 아귀진 부분을 잘라서 만든 쳇다리가 가장 일반적이다. 쳇다리는 나무를 우물정(井)자 형으로 짜서 만들기도 하고, 또 나무 등걸이나 뿌리가 얽힌 부분을 나무의 결 방향으로 켜서 만들어 사용한다. 그렇지 않고 서너개의 나무 조각 한 쪽 끝에 구멍을 뚫고, 끈으로 꿰어서 밑에 받치는 그릇 안에 서로 엇갈리게 놓아, 그 위에 체나 맷돌을 올려 놓기도 한다.

쳇다리는 주로 체로 술을 거르거나, 장을 거를 때 사용하며, 더러 콩나물 시루를 얹는다든지, 빨래를 할 때 잿물을 내릴 때도 체 밑에 받치는 걸치개로 이용되며, 맷돌받이가 없을 경우 맷돌받이의 대용으로도 사용한다.

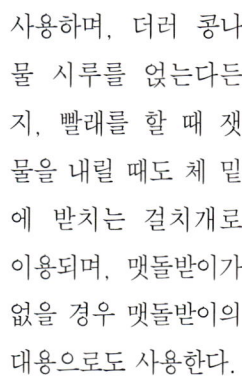

쳇다리를 맷돌받이의 대용으로 쓸 경우에는, 맷돌을 돌릴 때 움직이거나 맷돌이 떨어져서 받침그릇이 깨지는 것을 방지하기 위하여 맷돌이 얹혀지는 부분에 맷돌 지름과 같게 얕으막한 턱을 만들며, 밑에 받치는 그릇과 닿는 밑 부분도 나무를 깎아 내어 턱을 만듦으로써 안정되게 하여 사용한다.

쳇도리

옛부터 사용되어 온 생활 용구 가운데 그 형태를 지금까지도 고스란히 유지하고 있는 것들은 매우 드물다. 그런데 옛날이나 지금에도 우리의 일상 생활 가운데 그 형태나 용도·기능에 있어, 거의 변화가 없이 사용되고 있는 것들 가운데 하나가 쳇도리가 아닐까 싶다.

쳇도리는 술이나 참기름 등의 액체를 병 따위의 주둥이(口部)가 좁은 그릇에 옮겨 담기에 편리하도록 만든 용구로서 밑에 작은 구멍이 뚫려 있다.

'깔때기', 또는 '누두(漏斗)'라고도 하는데, 용도에 따라 그 크기나 재질, 그리고 형태도 다양하다.

주로 큰 그릇에서 주둥이가 작은 그릇으로 옮겨 담을 때 밖으로 흘러내리거나, 새지 않게 하기 위해 사용했던만큼 그 크기도 작은 것이 일반적이다.

쳇도리는 주로 흙으로 빚어 만든 오지와 질그릇에서 자기로 만든 것들이 주류를 이루고 있으나, 더러 곡식 등과 같이 많은 양을 옮겨 담기 위해 크고 넓게 만든 것이 있는가 하면, 장군에 거름을 퍼 담기 위해 나무를 깎아 만든 것들도 사용되어 왔다.

옛날 사대부와 민가에서는 직접 술을 빚어 마시곤 했는데, 술을 거를 때 쳇도리는 매우 긴요한 용구의 하나였다. 항아리 뚜껑 대용으로 사용하는 자배기나 옹배기, 서래기 위에 쳇도리를 걸치고 체를 얹어 술을 거른 뒤에 받은 술을 술단지에 옮겨 담을 때, 또 한지나 베를 이용하여 술지게미를 걸러 내는 등 여과를 해야 할 때 쳇도리 이상의 용기가 없었던 것이다.

그래서인지 쳇도리 가운데는 작은 구멍을 촘촘히 뚫어, 걸죽한 찌꺼기를 걸러 낼 수 있게 여과기능을 겸하도록 만든 것들도 어렵지 않게 볼 수 있다.

엿틀

기름틀·국수틀·약틀·두부틀과 같은 원리로 주박(酒粕)을 짜내는 데 사용되는 것이 엿틀이다.

이들 조리도구는 압착기의 한 가지로서 두부틀을 제외하고는 그 형태는 서로 상이하지만, 모두가 지렛대의 원리를 이용한다는 점에서 공통적이다.

엿틀은 술이나 엿을 만드는 과정에서 주박(酒粕)을 짜낼 때 사용하는 틀로서, 쳇다리나 맷돌받이 위에 술자루나 엿자루를 올려 놓고, 그 위에 맷돌 등의 무거운 것을 올려 주박과 주액(酒液)을 분리시키던 방법에서 한 단계 발전한 형태이다.

엿틀은 고정식과 간이식 두 가지 형태가 있는데, 고정식은 맷돌받이와 같이 세 개 또는 네 개의 다리가 부착되어 있고, Y자형의 틀에 분리된 액체가 잘 빠질 수 있도록 가로로 3~4개의 나무를 걸치개로 짜 맞추고, 머리 부분에 지렛대를 걸쳐서 눌러 짜게 되어 있다. 머리 부분의 지렛대를 걸치는 부분은 짜내야 할 주박의 양에 따라 지렛대의 높이를 조정할 수 있도록 2~3 단계의 층을 이루고 있으며, 다리의 안 쪽에 넓은 자배기나 큰 대야 등을 받쳐 주액을 받아내게 되어 있다.

간이식 엿틀은 우물정(井)자의 틀에 가로막대를 서너개 댄 형태에 다리가 없고, 어느 곳이든 한 쪽에 지렛대를 걸칠 수 있도록 굵은 끈을 느슨하게 연결시켜 놓는데, 그 끈에다 지렛대를 걸쳐서 눌러 압착하게 되어 있다. 또 간이식 엿틀의 특징은 주액을 받아 낼 그릇 위에 쳇다리처럼 걸치는데, 고정식보다는 많은 양을 한꺼번에 짜낼 수는 없지만, 지렛대가 두 개로 되어 있어 양손을 가지고 교차로 눌러가면서 짜낼 수 있어 단시간에 힘을 덜 들이고 짜낼 수 있다는 것이 장점이다.

약 틀

옛 사람들은 약을 짓는 사람이나 달이는 사람, 먹는 사람 모두가 '정성'을 으뜸으로 여겼다. 그래서 집집마다 한 두 개 쯤의 약탕기가 있었고, 정성들여 달인 약을 삼베 보자기와 막대기를 이용해서 짜는 모습을 어렵지 않게 보아왔던 우리였다.

그런데 그러한 약짜기 방법은 힘도 들거니와 기술이 없는 사람은 여간 어려운 일이 아니었다. 뜨거운 약을 짜다 보면 흘리거나 자칫 손실을 빚기도 하였던 것이다. 그리하여 여러 가지 약 짜는 기기(器機)들이 만들어졌다.

나무로 된 이 '약틀'은 그 생김새가 국수들의 축소판이라 할 만큼 매우 흡사하다. 사각형의 통나무 몸통 부분에 야구공 크기의 홈을 파고, 그 홈의 아랫부분에 작은 구멍을 뚫었다. 국수틀은 여러 개의 가는 구멍을 뚫는데 비해 약틀은 지름 5mm 정도의 구멍 1개를 뚫은 것이 다른 점이다.

약을 짜는 방법은 약을 보자기에 싸서 약틀의 홈에 넣고 공이를 끼워서 지렛대의 원리를 이용, 탈착식의 나무 손잡이나 윗판을 눌러 짜면 힘들이지 않고도 약을 짤 수 있으며, 약은 작은 구멍을 통해 아래로 흘러 내리게 되어 있다.

홈통의 밑에 뚫린 작은 구멍에는 약의 손실을 막는 한편으로, 잘 흘러내릴 수 있도록 녹이 슬지 않는 황동으로 된 대롱을 끼워 넣었다. 또 약을 짤 때 찌꺼기가 구멍을 막지 않도록 홈 안쪽 바닥에 +자형의 작은 턱을 만들고 가늘고 짧은 가로 막대기를 끼워 넣도록 하였다.

몸통에는 네 개의 다리를 붙여 약을 받을 수 있는 그릇을 놓기 좋게 하였다.

그러나 이러한 약틀은 필요에 의해서 직접 만들어 썼으므로 크기와 형태가 각양 각색이다.

술국자

국자는 액체로 된 음식물을 뜨는 데 사용하는 용구로, 바탕이 음푹하게 패어 있고, 뜨거운 국물이나 깊이가 깊은 그릇에 담긴 액체를 떠내기에 안전하고 용이하도록 수직으로 긴 자루가 달려 있다.

이미 석기시대 때부터 국자가 사용되었음을 짐작할 수 있다. 신석기 시대의 유물인 김해 회현리 패총에서 발견된 조개무지 속에서 12cm 가량의 부채꼴로 생긴 조가비 가운데, 한 쪽 끝에 두 개의 작은 구멍이 뚫려 있는 것으로 보아, 여기에 자루를 달아 국자로 사용하였을 것으로 짐작된다. 그러나 이 때의 국자는 대개 죽을 뜨는 데 사용했을 것으로 추정하고 있다.

당시의 식생활에 따른 화식(火食)의 조리법, 즉 화로와 곡물을 가는 데 사용되는 맷돌이 발견되고 있고, 고려시대에 이르러서야 국이 대표적인 부식으로 등장했다는 사실에서이다. 또 국자는 식기의 주재료였던 놋쇠로 만들어져, 조선시대 때까지 이어졌던 사실로 미루어서도 알 수 있다.

이후 국자는 서양 문물의 도입과 함께 놋쇠 대신 양은으로 만들어졌고, 다시 스테인레스 스틸, 합성수지 등 재료상의 다양한 변화를 가져오게 되었다.

사진의 술국자는 술독 속의 용수 안에 고인 청주를 뜨는 데 사용한 것으로, 백동을 재질로 하고 있다. 또 막사기로 한 잔 분량의 술을 따를 수 있도록 국자의 옆 면에 용량을 표시하는 눈금이 새겨져 있다.

반면, 용작(龍酌)이라고 하는 술국자도 있는데, 궁중의 제사나 종묘제례 등 공공의 제사에 사용하는 용구이다. 술을 뜨는 바탕은 바닥이 깊고 오목한 종지 모양에 수직으로 긴 자루가 달려 있고, 자루는 완만한 S형의 곡선을 이루며, 자루 끝에는 용(龍) 무늬가 새겨져 있다. 이 용작으로 한 번 떠낸 술의 양은 정확히 청주·약주잔으로 한 잔의 양이 된다.

소줏고리

맛이 변한 술이나 애초부터 마련한 술밑을 솥에 넣고 끓여서 증발해 오른 알코올 성분을 식혀서 흘러 내리게 하는 일종의 증류기이다. 소줏고리는 '고조리', '고소리'라고도 하는데, 동기(銅器)·토기(土器)·철기(鐵器)·자기(磁器) 등 재질에 따라 오지고리를 비롯 동고리, 쇠고리, 토고리 등으로 부르며, 그 크기나 형태에 있어서도 매우 다양하다.

일반 가정에서는 주로 옹기로 된 오지 소줏고리를, 제주도 지방에서는 토고리를 사용해 왔다. 소줏고리는 위, 아래가 넓고 허리 부분은 잘룩하다. 그리고 위의 넓은 한 쪽 중심 밑부분에 귀때(귓대)가 달려 있다.

소줏고리는 술밑을 담은 솥 위에 올려 놓고 솥에 열을 가하면 증기가 된 알코올분이 상승하는데, 소줏고리 위에 올려 놓은 솥뚜껑이나 물그릇에 닿아 냉각되면서 술(소주)이 소줏고리의 귀때로 흘러 내리게 만들어 사용한다.

소줏고리는 윗 부분이 터진 것과 막힌 것의 두 종류가 있는데, 막힌 것은 윗 부분이 오목하게 들어가 있어 마치 자배기를 앉혀 놓은 것과 같고, 위가 터진 소줏고리는 여기에 자배기, 양푼 등을 놓거나 항아리 뚜껑, 솥뚜껑을 뒤집어 올려 놓게 되어 있다. 증류시는 소줏고리와 위에 얹은 용기의 틈을 밀가루 반죽 등으로 번을 붙인 뒤, 뚜껑의 오목한 부분에 찬물을 붓고 더워지지 않도록 자꾸 물을 갈아 주어야 보다 많은 양의 술을 얻을 수 있다.

소줏고리와 같은 형태로 크기가 아주 작은 것이 있는데, 주로 약재를 고아 진액을 뽑아내는 데 사용하며 약소줏고리라고 한다.

소줏돌

소줏돌은 속칭 '속돌'이라고도 하는 것으로, 솥에 얹어 술을 증류할 때 사용하는 소줏고리와 함께 사용되어 왔다.

재질은 제주도 전역에서 볼 수 있는 현무암으로, 솥뚜껑처럼 생겼으나, 솥뚜껑의 손잡이 대신 그 자리에 구멍을 낸 형태에 가깝다.

전체 크기의 지름은 솥의 크기에 따라 정해진다. 곧 솥뚜껑의 크기와 같다고 보면 된다. 두께는 가운데 부분이 약 5~6cm 정도로서 바깥쪽으로 향할수록 얇아지며 구멍의 크기는 지름이 6cm 정도이다.

소줏돌은 용도나 원리에서 볼 때 액체의 증류 과정에서 사용하는 코르크 마개와 같다. 술의 증류에 사용되는 기물인 소줏고리는 윗 부분에 넓고 깊은 그릇을 얹고 찬물을 부어 기화된 술이 냉각되었을 때, 소줏고리 자체에 달려 있는 귀때로 흘러내리게 되어 있으나, 소줏돌은 가운데 구멍이 있어, 그 구멍에 마디와 마디 사이를 없앤 대나무를 휘어질러서 소줏고리의 귀때와 같은 역할을 할 수 있게 하여 사용한다.

따라서 오지나 질그릇으로 만든 소줏고리의 원시형이라고 할 수 있다.

솥에 밑술을 넣고 가열하였을 때 발생한 증기가 소줏돌 가운데 구멍에 휘어지른 대나무관을 통하여 흐르도록 장치하는데, 솥과 소줏돌, 대나무관이 맞붙여진 주위로는 콩가루나 밀가루를 익반죽하여 증기가 새어나오지 않게 번을 붙이며, 대나무관은 수건이나 천으로 싸고 찬물을 자주 적셔 주어야 관을 통과하는 증기가 냉각되어 술단지나 술병으로 흘러내리게 된다.

이러한 소줏돌은 제주도 지방에서 한주를 비롯한 증류주를 빚을 때 사용되었다.

소줏고리의 등장 이전인 고려 말엽부터 사용되었을 것으로 추측되나, 확실한 시기는 알 수 없다.

독 · 항아리

주로 곡물이나 간장, 된장, 김치, 술, 조미료 등을 담아 저장하는 옹기(甕器)로 독과 항아리가 있는데, 옹기는 다시 오지그릇과 질그릇 두 가지로 나뉜다.

독은 항아리에 비하여 운두가 높고 전이 있으며, 배가 조금 부르나 크기는 일정하지가 않다.

그러나 독과 항아리의 구분을 엄밀하게 규정짓기는 어렵다. 다만, 고고학에서는 크기에 관계없이 속이 깊고 아가리가 큰 주발(周鉢) 모양의 토기(土器)를 독이라 하고, 같은 형태이면서도 아가리가 오므라든 모양의 토기를 항아리로 구분하고 있음을 볼 수 있다. 또 고고학에서는 인류가 최초로 만든 토기가 독이었다고 보고 있다.

원시적인 토기의 형태로서 둥글고 깊게 패인 형태와 밑바닥은 뾰족하거나, 둥근 형태의 토기들이 한결같이 아가리가 넓다는 것을 그 이유로 들고 있기 때문이다.

그리고 동양에서는 처음부터 독이 토기문화의 주(主)를 이루었다는 것이 이집트 최고기(最古期)의 농경문화 유적과 북부 유라시아 문화, 중국의 채도문화기(彩陶文化期) 등 여러 사적(史的) 비교에서 입증되고 있다.

처음에는 밑 바닥이 뾰족했다가 둥근 것으로 변했고, 뒤에 널따랗게 되었으며, 다시 원통 모양의 바닥이 편평한 지금과 같은 형태의 옹기로 발전하였다는 것이다.

반면, 항아리가 발견된 것은 훨씬 뒤의 일이다. 인

류가 정착하여 농사를 짓기 시작한 신석기시대에 이르러, 질그릇 항아리가 만들어져 사용된 흔적을 찾을 수 있기 때문이다. 이때의 항아리들은 그 이전의 독보다 아가리가 좁거나 뾰족한 형태를 나타내고 있음도 이러한 사실의 반증이다.

독과 항아리는 다 같이 물·술·장 등의 액체와 물건을 담아 저장하는 데 사용된 점에서는 동일하지만, 독은 이 외에도 옷가지나 쓰지 않은 물건을 보관하는 등 항아리보다는 키가 더 크고 다양한 용도로 이용되고 있다는 점이 차이일 뿐이다.

독은 '도가지'라고 하며, 대개의 독은 운두가 있고 배가 조금 부르며 전이 달려 있는데, 크기와 형태는 일정하지가 않고, 지방에 따라서도 약간씩 다른 형태를 띤다.

곡물을 담은 독은 곳간이나 헛간에 두고, 간장류 등 조미료를 담은 독은 햇볕이 잘 들고 서늘한 양지바른 곳에 돌로 낮은 단을 쌓아 장독대를 만들어, 그곳에 모아 두는 것이 일반적이다.

우리 조상들의 삶의 흔적으로 오지나 질그릇의 구입이 어렵거나 운반이 곤란한 산간지대 등에서는 다른 재질의 독을 만들어 사용하는데, 그 중 '나무독'이 있다.

강원도 같은 깊은 산간지방에서는 굵은 피나무의 속을 파내어 독으로 사용해 왔던 것이 있다. 아름드리 피나무를 적당한 길이로 자른 뒤에 양 쪽에서 속을 파내어 두께 5~6cm정도의 원통을 만든 다음, 밑 면에는 소나무로 된 학지 모양의 받침을 끼우고, 그 굽에는 괭이풀을 이겨 발라서 내용물이 새지 않도록 하는데, 주로 겨울철 김장김치를 갈무리해 두는 김치독으로 썼다.

또 약간 굵은 대오리로 독 형태의 살을 엮은 뒤, 종이를 여러 겹 발랐다가 마르면 들기름이나 콩기름 등을 먹여 건조시킨 뒤에 마른 곡식류를 담아 두는 '종이독'이 있으며, '채독'이라 하여 싸릿개비와 종이로 엮어 만든 독도 있다.

김치, 간장류 등의 조미료를 담아 두는 독의 뚜껑은 오지나 질그릇으로 된 제품을 사용한 반면, 곡식류를 담은 독에는 두트레방석이라 하여, 짚으로 둥글고 두툼하게 짠 뚜껑이나 판자로 만든 뚜껑을 사용했다.

반면, 항아리는 독보다 키가 작고 아가리가 좁으며, 배는 불룩한 형태의 질그릇이다.

조선시대 농경가사 ≪농가월령가≫ ≪10월령≫을 보면, "무, 배추 캐어들어/김장을 하오리라.//앞 냇물에 정히 씻어 간을 맞게 하소// 고추, 마늘, 생강, 파에/ 젓국지 장아찌라/ 독 곁에 중두리요/ 바탕이 항아리라//"라고 하여 항아리가 독보다 작은 크기임을 알 수 있다.

실제로 항아리는 독보다 키가 작고 아가리가 좁은 반면, 배는 불룩한 형태의 질그릇이라고 했다.

≪훈몽자회≫에서도 "크면 병, 작으면 항아리(大曰瓶 小曰壺)"라 하였고, 한민족 사이에 발생한 한자 호(壺)자 역시도 아가리가 좁고 배는 불룩 튀어나온 항아리의 모양과 너무 흡사한 것으로서, ≪전운옥편(全雲玉篇)≫에서는 '부(缶))'와 같은 것으로 되어 있어 병과 혼돈하기 쉽다고 했다.

또 조선시대 대표적인 기법의 하나인 백자류 가운데 백자호(白磁壺)를 보더라도, 구부(口部)가 작고 동체(胴體)가 부풀어 풍만한 모습이라는 점에서, 독과는 그 형태에서 다소 차이가 있음을 알 수 있다.

이처럼 키가 작고 아가리가 좁으며 배가 몹시 부른 것이 항아리의 특징으로, 대·중·소의 여러 크기가 있다. 아가리(입)와 목 부분의 특징에 따라 입 큰 항아리, 목 긴 항아리, 목 짧은 항아리 등으로도 구분한다.

우리나라에서 항아리로 보이는 최초의 형태는 선사시대 유물로 원통형태의 매우 좁은 목과 뾰족한 바닥의 불안정한 형상의 것과 긴 달걀형 몸체의 목항아리가 발견되고 있다.

항아리는 재질에 따라 토기를 비롯 금·은·동 등의 금속제, 사기나 도자기 제품, 유리제품 등 다양하다. 우리나라의 항아리는 대개가 흙으로 빚어 구워 낸 도제 항아리가 주류를 이루고 지방에 따라 형태는 다소 다르지만 지금까지도 그 맥을 이어오고 있다.

아무튼 독이나 항아리의 주된 용도를 보면, 본래 그 크기에 따라 분명한 차이가 있음을 알 수 있다.

큰 독이나 항아리는 김장김치나 간장·술 등을 담아 발효시키거나, 물·소금·곡식 등을 저장하는 데 쓰였다. 중간 크기의 독과 항아리는 된장을 비롯한 막장 등 장류를 담는 데 사용되었으며, 비교적 작은 크기의 것들은 고추장류와 장아찌·젓갈류를 담아 두는 데 주로 이용되었다. 또한 이것들은 술독을 제외하고는 대개 장독대에 가지런히 놓였다.

그리고 독이건 항아리이건 김치를 담으면 김

치독(항아리), 장을 담으면 장독(항아리), 된장을 담으면 된장독(항아리), 고추장을 담으면 고추장독(항아리, 단지)이라 부른다.

흙으로 빚어 낸 토기류 중 독이나 항아리, 단지류를 통칭하여 옹기라고 하는데, 그 제조방법 및 사용법을 간단히 살펴 보면 다음과 같다.

먼저 진흙을 땅구멍에 넣고 물에 타서 수비(水飛)시켜 불순물을 제거시킨 다음, 앙금이 앉으면 햇볕과 비바람에 맡겨 삭혀 두었다가 적당히 건조되면 발로 밟고 메로 친다. 알맞은 굵기로 된 반죽을 만들고 1~2m 길이로 잘라서 물레를 이용, 그릇을 만든다. 이를 건조장에 보내서 햇볕에 약간 말리고, 철분 약토와 나뭇재를 1:1로 섞은 잿물을 입힌 뒤, 손가락으로 무늬를 넣고('환을 친다'고 함) 가마에 넣어 상수리나무나 소나무 장작불로 8일간 굽고 3일간 식혀 내면 비로소 오지 그릇이 완성된다.

독이나 항아리를 구입했을 때 구워진 정도와 구멍, 금이 있나 없나를 알아보는 방법은, 먼저 두드려봐서 맑은 소리가 나면 잘 구워지고 질도 좋은 것이고, 짚불을 피우고 그 위에 그릇을 엎어서 연기가 새어 나오는가를 살펴 구멍 여부를 알 수 있다. 또 물을 퍼 담아 새는지, 구멍이 있는지를 살피는 것이다.

구멍이 있는 그릇을 구입했을 경우, 비를 맞히기 전에 막아 사용하도록 하고, 한 가지 용도로만 사용하는 것이 바람직하다.

김치독은 김치를 담는 독으로, 김치만 담도록 해야 김치 맛이 변하지 않는다.

이는 김치를 만드는 발효균과 장을 만드는 균, 술을 만드는 균이 각기 다르기 때문이다.

그리고 이들 그릇들은 매해 또는 매번 소독을 해서 사용하는 것이 좋다. 김치독의 소독법은 물로 깨끗이 씻어 낸 후, 고추씨를 태워 그 연기로 독 안을 씌우는 방법으로 깨끗이 하여 사용한다.

술 독

이른 바 '옥두'라고도 하는데, 술을 안치고 발효·숙성시키는 데 사용하는 오지그릇을 술독이라고 한다. 그 크기가 한 말 들이에서 한 섬 들이까지 있으며, 형태는 지방에 따라 다양하다.

술독은 항아리에 비해 운두가 높고 전이 있으며 배가 조금 부르다. 술독으로 사용하는 그릇은 일반 항아리에 비해 높은 온도에서 구워낸 것이라야만 한다.

옛부터 독에 의해서도 장맛이 좌우된다고 하여 독을 만드는 흙을 중요시하였다. 가장 좋은 질의 흙은 7월에 파낸 배토(杯土)로서, 좋은 독은 두드려 보아 맑은 소리가 나면 질이 좋고, 잘 구워진 것으로 알려지고 있다. 독이나 항아리는 주로 장이나 된장·고추장류를 담는 데 쓰는 것이지만, 쌀이나 잡곡 등을 저장하는 데도 함께 사용되었다. 따라서 요즘은 항아리나 독을 특별히 구분하여 사용하지는 않는다.

다만, 독과 항아리는 한 가지 용도로만 사용하였다. 만일 김치를 담았던 독에 장을 담으면 장 맛이 변하기 쉽고 맛있는 장이 되지 않는데, 이는 김치를 담았던 항아리에는 김치를 만드는 균이 남아 있어 ,장을 만드는 균에 영향을 주기 때문인 것으로 여겨진다.

따라서 술을 담았던 독은 술을 만드는 데만 사용하는 것이 좋다. 술독은 따로 만들어 쓰는 것이 원칙이어서 이전의 술독들에는 한 면에 술독임을 표시하는 '주(酒)' 자와 용량(斗) 표시가 되어 있어, 일반 독과는 구분해 썼음을 알 수 있다. 새로 들여 온 독을 술독으로 사용하려면 사용 전, 독 안에 생솔가지를 꺾어 넣고 솥에 거꾸로 엎어 얹고 쪄서 식힌 다음 사용하거나, 짚불을 피우고 그 연기를 쐬워 소독을 하여 쓴다.

술독 밑에는 두꺼운 나무판자를 깔고, 술을 안친 뒤에는 이불 같은 것으로 싸서 두거나, 겨울철에는 짚을 엮어서 항아리 옷을 입혀 둔다. 옛날에는 짚으로 만든 두트레 방석으로 뚜껑을 덮기도 하였는데, 잡티가 떨어지는 것을 막기 위해 삼베로 항아리를 씌운 다음, 그 위에 뚜껑을 얹기도 하였다.

이중독

김치는 우리나라 고유의 발효식품이다. 어느 계절이건 김치는 밥상 위의 주된 부식으로 그 으뜸자리를 차지해 오고 있다. 겨울에는 김장김치를 담아 놓고 오랜 기간 먹을 수 있지만, 한여름에는 날씨가 덥고 기온이 높아서 김치가 빨리 익어버려 상하기 마련이다. 따라서 한여름에도 상하지 않고 오래도록 시원한 김치를 먹을 수 있도록 고안해 낸 김치독이 이중독이다.

이 이중독은 더러 '삼단단지'라고도 하는데, 계곡의 물이 떨어지는 곳이나 흘러내리는 냇물 속에 뚜껑을 덮어 넣어 두면, 위 아래에서 물이 닿아 냉각을 시키게 되어 더운 여름철에도 시원한 김치를 먹을 수 있다.

이중독은 조선시대 후기 경상북도 합천지방 등 주로 산과 계곡이 많은 지방에서 많이 사용해 왔던 것으로 알려져 있다.

이중독은 그 형태가 비교적 둥근 편으로, 항아리의 어깨 부분에 주둥이보다는 낮은 턱을 높게 만들고, 턱의 안쪽에는 한 두 군데 작은 구멍을 뚫어 고인 물이 흘러내릴 수 있도록 만들어져 있다. 또 항아리의 주둥이는 대개 밑바닥보다 좁거나 같으며, 옆구리 양쪽에 손잡이를 달았다. 뚜껑은 꼭지가 있으며 가급적 물이 닿는 시간을 오래 유지하도록 대개는 겉 면에 2~3개의 낮은 턱을 두는 등 냉각효과를 높일 수 있도록 만들어졌다.

한여름철 물에 담가 두고 사용하는 김치독인만큼, 그릇 자체에서 물이 배어 나오거나 외부로부터 물이 스며드는 것을 막기 위하여 잿물을 입힌 오지그릇으로 되어 있다.

해주독

우리나라의 장독이나 항아리들은 생산지에 따라 그 지역의 자연적 풍토와 특성을 담고 있고, 또 독을 만드는 장인(匠人)의 개성과 취향에 따라 독특한 생김새라든가, 특징을 띠게 마련이다.

그런데 이들 도기나 옹기류 가운데 매우 독특한 형태의 독이 있다. 관서 지방의 해주독이 그것으로, 사기(沙器)로 구워져 있고, 하얀 바탕에 물고기나 목단 꽃무늬, 누각(樓閣) 등으로 장식되어 있는데, 청화백자의 기법을 그대로 살리고 있는 것이 많다.

해주독은 일반적으로 전통적인 독의 형태와 제작기법을 바탕으로 하면서도 청화백자(青華白磁)의 기법을 도입하고 있는데, 정확한 발생 연원(淵源)이나 제작 시기에 대해서는 뚜렷한 정설(定說)이 없다.

다만, 민속학을 연구하는 사람들에 따르면, 황해도 해주와 회령 지방을 중심으로 약 130여년 전 경부터 만들어졌을 것으로 추정하고 있다.

해주독은 그 제작 시기를 전기와 후기로 나누고 있다. 전기는 1860여년 경으로, 사기로 구워져 목단을 주축으로 한 물고기와 누각 등을 많이 장식했으며, 후기는 지금부터 80~90여년 전으로 보고 있는데, 후기의 독은 토기(土器) 위에 흰색의 배토(杯土)를 입히고 간단한 연꽃이나 화초를 삽화형식으로 새겨 넣은 독들이 만들어졌다고 한다. 특히 전기 제품들은 관서 지방의 호기있는 부자들의 호쾌한 기질이 살림살이에까지 반영된 것으로, 큰 독들까지 청화백자로 만들어 사용하게 되면서 해주를 중심으로 한 관서 지방에서 수요가 확산되었고, 마포나루로 실어와 그 수요가 서울의 부유층으로까지 확산되자, 일반 여염집에서도 집안에 들여 놓고 가정의 운치를 돋구고자 했다. 이에 보다 값싸고 대중적인 독을 만들게 된 것이 후기의 제품들이었다.

이러한 해주독은 일반 옹기로 된 독들에 비해 가격이 비쌌던 까닭에, 장독대보다는 집안의 대청마루나 방안 한 귀퉁이에 자리잡고, 밀가루나 참깨 등을 넣어 두고 쓰거나 꿀·엿단지 등으로도 이용되었다.

물두멍

부엌에서 물을 담아 저장하는 큰 물그릇으로 물독 외에 물두멍이란 것이 있다.

옛날에는 우물이나 샘 등 식수원이 부엌에서 멀리 떨어져 있거나 집 밖에 있었으므로, 부엌 한 곳에 물을 길어다 식수(食水)를 채워두는 데 사용하는 저장 용기의 하나로 쓰였다. 주로 옹기로 된 것이 주류를 이루며, 산간 지방에서는 더러 나무로 짜서 대용으로 쓰기도 한다. 또 신식 주물로 된 것은 '생부리' 라 하고, 구식 주물로 된 것은 '익부리' 라 한다.

지방에 따라 부르는 이름과 형태의 차이가 있는데, 아가리에 비해 밑 바닥이 좁은 형태를 띠며, 보통은 배가 완만하거나 거의 밋밋한 것이 주류를 이루고, 복부의 양쪽에 손잡이가 달려 있다. 독 또는 독과 유사한 큰 질그릇을 사용하기도 하지만, 밑 바닥이 좁은 것은 삼발이로 받침을 괴어 사용하는데, 가마솥과 비슷하게 생겼다.

물두멍은 아가리가 넓은 큰 그릇이어서 먼지나 티가 들어가는 것을 막기 위해, 나무판자로 짜서 만든 뚜껑이나 가는 대를 엮어 짠 발을 덮어 사용한다.

옛 조상들이 우물이나 샘을 집안으로 끌어들이지 않고 집 밖에 두었던 까닭은, 일일이 길어다 쓰는 불편이 있기는 하지만 물을 절약해서 쓰기 위한 배려였으며, 길어다 부엌의 물독이나 물두멍에 담아두고 사용함으로써, 물을 정화시켜 쓰기 위한 지혜에서 비롯되었던 것이다.

옛 사람들의 물을 아끼는 정신이 사라진 지금, 오늘날 우리의 물에 대한 생각은 어떠한지를 되새겨 보게 한다.

드므

물을 담아두는 저수(貯水) 목적의 용기으로, 윗배가 부른 형태에 높이(키)가 4척(121cm) 내외의 오지 또는 질그릇을 독이라고 하는데, 이에 비해 가운데 배가 풍만하고 키가 3~4척 높이에 넓은 형태의 오지나 질그릇을 '드므'라고 한다.

또 같은 드므라도 그 크기에 따라 작은 것은 연드므, 큰 것은 큰드므로 나눈다.

북쪽의 추운 지방에서 사용하는 드므는 아가리가 좁고 남쪽의 것은 아가리가 크다.

배 부분에 고리형의 넓고 편평한 손잡이가 달려 있으며, 아가리의 테가 2~3차로 비교적 넓은 형태에 밖으로 벌어져 있어 일반 독과는 구분되는데, 이러한 아가리 형태는 경기도 지방의 김치독에서 볼 수 있다.

독은 우리나라에서 가장 오랜 전통을 가지고 있는 그릇으로, 대개는 3척(尺)(90cm) 내외가 대부분을 차지하고 있다.

이러한 크기의 독들은 '독그릇'이라 하여 술이나 간장 등의 양조용으로 쓰인다.

저수용의 독은 높이가 4척 내외로 양조용 독보다 큰 편이다.

따라서 드므는 독의 한 가지이면서도 독특한 형태의 물독이라고 할 수 있다.

그러나 조선시대에서의 전통적인 부엌 용기로서 저수용의 물독은 오지나 질그릇, 목기이고, 양조용의 독들은 오지그릇이 쓰였다고 한다.

항아리 뚜껑

김치나 장, 메주, 고추장, 젓갈 등 발효식품을 담아 발효·숙성시키거나, 저장하는 데에 따르는 그릇으로는 독이나 항아리 이상 더 좋은 것이 없다는 것은 과학적으로도 입증되었다.

그리고 그 그릇들은 1,100도 이상의 고온에서 겨울철에 구운 것을 이른 봄에 사야 좋다는 것도 경험적으로 알게 되었다. 또 겨울에 구운 독이라도 장을 담아 두었을때 소금기가 겉으로 배어 나와야 좋으며, 두드려 보아 소리가 맑고 깨끗한 쇳소리가 나야 좋다고 한다.

반면에 여름철에 구운 독은 잘 마르지 않은 상태에서 구웠기 때문에 쉰독이라 하는데, 음식이 쉽게 쉬고 썩기 쉬우며 골마지가 끼어 못쓴다고 하며, 너무 무거운 것, 거칠거칠하거나 검은 빛깔이 나는 것, 소리가 나쁜 것 등은 발효음식을 담는 데 적합하지 못하다고 한다.

좋은 독은 저마다 뚜껑을 덮게 되어 있는데, 원래의 독이나 항아리용 뚜껑은 소래기 형태에 굽이 있고, 한가운데에 꼭지가 달린 뚜껑을 덮도록 되어 있었다. 그리고 그 뚜껑은 각 지방마다 독특한 형태와 특성을 살리고 있어, 독과 항아리에 맞는 모양의 뚜껑이 있었다.

연꽃 봉오리 형태의 꼭지가 달린 독뚜껑이 있는가 하면, 옛날 양반들의 정자관(程子官) 형태의 층이 지고 가운데 손잡이용 꼭지가 달린 뚜껑이 있고, 큰 독의 경우 앞서의 형태에 양 쪽 두 군데에 둥근 환형고리를 붙인 것도 있다.

또 곡간이나 대청에 두고 쌀이나 잡곡 등의 곡물을 담아 두는 붓둑그릇이나 쌀독에는, 나무로 만든 뚜껑이나 짚으로 엮은 짚덮개를 덮어 공기가 통하게 하고 벌레가 생기는 것을 막기도 하였으며, 부엌에 두고 물을 길어 담아 두고 정화시켜 마실 목적으로 사용하는 물독에는 반드시 나무로 솥뚜껑처럼 만든 뚜껑을 덮었다.

짚덮개

짚덮개는 주로 곡식을 담는 독이나 항아리를 덮는 데 쓰였다.

흔히 독이나 항아리에는 오지나 나무로 된 뚜껑을 덮는 것으로 생각하고 있으나, 장독을 비롯, 된장·고추장 독에는 질그릇을 구워 유약을 바른 오지 뚜껑을 덮고, 곡식이 담긴 독에는 반드시 짚덮개를 사용해야 했다.

특히 쌀독을 비롯, 콩·팥·조·수수 등을 담아 두는 그릇에는 공기 유통이 안되어 곡식이 썩거나 벌레가 생기기 쉽기 때문에, 공기가 잘 통하고 습기를 조절해 주는 짚덮개를 사용해야만 했던 것이다.

짚덮개는 쌀을 생산해 낸 볏짚을 이용해서 만든다. 지방에 따라, 만드는 사람의 솜씨에 따라 모양이 각각 다르긴 하지만, 곡식을 담아 저장하는 용기의 크기에 맞춰 직접 만들어 사용했다.

짚덮개는 중앙에 짚을 꼬아 기본틀을 만든 다음, 곡식을 담은 그릇 아가리의 크기보다 조금 크고 넓게 짚을 오른쪽으로 꼬아가며 짚날로 총총하게 엮어가면서 만든다.

특히 충청도 지방에서는 짚단을 시계방향으로 돌려가면서 짚날로 묶어가는 방법을 취하였는데, 모양을 좋게 하려면 가는 짚날이나 왕골을 사용한다고 한다.

이렇게 해서 어느 정도의 형태와 크기가 완성되면 비로소 끝을 사려 매듭을 짓는다. 짚방석과도 흡사하지만 구분을 쉽게 하기 위하여 한가운데에 끈을 단 것이 주종을 이룬다.

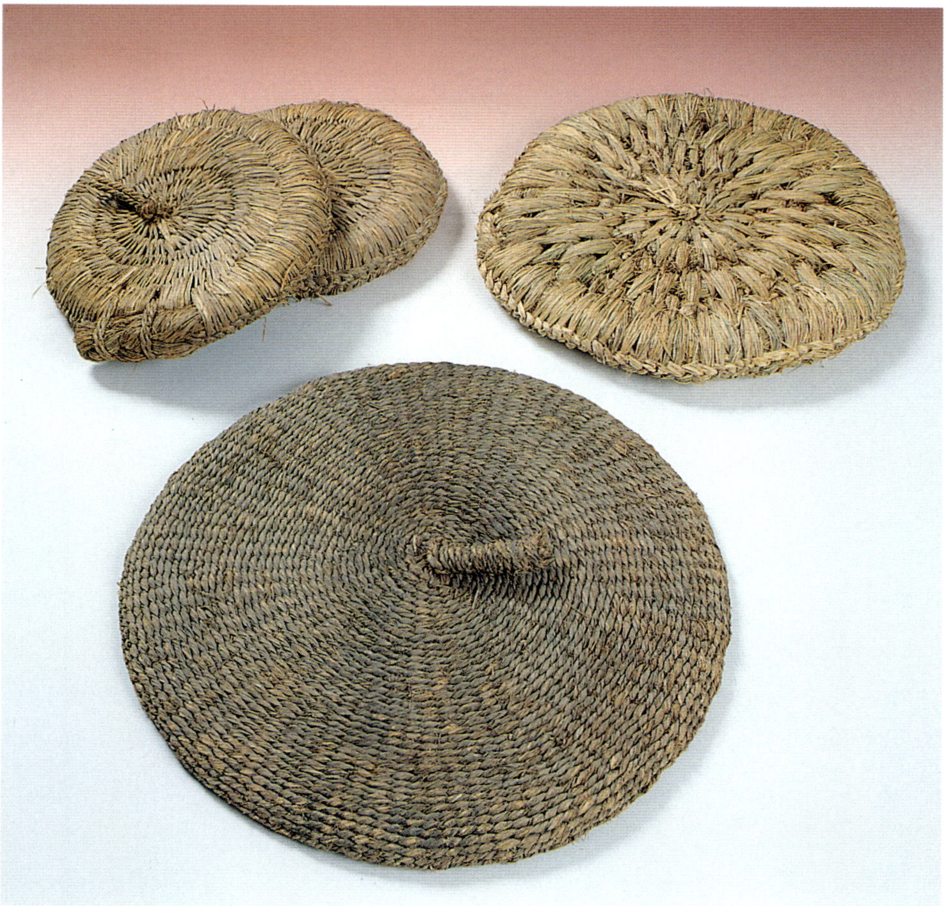

술병

술병은 주병(酒甁) 또는 주호(酒壺)라고 하는 저장용기로서 오랜 역사를 가지고 있다.

인류가 최초로 만든 음료가 술이라고 하는 점을 감안할 때, 술병의 등장은 술의 등장과 함께 독 형태로 만들어져 사용되어 오다가, 사용상 불편한 점 때문에 가볍고 휴대나 들고 따르기에 편리한 크기인 지금과 같은 형태의 술병이 만들어졌을 것으로 추측된다.

소위 고려시대의 대표적인 자기 청자(靑磁)로 된 병은, 길게 솟아오른 목에 넓게 벌어진 구부(口部:주둥이)와 풍만한 동체(胴體)를 이루고 있는 주병이 있는가 하면, 넓은 전을 지닌 구부와 직선으로 곧 바로 내려 간 두부(頭部)에 넓어진 어깨, 그리고 각(角)이 진 동체의 특이한 병도 있다. 또 길고 유려한 선의 목과 벌어진 입(口部)·풍만한 몸체를 갖춘 고려시대 전형적인 병에 드물게 뚜껑이 달려 있고, 병과 뚜껑을 연결지을 수 있는 고리가 각각 나 있는 병도 주병에 속한다.

조선시대의 주병을 보면, 구부가 벌어지고 목이 짧으며 몸체가 풍만한 형태의 조선초기 분청사기병(粉靑沙器甁), 구부가 벌어지고 긴 두부에 서서히 넓어져 내려간 어깨·몸체의 하부에 중심이 있는 형태의 병, 풍만한 몸체와 짧은 두부·벌어진 구부를 갖춘 병, 목과 입이 짧고 몸체가 팽창된 형태의 병 등은 당당하면서도 위엄이 있어 보이는 것이 특징이다.

한편, 옹기류의 주병은 대개가 고려시대의 청자나 조선시대의 백자, 분청사기 주병의 형태를 그대로 답습한 형태로 나타나고 있으며, 석간주나 흑유칠을 한 주병, 그리고 단순하게 질과 오지로 된 주병도 있고, 호리병박을 이용해 만든 주병, 나무를 깎아 만든 주병 등 다양하다. 이러한 주병은 술잔이 그러하듯이 병의 재질에 따라 담는 술도 달라진다. 자기나 사기, 나무, 박으로 만든 호리병 형태의 주병은 소주를 비롯 청주나 약주에 어울리고, 오지로 된 주병은 탁주용으로 적합하다.

자라병

자라병은 장군, 호로병, 편병과 함께 산이나 바다, 강, 들로 나들이 갈 때 사용되는 소형 주병의 한 가지로, 술이나 물을 담아 휴대할 수 있는 병이다.

이러한 자라병은 주로 분청사기에 많이 보이는데 백자·옹기류 등 재질과 문양의 유무에 따라 이름을 각기 달리한다.

분청사기와 백자·청자류의 자라병은 대개가 자라보다는 오리 형태에 더 가깝고 높은 굽이 있어, 실제 생활에서 사용하기 위한 것이라기 보다는 장식성 기능이 강조된 면이 없지 않다.

사진 중 맨 왼쪽의 자라병은 실제의 자라 형상을 하고 있는데, 작게 벌어진 구부(口部)에 납작하고 둥근 몸체·무문(無紋)의 옹기로 된 자라병으로, 분청사기와 백자류의 것과는 다르다. 굽이 없는 대신 생물 자라의 다리가 붙어 있는 부분에 귀(耳)를 붙이고, 구멍을 뚫어 각기 네 귀에 끈을 달아 휴대와 벽에 걸어 두기에 편리하도록 만들어졌다. 또 삼끈을 그물처럼 엮어 병의 온 몸을 장식을 함으로써, 어깨에 메고 다니기에도 좋을 뿐 아니라, 자라의 등피처럼 시각적 효과를 더해 주고 있어, 옛 사람들의 멋과 정취를 한껏 엿볼 수 있게 해준다.

호리병

호리병박 또는 그와 같은 형태로 만든 휴대용 병으로, 술이나 물·약을 넣어 가지고 다니는 용기이다. 다른 이름으로 호로병(胡蘆·壺蘆甁) 또는 호리병이라고도 한다.

주로 오지나 백자로 만들며, 나무를 깎아 만드는가 하면 호리병박의 속을 파서 만들기도 한다. 그리고 지승공예기법을 도입, 호리병박 형태의 본을 뜬 뒤 그 표면에 한지를 꼬아서 만든 실로 본의 형태에 따라 짜 엮어 만든 지승호리병도 있다.

호로병의 형태는 크고 작은 둥근 항아리를 두 개 위 아래로 맞붙여 놓은 모양에, 주구(注口)가 위로 기름하게 솟아 있다.

뚜껑은 오지나 자기, 나무로 된 호로병의 경우는 나무를 깎아 만들며, 코르크마개를 쓰기도 한다.

호리병박으로 만든 것은 박 자체의 꼭지 부분 안쪽에 둥근 나무막대를 꽂아 뚜껑으로 이용한다.

이 호로병의 허리 부분과 뚜껑에 끈을 달아 뚜껑이 분실되는 것을 막는 한편으로, 끈을 기다랗게 늘여서 여행이나 나들이 때, 술이나 물을 담아 허리에 차고 다니기도 한다.

또 배부분이 납작한 형태의 편병도 있다.

주전자

주로 술이나 차를 따르는 데 사용되는 용기로서 둥근 몸체와 손잡이, 주둥이, 뚜껑으로 이루어졌다.

주기(酒器)로서의 주전자(酒煎子)는 재질에 따라 놋쇠·자기·오지·사기·은·백동·청동 주전자가 있으며, 금속제의 주전자는 술이나 차를 따뜻하게 데워 마시는데 적합하고, 자기나 사기 등 도제(陶製) 주전자는 차게 해서 마시는 것에 적합하다.

주전자는 술을 술잔에 따라 마시는 용기라는 뜻에서 주전자라고 이름하지만, 요즘은 특별히 구분하지 않고 겸용하는 용기이다.

다만, 철제나 옹기·유기제의 주전자는 불에 얹어 사용할 수 있으나, 사기·은·자기류의 주전자는 그 재질상 불에 얹어 사용하기에는 적합하지 못하다.

통일신라시대에는 청동으로 만들어진 주전자가,

고려시대에는 상감청자의 주전자가 다양하게 만들어졌으며, 조선시대에 이르러서는 백자 주전자를 비롯, 유기·철기·토기의 주전자가 널리 쓰였다.

따라서 주전자는 고려시대부터 조선시대까지 생활 속의 상용 기물로서 널리 이용되어 왔음을 알 수 있다.

주전자는 형태에 따른 구분, 곧 손잡이의 위치에 따라 나누는데 손잡이가 윗 쪽에 붙어 있으면 상파형, 옆구리에 붙어 있으면 횡파형, 뒤 쪽에 붙어 있으면 후파형이라 한다.

일반 주전자는 목이 짧은 데 비해, 어깨와 목이 긴 형태의 이형(異形) 주전자도 어렵지 않게 볼 수 있다.

술 잔

술을 따라 마시는 그릇으로 잔(盞), 주배(酒杯)라고도 한다. 보통 잔으로 불리고 있으나 한자어로 잔(盞), 잔(棧), 배(杯), 작(爵) 등으로 쓰이고 있고, 더러는 완(怨), 완(碗), 완(椀), 구(甌) 등도 잔의 의미로 쓰이는 경우가 있다.

잔은 옥(玉), 흙(土), 나무(木), 쇠붙이 등 재질에 따라 잔(琖),배(坏), 배(杯), 작(爵)으로 이름을 달리 한다. 그리고 잔(盞), 배(盃)는 불로 구운 도자기 재질을 뜻하면서 굽이 있는 잔을 말한다. 또한 그 쓰임새나 용도에 따라 제례, 의례용 잔은 작(爵)이라고 한다.

잔은 예로부터 생활용과 부장용(富葬用), 공양·의기용으로 널리 쓰였는데, 생활용으로는 물잔, 술잔, 찻잔, 등잔용 잔이 있다. 공양·의기용으로는 술잔, 찻잔, 사리기로 쓰였음을 알 수 있다. 잔은 또 뚜껑과 굽, 손잡이의 유무로 구분되고 그 밖에 따로 잔대가 갖추어지기도 한다. 또 형태에 따라 크게 통형(筒形)·보시기형(鉢形)·바라기형(盌形)·상형(象形)·이형(異形) 등의 형식으로 나눈다.

우리나라에서는 이미 신석기 시대부터 토기잔이 등장하고 있었다. 청동기, 초기 철기, 원삼국시대를 거쳐 가야, 신라, 백제 및 통일신라, 고려, 조선시대

에 이르기까지 뛰어난 기술을 바탕으로 다양한 재질과 형태의 잔이 각기 시대적인 특징을 띠고 만들어졌다.

한편, 우리나라는 농업국이어서 곡류를 원료로 한 막걸리와 약주, 소주가 빚어졌다. 막걸리는 알코올 농도가 낮아 많이 마실 수 있었으므로, 막걸리용 술잔으로는 사발 또는 막사기가, 약주용으로는 지름 4~5cm 정도의 잔이, 소주용 술잔으로는 지름이 3cm 정도의 작은 술잔이 쓰였다.

≪지봉유설≫에 "소주는 원시대에 생겼다. 이 때는 약용으로 사용했고 함부로 마시기를 삼갔다. 그래서 작은 잔을 가리켜 소주잔이라 했으나, 근래에는 소주도 많이 마시고 여름이면 약소주라 하여 큰 잔으로 많이 마신다." 한 것으로 보아, 알코올 농도가 높은 소주는 작은 잔에 마셨던 것으로 생각되며, 이러한 연유로 해서 작은 술잔을 '소주잔'이라 한다.

막사기

옛 기록에 "부여의 농민들은 대나무 그릇을 사용했고, 도시인들은 술잔과 흡사한 그릇을 사용했으며, 조두(組豆)를 의기(儀器)로 사용하면서 술을 권할 때는 자신이 마신 술잔을 씻었다."고 한다.

따라서 부족국가시대 때부터 높은 수준의 음주문화와 예절이 확립되어 있음을 알 수 있으며, 계급과 생활 정도에 따라 식기의 재료와 형태가 달랐던 것 같다.

곧 부족국가 시대에 대나무와 등나무 토기, 그리고 청동기 따위로 주발, 대접 형태의 그릇을 만들어 사용했던 것으로 보이며, 부여시대 이후 금·은·옥 등의 귀금속과 청동·놋쇠 등의 금속 식기를 상류 사회인들이 사용하고 있었으며, 서민들은 토기와 목기를 주로 사용했고, 고려·조선시대의 서민들은 주로 도자기로 된 식기를 주로 사용하였다는 것이다.

막사기, 또는 막사발은 서민, 특히 머슴들의 밥그릇, 국그릇, 막걸리 사발로 쓰이던 그릇이다.

막사기는 대접과 같은 형태를 띠면서도 벽면이 거의 직선으로 솟아 올라오며, 바닥은 좁고 아가리는 넓게 바지라진 형태를 띠고 있다. 막사기는 '막사발'이라고도 하는데, 살이 두껍고 겉 표면이 매끄럽지 않은 것이 특징이다. 특히 막사발은 임진란 이후 일본인들이 가져다 찻잔으로 사용함으로써, 꾸밈이 없는 자연미를 갖춘 생활용품으로 각광 받았는데, 이후 '정호(井戶)' '차완(茶碗)'이라 불리우게 되었다.

마상배

마상배(馬上杯)라고 하는 기명(器名)에서 알 수 있듯이, 말 위에서 술을 마실 때 사용하는 술잔이다.

마상배의 형태는 팽이 모양의 것과 높은 굽에 손잡이가 달린 배(杯)가 있는데, 삼국시대 토기에 그 예가 있다.

따라서 초기의 마상배는 높은 굽에 손잡이가 달린 토기였다가, 고려시대에 접어들면서 순청자·상감청자로 많이 만들어졌으며, 이후에는 여러 계층에서 마상배를 사용해 오면서 그 형태나 재질도 다양해졌던 것으로 생각된다.

청자 마상배는 저부(底部)가 팽이처럼 뾰죽하고 몸체가 둥글며 주둥이가 약간 오므라졌으며, 조선 시대의 백자와 분청사기류의 마상배는 높은 굽다리가 달린 술잔으로 만들어져 있어 형태 면에서 대조를 이룬다.

잦은 외침과 전쟁으로 무신들은 기마생활이 빈번해지자 말 위에서도 술을 마셨던 것 같다. 이때 사용되었던 술잔이 마상배였던 것이다.

이러한 풍습들이 귀족이나 높은 신분이 아닌 일반인들 사이에도 널리 퍼졌던 것으로 생각된다.
청자나 백자, 토제의 마상배가 아닌 목기류의 마상배도 있기 때문이다.

목기류의 마상배는 나무 뿌리의 치밀한 조직과 무늬를 살린 칠기의 조선시대 마상배도 등장하는 것으로 미루어 알 수 있다.

대개는 전쟁터나 임지에서 기마생활을 하는 군인들 사이에서 널리 쓰였던 것으로, 전쟁이 끝난 이후에는 보통 술병과 함께 사용되는가 하면, 잔치나 제사 등의 행사에 의식용으로 쓰이기도 했다.

뚝배기

뚝배기는 재래의 그릇이면서도 오늘날까지 이어져 오고 있는, 토속적인 향취가 배어 있는 몇 안되는 오지 그릇의 하나로 가장 다양하게 쓰이는 식기이다.

찌개나 지짐이, 조림을 할 때 쓰이며, '투박이'·'투가리'·'독수리'·'툭배기'·'툭수리'라고도 하는 등 지방에 따라 약간씩 다르게 불린다. 또한 형태에 있어서도 차이가 있다.

뚝배기는 대개 대·중·소의 여러 가지 크기가 있는데, 물 한 컵이나 반 컵 정도 밖에 들어가지 않는 작은 '알뚝배기'도 있다.

흙을 빚어 한 번 구운 토기에 짙은 색의 오짓물(잿물)을 입혀 구운 것인데, 겉 모양은 투박하지만 그릇 안쪽은 매끄럽게 되어 있다. 뚝배기는 투박하고 거친 느낌을 주는 것이 특징으로, 불에 강해서 냄비처럼 직접 불 위에 올려 음식을 끓일 수 있다.

중부지방의 뚝배기는 깊이가 깊고 지름보다 밑 바닥이 약간 좁으며 측면은 직선형을 이루는데, 알뚝배기는 대개 배가 퍼진 곡선형을 띤다. 반면, 동해안 지방의 뚝배기는 중부지방의 것에 비해 깊이가 낮고, 배가 매우 둥근 곡선을 이루어 마치 국대접의 주둥이를 오무려 놓은 것처럼 생겼으며, 모양이 예쁘다. 중부지방의 뚝배기와 동해 지방의 뚝배기의 차이는 즐문토기(櫛紋土器)에서 무문토기(無紋土器)로 이어지던 시대의 발형토기유물(鉢型土器遺物)에 있는 기형(器形)의 차이와 흡사한 것을 살펴 볼 수 있으며, 청송지방의 뚝배기가 유명했다.

뚝배기는 여느 냄비나 솥처럼 빨리 끓지 않는 것이 단점이지만, 한 번 뜨거워지면 쉽게 식지 않는 것이 장점이어서, 특히 추운 겨울철과 같은 때에 따끈한 음식을 먹을 때 좋다. 이러한 특징 때문에 주로 된장찌개나 설렁탕과 같은 국물이 있는 음식을 끓여 낼 때도 좋다.

주 합

산이나 바다, 강으로 나들이를 할 때 간단한 주석(酒席)을 마련하여 즐길 수 있도록, 술과 안주용 찬(饌)을 함께 담을 수 있게 만든 그릇을 주합(酒盒)이라고 한다.

다른 이름으로 술병의 한문 표기인 주호(酒壺)·주병(酒甁)을 비롯, 호상(壺觴) 등으로 불리우는데, 특별한 형태가 있는 것은 아니다.

다만, 나무를 깎아 만든 원형의 주합이 많이 보인다. 나무로 만든 주합은 주(主)가 되는 술병과 안주용 찬을 담을 수 있는 찬합, 뚜껑이 한 조로 외형상으로는 찬합의 형태로 되어 있다. 뚜껑과 술병, 찬합이 포개지는 부분에 골이 져 있어 대나무 마디처럼 보인다. 나무 주합의 술병은 둥그런 형태의 찬합에 밋밋한 덮개를 붙이고, 주구가 벌어진 형태의 주둥이를 달아 술을 따를 때의 편의성보다는 술을 담을 때의 편의를 도모하였음을 알 수 있다.

주합 역시도 찬합처럼 음식을 담아 나르는 여행용 식기이므로, 술이나 음식의 물기나 기름기가 그릇에 스며드는 것을 방지하기 위하여, 방수 효과와 살균 효과가 있는 옻칠을 여러 번 하여 붉은 색을 띤다.

주합에는 따로 술잔이 마련되어 있지 않다. 따라서 술을 따라 마실 잔으로는 뚜껑을 사용하며, 술병의 크기로 보아 여러 사람이 마실 용도는 아닌 것으로 짐작된다. 한 두 사람이 마실 정도의 술을 안주와 함께 담아 가지고 다녔을 것으로 여겨지며, 나무로 된 주합 외에 쇠붙이로 된 주합과 자기·사기·청화백자로 된 주합도 있으며, 더러는 놋쇠로 만든 주합도 있었다고 한다.

자배기

자배기는 흙으로 빚은 옹기의 일종으로 둥글 넙적하고 아가리가 쩍 벌어졌으며, 소래기 또는 서래기보다는 운두가 높은 그릇이다. 동이만한 부피에 높이가 낮고, 넙적하게 만든 오지그릇의 형태를 하고 있으며, 바깥 면의 양쪽에 손잡이가 달려 있다.

자배기는 밑 바닥이 좁은 반면 입(아가리)이 큰 것이 특징이다.

주로 보리를 대끼거나 채소를 씻어 절일 때, 그리고 나물을 삶아 물에 불리거나 쌀을 담글 때 사용되었으며, 그 밖에 부엌에서 설거지통으로, 또 술을 거를 때 이용되었다.

한편, 강릉지방에는 두 아름 정도나 되는 커다란 자배기가 있는데, 두부를 만들때 쓰는 간수를 얻기 위해 여기에다 바닷물을 떠다 담아 두기도 하였다. 이곳에서는 또 '개자배기'라고 불리우는 대형 자배기에 도토리를 담가 우려내기도 한다.

경상도지방과 호남지방에서는 자배기의 운두를 높게 하여 독이나 항아리 뚜껑으로도 이용하고 있으며, 쳇다리를 얹어 술을 거르거나 장을 거르기도 하고, 도토리나 밤 등을 이용하여 묵을 만들 때 앙금을 안치기도 하는 등, 자배기는 옛부터 친숙한 부엌 용기의 하나로 다양하게 쓰여 왔다.

옹배기

옹자배기라고도 한다. 자배기·서래기와 함께 흙으로 빚고 잿물을 입혀 다시 구운 옹기의 하나이다.

부엌에서 채소를 씻을 때, 또는 김치를 절일 때, 데친 산나물이나 떡과 술 빚을 쌀을 담글 때 등 다양한 용도의 조리용 질그릇의 하나이다.

자배기는 주둥이가 넓고 바닥도 비교적 넓은 반면, 옹배기는 주둥이보다 복부가 넓고 둥글며 바닥이 좁은 편이다.

옹배기 역시 귀때가 달려 있는 것은 귀옹배기, 또는 귀때옹배기라고 하여 액체를 따르는 데 사용한다.

옹배기는 주로 죽, 조청, 막걸리 등을 담았으며, 크기가 자그마하고 오목한 편이므로 물동이처럼 여인네들이 이곳에 물을 퍼 나르기도 했다.

옹배기는 질그릇으로 된 것도 있고 오지로 된 것도 있다.

질옹배기는 진흙으로만 만들어 구운 것으로 겉 표면이 테석테석하고 윤기가 없는 반면, 오지옹배기는 진흙으로 만들어 볕에 말린 다음 잿물을 입혀 굽기 때문에 윤기가 있어, 질옹배기보다 튼튼하고 오래 쓸 수가 있어 많이 쓰였다.

옹배기 역시 자배기처럼 양 옆에 손잡이가 달려 있다.

요즘은 용도를 잃어 구경조차 하기 힘들게 되었다.

방구리

그 옛날 우리네 여인들이 밥을 지을 물이나 설거지용의 물을 길어 머리에 이고 나르기도 하고, 떡·김치·술 등의 음식물을 담아 두는 작은 동이의 하나이다.

방구리는 일반 동이처럼 배 부분이 넓고 둥글며 양쪽에 손잡이가 달려 있다. 뚜껑은 없고, 크기도 물동이 보다 약간 작은 것이 특징이다.

방구리는 물동이와 같이 대개의 가정에서 2,3개 정도 구비해 놓고 사용했다.

질방구리와 오지방구리 두 가지가 있으며 각기 쓰임새가 달랐다. 질그릇 방구리는 가벼운 것이 장점인 반면, 물건을 오래 담아 두면 그릇 자체에서 거무스름한 물이 배어 나오는 단점이 있어, 물을 길어 나르는 물동이로 사용되었다. 따라서 처녀나 젊은 새댁들이 물을 긷는 연습용으로 많이 이용했던 것이 질방구리이다.

반면, 오지방구리는 제작 과정에서 잿물을 입혀 구운 까닭으로 그릇 자체에서 물이 배어 나오지는 않지만 질방구리보다는 무겁다. 때문에 식혜나 엿, 수수풀떡, 호박풀떡, 나박김치, 기름 등의 음식물을 담아 보관하는 데 많이 이용되었다. 오지방구리에 이들 음식을 담아 장독 뚜껑이나 한지 등으로 봉해두면 오래도록 변하지 않아 두고두고 먹을 수가 있었다.

또 오지방구리는 막걸리 등 술을 걸러 담아 두기도 하고, 묵이나 엿을 만들 때 녹말을 얻는 데도 이용되는 등 질방구리보다 용도가 다양했다.

이러한 방구리는 양은그릇이 들어오기 전까지 다용도의 용기로 사용되어 왔던 까닭에, 옹기점이나 옹기장수로부터 쉽게 구입할 수 있었으나, 양재기라 하여 양은 그릇이 들어오면서부터는 그 모습을 감추게 되었다.

물동이

옹기그릇 가운데서도 물을 길어나르는 데 사용되는 중요한 부엌 살림살이의 하나가 물동이다.

물동이는 재질에 따라 질그릇 물동이와 오지그릇의 물동이가 있고, 지역에 따라 크기와 형태가 다양하다.

서울을 중심으로 한 중부지방의 물동이는 복부가 넓고 둥글며, 구경(아가리, 입)이 넓은데 비해 밑 부분이 좁다. 동근 모양의 손잡이가 양쪽 배 중간 부분에 각각 붙어 있다.

남부지방의 물동이는 주둥이에서 밑 부분까지 거의 일직선으로 된 몸이 긴 형태이다. 아가리 부분보다 밑 부분의 지름이 약간 좁고, 몸체의 중간 양쪽에 넓고 우묵한 손잡이가 달려 있다. 그 크기는 대개 대두(大斗) 한 말 들이가 보통으로, 액체를 셈하는 기준으로 사용되기도 했다. 또 귀때동이라 하여 아가리의 한 쪽에 귀때를 붙여 액체를 따르기 편리하게 만들어 쓰였는데, 귀때동이는 주로 2말 들이로 소변을 담아서 여기 저기 옮겨 다니며 거름을 줄 때 사용했다.

옛날엔 부녀자들이 마을 샘이나 우물에서 물동이로 물을 길어 머리에 이고 다녔는데, 물동이 밑에는 짚이나 왕골로 짠 또아리를 받쳤다.

또 '수박동이'라 하여 예닐곱살 된 어린 여자 아이들이 이것을 머리에 이고 물 긷는 훈련을 했는데, 형태가 둥그런 수박처럼 생겼다 하여 붙여진 이름이다.

옛날 부녀자들에게 있어, 물동이는 밥솥을 다루는 일만큼이나 소중하게 다루어졌던 그릇이다. 여인네들의 부엌 생활 가운데 물 긷는 일이 가장 먼저였기 때문이다.

여인들이 물동이로 물을 길어 나를 때 걸음걸이가 흔들려 물이 쏟아지는 것을 막기 위해 바가지를 엎어 놓기도 하고, 호박잎 같은 것을 띄워 물이 넘치는 것을 막았다.

수박동이

우리의 식생활 가운데 물 이상으로 중요한 부분을 차지하고 있는 것도 드물다. 그만큼 물은 인간의 생명 유지와 직접적인 관련을 맺고 있으며, 예나 지금이나 물 없이는 살 수가 없기 때문이다.

지금처럼 상수도가 발달하지 못했던 때에는, 아녀자들이 집 밖 우물이나 샘에서 물을 길어 와 부엌 한 켠에 자리한 물독이나 물두멍에 담아 두고 사용해 왔는데, 물을 길어 나르는 운반 용구 가운데 물지게와 물동이가 있다. 물지게는 남성들이 주로 사용한 반면, 물동이는 여인네들의 전유물이었다.

이 물동이는 질그릇과 오지그릇 등 도제품(陶製品)이 주류를 이뤘는데, 지역에 따라 그 크기와 형태에 차이가 있다.

서울을 중심으로 한 중부지방의 물동이는 그릇의 복부(배)가 넓고 둥글며, 밑 부분은 좁고 윗 부분의 구부(口部)는 넓다. 그리고 둥근 모양의 손잡이가 양쪽 중간 부분에 붙어 있다. 반면, 전라도를 비롯한 남부지방의 물동이는 주둥이에서 복부까지는 거의 일직선을 이루다가 바닥 부분이 약간 좁아져 전체 모양이 길며, 손잡이가 양쪽 중간 부분에 붙어 있다.

예전에는 물 긷는 일이 여인들의 중요한 일과 가운데 하나였던 만큼, 예닐곱살이 되면서부터는 물동이로 물을 길어와야 했다.

그래서 여자 아이들을 위한 물동이로 '수박동이'와 '방구리'란 것이 있는데, 수박동이는 그 형태가 수박처럼 둥글다 하여 붙여진 이름이다.

그림의 물동이는 수박동이로, 중부지방에서 사용했던 것이다. 오지그릇인 이 수박동이는 높이가 25cm정도로 낮고 주둥이(口部)에 비해 복부가 훨씬 넓으며, 양쪽 중간 부분에 둥근 형태의 손잡이가 달려 있다.

허 벅

제주도의 여인들이 음료수를 담아 나르는 물동이로, 제주 지방에서만 볼 수 있다. 용기의 배 지름이 1자 정도의 둥그런 항아리로 '허벅' 또는 '물허벅'이라고 한다.

허벅은 병의 형태를 하고 있는데, 둥글고 풍만한 몸체의 비해 목과 아가리(口部)가 좁은 항아리로, 구덕에 담아 등에 지고 운반하므로 물이 쏟아지는 일이 거의 없다. 허벅 자체는 놓아두기에 불안정한 형태이나 구덕에 담아 운반하는 것으로, 좁은 아가리는 손잡이로도 사용하게 되어 있으며, 국악에서는 타악기로도 사용된다.

허벅을 담아 운반하는 구덕은 육지의 석작과 비슷한 것으로, 크기에 따라 용도가 다양하다. 물허벅을 담아 사용하는 물구덕, 아기를 눕혀 두고 재우거나 지고 다니는 애기구덕, 채소나 나물을 넣고 다니는 산기구덕, 어획한 고기를 담는 고기구덕 등이 있다.

이러한 구덕은 가는 대오리로 엮어 가로 퍼지고 울이 깊게, 뚜껑이 없는 석작 모양으로 짜고, 아가리 주위에도 넓게 테를 둘렀다. 사용되는 대오리는 3~4년생의 것으로 10월에서 3월 사이에 베어 낸 것이라야 부드럽고 엮어 짜기가 쉽다고 한다.

물허벅도 요즘은 문명의 이기에 밀려 장식용 또는 전시용 민속품으로 전락, 그 가치와 본래의 기능을 상실하고 있으며, 옹기로 된 까닭에 잘 깨지는 단점 때문에 지금은 거의 사용하지 않고 있다.

한편, 물허벅과 형태나 만드는 방법에서 거의 비슷한 운반용기로 '술허벅'이 있다. 술허벅은 물허벅에 비해 몸체가 약간 날씬한 형태를 띤다.

이형 귀때동이

귀때항아리·귀때동이 또한 귀때그릇과 같은 목적에서 귀때를 붙인 것인데, 귀때그릇과 귀때동이는 주둥이 부분에 귀때를 붙인 반면, 귀때항아리나 이형(異形) 귀때동이는 몸체의 어깨 또는 바닥 부분에 귀때를 붙였다는 점이 차이이다.

사진의 이형 귀때동이는 주둥이와 밑바닥의 지름이 같고 몸체는 수직으로 올라오게 되어 있으며, 여느 귀때동이와는 다르게 귀때가 몸체의 밑 바닥 가까이 붙어 있으며, 몸체와 30°정도의 각도를 유지(維持), 주둥이 부분까지 기다랗게 달려 있다.

그리고 귀때의 균형과 유지를 위해 몸체와의 사이를 지지해 줄 수 있도록 지지대를 붙였다. 또 일반 오지그릇과 같은 그릇으로 만들거나 보기 드물게 석간주를 입힌 것도 있다.

정확한 용도는 알 수 없으나 분명한 것은, 일반 귀때동이와는 다른 용도로 쓰였을 것으로 추측된다.

체판을 올려 놓고 간장을 거르거나, 술을 걸러서 그 안에 고인 액체를 쳇도리(깔때기)를 사용하지 않고도, 주둥이가 좁은 병이나 기타의 그릇에 곧바로 옮겨 담을 수 있게 만들어졌다.

한편, 대야는 본래가 식품을 담는 용도와 세면기용의 두 가지 목적으로 쓰이던 것이었으나, 근래에 와서는 세면목적의 세수대야로 바뀌게 되었다. 이 대야의 주둥이 한 쪽에 귀때를 붙여 간장 등의 액체를 병이나 주둥이가 좁은 그릇에 옮기기 편리하게 만든 것을 귀때대야 또는 '귀때야'라고 한다.

술통 · 술춘

많은 양의 술을 멀리 운반할 목적으로 만든 용기 가운데 술통과 술춘이란 것이 있다.

옛날 술도가에서 일반 가정이나 마을의 잔치집, 또는 상가집에 술(막걸리)을 배달하는 데, 이 술통과 술춘을 사용하였다.

주로 작게는 한 말(一斗) 들이에서 두 말, 크게는 10말 들이까지 다양한 크기가 있으며, 땅에 뒹굴려도 쉽게 깨지지 않도록 튼튼한 것이 특징이나, 무거운 것이 흠이다.

술통은 판자를 짜 맞춘 통으로 못을 치지 않은 대신, 여러 개의 대나무 조각을 꼬아 만든 테나 쇠붙이로 만든 가는 테를 위·아래에 5~6개씩 두르는데, 이 테는 액체가 새지 않도록 나무 쪽을 고정시켜주는 역할을 한다.

나무로 짠 술통은 두 가지 형태가 있는데, 한 가지는 물동이 형태에 윗면을 통판으로 막고 술을 담고 따를 수 있도록 구멍을 뚫어 나무마개로 막게 된 것과, 위 아래보다 배가 불룩한 형태에 양쪽 마구리는 편평하게 통판을 대고 구멍을 뚫거나 불룩한 배 한 가운데에 구멍을 뚫어 술을 담고 따를 수 있게 주둥이를 만든 것이 있다.

나무는 그 자체의 흡습성으로 술을 빨아 들이면 팽창하게 되어 있어서 가는 틈새가 있으면 자연적으로 메워지게 된다. 개수통이나 나무똥장군 등이 이와 같은 원리를 이용하여 만들어졌으며, 옹기처럼 쉽게 깨어지지 않는 장점 때문에 널리 쓰였다.

술춘은 주둥이가 좁고 목이 짧은 반면, 어깨는 밋밋하다. 몸통은 둥근 원형으로 일직선을 이루며 아래로 흐르다가 바닥에 이르러 약간 좁아지는 형태의 옹기로 만들어졌다.

일제시대 때 만들어져 널리 이용되었으나, 너무 무겁다는 단점으로 인해 곧 사라졌다. 주로 오지그릇이 사용되었으며, 후기에 이르러서는 양조회사에 따라 유약(釉藥)을 입혀 회사이름과 술 이름, 전화번호, 상호를 새겨 넣은 술춘이 유행했다.

술통이나 술춘의 마개는 흡습성이 좋은 나무를 용기의 주둥이에 맞게 나무를 둥글게 깎아 만들어 썼다.

장군

물이나 술, 간장 등 액체를 담는 그릇의 한 가지다. 장군의 형태를 보면 항아리나 독보다는 작고, 배가 부른 주둥이를 뉘어 놓은 것처럼 생겼다. 한 쪽 마구리는 편평하고 다른 한 쪽 마구리는 둥그런 반구형(半球形)이 전형적이다. 또 가운데 배 부분에 좁은 아가리가 나와 있어 술이나 물, 거름 따위를 넣을 수 있게 되어 있고, 주둥이는 나무를 깎아 만든 마개로 막거나 짚 등을 뭉쳐서 막는 것이 일반적이다.

자기나 사기, 오지를 재질로 하는 장군이 있는가 하면, 나무조각으로 통을 메우듯이 짜서 만든 거름 전용의 똥장군도 있다.

장군은 본디 오줌장군의 준말이며, 용도에 따라 이름이 달라진다. 질그릇이나 오지그릇, 또는 나무로 짠 대형 장군은 술통이나 거름 운반용으로 주로 사용되었고, 한 뼘 크기 정도의 소형 장군은 여행 등 장거리 이동시에 물이나 술을 담아 운반하기 위해 사용되었던 것으로 추측된다.

나무 장군은 질그릇처럼 쉽게 깨지지 않기 때문에 공사장에서 물을 져 나르는 데, 특히 유용하였다.

수원성(水原城)을 쌓은 내력을 밝힌 '화성의 궤'에 그 그림이 보인다.

산간 지방이나 고지대에 위치한 사찰에서는 오지로 둥글고 납작하게 만든 장군을 등에 지고 다니면서 술이나 물 등을 운반, 저장하는 데 이용해 왔다.

단 지

곡식을 비롯하여 술, 꿀, 엿, 약과 등의 간식거리를 담아 두는 저장 용기의 하나이다.

주로 오지나 질그릇으로 만들었으며, 백자 또는 청화백자로 만든 단지류도 적지 않다.

단지류의 대개는 18, 19세기에 만들어져 널리 사용되었고, 크기와 형태는 각양 각색이나 담아 두는 물품에 따라 엿단지·꿀단지·술단지·촛단지 등 여러 가지 다른 이름을 붙였으며, 대개의 가정에서는 찬장이나 뒤주 또는 선반 위에 올려 놓고 사용하였다.

일반적인 항아리에 비해 목이 짧고 아가리보다는 배가 더 부른 형태로 소형의 것이 대부분이다. 이들 단지는 술처럼 오랫동안 숙성을 시켜야 할 필요가 있을 때, 또는 양이 많아 작은 병에 다 담지 못한 술, 꿀, 엿 등을 여기에 담아 저장하는 그릇이다. 그리고 아주 작은 단지를 단독으로 사용하거나 2개·3개·4개·5개씩 붙인 것으로, 소금·고춧가루·깨소금 등을 담아 두는 양념단지가 있는데, 더러는 손잡이를 붙인 것도 있다.

술단지는 채주(採酒)한 술을 오랫동안 숙성을 시켜야 할 필요가 있을 때, 양이 많아 술병에 다 담지 못할 경우 여기에 담아 저장 사용하는 술 그릇이다.

이 밖에 민간신앙과 관련하여 정화수단지, 신주단지, 철륭단지, 조상단지, 조왕단지, 칠성단지 등이 있다.

촛단지

부엌 살림 가운데 빼놓을 수 없는 것이 촛단지이다. 촛병·초항아리라고도 부르며 흙으로 빚어 잿물을 입혀 구워 만든 오지그릇이 쓰였다.

일반 항아리에 비해 목이 짧고 아가리(주둥이)보다는 배가 더 부른 형태로, 초를 따라 쓰기에 편리하도록 항아리의 어깨나 배 부분에 주전자와 같은 꼭지(귀때)를 붙였다.

촛단지는 크게 두 가지 용도로 나눌 수 있는데, 식초 제조나 저장용의 중간 크기의 뚜껑이 없는 식초항아리와, 이미 만들어서 보관해 둔 식초를 담아 음식을 만들 때마다 조리대 옆에 놓아 두고, 아주 소량씩 따라 쓸 수 있게 작게 만든 뚜껑이 있는 식초병이다. 이 식초병은 간장병으로도 사용한다.

옛날 농가에서는 어머니들이 식초항아리, 곧 촛단지를 대개 부뚜막 위에 놓아 두고 쌀과 술을 원료로 하여 식초를 집에서 빚어 사용했고, 쓰다 남은 초찌꺼기에 변질된 막걸리를 섞어 식초를 만들어 먹곤 했는데, 이 때 부뚜막 위에 놓인 촛단지에는 솔가지나 짚을 묶어 촛단지 주둥이를 막아 놓았던 것을 떠올릴 수 있을 것이다.

식초는 성질이 까다로워서 발효시 온도와 공기의 유통 상태가 매우 중요한데, 우리네 어머니들이 부뚜막 위에 촛단지를 놓아 둔 까닭은, 아궁이에 불을 지폈을 때 부뚜막 위의 온도가 식초 발효에 따른 적절한 온도임과 동시에, 불을 지피지 않는 낮이나 한밤중에는 서늘하고 부엌이 바람이 잘 통하여 식초의 발효 조건을 제대로 갖춘 장소라는 경험적 사실에 근거한 것으로 생각된다. 또 도자기류나 유리병, 질그릇이 아닌 오지그릇을 사용했다.

도자기류나 유리병은 공기가 통하지 않아 이상 발효의 우려와 부패할 가능성이 높기 때문이며, 질그릇은 그릇 자체의 흡습성이 강하기 때문에 저장용으로는 적합하지 못하기 때문이다.

함지박

주로 식품류를 담는 데 사용하는 나무 그릇으로, 큰 나무를 반으로 쪼개고 안을 파서 만드는데, 전이 달리게 판 전함지, 둥글게 판 민함지, 안쪽이 주름지게 판 주름함지가 있다. 대부분은 집에서 직접 나무를 깎고 파서 만드는데, 새로 만든 함지박은 콩댐을 먹여 반들거리고 견고하게 하여 투박한 그대로 사용한 반면, 용도에 따라서는 생칠·옻칠·주칠을 하여 썼다.

한편, 극소수의 부자집에서는 청동·놋쇠 등 금속제 함지박을 만들어 사용하기도 하였다.

함지박의 용도는 다양하기 이를 데 없어서 곡식 등의 식품류는 물론이고, 떡가루를 버무리거나 반죽을 할 때, 김장 소나 깍두기를 버무리는 등의 조리를 할 때, 떡이나 한과 등을 담아 운반할 때도 사용하였다.

더러 종이로 만든 종이함지가 있는데, 물에 담가서 땟국물과 풀기를 뺀 고한지(古韓紙)를 꼭 짜서 묽은 풀에 다시 담가 풀물이 고루 배게 한 다음, 이를 목함지 둘레에다 2~3cm 두께로 밀착시켜서 형태를 만들고, 잘 말려서 굳어지면 목함지에서 떼어 다시 손질하여 콩댐을 한다. 이러한 종이함지박은 가벼워서 매우 편리한 반면, 물기를 멀리해야 하는 단점이 있다.

≪산림경제≫지에 부엌살림만 65종류가 기록되어 있는 것만 보더라도 우리네의 부엌살림이 얼마나 다양하고, 많은 일손을 필요로 했는지를 알게 된다.

함지박은 빈부를 가리지 않고 갖추어 썼던 그릇이었는데, 다만 재질에 따라, 그리고 그 수량과 크기에 따라 빈부차(貧富差)를 가늠하는 척도(尺度)가 되기도 했다.

그 옛날 가정에서는 수확한 곡식은 물론이고, 채소 등의 양념거리를 멍석이나 함지박에 추스리고, 누룩가루·떡가루·메줏가루·밀가루도 함지박에서 반죽하는 것이 다반사였다.

따라서 재료에 따라 크고 작은 여러 개의 함지박을 사용했던 것이다.

이남박

통나무를 깎아 만든 함지박의 한 가지로 쌀을 씻을 때, 씻은 쌀 속의 돌을 일 때 매우 편한 나무 바가지의 일종이다. 구경이 넓고 높이가 약 15~20cm 정도로 낮다.

이남박은 아름드리 통나무를 깍고 다듬어 둥글고 커다란 바가지 형태로 만드는데, 안팎으로 완만한 곡선을 이루며, 바닥을 중심으로 둥글게 깎아 만든다. 또 안쪽 면에는 잘게 여러 줄의 골을 파서 쌀을 비벼서 돌 등의 무게가 무거운 이물질을 골라 낼 수 있다.

그릇의 안쪽 면 전체에 계단식으로 여러 줄의 골을 판 것을 '줄함지박'이라고 하며, 대개 한 부분만을 깎아 여러 줄의 골을 파서 만든 것을 이남박이라 한다. 그리고 골을 파지 않은 것을 '민함지박'이라고 한다.

그릇 안 쪽에 새긴 골 부분에다 박박 문질러 가면서 쌀을 씻기도 하고, 돌이나 뉘, 기타의 이물질을 골라내는 등 이남박은 밥 지을 곡식을 이는 그릇으로 주로 이용한다.

재질은 주로 소나무나 피나무이며, 이남박은 돌을 일거나 씻는 용도 이외에 채소를 씻거나, 씻어 둔 채소 및 기타 양념거리 등을 갈무리해 두는 데도 쓰인다.

대개는 만들어진 그대로 사용하거나 들기름을 먹여 길을 내서 쓰며, 더러는 옻칠이나 주칠을 하여 사용하기도 한다.

소쿠리

대나무 껍질을 떠서 엮은 둥근 그릇으로, 위가 트이고 테가 있다.

죽공예는 조선시대에 이르러 다양한 발달을 보였던 것으로 짐작되며, 대가 많이 생산되는 담양 등 남부지방을 중심으로 발달되었다.

통일신라 이래 천민집단에 의해 만들어진, 버들 광주리와 그 형태가 비슷한데, 버들 광주리가 밑이 편편한 데 비해 대소쿠리는 밑이 둥글고 둥근 테가 있는 것이 특징이다.

주로 식품을 담아 말리거나 음식을 만들 재료를 담는 데 사용된다. 일반적으로 짜임새가 촘촘하여 알이 작은 식품을 담아도 빠지지 않아 쌀 등의 곡식을 물에 씻어 물기를 빼는데 특히 유용하다.

보통 참대의 겉껍질을 벗겨서 얇게 쪼개어 옷감을 짜듯이 씨줄과 날줄을 서로 교차하여 짠 후, 끝에는 얇은 나무나 대조각을 대고 소쿠리의 몸을 짠 것과 같은 가는 대로 마무리를 짓는다.

대소쿠리나 광주리도 끝 부분, 즉 테를 맨 부분이 가장 망가지기 쉬우므로 날로 사용된 대를 길게 뽑아 끝마무리를 한 것이 훨씬 튼튼하다.

흡습성이 강하므로 물로 씻은 후 햇볕이 잘 들고 통풍이 잘 되는 곳에 널어 빨리 물기를 없애 주어야 오래 쓸 수 있다.

바가지

바가지는 주로 곡물, 물, 장 등을 푸거나 담을 때 쓰는 부엌 용구이다. 또 재질에 따라 박바가지와 나무바가지가 있는데, 박바가지는 늦가을에 잘 익어 쉰 박을 둘로 쪼개어 속을 파낸 것으로 가장 널리 쓰인다.

나무 바가지는 목바가지라고도 하여 통나무를 바가지 형태로 다듬고 속을 파낸 것으로, 둥글게 만들지만 기름한 형태로 손잡이가 달리게 만든 것도 있다. 바가지 중 가장 큰 것은 물바가지로 쓰이고, 1되나 5홉 되는 용량의 바가지는 쌀바가지로 쓴다. 또 호리병 모양의 박을 쪼개서 만든 조랑박바가지는 손잡이 부분이 있고 크기가 작아 주로 장바가지로 쓰기에 알맞다.

≪임원십육지≫에 "박이 열리지 않는 해에는 목바가지로 대용한다."는 기록이 있고, ≪규곤시의방≫에 구멍을 낸 바가지에 반죽을 담고 압착하여 구멍으로 국수를 뽑는 방법이 기록되어 있는 것으로 미루어, 바가지는 국수를 뽑는 용구로도 쓰였음을 알 수 있다.

옛부터 농가에서는 박을 직접 길러 속은 파내어 박고지와 같은 나물을 만들어 먹었으며, 겉부분은 바가지를 만들어서 대소가나 분가한 자녀에게 나누어 주기도 하고 장에 내다 팔기도 하였다. 특히 박을 타서 만든 박바가지는 뜨거운 것을 담아도 뜨겁지 않고, 또 물에 뜨기 때문에 금속제 그릇으로는 못할 여러 가지 기능과 잇점이 있다.

박에 얽힌 설화가 여러 가지 있는데, 신라의 시조 박혁거세의 탄생설화를 비롯, ≪삼국유사≫ 〈원효조〉에 "바가지를 두드려 악기로 썼다."는 기록이 있고, 고려 고종 때의 노래에 "박 넝쿨 가지 끊어 물국자 하나, 느티나무 가지 끊어 물국자 하나…."라는 내용이 있는 것으로 미루어, 고려시대 훨씬 전부터 바가지가 사용되었음을 알 수 있다.

이 밖에 ≪동국세시기≫ 〈상원조〉에 남녀 유아들이 겨울부터 파랑·빨강·노랑으로 물들인 호리병박을 차고 다니다가, 정월 대보름 전날 밤에 남 몰래 길가에 버리면 액을 물리칠 수 있다 하여 차고 다녔다는 기록이 있으며, ≪흥부전≫에서는 바가지를 통해 부자가 되고 복을 받는 등 박을 신비한 것으로 여기고 있다.

반면, 바가지는 주술·금기의 대상으로도 쓰이는데, 혼례때 신부 가마가 신랑집 문 앞에 다다르면 박을 통째로 가져다 깨트리는가 하면, 호남지방 등에서는 사람이 죽어 장지로 출발하기 전, 문턱에 엎어놓아 관으로 바가지를 깨트림으로써, 바가지가 깨지는 소리에 놀라 잡귀가 달아난다고 여겨, 이러한 주술적 풍속이 지금까지도 행해지고 있다.

표주박

속칭 '조랑바가지'라는 게 있다. 조롱박이나 작고 둥근 박을 둘로 쪼개어 만든 작은 바가지가 그것인데, 흔히 물이나 술을 떠 마시는 데 사용한다.

첫서리가 내릴 때 쯤 조롱박이나, 길고 허리가 잘룩한 호리병박을 반으로 타서 속을 긁어내고 끓는 물에 삶아 볕에 말려서 만들며, 전통혼례에서 합근례(合巹禮)때 합환주(合歡酒)를 마시는 데, 이 표주박(瓢子)을 사용했으므로, 딸이 출가할 때가 되면 애박(작은 박)을 심는 풍속이 있다. 그런데 이 애박이 담장을 타고 올라가면 동네 총각들이 이 집 딸을 담너머로 훔쳐 보았으므로, "애박 올리면 담장 낮아진다."는 속담이 생기기도 하였다.

이러한 표주박은 술독에 띄워 놓고 술을 떠내거나 간장독에 띄워 놓고 사용하는 장조랑바가지, 절간이나 약수터의 약수를 떠 마시는 데 물바가지로 사용하기도 한다.

≪동국세시기≫에 "바가지를 물에 띄워 빗자루를 치며 진솔(眞率)의 소리를 하는데, 이를 수부희(水缶戲)라 한다."고 하였고, ≪경도잡지≫에서는 이 놀이를 '수고(水鼓)'라 하였다.

이로 미루어 표주박은 박과 함께 오래 전부터 사용되었으며, 여러 용도로 쓰였음을 알 수 있다.

한편, 합근례에 쓸 표주박 한쌍에 한 쪽은 장수(長壽)와 화목(和睦)을 상징하는 목화(木花)를, 또 한 쪽에는 부(富)를 상징하는 찹쌀을 가득 담아 딸이 시집갈 때 가마에 넣어 보내는 풍속도 있었다.

이후 표주박은 애박 외에 나무, 과일 껍질, 금, 은, 동 등의 여러 가지 재료를 이용, 장식과 문양을 곁들임으로써 멋과 운치를 더했는데, 쇠고리를 달아 허리춤에 차고 다니면서 갈증이 날 때 샘물을 떠 먹기도 하였다.

푼 주

식품을 담는 큰 대접 형태의 도자기 또는 옹기로 된 그릇을 푼주라 한다.

주로 백자·유기 등으로 만드는데, 아가리(口部)가 밑 바닥보다 넓게 벌어진 것과, 밑 바닥보다는 넓지만 아가리가 살짝 안으로 오므라진 것, 그리고 약간 넓적한 전이 달려 있고 종발과 같은 형태에 약간 높은 굽이 달린 푼주도 있다.

푼주는 거의 대개가 바가지와 용도를 같이 하고 있는 그릇이면서, 크기가 다양해서 매우 다양하게 쓰였던 그릇이다.

양이 적고 간단한 무침을 만들기도 하고, 식품을 소금이나 간장에 절일 때도 푼주를 사용했다. 또 대소사의 잔치나 손님 접대에 쓸 회나 초무침, 겉절이 등의 조리된 음식을 담아 낼 때도 푼주는 품위가 있어 널리 애용되었다.

거의 모든 일상용 그릇에서 보듯, 반가나 부자집에서는 청자·백자로 된 자기류와 방짜와 같은 유기류로 된 푼주를 사용한 반면, 일반 서민층에서는 사기나 오지로 된 푼주를 사용, 바가지를 대신 하기도 하였다.

소래기

옹기 그릇의 하나로서 '서래기' 라고도 한다.

접시 모양의 형태에 굽이 없고 약간 깊은 대신 넓은 질그릇이다.

소래기와 같은 형태의 질그릇은 삼국시대 때 만들어진 것으로, 이미 토기가 만들어져 사용되었던 선사시대보다 훨씬 이후이다.

삼국시대의 고분출토 토기류에 소래기와 같이 밑이 납작하고, 깊이가 약간 있는 듯한 접시 모양의 오지그릇이 보이고 있기 때문이다. 조미된 김치 등 식생활의 다양화가 시작되면서 필요에 의해 만들어졌을 것이란 추측인 것이다.

소래기는 물건을 담을 수 있었기 때문에 채소를 담거나 씻기도 하였으며, 보리나 수수 등의 곡류를 대낄 때, 그리고 녹말을 가라앉힐 때와 족편을 굳히는 데까지 여러 용도로 쓰였다.

특히 서울 지방에서는 주로 장독 뚜껑으로 이용되었다. 본래 항아리 뚜껑은 꼭지(연봉우리)가 달린 장독뚜껑이 따로 있었으나, 쓸모가 별로 없었던 까닭에 소래기로 대신 사용하였던 것이다.

한편, 경상도와 개성지방에서는 이 소래기를 서울지방의 것보다 깊게 만들어서 다양한 용도로 이용해 왔다.

소래기는 진흙을 물에 넣고 휘저어 납물을 없앤 뒤 앙금을 이용, 물레 위에서 그릇 형태를 빚어 말린 다음 가마에서 구워낸다.

이러한 소래기는 진흙만으로 빚어 잿물을 입히지 않고 구운 까닭에 겉면이 테석테석하고 윤기가 없는 것이 특징이다.

소래기는 분(盆)·대분(大盆) 등 동이를 뜻하는 글자로 쓰이고, 지방에 따라서는 큰소래기·매소래 등 다른 이름으로도 불리운다.

동방구리

항아리 형태의 소형 도기(陶器)의 한 가지이다.

동방구리는 몸통(胴)이 둥글고 뚱뚱하기 때문에 붙여진 이름인데, 더러는 속어(俗語)로 '빗두리' '뱃두리' · '빗두리' 로 부르기도 하며, 뚜껑을 씌워서 합뱃두리라고 부른다.

물동이보다는 작고, 비슷한 이름의 방구리보다는 형태나 용도 면에서 차이가 있다.

즉 배가 불룩 튀어나온 반면, 아가리와 밑바닥 부분이 방구리나 물동이보다는 훨씬 좁고, 용도에 있어서도 방구리가 물동이와 같이 물을 길어 나르거나, 떡 · 김치 등을 담아 두고 사용하는 반면, 동방구리는 식초나 김치 · 된장 · 엿 · 꿀과 같은 귀한 음식을 두고 먹기 위해 사용한다.

따라서 동방구리는 꿀이나 엿 등을 담아 두는 석간주(石間硃) 항아리나 팔우항(八隅缸) 또는 팔모항(八角缸)아리와 같다.

다만, 석간주 항아리만은 팔우항 또는 팔모항아리와는 다르게 반드시 뚜껑이 딸려 있으나, 동방구리는 뚜껑이 유동적(流動的)이라는 점에서 차이가 있다.

동방구리는 자기나 사기, 오지와 질그릇 등 여러 가지로 만들어지는데, 사진의 동방구리는 흙으로 빚어 구운 질은 회색 빛깔의 질그릇으로 된 것이다.

절 구

주로 곡식을 찧거나 빻는 데 사용하는 부엌 살림의 하나이다. 보통 통나무나 돌의 속을 파낸 구멍에 곡식을 넣고 절구공이로 찧는다. 옛말로 '절고'라고 표기하고 있는데, 지역에 따라 도구통・도구・절기 방아라고도 부른다. 만드는 재료에 따라 나무절구・쇠절구・돌절구로 부르며, 공이 역시 대개가 절구를 만드는 재료와 같다.

나무절구는 대개 크며, 효율을 높이기 위해 더러 구멍 바닥에 우둘투둘한 쇠판을 깔기도 한다.

반면, 쇠절구와 돌절구 중에는 크기가 작은 것이 있는데, 이는 양념절구라고 하여 양념을 다지는 데 쓴다.

나무절구는 위, 아래의 굵기가 같은 것이 대부분이나, 남부지방에서는 돌절구와 같이 허리를 잘룩하게 깍은 것을 많이 쓴다.

절구의 크기는 어른 키의 허리 높이 정도이고, 형태는 지역에 따라 큰 차이를 보이는데, 특히 제주지방의 절구는 '남방애'라 하여 돌을 쪼아 만든 확 주위에 큰 함지박을 끼워 놓아, 곡식이 확 밖으로 튀어나와도 다시 쓸어 넣을 수 있도록 만든 것이 특징이다.

공이는 절구공이의 준말로 나무공이가 대부분을 이룬다. 절구공이 역시 형태가 다양한데, 위・아래를 둥글게 하고 손에 쥐는 가운데 부분을 잘룩하게 깎아 만든다.

특히 남부지방에서는 크기가 다른 여러 개의 나무공이를 사용하는데, 공이는 부엌 옆 벽에 걸어 두고 필요에 따라 크기가 다른 공이를 선택하여 쓴다.

남방애

"도외낭긔 절귓대예/굴목낭긔 남방애예/이여 동동 소리도 좋다./새나 골황 오동동 지라."

이는 제주도에 살던 여인네들이 남방애를 이용하여 방아를 찧을 때 부르던 민요의 한 대목이다.

조선시대 방아의 전형은 일반 가정에서 쉽게 볼 수 있는 절구와 맷돌이랄 수 있는데, 그 중 절구는 잘룩한 허리에 속이 깊게 패인 절구통과 절구공이를 이용, 한 두 사람이 서서 곡식을 찧고 빻는 것인데 제주도의 남방애는 그 형태가 매우 다르다.

남방애는 '나무로 만든 방아'란 뜻의 제주도 방언으로, 지름이 3~4 아름이 되는 노거목(老巨木)을 적당한 크기로 잘라 내고, 마치 초립이나 갓을 뒤집어 놓은 듯한 형태로 다듬는다. 이어 면이 넓은 윗쪽을 2층으로 깎아 내는데, 가장자리는 운두를 높게 깎아 울타리를 짓고, 한복판을 더 깊게 하여 제주도의 현무암으로 만든 돌확을 박는다. 그리고 밑동은 사각형으로 깎아내어 받침대로 삼는데, 마치 굽이 높은 접시형태를 만든다. 여기에 따르는 절구공이는 도외나무를 날씬하게 깎아

만든 것으로, 적게는 세 사람에서 많게는 여섯 사람이 둘러 서서 빗자루로 돌확에 쓸어 모으면서 절구질을 하게 되는데, 돌확의 가장자리가 넓어 많은 양의 곡식이라도 금방 찧을 수 있다.

따라서 남방애의 특징은 우선 일반적인 절구와는 그 형태가 특이하다는 것 외에, 돌확의 가장자리가 넓어 많은 양의 곡물을 한 번에 찧을 수가 있으며, 절구공이에 빗맞아 튀어나온 곡식도 가장자리가 넓고 울타리가 높아 밖으로 튀어나가지 않는다는 점이다.

제주도의 부지런한 여인들의 지혜가 흠씬 풍기는 조리기구로, 사용하지 않을 때는 외양간에 두는 풍속이 전해 온다.

떡판 · 안반

떡판은 치는 떡을 만들 때나 기름을 짜는 데 쓰는 기구의 하나이다. 안반(案盤)이라고도 한다. 두텁고 넓은 통나무판을 반반하게 다듬어서 다리를 붙이거나, 제 몸체에 다리가 달리도록 깎아서 만든 다음, 한쪽 또는 중앙을 우묵하게 파내어 떡밥이나 인절미 등을 넣고 떡메로 칠 때 내용물이 흩어지지 않게 만든다.

떡을 칠 때는 기운이 센 남자 일꾼들이 떡메로 사정없이 내려치고, 그 곁에서 여자들이 바가지에 옅은 소금물을 떠 놓고 손에 물을 묻히면서 떡메에 발라 떡밥이 다 쳐지면 떡판 위에서 고물을 묻히고 자르는 등 떡을 빚기도 한다.

떡판의 크기는 대개 두께 15~20cm, 너비 70~90, 길이 100~120cm 정도이다. 중부지방과 전남지방에서는 안반보다 떡판이라 하고, 그 밖의 지방에서는 안반이라고 하는 경향이 많은데, 특히 경기도 지방에서는 우묵하게 파지 않고 넓적한 두꺼운 통판을 그대로 사용하는 경우가 많아 떡판이라고 부른다.

떡을 칠 때 사용하는 떡메는 두 가지 형태가 있는데, 떡메자루가 상부에 붙어 있고 아래가 긴 것은 남부지방에서 많이 사용했으며, 떡메자루가 중간 부분에 붙어 있는 것은 중부지방에서 널리 사용했다.

명절이나 대소사를 맞아 농가에서는 기운 센 장정들이 이 떡메를 번쩍 들어 올렸다가 힘껏 내려치면서 떡의 몸을 곱게, 매끄럽게 만들어가는데 초가집 용마루가 들썩거릴 정도로 떡 치는 소리가 요란했다. 그럴 때 쯤 동네 아이들은 어느 집에서 잔치가 있는지를 알고, 그 집으로 몰려 가 차조떡을 한 입씩 얻어 먹곤 군입을 다시며 즐거워 했다.

그런데 떡판은 떡을 치는 용도 이외에 절편을 박아 만드는 나무판(절편판, 떡판, 떡살)으로도 이용되는가 하면, 기름을 짤 때 기름떡을 올려 놓는 판으로도 쓰였다.

매 통

매통은 절구, 맷돌과 더불어 방아의 기능을 갖고 있다. 주로 벼의 껍질을 벗기는 데 쓰이는 도구로, 조선 후기 농서(農書)인 ≪해동농서(海東農書)≫에는 '목마(木磨)'라고 표기하고 있다.

흔히 나무매·매·매통이라고 부른다. 크기가 같은 통나무 두 짝으로 만들며, 윗짝의 구멍에 맞도록 아랫짝의 윗 부분을 깎아서 연결된 기둥을 만드는데, 이는 위·아랫짝이 맞물리도록 하는 구실을 한다. 그리고 윗짝과 아랫짝이 맞물리는 부분에는 톱니처럼 골이 지게 파는데, 아랫짝은 봉긋하게 나오게 파고 윗짝은 우묵하게 들어가게 판다.

그리고 윗짝의 중간 한 쪽 또는 대칭으로 손잡이를 붙여서 좌우로 돌리면 벼의 껍질이 벗겨져 쌀과 겨가 함께 나온다.

나무로 만들어져 맞물리는 부분이 쉽게 닳는 단점이 있으므로 자주 파 주어야 하며, 윗짝의 무게가 가벼워서 잘 벗겨지지 않을 때는 맷돌을 올려 사용하기도 하는데, 주로 산간지방에서 만들어 썼다.

한편, 통나무가 귀한 지방에서는 토매라고 하여 몸체의 모양을 대나무로 뜨고 진흙을 넣어 만들기도 했다.

매통의 바닥에는 도래방석이나 맷방석을 깔아둔다. 벼 한 말의 껍질을 벗기는 데 10여 분이 소요된다.

매통을 만드는 나무는 100년 이상 자란 소나무로 만드는데 무게는, 대개가 30kg 내외이다.

맷 돌

맷돌은 돌을 재질로 만든다. 주로 콩·팥·메밀·녹두 등 곡식을 갈아서 가루로 만들거나, 물에 불린 곡식 등을 갈 때 쓰는 매의 하나이다. 맷돌은 크기가 같은 둥글고 넓적한 2개의 윗돌과 아랫돌을 한 짝으로, 아랫돌의 중심에 줌쇠를 끼우는 작은 홈과 갈을 곡물이 들어 갈 수 있도록 큰 구멍을 뚫는다. 그리고 윗돌의 모서리 부분에 홈을 파서 맷손을 붙인다.

맷손은 윗돌 모서리의 홈에 박아 고정시켜 쓰거나, 칡덩쿨 또는 쪼갠 대나무로 테를 둘러서 단단하게 고정시켜 쓰는 것이 일반적이다.

맷돌은 지름 20cm에서 1m 정도까지 크기가 다양하며, 지름의 크기가 큰 대형 맷돌은 맷지게를 이용, 여러 사람이서 돌려가면서 곡식을 갈아 낸다.

맷돌질은 맷손을 잡고 오른쪽으로 회전시켜 간다. 맷돌질을 할 때는 커다란 함지박에 나무로 된 쳇다리나 맷돌받이를 올려 놓고, 그 위에 맷돌을 고정시켜 갈거나 맷방석에 올려 놓고 한 사람 또는 두 사람이 마주 앉아 가는데, 한 사람은 갈 것을 넣으면서 서로 호흡을 맞추어야만 맷돌질이 쉽고 고르게 잘 갈린다.

한편, 맷돌보다 곱게 갈 목적으로 만든 풀매는 주로 모시나 명주에 먹일 풀을 쑤기 위한 쌀을 갈 때 쓴다. 윗돌은 보통 맷돌의 윗돌과 같으나 아랫돌은 높은 발이 붙어 있고 넓으며, 갈린 것이 저절로 흘러 내릴 수 있도록 주위에 경사진 홈이 패어 있다.

이러한 맷돌은 구석기 시대 후기에 만들어졌던 것으로 추측한다.

맷방석

맷방석은 지역에 따라 덕서기, 덕성, 터서기라고 부르는, 짚으로 만든 멍석의 둥글고 작은 형태로, 맷돌질을 할 때 맷돌 밑에 깔아서 사용한다.

대개 멍석은 곡식을 널어 말리는 데 쓰는 큰 깔판이다. 짚으로 새끼줄을 꼬아서 씨줄과 날줄을 삼고 서로 교차해 가면서 장방형으로 두껍게 엮는데, 네 귀(모서리)에 고리 모양의 손잡이를 달기도 한다.

이러한 멍석은 곡식을 널어 말리는 일 외에 누룩을 띄우거나, 집 안팎에 큰 일이 있을 때 마당에 깔아 손님을 모시기도 하며, 가난한 집에서는 방에 깔아 장판 대신 사용하기도 하였다.

크기는 일정하지 않으나 전형(典型)적인 크기의 멍석은 그 크기가 가로 350cm, 세로 210cm쯤 되며, 보리 5~7말을 널어 말릴 수 있다고 한다. 또 멍석을 짜는 데에는 잔손질이 많이 가서 멍석 한 닢을 장만하려면 능숙한 사람이라도 1주일쯤 걸린다.

옛날 세도가(勢道家)에서는 멍석을 둥글게 말고 무고(無辜)한 백성을 여기에 엎드리게 해서 붙들어 맨 뒤, 볼기를 치는 사형(私刑)을 자행(恣行)하는 일이 빈번했는데, 이를 '멍석말이'라 한다.

멍석은 대개 네모지게 만들지만 둥글게도 짠다. 둥글게 짠 멍석 가운데 큰 것은 '도래방석'이라 하며, 작은 것은 '맷방석'이라 한다. 또 맷방석에는 평평한 것과 전이 있는 것 두 가지가 있으며, 맷방석으로는 전이 달린 것을 주로 쓴다. 이 맷방석 한가운데에 맷돌을 올려 놓고 한 사람 또는 두 사람이서 맷손을 잡고 맷손질을 하는데, 전이 있어서 타갠 곡식이 밖으로 흩어지지 않기 때문이다.

맷방석 중에는 홑겹이 있는가 하면 두 겹으로 짠 것이 많다. 또 맷돌이 놓이는 부분이나 밑바닥 부분에 헝겊이나 왕골속을 사용, 쉽게 닳거나 떨어지는 것을 방지하기도 한다.

돌확, 확돌

돌확과 확돌은 고추·마늘·생강 등의 양념이나 보리·쌀·수수 등의 곡식을 갈거나, 소금을 빻는 데 쓰는 부엌용구의 하나이다. 돌확은 오지나 돌로 만든 작은 절구의 한 가지라고 할 수 있는데, 재질에 따라 자연석을 우묵하게 파거나 번번하고 넓적하게 판 것이 있는가 하면, 오지로 되어 버치나 자배기 모양의 그릇 안쪽을 우툴투툴하게 구워낸 것 두 가지가 있으며, 크기는 그 집안의 살림살이 규모나 용도에 따라 다양하게 만들어 썼다.

돌확은 주로 전라도·경상도·충청도 등지에서 만들어 썼는데, 대개 보리방아를 찧어서 말리고 씱은 뒤에 돌확에 넣고, 같은 양의 물을 부어 확돌이나 확독을 가지고 좌우로 번갈아 가며 으깨듯 돌려가며 간다. 이렇게 하여 간 보리쌀로 밥을 지으면 쌀밥처럼 하얗고 부드러우며 고소한 보리밥을 즐길 수가 있다.

대개는 큰 방아나 절구에 찧을 양이 못 되는 곡식(보리)을 찧는데 사용하며, 고추·마늘·생강 등의 양념을 갈기도 하는데, 이렇게 갈아서 만든 양념 또한 더 고소하며 걸쭉하여 제맛이 난다.

돌확에 쓰는 확독은 폿돌·줌돌·확돌 등 지방에 따라 여러 이름으로 부르며, 돌로 만든 돌확에는 어른의 주먹만한 둥근 돌을 사용하고, 오지로 된 돌확에는 흙으로 구어낸 것을 쓴다. 확독은 바닷가나 강가, 개천같은 곳에서 물에 씻기어 닳아진 둥그런 돌멩이를 주워다 쓰기도 하고, 흙으로 허리가 잘룩하고 양 쪽을 우둘투둘하게 만들어 구워낸 오지로 된 것이 주로 쓰였다. 오지로 만든 확독중에는 마자처럼 한쪽 끝만을 우둘투둘하게 하고 긴 손잡이를 만든 것, 손을 감아 쥔 상태로 손가락을 끼워 넣어 잡기에 편리하게 만든 것 등 다양한 형태의 것이 있다.

귀때그릇

귀때가 달려 있는 그릇이란 뜻이다. 귀때란 안에 담긴 액체를 따를 수 있도록 그릇의 입술 한 쪽을 삐죽하게 내밀게 만든 그릇을 뜻한다. 귀때가 달려 있는 그릇은 신석기 시대와 백제시대 때부터 등장하고 있는데, 신석기시대의 것으로는 초기의 유적인 부산 동삼동·영선동 패총에서 출토된 귀때토기로, 덧무늬가 있는 둥근 바닥의 사발(石宛)인데, 그릇의 입술 바로 아래에 작고 짧은 귀때가 나 있다. 이들 토기의 귀때는 토기 안 쪽에서 기벽을 밖으로 밀어내어 만들어진 것이 특징이다.

백제시대의 귀때그릇은 바가지 형태 그릇같은 '바리'와 어깨가 넓고 납작한 바닥을 가진 몸통에 꼭대기는 보주형(寶珠形) 꼭지로 장식한 특이한 형태의 '주기(酒器)'가 있다. 또 백제시대의 것으로 손잡이가 달려 있는 귀때 토기는 주전자와 같은 용도로 사용되었을 것으로 추측된다.

또 고려시대에는 청동으로 만든 귀때그릇이 쓰였음을 알 수 있다.

이 밖에 귀때가 달린 그릇으로 귀때대야·귀때동이·귀때항아리 등이 있는데 재질에 따라, 크기에 따라, 또 용도에 따라 형태의 차이가 크다. 귀때동이는 보통 오지나 질로 된 그릇으로, 논밭에 져다 놓은 오줌을 거름통에서 덜어 내 이리저리 옮겨다니며 뿌리는 데 쓰인다. 귀때항아리는 귀때동이보다는 작고, 주로 주전자 대용으로 쓰이는 것으로, 술을 비롯 간장·식초 등 액체를 담는 데 적합하고, 다른 병이나 주둥이가 작은 그릇에 옮기는 데 편리하게 사용된다.

강 판

강판은 배나 사과 등의 과일과 무·생강 등의 채소를 갈거나 즙을 낼 때 사용하는 조리용구다. 대개 사기나 황동·양은으로 만들며, 재질은 달라도 잔 톱니 모양의 작은 돌기(이)를 세워 잘 갈리게 만든다. 따라서 이(齒)의 크기에 따라 곱게, 또는 성기게 갈린다.

강판(薑板)이 만들어져 사용된 시기는 조선조 후기로 짐작된다. 조선조 초기, 약소주의 일종인 이강고(梨薑膏)를 빚을 때만 해도 생강과 배의 즙을 낼 때 기왓장을 사용했기 때문이다. 옛적의 강판은 자기나 사기로 손바닥만한 크기의 판을 만들고, 그 위에 돌기나 톱니를 세웠으나, 점차 그 형태의 변화가 있어 한말(韓末)에는 손잡이가 달린 것도 등장했다.

한편, 초기에는 사기로 네모 반듯하게 만들어 한쪽 전면을 거칠게 만들었으나, 구리와 양은이 들어온 이후에는 직사각형에 길이가 긴 쪽의 양 끝에는 나무를 대고 가운데만 양은을 대어서 양은 부분만 거칠게 돌기를 세운 강판이 있는가 하면, 구리로 된 강판이 등장 했는데 자기나 사기로 된 강판과 같은 형태로 만들어졌다.

강판의 용도에 따른 분류로는 과일 따위를 갈아서 즙을 낼 때에는 이가 작은 것을 사용하고, 김치를 만들 때 소로 쓸 무·당근 등을 갈 때는 이가 크고 거칠게 만든 것을 사용했다.

반면, 강판의 재질에 따라 갈 재료를 구분해 사용했는데, 예를 들면 사과처럼 산미(酸味)가 강한 재료는 사기나 도제의 강판을 사용하는 것이 좋다.

현대에 이르러서는 손잡이와 강판에 갈린 즙이 한 곳에 모아질 수 있도록 받침그릇까지 장치한 스테인레스스틸 또는 플라스틱 재질의 강판 등이 등장했다.

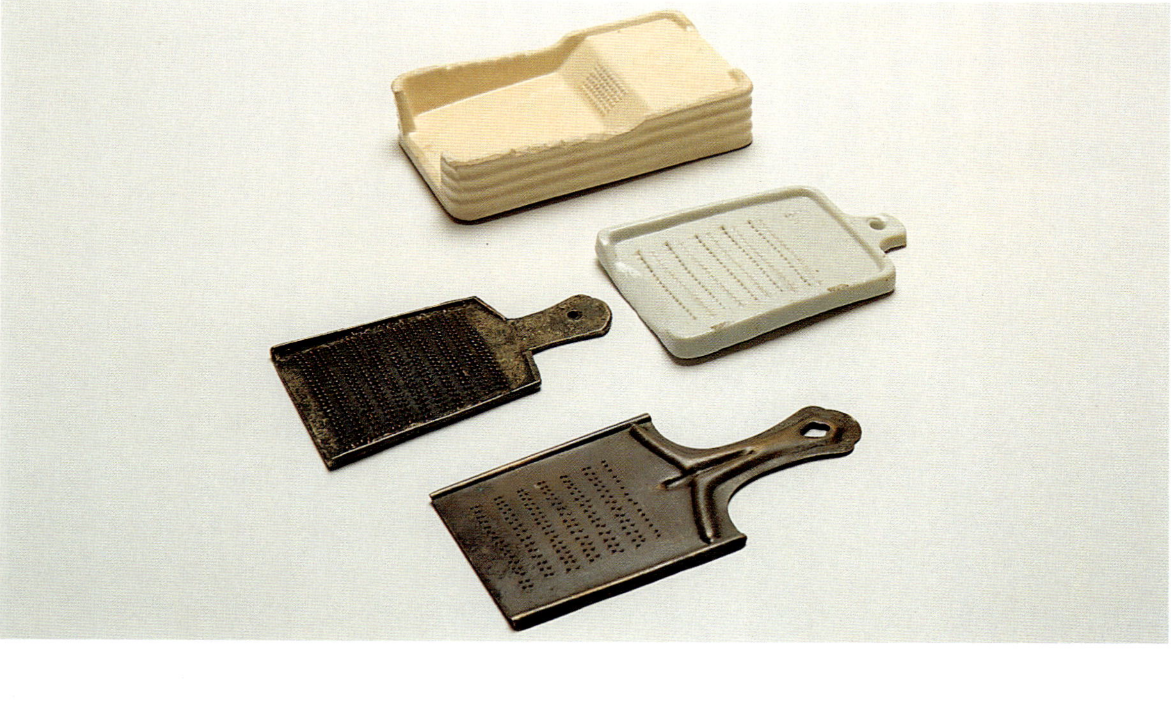

교반기

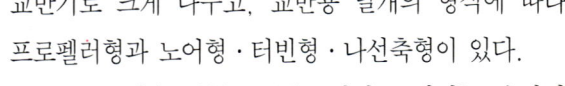

교반(攪拌; agitation)이란 물리적 또는 화학적 성질이 다른 2종 이상의 물질을 외부적인 기계에너지나 힘(人力)을 가하여 균일한 혼합상태로 만드는 것을 말하고, 교반기란 교반에 의해서 상(相)을 균일하게 하는 기계 또는 기구를 말한다.

이러한 교반기는 주로 점도(粘度)가 낮은 물질을 균일하게 혼합하는 장치로서, 점도가 높은 유체(有體)를 혼합하는 기계나 장치는 반죽기(捏和機)라 하여, 그 용도에서 구별 짓고 있다.

교반기는 교반 형식에 따라 탱크 교반기와 유동식 교반기로 크게 나누고, 교반용 날개의 형식에 따라 프로펠러형과 노어형 · 터빈형 · 나선축형이 있다.

주로 조리용구(調理用具)로서의 교반기는 손잡이 끝에 한 줄 또는 두 줄의 나선(螺旋)이 달려 있는 것으로, 크림이나 달걀의 거품을 일으키는 데 사용된다. 그러나 미수(米水)를 만들 때나, 꿀 · 조청 등의 비교적 점도가 높은 액체를 동일 점도 또는 저점도의 액체와 혼합할 때, 그리고 밀가루와 쌀가루 등의 분말을 서로 균일하게 혼합할 때는 나선형의 교반기로는 곤란하다.

따라서 사진과 같은 교반기가 필요하다. 이 교반기는 우리 고유의 조리용구는 아니다. 해방 후 외래 물품의 하나로 들어 온 것인데, 유리로 된 용기 위에 90°로 맞물린 두 개의 기어를 축(軸)으로 한 쪽에는 2개의 프로펠러형 날개가 부착되어 있고, 다른 한 쪽 기어에는 동력(動力)을 전달하는 손잡이가 직각으로 달려 있어, 손잡이를 돌리면 곧바로 맞물려 있는 기어를 돌려 교반을 일으키는 프로펠러형 날개를 회전시켜 용기 안의 내용물을 혼합시킬 수가 있다.

이 교반기의 장점은 용기가 유리로 되어 있어, 내용물의 혼합 정도를 알 수 있다는 것과, 교반 효과를 높이기 위해 원통형이 아닌 사각형으로 만들었다는 것이다. 또 용기를 분리하지 않고도 내용물을 넣거나 따라낼 수 있도록 위에 사선의 구멍이 나 있다.

조 리

정월 세시풍속 중 '복조리 달기'가 있다. 음력 설날과 정월 대보름날 새벽 복조리 한 쌍에 쌀과 엿 등을 담아서 안방 문에 매달아 놓으면 1년 내내 복이 찾아든다고 믿었던 '기복풍습'이 그것이다.

옛 기록인 ≪해동죽지≫에도 "예로부터의 습속에 섣달 그믐날 해가 저물면 복조리 파는 소리가 성 안에 가득하다. 집집마다 사 들여서 붉은 실로 매어 벽에 걸어 둔다."고 하였다.

조리는 밥을 지을 때 물에 씻은 쌀을 이는 데 쓰는 기구로서, 대나무나 싸리 등을 이용하여 만들었다. 조리는 '날'과 '고동대'로 만들어지는데, 흔히 야산에 자생하는 산죽(山竹)을 베어다 약 70cm 길이로 재단을 한 다음, 길이 방향으로 네 조각을 내서 '날'을 만든다. 날은 햇볕에 완전히 말렸다가 엮기 직전 물에 불려서 부드럽게 해서 쓴다. 그리고 고동대는 산죽을 약 10cm 길이로 잘라서 만든다. 이 고동대로 가로로 6줄의 날과 세로로 17줄의 날을 서로 엇갈리게 엮는데, 이를 '절이기'라고 한다. 절이기가 끝나면 몸체가 풀리지 않도록 6줄의 양쪽 날을 3개씩 싸잡아서 묶는다. 이를 '이기기'라 한다. 이 이기기를 잘 해야 모양이 좋고 오래 쓸 수가 있다. 다음에는 '겡기기'에 들어가는데, 이기기가 끝난 조리자루 부분에 2~3개씩의 날을 돌려 감아서 마디를 지어주는 것이다.

그 형태는 국자와 같이 생겼으나 대로 엮은 것이므로 물이 잘 빠져 쌀을 이는 데 적합하다.

조리는 주로 농한기인 한겨울에 사랑방에 모인 남정네들에 의해 만들어지는 부엌살림 가운데 중요한 한 가지였다. 용도는 거의 같으나 지방에 따라 형태의 차이가 있으며, 복조리는 조리보다 다소 작은 것이 일반적이나 장식을 위해 고동대의 길이를 30cm 정도로 크게 하여 만든 것도 있다.

요즘에도 기복풍습에 의한 '복을 담는 그릇'으로 몇몇 마을에서 부업으로 만들고 있다.

주 걱

주걱은 둥글납작한 나무나 쇠 바탕에 긴 자루가 달려 있어, 밥이나 음식을 그릇에 떠 담을 때 쓰는 편리한 용구이다.

주걱은 나무와 대(竹), 놋쇠로 된 것이 있으며, 처음에는 나무 제품이 사용되다가 고려시대에 이르러서 놋쇠 제품이 등장하였고, 이후 그 용도가 다양화되면서 조선시대에 이르러서는 나무와 대나무·놋쇠로 된 주걱이 공용되었을 것으로 추측된다.

즉, 우리 민족이 밥을 지어 먹기 시작한 것을 알 수 있는 사실로, 경주 금관총에서 4,5세기 경의 솥이 출토된 것으로 미루어 이때부터 주걱이 사용되었을 가능성이 높기 때문이다.

따라서 식생활의 가장 원초형이 곡물요리로서의 죽요리였고, 이어 시루를 이용해서 쪄 내는 법이 등장하였으며, 그 다음 단계가 밥이었던 만큼 밥을 퍼 담는 주걱은, 국요리에서 사용되는 국자보다 훨씬 뒤에 만들어졌음을 추측할 수 있다.

우리 관습에 밥을 풀 때는 '밥을 들이 푼다'고 말한다.

이는 주걱으로 솥 안의 밥을 풀 때는 집의 안 쪽을 향해서 푼다는 것으로, 복이 집 밖으로 달아나지 못하게 하려는 기복사상(祈福思想)의 하나로 생각된다.

죽젓광이(배수기)

인류가 지금처럼 밥을 먹기 이전에는 곡식을 갈아서 10~12배의 물을 부어서 끓인 죽을 먹었다고 한다. ≪임원십육지≫의 기록을 보면, "아침 대용으로 죽의 효능이 훌륭하다."고 기록되었고, "궁에서는 임금이 아침을 드시기 전에 초조반상으로 죽을 드셨다."고 한다.

이런 죽은 돌솥이나 오지솥 등 바닥이 두꺼운 솥을 이용하여 끓이는 것이 좋고, 불땀은 너무 세지 않은 은근한 불이 좋다. 그리고 앙금이 앉아 솥 바닥에 눌지 않도록 주걱이나 수저로 고루 저어 주어야 하는데, 많은 분량의 죽을 쑬 때에는 일반 주걱이나 수저로는 젓기가 힘들어진다.

따라서 죽젓광이는 죽을 쑬 때 휘젓는 별도의 막대기를 말한다. 죽젓광이는 나무주걱과는 달리, 음식을 뜨는 바탕이 없이 밋밋한 긴 막대기로, 제주도에서는 '배수기'라고 하고, '남죽'이라는 다른 이름도 있다.

죽젓광이는 느티나무를 길이 45cm, 너비 8cm, 두께 2cm 정도로 깎아 만들며, 잡기에 편리하도록 한 쪽 끝은 손아귀에 꼭 잡힐 정도로 가늘게 깎아 만든다.

죽을 쑤는 일 외에도 엿과 술을 고을 때, 밥을 짓거나 조림 또는 볶음 등 음식을 조리할 때, 음식물이 솥이나 냄비에 눌어 붙거나 타지 않도록 하기 위해 사용하며, 소금이나 간장 등의 조미료가 고루 섞이고 잘 용해되도록 저어 주는 데 사용된다.

이렇듯 죽젓광이의 용도는 다양해서 기상(氣象)과 생업(生業)에도 영향을 미쳐, 춤과 속담에 반영되기도 했다.

고전무용에서 '죽젓광이 춤' 또는 '배수기춤'이 등장하는가 하면, '이사하면서 죽젓광이와 빗자루를 가지고 가면 해롭다'고 하는 속설(俗說)이 생겨나기도 했다.

죽젓광이의 용해 기능과 빗자루의 청소 기능이, 일상생활에서는 가정의 분산과 복을 집 밖으로 쓸어내는 역기능으로 반영된 것이다.

말

홉(合)·되(升)와 함께 물질의 분량(分量)을 측정(測定)하는 그릇이 말(斗)이다.

말은 1석(石)의 1/15이고, 되의 10배(倍), 홉의 100배(倍)가 된다.

우리나라는 전통적으로 농경사회였던 만큼 예로부터 곡식 양을 셈하는 데 있어, 섬 또는 석(石)을 기본단위로 하였으며, 곡물(穀物)을 계량(計量)할 때에는 언제나 말(斗)이 기준이 되었다. 말로 계량할 수 없는 적은 분량의 경우에는 되나 홉이 사용되었다.

1석은 15말(斗)로, 1말은 10되로, 1되는 10홉으로 그 기준을 정해 사용해 온 것이다. 여기서 1석은 십진법이 아니나, 말과 되·홉의 상호측정에 있어서는 10진법을 적용하고 있음을 알 수 있다.

이러한 말의 사용은 상고시대 때부터였던 것으로 알려져 있으며, 고려시대 문종 때까지는 한 종류의 말이 있어 사용되다가, '제가이량기제도(薺價異量器制度)'를 도입, 양제(量制)를 개혁한 이후부터는 용적(溶積)을 다르게 한 네 종류의 말이 사용되었으며, 1446년(조선 세종 때)에 다시 '단일양기제도(單一量器制度)'로 개혁되었다. 이후 계량법은 변화를 거듭, 현재는 미터법의 적용으로 20 l 를 한 말(一斗)로 정하고 있다.

전통적인 말의 형태는 자세히 알 수 없으나, 다만 임진왜란 이후부터 계량법이 평두(平斗)에서 고봉두(高峰斗)의 악습이 통용되자, 말의 형태를 저광협구(底廣狹口)로 만들게 하였다는 사실로 미루어, 현재 일반에서 사용하고 있는 원형의 말은 아니었음을 알 수 있다.

또 여러 실물에서 실제로 그와 같은 형태의 말을 찾아 볼 수 있는 것으로 미루어, 우리나라 재래의 말은 정방형(正方形)으로 된 모말이 사용되었을 것으로 생각된다. 또한 일반 민가에서 사용하는 집말(食斗)과 관에서 사용하는 관말(官斗), 장터에서 상인들이 사용하는 장말(市斗)이 서로 같지 않았다고 하며, 직립 형태의 원통형의 말은 일본에서 유입된 형태라고 한다.

홉, 되

되(升)는 곡식이나 액체, 가루 등 물질의 분량(分量)을 재는 한 단위, 또는 그에 맞도록 쓰는 용기의 기준으로서 '승(升)'이라고도 한다.

되의 형태는 입방체(立方體) 또는 직육면체(直六面體)로서 나무나 쇠로 만든다.

보통 1되라고 하면 10홉(合)을 가르키는데, 이를 대승(大升)이라 하고, 그 반(半) 되는 분량, 또는 그 용기를 소승(小升)이라고 한다.

우리나라에서는 삼국시대 이전부터 이러한 도량형 제도가 제정, 이용되어 왔다. 상고시대 때는 장년 농부의 양손을 모아 담긴 양을 1되, 또는 1승(升)이라 하였다.

따라서 이 분량(1되)을 부피의 기준으로 하여 10분의 1을 1홉(合)이라 하고, 10배를 1말(斗), 150배를 1석(石) 또는 1섬이라 한다.

우리 고유의 되, 홉은 대개 그 형태가 직육면체로서, 0.7~0.8mm 내외의 판자를 사용하는 반면, 말 (斗)은 정육면체로서 2cm~1.5cm 두께의 판자를 이용, 위가 바닥보다는 약간 좁게 오므라진 형태에 위쪽 한 면만을 터지게 만든다. 홉(合) 되로는 1홉에서 3홉까지가 있으며, 되(升)로는 1되에서 5되(小斗)까지, 그리고 말(斗)이 있다.

요즘 사용되고 있는 정사각형의 되와 둥근 형태의 말은 리터(*l*)와 되의 환산을 편하게 하기 위해, 1902년 도량형 개혁으로 일본의 양제도(1승 = 2 *l*)가 도입되면서 새 되(新升)와 새 말(新斗)로 바뀌게 된 것이다.

키

수확한 농산물 중 잡곡류는 탈곡 과정에서 겉껍질이나 흙, 돌멩이 등이 섞이기 마련이다. 또한 거피한 쌀·보리 등에도 쭉정이를 비롯해서 겨나 뉘·모래가 섞여 있어, 이를 고르는 일이란 여간 힘든 일이 아닐 수 없다. 그래서 키를 이용, 곡식 등을 까불러서 쭉정이, 티끌·검부러기·뉘 등의 불순물을 걸러내곤 했다.

키는 지방에 따라 '챙이'(전남 구례·보성), '치'(강원도 도계), '칭이'(경남 영산) 등의 다른 이름으로 불리지만, 그 형태는 대개가 비슷하게 만들어졌다. 앞은 넓고 편평하며, 뒤는 좁고 우긋하게 고리버들이나 대나무쪽으로 결어서 만든다.

≪농사직설≫과 ≪증보산림경제≫지에 '키(箕)'로 ≪훈민정음≫ ≪해례본≫에 '키(箕)'로 표기하고 있다.

대개 고리버들이나 대로 엮어 만들며, 담양군을 중심으로 한 남부지방에서는 대나무만으로 엮어 짠 것을 주로 쓴다.

키질은 바람이 조금 부는 날이 잘 되는데, 곡식을 담아 높이 들고 있다 아래로 내리면서 까부르기를 하면, 이때 곡식의 낟알과 가벼운 이물질이 가려진다. 곡식에 섞인 티끌이나 이물질 등 가벼운 것은 바람에 날아가거나 키의 앞쪽으로 몰리고, 곡식 낟알은 아래쪽으로 몰려 불순물을 가려내는 것이다. 그리고 곡식에 섞인 티끌을 바람에 고르려고 키를 높이 들고 천천히 흔들며 쏟아내리는 일을 '키내림'이라 하고, 나비가 날개를 치듯 부쳐서 바람을 일으키는 것을 '나비질'이라 하여 다양한 방법으로 키질을 한다.

키와 관련하여 몇 가지 풍습이 전해지고 있다. 윤달에 주부가 마루에서 마당 쪽으로 키질을 하면 집안이 망한다고 믿었다. 이는 대문에 그 집을 지켜주는 문전신(門前神)이 있어, 그 쪽으로 키질을 하면 그 신을 내쫓는 격이 된다고 여겼던 것이다. 또, 오줌을 가리지 못하는 어린 아이에게 키를 씌워 다른 집으로 가서 소금을 얻어 오게 한다. 그러면 그 집에서는 까닭을 알아차리고 소금을 뿌리고 키를 두드리면서, "다시는 오줌을 싸지 마라"하고 소리친다. 이렇게 하면 그 아이는 오줌을 가리게 된다고 믿었던 것이다.

주정계·염도계

물체가 지니는 비중(比重)을 측정하는 계기(計器)를 총칭하여 비중계라고 하는데, 피측정물(被測定物)이 기체이냐, 액체이냐, 아니면 고체이냐에 따라 측정하는 방법이 다르고, 계기의 종류도 다르다.

주정계(酒精計)와 염도계(鹽度計)는 액체용 비중계의 하나로, 가장 일반적인 비중계에 속한다.

액체용 비중계 중 하이도메터, 아레오메터(hydometer, areometer)의 원리는 비중 눈금을 매긴 유리관 아래에 중공(中空)의 동부(胴部)와 추실이 있는데, 이것을 시료(試料) 속에 띄우고 가라 앉은 깊이의 눈금을 읽게 되어 있다. 따라서 주정계(酒精計)는 발효 및 증류가 끝난 술의 알코올 함량을 측정하는 데 사용되며, 염도계(鹽度計)는 간장을 담그기 위해 만드는 소금물의 짠 정도를 측정하는 등에 사용된다.

탁주나 청주·약주류에 있어서는 술이 완성된 상태 그대로 마시게 되어 있어, 그 자체로 알코올 함량을 나타내게 되지만, 증류주의 경우는 다르다. 증류주는 처음 증류된 술의 알코올 농도는 90~75%까지 높은 수치를 나타내다가, 증류가 끝날 무렵에는 거의 알코올분이 없는 맹물이 증류되어지므로, 이를 섞어서 적당한 함량으로 맞춰야 할 필요가 있다. 이때 주정(酒精)의 정도를 측정하는 데 긴요하게 쓰인다. 이 주정계가 만들어지기 이전에는 오랜 경험이 있는 사람의 입으로 주정의 정도를 측정하였다고 한다. 즉 혀 끝으로 느껴지는 정도로 알코올 함량 정도를 가늠하였던 것이다.

염도계는 파종할 볍씨를 낼 때, 장을 담글 때 적정한 농도의 소금물을 만들 필요가 있는데, 이때 염도계를 이용하여 소금 농도를 맞춘 소금물로 볍씨를 골라 냈다.

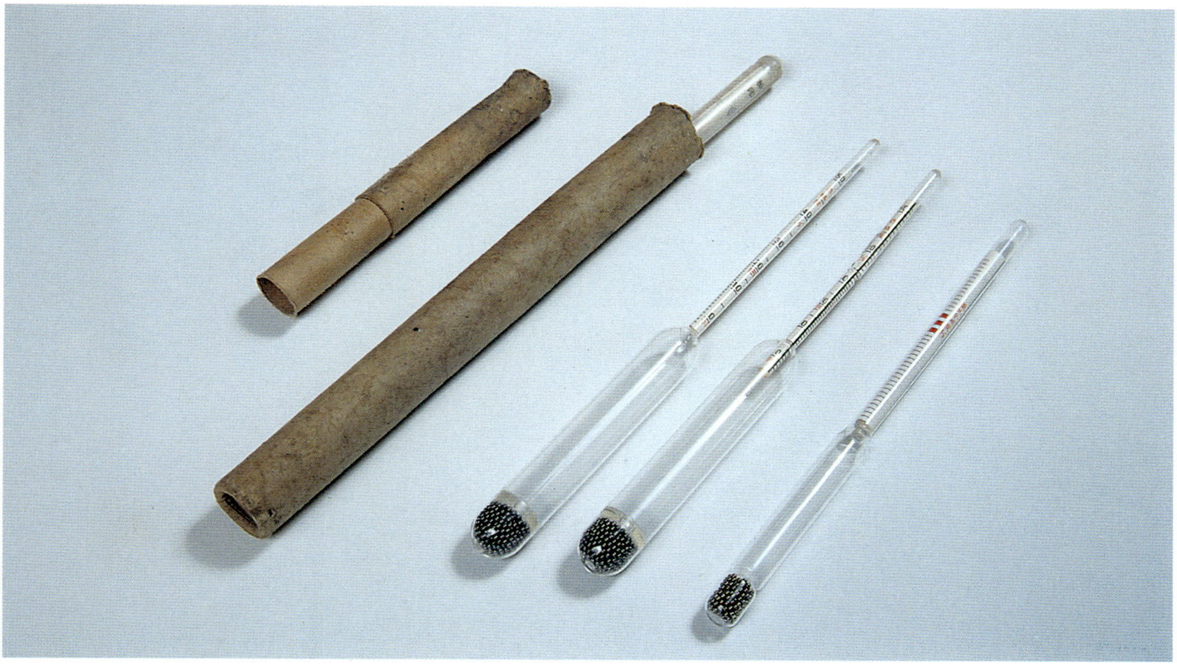

두레박 · 우물

옛말로 '드레'라고 하는 것이 두레박이다. 바가지 또는 양철과 판자를 이용, 우물물을 퍼 올릴 수 있게 만든 기구다.

지역에 따라 두룸박 · 드레박 · 타래박 · 드레라고 부르기도 하는데, 바가지를 그대로 쓰기도 하고 양철이나 판자를 써서 원통형이나 네모지고 삿갓지게 만든다. 두레박은 바닥은 좁고 위의 아가리 부분은 넓어야 물 위에서 쉽게 쓰러져 물을 긷기가 쉽다.

옛날에는 큰 바가지에 나무를 가로질러 고정시킨 뒤, 거기에 줄을 길게 달아 사용해 오다가, 점차 판자로 짜거나 나무에 양철을 오려 붙여서 사용했다. 장방형의 두레박은 줄을 매는 말뚝을 중심으로 세우고, 역삼각형의 나무판자를 마주 보게 댄 다음, 양철이나 판자로 바닥과 옆을 돌려 막고 못을 박아 물이 새지 않게 만들며, 원통형은 나무조각으로 만든 젓갈통 같은 형태로 그릇을 만든 다음, 아가리에 나무를 가로질러 대고 고정시킨 뒤 거기에 줄을 달아 쓴다.

대개의 농촌에서는 마을마다 공동 우물이 있어, 여인네들이 직접 물동이에다 물을 길어다 썼는데, 마을에 따라서는 바가지로 물을 떠 담을 수 있을 정도로 얕은 샘이 있기도 하지만 대부분의 우물은 깊다. 또 바람이나 빗물에 의해 이물질이 우물 안으로 들어가는 것을 막기 위해 돌을 쌓아 울을 만들었다. 이를 '두레 우물'이라고 한다. 지방에 따라서는 두룸박우물 · 드레박우물 · 박우물이라고도 한다. 두레박 우물은 깊은 우물이란 뜻이며, 우물이 깊은 만큼 긴 줄

을 단 두레박을 이용, 물을 퍼 올려야만 했다. 따라서 물긷는 일은 부엌살림을 맡아서 하는 옛 여인네들에게는 가장 힘들고 큰 일이기도 했다. 대개 두레박은 마을 공동의 것이었으며, 혼자서 두 손으로 직접 줄을 끌어 당겨서 물을 퍼 올리지만, 보다 힘이 덜 들고 손쉽게 하는 방법을 도모하기도 했다. 타래박·쌍장애·방아두레 등을 이용, 물을 퍼 올렸던 것이다.

두레박에 긴 대나 작대기를 자루로 박아 쓰는 타래박이 있고, 디딜방아의 원리를 이용한 것으로 방아두레가 있는데, 우물가에 기둥을 세워 그 위에 긴 대나무를 가로질러 한 끝에는 돌을 매달고, 반대편 한 끝에는 두레박을 매달아서 돌의 무게를 이용하면 손쉽게 물을 퍼 올릴 수 있었던 것이다.

또 쌍장애가 있는데, 도르레(수레바퀴)를 이용한 방법이다.

우물가에 두 세 개의 기둥을 세우고, 우물 위의 한가운데에 보를 걸치거나 밧줄을 이용할 수 있게 도르레를 설치한다. 그리고 긴 줄의 양 끝에 두레박을 매달아 번갈아가며 줄을 아래로 잡아 당기면서 물을 퍼 올리는데, 그만큼 효율적이면서도 힘도 덜 든다.

한편, 대나무가 흔한 담양 지방에서는 우물가에 대나무를 박아 두고 그 끝에 줄을 달고 바가지를 연결해서 물을 푸기도 하는데, 인력으로 휘어누른 대나무의 탄성을 이용하는 방법이 사용되기도 했다.

◆ 참고 문헌

《제민요술》 윤서석 외 공역, 1993, 민음사
《치생요람》 강설, 1661, 영인본
《한국민속대관》 1980, 고려대민족문화연구소
《삼국사기》 김부식,이병도 역주, 1986, 을유문화연구소
《온주법》 김씨 한글필사본
《수운잡방》 김유,1531~1598, 영인본
《발효공학》 김호직,1965, 향문사
《부상록견별록》 남용익, 1955, 영인본
《색경》 박세당, 1676, 영인본
《양반전》 박지원 제작연대미상
《한국고유색사전》 북천좌인, 1984, 민속원
《규합총서》 빙허각 이씨, 정양완 역주, 1976, 보진제
《고사십이집》 서명응, 1787, 영인본
《임원십육지》 서유구, 1827, 영인본
《계녀서》 송시열
《음식보》 숙부인정씨, 1700
《신간구황촬요》 신동, 1660, 영인본
《음식디미방》 안동장씨, 1670, 영인본
《한국의 명주》 유태종, 1977, 영인본
《전통주는 어떻게 만드나》 1982, 문예진홍원
《한국식품사연구》 윤서석, 1985, 영인본
《부상록》 이경직, 1617, 영인본
《영접도감미면색의궤》 1634, 영인본
《오주연문장전산고》 이규경, 1850, 영인본
《북관지》 이단하·이직, 1693
《생활의 예절》 이덕무, 1982, 민족문화문고간행회
《예기》 이상목역, 1985, 명문당
《한국발효식품》 이서래, 1981, 이화여대출판부
《한국의 살림집》 신영훈, 1983, 열화당
《고려이전 한국식생활사연구》 이성우, 1978, 향문사
《한국의 음식용어》 윤서석, 1991, 민음사
《한국의 식생활풍속》 강인희외, 1984, 삼영사
《한국 식생활사》 강인희외, 1992, 삼영사
《조선요리제법》 방신영, 1939, 한성도서주식회사
《경도잡지》 유득공, 1749, 조선광문회
《조선무쌍신식요리제법》 이용기, 1043, 영창서관
《조선상식》 최남선, 1948, 동명사
《삼국사기》 김부식, 1145, 조선광문서관
《고려도경》 서긍, 1123, 아세아문화사, 영인본
《고려사》 정인지외, 1451, 아세아문화사, 영인본
《고려사절요》 김종서 편찬, 1452, 민족문화추진회
《동국이상국집》 이규보, 1168-1241
《근제집》 안축, 1282-1348
《목은집》 이색, 1328-1365
《양잠록》 강희맹, 1424-1484
《사시찬요》 강희맹, 1424-1484
《구황촬요》 명종찬, 1554
《고사촬요》 어숙권외, 1636, 경성제대법학부
《농사집성》 신 편찬, 1655
《성호사설》 이익, 1681-1763, 경성문광서림
《오주연문장전산고》 이규경, 1788-?, 고전간행회
《경도잡지》 유득공, 1749
《사례편람》 이채, 1844,
대전회통-1865, 고려대학교출판부
《동국세시기》 홍석모, 1849
《열양세시기》 김연순, 1819
《진언의궤》 숙종45년, 1719~영조20년, 1744
《진작의궤》 영조41년, 1765
《진찬의궤》 고종, 1892년 헌종, 1902
《시의전서》 1800, 영인본
《연세대규곤요람》 1896, 영인본, 음식방문, 1800, 영인본
《음식법》 1854, 영인본
《전통민속주》 무형문화재지정조사보고서 제163호,1985, 문화재관리국
《한국민속학》 옛주막의 민속적고찰, 1982, 배도식
《한국식문화학회지》 한국의 음주예법에 관한고찰, 1986, 서돈영
《두산사외보》 세계의 주도와 한국,2월호 1904
《역주방문》 찬자미상, 1800년대중엽
《양주방》 정양완 역주, 1977, 뿌리깊은나무 (10월호)
《전통민속주의 특징과 제조현황》 정호관, 1989, 한국식문화학회 심포지움
《수운잡방》 김유, 1481-1552
《도문대작》 허균, 1611, 필사본
《주방문》 하생원, 1600년대말, 필사본
《요록》 찬자미상, 1600년대말, 필사본

《수문사설》 이표, 1740년대, 필사본
《식경 혹은 반유십이합설》 장영,서용보,
1800년대초, 필사본
《옹희잡지》 서유구찬, 1800년대초
《간본규합총서》 빙허각 이씨, 1869
《치생요람》 강와 찬, 1691년, 필사본
《산림경제》 홍만선, 1715년, 필사본
《산림경제보》 찬자미상, 필사본
《산림경제촬요》 용남, 1800년대 중엽, 필사본
《고사신서》 서명응, 1771년 간본
《고사십이집》 서명응, 1787년 간본
《방서》 신석근, 1867년 , 필사본
《학음잡록》 찬자미상, 1800년대말엽, 필사본
《민천집설》 두암, 1752년대 말엽,필사본
《한국민족문화대백과사전1-27》 한국정신
문화연구원 1991
《한국민속종합조사보고서》 향토음식편,
문화재관리국, 1984
《한국민속대관》 고려대 민족문화연구소
《한국민속대사전①,②》 민족문화사
《한국문화상징사전①,②》 동아출판사
《한국식경대전》 이성우 1981, 향문사
《한국식생활사 연구》 1978, 향문사
《한국식품사회사》 1984, 교문사
《지봉유설》 이수광, 1917, 조선연구회
《수양총서유집》 이창정, 1620, 영인본 ,
《삼국유사》 석일연, 이민수역, 1986, 을유문화사
《생활의 발견》 임어당, 김병길 역, 을유문화사
《한국외래주유입사연구》 장지현, 1987, 수학사
《한국전통주의 형성과 흐름》 한국음식오천년,
1988,유림문화사
《조선주조사》 조선주조협회, 1935
《다시 찾아야 할 우리의 술》 조정형, 1991, 서해문집
《진로 50년사》 주식회사 진로, 1975
《술의 세계》 진로그룹 홍보실, 1988
《해동죽지》 최영연, 1925, 경성장학사
《농정회요》 최한기, 1830
《쌀을 이용한 명주개발연구》 1992 한국 식품개발연구원
《농암집》 한창협, 1651-1678
《동의보감》 허준, 김영훈외 공역, 남산당
《고려대규곤요람》 1800, 영인본
《군학회등》 1800, 영인본
《동국세시기》 홍석모, 1849
《부인필지》 1800, 영인본
《본초강목》 1833, 영인본
《삼국지》 진의 학자 진수 찬, 233-297
《술 만드는법》 1700-1800, 영인본
《술방문》 1800, 영인본
《술빚는법》 1800, 영인본
《향약 집성방》 유효통. 노중례. 박윤덕, 1433, 영인본
《향약 제새생집성》 조준. 권중화. 김의선, 1399,
제생원, 영인본
《향약 그급방》 편자미상, 1236(고중23),
1417년(태종7)중간
《향약 채취월령》 유효통. 노중례. 박윤덕, 1431, 필사본
《설문해자》 후한 허신 편찬
《제왕운기》 이승휴, 고려충령왕조,
1417년(태종17년) 중간
《거가필용》 원대, 1700년대
《단종실록》 1704년, (숙종30), 실록청인본
《중종실록》 이기 외, 1550년(명종5) 신록청 인본
《성종실록》 신승선 등 1499(연산군5)실록청 인본
《증보문헌비고》 홍봉한 외, 1770(연조46),
1982년(정조6)왕명으로 이만운 증보
《논어》 송대 형병이 칙명을 받아 하안이 주(注)
《소학》 송대 주희, 1817년
《청보기》
《운양집》 김윤식, 1913년, 인본
《추관지》 김소진 · 박이원 외, 1781, 필사본
《춘향전》 저자, 연대미상, 사본
《흥부전》 저자미상 고려판본, 저작 연대미상
《노계집》 박인로, 조선 중기
《동국통감》 서거정, 정효함등이 왕명으로 편찬
〈조선고서 간행회본〉필사본
《태평한화골계전》 서거정, 저선 전기 영인본
《세종실록》 정인지외 찬수, 1454년 실록청
《전운옥편》 저자미상 인본
《정감록》 조선 중엽 이후 인본
《해동농서》 서호석, 1799, 필사본
《농가월령가》 정학유, 1816년, 필사본

《구황촬요》 이책, 1554, 필사본
《구황보유방》 신속, 1660, 간본
《태상지》 이근묘, 1873, 필사본
《계림유사》 송대 손목, 1300연대
《시경》 중국운대~춘추시대시를 공자가 간추림
《수서》 당대 위징·장손무기등이 칙명으로 편찬, 629년~636년간
《위서》 북제의 위수가 칙명으로 편찬, 511년
《주례》 기원전 3세기경
《예기》 기원전후
《고사신서》 서명응·정충언 편찬, 영조47년(1771년)간
《승평지》 이수광 편찬, 1618년간, 인간
《고려가요》 구전, 한글창제후 글자화
《삼화자향약방》 태종, 1398
《향약고방》 고려중기
《향약간이방》 권중화·서찬 편찬
《고사기》 日人 太安萬侶, 安麻呂, 712년
《신당서》 송대 구양수, 송기 등이 칙명으로 편찬
《해동죽지》 최영년, 1856-1935, 송순기 편저 1925
《훈민정음》 세종28, 정인지외, 1446
《훈몽자회》 최세진, 1527
《택리지》 이중환, 1751, 필사본
《동궐도》
《토기》 안승주, 한국사론15, 국사편찬위원회, 1985
《한국고고학개정용어집》 한국고고미술연구소, 1984
《제주의 연자매》 김영둔, 1974, 문화재8
《도자기총》 조봉환, 1973, 이공도서출판사
《한국의 목공예》 이종석, 1986, 열화당
《조선궁중 풍속연구》 김용숙, 1987, 일지사
《한국고고학 개설》 김원용, 1973, 일지사
《한국의 목가구》 박영규, 1982, 삼성출판사
《조선후기 목공가구의 연구》 배만실, 1974, 이화여자대학교 박사학위논문
《한국의 미-목칠공예》 이종석 감수, 1986, 중앙일보사
《문화재대관2 국보》 한국문화재보호협회, 1986, 대학당
《유기장》 김종태, 1982, 문화재관리국
《한국의 요리》 윤서석, 1983, 수학사
《신라 및 고려때의 양제도와 양척표준에 관하여》 박홍수, 1977, 과학기술연구
《이조 척도 표준에 관한 연구》 소암 이동식 선생 환갑 기념논문집 박홍수, 1981,
《옹기》 이훈석·정양모·정명호, 1991, 대원사
《짚문화》 인병선, 1993, 대원사
《유기》 홍정실, 1989, 대원사
《전통상례》 임재해, 1990, 대원사
《풀문화》 인병선,1991, 대원사
《소반》 나선화, 1990, 대원사
《한국의 전통민속주》 박록담, 1995, 효일문화사
《한국 식생활 변천사》 1988, 식생활개선국민운동본부
《한국의 민속·종교사상》 안호상 외 역, 1989, 삼성출판사
《민족생활어사전》 이훈종, 1992, 한길사
《한국민속대사전》 한국민속사전 편찬위원회,1991, 민족문화사
《안성유기의 전래》 경기도, 경기도 안성군
《한국의 자수》 허동화, 1978,삼성출판사
《장신구》 석주선, 1981, 단국대 부설 석주선기념 민속관
《한국의 농기구총》 김광언, 1989, 문화재 관리국
《한국요리문화사》 이성우, 1985, 교문사
《원색동아세계대백과사전》 동아출판사
《한국미술사전9》 최순우편, 1980, 동화출판사
《한국미술사전》 이귀숙, 1985, 예술원
《한국의 주거민속지》 김광언, 1988, 민음사
《조선왕조궁중연회식의 분석적 연구》 이효지, 1985, 수학사
《한국민속종합보고서》 전남편1969
《우리의 부엌살림》 박록담 윤숙자 공저, 1997, 삶과꿈
《한국의 민속공예》 맹인재, 1979, 세종대왕기념사업회
《한국의 세시풍속》 최상식, 1960, 고려서적
《이조가구의 미》 배만실, 1975, 새글자
《소반》 이화여자대학교 박물관편,1982, 이화여자대학교출판부
《한국복식사》 석주선, 1978, 보진재
《국립경주박물관》 1984, 통천문화사
《중요 무형문화재 해석보고서110》 이중석·박성삼, 1973, 문화재 관리국
《중요 무형문화재 해설》 공예미술편, 1988, 문화재 관리국
《한국의 살림집》 신영훈, 1983, 열화당
《토기와 청동기》 한병삼, 1979, 세종대왕 기념사업회
《한국의 도자기》 정양모, 1992, 문예출판사

박록담(덕훈) 시인은 전통주연구가로
전남 해남군 마산면 연구리 지동 514번지에서 출생,
조선대학교를 졸업했다.
재학시절 광주에서 개인 시화전을 2회 가진 바 있으며,
'84~'85년 〈현대시조〉지 추천완료를 거쳐 〈광주일보〉
문예작품 현상공모에서 시 〈겨울, 그 바다에 와서〉와
〈월간문학〉지 신인작품상에 시조〈겨울 風俗圖〉가
각각 당선되어 문단에 데뷔했다.
한국문인협회원 · 한국시조시인협회 총무이사 · 오늘의 시조학회원 ·
새솔문학회 회장으로 활동 중이며,
한국의 전통주와 떡축제 추진위원 및
배화여자대학의 사회교육과정에서 전통주를 강의하고 있다.
작품집으로 〈겸손한 사랑 그대 항시 나를 앞지르고〉와
〈그대 속의 확실한 나〉, 〈사는 동안이 사랑이고만 싶다〉가
있으며, 기타 저서로 〈한국의 전통 민속주〉, 〈우리의 부엌살림〉
등이 있다.
〈월간 식생활〉지 편집장을 거쳐
현재 한국전통음식연구소 연구실장으로 근무하면서
고려대학교 자연자원대학원 (식품가공학 전공)에 재학중이다.

名家銘名

1999년 1월 20일 인 쇄
1999년 2월 4일 발 행

저 자 / 박 록 담
발행인 / 김 홍 용
펴낸곳 / 효일문화사
주 소 / 서울 동대문구 용두동 254-32(청원빌딩)
TEL / (02)924-6643, 928-6644
FAX / (02)927-7703
등록 / 1987년 11월 18일 제5-90호

기획 / 월드기획
분해 · 편집 / 두성원색
인쇄 / 해보라인쇄
제책 / 가나안제책

정 가120,000원